제2판

일상에서 경험하는 화학

지은이 약력

전남대학교 화학과 졸업
뉴욕주립대학교(@Stony Brook) 이학박사(물리화학)
미시간대학(Ann Arbor) 화학과 박사 후 연구원
전남대학교 화학과 교수

제2판

일상에서 경험하는 화학

2020년 12월 24일 인쇄
2020년 12월 30일 발행

지은이 | 국성근
펴낸이 | 정병석
펴낸곳 | 전남대학교출판문화원

주소 | 61186 광주광역시 북구 용봉로 77
전화 | (062) 530-0571~3 팩스 | (062) 530-0579
등록 | 1981. 5. 21. 제53호
홈페이지 | http://www.cnup.co.kr
이메일 | cnup0571@hanmail.net

값 23,000 원

ISBN 978-89-6849-758-2 (93570)

이 도서의 국립중앙도서관 출판예정도서목록(CIP)은 서지정보유통지원시스템 홈페이지(http://seoji.nl.go.kr)와
국가자료종합목록 구축시스템(http://kolis-net.nl.go.kr)에서 이용하실 수 있습니다.
(CIP제어번호: CIP2020053926)

제2판

일상에서 경험하는 화학

Chemistry Encountered in Daily Life

국성근 지음

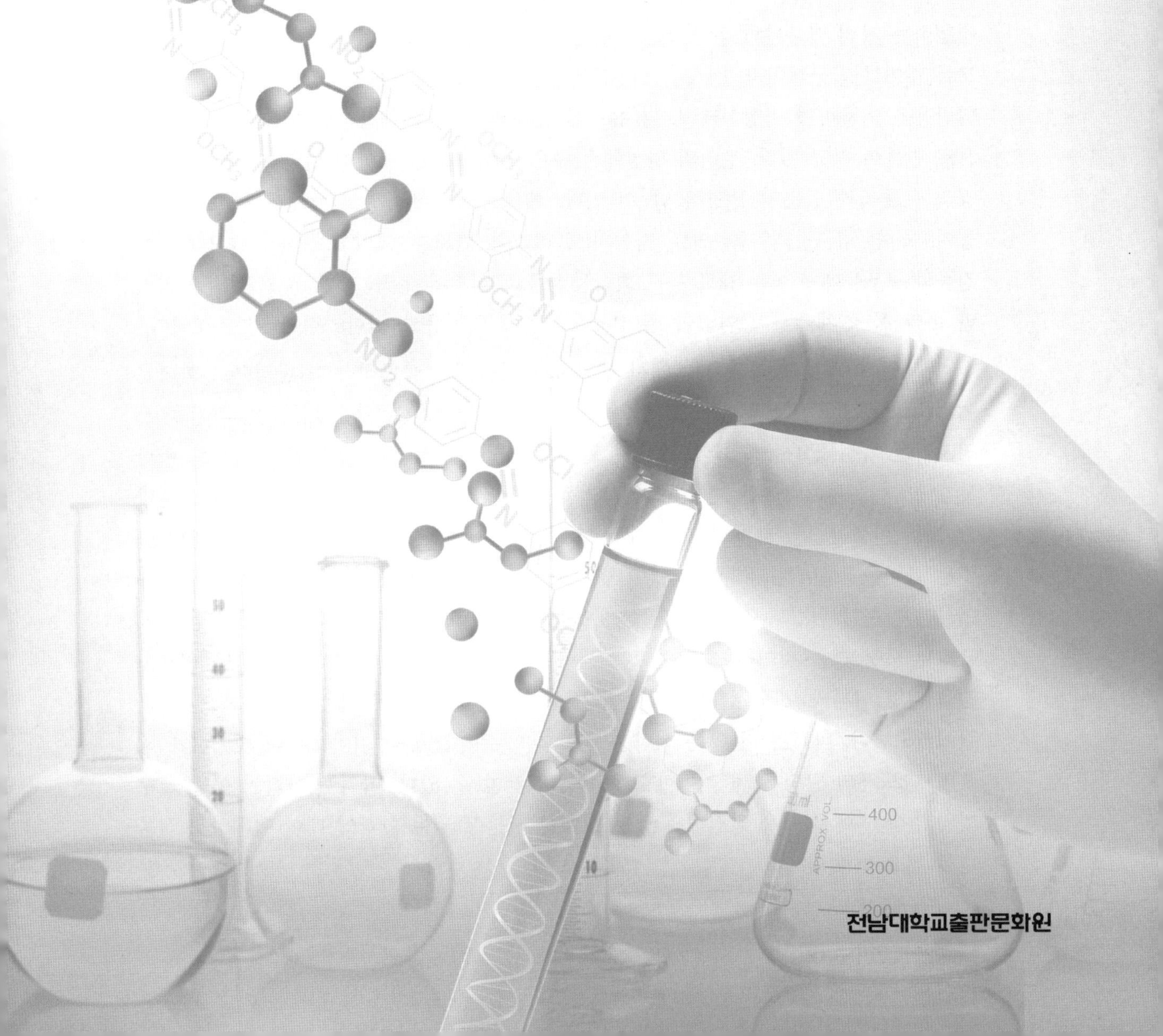

전남대학교출판문화원

■ 머리말

인류의 삶과 문명은 과학의 발전과 함께 엄청난 변화를 거듭해 왔다. 현재 우리 인간의 삶은 과학과 기술의 획기적인 발전의 영향으로 과거에는 상상도 할 수 없을 만큼 풍부하고 편리하게 변화되어왔고, 앞으로도 계속 우리의 삶에 많은 혜택을 제공할 것으로 예견하고 있다. 과학 분야 중에서도 특히 화학은 우리의 삶과 어느 한 순간도 서로 관련이 없는 순간이 없다고 해도 과언이 아닐 정도로 우리가 일상생활에서 경험하는 거의 대부분의 활동들이 화학물질과 매우 밀접한 관계가 있다. 우리가 보는 모든 것이 화학물질이라 할 수 있다. 인류는 지구상에 존재하는 화합물들을 다양한 화학반응을 이용하여 변형시켜서, 더 유용한 기능과 특성을 가진 새로운 물질을 지속적으로 만들어 가고 있다. 우리의 일상에서 주위를 살펴보면 화학이 얼마나 우리 생활에 깊숙이 들어와 있는지 분명히 알 수 있다. 예를 들면, 우리의 일상에서 접하고 있는 공기, 물, 음식, 옷, 의약품, 연료, 자동차, 플라스틱, 반도체, 그리고 우리가 살고 일하는 건물의 구조물에 쓰이는 재료 등도 화학물질이고, 심지어 우리는 의식하고 있지는 않지만 우리 몸 전체에서 끊임없이 일어나고 있는 화학반응도 화학물질에 의한 것이다.

우리는 이렇듯 화학의 세계에서 생활하고 있음에도 불구하고, 일반적으로 화학은 어려운 학문으로 인식되어 오고 있고, 또한 지구온난화, 오존홀, 발암물질, 환경을 오염시키는 독성물질 등 화학과 관련된 일부 단어들은 화학을 부정적인 시각으로 바라보게 한다. 물론 세상에는 문제를 일으키는 화학물질이 있는 것이 사실이지만 그렇다고 모든 화학물질을 배제하고 살 수는 없다. 그런데 다행히도 세상에는 나쁜 영향을 주는 화학물질보다는 유익한 것들이 훨씬 많다. 예를 들면, 만약 의약품들이 없었다면 인류는 여전히 질병의 공포에서 살아가고 있을 것이고, 인류의 삶의 질이나 수명은 지금과는 사뭇 다를 것이다. 화석연료는 에너지를 제공하는 매우 중요한 역할을 해오고 있을 뿐만 아니라, 산업 현장에서 수많은 소비재를 만드는 데 이용되는 주요 원천 물질이기도하다. 비료는 더 많은 식량을 얻도록 해주어 인류를 기아로부터 벗어나게 해주며, 반도체의 발명은 세상을 바꾼 혁신이라고 할 수 있다. 따라서 화학이 이렇게 우리의 일상 속에서 더욱 밀접해져 있는 현대를 사는 우리는 화학에 대한 이해와 지식을 넓힐 필요가 있다.

이 책은 우리가 일상생활에서 접하는 화학물질의 특성을 알아보고, 또한 그들의 다양한 화학적 변화에 관한 기본개념과 근본적인 원리를 화학을 전공하지 않은 학생들도 이해할 수 있는 수준으로 설명하고 있다. 저자는 독자들이 이 책을 통하여 화학과 기술이 제공하는 엄청난 혜택과 그것들과 동반하는 불가피한 위험성을 인식하고, 그리고 위험 효과가 발생하는 이유를 이해하고 위험을 줄이는 방안들을 알아낼 수 있기를 기대한다. 또한 일상의 삶에서 마주하는 개인적이거나 아니면 사회 전반에서 일어날 수 있는 화학과 관련된 중요한 문제들을 현명하게 판단하고 대처하며 지혜로운 결정을 하는데 이 책을 통해 습득한 화학 지식이 도움이 되기를 희망한다. 그리고 화학이 인류의 건강하고 행복하고 만족스러운 생활에 보탬과 이익이 되기를 희망한다.

우리가 일상생활에서 접하는 화학물질의 소재는 너무 광범위하고 무궁무진하다. 따라서 제한된 분량의 책에 방대한 분량을 담는다는 것은 불가능할 수밖에 없다. 따라서 이 책에서는 선별된 화학물질 중에서 우리 일상과 좀 더 밀접한 관련이 있는 대기, 물, 기후, 식품과 영양, 의약품, 그리고 신소재 등을 화학의 관점에서 구체적으로 설명하고, 그리고 이 내용들을 이해하는데 필요한 화학의 기본 개념들을 내용에 포함시켰다. 또한 대기환경 기준, 수질기준, 식품과 의약품에 관한 기준 등의 자료와 최근의 통계 등을 함께 실었다. 물론 방대한 분량을 한 권의 책에 담다보니 미흡하고 아쉬운 점도 많다. 앞으로 많은 조언을 듣고 지속적으로 다듬어서 미흡한 점을 개선해 나가도록 할 것이다. 이 책이 출간될 수 있도록 도움을 준 전남대학교 학술저서 출판지원사업과 전남대학교출판문화원에 고마운 마음을 전한다.

2020년 12월

국 성 근

■ 목 차

제1부 화학 살펴보기

제1장 화학 살펴보기

제2장 산성과 염기성

제3장 산화-환원 반응

제2부 생활 속의 화학

제6장 흔하지만 소중한 공기

제7장 오존

제8장 온실효과와 기후변화

제9장 생명을 위한 물

제10장 생활 속의 화학

제11장 건강한 삶

제12장 질병과 의약품

제13장 신소재 및 신기술

제 1 부

화학 살펴보기

제1장
화학 살펴보기

1.1 화학은?

화학의 시작은 중세 유럽에서 연금술사들이 인공적 수단을 이용하여 값싸고 흔한 금속을 값비싼 귀금속으로 전환시키려 시도하고 노력하던 시점을 그 근원이라고 한다. 그 당시 연금술사들은 금을 얻으려는 목적을 이루지는 못하였지만, 증류, 승화, 추출, 합금과 같은 화학 조작과 화학 장치의 이론적 기술적 발전에 크게 기여하였고, 그들의 노력이 밑거름이 되어 과학 기술이 매우 빠른 속도로 발달할 수 있게 되었다. 주술적 성격을 가진 연금술 이론은 라부아지에(A. T. Lavoisier)의 실험적 원소 개념이 확립될 때까지 영향을 미쳤고, 17세기 경 물리학, 천문학, 생리학 등 여러 과학 분야에서 실험 장치와 망원경 등 다양한 도구를 이용하여 실험하고 관찰하기 시작하면서 현대 과학이 출발하게 된다.

현대 과학의 시작과 함께 화학은 상상하기 어려울 정도로 엄청난 발전을 거듭해왔다. 옛날 사람들은 자연에 존재하는 물질을 원래 상태 그대로 사용하였다. 그러나 과학 기술이 발전함에 따라, 연금술사들이 꿈꾸고 시도했던 것과 같이, 사람들은 물질들을 용도와 필요에 맞게 변형시켜서 사용하는 방법을 터득할 수 있게 되었다. 그 결과로 지금의 현대 화학은, 과거의 연금술사들이 상상도 할 수 없을 정도로 물질을 인간의 목적에 따라 원래 상태와는 전혀 다른 특성을 가진 물질로 다양하게 변화 시킬 수 있게 되었다. 예를 들면, 석유는 가정과 산업에서 사용하는 대부분의 에너지를 제공하는 화석 연료로 이용될 뿐만 아니라, 우리가 주위에서 쉽게 볼 수 있고 사용하고 있는 수많은 소비재들을 만드는 원천 재료로도 이용된다. 플라스틱, 합성섬유, 의약품, 타이어, 비료, 합성고무, 페인트, 부동액 등은 석유로 부터 만들어 진 용도가 전혀 다른 소비재들이다. 그리고 우라늄을 이용하여 전기를 발전시키거나 폭탄을 제조할 수도 있고, 모래로 반도체칩을 만들어 컴퓨터와 전자제품으로 변환 시키고, 잿물과 지방으로 비누를 만들어 사용하기도 한다.

화학은 물질과 그 변화를 탐구하는 학문으로 정의할 수 있다. 다시 말하면, 화학은 자연과 물질의 세계에 관한 지식 그리고 그 지식을 설명하는데 사용되는 이론을 축적해 놓은 과학의 한 분야라고 말할 수 있다. 따라서 화학자들은 실험과 관찰을 통해 물질의 특성을 밝히고, 다른 물질로 변화하는 과정을 이해하며, 그리고 변화를 일어나게 하는 방법을 찾아내는 연구를 한다. 이런 과정들을 통하여 축적된 이론의 폭과 깊이는 지속적으로 확장되어 왔고, 앞으로도 계속될 것이다. 우리의 일상에서 주위를 살펴보면 화학이 얼마나 우리 생활에 깊숙이 들어와 있는지 분명히 알 수 있다. 우리가 숨

쉬는 공기 그리고 생명 유지에 필요한 물이 화학물질이고, 건축 자재, 합성 섬유, 자동차와 핸드폰을 만드는 기능성 소재들, 전기, 휘발유, 전지 등 에너지, 식품, 병원에서 사용하는 진단기구와 치료용 의약품, 비누와 세재, 화장품 등 우리 일상생활의 거의 대부분의 활동들이 화학물질과 관련이 있기 때문에, 우리는 항상 화학의 중요성과 필요성을 인식하며 살고 있다.

1.2 물질

질량과 부피가 있는 모든 물체를 **물질**(matter)이라 하고, 그들은 각자 고유한 물리적 화학적 특성을 갖고 있다. 물질은 크기의 관점에서 크게 세 가지로 분류할 수 있다. 육안으로 보고 느낄 수 있으며 다룰 수 있는 크기의 **거시적**(macroscopic)물질, 크기가 너무 작아서 오직 현미경과 같은 도구를 이용해야만 볼 수 있는 크기를 갖는 **미시적**(microscopic)물질, 그리고 이보다 더 작은 나노미터 크기를 갖는 **나노**(nanoscopic)물질들로 나눌 수 있다. 지금까지 나노 크기의 물질을 관찰하는 것은 쉽지 않았지만, 최근 나노 수준 크기의 물질을 관찰할 수 있는 새로운 관측 장비들이 개발되면서 가능하게 되었다.

대부분의 물질은 고체, 액체, 기체와 같이 세 가지 **상태**(phase)로 존재한다. 물질은 상태에 따라 모양과 부피가 변화하기 때문에, 모양과 부피의 변화를 관찰하는 것은 물질의 상태를 구분하는 중요한 기준이 된다. 고체는 담는 용기에 무관하게 물질의 모양과 부피가 원래대로 보존되는 것을 말하고, 액체는 부피는 보존되지만 담는 용기에 따라 모양이 바뀐다. 그리고 기체는 모양과 부피가 보존되지 않고 담는 용기에 따라 변하는 상태를 말한다. 예를 들어 물은 고체(얼음), 액체(물), 그리고 기체(수증기) 상태로 존재할 수 있으며 이 세 가지 상태가 어떻게 다른지 구분할 수 있는 특성이 있다. 화학자들은 물질의 상태를 표현하기 위해 상평형 그림을 이용한다. 온도, 부피, 압력 등의 조건에 따라 변하는 물질의 상태 관계, 즉 상평형이 이루어지는 경계를 곡선으로 나타낸 것을 상평형 그림이라 한다. 그림 1.1은 물의 상평형 그림을 보여준다. 상평형 그림에서, 곡선 AB는 기체와 액체가 평형을 이루며 공존하는 조건이고, AD는 액체와 고체가 평형을 이루며 공존하는 조건이며, AC는 고체와 기체가 평형을 이루며 공존하는 조건이다. 만일 압력을 1기압(760mmHg)으로 일정하게 유지한 조건에서, 온도를 증가시키면 고체(얼음)는 녹아 액체(물)가 되고 온도를 계속 올리면 기체(수증기) 상태로 변하는 것을 볼 수 있다. 그리고 온도를 상온(25°C)으로 일정하게 유지한 조건에서,

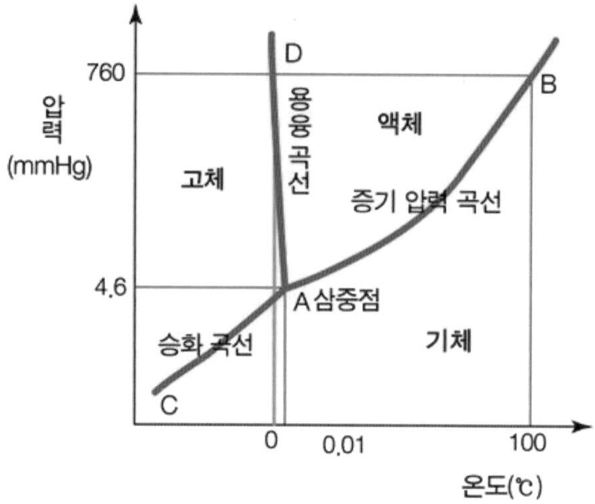

그림 1.1 물의 상평형 그림

압력을 높이면 기체 상태의 수증기가 액화되어 액체 상태의 물로 변하는 것을 볼 수 있다.

물질은 일정한 기준에 따라 한 가지 물질로만 구성되어 있는 '**순물질**'과 여러 종류의 다른 물질들이 섞여있는 '**혼합물**'로 분류할 수 있다(그림 1.2). 순물질은 수소, 산소, 철, 구리, 물, 소금 등과 같이 한 가지 종류의 물질로만 이루어져 있으며 물질의 특성이 항상 같은 물질을 말한다. 물질은 그 물질만이 갖는 고유한 물리적 화학적 특성들을 갖고 있기 때문에 서로 구별할 수 있다. 물질의 특성이 될 수 있는 것은 색, 결정모양, 냄새, 촉감, 끓는점, 녹는점, 밀도, 용해도 등이 있다. 반면 물질의 특성이 될 수 없는 것들은 질량, 무게, 부피, 길이, 넓이, 온도 등이다. 혼합물은 소금물(소금+물), 탄산음료(설탕+물+이산화탄소 등), 합금 등과 같이 두 가지 이상의 순물질이 섞여 있는 물질을 말한다. 혼합물의 특징은 섞여 있는 각각의 물질들의 고유한 성질은 그대로 유지되지만, 끓는점, 녹는점, 밀도, 용해도 등과 같은 물질의 특성은 일정하지 않고 성분 물질의 혼합 비율에 따라 달라진다.

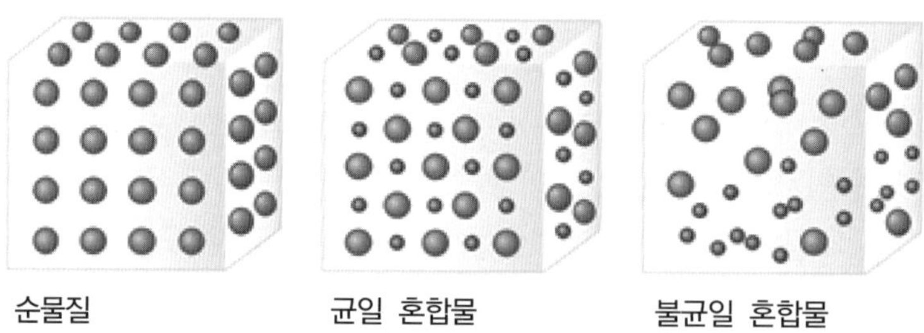

그림 1.2 순물질과 혼합물

자연에서 얻는 대부분의 물질들은 순물질이 아닌 혼합물 상태로 존재한다. 혼합물은 두 가지로 구분되는데, 균일하게 섞여있어 시료의 어느 부분을 선택해도 그 조성이 같으면 **균일 혼합물**(homogeneous mixture)이라 하고, 또는 **용액**(solution)이라고도 한다. 예를 들면 질소와 산소로 구성된 공기, 소금물, 철과 크롬의 합금인 강철합금(스테인리스 강) 등이 용액이다. 공기는 기체, 소금물은 액체, 그리고 합금은 고체인 것을 고려하면, 용액은 고체, 액체, 기체 상태로 모두 존재 할 수 있다. 이 중에서 고체 용액을 **고용체**(solid solution)라 부른다. 반면 어떤 혼합물은 성분들이 균일하게 섞여 있지 않아, 시료의 부분에 따라 성분비와 조성이 일정하지 않는다, 이를 **불균일 혼합물**(heterogeneous mixture)이라 한다. 예를 들면 흙탕물, 암석, 혈액, 과일주스 등이 불균일 혼합물이다.

혼합물 상태에서는 각 구성 성분의 구조와 성질을 알 수 없기 때문에, 혼합물에 섞여 있는 순물질들을 각각 분리해 내는 것이 중요하다. 혼합물에 섞여있는 구성 성분들은 **정제**(purification) 과정을 거쳐 순수한 물질로 분리된다. 혼합물로부터 순물질을 분리하는 것은 구성 성분의 물리적 (녹는점, 끓는점, 비중, 용해도, 자기적 성질 등) 또는 화학적(산성, 염기성 등) 특성들의 차이가 충분히 다를 때 가능하다. 예를 들면, 철과 황의 혼합물은 철이 자석에 붙는 성질을 이용하여 분리할 수 있고, 물과 알코올의 혼합물은 끓는점의 차이를 이용하여 물과 알코올로 분리할 수 있다. 이와 같이 혼합물로부터 순물질을 효율적으로 분리하는 여러 방법들이 고안되었는데, 증류(끓는점 차이 이용), 재결정(용해도 차이 이용), 거름(고체와 액체의 차이, 용해도 차이), 원심분리(질량의 차이), 자기적 성질 등이 널리 이용되고 있다. 그러나 구성 성분의 물리적 또는 화학적 특성 차이가 너무 미미한 경우에는 분리하는 데 어려움이 있거나 어느 정도 한계가 있을 수 있다. 따라서 이러한 경우에는 대부분 한 단계로는 분리가 불충분하고, 여러 번의 분리 과정을 거쳐야 좀 더 순수한 물질을 얻을 수 있다. 얻어진 순물질은 반드시 100%의 순도를 갖는 것을 의미하지는 않고, 물질의 종류에 따라 서로 다른 기준으로 순도 99.9% 또는 99.99% 등으로 나타낸다. 따라서 일반적으로 순수하다의 의미는 가능한 모든 정제 방법을 동원하여 여러 번의 정제과정을 거친 후, 물질의 성질이 더 이상 변하지 않고 일정하게 되었을 경우를 의미한다.

우리가 일상생활에서 사용하는 거의 모든 물질들은 자연 상태에서 얻어진 그대로 사용하지 않고, 용도와 목적에 맞게 형태와 기능을 변화시킨 것들이다. 변화는 크게 물리적 변화와 화학적 변화 두 가지로 분류된다. 나무를 집을 짓거나 가구를 만드는데 쓰이는 목재로 바꾸는 것처럼 단순히 형태만 바뀌는 것들은 **물리적 변화**이다. 그러나 대부분의 변화는, 자연 상태에서 얻어진 원유로부터 플라스틱, 합성섬유, 타이어 그리고 의약품 등을 얻는 것처럼, 원래의 성질이 완전히 바뀌게 되는 **화학적 변화**이다. 이렇게 물질들이 다른 물질로 변화되는 과정을 관찰하고 이해하는 것은 물론이고, 변화를 일어나게 하는 방법을 찾아내는 학문이 화학이다.

물질을 더 이상 쪼갤 수 없을 때까지 작은 크기로 나누어 보면, 그 물질을 구성하는 기본 성분과 기본 입자를 알 수 있을 것이다. 물질은 이 작은 기본 입자들로 구성되어 있다. **물질의 기본 성분은 원소(element)라 하고, 물질을 구성하는 기본 입자를 원자(atom)라 한다.** 원소의 고유한 특성은 원소를 이루는 원자의 내부 구조에 의해 결정되며 매우 다양하다. 산소, 질소, 염소, 헬륨 등 어떤 원소는 기체이고 **비금속**(nonmetal)이다. 수은은 액체이고 그 밖의 대부분의 원소들은 고체이다. 탄소, 황, 인 등을 제외한 고체 상태의 원소는 대부분 **금속**(metal)이다. 금속은 광택이 나고, 전기와 열을 잘 통하는 전도체이며, 녹이 스는 특성이 있다. 비금속은 녹이 슬지 않고, 열이나 전류를 잘 통하지 않고, 광택도 없으며 특징적인 외관을 가지고 있지 않다. 그리고 금속과 비금속의 경계에 있어 어떠한 집단으로도 명확히 분류되지 않는 **준금속**(metalloid)이 있다.

과학자들은 일찍부터 많은 원소들을 어떤 기준에 의해 분류할 수 있다면, 물질세계의 규칙성을 알 수 있을 뿐만 아니라 새로운 물질의 성질도 예측할 수 있을 것으로 생각하고, 원소를 특성에 따라 분류하려는 시도를 해왔다. 19세기 러시아의 화학자 멘델레예프(Dmitri Mendeleev)는 원소들의 성질의 유사성에 근거하여 규칙적으로 배열한 **주기율표**(periodic table)를 개발하였다. 그림 1.3은 금속, 비금속, 준금속의 위치를 나타내는 간략한 주기율표를 보여 준다.

원소주기율표

	IA	IIA	IIIB	IVB	VB	VIB	VIIB	VIIIB			IB	IIB	IIIA	IVA	VA	VIA	VIIA	VIIIA
1	1 H 1.008																	2 He 4.003
2	3 Li 6.941	4 Be 9.012											5 B 10.81	6 C 12.011	7 N 14.007	8 O 15.999	9 F 18.998	10 Ne 20.179
3	11 Na 22.990	12 Mg 24.305											13 Al 26.98	14 Si 28.09	15 P 30.97	16 S 32.07	17 Cl 35.45	18 Ar 39.95
4	19 K 39.10	20 Ca 40.08	21 Sc 44.96	22 Ti 47.57	23 V 50.94	24 Cr 52.00	25 Mn 54.94	26 Fe 55.85	27 Co 58.93	28 Ni 58.70	29 Cu 63.55	30 Zn 65.39	31 Ga 69.72	32 Ge 72.61	33 As 74.92	34 Se 78.96	35 Br 79.90	36 Kr 83.80
5	37 Rb 85.47	38 Sr 87.62	39 Y 88.91	40 Zr 91.22	41 Nb 92.91	42 Mo 95.94	43 Tc (98)	44 Ru 101.07	45 Rh 102.91	46 Pd 106.42	47 Ag 107.87	48 Cd 112.41	49 In 114.82	50 Sn 118.71	51 Sb 121.76	52 Te 127.60	53 I 126.90	54 Xe 131.29
6	55 Cs 132.91	56 Ba 137.33	57-71 La	72 Hf 178.49	73 Ta 180.95	74 W 183.85	75 Re 186.21	76 Os 190.23	77 Ir 192.22	78 Pt 195.08	79 Au 196.97	80 Hg 200.59	81 Tl 204.38	82 Pb 207.2	83 Bi 208.98	84 Po (209)	85 At (210)	86 Rn (222)
7	87 Fr (223)	88 Ra (226)	89-103 Ac	104 Rf (261)	105 Db (262)	106 Sg (263)	107 Bh (262)	108 Hs (264)	109 Mt (266)	110 Uun (264)	111 Uuu (272)	112 Uub (277)	113 Uut (284)	114 Uuq (289)	115 Uup (288)	116 Uuh (292)	117 Uus	118 Uuo (294)

내부전이원소															
	57 La 138.91	58 Ce 140.12	59 Pr 140.91	60 Nd 144.24	61 Pm (145)	62 Sm 150.36	63 Eu 151.96	64 Gd 157.25	65 Tb 158.93	66 Dy 162.50	67 Ho 164.93	68 Er 167.26	69 Tm 168.93	70 Yb 173.04	71 Lu 174.97
	89 Ac (227)	90 Th 232.04	91 Pa 231.04	92 U 238.03	93 Np (237)	94 Pu (244)	95 Am (243)	96 Cm (247)	97 Bk (247)	98 Cf (251)	99 Es (252)	100 Fm (257)	101 Md (258)	102 No (259)	103 Lr (262)

그림 1.3 금속, 준금속, 비금속의 위치를 알려주는 주기율표. 출처 : 대한화학회

그림 1.3에서 왼편에 위치되어 있는 원소들과 아래 부분에 따로 위치되어 있는 내부전이원소는 금속이고, 오른편 위쪽에 위치해 있는 원소들은 비금속, 그리고 금속과 비금속의 경계에 있는 원소들은 준금속이다. 반도체로 사용되는 규소(Si)와 게르마늄(Ge)이 준금속에 속한다.

물질의 물리적 화학적 특성은 그 구성 성분과 그들의 구조에 의해 결정되므로 물질의 특징을 이해하기 위해서는 그 물질을 구성하는 기본 입자인 원자를 알고 그 원자들이 서로 어떻게 연결되고 배열되어 있는지를 알아야 한다. **화합물(chemical compound)**은 두 개 이상의 원자들이 일정한 비율로 결합한 순물질이다. 예를 들어, 수소 원자와 산소 원자가 2:1의 비율로 결합하여 물이라는 화합물을 만든다. 원자가 결합하여 화합물이 만들어지면, 원소의 특성은 사라지고 만들어진 화합물은 구성 성분의 원소와는 전혀 다른 화합물만의 고유한 특성을 갖게 된다. 예를 들면, 상온에서 액체인 물은 구성 성분인 수소와 산소와는 전혀 다른 특성을 갖는다. 그리고 물에 잘 녹고 색깔이 없는 액체인 알코올은, 그 구성 성분인 탄소, 산소, 수소와는 전혀 다른 특성을 갖는다. 탄소는 물에 녹지 않는 검은 고체 가루이고, 산소와 수소는 기체이다. 이렇게 두 개 이상의 다른 원자들이 결합하여 만들어진 화합물들 중, 탄소가 수소, 질소, 산소 등과 결합하여 만들어진 메탄, 부탄, 그리고 프로판과 같은 종류의 모든 화합물들을 **유기화합물**(organic compound)이라 한다. 그리고 소금, 황산, 암모니아 등과 같이 탄소를 기본으로 하지 않은 화합물들은 **무기화합물**(inorganic compound)이라 한다.

분자(molecule)는 화합물의 가장 작은 입자이다. 소금을 구성하는 원소는 나트륨과 염소이다. 소금은 나트륨 원자와 염소 원자가 결합하여 순물질인 소금 화합물을 만든다. 이 소금 화합물의 기본입자는 소금 분자이다. 소금은 구성 성분인 나트륨이나 염소와는 전혀 다른 특성을 갖는다. 소금은 물에 잘 녹고 짠 맛을 띠며 상온에서 무색의 고체 결정이지만, 그 구성 성분인 나트륨은 알칼리 금속이고 염소는 독성이 있는 녹황색의 기체이다.

원소들은 각자 이름이 있고. 원소들 이름의 첫 글자나 처음 두 글자를 따서 원소기호를 부여 받는다. 두 글자를 이용할 경우 첫 글자는 대문자로 두 번째 글자는 소문자로 표시한다. 그림 1.3의 주기율표는 원소 이름과 기호를 보여준다. 표 1.1은 몇 가지 원소의 이름과 기호를 나타낸다. 그리고 금속들도 그들의 영어 이름으로부터, 니켈(nickel)은 Ni, 마그네슘(magnesium)은 Mg로, 그리고 망가니즈(Manganese)는 Mn으로 표시한다. 그러나 몇 가지 금속들은 영어 이름이 아니라 라틴어나 그리스어 등의 고대어에서 유래한 이름을 갖고 있는 것도 있다(표 1.2). 이 금속 이름이 고대 시대에서 유래한 이름을 갖고 있는 것을 보면, 이미 그 시대에도 이 금속들의 존재를 알고 있었음을 알 수 있다.

표 1.1 몇 가지 원소들의 이름과 기호

원소(영어)	기호	원소(영어)	기호
수소(Hydrogen)	H	탄소(Carbon)	C
헬륨(Helium)	He	질소(Nitrogen)	N
리튬(Lithium)	Li	산소(Oxygen)	O
바륨(Barium)	Be	불소(Fluorine)	F
붕소(Boron)	B	네온(Neon)	Ne

표 1.2 영어 원소 이름을 따르지 않는 몇 가지 원소들

원소(영어)	기호	기호의 유래
구리(Copper)	Cu	cuprum : 사이프러스의 섬을 의미하는 라틴어
금(Gold)	Au	aurum : 빛나는 새벽을 의미하는 라틴어
납(Lead)	Pb	plumbum : 라틴어 원소 이름
나트륨(Sodium)	Na	natrium : 라틴어 원소 이름
수은(Mercury)	Hg	hydrargyrum : 액체를 의미하는 그리스어
안티몬(Antimony)	Sb	stibium : 그리스어+라틴어
은(Slver)	Ag	argentum : 라틴어 원소 이름
칼륨(Potassium)	K	kalium : 알칼리를 의미하는 라틴어
주석(Tin)	Sn	stannum : 라틴어 원소 이름
철(Iron)	Fe	ferrum : 라틴어 원소 이름
텅스텐(Tungsten)	W	wolfram : 스웨덴어

대부분의 비금속 원소들은 원자가 아닌 분자로 구성되어 있다. 순수한 수소 기체는 두 개의 수소 원자가 결합하여 수소 분자(H_2)를 형성한다. 표 1.3에 명시되어 있는 7 개의 비금속은 일반적으로 두 개의 원자가 결합하여 분자를 구성하고 있으며, 이를 **이원자 분자**(diatomic molecule)라고 한다.

표 1.3 이원자 분자

원소	기호	특성
수소	H_2	가장 가벼운 기체, 무색, 무취
산소	O_2	반응성이 높은 기체, 무색, 무취, 공기의 구성 물질
질소	N_2	반응성이 상대적으로 낮은 기체, 무색, 무취,
염소	Cl_2	유독성의 기체, 녹황색
불소	F_2	반응성이 매우 높은 기체, 노란색
브롬	Br_2	부식성이 매우 높은 액체, 암적색, 기화 됨
요오드	I_2	쉽게 기화하는 고체, 자주색

화합물들은 원소들의 조합 방식을 원소기호와 화합물의 결합에 참여하는 원소들의 상대적인 개수를 나타내는 숫자를 이용하여 **화학식**(chemical formular)으로 표현한다. H_2는 수소 분자를, NaCl는 소금을, H_2SO_4는 황산을 나타내는 화학식이다. 화학식에서 원소는 기호로 표시하고, 아래 첨자(H_2SO_4의 숫자 2와 4)는 원자들의 상대적인 개수를 의미한다. 그리고 원자들이 분자 안에서 어떤 배열로 어떻게 결합되어 있는 구조를 보여주기 위한 방법은 아래의 그림과 같이 결합하는 원소 기호 사이를 선으로 연결하여 표시하는 것이다.

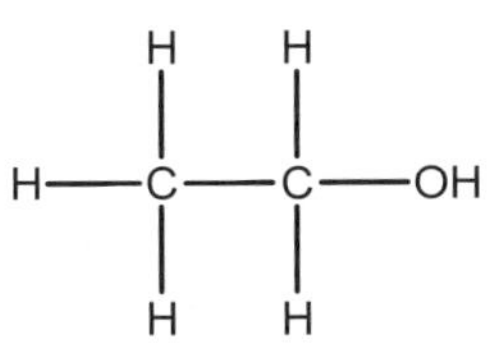

에틸 알코올

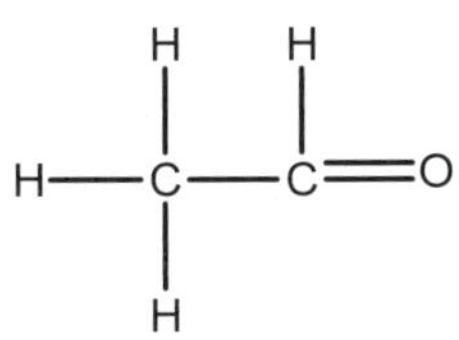

아세트 알데하이드

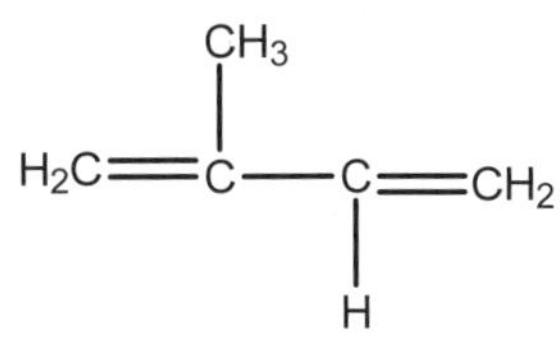

천연고무

위와 같이 선을 이용하여 원자의 배열과 연결을 보여주는 화학식을 **구조식**(structural formular)이라 하고, 구조를 나타내지 않는 화학식을 **분자식**(molecular formular)이라 한다. 만일 분자의 구조와 모양을 평면이 아닌 입체로 표현해야 할 필요가 있는 경우에는 그림 1.4와 같이 막대나 구의 모형을 이용하거나 컴퓨터 그래픽으로 그려낸다.

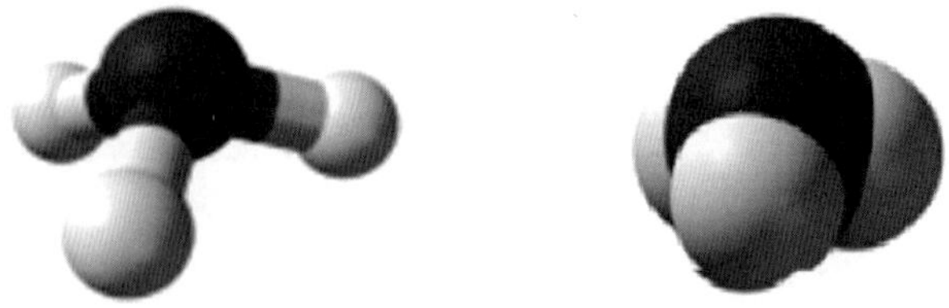

그림 1.4 암모니아 분자를 막대나 구의 모형을 이용하여 입체적으로 표현한 그림. 중심원자는 질소, 그리고 중심원자에 결합되어 있는 원자는 수소 원자를 나타낸다.

화학반응은 순물질(반응물)이 다른 순물질(생성물)로 변화하는 과정이다. 화학자들은 원활한 의사소통을 위해 화학반응을 식을 이용하여 표현한다. 예를 들어, 일산화질소(NO) 기체가 산소(O_2) 기체와 반응하여 이산화질소(NO_2) 기체가 만들어지는 반응을 **화학 반응식**(chemical equation)으로 표시하면 다음과 같이 쓴다.

$$2NO(g) + O_2(g) \rightarrow 2NO_2(g)$$

이 식에는 일산화질소, 산소, 그리고 이산화질소가 기체(g) 상태라는 정보도 함께 포함되어 있다. 화살표는 반응의 방향을 의미하며 식의 왼쪽에는 반응물들을, 그리고 오른쪽에는 생성물들을 나타낸다. 이 식에서 일산화질소와 이산화질소 기호 앞에 있는 숫자 2는 **계수**(coefficient)라 하고 반응에 사용된 물질의 양을 나타낸다. 이 반응식은 풀어서 다음과 같이 쓸 수 있다. '기체 상태의 일산화질소 분자 두 개와 기체 상태의 산소 이원자분자 한 개가 반응하여 기체 상태의 이산화질소 분자 두 개를 생성하였다.'

과학은 실험과 관찰을 통하여 물질의 특성을 연구하고, 그리고 물질을 목적에 맞게 다른 물질로 변화시키는 방법을 모색하고, 또한 새로운 물질을 만드는 과정을 거듭 시도하면서 발전해 왔다. 물질의 특성 표현은 **정량적**(quantitative)인 정보와 **정성적**(qualitative) 정보를 이용한다. 물질의 끓는점, 질량, 밀도 등과 같이 숫자로 표시되는 측정값을 정량적 정보라 한다. 이와 달리 '물이 뜨겁다'와 같이 숫자와 관련 없이 물질의 성질을 표현하는 것을 정성적 정보라 한다. 실험에 의한 정량적 측정값은 숫자와 단위를 이용하여 표시하는데, 만일 측정값의 단위가 없으면 아무런 의미가 없다. 예를 들어 질량을 측정하였을 경우, 단위가 그램인지, 킬로그램인지, 아니면 파운드인지 정확히 명시하여야 한다. 과학자들은 원활한 의사 소통을 위하여 측정 단위를 한 가지 간단한 단위법으로 통일하여 사용하고자 하였다. 이런 목적에서 만들어진 것이 미터법이다. 우리는 측정값의 단위를 다른 단위로 변환하여 표시하는 경우가 종종 있다. 단위를 변환하는 이유는 측정값을 아주 작은 숫자나 아주 큰 숫자로 표시하고 싶지 않기 때문이다. 예를 들어 제주에서 서울까지의 거리를 미터로, 사람의 체중을 밀리그램으로, 그리고 마라톤의 기록을 초 단위로 표시하고자 하는 사람은 없을 것이다. 현재 사용되는 국제단위계를 약자로 SI 단위(Système International d'Unités라는 프랑스어)라 하고 표 1.4에 보여 진다. 표 1-5는 SI 단위의 변환에 사용되는 접두사를 나타낸다.

표 1.4 SI 단위

양	단위의 명칭	단위기호
길이	미터	m
질량	킬로그램	kg
시간	초	s
온도	캘빈	K
물질량	몰	mol
전류	암페어	A
광도	칸델라	cd

표 1.5 SI 단위 변환에 사용되는 접두사

접두사	약자	의미
메가(mega-)	M	10^{6}(백만)
킬로(kilo)	k	10^{3}(천)
데시(deci)	d	10^{-1}(십분의 일)
센티(centi)	c	10^{-2}(백분의 일)
밀리(milli)	m	10^{-3}(천분의 일)
마이크로(micro)	μ	10^{-6}(백만분의 일)
나노(nano)	n	10^{-9}(십억분의 일)
피코(pico)	p	10^{-12}(1조분의 일)

1.3 화학의 역할

과학 기술의 발전으로 인간의 기대 수명은 증가하고 삶은 훨씬 편리해지는 등 많은 이득을 가져왔지만, 동시에 항상 크고 작은 위험들이 불가피하게 동반하는 경우가 있다. 자동차를 이용하면 도보로 걸어가는 것 보다 많은 장점이 있지만, 자동차를 생산하는 과정에서 불가피하게 공해를 유발하게 되고 매년 자동차 사고로 많은 사상자가 발생한다. 전기는 현대 생활에서 매우 중요하고 필수적이지만, 전기를 생산하는 과정에서 환경을 해치고, 또한 전기에 감전되지 않도록 항상 조심해야 한다.

위험은 유해와 노출 두 가지의 주된 요인으로 이루어져있다. 매우 유해함에도 불구하고 노출 가능성이 낮으면 안전하다고 간주할 수 있다. 그러나 유해성이 거의 없음에도 불구하고 과잉 노출될 경우에는 위험할 수 있다. 예를 들어 황산이나 청산가리 등은 매우 독성이 강하고 유해한 화학물질로 분류되어 관리되고 있지만 노출될 가능성이 낮아 일반인들이 느끼는 위험의 수용 수준은 매우 낮다. 그러나 마시는 물은 유해성이 거의 없지만, 수영장에서의 물은 익사의 위험이 잠재되어 있다. 일반적으로 지진이나 태풍과 같이 자연적인 요인에 의한 위험은 대부분 큰 규모로 다가오고 통제할 수 없는 경우가 많다. 반면 유독가스 노출이나 화학공장 폭발 사고 같은 인위적인 요인에 의한 위험은 대부분 통제할 수 있고 신뢰하는 것에 의한 위험인 경우가 많기 때문에 더 쉽게 받아들이는 경향이 있다. 그리고 활동에서 오는 이득과 동반하는 위험의 수준이 비슷한 경우에는 위험을 감수하고 활동을 택하려는 경향이 있다고 한다.

현재 10만 종이 넘는 화학물질이 개발되어 사용 중이며 매년 수천 개의 화학물질이 새로 개발되고 있다. 화학물질은 어디에, 어떻게, 그리고 얼마나 많은 양이 사용되느냐에 따라 유해한지 아니면 유용한지가 결정된다. 그러므로 전문가들은 위험성에 대한 축적된 데이터를 과학적인 분석과 검토를 통하여 특정 화학물질을 사용함으로서 오는 이득과 위험을 평가한다. 그리고 정부는 유해 화학물질의 과도한 노출로부터 국민을 보호하기 위해 여러 복합적인 요인들을 고려한 판단 기준에 따라 수용 여부를 결정하거나 "안전한 범위" 즉 "기준치"를 설정해 관리하고 있다. 만일 화학물질의 사용이 인간의 건강이나 환경에 "부당한 위험"이나 "역의 효과"를 가져올 수 있다고 평가되면, 그 화학물질은 유해화학물질로 분류되고 국민 생명 관리 법령으로 규제 또는 금지된다. 예를 들어 방사선, 위험물, 독성물질, 마약류, 고압가스 등은 유해물질 관리법에 의해 관리되고, 전기용품, 위생용품, 생활용품 등은 안전관리법에 의해 관리하고 있다. 이런 법적인 규제나 관리에도 불구하고 유해물질을 대량으로 다룰 경우에는 작은 실수마저 대형사고로 이어지기 때문에, 위험 관리에 각별한 주의를 해야 한다. 예를 들면, 1984년 인도의 보팔 시에 위치한 유니언 카바이드 살충제 공장에서 유독가스인 메틸이소시안염이 유출됐다(그림 1.5). 아이소사이안화 메틸(methyl isocyanate, MIC)은 극소량으로도 중추신경계와 면역체계를 일시에 파괴하는 독극물로 인체에 치명적이다. 이 사고로 인해 3만여 명의 공장 인근 주민이 사망하였고, 20만 명 이상의 피해자가 발생해 지금까지도 치명적인 후유증에 시달리고 있다. 따라서 만일의 사고를 대비하여, 사고가 났을 경우 적절하게 대응하는 철저한 안전교육이 중요하다(그림 1.6).

그러나 이런 법령들은 개인이나 산업공장 등에서 발생한 오염물질들이 물이나 공기로 유입되는 것을 차단하는 것은 어렵다. 1952년 런던의 대규모 스모그 사건 이후, 영국 정부는 국가적인 차원에서 대기오염을 통제하기 위해 **깨끗한 공기 법령**(Clean Air Act)을 처음으로 제정하여 지금까지 시행하고 있다. 깨끗한 공기 법령은 가장 경제적이고 실용적인 기술에 근거하여 공해를 조절하는 목적으로 대기 품질 기준들을 법으로 제정한 대기오염방지법이다. 그리고 미국, 뉴질랜드, 캐나다 등 대부분의 나라에서도 이 법령을 시행하고 있고, 동시에 환경오염을 예방하거나 줄이는 제품 그리고 재생 가능한 환경 친화적인 제품들을 생산하고 사용하도록 장려하는 정책을 적극적으로 추진하고 있다.

그림 1.5 1984년 2만여 명의 사망자가 발생한 인도 보팔의 유니언 카바이드 공장

그림 1.6 화학물질 사고로 인한 독성가스 유출시 대응하는 안전 교육을 실시하는 현장. 출처 : 연합뉴스

16세기부터 시작된 **과학혁명**과 함께 근대가 시작하였고, 과학기술은 인류 문명의 발전에 많은 기여를 해왔다. 과학혁명의 등장에 중추적인 기여를 한 영국의 철학자 베이컨은 '과학은 세상의 문제를 해결하고 새로운 발명으로 인간의 삶을 풍부하게 하여 인간의 행복과 번영을 증진시키는 것이다'라 하였다. 과학혁명 이후 현대에 이르면서 과학기술은 상상을 초월할 만큼 변화하고 발전을 거듭해 왔으며, 인간의 삶도 훨씬 편리하고 윤택하게 변화해 왔다. 이렇듯 인간의 삶을 안락하고 편리하게 하며, 생활을 풍족하게 하는 것이 화학의 역할이라 할 수 있다.

화학물질이 없다면 우리 일상생활 자체가 불가능할 정도로 우리의 생활의 중요한 필수품이다. 대부분의 화학물질은 우리에게 매우 유용하다. 화학물질은 질병을 치료하는 의약품, 식량의 생산을 증대하는 비료, 냉난방과 운송에 필요한 연료, 그리고 기계, 의류, 컴퓨터, 건물 등을 만드는 소재를 제공한다. 그러나 어떤 화학물질은 오용되었을 때 문제를 일으킨다. 자원의 무분별한 이용은 심각한 오염 뿐만 아니라 자원 부족을 초래하고, 잘못된 농약 사용이 해충 뿐만 아니라 인간을 포함한 모든 생명을 위협할 수 있다. 북한의 핵실험은 여전히 해결되지 않은 위험 요소로 존재하고 있고, 유독 가스의 노출에 관한 뉴스는 화학물질의 안전과 관리에 대해 우려를 갖게 한다. 그래서 환경오염을 예방하거나 줄이는 물질과 공정을 이용하는 **녹색화학**(green chemistry)의 개념이 도입되었고, 더 나아가 현재 세대의 필요를 충족하면서도 다음 세대의 필요를 희생시키지 않는 **지속가능한 화학**(sustainable chemistry)에 관심을 갖게 되었다. 지속성이란 자원을 보존하고 재생 가능한 자원으로 환경 친화적인 제품을 생산하는 것이다. 대부분의 인간 활동은 불가피하게 자원의 소비와 폐기물 생성을 동반한다. 일상생활에서 사용하는 모든 화학물질들의 생산을 위해서는 재료가 필요하고, 사용하고 나면 결국 이 물질들은 폐기물이 된다. 식량 생산에는 비료와 농약 등을 만드는 재료가 필요하며, 농산물을 소비자에게 이동하기 위해 연료가 필요하다. 즉 식량 생산 과정에 사용되는 비료, 농약, 연료 등에 의해 환경이 오염되고 인간의 건강에 해가될 수 있다. 어떤 활동은 다른 활동보다 명백히 적은 자원을 소비하고 적은 폐기물을 생성한다. 자동차를 운전하면 연료가 필요하고, 배기관을 통해 생성된 폐기물이 배출된다. 그러나 자전거는, 물론 자동차와 마찬가지로 금속, 플라스틱, 합성고무, 페인트 등 재료가 필요하고 폐기물을 생성하지만, 자전거를 타는 것이 상대적으로 환경 친화적인 선택이다.

만약 여러분이 일상생활에서 다음과 같은 질문들을 마주할 경우, 여러분은 어떤 선택과 답변을 하겠는가?

- 가습기 소독제를 계속 사용해야 할까?
- 자연산이라고 선전하는 상품을 비싼 가격으로 살 가치가 있는가?
- 유기농 친환경 식품은 더 안전하고 건강한 식품인가?
- 대체의학은 안전한가? 그리고 효과는?
- 지구온난화의 원인은? 그리고 기후 변화에 대한 가능한 대응책은 무엇인가?
- 화석연료가 고갈된다는데 가능한 대체에너지는 무엇이 있을까?
- 미세먼지의 발생과 피해를 줄이는 방법은?
- 유전자 변이 식품을 구입해도 될까?
- 가솔린 자동차와 전기자동차 중 어느 것을 구입해야할까?
- 우리나라는 원자력 발전을 포기해야 할까? 포기한다면 그 대안으로 가능한 것들은?
- 환경오염을 줄이는 방법과, 오염된 환경을 어떻게 복원할 수 있을까?
- 증가하는 인구를 먹이고, 입히고, 주택 문제를 해결하는 방법은?

이 물음들에 대한 답을 내리기는 간단하거나 쉬운 문제가 아니다. 먼저 필요한 것은 우리가 내린 결정으로 얻는 혜택과 이득이 무엇이며, 그리고 이 선택으로 동반되는 위험이나 부정적 효과를 매우 구체적이고 명확하게 이해하여야 한다. 물론 위험에 대한 평가는 과학자들이 잘 하겠지만, 위험을 수용할 것인가의 선택은 개인이나 사회가 결정한다. 따라서 이득과 위험을 종합적으로 판단하여 가장 적절하고 현명한 결정을 내리기 위해서는 필연적으로 화학에 대한 지식이 필요하다.

그러나 화학에 대한 지식이 불충분한 대부분의 사람들은, 화학과 사회적 문제 간의 연관성에 대한 이해가 많이 부족할 수밖에 없다. 그러므로 복합적인 과학적 사고와 지식이 요구되는 이런 질문에 답을 구하기는 여간 쉬운 일이 아니다. 특히 화학은 어렵다는 선입관과 화학에 대한 이유 없는 공포를 갖고 있는 사람들은 화학을 가까이 하려는 노력은 생각조차 하지 않게 된다. 이런 이유로 화학적 지식이 요구되는 어떤 선택을 해야 할 경우 어려움에 처하게 되고 당연히 화학의 역할을 기대할 수가 없다. 그렇다면 이를 극복하기 위해 얼마만큼의 화학 지식을 습득해야 할까? 그 정도를 가늠하기는 누구나 여간 쉬운 일이 아닐 것이다. 이 책은 과학을 전공한 학생들은 물론이고 전공하지 않은 학생들에게도 화학에 관한 기본적인 내용과 개념을 충분히 이해할 수 있도록 도움을 주고, 동시에 일상생활 속에서 마주할 수 있는 화학이 갖는 다양한 역할들을 경험하는 기회를 제공하고자 한다. 그리고 이 책을 통하여 습득한 화학지식을 활용하여, 일상의 삶에서 마주하는 개인적이거나 아니면 사회 전반에서 일어날 수 있는 화학과 관련된 중요한 문제들을 현명하게 판단하고 대처하며 지혜로운 결정을 하는데 도움이 되기를 기대한다. 그리고 우리 공동체에서 추진하는 환경, 에너지, 기후 변화에 대한 대응 정책 등과 같이 화학과 관련된 사회 문제들을 이해하고 적극적으로 참여하기를 기대한다.

연습문제

1.1 우리가 마시는 술은 대부분 에탄올과 물의 혼합물에 소량의 감미료 등 여러 식품 첨가제들이 섞여 있는 혼합물이다. 25%의 에탄올을 포함하고 있는 술로부터 99.9% 에탄올을 얻는 방법을 구체적으로 설명하시오?

1.2 아래의 화학 반응과 같이 질소와 수소를 반응시켜 암모나아를 생성하였다.

$N_2(g) + 3H_2(g) \rightarrow 2NH_3(g)$

a. 반응물과 생성물의 질량은 같은가? 그 이유를 설명하시오.

b. 반응물과 생성물의 분자 수는 같은가? 그 이유를 설명하시오.

1.3 100g의 물이 다음과 같이 수소와 산소로 분해되었다. 생성물의 총 질량은 얼마인가?

$2H_2O(l) \rightarrow 2H_2(g) + O_2(g)$

1.4 원소, 원자, 화합물, 분자, 혼합물을 명확하게 정의하고, 다음 물질들을 분류하시오.

a. 질소기체

b. 탄산음료

c. 마요네즈

d. 끓는 물에서 나오는 수증기

e. 도시가스

1.5 소비자들은 농약을 사용하여 기른 야채보다 무농약으로 기른 야채를 더 선호한다. 두 경우를 비교하여 이득과 위험을 평가하고 본인의 선택을 결정하시오.

1.6 우리가 현재 사용하고 있는 에너지 자원인 화석 연료는 청정하지도 않고 지속가능하지도 않다. 그 이유를 설명하시오.

연습문제

1.7 화학을 정의하시오. 그리고 미국화학회의 사명은 '화학 산업과 이들 산업의 종사자들이 지구와 인류에게 혜택을 주기 위하여 더 넓게 나아가자'이다. 이 구호에서 화학이 인류에게 주는 혜택들을 나열하고, 화학의 역할이 인류 문명의 발전과 어떻게 관련되어 있는지 설명하시오.

1.8 물, 에탄올, 그리고 암모니아의 화학식과 구조식을 쓰고, 그 물질들의 특성을 설명하시오.

1.9 다음 활동에서 발생할 수 있는 위험들을 나열하고, 이 위험들과 행위로부터 얻는 이득을 서로 비교하시오. 그리고 위험을 줄일 수 있는 방법을 제시하시오.

a. 흡연과 음주
b. 휘발유를 사용하는 자동차 대신 전기자동차를 구매
c. 건강을 위해 친환경 유기농 식품을 구매
d. 수돗물과 세재의 사용을 줄이기 위해 일회용 용기를 사용
e. 집안의 해충을 박멸하기 위해 유독성 화학물질을 사용

1.10 환경오염을 예방하거나 줄이는 물질과 공정을 이용하는 녹색화학과, 자원을 보존하고 재생 가능한 자원으로 환경 친화적인 제품의 이용을 통하여 현재 세대의 필요를 충족하면서도 다음 세대의 필요를 희생시키지 않는 지속 가능한 화학에 대해 본인의 의견을 개진하시오. 그리고 이런 개념에 관하여 본인들이 할 수 있는 일들을 나열하시오.

제2장
산성과 염기성

2.1 산과 염기

2.2 우리 주변의 산과 염기

우리가 살고 있는 이 세상에는 셀 수도 없을 정도로 수많은 물질들이 존재하고, 이 물질들은 각각 그들만의 고유한 특성을 갖고 있다. 오랫동안 이 물질들이 갖는 특성을 연구해 온 과학자들은 물질들이 서로 다름에도 불구하고 어떤 공통된 특성을 갖고 있음을 알아냈고, 공통된 특성은 크게 산과 염기 두 그룹으로 분류하였다. **산**(acid)은 대부분 신맛을 내기 때문에 '시다(acidus)'라는 라틴어에서 유래되었고, **염기**(base)는 소금과 같은 염을 만들어 내는 성질이 있어서 염을 만들어 내는 '기초(basis)'가 된다는 뜻의 그리스어에서 유래되었다. 예를 들면 신맛을 내는 레몬이나 식초, 김치, 요구르트 등은 산의 성질(산성)을 가졌고, 반면 쓴맛을 내거나 피부에 닿았을 때 미끈미끈한 느낌을 주는 비누, 샴푸, 세제 등은 염기의 성질(염기성)을 가졌다. 산과 염기가 갖는 공통된 성질들이 표 2.1에 나타나있다.

표 2.1 산과 염기의 성질

산	염기
• 신맛을 냄	• 쓴맛을 냄
• H^+ 이온을 내놓음	• OH^- 이온을 내놓음
• 금속과 반응하여 수소 발생	• 미끄러운 느낌
• 지시약의 색변화 (푸른색 리트머스 시험지가 붉은색으로 변함)	• 지시약의 색변화 (붉은색 리트머스 시험지가 푸른색으로 변함)
• 석회석($CaCO_3$)과 반응하여 CO_2 생성	
• 염기를 중화시킨다	• 산을 중화시킨다

우리가 주위에서 접하는 산과 염기는 주로 수용액 상태로 존재하는데, 모든 산성 수용액들은 용도에 관계없이 산성으로서 공통된 성질을 갖고, 염기성 수용액도 마찬가지다. 산과 염기는 상호 간에 매우 잘 반응하고, 그들의 반응성은 산과 염기의 세기 그리고 농도에 따라 다르다. 예를 들어 진한 황산이나 진한 수산화나트륨은 화학적으로 반응이 매우 격렬하고 만약 피부에 노출되었을 경우에는 심각한 화상을 입기 때문에 숙련되지 않은 사람이 다루기에는 매우 위험할 수 있다. 그러므로 황산이나 수산화나트륨을 맛으로 확인하는 것은 절대 좋은 방법이 아니다. 반면 식초에 들어있는 아세트산은 신맛을 가지고 있음을 누구나 알고 식용으로 사용되며 레몬의 신맛도 마찬가지이다. 산성을 띤 탄산음료에 들어있는 탄산과 염기성을 띤 세숫비누는 마트에서 쉽게 구할 수 있고 일상적으로 마시고 사용하는데 아무런 위험이 없다. 이와 같이 산과

염기는 위험성이 잠재되어 있기는 하지만 그 위험성은 산과 염기의 세기 그리고 농도와 관련이 있다. 산과 염기는 상황에 맞게 사용하면 아주 유익한 물질이다. 우리가 일상 생활에서 자주 접하고 항상 사용하고 있는 물질 중에는 산성이나 염기성을 띤 물질들이 매우 많다. 예를 들면 자동차의 배터리에 들어있는 황산, 세척제에 들어있는 수산화나트륨, 탄산음료, 비누와 세제, 오렌지주스, 식초, 제산제, 표백제 등이 산성이나 염기성을 띠고 있다. 이 장에서는 산성과 염기성을 띤 물질들을 구분하고, 산과 염기의 세기를 나타내는 척도, 그리고 우리 주변의 산과 염기에 대해서 알아보고자 한다.

2.1 산과 염기

2.1a 정의

어떤 화학물질이 산인지 염기인지 구별하기 위한 몇 가지 이론들이 제시되었다. 스웨덴의 화학자 **아레니우스**(S. Arrhenius)는 H^+를 내놓는 물질은 산, 그리고 OH^-를 내놓는 물질은 염기라고 정의하였다. 하지만 이 이론은 수용액 상태인 경우에서만 설명이 가능하고 H^+나 OH^-를 포함하지 않는 물질들은 구분할 수가 없는 허점이 있다. 이 이론을 보완한 이론이 1923년 덴마크의 과학자 **브뢴스테드**(Y. N. Brönsted)와 영국의 과학자 **라우리**(T. M. Lowry)에 의해 제시되었다. 그들은 산은 수소이온 또는 **양성자**(proton)를 내놓을 수 있는 물질, 염기는 수소이온 또는 양성자를 받아들일 수 있는 물질로 정의하였고, 이 정의에 의해 거의 대부분의 산과 염기를 구별할 수 있게 되었다. 그 후 **루이스**(G. N. Lewis)는 브뢴스테드-라우리의 정리보다 더 포괄적이고 대상이 넓은 이론을 제시하였다. 루이스 이론은 전자쌍을 받는 것은 산, 전자쌍을 주는 것은 염기로 정의하고, 이 이론은 브뢴스테드-라우리 이론으로 산과 염기를 구분할 수 없는 물질들도 정리할 수 있게 되었다. 그리고 루이스 정의에 의해서만 산 염기로 구분될 수 있는 물질은 "루이스산", "루이스염기"라고 부른다. 예를 들면 아레니우스나 브뢴스테드-라우리 이론으로 구분하기 어려운 Co^{3+}, Fe^{3+} 등의 금속이온과 BF_3, $AlCl_3$ 등 비공유전자쌍이 있는 화합물들은 루이스 산으로 정리될 수 있다. 표 2.2는 산과 염기의 정의를 나타낸다.

표 2.2 산과 염기의 정의

구분	아레니우스	브뢴스테드-라우리	루이스
산 성	H^+를 내놓는 물질	수소이온 또는 양성자를 내놓을 수 있는 물질	전자쌍을 받는 것
염기성	OH^-를 내놓는 물질	수소이온 또는 양성자를 받아들일 수 있는 물질	전자쌍을 주는 것은 염기

■ 산(acid)

산은 신맛을 갖는 성질로 확인할 수도 있지만, 표 2.2에 정리되어 있는 것과 같이 화학적인 성질에 의해 산을 확인할 수 있다. 아레니우스의 정리에 의하면 산은 수용액에서 수소이온을 내놓는 화합물이다. 수소 원자는 한 개의 양성자와 한 개의 전자로 구성되어 있고 전기적으로 중성이다. 만약 수소 원자가 전자를 잃으면 원자는 양으로 하전된 수소이온(H^+)이 된다. 수소이온은 양성자만 남아있기 때문에 **양성자**(proton)라 한다. 염화수소(HCl)를 예로 들어보면, 염화수소는 물에 쉽게 용해되어 염산이라는 용액을 생성한다. 염화수소가 물속에서 용해되면 H^+와 Cl^- 두 개의 이온으로 **해리**된다.

$$HCl\,(aq) \rightarrow H^+\,(aq) + Cl^-\,(aq) \tag{2.1}$$

염화수소 분자는 수용액에서 완전히 해리되기 때문에 어떠한 염화수소(HCl) 분자도 용액에 남아있지 않는다. 이렇게 수용액에서 완전히 해리되는 산을 **강산**(strong acid)이라 한다. H^+는 너무 반응성이 크기 때문에 그 자체로 존재하지 않고 물 분자에 달라붙어 히드로늄 이온(H_3O^+)을 생성한다.

$$HCl\,(aq) + H_2O(l) \rightarrow H_3O^+(aq) + Cl^-\,(aq) \tag{2.2}$$

따라서 산을 언급할 때는 식 (2.1)과 같이 단순히 H^+을 쓰지만, 엄밀히 말하면 수용액에서 H_3O^+을 의미한다고 볼 수 있다.

이산화탄소는 물에 용해되어 약한 산성을 띤다. 화석연료의 사용으로 배출된 이산화탄소는 공기 중의 수증기와 반응하여 산성비를 내리고 바닷물에 용해되어 해양산성화를 유발하는 요인으로 작용한다는 것을 우리는 알고 있다. 그러나 산은 수용액에서 수소이온이나 양성자를 내놓는 물질이라는 정의로는 수소 원자가 없는 이산화탄소 같은 경우는 산으로 정의할 수 없다. 이와 같은 경우, 이산화탄소는 물에 용해되어 탄산이 생성된다는 설명으로 이해할 수 있다.

$$CO_2(aq) + H_2O(l) \rightarrow H_2CO_3(aq) \quad (2.3a)$$

탄산은 해리되어 수소 이온과 탄산수소 이온을 생성한다.

$$H_2CO_3(aq) \rightleftarrows H^+(aq) + HCO_3^-(aq) \quad (2.3b)$$

이 반응에서 탄산은 완전히 수소이온(H^+)과 탄산수소이온(HCO_3^-)으로 해리되지 않고 작은 양의 H^+와 HCO_3^-을 생성한다. 이렇게 탄산과 같이 수용액에서 작은 정도만 해리되는 산을 **약산**(weak acid)이라 한다. 표 2.3은 많이 이용되는 산의 화학식, 세기 그리고 용도를 보여준다.

표 2.3 많이 이용되는 산

이 름	화학식	세 기	용 도
염산	HCl	강함	금속세정
황산	H_2SO_4	강함	자동차 배터리, 금속세정, 플라스틱, 비료의 제조
질산	HNO_3	강함	비료, 플라스틱의 제조
인산	H_3PO_4	보통	비료, 세제의 제조
탄산	H_2CO_3	약함	탄산음료
붕산	H_3BO_3	약함	안약, 소독제
아세트산	CH_3COOH	약함	식초
시트르산	$HOC(COOH)(CH_2COOH)_2$	약함	과일

■ 염기(base)

산과 달리 염기는 일반적으로 쓴 맛을 가지며, 염기의 수용액은 비누같이 미끄러운 느낌을 준다. 염기의 흔한 예로는, 가정에서 오븐청소제로 쓰이고 양잿물로 불리기도 하는 수산화나트륨과 가정용 청소제로 쓰이는 암모니아수 등이 있다. 양잿물과 같은 염기를 쓴맛의 성질을 이용하여 맛을 보거나 촉감으로 미끄러운 느낌의 성질을 확인하고 싶지는 않을 것이다. 대신 표 2.1에 정리되어 있는 것과 같이 화학적인 성질에 의해 염기를 확인할 수 있다.

많은 일반 **염기**(base)는 수용액에서 수산화이온(OH^-)을 가진 화합물이다. 예를 들면 금속 수산화물인 수산화나트륨($NaOH$)는 수용성 이온결합 화합물이고 물에 용해되어 나트륨이온(Na^+)과 수산화이온(OH^-)을 생성한다.

$$NaOH(aq) \xrightarrow{H_2O} Na^+(aq) + OH^-(aq) \qquad (2.3a)$$

수산화나트륨은 물에 완전히 해리되기 때문에 수용액에는 어떠한 수산화나트륨도 남아있지 않는다. 이렇게 수용액에서 완전히 해리되는 염기를 **강염기**(strong base)라 한다.

암모니아와 같이 OH^-을 가지지 않지만 수용액에서 OH^-을 생성하는 물질도 있다. 물 분자는 암모니아와 반응할 때 암모나아 분자에 H^+을 내놓아서 암모늄이온(NH_4^+)과 수산화이온(OH^-)을 형성한다.

$$NH_3(aq) + H_2O(l) \rightleftarrows NH_4^+(aq) + OH^-(aq) \qquad (2.3b)$$

이 반응에서 암모니아는 완전히 해리되지 않고, 아주 작은 양의 $OH^-(aq)$만 용액 속에 존재한다. 이렇게 수용액에서 작은 정도만 해리되는 염기를 **약염기**(weak base)라 한다. 암모니아 수용액이 염기임을 명확히 나타내기 위해 $NH_4OH(aq)$라는 표현을 사용하기도 한다. 그러나 암모니아 수용액 안에 이 화학종이 존재하는 것은 아니고, 암모니아 수용액에는 해리되지 않고 남은 NH_3, 제한적인 해리로 생성된 NH_4^+와 OH^-, 그리고 물(H_2O)이 존재할 것이다. 청소제로 쓰이는 암모니아수는 불쾌한 냄새를 가지고 있으며, 그 기체에 과도하게 노출되면 폐 손상을 가져올 수 있기 때문에 사용할 때 주의가 필요하다. 그리고 제산제로 이용되는 탄산수소나트륨은 수용액에 존재하는 탄산수소이온(HCO_3^-)이 갖는 염기의 성질 때문에 위산의 농도를 조절하는 역할을 한다.

$$HCO_3^-(aq) + H_2O(aq) \rightleftarrows H_2CO_3(aq) + OH^-(aq) \qquad (2.4a)$$

이 반응에서 생성된 탄산은 안정하지 않기 때문에 분해되어 이산화탄소 기체를 생성한다.

$$H_2CO_3(aq) \rightleftarrows CO_2(g) + H_2O(l) \qquad (2.4b)$$

이 기체는 탄산 이온이 들어있는 제산제를 복용했을 때 위산과 반응하여 나오는 '트림'으로 나타난다. 또한 이 반응은 산호초와 같이 탄산이온을 기초로 한 해양 생물들의 골격이 해양 산성화에 의해 용해되는 현상에서도 나타난다. 표 2.4는 많이 이용되는 염기의 화학식, 세기 그리고 용도를 보여준다.

표 2.4 많이 이용되는 염기

이 름	화 학 식	세 기	용 도
수산화나트륨	NaOH	강함	하수구 청소제, 비누, 세제 제조
수산화칼륨	KOH	강함	비누, 세제, 비료 제조
수산화칼슘	$Ca(OH)_2$	강함	표백, 종이, 연수 제조
탄산나트륨	Na_2CO_3	약함	세제, 유리 제조
탄산수소나트륨	$NaHCO_3$	약함	제산제
탄산칼슘	$CaCO_3$	약함	분필
암모니아	NH_3	약함	비료, 플라스틱, 살충제, 세제 제조

■ 중화(neutralization)

산과 염기는 서로 반응하면 산과 염기의 성질을 잃고 염과 물을 생성하는 **중화반응**(neutralization reaction)이 일어난다. 예를 들어 생선에 레몬을 뿌리거나, 속 쓰림에 제산제를 복용하거나, 산성비로 토질이 나빠지면 염기성 비료로 중화하거나, 개미에게 물려 가려울 때 약 염기성인 탄산수소나트륨 용액을 바르면 가려운 증상이 어느 정도 완화되는 것 등이 중화반응에 의한 현상이다.

비린내는 생선에 포함된 염기성 화학물질인 아민이 증발하여 나는 냄새이다. 생선살을 구성하는 단백질이 분해되면 아민을 비롯한 수많은 종류의 냄새 분자들이 생성된다. 이때 레몬 즙을 뿌리면 레몬 즙에 포함된 구연산과 생선회 표면에 있는 염기인 아민 사이에서 중화반응이 일어나 냄새가 덜 나게 된다. 레몬이 없을 때는 묽은 식초를 뿌려도 같은 효과를 볼 수 있다. 그리고 위산 과다로 속이 쓰릴 때 제산제를 복용하는데, 이 제산제는 탄산수소나트륨, 수산화마그네슘, 탄산수소칼륨 같은 약한 염기성

물질을 포함하고 있다. 위산의 성분이 강한 산성을 띠는 염산이므로 이 물질들이 위액을 중화시켜 속 쓰림을 줄여준다. 또한 빗물에는 대기에 존재하는 이산화탄소가 녹아 형성된 탄산이 포함되어 있다. 따라서 빗물의 pH는 약 5.6으로 약한 산성을 띤다. 만약 특정지역에서 내리는 비의 pH가 5.6 보다 낮으면 산성비라고 한다. 만일 공업지대나 자동차 배출구에서 방출되는 황이나 질소 산화물이 빗물에 녹아서 묽은 질산 또는 묽은 황산이 형성되면 빗물은 더욱 더 산성이 된다. 장기간에 걸쳐서 산성비가 내린 지역의 토양에서는 토양이 산성화되어 작물의 성장을 저해한다. 일반적으로 산성화된 토양을 중화할 때 주로 사용하는 염기는 생석회(산화칼슘), 석회석(탄산칼슘), 소석회(수산화칼슘) 등이다. 이런 염기를 뿌리면 토양이 중화되어 토질이 개선되기도 하지만, 동시에 비료에 포함된 칼슘이온이 식물의 성장에 필요한 영양분이 되기도 한다. 개미는 개미산(formic acid)을 분비하여 자신을 방어하는데, 만약 개미에게 물려 가려우면 약 염기성인 탄산수소나트륨 용액을 발라 중화시켜준다. 탄산수소나트륨은 식소다 또는 중조라 부르며 요리에 사용하는 재료이므로 부엌에서 쉽게 찾을 수 있다. 탄산수소나트륨이 없을 때는 암모니아수 용액이 주성분인 유리창 청소할 때 사용하는 세정제를 사용해도 된다.

염산과 수산화나트륨 수용액의 산-염기 중화반응을 고려해 보자. 강산과 강염기인 두 물질이 섞이면 염화나트륨 **염**(salt)과 물을 생성한다.

$$HCl\,(aq) + NaOH\,(aq) \rightarrow NaCl\,(aq) + H_2O\,(l) \tag{2.5}$$

이 반응은 강산과 강염기 중화반응의 한 예이며, 산의 수소 이온과 염기의 수산화이온이 결합하여 물 분자가 생성되는 반응이며 다음과 같이 나타낼 수 있다,

$$H^+\,(aq) + OH^-\,(aq) \rightarrow H_2O\,(l) \tag{2.6}$$

수용액에서 염산의 염화이온(Cl^-)과 수산화나트륨의 나트륨 이온(Na^+)은 완전히 해리된 상태로 존재한다. 이 사실을 감안하여 식 (2.5)을 (2.7)과 같이 표시하고 식의 양쪽에 다 같이 존재하는 공통 이온들을 소거하면 식 (2.6)이 되고, 이 식이 산-염기 중화 반응에서 일어나는 화학적 변화를 간소하게 나타낸 것이다.

$$H^+\,(aq) + Cl^-\,(aq) + Na^+\,(aq) + OH^-\,(aq) \rightarrow Na^+\,(aq) + Cl^-\,(aq) + H_2O\,(l) \tag{2.7}$$

불산(HBr)은 무색의 자극적 냄새가 나는 휘발성 액체로 반응성이 매우 높다. 불산은 석유 정제, 광물의 제련, 전자회로나 각종 화학물질의 제조 등에 널리 쓰이는데,

촉매제 또는 탈수제로도 이용되며 반도체 실리콘 웨이퍼의 불필요한 부분을 녹이는데 탁월한 효능이 있어 반도체 산업에 필수 화학물질로 이용된다. 불산은 이온화가 잘 되지 않기 때문에 약산으로 분류되지만, 강한 수소결합을 하므로 공기 중의 수분과 반응을 일으킬 경우 큰 폭발을 일으킬 수 있다. 만일 불산이 유출되면 수산화바륨 ($Ba(OH)_2$)과 같은 염기로 중화한다.

$$2HBr\,(aq) + Ba(OH)_2\,(aq) \rightarrow BaBr_2\,(aq) + 2\,H_2O\,(l) \tag{2.8}$$

산과 염기의 반응으로 염과 물이 생성된 **중성용액**(neutralization solution)은 H^+와 OH^-의 농도가 같으며 산성도 염기성도 아닌 중성이다.

2.1b 세기

표 2.3과 2.4는 많이 이용되는 주요 산과 염기들을 보여주고 있다. 진한 염산이나 진한 수산화나트륨은 강산과 강염기로 분류되고, 만일 피부에 노출되면 심각한 화학적 화상을 입을 수 있기 때문에 잠재적으로 위험한 물질이다. 반면 식초에 들어있는 아세트산이나 분필을 만드는데 이용되는 탄산칼슘과 같은 약산이나 약염기는 일상적으로 안전하게 사용하고 있다. 산과 염기의 강함과 약함 그리고 그 세기의 정도는 '**화학 평형**(chemical equilibrium)'이라는 개념으로 설명할 수 있다. 대부분의 화학 반응에서는 반응물에서 생성물로 변하는 정반응과 생성물에서 다시 반응물로 돌아오는 역반응이 동시에 일어난다. 화학 평형은 정반응과 역반응이 지속적으로 일어나고는 있지만 반응물과 생성물의 농도의 변화가 없어 더 이상 반응이 일어나지 않는 것처럼 보이는 상황에 도달했을 때를 말하고, 엄밀히 말하면 **동적 평형**이다.

산과 염기는 수용액에서 해리되어 이온화 되는데, 그들의 세기는 수용액에서 그들이 이온화 되는 정도에 의해 결정되며, 이온화가 많이 될수록 그 산과 염기는 강하다. 약산이 강산과 다른 점은 평형 상태에 도달했을 때 이온화 된 수소 이온의 수가 적다는 것이다. 예를 들어, 강산인 염산은 물에서 90%이상이 쪼개지기 때문에, 100개의 분자를 물에 녹인 상태라면 90개 이상의 수소 이온이 생성된다. 반면 약산인 아세트산은 100개의 분자 중에 약 1.3개 정도만이 수소 이온을 내놓은 상황에서 평형이 형성된다. 염기의 경우에도 마찬가지로 동일하게 설명할 수 있다.

황산, 염산, 질산과 같은 강산은 수용액에서 히드로늄 이온(H_3O^+)과 음이온으로 완전히 해리되기 때문에, 용액은 이온들만으로 채워진 이온결합 화합물들처럼 **전해질**

(electrolyte)이 된다. 이처럼 용액에서 완전히 해리되어 이온의 농도가 높은 산은 **강산**(strong acid)이고 또한 **강전해질**(strong electrolyte)이다. 이들 강산과 물의 반응은 생성물 쪽으로 완결된다는 의미로 한쪽 화살표를 갖는 반응식으로 표현한다.

$$H_2SO_4(aq) + H_2O(l) \rightarrow H_3O^+(aq) + HSO_4^-(aq)$$

수산화나트륨과 같은 대부분의 금속 수산화물은 이온화합물이며 물에 녹아 완전히 해리되어 이온화되기 때문에 **강염기**(strong base)이고, 이온의 농도가 높은 **강전해질**이다. 강염기의 해리 반응도 역시 생성물 쪽으로 완결된다는 의미로 한쪽 화살표를 갖는 반응식으로 표현한다.

$$NaOH(s) \rightarrow Na^+(aq) + OH^-(aq)$$

약산(weak acid)인 아세트산은 물과 섞이면 히드로늄이온과 아세트산이온(CH_3COO^-)으로 해리된다. 아세트산 분자들은 수용액에서 적은 양만 이온화된 상태에서 동적인 평형을 이루기 때문에 양쪽 화살표를 갖는 반응식으로 표현한다.

$$\underset{\text{산}}{CH_3COOH(aq)} + \underset{\text{염기}}{H_2O(l)} \rightleftharpoons \underset{\text{산}}{H_3O^+(aq)} + \underset{\text{염기}}{CH_3COO^-(aq)} \tag{2.9}$$

아세트산 분자는 해리되어 H_3O^+ 이온과 CH_3COO^- 이온을 생성하는 정반응이 일어나고, 동시에 해리된 이온들이 결합하여 물과 CH_3COOH을 생성하는 역반응이 일어난다. 이 반응은 정반응보다 역반응의 경향이 더 크기 때문에 아세트산 분자는 적은 양만 이온화된다. 그러므로 아세트산 수용액의 대부분은 아세트산(CH_3COOH)으로 채워져 있고, 그리고 적은 양의 히드로늄 이온(H_3O^+)과 음이온(CH_3COO^-)으로 채워진 상태에서 평형을 이룬다. 이렇게 적은 양만 이온화 되어 수용액에 이온의 농도가 낮은 약산은 **약전해질**이다. 이 반응에서 아세트산 이온(CH_3COO^-)은 아세트산의 짝염기라 하고 히드로늄 이온(H_3O^+)은 염기 H_2O의 짝산이라고 한다.

약염기(weak base)인 암모니아(NH_3) 기체는 물에 녹으면 암모늄이온(NH_4^+)과 수산화이온(OH^-)을 생성한다.

$$\underset{\text{염기}}{NH_3(g)} + \underset{\text{산}}{H_2O(l)} \rightleftharpoons \underset{\text{산}}{NH_4^+(aq)} + \underset{\text{염기}}{OH^-(aq)} \tag{2.10}$$

수용액에서 암모니아는 부분적으로 해리되어 상대적으로 매우 적은 양의 암모늄이온과 수산화 이온이 생성된 상태에서 평형을 이룬다. 즉 암모니아가 해리되어 암모늄이온과 수산화이온이 생성되는 정반응보다 암모늄이온과 수산화이온이 반응하여 암모니아와 물을 생성하는 역반응의 경향이 더 크다는 것을 의미한다. 그러므로 평형인 상태에서 수용액은 대부분 암모니아로 채워져 있고, 그리고 적은 양의 암모늄 이온과 수산화 이온으로 채워져 있는 약전해질이다.

2.1c 물은 산인가 염기인가?

산은 염기와는 반응하지만 다른 산과는 반응하지 않는다. 마찬가지로 염기는 산과는 반응하지만 다른 염기와는 반응하지 않는다. 그런데 물질 중에는 산과도 반응하고 염기와도 반응하는 물질이 있다. 이러한 물질을 **양쪽성 물질**이라고 한다. 식(2.9)에서 물은 염기로 작용하고 반면에 식(2.10)에서 물은 산으로 작용하고 있음을 볼 수 있다. 산과 염기의 양쪽성은 반응에서 만나는 상대 물질의 산 또는 염기의 세기와 관련이 있다. 식(2.9)에서 물은 염기로 반응하였는데 이는 아세트산이 물보다 수소 이온을 내어 놓는 힘이 크기 때문이다. 반면에 식(2.10)에서는 물이 암모니아와 반응할 때 물이 수소 이온을 내어 놓고 암모니아가 수소 이온을 받아 암모늄 이온이 된다. 이렇게 물은 반응하는 물질의 성질에 따라 수소 이온을 주는 산이 될 수도 있고 수소 이온을 받는 염기가 될 수도 있다.

순수한 물은 아주 작은 양에 지나지 않지만, 물 분자와 반응하여 히드로늄 이온과 수산화 이온을 생성한다.

$$H_2O + H_2O \rightleftarrows H_3O^+ + OH^-$$

물의 이러한 **자체이온화**(self-ionization)는 수용액의 산과 염기성의 세기를 수식으로 나타내는 방법의 기초가 된다. 이 반응에서 히드로늄 이온과 수산화 이온의 농도는 같고, 이들의 몰농도는 $25^o C$에서 항상 $1.0 \times 10^{-7} M$이다.

산과 염기는 물과 반응하여 이온을 생성하는데, 이때 용액 속에 생성되는 이온의 농도는 산과 염기가 해리되는 정도에 따라 달라진다는 것을 우리는 이미 배워 알고 있다. 즉 용액 속의 이온의 농도가 높을수록 산과 염기의 세기가 증가한다. 화학에서는 용액의 농도를 표현하는 수단으로 **몰농도**(molarity, M)를 주로 사용한다. 몰농도는 용액 1 리터에 녹아있는 용질의 **몰**(mole) 수를 의미한다. **몰(mol 또는 mole)은 탄소**

12g에 있는 원자의 개수와 같은 수의 구성요소를 포함한 어떤 계의 물질량으로 정의되었다. 몰은 물질량의 SI 단위로 어떤 물질 1 mol은 6.022×10^{23}개의 구성요소를 포함한다. 이 숫자는 아보가드로 상수 N_A를 mol^{-1} 단위로 나타낼 때 정해지는 수치로서 아보가드로수라고 부른다. 어떤 입자가 약 22.4L의 부피에서 아보가드로 수 만큼 있을 때 1mol이라 한다. 예를 들어 분자량이 40g/mol인 수산화나트륨 1몰(즉 40g)이 용액 1 리터에 녹아있다면, 이 용액의 몰농도는 1M이다. 따라서 용액 속의 농도를 알아내기 위해서는 녹아 있는 용질의 양, 용질의 몰 질량, 그리고 용액의 부피를 알아야 한다.

2.1d 산과 염기의 세기 척도: pH

순수한 물에서 히드로늄 이온과 수산화 이온의 몰 농도는 항상 같고, 농도의 곱은 $(1.0\times10^{-7})(1.0\times10^{-7})=1.0\times10^{-14}$이다. 그러므로 수용액에서 H_3O^+와 OH^-의 몰농도의 곱은 항상 일정하고, 산 염기의 세기를 평가 하는데 있어서 수치 1.0×10^{-14}은 매우 중요한 역할을 한다. 일반적으로 화학에서 물질의 농도는 대괄호를 사용하여 나타낸다.

$$[H_3O^+][OH^-]=1.0\times10^{-14}$$

순수한 물에 산을 가하면 H_3O^+의 농도는 1.0×10^{-7}보다 커지고 OH^-의 농도는 1.0×10^{-7}보다 낮아진다. 그러나 이들의 곱은 항상 1.0×10^{-14}을 유지한다.

0.10M의 염산(HCl)의 경우를 고려해보자. 염산은 완전히 이온화되는 강산이기 때문에 평형에서 히드로늄 이온(H_3O^+)의 몰농도는 0.10M이다. 위의 관계식을 이용하여 0.10M의 염산에서 OH^-의 농도를 계산해보면,

$$[H_3O^+][OH^-]=(0.10)\times[OH^-]=1.0\times10^{-14}$$

$$[OH^-]=\frac{1.0\times10^{-14}}{0.10}=1.0\times10^{-13}$$

0.10M의 수산화나트륨($NaOH$)의 경우, 마찬가지로 수산화나트륨은 강염기이기 때문에 평형에서 수산화 이온(OH^-)의 몰농도는 0.1M 이다. 이 용액에서 H_3O^+의 농도를 계산해보면,

$$[H_3O^+][OH^-]=[H_3O^+]\times(0.10)=1.0\times10^{-14}$$

$$[H_3O^+] = \frac{1.0 \times 10^{-14}}{0.10} = 1.0 \times 10^{-13}$$

그러므로 0.10M HCl 수용액에 있는 H_3O^+의 농도는 0.10M $NaOH$ 수용액에서보다 10^{12}배 더 크며, OH^- 농도는 10^{12}배 더 작다는 것을 알 수 있다.

1909년 덴마크의 화학자 S. P. Sørensen은 H_3O^+ 농도를 이용하여 산의 세기를 표시하는 방법을 제안하였다. 그는 다음의 관계식과 같이 H_3O^+의 농도의 로그값의 음수를 취한 값을 pH로 정의하고, 이 값으로 물질의 산도와 염기도의 척도로 이용하자고 제의하였다. pH는 수소 이온 지수의 프랑스어인 *pouvoir hydrogene*에서 유래하였다.

$$pH = -\log[H_3O^+]$$

이 척도를 이용하면 0.10M HCl 용액의 $pH = -\log(1.0 \times 10^{-1}) = 1$이고, 0.01M $NaOH$ 용액의 $pH = -\log(1.0 \times 10^{-13}) = 13$이다.

용액의 농도가 $1.0 \times 10^{-1}M$ 이나 $1.0 \times 10^{-13}M$ 과 같이 농도가 1 곱하기 10의 몇 제곱과 같은 형식으로 주어지면 pH 값의 계산은 간단하고 정수의 값으로 주어진다. 하지만 만약 용액의 농도가 $6.0 \times 10^{-8}M$ 형태로 주어진 경우에는 계산기를 사용해야 한다.

$$pH = -\log(6 \times 10^{-8}) = -[\log(6) + \log(10^{-8})] = 7.22$$

관계식에 의하면, 용액에서 H_3O^+의 농도가 클수록 산의 세기는 증가하고 pH 값은 작아진다. 예를 들면 $[H_3O^+]$이 0.10M인 강산의 pH는 1,0이고, $[H_3O^+]$이 $6.0 \times 10^{-8}M$인 약산의 pH는 7.22이다. 강산은 완전히 이온화되기 때문에 강산의 농도는 $[H_3O^+]$과 일치한다. 하지만 약산은 일부분만 이온화되기 때문에 약산의 pH는 산의 농도에 주어지지 않고 이온화되는 정도에 의해 결정된다. 예를 들어 1.0M 아세트산의 경우 $[H_3O^+]$은 1.0M이 아니고 $4.3 \times 10^{-3}M$이며, 관계식에 의해 pH는 2.4로 결정된다. 그림 2.1은 pH를 측정하는 다양한 도구와 방법을 보여준다. 왼쪽(a)의 pH 테스트 테이프는 개략적인 pH 값을 손쉽게 얻을 수 있는 방법이고, 가운데 pH 측정기(b와 c)는 휴대할 수 있고 간편하게 사용할 수 있는 장점이 있다. 하지만 수용액의 pH를 정확히 측정하려면 그림 맨 오른쪽(d)에 보여지는 것처럼 pH 미터를 사용한다.

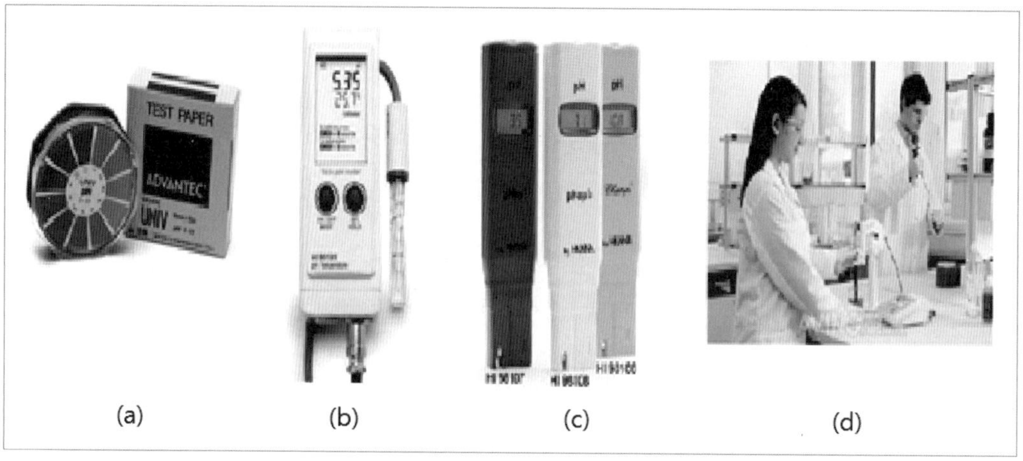

그림 2.1 pH를 측정하는 다양한 방법들

중성용액(neutral solution)에서 H_3O^+의 농도는 $1.0 \times 10^{-7}M$이고 pH는 7이다. 중성용액에서 H_3O^+의 농도가 감소하면 용액은 염기성이 되며, pH 값은 7보다 더 커진다. 즉 pH 값이 클수록 용액은 더 염기성이다. 그림 2.2는 몇 가지 물질들의 pH값을 보여주고 있다.

pH	용액의 성질	농도
pH〈7	산성	$[H_3O^+] > [OH^-]$
pH=7	중성	$[H_3O^+] = [OH^-]$
pH〉7	염기성	$[H_3O^+] < [OH^-]$

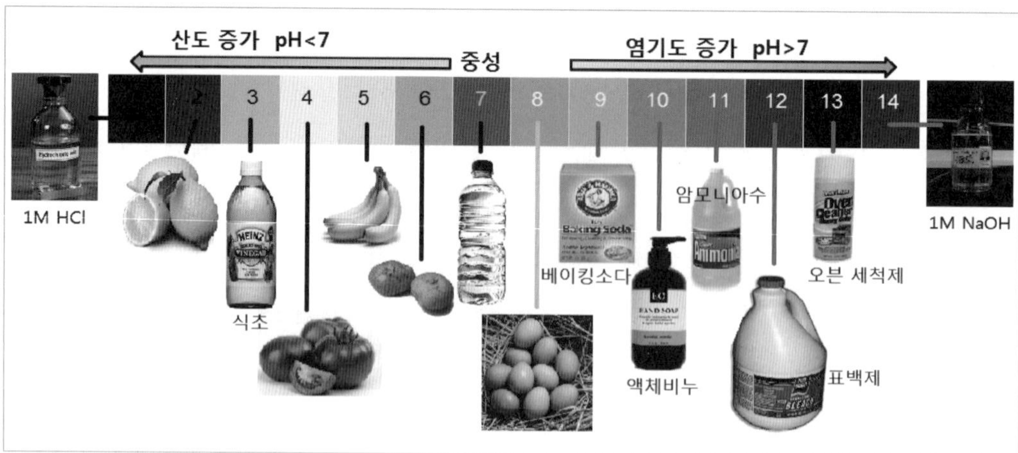

그림 2.2 여러 가지 물질들의 수용액에서의 pH값

2.1e 완충용액

외부로부터 어느 정도의 산이나 염기를 가했을 때, 영향을 크게 받지 않고 수소이온농도를 일정하게 유지하는 용액을 **완충용액**(buffer solution)이라 한다. 완충용액은 산과 반응할 수 있는 염기를 갖고 있으며 또한 염기와 반응할 수 있는 산을 갖고 있다. 그러므로 용액에 산이나 염기가 첨가 되더라도 완충용액에 함유된 염기와 산의 완충작용으로 인하여 용액 본래의 pH가 변하지 않도록 한다.

완충용액이 pH를 일정하게 유지하는 작용을 위해 가져야할 조건은 외부에서 가해지는 산이나 염기에 맞서 반응하는 산과 염기를 갖고 있어야 한다. 그리고 이 산과 염기는 서로 반응하지 않아야 한다. 일반적으로 약산과 그 염의 혼합용액 또는 약한 염기와 그 염의 혼합용액이 완충용액으로 이용된다. 예를 들어 약산인 아세트산과 그 염인 아세트산나트륨의 혼합액, 또는 약염기인 암모니아와 그 염인 암모늄이온의 혼합물이 완충용액의 대표적인 예이다. 아세트산과 아세트산나트륨 혼합물의 경우, 아세트산은 부분적으로 해리되며 아세트산 이온의 농도는 매우 낮다.

$$CH_3COOH(aq) \rightleftarrows CH_3COO^-(aq) + H^+(aq)$$

반면에 아세트산나트륨은 대부분 해리된다.

$$CH_3COONa(aq) \rightarrow CH_3COO^-(aq) + Na^+(aq)$$

따라서 혼합물 속에는 아세트산 분자, 아세트산이온, 나트륨이온, 그리고 적은 양의 수소이온이 존재한다. 따라서 용액은 약한 산성을 띠며, 용액 속의 아세트산이온의 농도는 아세트산나트륨의 농도에 따라 결정된다.

이 완충용액에 외부에서 염기가 첨가되어 수산화 이온이 증가하면, 염기는 아세트산과 반응한다.

$$CH_3COOH(aq) + OH^-(aq) \rightleftarrows CH_3COO^-(aq) + H_2O(l) \qquad (2.11a)$$

반면 산이 첨가되어 H_3O^+이 증가하면 아세트산 이온과 반응한다. 즉 증가한 H_3O^+은 아세트산 이온과 반응하여 아세트산 분자를 생성하게 되고 용액의 H_3O^+ 농도는 거의 변하지 않는다.

$$CH_3COO^-(aq) + H_3O^+ \rightleftarrows CH_3COOH(aq) + H_2O(l) \qquad (2.11b)$$

이 두 반응에서, 첫 번째 반응의 생성물은 두 번째 반응의 반응물이고, 첫 번째 반응의 반응물은 두 번째 반응의 생성물이다. 두 반응에서 새로운 물질은 생성되지 않고, 생성되는 물질들은 완충용액을 이루는 성분들로서 H_3O^+이나 OH^-의 농도 변화를 억제하기 때문에 용액의 pH는 일정하게 유지되는 것이다.

완충작용은 화학반응은 물론 생체 내에서도 중요한 구실을 한다. 실제로 혈액은 완충작용의 능력에 의해 pH를 조절한다. 혈액의 pH는 약 7.4이며, pH가 7.35 이하로 내려가면 **산혈증**(acidosis), 그리고 7.45 보다 높아지면 **알칼리혈증**(alkalosis) 증상이 나타나 생명을 잃을 수도 있다. 이렇게 좁은 범위 내에서 혈액의 pH를 유지하기 위해서는 완충용액의 역할이 매우 중요하다. 혈액의 완충작용은 탄산과 탄산수소 이온의 평형에 의해 조절된다. 이산화탄소는 물과 반응하여 탄산을 만들고 생성된 탄산은 물과 반응하여 H_3O^+과 탄산수소이온을 생성한다.

$$CO_2(g) + H_2O(l) \rightleftarrows H_2CO_3(aq) \tag{2.12a}$$

$$H_2CO_3(aq) + H_2O(l) \rightleftarrows H_3O^+(l) + HCO_3^-(aq) \tag{2.12b}$$

만약 혈액에 산(H_3O^+)이 들어오면 곧바로 탄산수소 이온과 반응하여 탄산으로 바뀌게 되어 pH 변화가 미미하게 된다. 염기(OH^-)가 혈액에 첨가되면 바로 탄산에 의해 중화되어 pH 변화가 일어나지 못하게 한다.

이 작용은 **르샤틀리에 원리**(Le Chatelier principle)로 설명할 수 있다. 르샤틀리에 원리는 "평형에 스트레스가 주어지면 평형은 스트레스를 감소하는 방향으로 움직여 평형을 유지 한다"는 이론이다. 만약 어떤 조건의 변화에 의해서 혈액 속 H_3O^+의 농도가 증가하면 (2.12b) 반응의 평형이 왼쪽으로 움직여 H_3O^+의 농도를 감소시킨다. 이로 인해 탄산의 농도가 증가하게 되고, 증가한 탄산의 농도를 감소시키기 위해 (2.12a) 반응의 평형이 왼쪽으로 움직여 이산화탄소의 배출을 증가하게 된다. 이러한 메커니즘에 의해 혈액의 완충 계에 있는 탄산수소 이온이 산을 중화한다. 반면에 H_3O^+의 농도가 감소하면, 같은 방식으로 (2.12b) 반응의 평형은 오른쪽으로 움직여 H_3O^+을 생성한다. 이로 인해 탄산이 소비되어 농도가 감소하게 되면, (2.12a) 반응의 평형이 오른쪽으로 움직여 탄산의 농도가 증가된다. 이러한 메커니즘에 의해 혈액의 완충 계에 있는 탄산이 염기를 중화한다. 만약 혈액이 완충 용액이 아니라면 한 잔의 탄산음료도 우리에게 치명적일 수 있다. 이러한 완충 용액의 놀라운 화학반응 때문에 혈액의 pH가 유지되고 우리는 건강하고 정상적인 생활을 하고 있다.

2.2 우리 주변의 산과 염기

산성과 염기성을 띤 물질은 우리 일상에서 널리 이용되고 있다. 콜라, 사이다에는 탄산이 들어 있어 톡 쏘는 맛이 있고, 오렌지 주스에는 시트르산, 요구르트에는 젖산이 들어 있다. 또 요리할 때 사용하는 식초에는 아세트산이 들어 있다. 그리고 레몬이나 포도 같이 신맛이 나는 과일에도 모두 산이 들어있다. 김치가 발효되면 젖산이 생기면서 신맛이 난다. 염기 물질은 주방이나 욕실에 많다. 빵을 구울 때 사용하는 베이킹파우더나 먹을 수 있는 소다에는 탄산수소나트륨이라는 염기가 들어 있다. 세수할 때 사용하는 비누에는 수산화나트륨이, 하수구가 막혔을 때 사용하는 하수구 세척액에도 단백질 성분인 머리카락을 녹이는 수산화나트륨이, 주방 세제나 세탁 세제의 원료로는 인산을 사용하고, 그리고 유리를 닦는 세제 등이 모두 염기 물질로 이루어져 있다. 충치를 막는 치약에는 탄산칼슘이나 탄산마그네슘이 들어 있다. 그리고 산과 염기 물질은 비료, 전지, 그리고 의약품 등을 만드는 공정에서도 요긴하게 쓰이고 있다. 암모니아를 이용하여 비료를 만들고, 수산화칼륨은 전지의 전해질로, 그리고 황산은 자동차의 납축전지에 쓰인다. 또는 소나 돼지의 구제역을 일으키는 바이러스는 염기성 환경에 약하므로 생석회를 뿌려서 제거할 수 있다. 살리실산과 아세트산을 이용하여 진통제인 아스피린을 만들고, 수산화마그네슘은 위액 때문에 속이 쓰릴 때 먹는 제산제의 주성분으로 쓰여진다.

보통 강한 산성이나 염기성을 띠는 것들은 힘든 작업이 요구되는 청소제나 세척제로 쓰인다(그림 2.3). 변기 세척제는 보통 pH가 2 보다 낮은 강한 염산이 포함되어 있으며 무기물 성분이나 철분으로 인한 얼룩 같은 때를 녹이는데 사용된다. 따라서 이들이 피부나 눈에 노출되면 심각한 위험을 초래할 수 있으므로 조심해서 다뤄야 하며, 특히 어린애들이 있는 가정에서는 각별한 주의가 요구된다. 반면 하수구나 오븐을 청소할 때는 pH가 12 보다 높은 수산화나트륨을 이용한다. 일반적으로 하수구는 기름이나 머리카락 등으로 막히게 된다. 산을 사용하면 배관까지 상하게 되므로, 대신 기름 성분이나 단백질을 잘 녹이는 염기가 사용된다. 수산화나트륨 같은 염기는 하수수를 막고 있는 기름을 녹이거나 머리카락과 같은 단백질도 분해할 수 있기 때문에 막힌 하수구를 뚫는데 유용하게 쓰인다. 오븐에 있는 기름 성분의 묵은 때를 제거 할 때도 수산화나트륨 같은 강염기가 함유되어 있는 스프레이 형태의 세척제를 이용한다. 이때 분사된 세척제를 흡입하지 않도록 주의해야 한다. 강산이나 강염기가 함유된 대부분의 제품 라벨에는 고무장갑과 보안안경 등 보호 장구의 착용을 권고하고 있고, 어린이의 손이 닿지 않는 곳에 보관하도록 하는 유의사항이 명시되어 있다. 표 2.5는 우리 주변에서 볼 수 있는 산성과 염기성 물질들을 보여준다.

오븐 세척제 배수관 세관제 변기 세척제

그림 2.3 강산이나 강염기를 함유한 세척제

표 2.5 우리 주변의 산성과 염기성 물질

산성 물질	염기성 물질
식초, 배터리액, 위액(위산), 레몬주스 와인, 토마토, 블랙커피, 과일 산 탄산음료, 비타민 C,아스피린, 개미산	표백제, 변기 세척제, 오븐 청소제 암모니아 수, 세제, 베이킹 소다 잿물, 제산제

2.2a 해양산성화

대기의 이산화탄소 증가로 인하여 해양의 산도가 증가하는 현상을 **해양산성화**(ocean acidification)라고 한다. 바닷물은 작은 양의 탄산 이온(CO_3^{2-}), 탄산수소 이온(HCO_3^-), 탄산(H_2CO_3) 등 세 가지 화학종이 서로 상호작용을 하여 바닷물의 pH가 8.2로 유지되는데 중요한 역할을 한다. 세 가지 화학종은 다음과 같이 용해된 이산화탄소로부터 생성된다.

$$CO_2(aq) + H_2O(l) \rightarrow H_2CO_3(aq) \tag{2.13a}$$

$$H_2CO_3(aq) + H_2O(aq) \rightarrow H_3O^+(aq) + HCO_3^-(aq) \tag{2.13b}$$

$$HCO_3^-(aq) + H_2O(aq) \rightarrow H_3O^+(aq) + CO_3^{2-}(aq) \tag{2.13c}$$

그러나 과도한 이산화탄소의 증가로 탄산이 증가하여 해양산성화 현상이 발생하면, 탄산의 해리로 인해 생성된 H_3O^+는 식 (2.14a)과 같이 바닷물의 탄산이온과 반응하여 탄산수소이온을 형성한다. 이로 인해 바닷물 안에 탄산이온의 농도가 감소하게 되고, 바닷물의 탄산이온의 농도를 유지하기 위해 바다 생명체 껍질의 탄산칼슘이 녹게 된다(식 2.14b).

$$H_3O^+ (aq) + CO_3^{2-} (aq) \rightarrow HCO_3^- (aq) \tag{2.14a}$$

$$CaCO_3 (s) \xrightarrow{H_2O} Ca^{2+} (aq) + CO_3^{2-} (aq) \tag{2.14b}$$

산호초 같은 많은 생물체는 탄산칼슘($CaCO_3$)을 이용하여 껍질을 만드는데, 만일 해양 산성화현상이 일어나면 탄산칼슘의 농도가 감소하기 때문에 산호초의 성장이 느려지는 것은 물론 산호초가 녹아 죽어갈 수도 있다(그림 2.4). 산호초는 물속에서 광합성을 통해 산소를 생산하고, 그 양은 지구 대기의 산소 농도를 유지하는 데 아주 중요한 역할을 한다. 그리고 물고기를 비롯한 수많은 바다 생물이 살아가는 중요한 터전이기도 하다. 그러므로 바다에서 산호초의 양이 변하면, 다른 화학종의 농도에 영향을 줄 수 있고 결국 해양 생태계에 영향을 주게 된다.

그림 2.4 산호탈색(coral bleaching)은 해양산성화에 의해 발생하는 문제 중의 하나이다. 산호탈색으로 산호초가 줄어들면, 그곳에 서식하는 어류, 해조류 그리고 다른 생물체에 영향을 미치게 된다. 출처 : Earth & Environmental Science News, May 2016

2.2b 산성비

아주 깨끗한 빗물의 pH는 얼마일까? 아주 깨끗한 빗물이니 낭연히 중성인 물일 거라고 생각할 것이다. 하지만 우리가 숨 쉬는 대기에는 이산화탄소가 포함되어 있고, 이산화탄소는 바다뿐만 아니라 비의 산도에도 영향을 준다. 순수한 물이 비로 내리더라도 대기 중 이산화탄소가 녹아 약간의 탄산을 포함하게 되므로 깨끗한 비의 pH는 약 5.6이고, 때때로 더 낮을 수 있다. 비의 pH가 5.6 이하인 비를 **산성비**(acid rain)라 한다. 이산화탄소 외에도 산성비를 내리게 하는 요인은 이산화황(SO_2), 삼산화황(SO_3), 일산화질소(NO), 그리고 이산화질소(NO_2) 등이 있다. 이 화합물들은 'Nox와 Sox'로 알려져 있고, 화학적으로 SO_x와 NO_x로 쓴다. 이 화합물들은 물에 용해되어 산을 형성한다. 산성비의 원인인 탄소, 황, 그리고 질소의 산화물들은 대부분 화석연료의 연소에 의해 대기로 배출되는데, 인간의 산업 활동으로 인해 지난 200년 동안 대기로 배출된 이들의 양이 급격히 늘어났다. 최근 서울에 내리는 빗물의 pH를 조사한 결과, 강수량이 적고 편서풍의 영향으로 황산화물(SO_x)과 질소산화물(NO_x)의 양이 많아지는 11월에는 평균 pH가 약 4정도로 산성이 강한 것으로 나타났다.

화석연료에 함유된 탄소가 다량의 산소와 함께 연소되면 이산화탄소를 생성한다.

$$C(\text{석탄}) + O_2(g) \rightarrow CO_2(g)$$

석탄에는 다양한 양의 황이 포함되어 있고, 석탄을 태우면 다양한 양의 이산화황을 생성하게 된다. 이산화황이 대기로 배출되면 여러 경로를 통하여 공기 중의 산소와 반응하여 삼산화황(SO_3)을 생성하고, 공기 중의 수증기와 반응하여 황산을 생성한다.

$$S(s) + O_2(g) \rightarrow SO_2(g)$$

$$SO_3(g) + H_2O(l) \rightarrow H_2SO_4(aq)$$

산화질소는 산성비를 내리는 원인이지만 화석연료에는 질소가 들어있지 않다. 질소는 매우 안정하고 반응성이 없음에도 불구하고 온도가 충분히 높은 조건에서는 다른 원소와 반응할 수 있다. 공기 중에 포함되어 있는 질소와 산소는 자동차의 엔진이나 화력발전소의 연소로 안에서 충분한 에너지로 공기가 가열되면 반응이 일어나 NO_x을 생성하게 된다. 일산화질소는 일단 생성되면 반응성이 커서 여러 단계를 거쳐 NO_2을 생성하고, 공기 중의 수증기와 반응하여 질산을 생성한다.

$$N_2(g) + O_2(g) \xrightarrow{\text{높은 온도}} 2NO(g)$$

$$4NO_2(g) + 2H_2O(l) + O_2(g) \rightarrow 4HNO_3(aq)$$

산성비에 의한 피해는 생태계에 다양한 형태로 나타난다. 첫째, 인체에 피해를 준다. 산성비는 눈이나 피부에 악영향을 미치고, 피부염이나 천식 등을 악화시키기도 한다. 둘째, 수중 생태계에 피해가 발생한다. 산성비에 의해 호수나 강 그리고 습지 등의 물이 산성이 되면 수중 미생물의 활성이 낮아져 영양분의 고갈로 이어지고, 토양으로부터 알루미늄이 호수로 유입되어 가재, 조개, 물고기 등 많은 수생식물에 큰 위협이 된다. 셋째, 토양 피해가 심각해진다. 산성비의 산은 무기물 속에 있는 니켈, 납, 알루미늄과 같은 금속을 녹이고 그에 상응하는 염은 나무가 수분을 빨아드리기 어렵게 하므로 나무 생태에 매우 해롭다. 그리고 식물과 나무의 잎에도 손상을 주어 그들의 생장을 방해한다. 넷째, 삼림 피해도 있다. 산성비는 토양에서 필수 무기물을 씻어가 결국 무기물의 고갈로 이어져 나무의 성장에 장애를 준다. 그리고 광합성 작용을 하는 엽록소를 제거하며, 오염된 토양층으로부터 독성 물질이 배출되기도 한다. 결국 이런 것들이 삼림을 황폐하게 만들고 특히 고산지대에 있는 나무에 악영향을 준다. 마지막으로 예술적 가치가 있는 역사 유적의 부식을 일으킨다. 강산성의 비는 석회암과 대리석으로 된 유적들을 심각하게 부식시키고, 금속, 금, 은으로 만든 장신구의 광택을 천천히 잃게 하며, 또한 건물과 금속, 자동차, 고무, 가죽제품 등의 부식으로 경제적 손실을 가져오기도 한다. 그림 2.5는 산성비로 인한 피해 사례를 보여준다.

그림 2.5 산성비로 인한 피해 사례. (왼쪽)미국 북동부에 위치한 호수의 물고기가 산성비에 의해 절멸되었다. 이 지역에 내리는 비는 정상적인 비보다 10~30배나 높은 산성도를 띠고 있었다. (중앙) 산성비로 인해 황폐해진 숲 (오른쪽) 산성비는 나무와 생물뿐 아니라 고고학적 유물에도 치명적이다. 매년 엄청난 돈을 들여 부식 부분을 씻어내고 손상된 돌을 강화하는 작업을 한다.

2.2c 암모니아

가장 대표적인 염기인 암모니아(NH_3)는 수산화 이온(OH^-)을 포함하고 있는 화합물이 아니고, 물에 녹였을 때 수산화 이온이 생성되는 염기성 물질이다(식 2.10). 암모니아는 염기성이기 때문에, 개미나 모기와 같은 곤충에 물렸을 때 곤충의 독에 있는 산성 물질을 중화시키기 위해 묽은 암모니아수를 발라준다. 암모니아는 비료 생산에 필수적인 원료로 사용될 뿐만 아니라 폭약, 플라스틱, 의약품 제조 등 다양한 곳에 사용되며, 전 세계적으로 연간 약 2억 톤 이상 생산되고 있다.

사람이나 동물은 필요한 유기물질들을 체내에서 만들어내지 못하기 때문에 음식을 섭취하여 단백질을 공급받는다. 이와 다르게 식물은 토양이나 공기로부터 원료를 흡수하여 필요한 유기물질을 독립적으로 만들어 살아간다. 유기물질을 만들기 위해 필요한 원료들은 매우 다양하고, 그 중에서도 식물을 구성하는 단백질이나 핵산 등의 합성에 필요한 질소는 매우 중요한 원료이다. 하지만 천연적으로 얻어지는 질소의 양에만 의존하여 농사를 짓는다면 농업 생산력이 턱 없이 부족하게 된다. 그러므로 인구의 증가로 인한 식량의 수요를 맞추기 위해 화학적으로 만든 질소 비료를 토양에 섞어 공급해 준다. 1915년 공기로부터 질소를 분리하는 방법을 이용한 **암모니아 합성법**이 성공하면서 질소비료를 쉽게 만들 수 있게 되었다. 오늘날 농업이 필요로 하는 막대한 양의 비료는 하버-보슈(Haber-Bosch) 공정에 의해 얻을 수 있게 되었고, 암모니아의 대량 생산으로 인해 인류의 식량난을 획기적으로 해결할 수 있게 되었다.

$$N_2(g) + 3H_2(g) \rightarrow 2NH_3(g)$$

암모니아 자체는 상온에서 기체이므로 비료로써 땅에 뿌리기 힘들기 때문에 이것을 액체 또는 고체의 질소 화합물로 변형시켜 식물에 공급하거나, 또는 질산암모늄이나 인산암모늄 형태로 활용할 수 있다. 질소비료를 과다하게 공급하면 식물은 비정상적으로 비대 생장할 수 있고, 또한 토양에 과잉 축적된 질산염(질산성 질소성분)으로 인하여 토양을 산성화 시킨다. 특히 축적된 질산염은 비에 용해되어 수질오염을 일으키는 등 환경적 측면에서의 문제점을 안고 있기 때문에 과도하게 사용하지 않도록 주의해야 한다. 산성으로 변한 토양은 석회 가루($Ca(OH)_2$)을 뿌려 중화시킨다.

암모니아(NH_3)을 기본으로 하는 화학물질 중에서 수소 원자 하나를 다른 원자단으로 바꾼 물질을 아민($-NH_2$)이라 하는데, 이 물질은 생선에서 나는 비린내의 주요 원인이다. 따라서 생선의 비린내를 없애기 위해 레몬즙이나 식초를 이용한다. 그 이유는 식초나 레몬에 함유된 시트르산(citric acid)이 비린내의 원인을 제공하는 염기를 중화시켜 냄새를 효과적으로 제거하기 때문이다. 그리고 집에서 생선을 구울 때 가장 신경 쓰이는 일은 생선을 굽고 난 뒤 프라이팬의 처리일 것이다. 주방세제로 두세 번 닦은 프라이팬을 식초로 헹구어 주면 중화반응으로 인해 비린내를 쉽게 없앨 수 있다.

2.2d 제산제

사람의 위장에서는 **위산**(gastric acid, HCl)이 분비된다. 위는 단백질 소화 효소의 작용을 돕고 음식물 속의 세균을 죽이기 위해 항상 강한 산성을 유지하는 것이 실제로는 정상인 상태다. 건강한 위는 위산을 방어하는 물질들이 있어서 위벽이 손상되지 않는다. 하지만 이들의 균형이 깨지면 위장 점막이 손상을 입게 되어 속 쓰림과 통증 및 염증 등의 증상이 생긴다. 또한 식도와 위 사이에 있는 근육이 약해지거나 적절히 닫히지 않으면 위산이 식도로 역류할 수 있고, 이로 인해 통증과 불쾌감을 느낀다. 반면 정상적인 상황에서는 위산은 장에 손상을 주지 않는다. 그 이유는 음식물에 섞인 위산이 장으로 가는 과정 중에, 십이지장에서 분비하는 물질에 포함된 약염기성인 탄산수소나트륨과 반응하여 중화되기 때문이다. 만약에 십이지장이 고장 나서 중화반응을 일으킬 수 있는 염기가 분비되지 않는다면 상상하고 싶지 않은 심각한 문제를 초래할 것이다.

위산으로 인한 속 쓰림과 위통 등의 증상이 있을 때 **제산제**(antacid)를 사용한다. 제산제가 개발되기 전에는 속 쓰림을 달래기 위해 베이킹소다(탄산수소나트륨)를 사용하였다. 제산제는 탄산수소나트륨, 탄산수소칼륨, 수산화마그네슘, 수산화알루미늄, 탄산칼슘 같은 약한 염기성 물질을 이용하여 화학적으로 산을 중화하고 소화 효소와 결합해 작용을 감소시킨다. 표 2.6은 시중에서 판매하고 있는 제산제의 종류와 성분들을 보여준다. 위산의 성분은 강한 산성을 띠는 염산이므로, 제산제의 역할은 위산을 중화하여 속 쓰림을 줄이고 위장 점막 손상을 막는 것이다. 그렇다고 제산제를 너무 많이 먹는 것은 오히려 해가 될 수 있다. 그 이유는 위산은 음식물을 소화시키기 위한 것인데, 자꾸 중화를 시키면 소화기능이 떨어지기 때문이다.

약산의 염인 탄산수소나트륨의 경우, 탄산수소 음이온은 위산에 포함된 히드로늄 이온과 반응하여 탄산을 생성한다. 그리고 생성된 탄산은 이산화탄소와 물로 분해된다.

$$HCO_3^-(aq) + H_3O^+(aq) \rightarrow H_2CO_3(aq) + H_2O(l)$$

$$H_2CO_3(aq) \rightarrow CO_2(g) + H_2O(l)$$

이 반응은 혈액의 완충작용과 동일한 과정이다.

수산화마그네슘과 수산화알루미늄은 적은 양으로도 제산제의 역할을 할 수 있으나, 과량 복용하면 수산화마그네슘은 설사를 일으킬 수 있고 수산화알루미늄은 변비의 원인이 된다. 탄산칼슘($CaCO_3$)도 제산제의 원료로 사용되는데 염기인 탄산 이온이 히드로늄 이온을 중화시킨다. 탄산칼슘을 지속적으로 복용하게 되면 변비를 일으킬 수 있다.

$$CO_3^{2-}(aq) + 2H_3O(aq) \rightarrow H_2CO_3(aq) + 2H_2O(l)$$

$$H_2CO_3(aq) \rightarrow CO_2(g) + H_2O(l)$$

탄산칼륨과 수산화알루미늄은 변비의 원인이 될 수 있기 때문에, 표 2.6에 나타나 있는 알마겔이나 겔포스엠 등과 같이 변비의 반대 작용인 설사를 일으킬 수 있는 수산화마그네슘을 섞은 제산제들도 개발되어 시판되고 있다.

표 2.6 제산제의 종류와 시판 중인 대표 상품명

분 류		성 분	시판 중인 제품
단일제	알루미늄 류	수산화알루미늄	암포젤
	마그네슘 류	수산화마그네슘	마그밀
	알루미늄+마그네슘	알마게이트	알마겔
복합제	제산제+가스제거제	인산알루미늄, 수산화마그네슘, 시메티콘	겔포스엠
	제산제+점막보호제	탄산칼슘, 탄산수소나트륨, 알긴산나트륨	개비스콘더블액션
	제산제+위산분비 억제제		잔드락틴
	제산제+소화효소제+진정제		노루모에프, 카베진코와에스

장기간의 제산제의 복용은 건강을 해칠 수도 있다. 제산제의 권장 복용 기간은 2~8주이지만 의사의 처방이 필요 없는 약이다 보니 환자들이 수개월 또는 1년 넘게 복용하는 경우가 종종 있다. 영국 의학 저널(British Medical Journal)에 발표된 연구 결과에 의하면 역류성 식도염 등의 치료에 쓰이는 프로톤 펌프 억제제(PPI) 계열의 제산제(넥시움, 프릴로섹, 프레바시드, 그림 2.6)를 지나치게 오래 복용하면 조기 사망 위험이 높아질 수 있다고 한다. PPI 제산제는 복용 기간이 길수록 조기 사망 위험이 높아져

복용 기간이 3~6개월인 경우 17%, 6개월~1년이면 31%, 1년 이상이면 51%까지 높아지는 것으로 발표되었다. 따라서 복용 기간 3개월 미만은 조기 사망 위험과 연관이 없으므로 복용 기간을 3개월 미만으로 하는 것이 좋다.

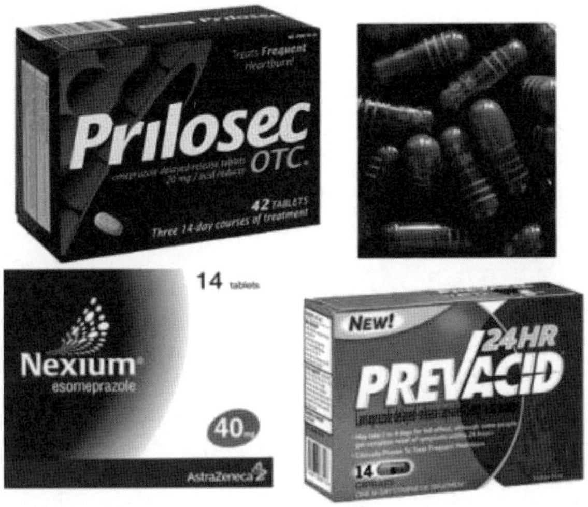

그림 2.6. 프로톤 펌프 억제제(PPI) 계열의 제산제

연습문제

2.1 라임주스는 꽤 신맛이 난다. 다음 중 합리적인 라임주스의 pH는? (　　)

ⓐ 2　　ⓑ 6　　ⓒ 7.8　　ⓓ 12

2.2 다음 수용액 중 H^+ 이온의 농도가 가장 높은 것은 어느 것인가? 그리고 H^+ 이온의 농도가 가장 낮은 것은 어느 것인가?

ⓐ $0.10M\ HNO_3$　　ⓑ $0.10M\ NH_3$　　ⓒ $0.10M\ CH_3COOH$

가장 높은 것: (　　), 가장 낮은 것: (　　)

2.3 다음 설명이 옳으면 T 틀리면 F로 답하시오.

① 산은 푸른색 리트머스지를 붉은색으로 바꾸고, 염기는 미끄러운 느낌이 있다. (　　)

② 어떤 물질을 물에 녹여 얻은 수용액의 히드로늄이온(H_3O^+) 농도가 $7.56 \times 10^{-9}M$이라면, 이 용액은 산성이다. (　　)

③ 다음 반응에서 O_2 50분자가 소비될 때 생성되는 이산화탄소 분자는 50분자이다. (　　)

$2C_2H_8(l) + 25O_2(g) \rightarrow 16\,CO_2(g) + 18H_2O(g)$

2.4 다음 산이 물에 각각 용해되었을 때 수소이온(H^+)이 방출된다는 것을 보여주는 화학반응식을 쓰시오

ⓐ HCl　　ⓑ HNO_3　　ⓒ H_2SO_4　　ⓓ CH_3COOH

연습문제

2.5 다음 염기가 물에 각각 용해되었을 때 수산화이온(OH^-)이 방출된다는 것을 보여주는 화학반응식을 쓰시오

ⓐ $NaOH$ ⓑ $Ca(OH)_2$ ⓒ NH_3 ⓓ $Mg(OH)_2$

2.6 빗물의 산성도가 pH 4로 측정되었다. 빗물에 녹아있는 수소이온(H^+)의 농도를 계산하시오. 반면 호수의 pH는 3.5로 빗물보다 더 강한 산성을 나타내는 것으로 측정되었다. 호수의 물이 빗물보다 더 강한 산성을 나타낼 수 있는 이유를 설명하고, 호수의 물을 중화시키는 방법에 대해 서술하시오,

2.7 질소는 매우 안정하고 반응성이 없을 뿐만 아니라 휘발유에는 질소가 포함되어 있지 않다. 그럼에도 불구하고 자동차의 배기가스에 이산화질소가 포함되어 있는 이유를 설명하시오.

2.8 산성비는 석회석 건축 재료를 훼손할 수 있다. 황산이나 질산 등 하나의 산을 선택하여 석회석과 반응에 대한 균형 반응식을 쓰시오.

2.9 산이나 염기를 완충용액을 포함한 용액에 첨가하였을 때 완충용액이 원래의 pH를 유지하기 위한 완충작용을 르샤틀리에 원리를 이용하여 설명하시오.

2.10 생선회를 먹을 때 레몬즙을 생선회에 뿌리는 것을 종종 볼 수 있다. 레몬즙을 뿌리는 이유를 화학반응식을 이용하여 설명하시오.

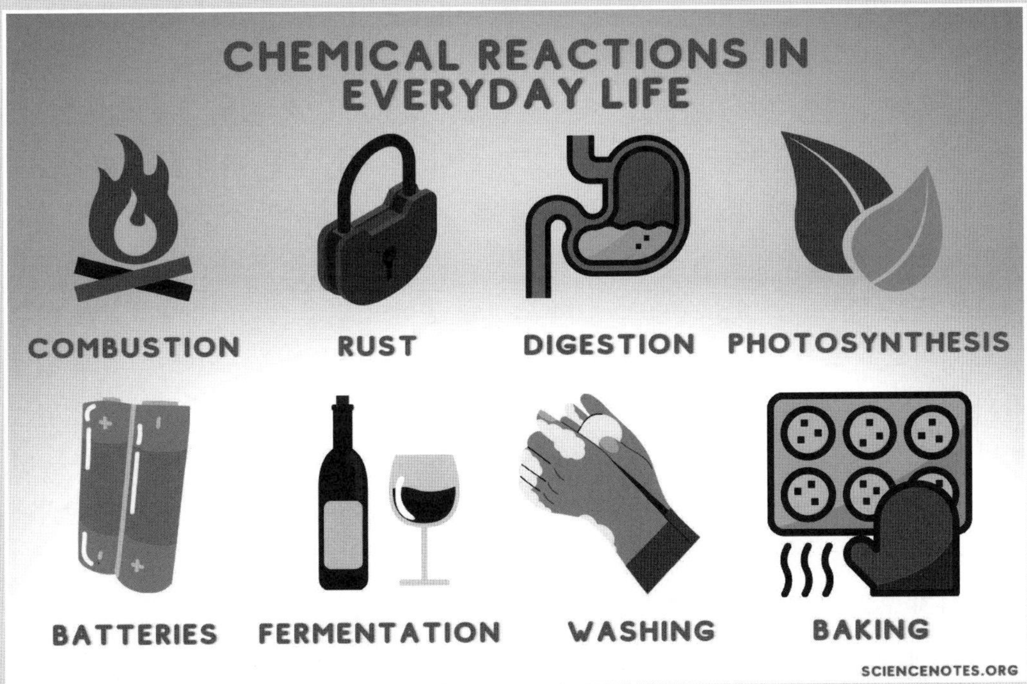
CHEMICAL REACTIONS IN
EVERYDAY LIFE
COMBUSTION
RUST
DIGESTION
PHOTOSYNTHESIS
BATTERIES
FERMENTATION
WASHING
BAKING
SCIENCENOTES.ORG

제3장
산화-환원 반응

산화-환원 반응은 우리 주변에서 흔하게 일어나는 현상이다. 산화-환원 반응에 대한 지식이 없는 사람들도 자동차를 움직이기 위해서는 휘발유를 연소해야 하고, 휴대폰을 작동하기 위한 배터리가 방전 되면 충전해야 하고, 외부에 철로 만들어진 공구를 놓아두면 녹이 슬 것이라는 것은 그냥 알고 있다. 이들은 모두 산화-환원 반응이며, 우리에게 매우 중요한 반응이다. 식물이 태양에너지를 이용하여 식량을 생산하는 과정도 산화-환원 반응에 의한 것이고, 우리가 일상적인 생활을 유지하기 위해 필요한 에너지 또한 글루코오스(glucose)의 산화 반응을 통하여 얻고 있다. 이 반응들을 주의깊게 살펴보면 모두 에너지의 흐름이 동반하고 있음을 바로 알 수 있다. 그리고 휘발유의 연소나 전지에서 일어나는 반응 등과 같이 어떤 반응들은 상당히 빨리 진행되는 반면 철에 녹이 스는 것과 같은 일부 반응 등은 훨씬 천천히 진행되는 것을 볼 수 있다. 이러한 일련의 반응들 중에서, 빨리 진행되고 큰 에너지를 주는 반응은 요긴하게 사용되고, 반면 에너지의 활용도는 거의 없으면서 물질의 성질이 변하는 반응은 우리가 원하지 않는 변화인 경우가 대부분이다.

산화와 환원은 항상 같이 일어난다. 즉 산화 반응만 일어나게 하고 환원 반응은 일어나지 않게 할 수 없다. 즉 한 물질이 산화되면 다른 물질이 환원된다. 물질은 환원된 상태에서 에너지가 높고 산화된 상태에서는 에너지가 낮다. 즉 환원된 상태에 있는 음식이나 화석연료가 포함하고 있는 에너지는 이 물질들이 산화된 상태인 이산화탄소로 변하는 과정에서 방출되고, 우리는 이 에너지를 요긴하게 사용하고 있다. 이 장에서는 산화 환원 반응의 과정을 자세히 살펴보고, 그리고 인체 내에서 음식의 대사과정, 식물의 광합성 과정, 전자제품에 쓰이는 전지, 그리고 화석연료의 연소 등 우리의 일상생활에서 항상 접하고 있는 산화-환원 반응들을 더 잘 이해할 수 있도록 한다.

3.1 산화와 환원

산화와 환원은 항상 같이 일어나는 반응임에도 불구하고 산화되는 화학물질은 비교적 분명하게 관찰되지만, 반면 어떤 화학물질이 환원되는 과정은 분명하게 보이지 않는 경우가 많다. 그 이유는 우리가 산화 반응을 통해 에너지를 얻고 있으므로 산화과정에 관심을 더 가지고 있기 때문일 것이다. 하지만 모든 산화 반응에는 항상 환원반응이 동반하고 있다는 것을 기억하자. 초기에는 산화라는 말은 산소와 결합하는 반응에 제한되었다. 그래서 **산화**(oxidation)는 산소가 다른 원소나 화합물과 결합할 때 일어나는 화학반응을, 그리고 **환원**(reduction)은 산화의 반대이며 산화물로부터 산소가 제거되는 화학반응을 의미했다. 그러나 할로겐족 원소나 다른 활성 비금속 등의 반응이 산소와의 반응과 다르지 않다는 것을 확인하면서 산화와 환원의 정의는 확장되었다. 산화와 환원은 늘 동시에 일어나므로 이들의 정의도 서로 연결된다. 표 3.1은 산소, 수소 그리고 전자의 이동에 따른 산화와 환원에 대한 정의를 보여준다.

표 3.1 산소, 수소, 그리고 전자의 이동에 따른 산화와 환원의 정의

관점	산화	환원
산소	산소 원자를 얻은 것	산소 원자를 잃는 것
수소	수소 원자를 잃는 것	수소 원자를 얻는 것
전자	전자를 잃는 것	전자를 얻는 것

산소와 결합하는 물질은 "산화되었다(oxidized)"라고 하고 이 반응은 산화반응으로 분류된다. 예를 들어, 반응성이 없고 안정한 분자인 질소는 자동차의 엔진 등과 같이 높은 온도의 조건에서 산소와 반응하여 산화질소가 된다. 이 반응에서 질소는 산소 원자를 얻어 산소를 포함하고 있는 산화질소가 되었다. 그러므로 질소는 산화되었다.

$$N_2(g) + O_2(g) \rightarrow 2NO(g)$$

천연가스의 주성분인 메탄이 연소되면 탄소와 수소는 산소를 얻어 이산화탄소와 물로 산화된다. 그러므로 메탄은 산화되었다. 반면 수소를 잃고 얻음으로 산화와 환원을 정의하는 관점에서 보면, 산소는 수소를 얻어 물을 생성하므로 환원되었다. 그리고 메탄은 수소를 잃었으므로 산화되었다.

$$CH_4(g) + 2O_2(g) \rightarrow CO_2(g) + 2H_2O(g)$$

공기 중에 노출된 철은 산화되어 녹이 발생한다.

$$4Fe(s) + 3O_2(g) \rightarrow 2Fe_2O_3(s)$$

철을 생산하는 제철소의 용광로에서 철광석으로부터 산소를 제거하여 철을 얻는 반응은 다음과 같이 일어난다. 이 반응에서 수소원자는 반응에 포함되어 있지 않으므로 산소를 얻거나 잃음으로 산화와 환원을 가늠할 수 있다.

$$Fe_2O_3(s) + 3C(s) \rightarrow 2Fe(l) + 3CO(g)$$

이 반응에서 탄소는 상대 물질인 산화철(III)을 환원시키고 자신은 산화되어 일산화탄소로 된다. 따라서 이 반응의 경우 환원제는 탄소이고, 산화제는 산화철이다. 연쇄적으로 일산화탄소는 산화철에서 산소를 빼앗는 산화반응을 하여 이산화탄소를 생성한다. 이렇게 산화반응과 환원반응은 함께 일어나며, 만약 반응물 중에 한 물질이 산화되면 다른 물질 중 하나는 환원되어야 한다.

$$Fe_2O_3(s) + 3CO(g) \rightarrow 2Fe(l) + 3CO_2(g)$$

메틸알코올이 분해되어 포름알데히드를 생성하고 수소 기체를 발생하는 반응에서 메틸알코올은 수소를 잃기 때문에 산화되었다고 볼 수 있다.

$$CH_3OH \rightarrow HCHO + H_2$$

금속인 나트륨과 비금속인 염소가 반응하여 소금을 생성하는 반응의 경우에는 산소나 수소 원자를 잃고 얻음의 개념으로 산화와 환원을 정의할 수 없다. 그러므로 이와 같은 반응은 전자를 잃고 얻음의 개념으로 산화와 환원을 정의해야 할 것이다. 이 반응의 생성물인 염화나트륨은 Na^+ 이온과 Cl^- 이온으로 이루어진 이온화합물이다.

$$2Na(s) + Cl_2(l) \rightarrow 2NaCl(s)$$

이 반응에서 나트륨은 전자 하나를 잃고 나트륨 이온(Na^+)이 되었고, 산화는 전자를 잃는 반응이므로 나트륨은 산화되었다. 반면 염소 분자는 전자 하나를 얻어 염소 이온(Cl^-)이 된다. 그러므로 염소는 환원되었다고 정의 할 수 있다. 나트륨이 전자 하나를 잃게 되면 전하가 증가한다. 이렇게 한 반응물이 전자를 잃어 전하와 질량의 변화가 발생하면, 전하의 균형이 유지되어야 할 뿐만 아니라 질량도 보존되어야 하므로, 이 전자는 반드시 다른 물질에 의해 얻어져야 한다. 그러므로 염소 분자는 전자를 얻어 환원된다. 이렇게 한 반응물이 산화되면 다른 반응물이 환원되는 이와 같은 반응을 **산화-환원 반응**(oxidation-reduction reaction, redox)으로 표현한다.

3.1a 산화제와 환원제

산화-환원 반응이 일어나는 반응에서, 반응물 중에서 어느 한 화합물이 산화되면, 다른 화합물은 환원되어야 한다는 것을 우리는 이미 알고 있다. 즉 산화만 따로 일어날 수 없고, 또 환원만 따로 일어날 수도 없다. 산화가 일어나기 위해서는 반드시 환원되는 물질이 있어야 하고 환원이 일어나기 위해서는 반드시 산화되는 물질이 있어야 한다. 다시 말하면, 산화와 환원은 언제나 동시에 일어난다. 이렇게 산화-환원 반응이 일어날 때 상대 물질을 산화시키고 자신은 환원되는 물질을 **산화제**(oxidizing agent)라고 한다. 같은 맥락으로 상대 물질을 환원시키고 자신은 산화되는 물질은 **환원제**(reducing agent)의 역할을 한다. 여기서 제(agent)는 변화를 유발하는 물질을 말한다. 예를 들어 어떤 물질에 산소가 첨가되면 그 물질은 산화되었다고 한다. 이 변화에서 산소는 다른 화합물의 산화 반응을 유발하는 산화제로 작용한다. 이 반응에서 산소 자신은 환원이 되고, 산화반응이 일어나는 물질은 산소를 환원시키는 환원제의 역할을 한다. 산화제와 환원제의 작용은 다음과 같은 방식으로 요약할 수 있다.

산화제는 환원된다	환원제는 산화된다
산소를 잃으면	산소를 얻으면
수소를 얻으면	수소를 잃으면
전자를 얻으면	전자를 잃으면

■ 산화제

산화제는 산화-환원 반응에서 자신은 환원되면서 상대 물질을 산화시키는 물질이다. 흔히 사용되는 산화제는 표 3.2에 나타나있는 것과 같이 산화납(II), 과망간산칼륨, 산화염소, 염소 등이 있다. 금속 원소가 비금속 원소와 결합하는 모든 반응에서 금속은 산화되고, 비금속은 환원되는 산화-환원 반응이다. 예를 들면 금속과 반응하는 비금속 원소인 **할로겐**(halogen)은 자신은 환원되며 금속을 산화시키는 산화제이다.

$$2Al(s) + 3Cl_2(g) \rightarrow 2AlCl_3(s)$$

위 반응에서 중성인 염소 분자는 전자를 얻어(즉 환원되어) Cl^- 이온이 된다. 그리고 중성인 알루미늄은 전자를 잃었으므로($Al \rightarrow Al^{3+}$) 산화되었다. 알루미늄을 산화시킨 염소는 산화제이고 자신은 환원되었다. 모든 산화-환원 반응에서 산화제는 환원되고, 환원제는 산화된다. 염소는 산화제 이므로 살균제로 사용되기도 한다. 수영장을 소독하는데 사용되는 약품은 대부분 염소를 포함하고 있다.

산화 환원 반응에서 자신은 환원되면서 상대 물질을 산화시키는 물질인 산화제는 산소를 잃는(주는) 것, 수소를 얻는(빼앗는) 것, 또는 전자를 얻는(빼앗는) 것이라는 의미에서 탈전자제라고도 불린다.

표 3.2 흔히 사용되고 있는 산화제

산화제 이름	화학식	용 도
산화납(II)	PbO_2	자동차용 배터리
산화망가니즈(IV)	MnO_2	건전지
과망간산칼륨	$KMnO_4$	화학합성
싸이오황산칼륨	$K_2S_2O_8$	틀니 세척
하이포염소산 나트륨	$NaClO$	표백제, 살균제
이산화염소	ClO_2	물 소독, 종이 표백
산소	O_2	음식물 대사, 연료 연소
오존	O_3	물 소독, 해로운 화합물 파괴
염소	Cl_2	수돗물 및 폐수정제, 화학합성

가정에서 가장 일반적으로 사용하는 산화제는 하이포염소산나트륨($NaClO$)이다. $NaClO$는 수용성 이온 화합물로 섬유를 희고 깨끗하게 하는 표백제로 쓰인다. 또한 $NaClO$은 산화제이므로 살균제로 사용되기도 한다. 살균제는 박테리아 외부 표면의 분자를 산화시킴으로써 세포의 구조를 분열시키거나 죽이는 작용을 한다. $NaClO$외에도 가정용으로 쓰이는 살균제는 알코올, 크레졸비누, 과산화수소수 등이 있다.

■ 환원제

환원제는 산화-환원 반응에서 자신은 산화되면서 상대 물질을 환원시키는 물질이다. 흔히 사용되는 환원제는 표 3.3에 나타나 있는 것과 같이 수소, 수소화붕소나트륨, 이산화황, 탄소, 탄화수소, 금속 등이 있다. 금속이 다른 물질과 반응하는 경우, 금속은 전자를 제공하여 자신은 산화되고 다른 물질을 환원시키는 환원제로서 작용한다.

$$4Al(s) + 3O_2(g) \rightarrow 2Al_2O_3(s)$$

$$2Ag(s) + Cl_2(g) \rightarrow 2AgCl(s)$$

주로 석탄에서 얻어진 탄소는 광물에서 금속을 생산하는 야금과정에서 환원제로서 중요한 역할을 한다. 자연에서 얻은 철광석으로부터 철을 얻는 반응을 고려해 보자.

$$Fe_2O_3 + 3C \rightarrow 2Fe + 3CO$$

이 반응에서 산화철에 있는 Fe^{3+} 양이온은 철로 환원되고 산화되어 일산화탄소로 산화된다. 따라서 이 반응의 경우 환원제는 탄소가 된다.

그리고 반응에서 수소를 얻으면 물질은 환원되기 때문에 수소를 첨가하는 반응의 대부분의 경우 수소는 환원제로 작용한다. 수소 첨가 반응으로 산화망간을 망간으로 환원시키고, 또한 일산화탄소를 환원시켜 메탄올을 얻는다.

$$MnO_2(s) + 2H_2(g) \rightarrow Mn(s) + 2H_2O(l)$$

$$CO(g) + 2H_2(g) \rightarrow CH_3OH(l)$$

우리는 주로 화석 연료에서 얻은 메탄 등의 탄화수소의 연소를 통하여 연료나 난방 등 주 에너지원으로 사용하고 있다. 이 반응에서 산소는 산화제로 그리고 탄화수소는 환원제로 작용한다. 그리고 다음 절에서 자세히 논의 되는 배터리, 전지, 전기분해, 부식, 전기도금 등의 산화-환원 반응이 동반하는 모든 반응에서 우리는 산화제와 환원제의 역할을 볼 수 있다.

표 3.3 흔히 사용되고 있는 환원제

환원제 이름	화학식	쓰이는 곳
수소	H_2	연료, 화학 합성
수소화붕소나트륨	$NaBH_4$	화학 합성
이산화황	SO_2	화학 합성
탄소	C	제철
탄화수소	CH_4 등	연료, 난방
아연	Zn	전지

3.2 항산화제

항산화제는 우리 몸의 건강을 유지하는데 있어서 중요한 역할을 한다. 항산화제는 잠재적인 산화제를 억제시킴으로서 산화반응을 억제하기 때문에 엄밀히 말하면 환원제이며, 우리 몸이 노화되고 손상되는 것을 막아 주는 항산화효소 물질이다. 인체와 관련된 산화제는 **자유라디칼**(free radical)이다. 자유라디칼은 인체 내의 생화학 반응에 의해 발생하고, 또는 담배연기나 오염된 공기 또는 다른 요인에 의해 생긴 독성 물질이 인체 내에 들어오게 되면 발생한다고 알려져 있다(그림 3.1).

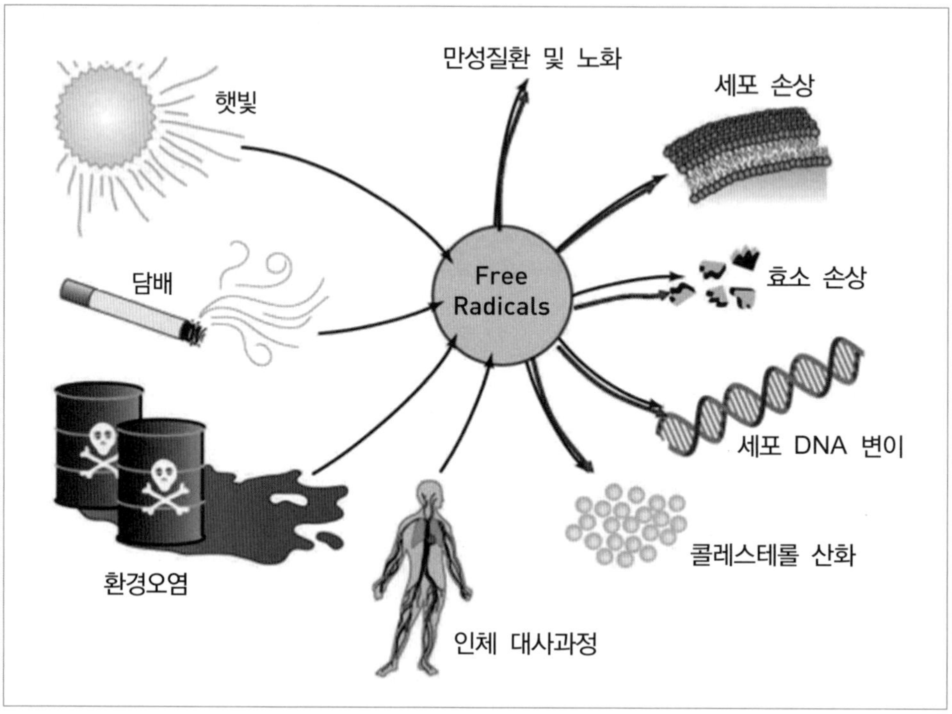

그림 3.1 자유라디칼의 발생과 영향

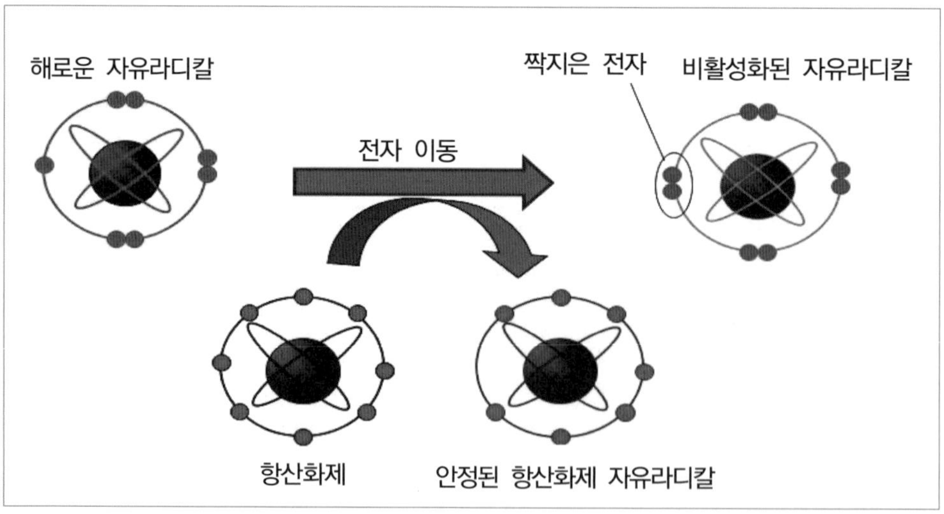

그림 3.2 항산화제의 행동. 항산화제는 전자를 제공하여 자유라디칼의 짝 짓지 않은 전자와 짝을 지음으로서 비활성화 시킨다. 이로 인해 자유라디칼은 더 이상 DNA나 주요 생화학 물질에 손상을 주지 않는다.

자유라디칼은 짝짓지 않은 전자가 있어서 가까이에 있는 분자로부터 전자를 빼앗아 짝을 지으려는 활성이 매우 크다. 만약 어떤 분자가 자유 라디칼에 의해 전자를 빼앗기면 그 분자의 기능은 저해되고, 분자로부터 전자를 받은 자유라디칼은 빠르게 비활성화 된다. 항산화제는 자유라디칼이 분자에 어떤 악영향을 미치기 전에 자유라디칼에 전자를 제공하여 비활성화 시키는 작용을 한다. 그림 3.2는 해로운 자유라디칼을 비활성화 시키는 항산화제의 행동을 보여준다.

3.2a 항산화제의 기능

항산화제의 기능은 인터페론(interferon)의 분비를 유도하고, 혈액을 정화하며, 그리고 중금속과 환경호르몬 영향을 제거한다. 또한 진통작용을 하며 특히 노화를 늦추는 기능이 있다.

① 인터페론의 분비 유도

인터페론은 당 단백질로 면역세포가 만들어내는 현존하는 최고의 항산화물질이다. 인체는 인터페론을 늘 분비하는 것이 아니고, 병원성 미생물이나 인체 내에 생겨난 돌연변이 세포를 감지하였을 때 분비되어 면역세포가 선택적으로 암세포나 이상세포를 죽이는 것을 도와주는 역할을 한다. 즉 면역력을 강화시키는 물질이다. 인체 내에서 만들어지므로 부작용이 전혀 없고, 또한 돌연변이 세포인 암을 선택적으로 죽이는 것을 도와주기 때문에 꿈의 항암물질이라고 불린다. 비타민C, A, E 그리고 오메가-3, 베타카로틴, 라이코펜, 플라보노이드 등의 항산화제는 인터페론의 생성을 촉진하는 작용을 한다. 그리고 게르마늄, 유황, 셀레늄 같은 미네랄이 인터페론 유도체의 역할을 한다.

② 혈액 정화

신진대사 과정에서 생성된 과산화물은 산소 결핍을 초래하여 혈액을 산성화시킬 뿐만 아니라 혈관 벽을 손상시킨다. 혈관이 손상되면 인체는 스스로 세포분열을 통해 손상된 부위를 회복시키는데, 이 분열과 회복이 반복되는 과정에서 혈관 벽은 점차 두꺼워지고, 두꺼워진 혈관은 이물질이 축적되기에 가장 좋은 환경이 된다. 여기에 불용성 염이나 콜레스테롤 등이 쌓이면 혈관이 좁아져 혈류의 흐름이 나빠진다. 건강한 사람의 경우에는 백혈구가 이들 이물질을 발견하면 처리하는데, 이 기능에 이상이 생기면 혈관이 막혀버리는 동맥경화가 된다. 또한 혈관이 좁아져 혈류가 나빠지면 심장은 혈액 순환을 원활히 해주기 위해 더 높은 압력을 발생시키고, 혈액은 산성화되어 혈소판, 혈전, 헤모글로빈 노폐물 등이 더 많이 혈관에 달라붙어 점도가 한층 높아진다. 이런 악순환은 결국 고혈압으로 진전될 수 있다. 항산화제는 혈액의 산성화를 막고 과산화지질의 생성을 억제함으로써 혈관 벽의 손상을 예방하고, 지질대사의 안정화를 통해 혈전이나 콜레스테롤이 침착되는 것을 저지하는 등 혈관 내피세포에 들러붙어 있는 각종 불순물을 제거해 주는 역할을 한다. 결과적으로 혈압이 정상 범위로 유지되기 시작하는데, 특히 항산화제는 혈압상승의 원인을 근본적으로 제거하여 혈압을 조절하기 때문에 부작용이 없는 장점이 있다. 성인병의 대부분은 혈액 순환이 원활하지 못하여 발생하는 경우가 많은데, 혈액 순환이 원활해지면 우리 몸의 각 기관에 영양소와 산소를 적절히 공급할 수 있게 되며, 심장 기능이 강화되어 성인병 예방에도 도움을 준다.

③ 중금속과 환경호르몬 영향 제거

산업이 발전하는 동안 공해를 유발하는 각종 유독성 중금속과 유해물질의 무분별한 사용으로 지구촌의 환경은 급격히 오염되는 해로운 결과를 초래했다. 그 결과 체내에 흡수된 중금속등 유해물질은 인체 내에서 다양한 질병을 유발한다. 특히 중금속에 노출된 환경에서 일하는 근로자, 중금속에 오염된 식품을 섭취한 사람들, 고엽제에 중독된 월남전 참전용사, 그리고 농약 중독으로 고생하는 농민들은 중금속, 농약, 화공약품, 환경호르몬 등이 체내에 축적되고, 그 독성의 영향으로 고통을 받고 있지만 그 해결이 쉽지 않다. 다행히 항산화제는 특유의 결합력으로 장기 안의 중금속을 청소하고 일부 중금속의 독성을 제거하는 기능을 갖고 있다. 현대를 사는 우리는 물, 공기, 음식물 등을 통해 자신도 모르는 사이에 매일 조금씩 중금속을 섭취하게 된다. 따라서 체내의 중금속을 제거하고 환경오염으로 인한 질병을 예방하기 위해서는 항산화제가 들어있는 식품을 꾸준히 섭취하는 것이 바람직하다.

④ 진통작용

인체는 무수한 조직이 매우 정교한 체계로 상호 보완하여 생명체를 유지하고 있다. 만약 인체의 외부나 내부에 상처가 생기면 통증을 느낀다. 그리고 시간이 지나면서 상처 부위는 통증과 진통이 반복된다. 진통은 상처 부위를 보호하고 방어하려는 작용의 하나라고 할 수 있으며, 인체에서 만드는 신경 펩티드의 일종인 엔케팔린(enkephalin)이 통증을 진정시킨다. 이 진통작용 물질인 엔케팔린이 지속적으로 분비되면 통증이 진정되겠지만, 엔케팔린은 효소작용에 의해 빠른 시간 내에 분해되므로 통증을 다시 느끼게 된다. 항산화제는 엔케팔린을 분해하는 효소에 관여하여 엔케팔린의 분해를 저지함으로써 진통을 일정기간 지속시키는 기능을 갖는다.

⑤ 노화 지연

산소는 모든 생명체에 필수적인 원소이지만, 일부는 독성을 가진 유해 산소로 변질되기도 한다. 유해 산소는 불안정하기 때문에 화학적으로 안정된 형태인 물이나 이산화탄소로 되어 우리 몸 밖으로 내보내진다. 몸 안에서 유해 산소는 세포막의 인지질을 파괴하여 세포의 노화를 유발시킨다. 이를 방지하기 위해 인체 내에서는 유해 산소를 무해한 산소로 전환시키는 효소인 **SOD**(superoxide dismutase)가 만들어 진다. 항산화제는 SOD를 활성화시켜 갱년기 장애, 성기능 감퇴, 골관절계 이상 등 노화로 인한 신체 기능의 저하를 막아주고 지연시키는 작용을 한다.

세포 안의 기름 찌꺼기 같은 과산화지질은 단백질과 결합할 때마다 세포 안에서 축적되어 베타 아밀로이드(β -amyloid)와 리포푸신(lipofuscin)으로 된다. 베타 아밀로이드는 치매의 기본이 되는 주 단백질이고, 리포푸신은 생리적으로 존재하는 황갈색인 소모성 색소이다. 세포에 산소가 충분히 공급되면 이 과산화지질이 리포푸신으로 되기 전에 분해되어 몸 밖으로 배출되는데, 나이가 많아지면서 신진대사가 점차 쇠퇴하기 때문에 과산화지질의 대사도 제대로 작동되지 않아 점점 몸에 축적된다. 리포푸신이 피부에 침착 되면 노인에게 많이 생기는 검버섯이 된다. 검버섯이 만약 인체 내에서 발생하면 여러 질병을 유발한다. 베타 아밀로이드와 리포푸신이 뇌세포에 축적되어 뇌기능에 장애를 일으키면 치매나 알츠하이머병이 될 수 있고, 운동중추가 있는 소뇌나 대뇌 변연계(limbic system)에 리포푸신이 고착되면 하반신의 운동 기능이 부자유스러워지는 파킨슨증후군의 원인이 되기도 한다. 이와 같이 노화를 비롯한 노인성 질환은 리포푸신과 베타 아밀로이드가 심장, 간, 부신 뇌세포 등에 축적되기 때문에 발병한다. 항산화제의 지질분해와 노폐물제거 작용 및 갭 결합(gap junction, 세포간의 간극을 가로질러 세포를 연결하는 통로) 복원 작용은 리포푸신과 베타 아밀로이드가 침착되는 것을 막고 분해하여 노화를 늦출 뿐만 아니라 치매와 알츠하이머병을 막아줄 수 있는 해결책이 될 수 있다.

3.2b 항산화제의 종류

항산화제는 SOD, 글루타티온, 페록시다아제 등과 같이 인체 내에서 대사를 통해 자체 생성되는 것이 있고, 비타민 E, C, A 또는 베타카로틴(몸속에서 비타민 A로 변환), 그리고 각종 미네랄 등과 같이 섭취를 통해 외부에서 공급해 주는 것으로 나눌 수 있다. 신체 외부에서 공급되는 항산화제는 주로 식품을 통해 섭취된다.

① 비타민 C

수용성 비타민으로 활성산소를 직접 제거할 뿐만 아니라 세포막의 성분인 불포화지방산이 활성산소에 의해 산화되는 것을 막아 주고 면역체계도 강화시킨다. 즉 비타민 C는 세포의 산화를 방지하므로 암과 동맥경화 그리고 각종 만성 질환을 예방 치료하고, 노화도 억제한다. 또한 비타민 C는 위궤양과 십이장궤양의 원인인 헬리코박터균의 번식을 억제하며, 노인의 인지 능력과 기억력 유지를 돕고, 알츠하이머병(치매) 예방에도 도움이 된다고 알려져 있다. 심혈관 질환에 대한 비타민 C의 역할은 항산화제로서 산화 스트레스와 관련된 혈관 기능 장애를 회복시키며, 혈관 이완과 혈소판의 응집을 억제하는 역할을 한다. 또한 LDL 콜레스테롤을 감소시키는 기능을 한다.

② 글루타티온

기본적으로 세 개의 아미노산인 글루타메이트, 시스테인, 알라닌이 결합한 형태로, 산화-환원 반응을 통해 과산화물을 해독시키는 강력한 항산화제로 작용한다. 환원형 글루타티온(GSH)은 라디칼을 만나면 전자를 주어 유해성이 없는 물 분자로 만들고 자신은 산화형 글루타티온(GSSG)으로 변한다. 산화형으로 변한 글루타티온은 NADPH으로부터 전자를 받아 환원형이 되어 지속적으로 재활용된다(NADPH는 니코틴아마이드 아데닌 디뉴클레오티드 인산(NADP)의 환원형으로 전자전달체로서 작용하는 보조효소의 일종이다). GSH의 효소 시스템에 의해 유해 화학물질, 오염물질 등 인체 내에 침투하는 수많은 독성 물질이 제거되고, 또한 GSH는 병원균을 예방하고 면역 시스템이 잘 작동되도록 도와주는 역할을 한다. 글루타티온은 단독으로 작용하지 않고 비타민 C, 셀레늄 등 다른 항산화제와 함께 작용한다. 따라서 여러 가지 항산화제를 함께 복용하면 글루타티온의 효과를 증대시킬 수 있다. 글루타티온 생성을 돕는 식품은 브로콜리, 마늘, 강황 등이 있다.

③ 셀레늄(selenium)

활성산소를 억제하는 항산화 기능이 탁월하며, 암 치료와 예방에 좋다고 알려져 있다. 또한 강력한 소염효과로 퇴행성관절염에 효과가 있다. 셀레늄이 풍부하게 함유된 음식으로는 육류, 해산물, 부추, 마늘, 땅콩 등이 있다. 필수적인 영양소지만 과도하게 섭취하면 몸에 축적되어 독성을 나타낼 수 있으므로 일일 최대 섭취량을 400μg으로 제한하고 있다.

④ 코엔자임(Q_{10})

Q_{10}는 체내에서 합성되는 **조효소**(coenzyme)인데, 비타민은 아니지만 비타민과 같은 기능이 있어 비타민 Q라는 별명을 갖고 있다. 일명 유비퀴논(ubiquinone)으로 불리는 이 물질은 세포 내에서 에너지를 생성하는데 중요한 기능을 하며 모든 살아있는 포유류에게 필수적인 영양소라 할 수 있다. 나이가 들수록 세포에서 항산화 효소의 양은 감소하고 활성산소는 늘어난다. 이로 인해 우리 몸에 항산화 성분이 충분하지 않게 되면 유해한 환경에 의해 생긴 활성산소가 건강한 세포나 기관을 손상시킬 수 있다. 따라서 인체 내에서 합성되는 코엔자임 Q_{10}의 양이 충분하지 않으면, 건강보조 식품이나 식품을 충분히 섭취하여 활성산소가 인체 내 세포나 기관을 공격하여 손상시키는 것을 막아주어야 한다. 코엔자임 Q_{10}은 다양한 건강보조식품으로 시판되고 있으며, 식품에는 고등어, 정어리 같은 등 푸른 생선과 돼지고기나 소고기, 시금치, 브로콜리, 현미, 계란, 두유 및 견과류에 많이 함유되어 있다.

⑤ 베타카로틴(β-carotene)

녹황색 채소와 과일 그리고 조류에 많이 함유되어 있다. 특히 당근, 클로렐라, 고추, 시금치, 쑥갓, 바나나, 김, 미역, 다시마 등에 많이 들어 있다. 암이나 동맥경화증 그리고 관절염 등과 같은 유해산소로 인한 성인병을 예방하기 위해서는 우리 몸속에 일정량의 베타카로틴을 유지해야 한다. 그리고 음주나 흡연은 생체 내 베타카로틴 농도를 낮추는 요인으로 작용한다고 알려져 있다.

⑥ 오메가-3

지방산 분자를 구성하는 탄소 사슬의 가장 끝 탄소(카르복실기로부터 가장 멀리 떨어져 있는 탄소)로부터 세 번째에 위치한 탄소에서부터 이중결합이 시작되는 필수 불포화지방산으로 생선기름이나 들기름 등에 많이 포함되어 있다. 그림 3.3은 오메가-3 지방산과 오메가-9 지방산의 예를 보여준다. 그림 3.3에 나타나 있는 DHA(docosahexaenoic acid)와 EPA(eicosapentaenoic acid)는 모두 오메가-3 지방산이다. 올레산(oleic acid, $C_{18}H_{34}O_2$)은 탄소 원자가 18개이고 이중결합이 1개 있는 불포화 지방산이며, 첫 번째 이중결합의 위치가 9번째 탄소에 존재하므로 오메가-9 지방산이다. 오메가-9 지방산은 올리브유에 75% 이상 존재하는 것으로 알려져 있고, 땅콩기름에서 50% 이상 존재한다.

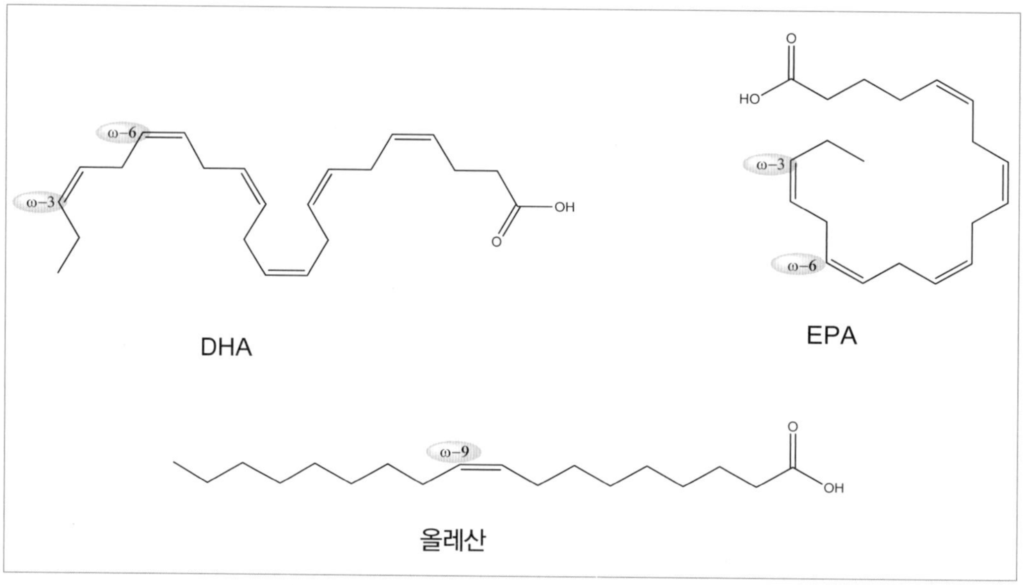

그림 3.3 DHA와 EPA는 모두 오메가-3 지방산이다. 올레산은 첫 번째 이중결합의 위치가 9번째와 10번째 탄소에 존재하므로 오메가-9 지방산이다.

지방산(fatty acid)은 글리세롤(glycerol, $C_3H_8O_3$)과 결합하여 지방을 만드는 화학물질이다. 글리세롤은 글리세린이라고도 불리며, 피부가 건조해 지는 것을 막아주는 보습 화장품으로 주로 이용되고 관장약에도 쓰이는 물질이다. 글리세롤의 골격을 이루는 3개의 탄소는 모두 단일결합으로 이루어져 있고, 각각의 탄소 마다 1개의 $-OH$ 작용기가 결합되어 있다. 글리세롤에 있는 3개의 $-OH$기 각각에 지방산의 $-COOH$ 기가 반응하여 3개의 결합이 형성되면 한 개의 지방분자가 생성된다. 이와 같이 알코올($-OH$)과 산($-COOH$)의 결합으로 생성된 물질을 **에스터**(ester)라 한다.

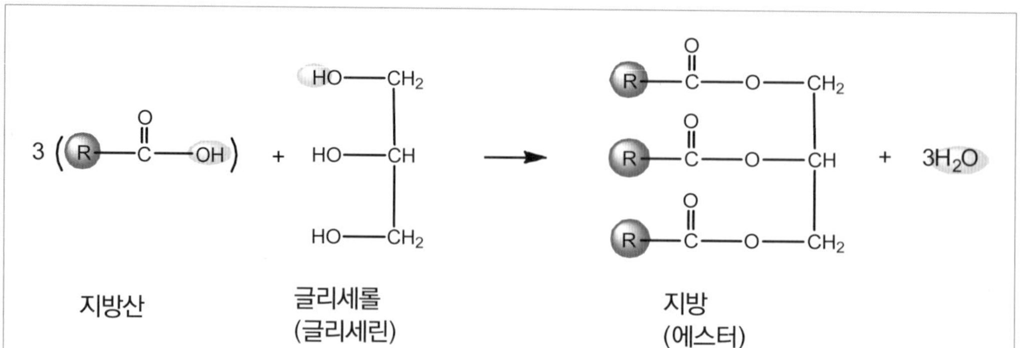

지방산 분자들을 구성하는 탄소 사슬(R)이 모두 단일결합으로 결합되어 있으면 **포화지방**이고, 지방산 분자들을 구성하는 탄소 원자들의 결합에 이중결합이 포함되어 있다면 **불포화지방**이 된다. 그리고 인체 내에서는 꼭 필요하지만 자체적으로 생산이 불가능한 지방산을 **필수 지방산**이라고 하는데, 오메가-3 또는 오메가-6 지방산은 필수 지방산이므로 반드시 음식으로 섭취해야 한다. 따라서 필수 지방산의 한 종류인 오메가-3 지방산이 함유되어 있는 청어, 연어, 고등어 등과 같은 음식물을 충분히 섭취하는 것이 좋다. 채식주의자들은 동물성 오메가-3 지방산 대신 들기름과 같은 식물성 지방을 섭취하면 부족한 오메가-3 지방산을 채울 수 있다. 최근에는 영양제로 오메가-3 불포화지방산을 섭취하는 사람들이 늘어나고 있다.

3.3 생활 속 산화-환원 반응

산화-환원 반응은 우리의 일상 생활에서 쉽게 볼 수 있는데 그 중에서도 가장 많이 볼 수 있는 반응은 아마 전지일 것이다. 그리고 주변에서 자주 접하는 사과나 바나나의 색이 변하는 갈변 현상, 건강을 위해 섭취하는 항산화제 건강 보조식품들, 도금된 식기나 세면대의 도금된 수도꼭지, 녹슨 못 등이 모두 산화 환원 반응에 의한 것들이다. 자연에서 일어나는 대표적인 산화 환원 반응은 이산화탄소가 포도당으로 변하는 식물의 광합성 반응이다. 또한 화학 약품의 작용으로 모발조직에 변화를 주어 인공적인 웨이브를 만드는 **펌**(permanent wave)도 산화 환원 반응이다.

3.3a 전지

전기가 우리 인류의 문명에 막대한 영향을 미치고 있다는 것은 누구나 동의할 것이다. 이점을 감안하면 전지가 없는 현대 생활을 상상할 수 없을 정도로 전지의 중요성은 아무리 강조해도 부족함이 없어 보인다. 지금 우리는 휴대전화, TV 리모컨, 디지털 카메라를 비롯하여 노트북 컴퓨터와 전기자동차에 이르기까지 전지를 필수 불가결하게 이용해야만 하는 생활에 젖어 있다.

전지(cell, battery)는 1800년 이탈리아의 과학자 볼타에 의해 발명되었다. 이온화되는 정도가 다른 두 개의 전극으로 이루어진 회로가 전해액을 통하도록 구성하면 이온화도가 큰 쪽의 전극으로부터 반대쪽 전극으로 전자가 이동하게 된다. 이 현상을 이용하여 은판과 아연판을 이용한 최초의 1차전지인 볼타전지를 발명하였다. 그 후 많은 발전을 거듭해 왔고 현재의 전지는 물질의 화학적 또는 물리적 반응을 이용하여, 이들의 변화로 전위치를 발생시켜 방출되는 에너지를 전기에너지로 변환하는 소형 장치를 의미하게 되었다. 일반적으로 화학적 반응을 이용하는 화학전지가 더 보편적이고, 화학전지는 1차 전지와 2차 전지로 나눌 수 있다. **1차 전지**는 작용물질의 화학변화에 의해 생기는 전기에너지를 이용하고, 작용물질의 화학변화가 끝나면 수명이 다하게 되어 더 이상 재생할 수 없는 1회용 전지를 말한다. 예를 들면, 건전지는 1차 전지다. **2차 전지**는 전기에너지를 방출하여 작용물질이 변화한 후에도 외부로부터 전지에 전기에너지를 공급하면 충전되어 반복적으로 사용할 수 있는 재충전 전지다. 예로 축전지, 리튬 이온 전지 등이 있다.

화학 전지는 전극을 구성하는 물질과 전해질을 용기 속에 넣어 화학 반응이 일어나게 하지만, 반면 **연료전지**는 외부에서 수소와 산소 등과 같은 연료를 지속적으로 공급하면서 전기 에너지를 얻는 방식을 이용한다. 이는 마치 연료와 공기의 혼합물을 내연기관의 엔진 속에 공급하여 연소시키는 것과 유사하다. 이와 같이 연료의 연소와 유사한 화학 전지를 연료 전지라고 한다. 연료 전지에 공급된 수소는 연소되는 것이 아니고, 수용액에서 전자를 교환하는 산화-환원 반응으로 진행되며, 수소와 산소가 물로 바뀌는 과정에서 발생한 에너지가 전기 에너지로 전환된다. 최근에 전지는 휴대용 전자기기의 성능을 개선하기 위한 노력뿐만 아니라 전기자동차의 발전과 전력 산업에서도 그 중요성이 더욱 커지고 있다.

■ 1차 전지

한번 사용하고 폐기하는 1회용 전지를 1차 전지라 하고, 그 종류는 알칼리 전지, 수은 전지, 리튬 1차 전지 등이 있다. 가장 흔히 사용되는 것은 **알칼리 전지**(alkaline battery)로, 전지의 (−)극이라고 표기되어 있는 평평한 쪽은 내부적으로 전지의 중심부에 있는 아연(Zn)의 분말 형태의 전극에 연결되어 있다. 아연은 수산화칼륨(KOH) 전해액에 에워싸여 있으며, 그 바깥쪽은 (+)극인 이산화망간(MnO_2) 전극이 전지의 볼록 튀어 나온 (+)극에 연결되어 있다. 아연을 분말 형태로 한 것은 전해액이 닿는 표면적을 최대한 키우기 위한 것이며, 이런 이유로 내부 저항이 낮아서 그만큼 큰 전류를 출력할 수 있게 한다. 그림 3.4는 알칼리 전지와 전지의 내부 구조를 보여준다. 전해질로는 알칼리인 수산화칼륨을 사용하기 때문에 알칼리 전지라고 불린다. 산화전극에서의 산화 반응은 Zn가 Zn^{2+}(고체 ZnO)으로 변환되는 것이고, 환원전극에서의 환원 반응은 $Mn^{4+}(MnO_2)$이 $Mn^{3+}(Mn_2O_3)$으로 변환되는 것이다. 따라서 이 전체 전지 반응은 다음과 같다.

$$Zn(s) + 2MnO_2(s) \rightarrow ZnO(s) + Mn_2O_3(s)$$

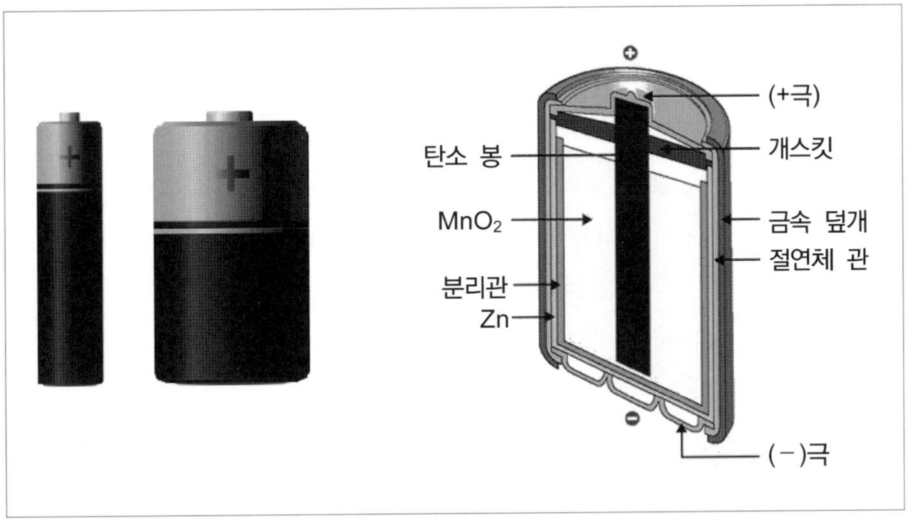

그림 3.4 알칼리 전지와 전지의 내부 구조. 반응이 비가역적이기 때문에 재충전할 수 없는 전지이다.

■ 2차 전지

2차 전지는, 외부로부터 전지에 에너지가 공급되면 전지 내에서 일어나는 산화-환원 반응이 역방향으로 진행되어 재충전이 가능하여 재사용 할 수 있는 전지이다. 반응이 가역적이기 때문에 2차 전지는 방전과 충전 과정이 여러 차례 지속적으로 일어난다. 2차 전지는 충전물질에 따라 니켈전지, 이온전지, 리튬이온전지, 폴리머전지, 리튬폴리머전지, 리튬-황전지 등으로 나뉘는데, 가장 널리 활용되고 있는 전지는 단연 리튬이온이다. 그림 3.5는 다양한 용도로 사용되고 있는 리튬이온 전지들을 보여준다.

그림 3.5 다양한 용도로 쓰이는 리튬 이온 전지

리튬이온 전지는 리튬이온을 전해질로 쓰고 있는 전지이다. 리튬과 나트륨 등 알칼리금속에 속하는 금속들은 쉽게 전자를 잃고 양이온이 되려는 경향이 강하다. 리튬이온 전지에 쓰이는 리튬은 니켈, 카드뮴, 납 등 다른 전지 재료에 비해 가벼우면서도 단위 무게 당 에너지 밀도가 높아 큰 에너지를 얻을 수 있는 장점이 있다. 보통 전지의 전압은 기껏해야 약 1.3-2볼트 정도이지만, 리튬이 포함된 전지는 3볼트 이상의 전지를 만들 수 있다. 특히 리튬 이온의 크기는 다른 알칼리금속 이온들의 크기보다 작다. 따라서 이온들이 전극물질을 구성하고 있는 격자 사이로 이동하는 것이 훨씬 더 수월하기 때문에 다른 알칼리금속 보다 리튬 이온을 선호한다. 또한 리튬이온 전지는 자연방전이 잘 안 되고 수명이 길다는 장점도 있다. 이런 장점 덕분에 리튬이온 전지는 스마트폰, 노트북과 같은 전자제품에서부터 전기자동차, 에너지 저장장치까지 다양한 방면으로 그 활용도를 넓혀가고 있다. 특히 리튬이온 전지는 드론, 사물인터넷 등과 관련된 4차 산업혁명의 핵심 동력원이기도 하다

리튬이온 전지의 작동 원리는 단순하다. 그림 3.6은 리튬이온 전지의 충전과 방전 작용의 원리를 보여주고 있다. 그림에서 보여주는 것과 같이, 리튬이온 전지는 크게 양극, 음극, 전해질의 세 부분으로 이뤄져 있고, 전지는 전자들이 전해질을 타고 양극에서 음극으로 이동하면 충전되고 반대로 음극에서 양극으로 이동하면 방전된다. 사용하고자 하는 전자제품에 전지를 연결하면 전지 내부에서는 자발적인 화학반응, 즉 방전이 시작된다. 이때 (−)극에서는 전극물질에 포함된 리튬 금속이 산화되어 리튬 이온이 생성되는 산화반응이 자발적으로 일어난다. (−)극에서 리튬 이온과 함께 생성된 전자는 (+)극으로 이동하고, (+)극의 전극물질에 포함된 금속이온을 환원시킨다. 그 결과 전해질 속의 리튬 이온이 (+)극으로 흡수된다. 금속이온이 환원되어 줄어드는 (+)전하의 양 만큼 리튬 이온이 채워지면서 보충되는 것이다. 이때 리튬 이온은 (+)극에 있는 층을 이루고 있는 삽입물질(intercalation) 사이로 들어간다. (+)극으로 이용되는 전극물질은 리튬 이온이 쉽게 들락거릴 수 있는 공간을 포함하는 **결정구조**(crystal structure)를 지녀야 되고, 산화와 환원이 될 수 있는 금속 이온이 포함되어 있는 특징을 갖추고 있어야 한다. 반면에 충전할 때는 (+)극에 포함된 금속이온이 산화되고, 그 결과 증가하는 (+)전하의 양만큼 리튬이온이 (+)극으로부터 방출된다. (−)극에서는 리튬이온이 환원되어 리튬 금속이 되면서 본래의 (−)전극 물질 상태로 되돌아간다. (−)극으로 이용되는 전극물질은 금속 리튬, 흑연(graphite)등이 있다. 그러나 리튬 금속을 (−)극으로 사용하면 충전과 방전을 반복할 때 본래의 전극 모양을 유지하기 힘들고, 그 결과 (+)극과 접촉이 되면 전지가 망가진다. 따라서 흑연 혹은 결정격자를 가진 물질을 이용하여 이런 문제를 해결하기도 한다. 충전할 때 결정격자 내에 금속

리튬을 석출하면 (−)극의 전극 모양을 유지할 수 있고 (+)극과의 접촉으로 인한 전지 파괴 문제도 해결할 수 있기 때문이다. 또한 나노 크기의 결정을 이용하면 전극면적을 넓히면 충 방전의 속도 증가, 에너지 밀도의 상승과 같은 효과가 나타난다.

전지 내부에는 2개의 전극 외에도 **전해질**(electrolyte)과 **분리막**(separator)이 있다. 전해질은 리튬이온 염(예: $LiPF_6$)을 물이 전혀 없는 유기용매에 녹인 것을 사용한다. 전해질에 물이 있다면 리튬 금속과 폭발적인 반응이 일어나므로 전지를 사용하기도 전에 망가진다. 분리막은 (+)극과 (−)극이 직접 접촉이 되는 일을 막기 위해 전기가 통하지 않는 고분자 물질을 이용한다.

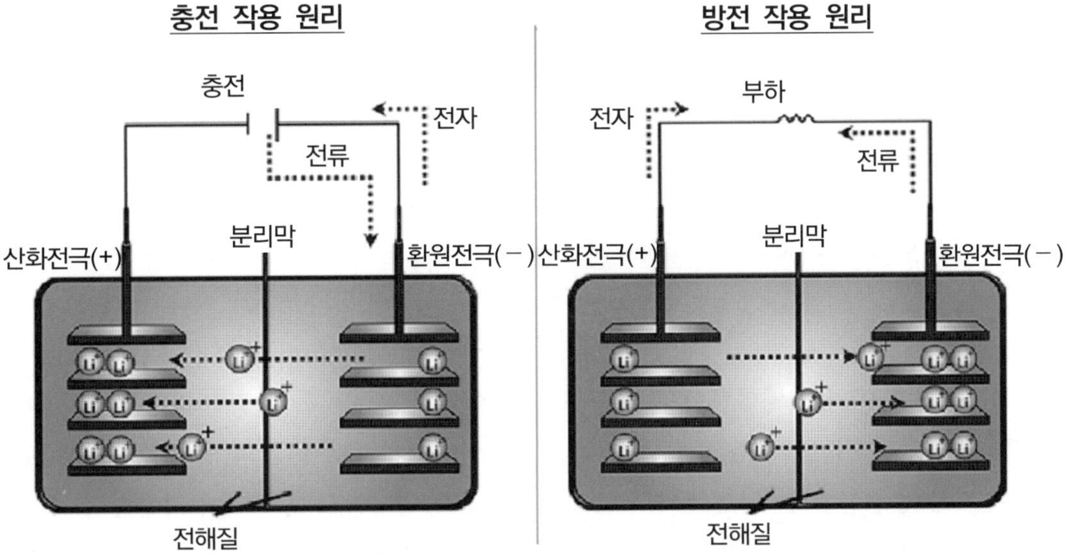

그림 3.6. 리튬이온 전지의 작용원리. 전자들이 전해질을 타고 양극에서 음극으로 이동하면 충전되고 반대로 음극에서 양극으로 이동하면 방전된다. 출처 : N. Omar, et al Energies, **2012**, 5, 2952.

다음으로 우리에게 친숙한 2차 전지는 자동차용 **납-산**(lead-acid) **축전지**이다. 일반적으로 납축전지라 불리는 이 전지는 1859년 프랑스의 플랑테(Gaston Plante)에 의해 발명되었다. 납축전지는 크게 산업용과 자동차용으로 분류할 수 있다. 산업용은 주로 태양전지의 전력저장시스템, 전자기기 및 통신설비의 전원장치의 예비전원 용도로 사용되고, 자동차용은 자동차나 모터사이클, 골프카트, 선박 및 전기 자동차의 시동용 또는 전력용으로 주로 사용된다. 이 전지는 경제적이지만 무거운 것이 단점이다. 전기를 사용할 때는(방전), 산화전극에서는 금속 납(Pb)이 황산납($PbSO_4$)으로 산화되고, 환원

전극에서는 $Pb^{4+}(PbO_2)$가 $Pb^{2+}(PbSO_4)$로 환원된다. 이들 반응은 다음과 같이 일어난다.

$$산화 : Pb(s) + SO_4(aq) \rightarrow PbSO_4(s) + 2e^-$$

$$환원 : PbO_2(s) + 4H^+(aq) + SO_4^{2-}(aq) + 2e^- \rightarrow PbSO_4(s) + 2H_2O(l)$$

$$알짜반응 : Pb(s) + PbO_2(s) + 2H_2SO_4(aq) \rightarrow 2PbSO_4(s) + 2H_2O(l)$$

산화 환원 두 전극에서 모두 생성된 회백색의 황산납은 불용성으로 전극 표면에 남아있기 때문에 전지는 재사용될 수 있다. 방전이 진행되면 양극과 음극은 모두 황산납으로 변화하여 반응속도가 줄어들고 부산물인 물이 생성되어 전해액의 농도가 낮아지게 된다. 화학반응이 가역적이어서 외부에서 전류를 공급하면 다시 원래 상태로 돌아갈 수 있으므로 방전과 충전의 반복사용이 가능하다. 전지를 충전할 때는 전지에서 흐르는 전자의 흐름 방향을 반대로 바꾸고, 이 때 황산납이 역반응에 사용된다. 높은 전류량을 얻기 위해서는 전극의 면적을 크게 하여야 하므로 실제의 축전지에서는 그림 3.7에 보여지는 것과 같이 여러 개의 전극을 병렬로 연결하여 사용한다. 전지 하나의 기전력은 크기에 관계없이 약 2V로 일정하며, 높은 전압을 얻기 위해서는 여러 개의 전지를 직렬로 연결하는 방법을 사용한다. 예를 들어 자동차용 축전지의 경우 12V의 기전력을 얻기 위해 6개의 전지를 직렬로 연결한 축전지를 사용한다. 자동차가 전기를 사용할 때는 납축전지의 화학에너지가 전기에너지로 변환되어 사용되고, 반면 축전지를 충전할 때는 발전기의 전기에너지가 화학에너지로 변환되어 사용된다. 일반적으로 자동차용 납축전지의 충전은 운전 중에 일어나는데, 환원전극에서 소량의 물이 수소로 환원되고, 산화전극에서는 소량의 물이 산소로 산화된다.

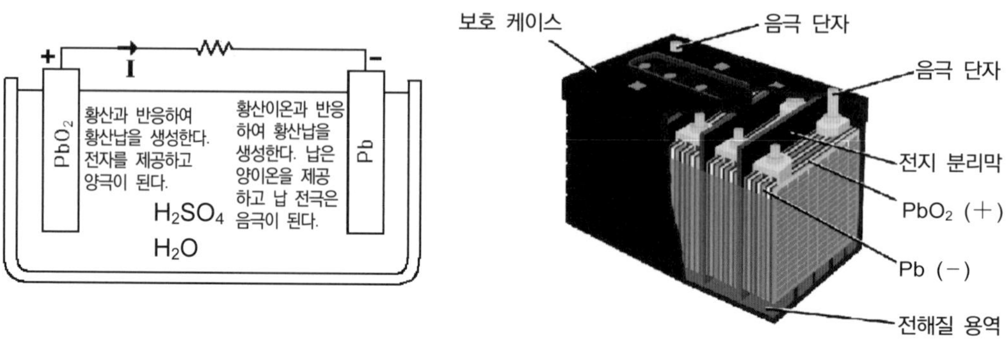

그림 3.7 납축전지 산화전극은 납 망(grid)이고, 환원전극은 산화납(PbO_2)으로 채운 납 망이다. 6개의 전지가 연결되어 있고, 각 전지는 2V의 전압을 생성한다.

■ 연료전지

연료전지는 1839년 영국의 물리학자인 그로브가 수소와 산소의 반응 실험 중에 얻은 발상을 이용하여 만든 전지이다. **연료전지**(Fuel Cell)는 연료와 산화제를 전기화학적으로 반응시켜 전기에너지를 발생시키는 장치이다. 전지의 전극은 반응을 하여 충전과 방전 상태에 따라 바뀌지만, 이 화학 반응은 촉매 층 내에서 촉매에 의하여 이루어지기 때문에 상대적으로 안정하며, 일반적으로 연료가 계속적으로 공급되는 한 지속적으로 발전이 가능하다.

연료 전지의 종류는 다양하고 사용하는 연료가 기체, 액체, 고체냐에 따라 그 방식도 여러 가지가 있다. 또한 반응을 일으키는 온도도 상온에서 부터 500℃ 이상의 것으로 그 종류가 매우 다양하다. 연료전지의 종류는 용융탄산염 연료전지 (Molten Carbonate Fuel Cell, MCFC), 고분자전해질 연료전지 (Polymer Electrolyte Membrane Fuel Cell, PEMFC), 고체산화물 연료전지 (Solid Oxide Fuel Cell, SOFC), 직접메탄올 연료전지 (Direct Methanol Fuel Cell, DMFC), 직접에탄올 연료전지 (Direct Ethanol Fuel Cell, DEFC), 인산형 연료전지 (Phosphoric Acid Fuel Cell, PAFC), 직접탄소 연료전지 (Direct Carbon Fuel Cells, DCFC) 등이 있다. 그리고 연료와 산화제도 다양하게 이용되고 있다. 수소 연료전지는 수소를 연료로 산소는 산화제로 이용되며, 그 외에 탄화수소, 알코올 등을 연료로 그리고 공기, 염소, 이산화염소 등을 산화제로 이용할 수 있다. 또한 천연가스와 메탄올, 액화석유가스(LPG), 나프타, 등유, 가스화 된 석탄 등 다양한 연료가 사용된다.

연료전지 중에서 가장 기본적이라고 할 수 있는 것이 수소 연료전지이다. 그림 7.8은 수소연료전지의 도면과 수소연료전지 자동차를 보여준다. 전극에는 두 극 모두 탄소 혹은 금속을 사용하고 있는데, 전극의 표면적을 증대시키기 위해 다공질로 되어 있다. 전해액은 수산화칼륨(KOH) 용액이다. 수소 가스는 1∼10 기압으로 보내지고, 수소가 스며드는 쪽이 (−)극, 산소 쪽이 (+)극이다. 수소는 (−)극에서 산화되고 산소는 (+)극에서 환원된다.

$$(-)\text{극} : 2H_2(g) + 2OH^-(aq) \rightarrow 2H_2O(l) + 2H^+(aq) + 4e^-$$

$$(+)\text{극} : O_2(g) + 2H^+(aq) + 4e^- \rightarrow 2OH^-(aq)$$

$$\text{전체반응} : 2H_2(g) + O_2(g) \rightarrow 2H_2O(g)$$

이 반응식에서 볼 수 있듯이 수산화 이온(OH^-)의 농도는 변하지 않고 단지 수소와 산소로 물이 만들어진다. 이 반응은 수소가 공기 중에서 연소하여 물이 되는 변화와 동일하다.

연료전지 발전장치의 구성 요소는 그림 3.8의 아래쪽 그림에 보여 진다. 연료전지 본체(stack)는 연료 개질 장치에서 들어오는 수소와 공기 중의 산소로부터 직류전기와 물 그리고 부산물인 열을 발생시킨다. 전력변환장치(Inverter)는 연료전지에서 나오는 직류 전원을 교류 전원으로 변환시킨다. 이외에도, 연료전지 발전 설비의 효율을 높이기 위하여 연료전지 반응에서 생기는 반응열과 연료 개질 과정에서 나오는 폐열 등을 이용하는 장치가 부수적으로 사용되기도 한다.

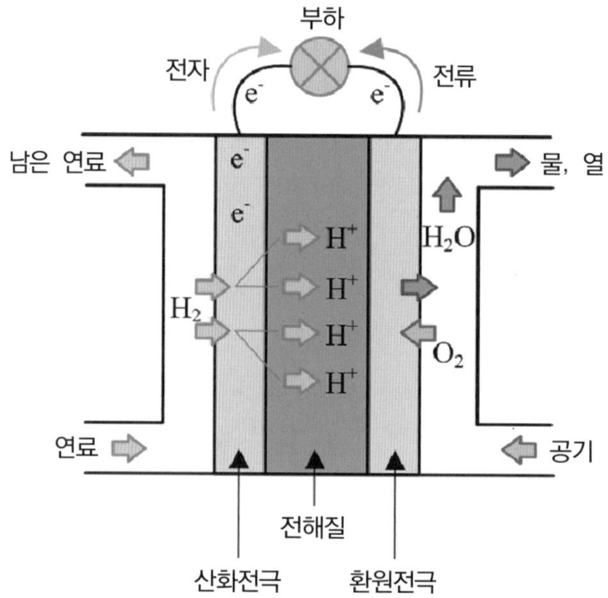

그림 3.8 수소연료전지의 도면과 수소연료전지 자동차. 출처 : (오른쪽 그림) 미국 혼다자동차

연료전지를 산업용으로 사용할 경우, 발전 효율은 40~60% 정도로 대단히 높으며 반응과정에서 나오는 열을 이용하면 전체 연료의 최대 80%까지 에너지로 바꿀 수 있다. 그리고 천연가스와 메탄올, 액화석유가스(LPG), 나프타, 등유, 가스화 된 석탄 등의 다양한 연료를 사용할 수 있기 때문에 에너지 자원을 확보하기 쉽다. 또한 연료를 태우지 않기 때문에 지구 환경보호에도 기여할 수 있고, 또한 질소산화물(NO_x)과 이산화탄소의 배출량이 석탄 화력 발전의 각각 2.6%와 33% 정도로 적으며, 소음도 화력 발전 방식에 비해 매우 낮다는 장점이 있다. 이와 더불어 모듈화에 의한 건설기간의 단축과 설비 용량의 증감이 가능하고, 적은 면적을 차지하기 때문에 입지 선정이 용이하다. 따라서 도심 지역 또는 건물 내에 설치하는 것이 가능하여 경제적으로 에너지를 공급할 수 있다. 따라서 연료전지는 기존의 화력 발전을 대체할 수 있으며, 무공해 자동차의 전원 등에 적용될 수 있다.

국내에서도 연료전지 개발의 중요성을 인식하고, 1985년부터 기술 개발과 발전 시스템을 구성하여 성능 실험을 실시한 이래 지속적으로 활성화되어 92년도에는 1kW 인산형 연료전지 본체를 성공적으로 개발하였다. 그 후 실질적인 50kW급 인산형 연료전지의 실용화를 위한 요소기술을 개발하고 있으며, 200kW급 인산형 연료전지 발전 시스템 개발을 목표로 설정하고 있다. 현재 국내의 기술 수준은 전반적으로 기초 연구단계이나, 연료전지 본체를 포함한 연료개질, 전력변환장치 등의 소규모 시제품 개발을 목표로 하여 추진 중이며 최근 10kW급 인산형 발전시스템과 5kW급 고체고분자 발전시스템이 개발되었으며, 이러한 발전추세를 감안하면 단기간 내에 현재의 선진 기술 수준에 근접할 수 있을 것으로 전망된다.

■ 태양전지

최근 태양광 에너지를 직접 전기에너지로 전환시키는 솔라 셀(solar cell)이라 불리는 **태양전지**(photovoltaic cell, PV)는 전기가 들어오지 않는 지역에서도 전기를 얻는데 이용할 수 있고, 전기가 공급된다 하더라도 상당한 비용절감을 이룰 수 있기 때문에 많이 이용되고 있는 것을 볼 수 있다. 즉 많은 사람들이 집이나 축사의 지붕위에 태양광 전지판을 설치하거나, 또는 햇빛이 잘 드는 넓은 면적에 대규모의 태양전지 시스템을 설치하여 에너지를 얻고 있다(그림 3.9).

태양전지는 우리가 생활에서 흔히 사용하는 건전지나 리튬이온전지와 같은 화학전지와는 다른 구조를 가진 것으로 물리전지로 구분된다. 태양전지를 이루고 있는 물질에 빛을 비추면 빛의 일부는 흡수되고, 흡수된 빛은 전지를 구성하고 있는 물질에

그림 3.9 (a) 태양전지를 모듈과 전지 배열판으로 구성하는 모습.
(b) 지붕위에 설치된 실리콘 태양 전지 배열판의 모습.

위치한 전자를 들뜨게 만든다. 들뜬 전자들은 자신이 점유하고 있던 자리를 벗어나 전류를 형성하게 된다. 오직 **반도체**(semiconductor)라고 불리는 특정 물질만이 빛에 노출될 경우 이런 현상을 보이기 때문에 태양전지는 이 종류의 물질을 이용하여 만들어 진다. 대부분의 반도체는 준금속인 실리콘 결정으로 만들어 지는데, 실제로는 순수한 실리콘 반도체에 불순물을 첨가하여 전류를 만들어 낸다. 순수한 실리콘에 불순물 원소를 의도적으로 첨가하는 것을 **도핑**(doping)이라 한다. 예를 들어 1ppm 정도 미세한 양의 갈륨(Ga)이나 붕소(B), 또는 비소(As)나 인(p)과 같은 불순물을 첨가한다. 실리콘은 4개의 최외각 전자를 갖는데 반해 인과 비소는 5개 그리고 붕소와 갈륨은 3개를 갖는다. 따라서 실리콘 결정 사이에 실리콘 대신 인이나 비소가 도입되면 전자 하나를 더 넣어준 셈이 되고(n형 반도체), 붕소나 갈륨 불순물이 도입되면 전자 하나가 부족한 셈이 된다(p형 반도체). 여분의 전자 하나는 자유롭게 이동할 수 있고, 전자가 빠진 정공(hole)으로는 전자가 흘러들어갈 수 있기 때문에 전자의 흐름이 가능하게 된다. 그림 3.10은 실리콘 결정격자, 인 불순물이 첨가된 n형 반도체, 그리고 붕소 불순물이 첨가된 p형 반도체를 나타낸다.

p형 반도체는 전자가 부족한 층이고 n형 반도체는 전자가 많은 층인데, 전압을 발생시키기 위해 n형과 p형 두 층을 붙여서 사용한다. 태양전지에 빛을 비추면 내부에서 전자와 정공(hole, 전자가 빠진 부분)이 발생한다. 전자는 전자가 많은 곳에서 전자가 부족한 곳으로 흐르기 때문에, 발생된 전하들은 각각 P극에서 N극으로 이동한다. 이 작용에 의해 P극과 N극 사이에 전위차(광기전력)가 발생하며, 이때 태양전지에 부하를 연결하면 전류가 흐르게 된다. 이를 광기전력 효과라 한다. 일반적으로 태양전지는 여러 겹의 n형과 p형 반도체 층들이 겹쳐져 있다(그림 3.11). 이 p-n 접합부는 전자가 흐를 수 있도록 할 뿐만 아니라 전지 내부에서 전자가 움직이는 방향을 결정한다.

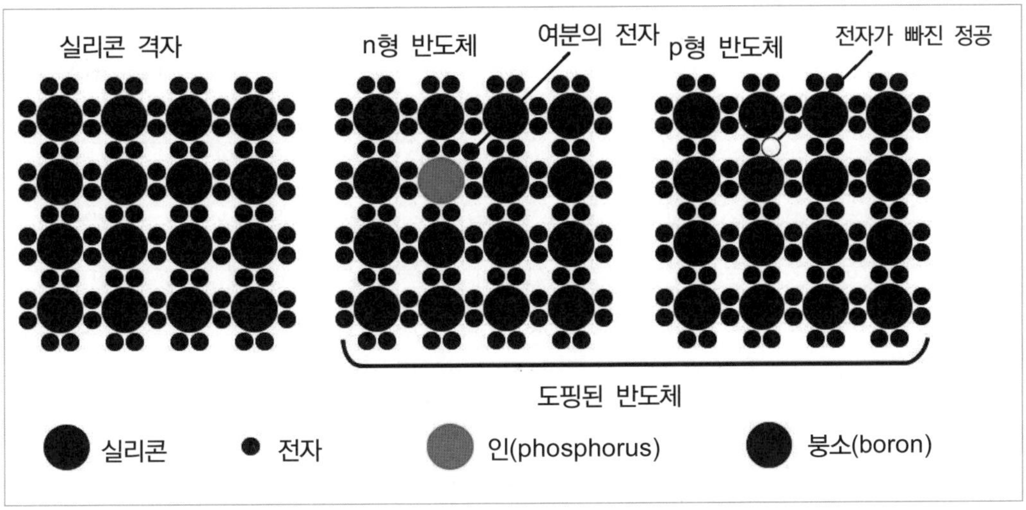

그림 3.10 실리콘 결정격자(왼쪽), 인 불순물이 첨가된 n형 반도체(가운데), 그리고 붕소 불순물이 첨가된 p형 반도체(오른쪽).

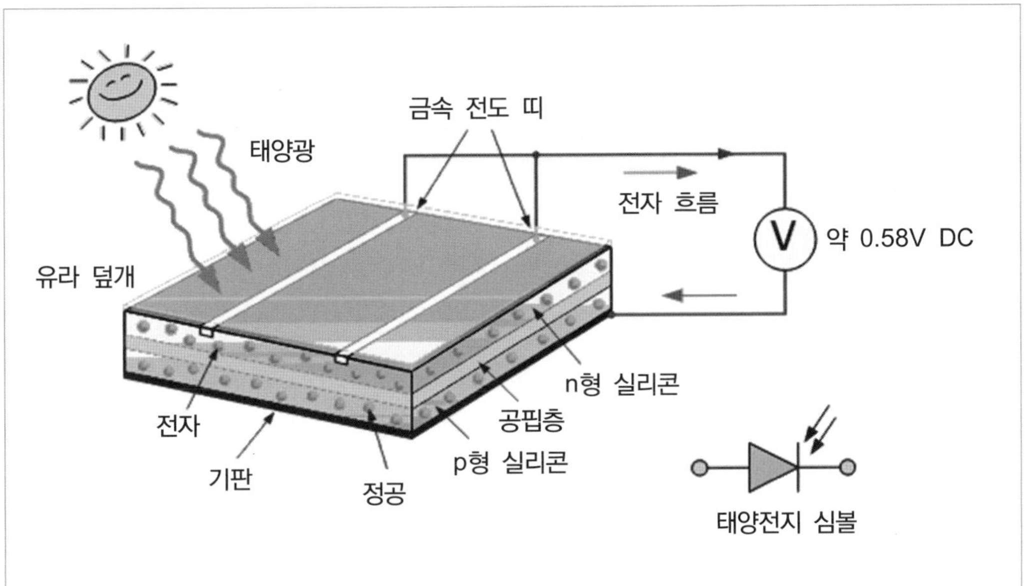

그림 3.11 n형과 p형 실리콘 반도체 층을 겹치는 방식으로 구성된 태양전지.

3.3b 전기분해

산화·환원반응이 자발적으로 일어나지 않는 경우, 외부 전원공급 장치로부터 전기에너지를 공급하여 인위적으로 비자발적인 반응을 일으키는 것을 **전기분해**(electrolysis)라고 한다. 전기분해에서는 전기에너지를 이용하여 화학 변화를 유발시킨다. 즉 전지로 전기가 흘러 들어가면, (−)극에서는 (+)이온이 환원되고, (+)극에서는 (−)이온이 산화된다. 공업적으로는 금속의 도금, 알루미늄의 제련, 구리의 정제, 다운스(Downs) 공정(용융 암염의 전기분해) 등에 널리 이용되고 있다.

수소와 산소가 반응하여 만들어진 물은 자발적으로 수소와 산소로 분해되지 않는다. 그러나 전기에너지를 가해서 반응을 일으키면 물을 수소와 산소로 전기분해할 수 있다. 이때 전해질이 없는 순수한 물은 전류가 흐르지 않기 때문에, 소량의 전해질(수산화나트륨이나 황산나트륨 등)을 물에 넣고 전류를 흘린다. (+)극은 산화반응으로 산소를 얻을 수 있고, (−)극에서는 환원반응이 일어나 수소를 얻을 수 있다. 생성되는 수소와 산소의 부피 비는 2:1로 전체반응식을 다음과 같이 표현할 수 있다.

$$(-)\text{극} : 4H_2O + 4e^- \rightarrow 2H_2 + 4OH^-$$

$$(+)\text{극} : 2H_2O \rightarrow O_2 + 4H^+ + 4e^-$$

$$\text{전체반응} : 6H_2O \rightarrow 2H_2 + O_2 + 4H^+ \rightarrow 2H_2O \rightarrow 2H_2 + O_2$$

그림 3.12에 보여지는 것과 같이, 녹아있는 $NaCl$에 전류를 흐르면 Na^+와 Cl^-로 분해되어, Na^+는 환원전극에서 전자를 받아 나트륨 금속이 생성되고 Cl^-은 산화전극에서 전자를 내놓고 염소 기체로 배출된다. 즉 외부 전원 공급 장치로부터 전자가 환원반응이 일어나는 전지의 환원전극으로 들어가면, 전하의 균형을 맞추기 위해 양이온은 용액 내에서 환원전극으로 이동한다. 그리고 음이온은 산화전극으로 이동하고 산화전극에서 전자를 내보낸다.

알루미늄은 지구에 존재하는 원소 질량의 8.2%나 차지할 만큼 풍부하고 또한 순수한 알루미늄을 정제하는 공정의 개발로 공급이 수월해져 다양하게 사용되고 있다. 알루미늄은 가볍고 내구성이 크기 때문에 항공기, 선박, 차량의 주요 재료로 쓰인다. 그리고 전성과 연성이 뛰어나고 전기 전도성과 열 전도성이 좋아 주방용기 및 고압 전선의 재료로 쓰인다. 또한 산소와 쉽게 반응하여 산화 피막(산화알루미늄)이 형성되면 피막이 산소 접촉 차단제 역할을 하여 녹이 잘 슬지 않기 때문에 창틀의 재료와 같은 광택이 오래 지속될 수 있는 부분에 많이 쓰인다. 그리고 녹이 슬지 않을 뿐만 아니라 가볍기 때문에 알루미늄 캔이나 알루미늄 호일 제조 등에 주로 이용된다. 촉매나 연마제로 사용되는 산화알루미늄(III)을 비롯한 여러 가지 알루미늄 산화물 역시 대량으로 사용된다. 수산화알루미늄(III)($Al(OH)_3$)은 소화불량을 치료하는 제산제로 사용되며, 염화수산화알루미늄($Al2Cl(OH)_5$)은 발한억제제의 가장 중요한 성분이다. 또 다른 화합물인 황산알루미늄(III)($Al_2(SO_4)_3$)은 물을 정화시키는 과정의 일부나 오물

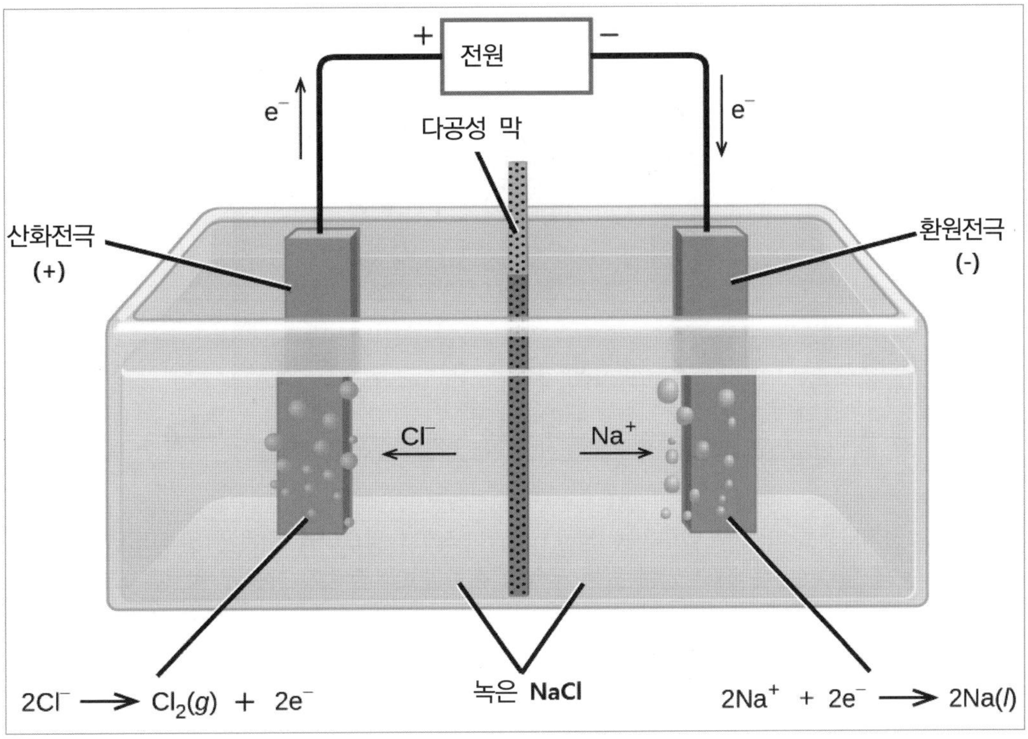

그림 3.12 전자는 환원반응이 일어나는 전지의 환원전극으로 들어간다. 전하의 균형을 맞추기 위해 이온은 용액 내에서 이동한다. 산화전극에서는 전자를 내보낸다. 이 반응에 의해 녹아 있는 $NaCl$에 전류를 흐르게 하면 물질은 나트륨 금속과 염소 기체로 분해된다.

의 처리에 사용된다. 이런 알루미늄 화합물의 대부분은 알루미늄을 추출하는 데 가장 일반적으로 사용되는 알루미늄 광물인 보크사이트에서 얻어지거나 보크사이트를 가공하여 만든다. 1886년 프랑스인 폴 에루(Paul Heroult)와 미국인 찰스 홀(Charles Hall)에 의해 보크사이트(bauxite)에서 분리한 산화알루미늄을 용융이온화합물(cryolite, Na_3AlF_6)에 녹인 뒤, 이 혼합물을 탄소 산화전극과 환원전극 역할을 하는 탄소 내벽을 가진 전지에서 전기분해하는 **Hall-Heroult 공정**이 개발되었다(그림 3.13). 전지 반응식은 다음과 같다.

$$2Al_2O_3 + 3C \rightarrow 4Al + 3CO_2$$

이 공정의 과정에서, 산화알루미늄을 환원시키는데 많은 에너지가 필요하고 또한 이온화합물(cryolite)을 용융 상태로 유지하는데도 에너지가 필요하기 때문에 상당한 전력이 요구된다. 그러므로 에너지와 비용을 절감하기 위해서 알루미늄 사용은 대부분 재활용되고 있다.

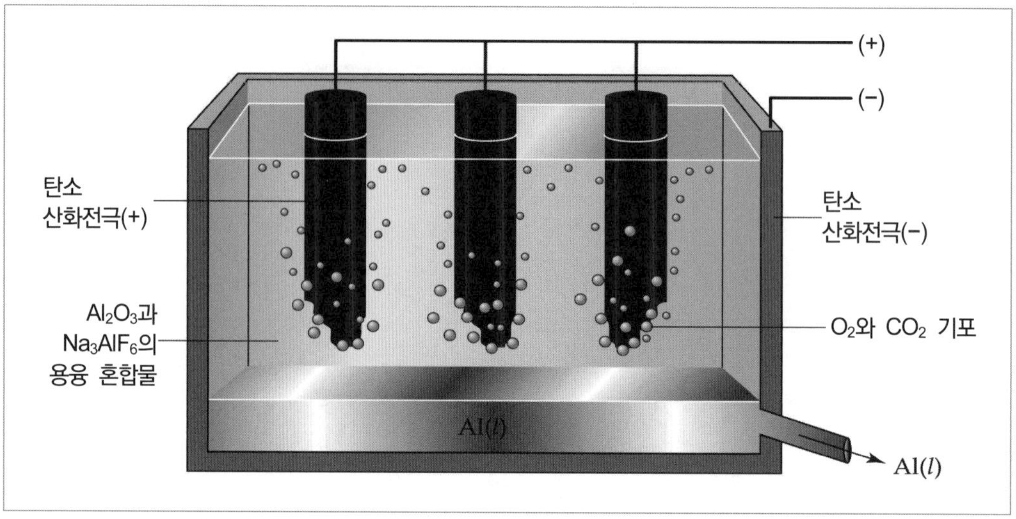

그림 3.13 전기분해를 이용한 알루미늄 생산. 환원전극에서 알루미늄 이온은 알루미늄 금속으로 환원된다. 용융 알루미늄은 전지 안에 있는 용융염 혼합물보다 무겁기 때문에 바닥에 모인다.

전기분해의 원리를 이용하여 하나의 금속(환원전극)을 다른 금속(산화전극)으로 코팅하는 과정을 **전기도금**(electroplating)이라 한다. 전기도금은 보통 금, 은, 구리, 니켈 등을 다른 금속에 코팅하여 물질의 표면을 매끄럽게 하고, 쉽게 닳거나 부식되지 않도록 보호하기 위한 목적으로 이용된다. 일반적인 전기분해에서는 백금(Pt)이나 탄소(C)를 전극으로 사용하지만, 전기도금에서는 도금할 물체를 음극으로, 덮어씌울 금속을 양극으로 사용한다. 두 전극을 전해질용액에 담그고 직류전원장치를 연결하면 전기도금이 시작된다(그림 3.14). 이때 전해질용액은 덮어씌울 금속을 이온으로 포함한 용액을 사용한다. 예를 들어 그림 3.14와 같이 구리로 도금할 경우에 황산구리($CuSO_4$)를 전해질로 사용한다.

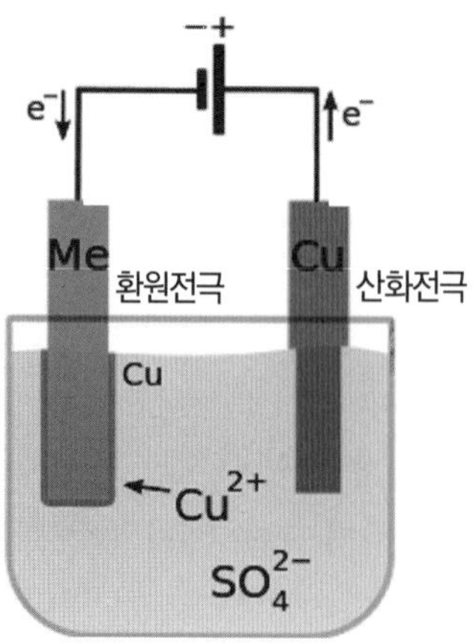

그림 3.14 구리 전기도금

3.3c 부식

부식(corrosion)은 금속이 그 표면에서 외부로부터의 화학적 또는 전기적 작용에 의한 산화 또는 변질로 인해 소모되어 가는 현상으로 습식과 건식으로 크게 구별된다. 예를 들면, 상온에서 철이 녹스는 것처럼 평상시 주변에서 흔히 볼 수 있는 것은 습식이고, 고온의 할로겐 기체 속에서 각종 금속이 소모되는 것은 건식이다. 일반적으로 낮은 온도에서는 화학반응속도가 저하되기 때문에, 부식속도도 현저하게 감소한다. 또 금속은 일반적으로 알칼리성보다도 산성일 때 현저하게 부식되는 경향이 커진다.

그림 3.15에 보여 지는 철의 부식 현상을 보면 표면에 있는 철 원자는 쉽게 산화된다.

$$Fe(s) \rightarrow Fe^{2+}(aq) + 2e^-$$

철은 전도체이기 때문에 철의 산화에 의해 생성된 전자는 금속을 통하여 환원이 일어나는 부분으로 이동할 수 있다. 만일 공기 중의 산소에 노출된 철 표면의 한 부분에 물방울이 있다면, 산소는 전자를 받아 환원되고 수산화이온을 생성한다.

$$O_2(g) + 2H_2O(l) + 4e^- \rightarrow 4OH^-(aq)$$

Fe^{2+}는 계속 산화하여 Fe^{3+}가 되고, Fe^{3+}는 OH^-와 반응하여 수화된 산화철(녹, rust)을 생성한다.

$$2Fe^{3+}(aq) + 6OH^-(aq) \rightarrow Fe_2O_3 \cdot 3H_2O(s)$$

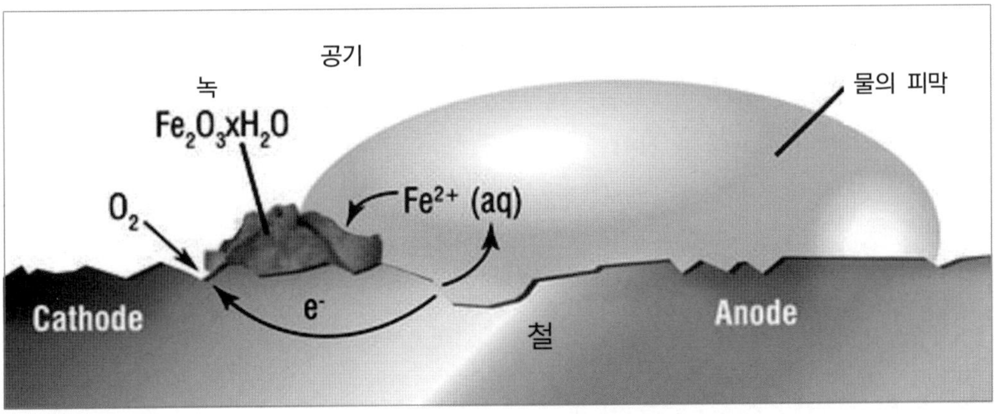

그림 3.15 철의 부식. 철은 전도체이기 때문에 철의 산화 반응에서 만들어진 전자는 금속을 통하여 산소가 환원되는 부분으로 이동할 수 있다.

부식의 대부분은 철과 강철 등에 발생하고, 이 현상으로 인해 상당한 경제적 손실을 가져오는 원하지 않는 산화 반응이다. 예를 들면, 일상생활에서 자동차, 철골 구조물, 기계, 보일러 또는 압력용기 등이 녹 발생으로 인하여 구조적으로 약화되는 것을 볼 수 있다(그림 3.16). 부식이 일어나기 위해서는 철, 산소, 수분이 필요하다. 이 조건에서 부식은 계속적으로 일어날 것이며, 이를 막기 위해 도금, 도장, 표면 산화피막의 형성 등의 코팅 방법을 이용한다. 철보다 반응성이 큰 아연(Zn) 등과 같은 금속으로 철을 도금하면, 코팅 층은 공기와 물에 노출되어 촘촘한 산화물 피막을 형성한다. 이 피막은 아연의 추가적인 산화를 막는다.

그림 3.16 원하지 않는 녹 발생으로 인해 약화된 구조물들

그리고 수산화이온과 철 이온은 철 표면에 염이 용해되어 있는 조건에서 더 원활히 이동한다. 따라서 겨울철 거리에 있는 제설용으로 뿌려진 소금에 노출되면 자동차는 훨씬 쉽게 녹이 슨다. 그러므로 겨울철에 제설용 소금을 많이 사용한 지역에서 자동차를 운행하였다면, 자동차 하부를 자주 세척하여 자동차에 묻어있는 소금을 씻어 내는 것이 좋다.

3.3d 우리 주변의 산화-환원 반응

자연에서 일어나는 대표적인 산화 환원 반응은 식물에서 이산화탄소가 포도당으로 변하는 반응이다. 포도당과 산소가 생성되는 광합성 반응은 결국은 이산화탄소가 환원되는 반응이며, 물이 산화되어 산소가 발생하는 산화반응도 동시에 진행된다.

$$6CO_2 + 6H_2O \rightarrow C_6H_{12}O_6 + 6O_2$$

알루미늄은 가볍고 녹이 슬지 않기 때문에 부엌에서 사용하는 냄비 등 주방기기를 만드는데 많이 이용된다. 이들 주방기기를 생산할 때 알루미늄의 표면이 순식간에 산화되도록 하여 산화알루미늄(Al_2O_3) 피막이 형성되도록 한다. 알루마이트라고 불리는 이 산화알루미늄 피막은 철에 생성되는 녹과는 달리 조직이 아주 치밀하다. 따라서 치밀한 피막은 내부가 더 이상 산화되지 않도록 보호하는 작용을 한다. 우리가 식탁에서 매일 보는 김치는 인간에게 이로운 유산균 증식으로 인한 산화 작용 과정을 통하여 만들어진다. 김치를 오래 두면 유산균보다 힘이 세어진 초산균에 의한 산화작용이 진전되어 식초처럼 시어지게 되기도 한다. 또한 콘크리트는 염기성인 수산화칼슘($Ca(OH)_2$) 즉 석회석이 주원료인데, 이것이 산성비에 노출 되거나 공기 중의 탄산가스에 의해 중화되어 탄산칼슘 ($CaCO_3$)이 된다. 이것이 부피팽창이 되면서 어느 쪽으로 삐져나오게 되는데 수분과 함께 하중에 의해 밑으로 처지면서 종유석 즉 콘크리트 고드름이 된다. 이 현상은 건물의 수명이 단축되는 영향을 미친다.

산화 환원 반응이 매일 일어나는 곳은 미용실이다. **파마**(permanent wave)는 화학약품의 작용으로 모발조직에 변화를 주어 오래 유지될 수 있는 웨이브를 만드는 방법이다. 모발은 케라틴(keratin) 단백질이 주성분이며, 모발 케라틴의 곁사슬에 $-SH$ 기를 지닌 시스테인(cysteine, $HSCH_2CH(NH_2)COOH$)을 포함하고 있다. 시스테인은 단백질 사슬 간에 이황화 결합($-S-S-$)을 형성해서 모발의 구조와 모양을 유지하는데 중요한 역할을 한다(그림 3.17). 파마는 이황화 화합물을 2개의 싸이올 기(RSH)로 환원시키고 그 후에 싸이올 기를 다시 산화시켜서 이황화 화합물을 형성하는 반응을 이용하는 것이다. 그림 3.17에 보여 지는 것과 같이, 곱슬곱슬한 머리를 원하는 펌을 하려면 먼저 환원제를 사용하여 사슬간의 장력을 완화시켜 이황화 교차결합을 깬다. 이 때 머리를 원하는 모양으로 만 상태에서 산화제를 사용하여 새로운 교차 결합을 형성하면 둥글게 만 상태의 모양이 그대로 유지된다. 환원 반응으로 형성된 수많은 싸이올 기의 위치는 본래의 이황화 결합이 끊어졌던 위치에 그대로 있지 않다. 새롭게 형성되는 이황화 결합의 위치와 본래의 이황화 결합의 위치는 다르며, 이황화 결합에 사용되는 싸이올 기 2개도 본래의 짝과는 다르다. 이황화 결합($-S-S-$)을 절단하기 위한 환원제로는 치오글리콜산이나 시스테인을 주성분으로 하는 환원제와 암모니아수, 아민류, 중성소다, 무기알칼리 등의 알칼리제를 주로 이용된다. 그 중에서 가장 널리 이용되는 환원제는 치오글리콜산류의 암모늄염($HSCH_2COO^-NH_4^+$, ZSH)이다.

환원과정에 사용되는 화학물질 역시 황을 포함하고 있어 특유의 냄새가 나고, 미용실에서 풍기는 독특한 냄새는 이 화합물에서 나는 냄새이다. 전형적인 퍼머넌트 용액에는 치오글리콜산, 암모니아 그리고 물이 들어있다. 펌 한 머리를 고정시키는 단계에서 사용되는 중화제라고 불리는 퍼머넌트 약의 주성분은 보통 과산화수소(H_2O_2) 또는 용액에서 과산화수소를 방출하는 과산화붕소 화합물($NaBO_3 \cdot 4H_2O$) 이 사용된다.

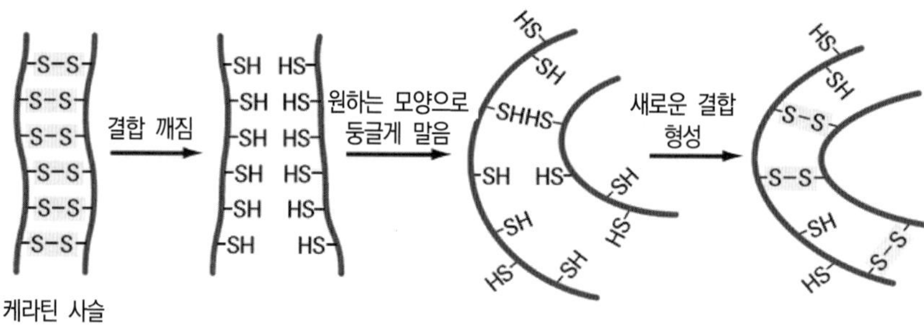

그림 3.17 파마를 위해 먼저 화합물을 이용하여 이황화 결합을 깬다(환원반응). 머리카락을 원하는 모양으로 둥글게 말은 상태에서 새로운 이황화 결합이 형성(산화반응)되도록 하면 머리카락은 원하는 모양으로 계속 유지된다.

과산화수소는 많은 경우에 산화제로서 작용하며, 경우에 따라서는 환원제로도 작용하는 분자이다. 과산화수소는 분해되어 물과 산소만 생성하기 때문에 매우 친 환경적인 화학물질이다. 상처에 과산화수소 소독약을 바르면 상처 부위에서 거품이 일어나는 것은 몸속에 있는 과산화수소 분해효소에 의해 과산화수소가 분해되는 현상에 의한 것이다. 또는 물이나 과일을 흙 없이 키우는 수경 재배에서도 공급되는 물에 뿌리의 발육을 돕거나, 뿌리가 썩는 것을 방지하는 목적으로 과산화수소를 첨가하기도 한다. 첨가된 과산화수소는 분해되면서 산소를 발생하고, 산소 부족으로 뿌리가 썩는 것을 예방할 수 있기 때문이다. 약국에서 팔고 있는 가정 상비용 과산화수소에는 약 3% 범위에 해당하는 과산화수소 성분이 들어있다. 무취의 과산화수소에서 냄새가 나는 이유는 과산화수소 안정을 위해서 첨가한 요소등과 같은 다른 분자들이 포함되어 있기 때문이다. 과산화수소 보관용기로 주로 불투명한 플라스틱병을 사용하는데, 그 이유는 빛에 의해서도 쉽게 분해가 일어나는 과산화수소를 보호하기 위해서 빛을 차단하기 위한 것이다. 과산화수소를 포함하는 세제들은 옷에 묻은 얼룩을 제거하고, 세탁할 때 표백제로 사용되며 살균제로 이용되고 있다.

연습문제

3.1 산화(oxidation)와 환원(reduction)을 정의하시오. 그리고 이 변화가 항상 함께 일어나야 하는 이유를 설명하시오.

3.2 다음을 1차 전지와 2차 전지로 구분하시오

ⓐ 리모컨 용 건전지

ⓑ 휴대폰의 전지

ⓒ 자동차용 납축전지

ⓓ 카메라용 전지

3.3 보크사이트(bauxite)에서 분리한 산화알루미늄을 용융 이온 화합물(cryolite, Na_3AlF_6)에 녹인 뒤, 이 혼합물을 탄소 산화전극과 환원전극 역할을 하는 탄소 내벽을 가진 전지에서 전기분해하는 Hall-Heroult 공정이 개발되었다.

$$2Al_2O_3 + 3C \rightarrow 4Al + 3CO_2$$

이 과정에서 산화된 종과 환원된 종은 무엇인가?

3.4 2011년 후쿠시마 핵발전소가 고장 났을 때 지르코늄 금속이 매우 뜨거운 물과 반응하여 수소기체가 만들어졌다.

$$Zr + 2H_2O \rightarrow ZrO_2 + H_2$$

이 반응에서 산화되는 물질은 무엇인가? 산화제는 무엇인가?

3.5 다음 반응식에서 환원된 물질과 산화된 물질을 말하시오.

ⓐ $2Zn(s) + O_2(g) \rightarrow 2ZnO(s)$

ⓑ $S(s) + O_2(g) \rightarrow SO_2(g)$

ⓒ $HgO(l) + Zn(s) \rightarrow ZnO(s) + Hg(l)$

ⓓ $C_2H_4(g) + H_2(g) \rightarrow C_2H_6(g)$

연습문제

3.6 자동차에 시동을 걸면 배터리는 방전되고 아래 화학반응은 오른쪽으로 진행한다. 그러나 일단 엔진이 작동하고 있으면, 교류 발전기가 배터리가 방전될 때 일어나는 화학반응의 역반응이 일어날 수 있도록 전류를 제공하여 배터리를 충전시킨다. 다음 화학반응에서 방전과 충전 시 산화되는 물질과 환원되는 물질을 각각 구분하시오.

$$Pb(s) + PbO_2(s) + 2H_2SO_4(aq) \underset{\text{충전}}{\overset{\text{방전}}{\rightleftarrows}} 2PbSO_4(s) + 2H_2O(l)$$

3.7 하이브리드 전기자동차(hybrid electric vehicle, HEV)는 휘발유를 사용하는 엔진과 배터리로 구동되는 전기 모터를 함께 이용하고, 전기자동차(electric vehicle, EV)는 완전히 전기로만 구동된다. EV와 HEV이 갖는 장점들이 무엇인지 그리고 오늘날 EV가 HEV 보다 아직 보편화되지 못하는 이유를 제시하시오.

3.8 어떤 태양전지들은 갈륨(Ga)이나 비소(As)를 실리콘 격자에 불순물로 첨가한다. 어느 것이 n형 반도체이고 p형 반도체인가? 그리고 이유를 설명하시오.

3.9 H_2/O_2 연료전지의 반응에서 양극(환원전극)에서의 반응을 쓰시오.

$$2H_2(g) + O_2(g) \rightarrow 2H_2O(g)$$

3.10 모발은 케라틴(keratin) 단백질이 주성분이며, 모발 케라틴의 곁사슬에 $-SH$ 기를 지닌 시스테인은 단백질 사슬에 이황화 결합($-S-S-$)을 형성해서 모발의 구조에 중요한 역할을 한다. 이 현상과 관련하여, 곱슬곱슬한 머리를 원하는 펌을 하는 과정을 설명하시오.

제4장
에너지 자원: 화석연료

4.1 화석연료

4.2 탄화수소

4.3 산소를 포함한 탄화수소

4.4 대체 에너지

화석연료는 현재 인류가 가장 많이 의존하고 있는 일차 에너지원이다. 우리나라의 경우도 사용하고 있는 에너지의 85% 이상은 화석연료로 부터 얻고 있다(그림 4.1). 화석연료는 지각에 파묻힌 동식물의 유해가 오랜 세월에 걸쳐 화석화하여 만들어진 지하 매장 자원을 말한다. 석유, 천연가스, 석탄 같은 화석연료의 주 성분은 탄화수소 화합물이다. 천연가스는 대부분 탄화수소 중 가장 간단한 분자인 메탄이고, 석유는 수천 종류 탄화수소들의 복합 화합물이며, 석탄은 석유 보다 훨씬 더 다양하고 복잡한 탄화수소들의 화합물이다. 이들은 우리 인간에게 에너지를 제공하는 매우 중요한 역할을 해오고 있을 뿐만 아니라, 산업 현장에서 수많은 소비재를 만드는 데 이용되는 주요 원천 물질이기도하다. 19세기 산업혁명 후 20세기 초까지는 석탄이 인류의 중요 에너지 자원으로 사용되었으나, 그 뒤 석유와 천연가스가 석탄보다 사용이 편리하고 폐기물 처리가 쉬우며 가격 경쟁력의 이점 때문에 이들의 소비가 점진적으로 증가하고 있다.

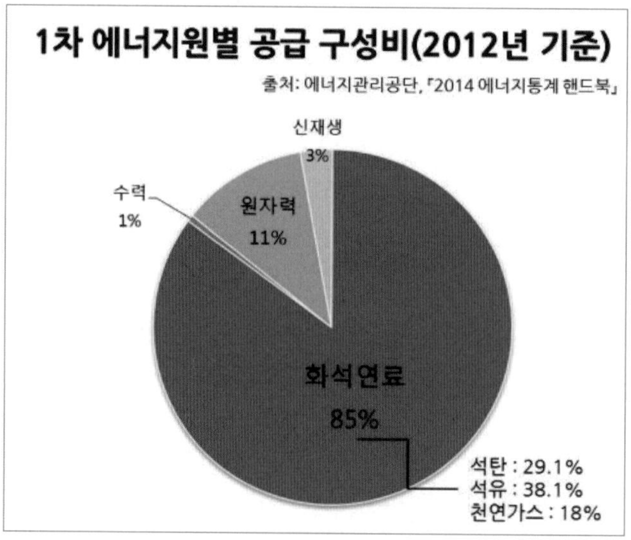

그림 4.1 한국의 1차 에너지원 별 공급 구성비.
화석연료가 차지하는 비율은 85.2%이다.

오랜 기간 동안 화석연료는 인류에게 주요 에너지원을 제공하는 중요한 역할을 해오고 있지만, 동시에 몇 가지 우려할 점들도 존재한다. 첫째 화석연료는 매장지역, 즉 자원의 편중이 심하기 때문에 가격과 공급이 항상 불안정하다는 단점이 있다. 우리는 석유 파동으로 인해 전 세계가 특히 비산유국이 극심한 문제에 시달린 경우가 몇 차례 있었다는 것을 기억하고 있다. 둘째 화석연료는 재생이 불가능하고 매장량이 한정되어 있기 때문에 언젠가 고갈될 것으로 예상되고 있다. 따라서 언제일지는 예측하기 어렵지만, 급작한 고갈로 인한 사회적 혼란을 최소화하기 위해 화석연료의 의존도를 점진적으로 줄여나갈 필요가 있으며, 동시에 화석연료를 대체할 수 있는 에너지원의 개발이 중요한 과제이다. 전문가들은 최소한 2020년까지는 석유가 세계 최대의 에너지원이며, 산유국들은 필요한 양만큼 공급 능력을 보유할 것으로 예측하고 있다. 그리고 천연가스, 대체에너지 등 다른 형태의 에너지 공급의 비중이 증가함에 따라 석유의 상대적 비중은 점차 감소할 것으로 전망하고 있다. 그림 4.2는 2009년 석유수출국기구(OPEC)에서 발표한 세계 석유 수요에 관한 장기 전망을 보여준다. 셋째 이들은 환경오염을 유발하는 원인 물질이라는 중요한 사실이다. 공장과 자동차에서 배출되는 배기가스는 심각한 대기오염을 유발하고, 탄화수소의 연소 반응 생성물인 이산화탄소는 지구온난화에 영향을 준다는 것은 이미 알고 있다. 이런 이유로 인류는 환경에 부정적인 영향을 미치지 않고 고갈될 염려가 없는 새로운 에너지원을 찾아 오래 전부터 대체에너지와 청정에너지 개발을 위하여 노력하고 있다.

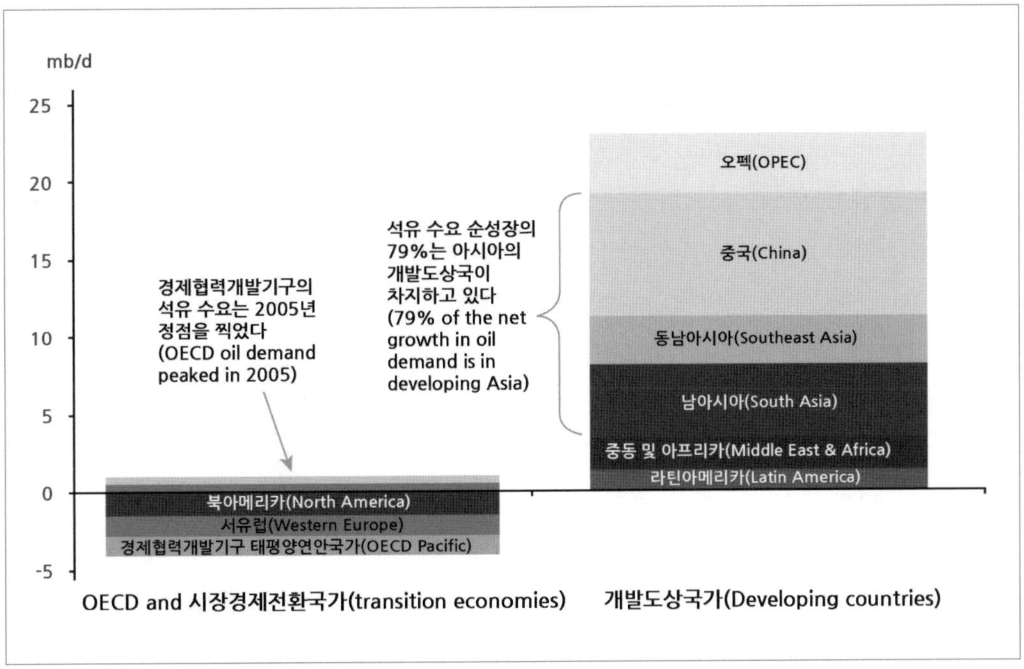

그림 4.2 세계 석유 수요에 관한 장기 전망. 출처 : OPEC World Oil Outlook 2009

이 장에서는 화석연료에 대해서 구체적으로 알아보고, 탄화수소 화합물의 종류와 그들로부터 얻을 수 있는 에너지에 관해서 알아보고자 한다. 그리고 탄화수소 화합물들의 다양한 산업적 이용에 관해서는 다음 장에서 논의할 것이다.

4.1 화석연료

에너지는 물체나 물체계가 가지고 있는 일을 하는 능력을 통틀어 이르는 말로, 형태에 따라 운동, 위치, 열, 전기 등의 에너지로 구분된다. 우리는 에너지를 이용하여 난방을 하고, 음식을 조리하고, 불을 밝히고, 가전제품을 사용하고, 자동차를 움직이고, 공장에서 제품을 생산하고, 발전소에서 전기를 만든다. 오늘날 인류가 사용하고 있는 대부분의 에너지는 석유, 석탄, 천연가스 등 화석연료의 연소로부터 얻고 있다. 석유로부터 얻은 휘발유는 교통기관을 움직일 때 사용되고, 천연가스는 가정용 난방이나 자동차의 연료로 사용되며, 그리고 석탄은 난방이나 발전소에서 전기를 만들 때 주로 사용되고 있다. 우리는 3장에서 연소는 산소 존재 하에서 일어나는 산화반응이고, 이 반응에서 산소는 산화제의 역할을 한다는 것을 알고 있다. 이러한 산화 환원이 일어나는 연소반응으로부터 에너지는 어떻게 얻어질까?

화학 반응과 관련하여 주된 에너지의 변화량은 열에너지이다. 반응이 동적 평형에 도달한 최종 상태의 열에너지가 반응의 초기상태 보다 더 크면, 에너지는 주위로 방출될 것이고 이 반응을 **발열 반응**(exothermic reaction)이라 한다. 그 과정들의 반대가 **흡열 반응**(endothermic reaction)이다. 만약 연료의 연소와 같이 열에너지를 방출하는 반응이라면, 방출된 열이 갖는 열에너지를 다른 형태의 에너지로 전환하여 원하는 목적에 이용할 수 있다. 따라서 주어진 어떤 화학반응이 발열반응인지 아니면 흡열반응인지, 동반하는 에너지의 변화량은 얼마인지, 그리고 그들을 결정하는 주요 요인은 무엇인지 알아볼 필요가 있다.

화학반응에서 반응물이 생성물로 변환되는 과정을 살펴보면, 먼저 반응이 일어나려면 반응물 내의 몇몇 화학결합이 깨져야만 하고, 이 결합들이 깨지려면 에너지가 투입되어야만 한다. 그리고 깨진 결합들은 재편성되어 새로운 화학결합을 형성하여 생성물을 만들게 된다. 이때 화학결합의 형성은 더 안정한 상태로 가는 과정이기 때문에 에너지를 방출한다. 반응물이 깨질 때 투입된 에너지와 새로운 결합이 형성될 때 방출하는 에너지의 차가 화학반응과 관련된 에너지 변화량이다. 흡열 과정은 **계**(system) 안으로 열이 들어오는 것이기 때문에 열에너지의 양에 (+)부호를 붙이고, 반면 발열반응은 (−) 부호를 붙인다.

화학반응과 관련된 열에너지 변화는 세 가지 경우를 가질 수 있다. 먼저 반응물 내의 화학결합을 깨는데 필요한 에너지의 합이 생성물을 형성하면서 방출하는 에너지의 합보다 크면 에너지가 소모되는 흡열반응이다. 이런 유형의 반응은 에너지원으로 유용하지 않을 것이다. 다음으로 반응물 내의 화학결합을 깨는데 필요한 에너지의 합보다 생성물을 형성하면서 방출하는 에너지의 합이 더 크면 에너지를 방출하는 발열반응이다. 이런 유형의 반응은 에너지를 생산하기 때문에 에너지원으로 유용하고 반응물들은 사용 가능한 연료일 수 있다. 마지막으로 반응물 내의 화학결합을 깨는데 필요한 에너지의 합이 생성물을 형성하면서 방출하는 에너지의 합과 완전하게 일치하면 알짜 에너지의 변화량이 없다. 하지만 이런 유형의 반응은 매우 드물게 일어난다.

화학반응에서 반응물의 화학결합이 깨지는데 필요한 에너지 값과 생성물이 형성될 때 방출하는 에너지 값을 안다면 반응의 열에너지 변화량을 계산해 낼 수 있다. 표 4.1에 몇 가지 결합들의 평균 결합에너지의 값을 나타내었다. 결합에너지는 특정한 화학결합 1 몰을 해리하는데 필요한 열에너지 또는 엔탈피 값이다. **엔탈피(enthalpy)**는 일정 온도와 압력의 조건 하에서의 열에너지 값으로 정의하고 있다. 결합이 해리되는 것과 형성되는 것은 서로 반대 과정이고, 결합에너지는 반대의 부호를 갖는 해리에너지와 같은 값을 갖는다.

표 4.1 몇 가지 결합들의 평균 결합에너지

결합	에너지(KJ/mol)	결합	에너지(KJ/mol)
$C-H$	416	$H-H$	436
$C-C$	356	$O-H$	467
$C=C$	611	$O=O$	498
$C=O$	803	$C-O$	336

예를 들어 가장 간단한 탄화수소인 메탄의 연소 과정을 통하여 열에너지 변화를 살펴보자.

$$CH_4 + 2O_2 \rightarrow CO_2 + 2H_2O$$

반응물의 결합 깨짐, 흡열반응(+)

$$4(C-H) = 4mol(416\,KJ/mol) = +1664\,KJ$$

$$2(O=O) = 2mol(498\,KJ/mol) = +996\,KJ$$

$$\text{합계} = 1664\,KJ + 996\,KJ = 2660\,KJ(\text{흡열})$$

생성물의 형성, 발열반응(-)

$$2(C=O) = 2mol(-803\,KJ/mol) = -1606\,KJ$$

$$4(O-H) = 4mol(-467\,KJ/mol) = -1868\,KJ$$

$$\text{합계} = (-1606KJ) + (-1868KJ) = -3474\,KJ(\text{발열})$$

연소열 $$\text{알짜} = (2660KJ) + (-3474KJ) = -814\,KJ(\text{발열})$$

반응물(메탄 1몰과 산소 2몰)의 화학결합이 깨지는데 필요한 에너지는 2660 KJ이고, 생성물(이산화탄소 1몰과 물 2몰)의 모든 결합의 형성으로 3474KJ의 에너지가 방출된다. 이 계산을 통하여 메탄 1몰이 연소될 때 방출하는 에너지 값은 $(-814KJ)$이고, 발열과정이라는 것이 결정되었다. 이와 같이 연료 1몰이 연소할 때 방출하는 열을 **연소열**(heat of combustion)이라 한다.

이런 유형의 계산을 통하여 여러 탄화수소 연료의 연소열을 계산하고 서로 비교할 수 있다. 하지만 서로 다른 연료의 연소열을 비교하기 전에 고려할 사항이 있다. 우리가 계산한 연소열은 연료 1몰의 연소열이다 그러나 연료들의 질량(분자량)이 서로 다르기 때문에 이 방법은 비교하기에 좋은 값이 아니다. 예를 들면 메탄은 분자량은 16그램이고 옥탄의 분자량은 114그램이다. 따라서 서로 다른 연료들의 연소열을 비교할 경우, 화합물의 몰 연소열을 분자량으로 나누어서 구한 연료들의 단위 그램 당 연소열을 비교하는 것이 더 의미가 있다. 표 4.2는 몇 가지 연료들의 1몰 당 연소열과 1그램 당 연소열을 나타내고 있다.

표 4.2 몇 가지 연료들의 1몰 당 연소열과 1그램 당 연소열

연료	1몰 당 연소열 (KJ)	1그램 당 연소열 (KJ)
수소	-242	-121
메탄	-802	-50.1
에탄	-1,428	-47.6
프로판	-2,016	-45.8
메탄올	-640	-20
에탄올	-1,367	-29.7
원유	-	~-45
갈탄	-	-16
무연탄	-	-30.5
나무	-	-10~14

표 4.2를 살펴보면 수소는 탄화수소나 알코올보다 그램 당 더 많은 열을 방출하는 것을 볼 수 있다. 그리고 대부분의 탄화수소는 그램 당 비슷한 양의 열을 방출하고, 알코올은 탄화수소보다 더 적은 양의 열을 방출하는 것을 볼 수 있다. 갈탄은 석탄의 한 종류로 수분이 많아 큰 열량을 낼 수 없는 가장 질이 낮은 석탄이다. 무연탄은 탄화가 잘되어 연기를 내지 않고 연소하는 석탄이다. 세계적으로 유연탄의 생산이 많지만, 우리나라에서 생산되는 석탄은 대부분 무연탄이다.

4.1a 석유

원유(crude petroleum)는 땅속에서 천연으로 나는 수천 가지의 탄화수소 화합물의 혼합물이며, 생산지에 따라 실제 조성이 다르다. 가연성 기름인 원유는 증류 과정을 통해 휘발유, 등유, 경유, 중유, 석유 피치, 아스팔트 등으로 분류되어 용도에 맞게 이용된다. 더불어 우리가 일상생활에서 요긴하게 사용하는 플라스틱, 의약품, 합성수지, 세제 등 수많은 소비재를 만드는 데 주요 원천 물질로도 이용된다.

에너지원과 소비재의 주요 원천 물질로 이용되는 석유의 매장량이 얼마나 남았느냐에 대해서는 의견이 분분하다. 수십 년 이내에 고갈될 것이라는 예측이 있는가 하면, 수백 년은 사용할 만큼 매장량이 충분하다는 의견도 있다. 그 이유는 원유 자원의 양이 계속 수정되기 때문에 이 기간을 추정하기가 쉽지 않기 때문이다. 우리가 알고 있는 석유 매장량은 채산성이 있는 유전을 전제로 계산된 것이기 때문에 원유 값의 변동에 따라 추산 매장량이 변하는 현상이 발생하고 있다. 즉 채산성이 없는 석유는 계산에 넣지 않다가, 석유 값이 오르면 군소 유전 심지어 오일샌드(oil sand, 석유를 머금은 모래에서 원유를 추출해 내는 것)까지 매장량에 포함되기 때문이다. 여러 의견을 종합해 보면, 석유 체제는 400년 이상 이어질 수 있다는 주장이 지배적이다. 한편으로는 '앞으로 석유 시대가 얼마나 계속될지는 모르겠지만 분명한 것은 석유 시대의 마감은 석유가 고갈되어서 일어나지 않을 것이다. 석기시대가 돌이 고갈되어 끝난 게 아니듯' 이라는 말이 현실로 다가올 날이 올 수도 있다.

① 석유정제

석유정제(petroleum refining)는 원유에 포함된 성분들을 끓는점 구간으로 나누어 분류하는 **분별증류**(fractional distillation) 방법을 이용하여 각종 석유 제품을 제조하는 공정을 말한다. 석유 정제에서 얻어지는 생성물들은 여전히 수백 가지 종류의 탄화수소의 혼합물이다. 그림 4.3에 보여지는 것과 같이, 먼저 원유를 400°C 까지 가열 시킨

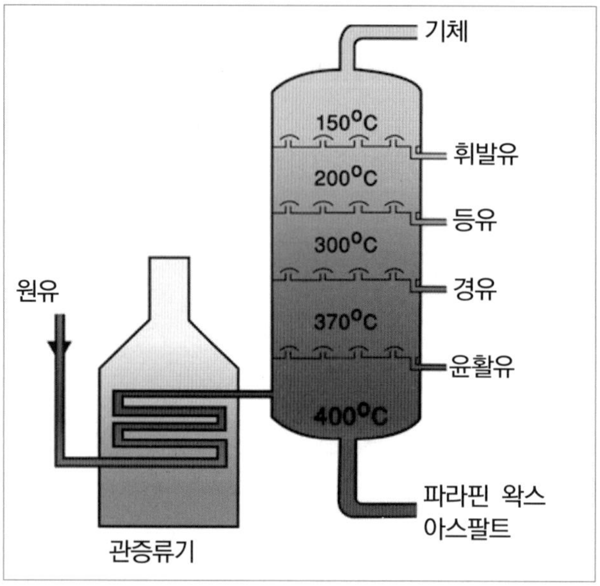

그림 4.3 석유정제. 원유를 관 증류기에서 $400^{o}C$ 까지 가열시킨 후 생성된 뜨거운 증기와 액체의 혼합물을 분별증류탑에 넣는다. 증기가 탑을 올라가면서 끓는점의 차이로 성분들의 분리가 가능하다.

후 생성된 뜨거운 증기와 액체의 혼합물을 분별증류탑에 넣는다. 분별증류탑 안을 가열된 증기가 위로 올라가는 과정에서 끓는점의 차이에 따라 다른 높이에서 성분들을 분리해 빼낼 수 있다. 끓는점이 낮은 성분들은 끓는점이 높은 성분보다 증기상태(vapour phase)로 더 오래 남아있을 것이다. 기체 연료로 사용할 수 있는 메탄이나 프로판 기체 등은 응축되지 않고 탑 상부로 빠져 나가고, 증발되지 않는 파라핀왁스나 아스팔트 등은 바닥에 모인다. 분별증류에 의해 원유로부터 얻어지는 생성물들과 그 용도를 표 4.3에 나타내었다.

표 4.3 분별증류에 의해 원유로부터 얻어진 탄화수소들

구분	탄소원자 개수	끓는점(℃)	용도
기체	$C_1 \sim C_4$	0~30	기체 연료
휘발유	$C_5 \sim C_{12}$	150~200	자동차 연료
등유	$C_{12} \sim C_{16}$	200~300	디젤 오일, 제트기 연료
경유	$C_{16} \sim C_{18}$	300~350	디젤 연료
윤활유	$C_{18} \sim C_{20}$	370 이상	윤활유
파라핀왁스	$C_{20} \sim C_{40}$	고체	초, 왁스종이
아스팔트	C_{40} 이상	잔류물	아스팔트 도로

② 가솔린

석유제품으로 가장 널리 알려진 **가솔린**(gasoline)은 원유를 분별 증류하였을 때, 30~200℃ 범위에서 끓는 액체를 말한다. 흔히 휘발유라고 부르기도 하는 가솔린은 탄소의 수가 5~12개의 탄소를 포함하고 있는 탄화수소의 혼합물이고, 상온에서 증발하기 쉽고 인화성이 좋아 공기와 혼합되면 폭발성을 지닌다. 따라서 자동차, 항공, 공업 등의 분야에서 내연 기관의 연료로 널리 쓰이고 있다. 대부분의 자동차들은 가솔린을 연료로 사용하고 있고, 항공용 휘발유는 경비행기의 연료로 사용되고 있으며, 공업용 휘발유는 드라이클리닝, 고무 공업용, 도료용, 세척용 등으로 사용되고 있다. 분별증류탑에서 나오는 휘발유는 대부분 곧은 사슬 탄화수소를 포함하고 있는데, 이들은 너무 빨리 연소하여 내연 기관의 연료로 사용하기에는 적합하지 않기 때문에 추가 정제가 필요하다.

휘발유는 연소 과정에서 혼합기체가 너무 일찍 폭발하거나 비정상적인 점화가 일어나는 경우가 있다. 이와 같은 불완전연소를 **노킹**(knocking)현상이라고 한다(그림 4.4). 노킹이란 실린더 내에 있는 압축된 연료와 공기가 적정 폭발 시점에 이르기 전 어떤 점에서 점화되어 연소가 시작될 경우, 연소되지 않은 가스가 자연 발화하며 폭발적으로 연소하고 이로 인해 피스톤이 밸브나 실린더와 충돌하여 발생되는 금속음이다.

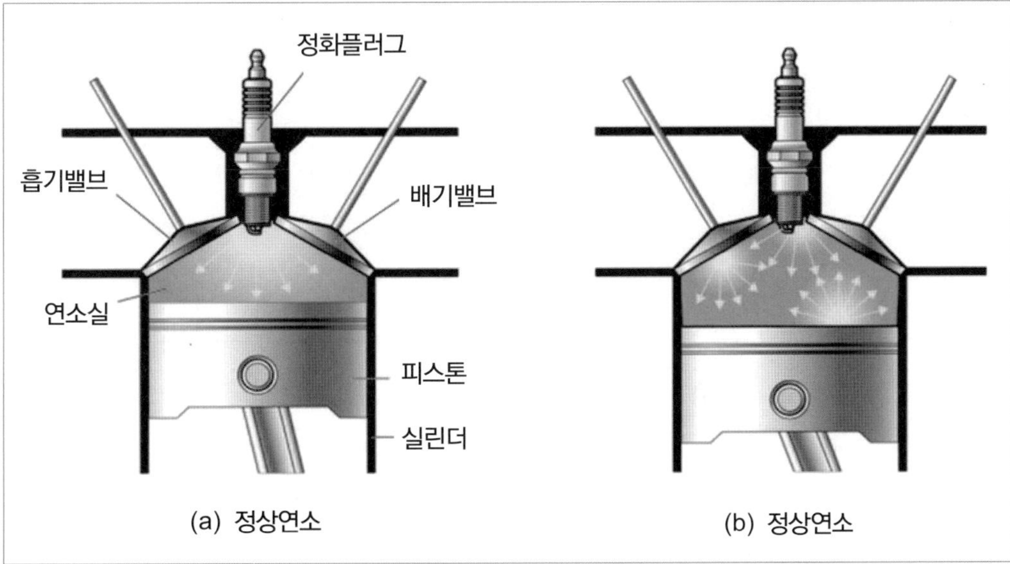

그림 4.4 (a) 매끄러운 점화, (b) 피스톤이 상사점에 도달하기 전에 조기연소에 의해 다른 피스톤의 움직임까지 불규칙하게 만드는 노킹현상이 발생한다. 노킹이 일어나면 누군가 망치로 치는 것 같은 불쾌한 진동이 차량으로 전달된다. 그림출처 : 한국교통안전공단

노킹이 자주 발생하면 피스톤, 실린더, 밸브 등에 무리가 생기고 엔진의 힘이 줄어들며 엔진 수명 단축의 원인이 된다. 탄화수소가 노킹을 일으키는 정도는 탄화수소의 분자구조에 따라 다르다. 휘발유의 노킹이 일어나는 정도는 **옥탄가**(octane rating)라는 임의의 척도를 이용하여 나타내고 있다. 옥탄가는 노킹이 잘 일어나는 헵탄(heptane)을 옥탄가 영(0)으로 부여하고, 노킹이 잘 일어나지 않는 아이소옥탄(isooctane, 2,2,4-트라이메틸펜탄)을 옥탄가 100으로 임의 선정하여 기준으로 삼는다. 옥탄가가 높은 연료일수록 이상폭발을 일으키지 않고 잘 연소하기 때문에 고급 휘발유로 평가된다. 표 4.4는 몇몇 탄화수소와 옥탄가를 높이기 위해 사용하는 첨가제의 옥탄값을 보여준다. 표 4.4를 자세히 살펴보면 옥탄가는 분자의 구조와 밀접한 연관이 있음을 알 수 있다.

표 4.4 탄화수소와 옥탄가를 높이기 위해 사용하는 첨가제의 옥탄값

이름	옥탄값	이름	옥탄값
옥탄	-20	벤젠	106
헵탄	0	에탄올	108
펜탄	62	삼차부틸알코올	113
1-펜텐	91	메틸삼차부틸 에테르(MTBE)	116
아이소옥탄	100	톨루엔	118

- 탄화수소의 사슬의 길이가 짧을수록(탄소의 수가 적을수록) 옥탄가가 높다. 즉 탄소의 수가 8개인 옥탄보다 5개인 펜탄의 옥탄가가 더 높다.

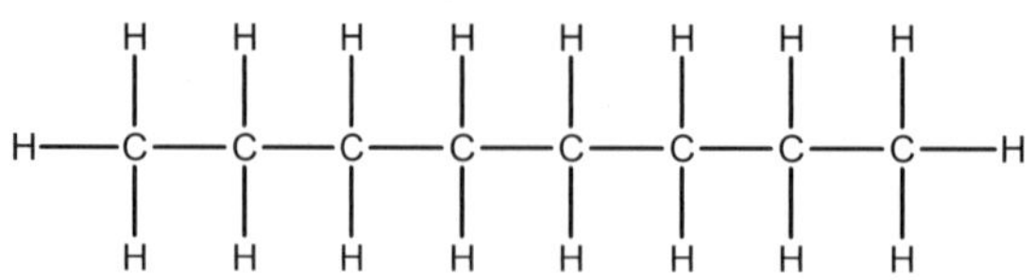

옥탄
(옥탄가 – 20)

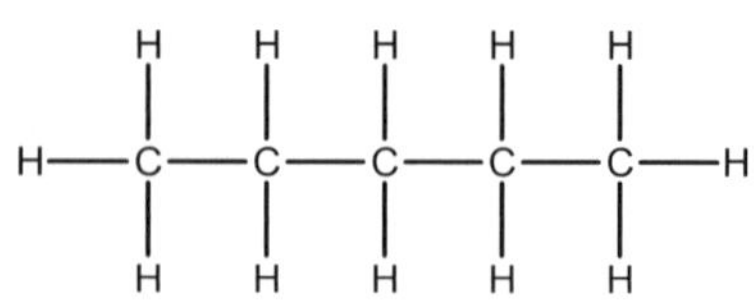

펜탄
(옥탄가 62)

- 탄소의 수는 같더라도 가지 사슬을 가진 탄화수소의 옥탄가가 더 높다. 예를 들면 옥탄보다 아이소옥탄의 옥탄가가 더 높다.

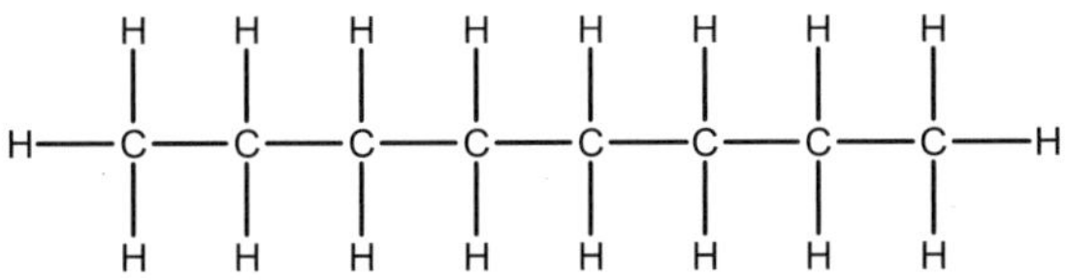

옥탄
(옥탄가 – 20)

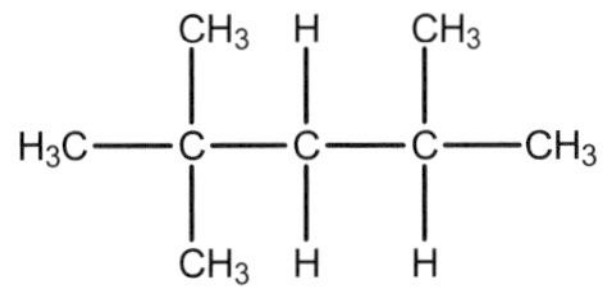

아이소옥탄
(옥탄가 100)

- 단일결합보다 이중결합을 포함한 탄화수소의 옥탄가가 더 높다. 예를 들어 펜탄보다 1-펜텐의 옥탄가가 더 높다.

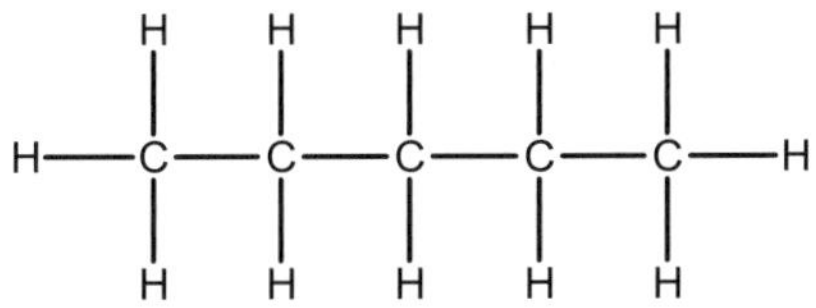

펜탄
(옥탄가 62)

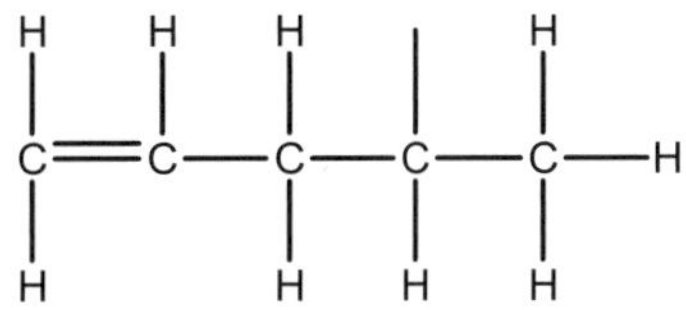

1 - 펜탄
(옥탄가 91)

- 벤젠과 같은 방향족화합물이나 알코올 등 산소를 포함한 탄화수소는 높은 옥탄가를 갖는다.

벤젠
(옥탄가 106)

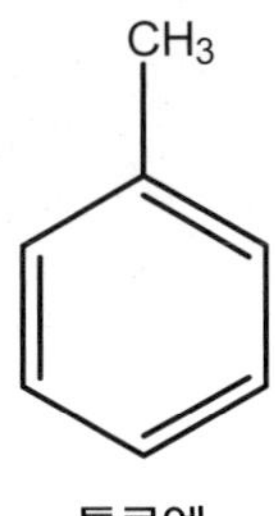

톨루엔
(옥탄가 118)

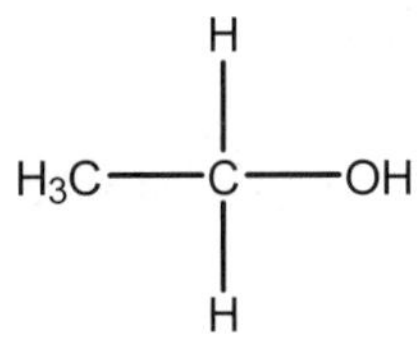

에탄올
(옥탄가 108)

연료의 옥탄가 수치는 단순히 연료의 에너지 함량의 척도는 아니다. 옥탄과 아이소옥탄은 비슷한 양의 에너지를 방출한다. 다만 이들의 방출 속도가 다를 뿐이다. 따라서 옥탄값이 가장 높은 연료를 단순히 최고의 연료라고 단정할 수는 없다. 예를 들면 톨루엔은 옥탄가가 118로 매우 높지만, 에너지 함량, 독성, 연소 특성, 경제성 등의 성질 때문에 연료로는 부적합하다. 다만 대부분의 휘발유 혼합물에는 약 5%의 톨루엔이 연료 첨가제로 혼합되어 있다. 주유소에서는 옥탄가의 수치에 따라 고급 휘발유와 일반휘발유를 구분하여 다른 가격으로 판매하고 있다. 고급 휘발유는 옥탄가가 94이상 되는 연료로 일반 휘발유보다 옥탄가가 더 높다. 우리나라 시중에서 파는 일반 휘발유의 옥탄가 수치는 91~94이고, 고급 휘발유는 98~100정도이다. 고급 휘발유 사용을 권장하는 자동차는, 처음 제작할 때부터 고급 휘발유 전용 차량으로 제작된 자동차들로 주로 고출력 고성능의 차량들이다. 이런 차들은 일반차량의 엔진보다 더 높은 압력에서 점화되기 때문에 높은 옥탄가를 필요로 한다. 그래서 옥탄가가 높은 고급휘발유를 주유하는 것이다. 어떤 경우는 일반휘발유를 주유하고 옥탄가를 높여주는 첨가제를 주입하여 사용하기도 하는데 이렇게 주입하면 고급휘발유를 주유하고 자동차를 운행했을 때 보다 출력이나 연비가 나빠질 수 있고 엔진에 무리가 올 수도 있다고 한다. 반대로 일반차량에 고급휘발유를 주유하는 경우는, 일반 차량의 엔진이 고급 휘발유를 효과적으로 이용하지 못하기 때문에 별 효과를 보지 못한다고 한다.

③ 옥탄가 증진 첨가제

가솔린은 연료로서 매우 효과적인 물질이지만, 불완전 연소에 의해 뜻하지 않는 폭발적인 연소를 일으킬 위험이 있다. 따라서 원치 않는 폭발적인 연소를 방지하기 위해 **옥탄가 증진첨가제**(octane enhancer)를 조금 첨가하여 사용한다. 이 내폭제는 **앤티노크제**(antiknock agent)라고도 하며 연료의 완전연소를 도와 열효율을 높여주는 물질을 말한다.

최초의 안티노킹 첨가물에 대한 연구는 1919년 미국의 GM사에서 시작하였고, 영국의 헨리 리카도경은 엔진 노킹은 연료에 있는 탄화수소 분자의 화학구조와 밀접한 관계가 있다는 것을 알아냈다. 1921년 GM사는 테트라에틸납을 2000분의 1만큼 내연기관에 넣으면 노킹을 막기에 충분하다는 것을 알아내었다. 이후 1980년대까지 테트라에틸납을 첨가한 **유연 휘발유**(leaded gasoline)가 사용되었다. 납 화합물은 옥탄가를 향상시키는 기능 외에도 엔진 밸브의 마모를 막는 효과도 가지고 있으므로 필수적인 연료첨가제로 간주되어 사용되어 왔다. 그러나 연료가 연소할 때 테트라에틸납은 소연제 등과 반응하여 PbC, PbO, 또는 $PbSO_4$ 등의 형태로 대기 중에 방출되어 인체에 나쁜 영향을 줄 뿐만 아니라, 배기가스의 유독 물질을 제거하는 촉매 전환 장치를 손상시키는 문제점을 안고 있다는 것을 알게 되었다. 즉, 연료의 효율을 높이는 데에는 좋은 물질로 평가받고 있지만 환경적 측면에서는 이롭지 못한 물질이다. 이러한 문제 때문에 현재 납 첨가물의 사용이 전면 금지되고 있다.

납 화합물의 사용이 금지되면서, 인체에 유해한 유독성 중금속인 납 대신에 MTBE(Methyl Tertiary Butyl Ether) 등을 첨가하여 옥탄가를 증진시키는 **무연 휘발유**(unleaded gasoline)를 사용하게 되었다. 내폭제로 테트라에틸납을 사용하는 가솔린을 흔히 유연휘발유, MTBE를 사용하는 휘발유를 무연휘발유라고 한다. MTBE는 미국 및 유럽에서 휘발유의 안티노킹제로 널리 사용되고 있으며 우리나라에서도 전면적으로 사용되고 있다. 그 결과 대기오염의 심각한 원인이던 자동차 배기가스의 문제를 어느 정도 해결할 수 있게 되었다. MTBE는 옥탄가가 높고 산소를 함유하고 있으며 비점 및 증기압이 낮고, 휘발유에 완전히 용해되며, 방향족 및 올레핀 성분을 가지고 있지 않는 특징이 있다. 현재 국내에서 판매되는 휘발유는 대기환경보전법 시행령에 따라 납 성분이 없거나 매우 낮은 무연 휘발유만을 공급하도록 의무화되어 있기 때문에 유연 휘발유는 완전히 사라지게 되었다. MTBE가 내폭제로 사용되는 동안 미국의 여러 지역에서 상당한 농도의 MTBE가 식수에서 검출되었다. MTBE는 자연적인 과정이나 물 처리로 쉽게 분해되지 않기 때문에 상수도의 오염을 유발할 수 있다. 따라서 미국의 많은 주에서는 MTBE 사용을 엄격히 제한하거나 금지하고 있다.

일반적으로 자동차 가솔린은 직류 가솔린에 분해 가솔린이나 개질 가솔린 등을 섞고, 다시 옥탄값을 높이기 위해 앤티노크제나 안정제를 첨가하여 제조한다. 방향족 화합물이나 산소를 포함한 알코올 또는 에테르 등이 옥탄가를 높일 수 있기 때문에 이들 화합물들을 첨가제로 사용하는데, 주로 벤젠, 톨루엔, 자일렌, 2-메틸-2-프로판올, 메틸삼차 부틸에테르(MTBE), 메탄올, 에탄올 등이 사용된다. 대기오염 방지법은 오존과 일산화탄소에 의한 대기오염을 줄이기 위해 **산소함유 휘발유**(oxygenated gasoline)와 **성분배합변경 휘발유**(reformulated gasoline)를 사용하여 탄화수소와 독성 화합물의 방출량을 줄이도록 하고 있다. 산소함유 휘발유는 메틸삼차부틸에테르(MTBE), 메탄올, 에탄올, 2-메틸-2-프로판올 등과 같이 산소를 함유한 유기화합물과 휘발유의 배합이다. 산소함유 휘발유는 쉽게 점화되고 깨끗하게 연소하여 일산화탄소의 방출량을 줄여준다. 성분배합변경 휘발유는 불포화 탄화수소, 휘발성 성분, 황의 함량을 줄이고 산소 함유 첨가제를 첨가하여 조성을 바꾼 휘발유이다. 그 밖에도 방향족, 벤젠, 산소 등의 함량을 제한하고 있으며 그 기준이 표 4.5에 나타나 있다.

표 4.5 자동차용 휘발유의 품질기준(한국석유관리원)

항목 (단위)	품질기준	의 의
황분 (mg/kg)	10 이하	연소 시 발생하는 아황산가스 등에 의한 공해문제 발생 및 내연기관 퇴적물 및 연소계통 부식을 유발
납 (g/L)	0.013 이하	납은 인체에 유해하고 자동차의 배기가스 개선을 위해 장착시키고 있는 촉매전환기의 촉매기능 상실
인 (g/L)	0.0013 이하	휘발유 원료에는 인은 거의 함유되어 있지 않지만 성능향상을 위한 첨가제에 함유되어 있을 수 있으므로 규제 대상
방향족 화합물 (부피%)	22(19) 이하	벤젠, 톨루엔, 크실렌 등 벤젠고리를 갖고 있는 물질 연소 시 인체에 해로운 벤조피렌 등을 발생
벤젠 (부피%)	0.7 이하	엔진의 상태에 따라 휘발유 중의 벤젠 일부는 연소되지 않고 배출
올레핀 (부피%)	16(19) 이하	이중결합이 있는 불포화 탄화수소로 극히 불안정하며 산화가 잘 되기 때문에 차량 문제 발생의 원인 제공
산소 (무게%)	2.3 이하	옥탄값을 증가시켜주고 연소 배기가스 중의 일산화탄소와 탄화수소 등의 유해물질 저감
메탄올 (무게%)	0.1 이하	휘발유 내의 메탄올 성분은 차량 부품의 부식 초래

④ 촉매 분해

직류 가솔린은 원유의 생산지에 따라서 여러 종류의 탄화수소를 함유한 파라핀계 탄화수소가 풍부한 것, 나프텐 성질의 것, 그리고 방향족 탄화수소를 다량으로 함유한 것 등의 3종이 있다. 석유 정제 공정의 일부분은 이들 탄화수소의 성분을 상업적 목적에 맞게 조절하는 것이다. 예를 들면 곧은 사슬 탄화수소를 가지있는 사슬 탄화수소와 방향족 탄화수소로 변환시켜 직류 휘발유의 옥탄값을 증가시키는데 **접촉개질공정**

(catalytic reforming process)이 이용되고, 경유나 중유를 수요가 더 많은 가솔린으로 변환하기 위해 **분해**(cracking) 공정의 화학반응을 통해 경유나 중유를 분해하여 가솔린을 제조하는 **촉매분해공정**(catalytic cracking process)이 이용되고 있다.

접촉개질공정에서는 중질 가솔린을 고온 처리하여 고급 가솔린을 얻는 **개질**(reforming)의 한 방법으로, 중질 가솔린을 고온처리 하는 과정에서 촉매를 쓰지 않고 가열만 하는 열 개질법과는 다르게 촉매를 이용하는 것을 말한다. 직류 휘발유의 증기를 반응온도 약 500℃의 수소를 가압한 상태에서 촉매와 접촉시킴으로써, 곧은 사슬 탄화수소를 가지있는 사슬 탄화수소로 변환시키거나, 또는 원래 혼합물을 더 많은 방향족 탄화수소 혼합물로 변환시키거나, 아니면 탄화수소의 이성질화, 탈황 등이 이루어지게 한다. 촉매로는 알루미나(Al_2O_3)와 같은 산성 산화물을 운반체로 하고 백금, 팔라듐, 니켈 등 금속 촉매를 소량 첨가한 것을 사용한다. 이 공정은 석유에서 방향족 탄화수소를 제조할 목적에도 이용된다. 이 공정으로 옥탄값이 낮은 곧은 가지 탄화수소인 펜탄은 옥탄값이 조금 더 높은 가지 있는 사슬 탄화수소로 개질된다.

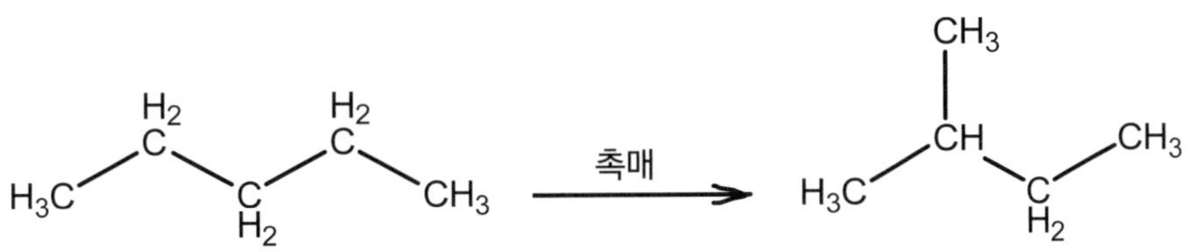

펜탄
(옥탄가 62)

2 - 메틸부탄
(옥탄가 94)

또한 이 공정으로 헥산을 벤젠으로 개질시키고, 청정원료인 수소기체를 얻을 수 있다.

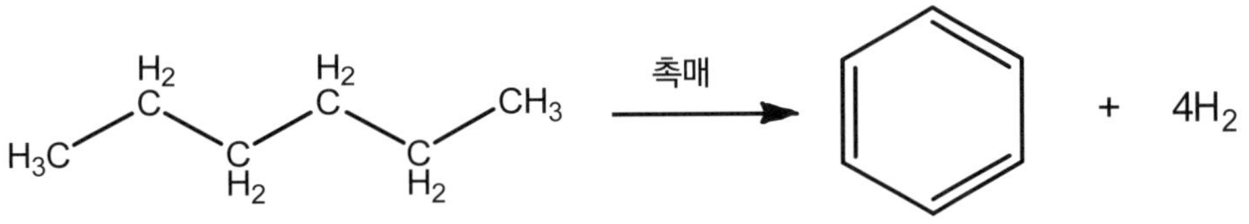

헥산
(옥탄가 25)

벤젠
(옥탄가 106)

촉매분해공정은 1900년 초 미국에서 자동차공업이 급격히 발달하여 직류 가솔린이 부족하였을 때, 경유나 중유와 같은 중질유를 분해하여 분자량이 보다 작은 휘발유 범위의 분자로 변환시키는데 이용하였다. 분해 방법에는 촉매를 사용하지 않는 비접촉 분해와 촉매를 사용하는 접촉분해가 있다. 비접촉 분해는 초기에 발달한 방법으로 액체상 또는 기체상에서 분해하는 방법이다. 접촉 분해는 기체상에서 촉매를 사용하여 분해하는데, 비접촉 분해보다 한층 더 옥탄값이 높은 휘발유를 생산하는 것이 주 목적이다. 예를 들어 제올라이트를 이용한 촉매분해공정은 공기가 없는 조건에서 긴 사슬을 가진 포화 탄화수소를 가열한다. 포화 탄화수소는 더 짧은 사슬을 가진 알칸이나 알켄으로 분해되며, 이 중 일부가 휘발유 범위에 속한다. 알켄이 알칸보다 옥탄값이 더 높기 때문에 촉매분해공정은 혼합물의 옥탄가도 증가시킨다.

$$C_{16}H_{34} \xrightarrow[\text{열}]{\text{압력}} C_8H_{18} + C_8H_{16}$$

	휘발유 범위 알칸	휘발유 범위 알켄
생성물	C_8H_{18}	C_8H_{16}

4.1b 천연가스

천연가스(natural gas)는 지하에서 천연적으로 산출되어 지표 조건에서 기체상을 이루는, 주로 메탄을 주성분으로 하는 파라핀계 탄화수소로 구성된 가연성 천연가스(inflammable natural gas)이다. 천연가스는 중동, 유럽, 북아프리카 등에서 대규모로 생산되는데, 파이프라인 수송의 발달과 액화천연가스(LNG)의 해상수송 실용화와 함께 천연가스 자원이 빈약한 나라들에서도 천연가스를 양질의 일차 에너지로 이용할 수 있게 되었다.

천연가스는 부존된 광상(mineral deposit)의 종류에 따라 유전 가스, 가스전 가스, 탄전가스로 분류된다. **유전 가스**(oil field gas)는 유전에서 원유 속에 녹아 있는 것이 채유 때 함께 산출되는 것이다. **가스전 가스**는 원유로부터 유리된 가스가 유층 상부나 유층과 다른 곳으로 이동하여 특정한 지질구조에 고여 가스 유리형 광상을 이루어 존재하는 천연가스를 말한다. **탄전 가스**(coal gas)는 석탄층 속에 갇혀 있는 가스가 채탄 때 방출되는 메탄 가스를 말한다. 그리고 수용성 천연가스는 원유 또는 석탄의 광상을 갖지 않은 젊은 지층에서 주로 지하수에 녹아 있는 채로 존재하는 가스를 말한다. 수용성 가스의 생산규모는 일반적으로 작고, 성분은 대부분이 메탄(그 밖에 미량의 이산화탄소, 산소, 질소를 함유)이며, 간단한 정제 후 연료나 화학공업용 원료로 사용된다.

세계의 주요 천연가스는 유전 가스와 가스전 가스이며 규모가 거대한 것들이 많다. 또한 천연가스는 다른 물질과의 혼재 여부를 기준으로 구분되기도 한다. 수반 가스(associated gas)는 원유에 수반해서 지하에서 산출되는 천연가스를 말하며, 유정에서 산출되는 가스이므로 유정 가스(oil well gas) 또는 케이싱헤드 가스(casinghead gas)라고도 부른다. 비 수반가스(non-associated gas)는 원유를 수반하지 않고 가스만 산출되는 천연가스로 원유로부터 유리되어 있다는 뜻에서 유리 가스 또는 자유 가스(free gas)라고도 한다. 천연가스는 가스전의 내부 압력으로 인해 액체 상태로 존재하고, 이러한 액체 상태의 탄화수소를 액상성분(condensate)이라 한다. 이 액상성분으로 천연가솔린이나 석유 유분을 만들어 이용하거나, 또는 프로판, 부탄 등을 분리하여 LPG로 제조한다. 에탄을 분리하여 에틸렌의 원료로 이용하기도 하고, 주성분인 메탄은 연료나 화학공업용 원료로 사용된다. 천연가스가 고체 상태로 부존되어 있으면 가스 하이드레이트(gas hydrate) 또는 고체 천연가스라고 부른다. 가스 하이드레이트는 낮은 온도 높은 압력 하에서 천연가스와 물이 결합하여 형성된다. 겉보기에는 드라이아이스와 비슷하고 불을 붙이면 타는 성질을 갖고 있어 일명 '불타는 얼음'이라고 불린다.

액화천연가스(liquefied natural gas, **LNG**)는 천연가스를 정제해서 얻은 메탄을 주성분으로 하는 가스를 냉각시켜 액화한 것이다. 장점은 액화공정 전에 탈황, 탈습되기 때문에 그 성질이 천연가스보다 뛰어나고 청결하며 해가 없는 것이다.

액화석유가스(liquefied petroleum gas, **LPG**)란 원유 정제 시 나오는 탄화수소 가스를 비교적 낮은 압력을 가해 냉각 액화시킨 것이다. 주성분은 가정용, 버너용으로 많이 사용되고 있는 프로판과, 자동차용으로 많이 사용되고 있는 부탄이다. LPG는 원래 무색, 무취의 특성을 지녔지만 누출 시 탐지를 용이하게 할 수 있도록 불쾌한 냄새가 나는 메르캅탄(mercaptan) 종류의 화학물질을 섞어서 유통시키고 있다.

도시가스(city gas, town gas)는 배관을 통하여 수요자에게 공급되는 연료용 가스로, 석유정제 시 나오는 나프타를 분해시킨 것이나 액화석유가스(LPG: 주성분은 프로판 및 부탄)또는 액화천연가스(LNG: 주성분은 메탄)를 원료로 사용한다.

압축천연가스(compressed natural gas, **CNG**)는 천연가스를 운반이 용이하도록 압축한 것으로 디젤과 유사한 특성을 갖고 있어 버스 등의 대형 차량에 이용된다.

우리나라에서 천연가스는 가정은 물론 산업 곳곳에서 사용되고 있는데, 도시가스용으로 약 60% 그리고 발전용으로 40%가 사용되고 있다(그림 4.5).

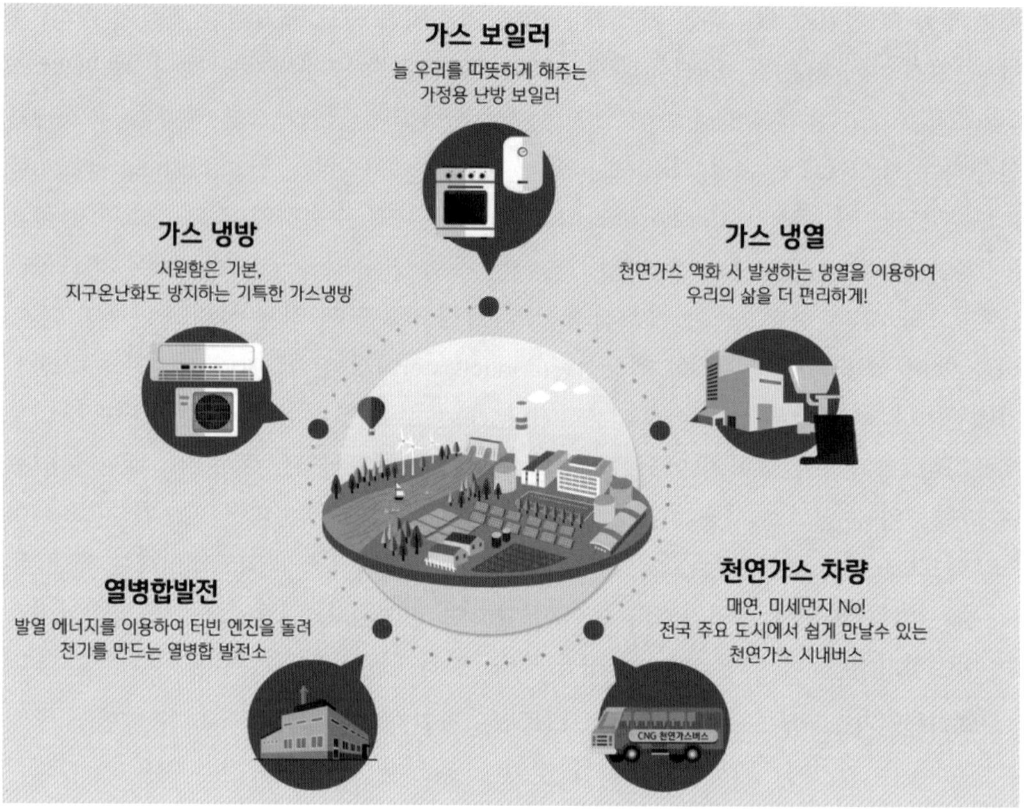

그림 4.5 우리나라 천연가스의 용도. 가정은 물론 산업 곳곳에서 사용되고 있다.
출처 : 한국가스공사

4.1c 석탄

석탄은 고분자량 탄화수소들의 복합적 혼합물로 주로 탄소로 구성되어 있고 수소와 산소가 들어 있다. 탄소 함량에 따라 탄소분이 60%인 이탄, 70%인 아탄 및 갈탄, 80~90%인 역청탄, 95%인 무연탄으로 분류되는데, 동일한 종류라도 산지에 따라 성분과 조성이 다르다. 석탄은 이밖에 질소, 황, 무기물 등이 들어 있다. 황이 많이 함유되어 있으면 연소할 때 불쾌한 이산화황 냄새가 나고, 또한 공기 오염과 산성비의 원인을 제공하기 때문에 소량이라도 중요한 요소가 될 수 있다.

석탄 자원은 석유와는 다르게 편재되어 있지 않고 각 지역에 고르게 산재되어 있다. 석탄의 추정 매장량은 조사 시기나 방법에 따라 상당한 차이가 있지만 대략 10조 톤 정도이고, 우리나라의 경우 북한을 제외한 석탄 매장량은 약 15억 톤으로 확인되고 있다. 석탄의 매장량은 다른 화석연료들에 비교하면 막대한 양에 해당되고, 이는 세계 화석연료 전체 매장량의 91%를 차지하는 양이다. 천연가스와 석유는 대략 같은 비율로 나머지 9%를 차지한다. 이는 지금까지 석탄은 매장된 전체 양 중에서 소량만이 채광되었음을 의미하고, 지금의 추세대로 사용 속도가 유지된다면 앞으로 수백 년은 사용할 수 있는 양이라고 추정하고 있다. 그러나 그림 4.6에 나타나 있는 것과 같이 석탄 생산량은 아시아태평양 지역을 제외한 대부분의 지역에서 감소하고 있는 추세이다.

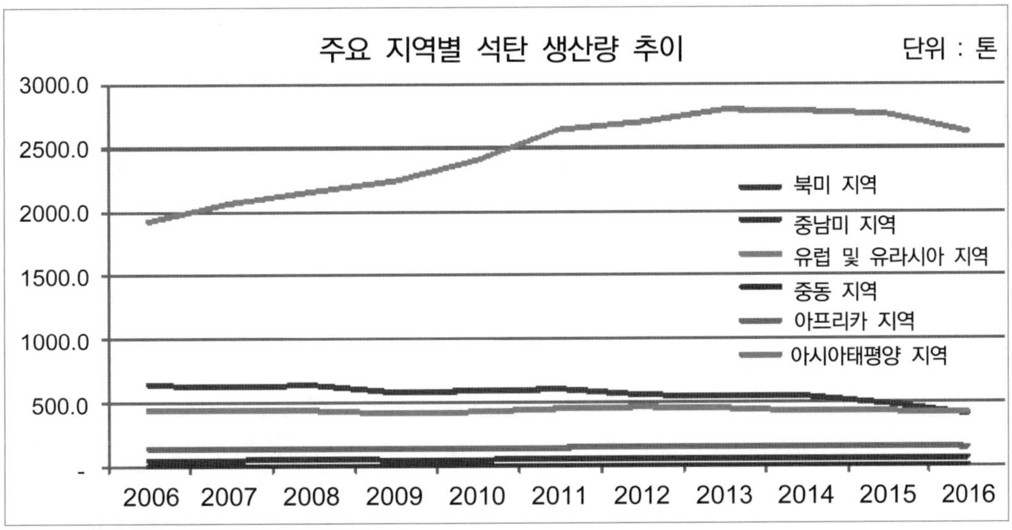

그림 4.6. 주요 지역별 석탄 생산량 추이. 출처 : 한국석탄공사

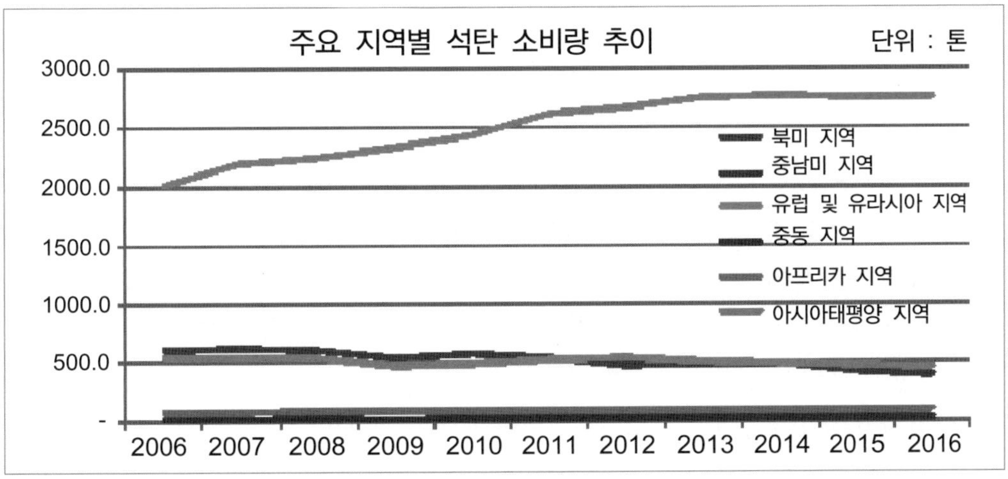

그림 4.7. 주요 지역별 석탄 소비량 추이. 출처 : 한국석탄공사

석탄의 88%는 전기를 생산하는데 사용되고, 1% 정도만 가정 및 산업용 난방에 사용된다. 석탄은 채굴할 때 위험성이 클 뿐만 아니라, 비교적 더러운 연료이고, 부피가 커서 다루기가 어렵고, 또한 공기오염의 주범이기 때문에 연료로서 사용은 대부분의 지역에서 점차 감소되고 있는 실정이다 (그림 4.7). 화석연료 전체 매장량의 91%를

차지하는 막대한 매장량을 가진 석탄을 기화나 액화과정을 거쳐 기체나 액체 상태의 연료로 사용하게 되면, 상대적으로 석탄의 소비가 증가하게 되어 화석연료의 고갈로 인한 문제를 최소화할 수 있고, 동시에 연료로서의 단점을 보완할 뿐만 아니라 환경오염을 줄일 수도 있다. 하지만 변환시키는 공정은 추가적인 비용이 발생한다.

① 석탄기화

석탄을 가루로 만든 뒤에 물과 산소와 함께 고압에서 빠르게 가열하여 수소와 일산화탄소 혼합물인 **합성가스**(synthetic gas)를 만들 수 있다. 이 공정을 **석탄기화**(coal gasification)라 한다.

$$C + H_2O \xrightarrow{\text{열}} CO + H_2$$

정제기를 이용하여 이 혼합가스로부터 황 성분을 제거하고 수은도 최소 90% 이상 걸러낸 후, 연료로 사용하거나 유기화합물이나 휘발유 제조의 출발 물질로 이용한다. 이 공정을 700°C 까지 가열하면 메탄과 이산화탄소가 얻어진다. 이 공정은 환경적으로 깨끗한 연료인 메탄을 얻는 효율적인 방법이다.

$$2C + 2H_2O \xrightarrow{\text{열}(700^{\circ}C)} CH_4 + CO_2$$

② 석탄액화

석탄을 고온과 고압 조건 그리고 촉매 존재 하에서 고압의 수소와 반응시켜 액상의 탄화수소를 만들 수 있다. 이 **석탄액화**(coal liquefaction) 공정으로 얻은 원유 유형의 액상 탄화수소를 분별 증류하여 연료, 오일, 휘발유, 그리고 그 밖의 여러 탄화수소와 원자재를 얻을 수 있다. 처음에 독일에서 공업화되었고 제2차 세계대전 중에 석탄액화가 실행되어 연간 약 400만 톤의 휘발유가 제조되었다. 그 후 각국에서 석탄액화 연구가 행하여지고는 있으나, 석유화학의 진전과 더불어 액체연료 분야에서 석탄은 전면적으로 석유에 밀려나 실제적인 공업화는 이루어지지 않았다. 다만, 미국에서는 석유를 해외에서 수입할 필요가 없는 체제를 준비한다는 목적으로 광산국에서 석탄 **수소첨가**(hydrogenation) 반응의 연구를 계속하고 있다. 현재 석탄액화로 연료를 얻는 비용은 원유로부터 얻는 비용보다 두 배나 더 많이 소요된다. 하지만 미래에 원유가 고갈되는 현상이 도래하고 마땅한 대체연료가 개발되지 않는다면, 그 때는 석탄액화 공정이 요긴하게 쓰일 수도 있다.

4.2 탄화수소

지금까지 탄화수소와 이와 관련된 많은 화합물들이 연료로 사용되고, 또한 산업 현장에서 수많은 소비재를 만드는 데 이용되는 주요 원천 물질이라는 것을 살펴보았지만 그들의 구조와 차이점을 자세히 알지 못하고 있다. 따라서 이 절에서는 여러 종류와 유형의 탄화수소, 그리고 이와 관련된 유기화합물들을 알아보도록 한다.

탄화수소는 탄소와 수소의 화합물로서, 모든 유기화합물의 모체가 되는 화합물이다. 탄소는 4가의 원소인데, 탄소 원자끼리 서로 결합하는 성질이 있고, 사슬 모양 또는 고리 모양으로 연결되어 유기화합물의 탄소 골격을 만든다. 탄소 골격을 형성하는 각 탄소 원자끼리 결합하고 남은 원자가에 수소 원자가 결합한 것이 탄화수소이다. 탄화수소는 그 탄소 골격의 구조에 의해서 **사슬식 탄화수소**와 **고리 탄화수소**로 분류된다. 그리고 탄소 원자끼리 모두 단일 결합으로 연결되어 있는 포화 탄화수소와, 탄소 골격에 이중 결합이나 삼중 결합을 포함하는 불포화 탄화수소로 분류된다. 포화 탄화수소는 **알칸**(alkane)이라하고, 불포화 탄화수소는 한 개 이상의 탄소-탄소 이중결합으로 연결되어 있는 탄화수소는 **알켄**(alkene), 탄소-탄소 결합이 삼중결합으로 연결되어 있으면 **알킨**(alkyne)이라 부른다. 벤젠과 같이 고리 탄화수소를 포함하고 있는 탄화수소는 **방향족 화합물**(aromatic compound)이라 한다.

4.2a 포화 탄화수소

포화 탄화수소는 탄소 원자 끼리 모두 단일결합으로 연결되어 있는 **알칸**(alkane)이다. 모든 탄화수소의 화학식은 C 원자가 먼저 오고 그 다음에 H 원자가 오며 일반식은 C_nH_{2n+2}으로 표시한다. 그리고 접미사에 ~안(~ane)의 이름을 갖는다. 가장 간단한 알칸은 천연가스의 주성분인 메탄이고 화학식은 CH_4이다. 포화 탄화수소 내의 모든 탄소원자가 단일결합 4개를 가지므로 메탄은 사면체 기하 구조를 갖고, 그림 4.8과 같이 다양한 방법으로 표현할 수 있다.

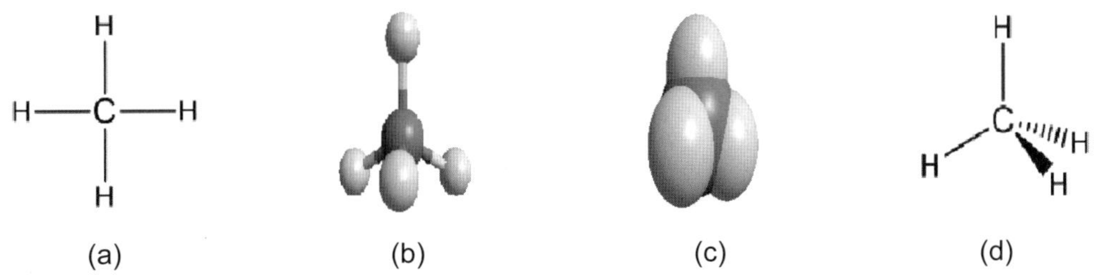

그림 4.8 메탄의 구조. (a) 구조식, (b) 공-막대 모형, (c) 공간 채움 모형, (d) 쐐기 대시 모형

이렇게 모형을 이용하여 분자의 모양을 표현하면 분자의 기하학적 구조를 이해하는 데 도움이 된다. 공-막대 모형과 공간 채움 모형 두 가지가 일반적으로 사용된다. 특히 공간 채움 모형은 원자들의 상대적 크기와 분자 내에서의 공간 배향 모두를 나타내기 때문에 훨씬 더 사실적인 표시라고 할 수 있다. 화학자들은 보통 쐐기 대시 모형을 이용하여 분자의 기하 구조를 편리하게 표시한다. 실선은 종이 면에 놓여 있는 결합을, 대시는 종이 면 뒤로 향하는 결합을, 그리고 쐐기는 종이 면 앞으로 나오는 결합을 표시한다.

표 4.6 처음 8개의 곧은 사슬 포화 탄화수소

이름	화학식 (C_nH_{2n+2})	끓는점 (°C)	구조식	용도
메탄	CH_4	-162	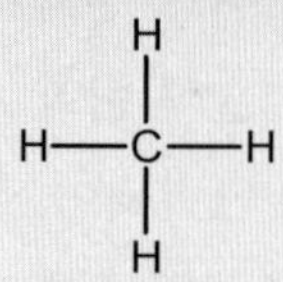	천연가스의 주성분
에탄	C_2H_6	-88	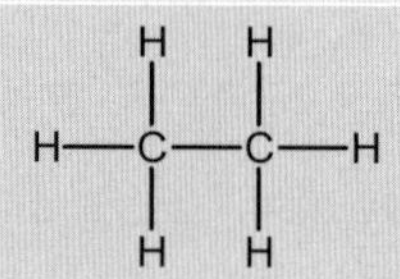	천연가스의 부성분
프로판	C_3H_8	-42	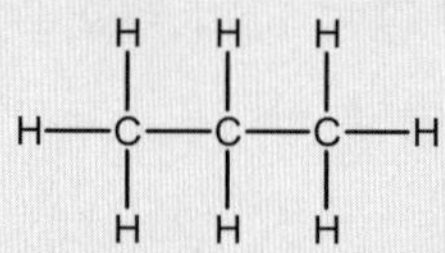	연료용 가스
부탄	C_4H_{10}	0	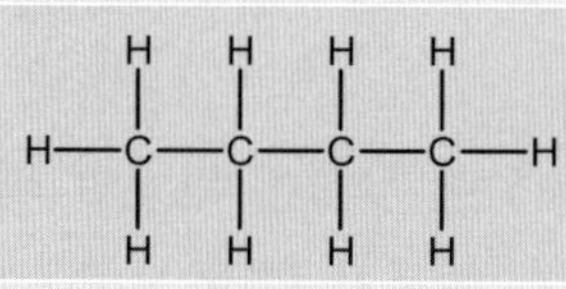	연료용 가스
펜탄	C_5H_{12}	36	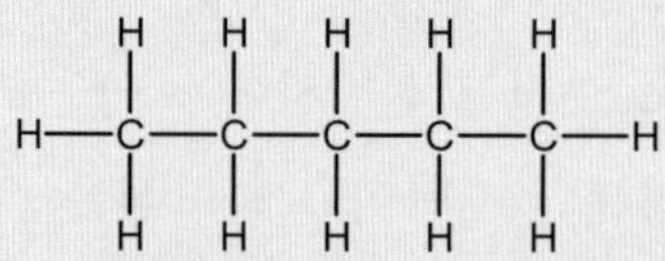	휘발유 성분
헥산	C_6H_{14}	69	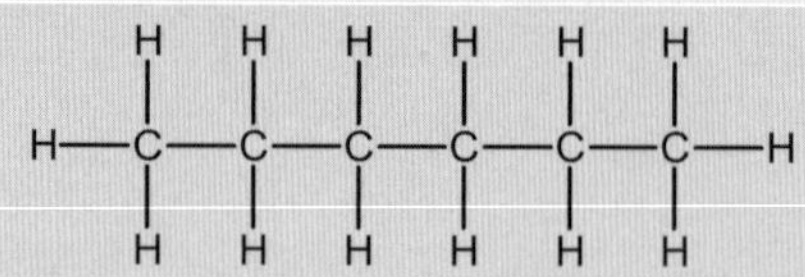	휘발유 성분
헵탄	C_7H_{16}	98	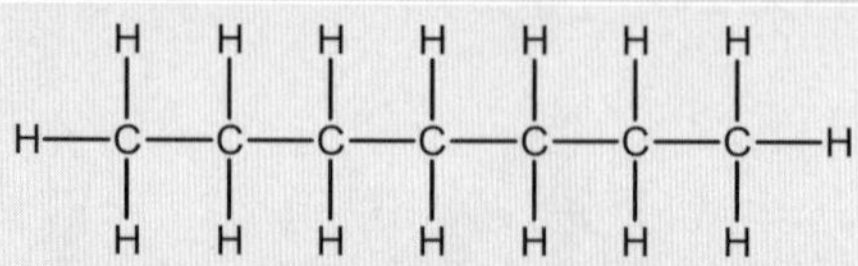	휘발유 성분
옥탄	C_8H_{18}	126	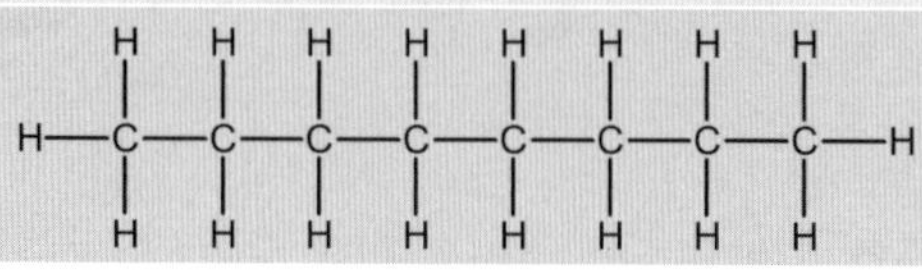	휘발유 성분

탄소의 수가 n=1에서 n=8인 경우의 알칸의 화학식 및 물리적 특성이 표 4.6에 나타나 있다. 탄소의 수 증가에 따라 분자량이 증가하고, 끓는점이 증가하는 것을 볼 수 있다. 이러한 끓는점의 차이 때문에 원유의 분별증류가 가능하다.

4.2b 곧은 사슬과 가지 있는 사슬

탄소의 수가 처음 세 개까지의 알칸인 메탄, 에탄, 프로판은 각각 하나의 구조 배열만 가능하다. 하지만 탄소의 수가 4개 이상이 되면 두 개 이상의 구조적 배열(곧은 사슬과 가지 있는 사슬)이 가능하다. 예를 들어 탄소의 수가 4개인 경우, 다음과 같은 두 개의 구조 배열이 가능하다.

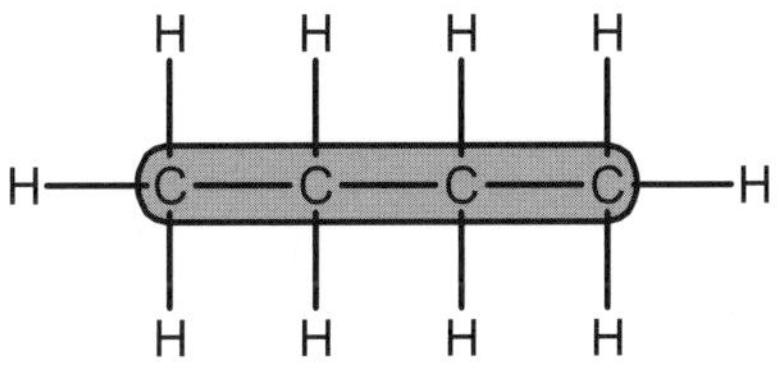

부탄

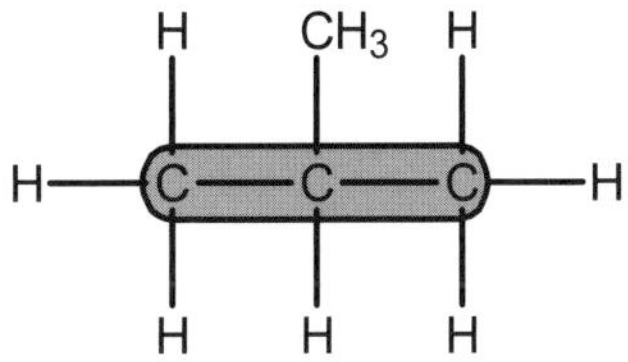

메틸프로판

이 분자들은 원자의 개수와 분자식(C_4H_{10})은 같지만 성질이 다르다. 이렇게 분자식은 같지만 분자 내에 있는 구성 원자의 연결 방식이나 공간 배열이 다른 둘 이상의 화합물을 **이성질체**(isomer)라고 한다. 이성질체에는 크게 **구조이성질체**(structural isomer)와 **입체이성질체**(stereo isomer)로 분류된다.

이성질체들은 끓는점, 색깔, 용해도, 밀도 등과 같은 하나 이상의 물리적 또는 화학적 성질이 다르다. 표 4.7은 이성질체인 부탄과 메틸프로판의 표준 상태(25°C, 1기압)에서의 물리적 성질을 보여 준다. 부탄은 곧은 사슬 이성질체(straight-chain isomer)이고 메틸프로판은 가지 있는 사슬이성질체(branched- chain isomer)에 해당되고, 이들은 근본적으로 원자들이 결합하는 순서가 다른 **구조이성질체**(structural isomer)의 예이다. 입체이성질체는 분자 내 원자의 공간 배열이 달라짐에 따라 생기는 이성질체이다. 예를 들면 알켄 화합물에서 탄소-탄소 결합의 자유롭지 못한 회전 때문에 원자의 공간 배열이 달라 생긴 시스-트랜스 이성질체(cis-trans isomer)가 입체이성질체에 해당된다.

표 4.7 이성질체인 부탄과 메틸프로판의 성질 비교

성질	부탄	메틸프로판
녹는점 (°C)	-138	-160
끓는점 (°C)	0.5	-12
밀도 (g/mL)	0.579	0.557

에탄에서 수소원자 하나가 제거된 알칸의 토막을 **알킬기**(alkyl group)라고 한다. 알킬 작용기는 알칸 이름의 어미 안(-ane) 대신에 일(-yl)을 붙여서 명명한다. 예를 들어, 가지 있는 사슬이성질체인 메틸프로판의 중심 탄소에 있는 $-CH_3$는 메틸(methyl)기이다. 에탄으로부터 수소가 제거되면 에틸(ethyl)기가 얻어진다.

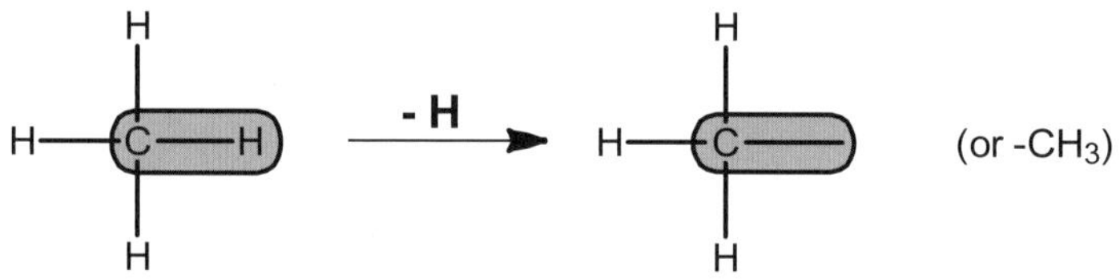

메탄 메틸

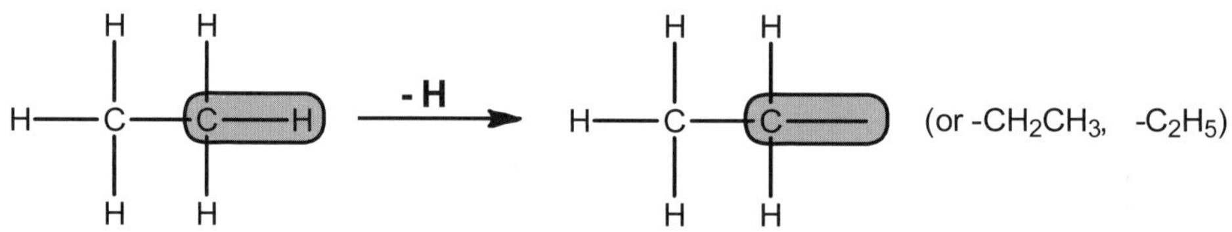

에탄 에틸

탄소의 수가 3개 이상인 알칸으로부터 수소가 제거될 경우에는, 두 종류 이상의 알킬기의 존재가 가능하다. 예를 들어 프로판에서 수소는 중심 탄소에 결합된 수소가 제거될 수도 있고, 사슬 끝에 있는 탄소에 결합된 수소가 제거될 수도 있다. 중심 탄소의 수소가 제거되면 아이소프로필 작용기이고, 사슬 끝에 있는 탄소의 수소가 제거되면 프로필 작용기이다. 몇몇 종류의 알킬기가 표 4.8에 나타나 있다.

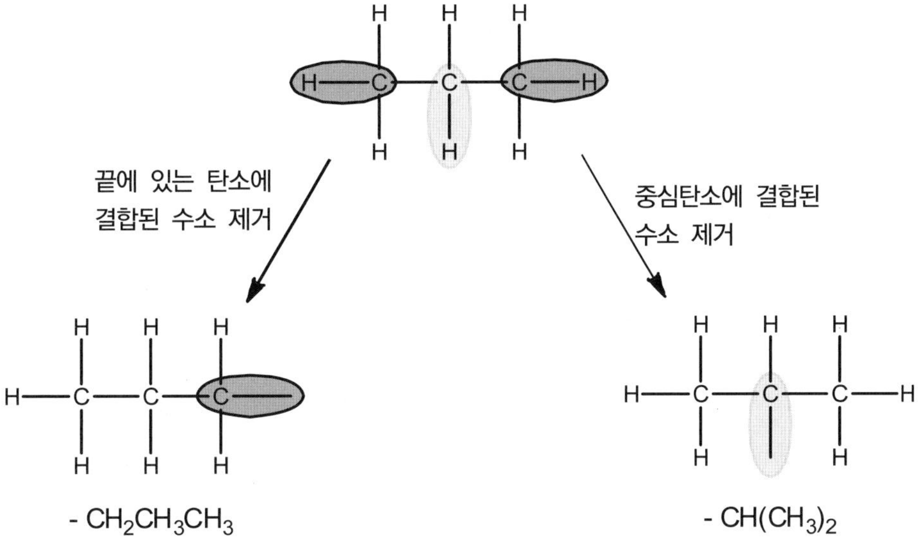

표 4.8 몇몇 알킬기

이 름	구조 표시
메틸 (methyl)	$-CH_3$
에틸 (ethyl)	$-CH_2CH_3$ 또는 $-C_2H_5$
프로필 (propyl)	$-CH_2CH_2CH_3$ 또는 $-C_3H_7$
아이소프로필 (isopropyl)	$-CH(CH_3)_2$
부틸 (butyl)	$-CH_2CH_2CH_2CH_3$ 또는 $-C_4H_9$

4.2c 불포화 탄화수소

알켄(alkene)은 하나 이상의 이중결합을 포함하는 불포화 탄화수소이다. 이중결합 한 개만 갖는 일반식은 C_nH_{2n} 이다. 수소는 이중결합을 형성할 수 없기 때문에 이중결합은 탄소-탄소 결합에서만 일어나고, 따라서 알켄은 최소한 탄소 2개 이상을 가져야 한다. 가장 간단한 알켄은 탄소의 수가 2개인 **에텐**(ethene)으로, 관용명으로 에틸렌(ethylene)이란 이름을 갖고 있다.

에텐(ethene)은 연소반응 외에는 다른 화학 반응성을 거의 갖지 않는 알칸과는 달리 알켄은 이중결합을 가지므로 반응성이 높으며 첨가반응을 일으키기 쉽다. 이러한 높은 반응성은 에텐이 플라스틱 등 많은 유용한 물질을 만드는 시작물질로서 이용되

에텐

는 것을 가능하게 하는 핵심이 된다. 에틸렌은 석유화학 공업의 가장 기본적이고 극히 중요한 물질로서, 그 중 상당한 양이 **폴리에틸렌**(polyethylene) 생산에 이용된다. 에텐은 산성 조건에서 물의 첨가에 의해 에탄올이 만들어지며 또 촉매를 사용하여 산소에 의해 아세트알데히드 또는 산화에틸렌으로 산화된다. 에틸렌의 주된 용도는 에틸렌을 원료로 하여 많은 유용한 물질, 즉 합성섬유, 합성수지, 합성도료 등 그들의 제조를 위한 중간물질을 제조하는 데 있다. 그리고 탄소의 수가 3개인 프로필렌은 폴리프로필렌이라는 플라스틱 생산에 이용된다.

에텐과 프로펜(흔히 프로필렌으로 알려짐)에서는 이중결합의 위치가 하나만 가능하지만, 탄소의 수가 4개 이상인 알켄들은 탄소 사이의 이중결합의 위치에 따라 이성질체가 형성될 수 있다. 예를 들어 흔히 부틸렌(butylene)으로 알려진 부텐(butene)에서는 두 가지 이상의 이중결합 위치가 가능하다.

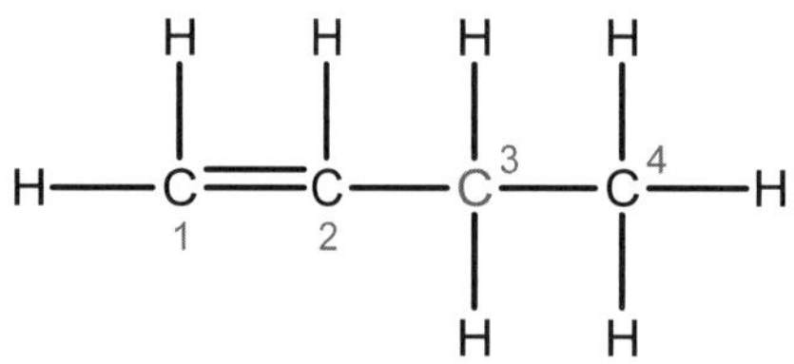

1 - 부텐

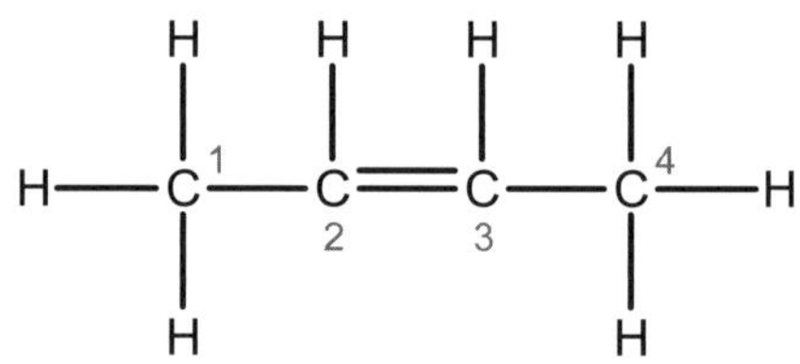

2 - 부텐

알킨(alkyne)은 하나 이상의 삼중결합($-C\equiv C-$)이 있는 탄화수소이고 일반식은 C_2H_{2n-2}이다. 가장 단순한 알킨은 에틴(ethyne)이며, 흔히 아세틸렌이라고 한다.

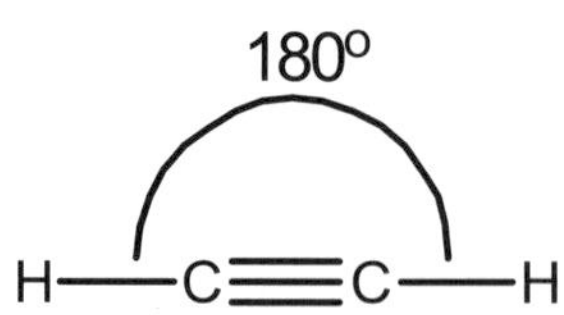

아세틸렌

4.2d 입체 이성질 현상

알칸과 알켄의 차이점은 탄소-탄소 결합의 유연성이다. 단일결합으로 이루어진 알칸은 탄소-탄소 결합을 축으로 한 회전이 수월하게 일어나기 때문에 원자의 공간적 배치가 입체구조(정사면체)를 이루고 있다. 하지만 알켄에서의 탄소-탄소 이중결합은 강하기 때문에 이 결합을 축으로 한 회전이 일어날 수 없다. 그러므로 이중결합을 형성하는 탄소-탄소 결합을 중심으로는 평면위에 놓여 있으며 결합각은 120^o이다. 이러한 알켄의 결합 특성으로 인해 입체 이성질 현상이 나타날 수 있다. 예를 들어 2-부텐($CH_3CH = CHCH_3$)에 있는 두 메틸기는 다음과 같이 위치에서의 다른 배열이 가능하다.

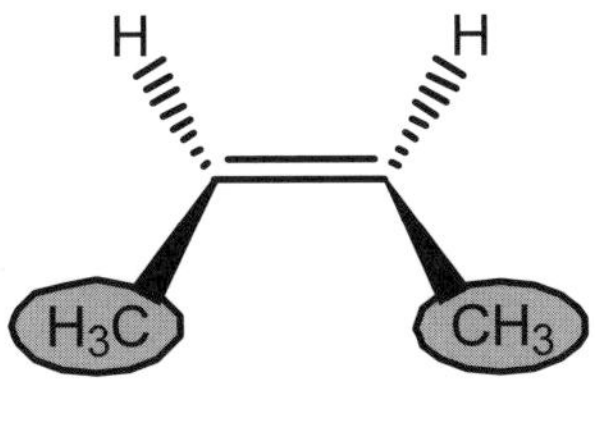

시스-2-부텐

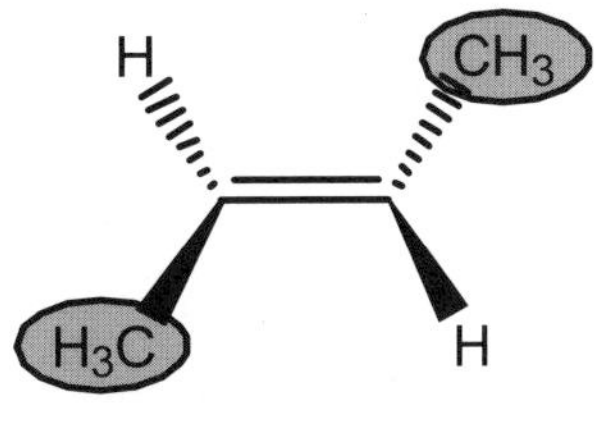

트렌스-2-부텐

두 메틸기의 공간에서의 위치가 이중결합 평면 내의 같은 쪽에 있으면 **시스 이성질체**(cis isomer), 그리고 이중결합의 반대쪽에 있으면 **트랜스 이성질체**(trans isomer)이다. 이 이성질체들은 분자식과 원자-원자 결합 서열은 같지만 원자들의 공간 배열이 다르고, 또한 이들의 물리적 성질도 매우 다르다. 이런 현상을 **입체 이성질 현상**(stereoisomerism)이라 한다. 이들의 구조 이성질체인 1-부텐은 작용기가 한 탄소 원자에만 있기 때문에 시스-트랜스 이성질체가 없다.

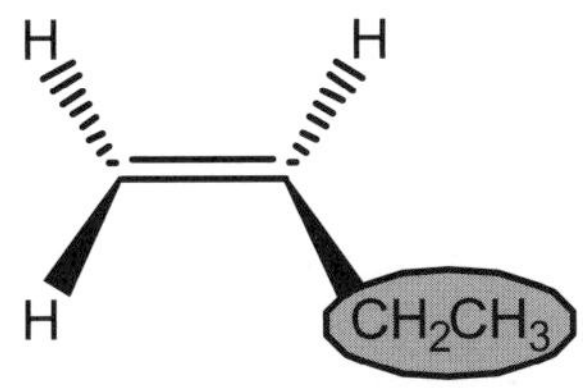

1-부텐

물리적 성질	시스-2-부텐	트랜스-2-부텐	1-부텐
녹는점 (^oC)	-138	-105	-185
끓는점 (^oC)	3.7	0.9	-6.3
밀도 (g/mL)	0.621	0.604	0.595

4.2e 고리 탄화수소

탄소는 고리 탄화수소도 형성할 수 있다. 고리 탄화수소는 핵심이 되는 고리에 접두사 **사이클로**(cyclo)를 붙여 명명한다. 고리 탄화수소는 탄소 원자 사이의 결합이 단일 결합만으로 이루어진 고리 모양의 포화 탄화수소인 **사이클로 알칸**, 고리 내에 이중 결합을 갖는 고리 모양의 불포화 탄화수소인 **사이클로 알켄**, 그리고 벤젠 고리를 가지고 있는 불포화 탄화수소로 독특한 향이 있는 **방향족 화합물**로 구분된다.

사이클로 알칸은 탄소 수가 같은 알칸의 이름 앞에 '사이클로(cyclo-)'를 붙이고, 일반식은 $C_nH_{2n}\,(n \geq 3)$이다. 표 4.8은 몇 종류 사이클로 알칸의 구조 및 반응을 보여준다. 사이클로프로판(cyclopropane)은 고리의 결합각이 60^o로 고리에 **결합각 압박**(strain)이 있다. 탄소는 사면체 각도인 109.5^o을 유지할 때 가장 안정한데, 이상적인 각도를 벗어난 작은 결합각으로 인해 불안정하기 때문에 첨가반응이 잘 일어난다. 이 물질과 산소의 혼합물은 빠르게 작용하는 마취제로 쓰인다. 폭발의 위험이 있기 때문에 헬륨기체를 사이클로프로판-산소 혼합물에 첨가하여 사용한다.

표 4.8 몇 종류 사이클로 알칸의 구조와 반응

화합물	분자식	구조식	분자모형	결합각	반응
사이클로프로판	C_3H_6	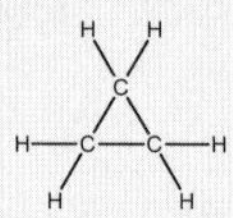	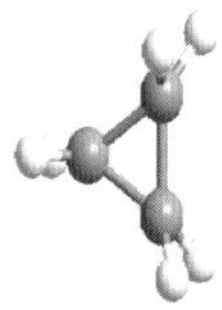	약 60°	결합각이 작고 불안정 → 탄소 원자 간의 결합이 잘 끊어짐 → 첨가 반응을 잘함
사이클로부탄	C_4H_8	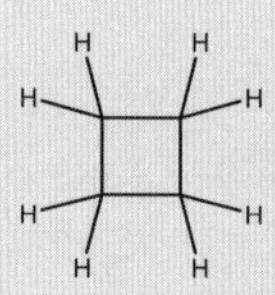	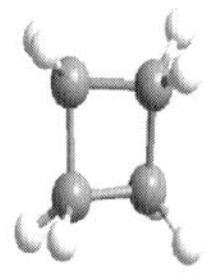	약 90°	
사이클로펜탄	C_5H_{10}	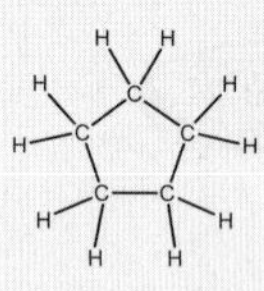	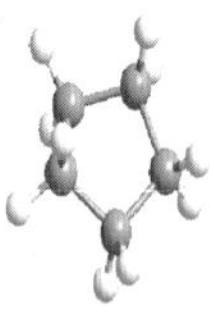	약 108°	결합각이 거의 알칸과 비슷한 109.5°에 가까움 → 안정한 구조 → 치환 반응을 잘함
사이클로헥산	C_6H_{12}	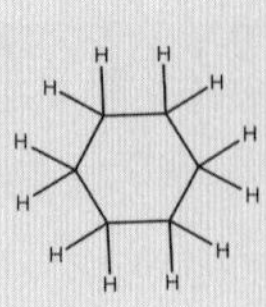	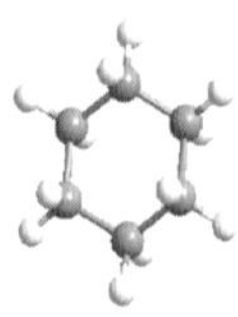	109.5^o	

사이클로 알켄은 고리 내에 이중 결합을 갖는 고리 모양의 불포화 탄화수소이며 일반식은 C_nH_{2n-2}이다. 화학자들은 고리 탄화수소의 구조식을 나타낼 때, 다각형의 꼭짓점에 결합된 $C-H$ 결합은 흔히 나타내지 않는다. 그 예로 아래 그림은 사이클로헥센의 구조와 꼭짓점의$C-H$ 결합을 생략한 구조를 보여준다.

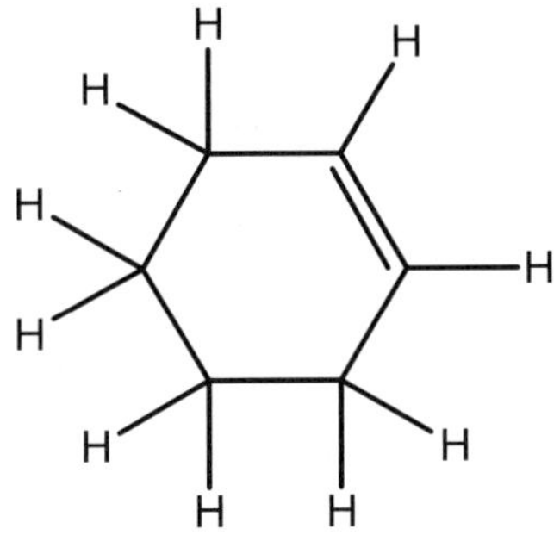

사이클로헥센

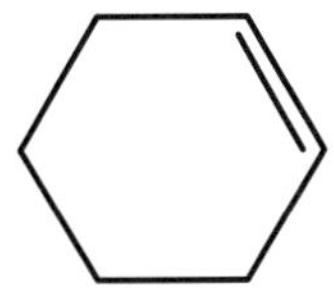

꼭지점의 C-H 결합을 생략한 표시

방향족 탄화수소는 벤젠 고리를 한 개 이상 가지고 있는 불포화 탄화수소를 **방향족 화합물**(aromatic compound)이라고 한다. 방향족이라는 이름은 화합물이 매우 강하고 독특한 향이 있기 때문에 붙여진 이름이다. 벤젠은 탄소 원자 6개로 이루어진 육각형의 고리에 탄소와 탄소 원자 사이의 결합이 단일 결합과 이중 결합을 교대로 갖고 있는 화합물이다. 모든 탄소와 탄소 사이의 이중결합의 위치가 특정한 한 탄소에 고정되어 있지 않고, 전자는 고리 주위에 동등하고 고르게 분포되어 있기 때문에 두 개의 공명 구조로 나타낼 수 있다.

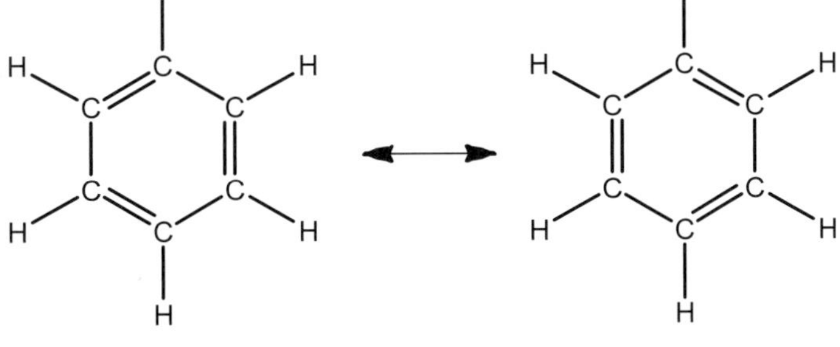

벤젠은 수소원자들의 결합을 생략하고 오직 육각형 고리와 내부 동그라미로 표시하기도 한다. 내부 동그라미를 갖지 않는 육각형은 사이클로 헥산을 표시한다.

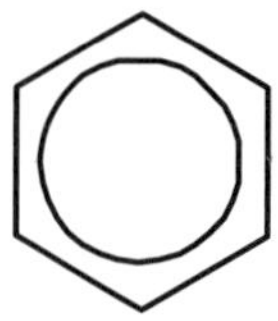

벤젠
C_6H_6

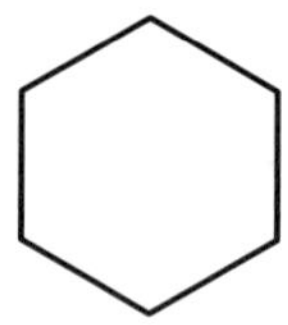

사이클로헥산
C_6H_{12}

벤젠의 수소원자 대신 다른 기로 치환되면 다양한 다른 **벤젠유도체** 물질이 된다. 수소원자 1개가 메틸기($-CH_3$)로 치환된 벤젠유도체는 톨루엔이고, 수소 원자가 수산기($-OH$)로 치환된 화합물은 페놀이며, 카르복실기($-COOH$)로 치환되면 벤조산이 된다. 톨루엔은 특유의 향기로운 냄새가 나는 투명한 무색 액체이고, 밀도가 낮으면서 물에 불용성이므로 물에 뜬다. 톨루엔 증기는 공기보다 무거우며 독성이 강하다. 주로 항공 연료 및 자동차 연료, 용제 및 기타 화학물질 제조에 사용된다. 석탄산으로 불리는 페놀은 소독제 및 화학 합성 중간체로 사용되고 매우 독성이 강하며 피부에 접촉시 부식성이 있다. 그리고 아스피린과 파스의 제조 원료로 사용되고, 또한 열경화성 플라스틱인 페놀 수지의 제조 원료이다. 벤조산은 식품 방부제로 널리 사용되는 곰팡이 제거제로 이용된다.

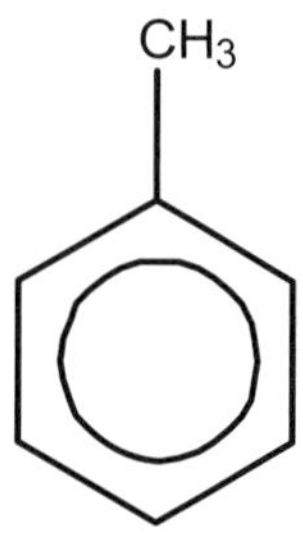

톨루엔

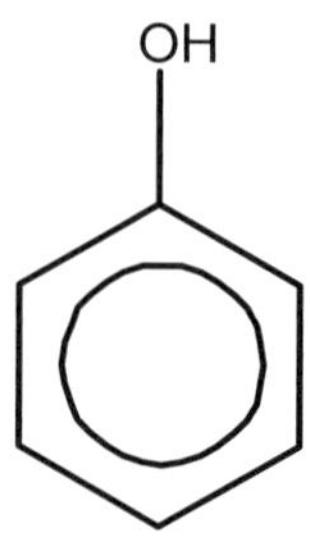

페놀

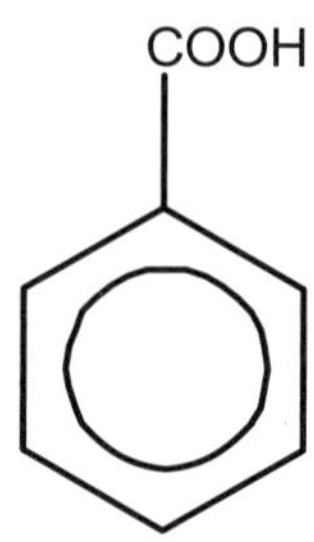

벤조산

자연에서 발견되는 많은 유기화합물들 중에는 '방향족 고리와 사이클로 알칸 고리' 또는 '방향족 고리와 사이클로 알켄 고리'가 접합되어 있는 고리 탄화수소들로 이루어진 것들이 있다. 예를 들어, **스테로이드**(steroid)는 사이클로펜타노하이드로페난트렌 고리를 갖고 있는 화합물로 생체 내에서 중요한 역할을 하는 콜레스테롤(cholesterol), 담즙(bile acid), 호르몬(hormone) 등이 여기에 포함된다.

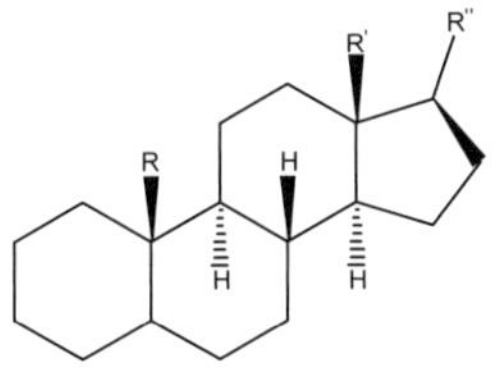

스테로이드

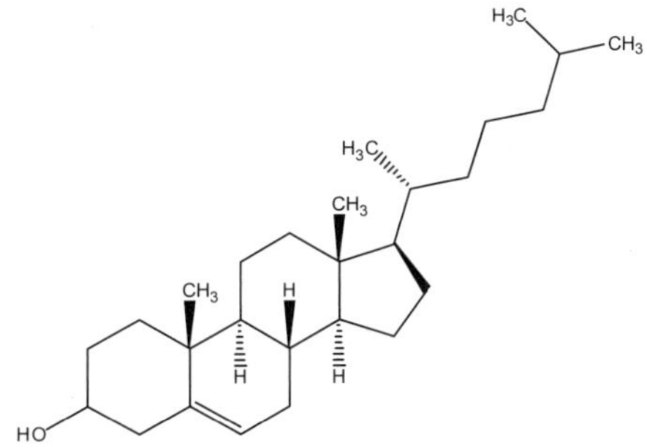

콜레스테롤

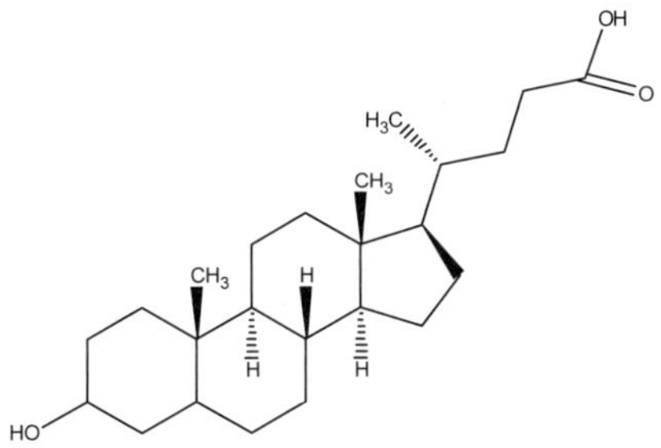

담즙산

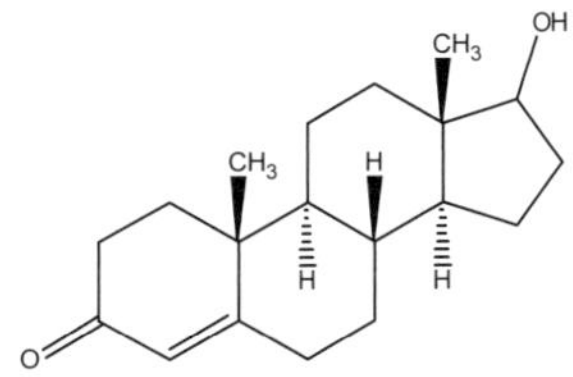

테스토스테론

4.2f 방향족 화합물의 구조 이성질체

벤젠 구조는 평면 구조를 갖기 때문에, 벤젠 고리의 수소 원자 두 개 이상이 다른 작용기로 치환되면 구조이성질체의 형성이 가능하다. 예를 들어 톨루엔에 메틸기 하나가 더 치환될 경우, 치환될 수 있는 위치의 경우의 수는 세 가지가 있다. 톨루엔의 메틸기가 결합된 위치의 탄소 번호를 1이라고 하면, 새로운 메틸기 하나가 더 결합할 수 있는 위치는 2, 3, 4번 탄소의 위치이다.

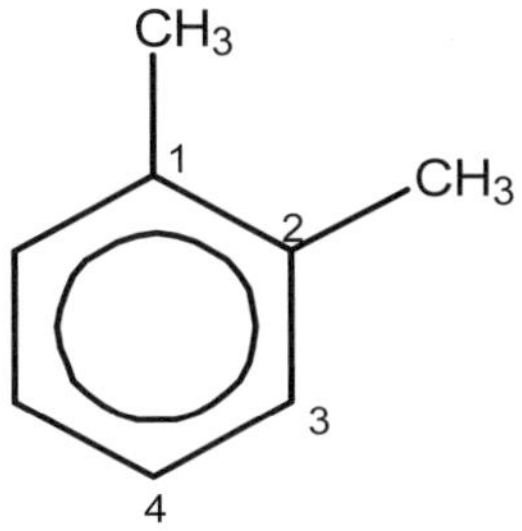

1,2-다이메틸벤젠
(오쏘-자일렌)

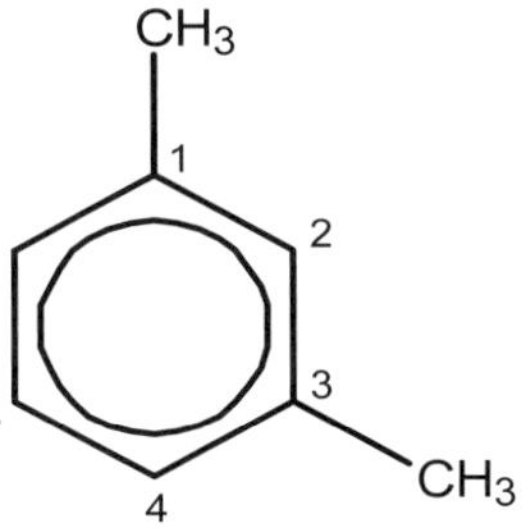

1,3-다이메틸벤젠
(메타-자일렌)

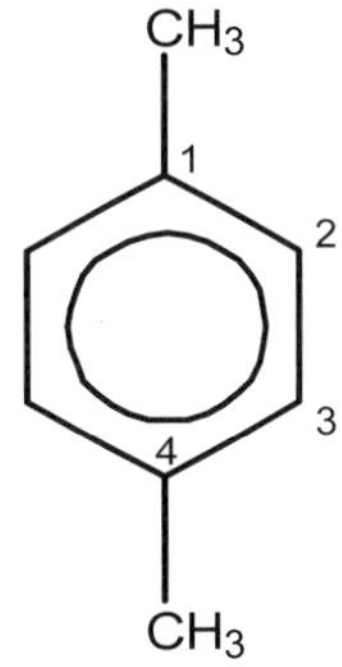

1,4-다이메틸벤젠
(파라-자일렌)

이성질체들은 위의 그림에서 보여 주는 것과 같이 접두어 오쏘(ortho-), 메타(meta-), 파라(para-)를 이용하여 구분하거나, 작용기가 치환된 위치의 탄소 원자의 번호를 이용하여 구분한다.

4.2g 탄화수소의 명명법

모든 유기화합물은 체계적이고 조직적인 방법에 의해 명명된 고유한 이름을 갖고 있다. 하지만 많은 유기화합물들은 **관용명**(trivial name)으로 불리기도 한다. 관용명은 오래 전부터 알려져 있는 화합물의 이름으로서 일반적으로 널리 사용되는 명칭이다. 이 명칭은 약물, 호르몬, 단백질 및 기타 생물학적 물질에 보통으로 쓰이고, 천연물의 경우 분자량이 크기 때문에 조직명이 너무 길어져 대신 관용명을 주로 이용하는 경우도 있다. 관용명은 보통 화합물을 발견하거나 발명한 사람이 이름을 짓는다. 상품의 경우는 관용명 대신 등록상표가 붙는 경우도 있는데 이것도 관용명으로 분류된다. 하지만 관용명은 조직적인 의미로 사용되고 있는 부분이 없으므로, 화학 구조를 알 길이 별로 없다. 따라서 모든 유기화합물은 모호하지 않은 구조식을 만들 수 있도록 고유한 이름을 가질 필요가 있다.

국제명(IUPAC name)은 국제 순수 및 응용화학연합(International Union of Pure and Applied Chemistry: IUPAC)에 의해 합리적으로 개량하여 결정한 모든 유기화합물의 이름을 체계적으로 명명하는 권장된 방법이다. 유기화합물의 작명법은 다음의 규칙을 따른다.

1. 모체가 되는 탄화수소 사슬을 정한다.

모체가 되는 사슬의 순위 정하는 규칙은 다음과 같다. 모체 사슬은 최대 수의 치환된 작용기 접미사를 가져야하며, 하나 이상의 작용기가 존재할 경우, 가장 높은 우선순위를 갖는 것이 사용되어야한다. 모체 사슬은 최대 수의 다중 결합을 가져야 한다. 예를 들어 이중 결합과 삼중 결합이 있다면 삼중 결합을 가지는 사슬을 모체로 정한다. 그리고 모체 사슬은 최대 수의 단일 결합을 가져야 하며, 또한 모체 사슬의 길이가 가장 길어야 한다.

2. 모체가 되는 작용기를 확인한다.

작용기가 있는 경우 우선순위가 높은 순으로 정한다.

3. 모체 에서 나온 가지 사슬을 확인한다.

가지가 되는 사슬은 모체가 된 탄소 사슬이 아니며 모체에서 뻗어 나온 가지이다.

4. 작용기나 가지 사슬이 2개 이상 있는 경우 우선순위가 가장 높은 작용기 또는 가지 사슬이 가장 낮은 번호가 되어야 한다.

가지 사슬에 또 다른 가지나 작용기가 달린 경우도 같은 방법을 적용한다. 가지 사슬에도 작용기가 있는 경우, 그 가지를 하나의 화합물처럼 명명하되 그 부분을 통째로 괄호로 묶는다.

5. 길이가 긴 탄화수소 사슬은 한 쪽 끝에서부터 그 반대편까지 아라비아 숫자를 매긴다.

그 숫자의 방향은 작용기가 결합된 탄소에 가장 낮은 숫자가 부여 될 수 있도록 배정한다. 각 숫자들은 ', (쉼표)'로 구분하며 '- (하이폰)'을 각 작용기 이름 바로 앞에 기입하도록 한다.

▪ 가지 있는 사슬 알칸 명명법

물론 많은 화합물들은 보통 관용명으로 표시되며 관용명으로 충분한 경우가 있지만 화합물의 구조에 대한 정보가 불충분하고 이로 인해 특히 이성질체의 구분이 어렵기 때문에, 모든 알칸과 그 밖의 유기화합물들은 체계적 이름을 모두 갖고 있다. 예를 들어 부탄의 경우 가지 있는 사슬 이성질체가 하나 밖에 존재하지 않기 때문에 메틸프로판의 관용명인 **아이소부탄**(isobutane)으로 통용된다. 하지만 여러 이성질체가 가능하게 되면, 관용명만으로는 충분하지 않고, 체계적인 이름이 필요하게 된다.

옥탄은 곧은 가지 사슬의 옥탄과, 가지 있는 사슬의 여러 옥탄 이성질체가 존재한다. 이들 이성질체들 중 하나인 아이소옥탄은 세 개의 가지가 있는 사슬 구조를 갖는다. 아이소옥탄의 구조를 표현하는 체계적인 이름을 명명해 보자.

1. 먼저 아이소옥탄 분자 내에서 가장 긴 사슬을 확인한다. 그리고 가장 낮은 번호가 가지 있는 탄소에 주어지도록 사슬에 있는 탄소에 번호를 부여한다. 가지가 있는 탄소가 두 개 이상일 경우 가지가 많은 쪽 탄소가 가장 낮은 번호를 갈도록 한다. 이 화합물의 곧은 사슬은 5개의 탄소원자를 포함하고 있으므로 분자는 **펜탄**(pentane)이라는 것을 확인해준다.

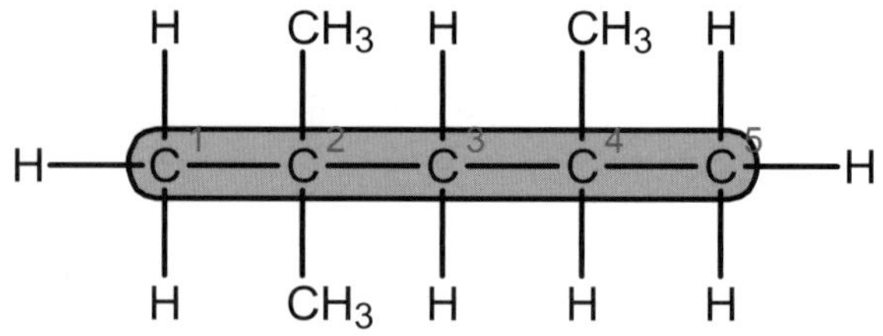

2. 가지에 결합된 작용기(표 4.8)를 확인하고, 탄소의 번호를 확인한다. 이 화합물은 2번 탄소에 두 개 그리고 4번 탄소에 한 개의 메틸기가 있다. 즉 2,2,4-트라이메틸이라 명명한다. 접두사 "**트라이**(tri)"는 작용기의 개수가 세 개라는 것을 의미한다.

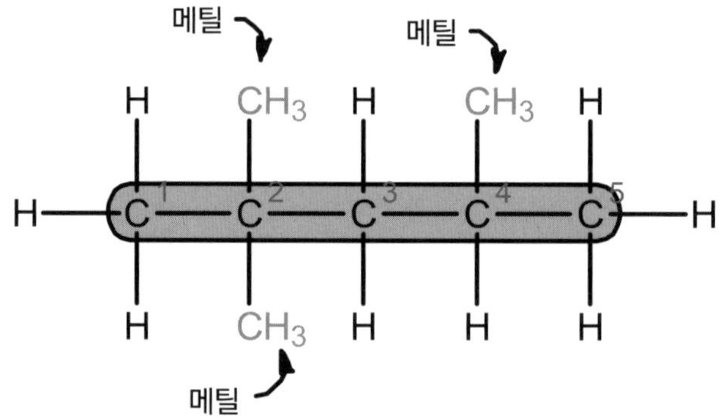

3. 다음으로 곧은 가지 사슬의 이름(펜탄)과 가지 있는 사슬의 이름(2,2,4-트라이메틸)을 결합한다. 따라서 2,2,4-트라이메틸 펜탄이라는 이 화합물의 체계적 이름이 얻어진다. 이 화합물의 관용명인 아이소옥탄은 이 화합물이 어떤 이성질체인지 충분한 정보를 제공하지 않지만, 체계적 이름은 화합물의 완벽한 정보를 제공한다. 즉 "2,2,4-" 숫자는 사슬에 결합되어 있는 작용기의 위치를 나타내고, "트라이(tri)"는 작용기의 개수가 세 개이고, 작용기는 메틸이라는 것을 의미한다. 그리고 "펜탄(pentane)"은 분자 내 가장 긴 곧은 사슬이 5개의 탄소로 구성되어 있다는 것을 의미한다.

■ 알켄의 명명법

알켄은 이중결합의 위치에 따라 추가적으로 이성질체를 형성할 수 있기 때문에 체계적인 이름으로 이성질체들을 서로 구분할 수 있다. 먼저 알켄에 있는 이중결합에 가장 낮은 번호가 주어지도록 가장 긴 탄화수소 사슬에 번호를 부여하고, 다음으로 탄소에 결합된 작용기들의 위치를 확인하여 번호를 매긴다. 예를 들어 다음 화합물의 가장 긴 사슬은 탄소 7개 이므로 헵텐(heptene)이고, 탄소 2번에 이중결합이 있으므로 2-헵텐이라 명명한다. 다음으로 메틸기 세 개(트라이)가 3번, 5번, 6번 탄소에 결합되어 있으므로 3,5,6-트라이메틸이다. 따라서 이 화합물의 체계적 이름은 3,5,6-트라이메틸-2-헵텐(3,5,6-trimethyl-2-heptene)이다.

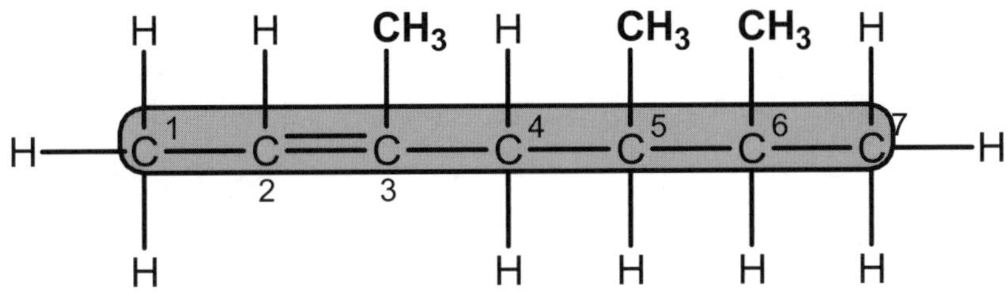

■ 방향족 탄화수소의 명명법

벤젠의 수소원자 대신 다른 기로 치환되면 다양한 벤젠 유도체 물질이 된다. 이들은 대부분 관용명으로 주로 불린다. 페놀은 살균제 및 화학 합성 중간체로 사용되는데, 특유한 냄새가 있으며 매우 독성이 강하다. 그리고 페놀 1~5% 용액으로 상처의 소독 등에 이용된다. 벤조산은 식품위생법에 의하여 허가된 식품 방부제로 널리 사용된다. 살리실산은 해열과 진통의 작용을 지니고 있고, 나트륨염이나 칼슘염으로 내복한다. 아닐린은 합성염료(인디고)나 향료 등의 제조 원료에 사용되고, 유도체는 해열진통제인 안티헤브린(아세트아닐리드)이나 설파제로 사용된다.

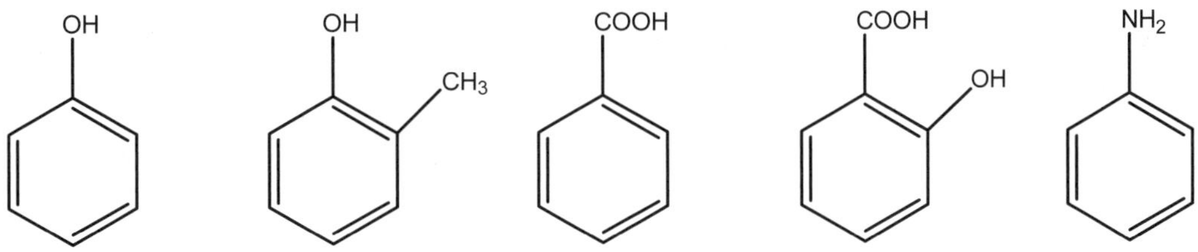

페놀 o-크레졸 벤조산 살리실산 아닐린

그리고 많은 유형의 방향족 화합물들은 고리의 모서리를 공유하는 벤젠 고리를 두 개 이상 갖는 화합물들이 있다.

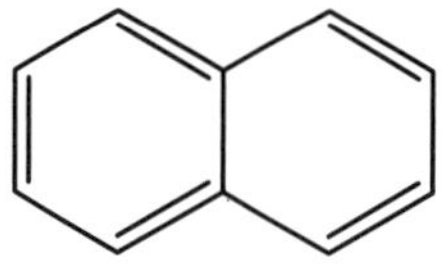

나프탈렌

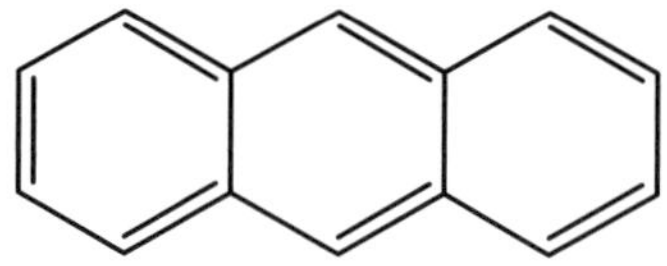

안트라센

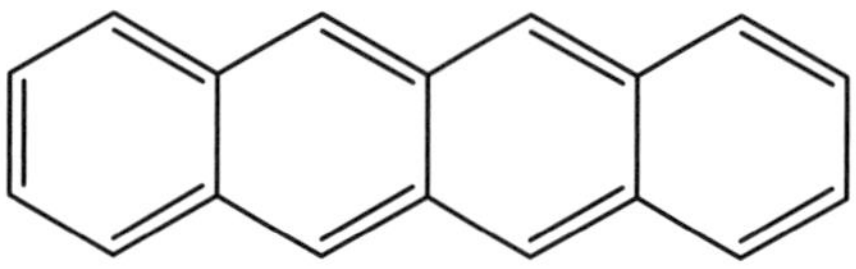

테트라센

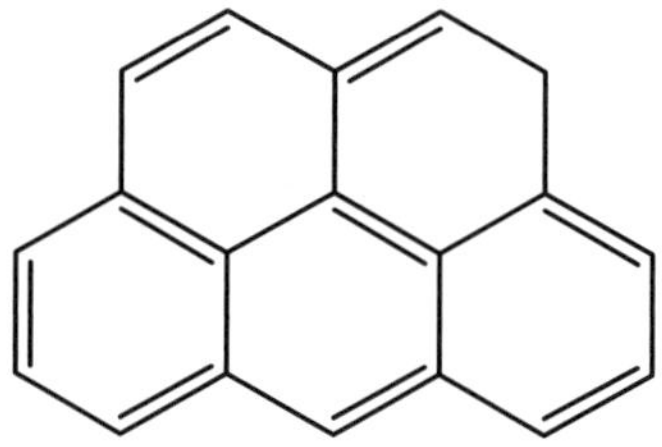

벤조파이렌

4.3 산소를 포함한 탄화수소

4.3a 알코올

알코올(alcohol)은 산소를 포함하고 있기 때문에 엄밀한 의미로는 탄화수소가 아니지만, 화석연료에서 얻는 에너지 관점에서 이들을 살펴보기로 하자. 알코올은 탄화수소의 수소 원자를 수산기($-OH$)로 치환한 화합물인데 일반식 $R-OH$로 표시된다. 여기서 R은 알킬기이다. 그러나 수산기가 벤젠 고리에 직접 결합된 것은 페놀이고 알코올은 아니다. 수산기의 수가 1개, 2개, 3개 등의 알코올을 각각 1가 알코올, 2가 알코올(또는 글리콜이라 한다), 3가 알코올이라고 한다. 저급의 포화 1가 알코올은 특유의 맛과 향기가 있는 액체인데 물에 잘 녹는다. 고급이 될수록 용해도가 감소되고 탄소의 수가 증가하여 5개 이상으로 되면 거의 물에 녹지 않는다. 다가 알코올은 일반적으로 녹기 쉬운 액체 또는 고체인데 대부분은 단맛이 있다. 메탄올이나 에틸알코올은 가장 흔한 1가 알코올이다. 가장 간단한 2가 알코올의 하나인 에틸렌글리콜은 자동차 부동액으로 널리 사용되는 화합물로 순수한 상태에서 냄새와 색이 없고 끈적끈적하며 단맛이 나는 독성 물질이다. 3가 알코올인 글리세롤은 색깔과 냄새가 없으며 단맛이 나고 끈기가 있다. 건조방지제, 용제, 감미료로 사용되거나 음식물의 보존에 사용되기도 한다.

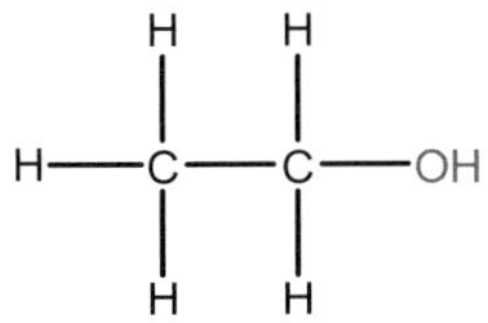

에틸알코올
(1가 알콜)

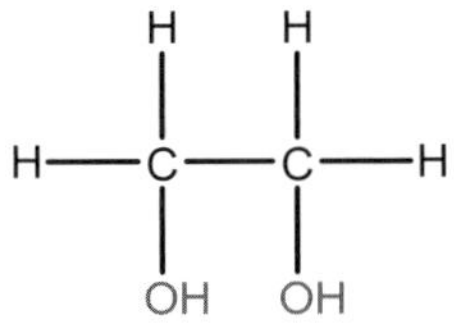

에틸렌글리콜
(2가 알콜)

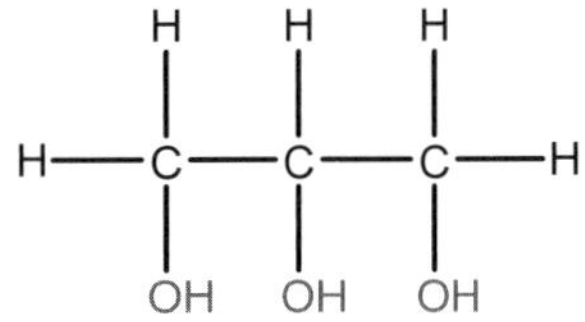

글리세롤
(3가 알콜)

또한 수산기가 일차 탄소 원자에 결합되어 있는 것을 **일차 알코올**(primary alcohol), 이차 탄소 원자에 결합되어 있으면 **이차 알코올**(secondary alcohol), 삼차 탄소 원자에 결합되어 있으면 **삼차 알코올**(tertiary alcohol)이라 한다. 프로필알코올은 $-OH$가 치환되어 결합할 수 있는 프로판 내 탄소 위치에 따라 두 개의 이성질체(프로판올과 2-프로판올)가 얻어질 수 있다. 2-프로판올은 이차탄소 원자에 $-OH$기가 결합되어 있기 때문에 이차 알코올이며, 일반적으로 아이소프로판올(isopropanol, 또는 아이소프로필 알코올)이라고도 한다. 아이소프로판올은 가정에서 소독용 알코올(rubbing alcohol)로 이용된다.

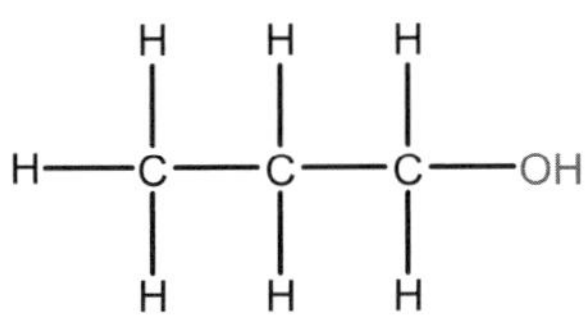

프로필알코올
(1차 알콜)

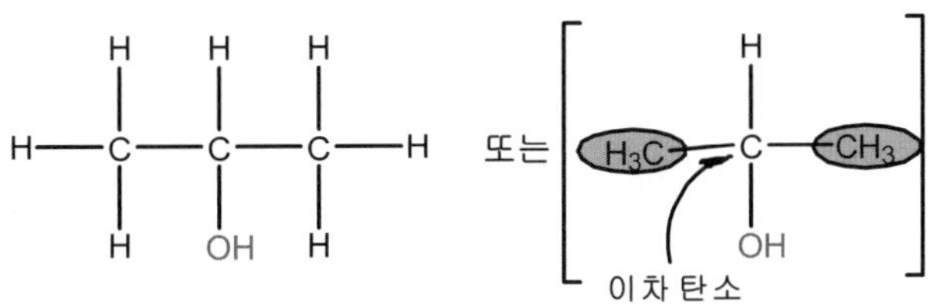

아이소프로필알코올
(2차 알콜)

부틸알코올은 $-OH$가 치환되는 수소의 위치에 따라 1차, 2차, 3차 알코올이 얻어지는 것이 모두 가능하다. 이들은 유기화학 합성, 가소제, 세제 등에 사용되고, 윤활유 첨가제, 부유 선광제 등의 제조에 이용된다.

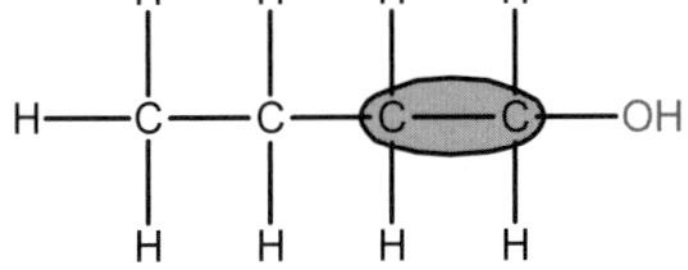

부틸 알코올

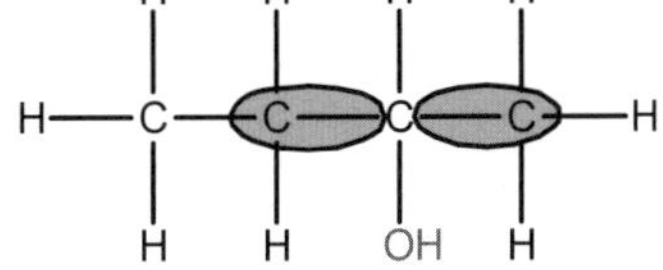

sec-부틸 알코올

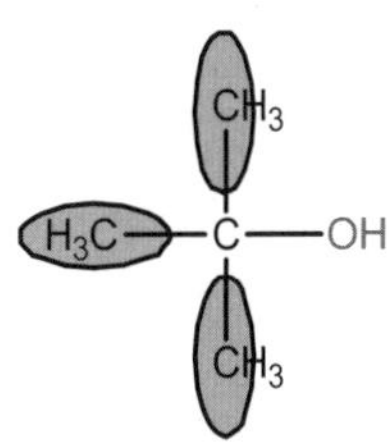

tert-부틸 알코올

방향족 탄화수소의 곁사슬에 수산기가 치환된 것은 **방향족 알코올**(aromatic alcohol)이라고 칭한다. 가장 간단한 것은 벤질알코올($C_6H_5CH_2OH$)이며 이외에 많은 일차, 이차 및 삼차 알코올이 알려져 있다. 곁사슬에 에틸렌 결합을 함유하는 방향족 불포화 알코올, 수산기 2개 이상을 함유하는 방향족 폴리알코올도 알려져 있다.

에틸알코올은 탄수화물(전분, 설탕) 발효로 얻을 수 있다.

$$\underset{\text{포도당}}{C_6H_{12}O_6} \xrightarrow{\text{효모}} 2\underset{\text{에탄올}}{C_2H_5OH} + 2CO_2$$

효모는 발효과정의 촉매인 효소를 포함하고 있다. 우리가 보통 먹어서 취하는 술이라 일컫는 알코올은 에탄올을 말하며 마취성이 있고 술을 마신 다음날 머리가 아픈 것은 체내에서 에탄올이 산화되어 아세트알데히드라는 물질이 생성되기 때문이다.

자동차의 배기가스 때문에 오염도가 극심한 도심지역에서는 알코올이 휘발유 대체제로 고려되고 있고, 더불어 석유자원의 고갈에 대한 대책으로 다시 그 이용 가치가 재인식되고 있다. 특히 메탄올은 미래의 연료전지 자동차에서 화학공정을 통해 자체적으로 수소를 생산하게 될 경우의 **원천에너지**(source energy)로 기대되고 있다. 브라질과 미국에서는 휘발유에 에탄올을 약 10% 정도 혼합한 연료인 **가소올**(gasohol)로 움직이는 자동차가 운행되고 있으며, 브라질에서는 순수 알코올로만 움직이는 자동차도 선보였다. 특히 각국의 배기가스 규제가 더욱더 강화됨에 따라 알코올기관에 대한 관심이 증대되고 있다.

휘발유 대신 알코올 동력 자동차를 이용할 경우의 장단점을 살펴보자. 알코올은 휘발유보다 더 깨끗이 연소되며, 일산화탄소, 반응하지 않은 탄화수소, 질소산화물, 오존 같은 배기가스 오염물질의 농도를 가솔린기관의 1/10 정도까지 낮출 수 있는 장점이 있다. 그리고 옥탄가(RON 106)가 높기 때문에 기존의 가솔린 기관보다 압축비를 높일 수 있어 열효율 측면에서는 가솔린 기관보다 우수하다. 반면 알코올은 휘발유에 비해 에너지 함량이 약 절반이기 때문에, 같은 거리 주행을 위해서는 연료 탱크를 거의 2배 정도 크게 해야 한다. 하지만 알코올을 기반으로 하는 연료의 가격이 휘발유 가격의 절반 정도라는 사실이 이런 현상을 부분적으로 상쇄시켜 주므로 가격 측면에서 휘발유 연료와 경쟁이 가능하다. 더불어 현재 사용되고 있는 가솔린 기관의 구조를 크게 바꾸지 않고 그대로 사용할 수 있다는 장점이 있다. 또한 알코올 연료는 **빙결방지제**(anti-freezer) 기능과 **엔진 세정제**(cleaner) 기능도 가지고 있다. 다만 기존의 연료와 다른 특성 때문에 시동성, 가속성, 출력 등에서의 문제점을 해결하기 위해서는 점화시기 및 혼합비의 조정, 기관 구조의 변경 또는 일부 부품의 수정 내지는 교환이 필요하다. 즉 알코올은 금속 부식성이 아주 강하기 때문에 연료공급계통, 밸브 그리고 피스톤 등의 재질을 개선해야 한다. 또한 메탄올 동력 차량은 발암성 물질인 포름알데히드($HCHO$)를 더 많이 배출한다는 우려가 있다.

$$CH_3OH + \frac{1}{2}O_2 \longrightarrow HCHO + H_2O$$

$$HCHO + \frac{1}{2}O \longrightarrow HCOOH$$

휘발유보다 값싼 알코올을 이용하여 휘발유를 만드는 공정이 개발되기는 하지만, 가격 경쟁력이 없기 때문에 실용화되지 못하고 있다.

$$CH_3OH \xrightarrow{\text{촉매}} (CH_3)_2O + H_2O$$

$$2(CH_3)_2O \xrightarrow{\text{촉매}} C_2H_4 + 2H_2O$$

$$\text{다량의 } C_2H_4 \xrightarrow{\text{촉매}} C_5 \sim C_{12} \text{ 탄화수소 혼합물(휘발유)}$$

4.3b 에테르

에테르(ether)는 일반식이 $R-O-R'$이며 R과 R'은 같을 수도 다를 수도 있다. 많은 종류의 에테르 분자는 공통적으로 휘발성과 인화성이 크며 극성이 작은 편이기 때문에 물에 잘 녹지 않는다. 대신 유기화합물과 잘 섞이며 화학적으로 안정하기 때문에 액체 상태의 에테르는 유기용매로 많이 사용되고, 에테르 증기는 토양의 살충제로 사용되기도 하며, 또는 의약용 마취제로도 사용된다.

많이 알려진 에테르는 유기 용매인 다이에틸에테르(diethyl ether)와, 산소 함유 휘발유로 이용되어 한때 중요한 산업용 에테르였던 MTBE(methyl tert-buthyl ether)이다.

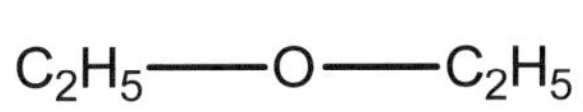

다이에틸에테르

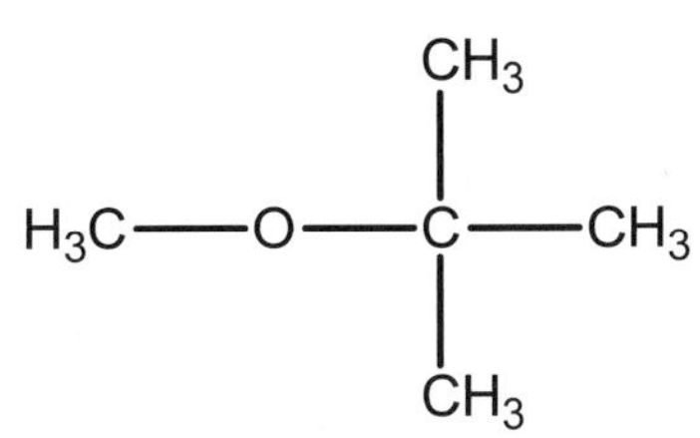

MTBE

4.4 대체 에너지

석유, 석탄, 천연가스 등의 화석연료는 오늘날 인류가 가장 많이 의존하고 있는 일차 에너지원이다. 그러나 대부분의 전문가들은, 정확한 시기를 예측하기는 어렵지만, 멀지 않은 미래에 화석연료의 고갈은 현실화될 것이라고 예상하고 있다. 이런 상황에서, 만약 인류가 화석연료를 대체할만한 에너지원이나 신재생 에너지의 확보에 실패한다고 가정하면 어떤 일들이 일어날 것인지 상상할 수 있을 것이다.

전기는 우리의 일상 생활과 산업 활동에 있어서 이미 가장 중요하고 필수적인 에너지이다. 만약 에너지 고갈로 전기 사용량이 전력 공급량을 초과하면 대규모 정전 사태가 올 것이다. 모든 전기 시설에 전기 공급이 중단되면 먼저 국가 시스템의 전면적인 마비 상태가 올 것이다. 신호등이 꺼지면서 교통이 마비되고, 항공기 철도 지하철의 운행이 중단되고, 전기로 작동하는 주유소의 주유기도 멈춰 연료를 소진한 자동차들이 이곳저곳에 방치되고, 통신망이 끊겨 정보 공유가 불가능하고 동시에 치안 유지도 어려워지고, 가스 공급이 끊겨 밥을 짓거나 샤워도 할 수 없어 생존 활동이 불가능하며, 전기 제품은 무용지물이 되고, 상수도 시설도 멈춰 주택과 건물에 수돗물 공급이 끊기고, 난방과 냉방 작동이 멈추고, 인터넷 사용도 불가능하여 은행에서는 돈을 찾을 수 없고, 휴대전화도 할 수 없는 등 우리 주변의 모든 것이 멈춘다. 이 모든 일이 전기 하나가 없어지면서 발생하는 사회적 혼란과 재앙이다.

따라서 오래전부터 과학자들은 화석연료를 대체할 태양열, 풍력, 화력, 지열, 파력 등 다양한 신재생에너지와 대체 에너지들을 연구해오고 있다. 현재 일차 에너지원의 11.4%를 담당하고 있는 원자력 에너지도 중요한 에너지 공급원이다. 그리고 핵융합 에너지는 기존 에너지원들의 단점을 보완할 수 있는 인류의 미래 에너지원으로 혁신적인 대안이 될 수도 있다. 핵융합 에너지는 화석연료 고갈과 이산화탄소에 의한 지구 온난화 문제를 완화하고, 고준위 폐기물이 발생하지 않아 안전하며, 다른 신재생 에너지들에 비해 에너지 생성 효율도 높은 장점을 지니고 있다

4.4a 원자력 에너지

모든 물질은 아주 작은 입자인 원자로 이루어져 있고, 중심에는 원자핵이 위치하고 그 주위를 전자가 돌고 있는 구조로 이루어져있다. 원자핵은 양성자와 중성자가 아주 단단하게 결합되어 잘 쪼개지지 않는다. 그러나 우라늄과 같이 무거운 원자핵은 외

부에서 중성자가 들어오면 쪼개지는 핵분열 현상이 일어날 수 있다. 핵분열이 일어날 때는 아주 큰 에너지와 함께 2, 3개의 중성자가 나오는데, 이때 나온 중성자는 또 다른 핵분열이 일어나게 하고, 이 과정이 연쇄적으로 일어나게 한다. 이러한 핵분열 연쇄반응 과정을 통해서 발생한 에너지를 원자력 에너지라 하고, 원자력 발전은 원자력 에너지를 이용하여 만든 수증기로 터빈 발전기를 돌려 전기를 생산하는 것이다. 우라늄 1그램이 핵분열 할 때 나오는 원자력 에너지는 석유 9드럼, 석탄 3톤을 태울 때 나오는 에너지와 같다.

우리나라에는 월성, 울진, 고리, 영광 외 여러 위치에 원자력 발전소가 있다. 원자력 발전의 원료가 되는 우라늄은 석유나 석탄보다 싸고, 대기를 오염시키는 기체를 발생하지 않는 청정에너지 자원이다. 또한 에너지 생성 효율이 높아 적은 양의 우라늄으로 많은 전기를 얻을 수 있다는 장점이 있다. 이러한 장점으로 인하여 원자력 발전이 화석 연료의 문제점을 해결하는 대체에너지로 생각하고 있지만, 일단 사고가 나면 비극적인 대형 사고로 이어지기 때문에 철저하고 엄격한 관리가 필요하다. 원자력 발전 과정에서는 불가피하게 핵물질 및 방사성 폐기물이 발생한다. 그런데 이들은 최소한 수백 년에서 수천 년 동안 위험한 방사선을 내뿜기 때문에 아주 엄격한 관리가 필요하다. 또한 원자력 발전 과정에서 발생한 여분의 열을 식히기 위한 충분한 양의 냉각수를 필요로 한다. 따라서 모든 원자력 발전소가 위치하는 곳은 여러 가지 적절한 안전기준을 만족하는 조건 뿐만 아니라, 냉각수의 취수가 용이한 조건을 갖춘 해안 근처에 입지해 있는 것을 알 수 있다. 지금까지 냉각수의 공급 문제로 인한 여러 사고가 있었지만, 그 중에서 가장 심각한 사고는 일본 후쿠시마 원자력 발전소에서 발생한 사고이다. 이 사고는 자연적인 재해인 지진과 해일로 인해 전력이 끊겼고, 이로 인해 원자로 냉각을 위한 냉각수 펌프의 가동이 중지되었던 것이 폭발 사고의 원인이었다.

1986년 체르노빌 원자력 발전소 폭발사고와 2011년 일본의 후쿠시마 원자력 발전소가 지진으로 인해 폭발한 사건 이후, 전 세계적으로 방사능 공포가 커졌다. 지금까지 민간 시설에서 발생한 원자력 사고는 32건, 군사시설에서 발생한 사고는 63건이며, 또한 공개되지 않은 사고도 있을 것으로 예상하고 있다. 그 이유는 소련 시절에는 공개를 안했으니 얼마나 더 많은 사고가 있었는지는 예측이 가능하지 않다. 국제 원자력 기구는 원자력 사고 척도를 제일 낮은 0부터 제일 높은 7까지로 구분하고 있다. 제일 높은 레벨 7은 광범위한 지역에 방사능 물질이 누출되어 엄청난 재앙이 일어나게 하는 심각하고 절대 일어나면 안되는 사고로, 그 유명한 체르노빌 원자력 발전소 사고가 여기 유일하게 포함된다.

울진 원전

1986년에 구소련(현 우크라이나)에 있던 체르노빌 원자력 발전소에서 실험 도중 증기 폭발이 일어났고, 이때 누출된 방사성 물질의 총량은 히로시마에 떨어진 원자폭탄의 400배에 달했다. 방사선 피폭에 의해 56명이 사망했고, 고도 방사선에 피폭된 사람은 20만 명이 넘고, 이중 25,000명 정도가 사망한 걸로 알려져 있다. 그린피스는 이 사고로 인해 20만 명이 사망했다고 집계하고 있으며, 지금도 발전소 주변 지역은 모두 출입 금지 구역이다. 이 사건 이후로 체르노빌과 인구 5만의 프리피야트 시는 사람들이 모두 떠나 잡초와 야생동물만 가득한 유령 도시가 되었다. 주변의 숲은 방사능에 너무 많이 노출되어 나무들이 빨갛게 죽어버렸다(일명 '붉은 숲'). 특히 낙진의 80%가 떨어진 벨로루시는 국토의 33%(남한의 반 이상 크기)가 방사능 오염으로 출입 금지되어 있다.

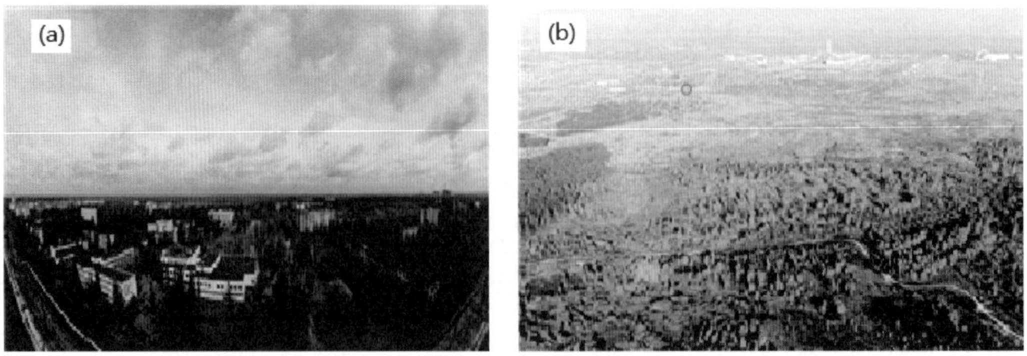

그림 4.9 (a) 원자력 발전소 사고 이전의 체르노빌 (b) 사고 이후의 체르노빌. 주변의 숲은 방사능에 너무 많이 노출되어 나무들이 빨갛게 죽어버렸다(일명 '붉은 숲').

또한 원자력 시설에서 나오는 폐기물 처리 과정에서 크고 작은 사고가 일어나고 있기 때문에 폐기물 처리 문제는 중요한 과제가 되고 있다. 소련은 키시팀 시 근처의 마야크 핵연료 재처리 공장에서 발생한 고준위 방사성 폐기물을 근처 호수에 저장 시설을 만들어서 보관하였는데, 여기에 쌓여있는 고준위 방사능 폐기물의 양은 무려 70톤에 달했다고 한다. 이 폐기물 저장소가 냉각장치 이상으로 폭발하였고 그 규모는 일본의 후쿠시마 원자력 발전소 사고와 같은 레벨 6에 올랐다. 이 사고로 주변 800제곱km의 땅이 오염되었고, 체르노빌의 4배에 해당하는 주민 47만 명이 피폭되고, 200명 이상이 사망하였다.

4.4b 신재생 에너지

화석 연료는 환경오염 문제뿐만 아니라 멀지않은 미래에 고갈될 것으로 예측되고 있기 때문에, 인류는 화석연료를 대체할 수 있는 깨끗하고 안전하며 계속 사용할 수 있는 신재생 에너지에 많은 관심을 갖고 있다. 태양열 전지, 풍력 발전, 또는 쓰레기로부터 얻은 메탄가스를 연료로 사용하는 등 신재생 에너지는 자연에 존재하는 에너지로, 깨끗하고 아무리 써도 없어지지 않고 무한하게 쓸 수 있는 에너지를 일컫는다. 하지만 재생 에너지는 기후의 영향을 너무 많이 받고, 효율성이나 경제성이 적다는 단점 등 아직 해결해야 할 문제가 많지만, 화석 연료나 원자력 에너지를 대신할 수 있고, 환경과 사람에 해를 입히지 않으므로 우리나라를 포함한 많은 나라들이 신재생 에너지를 개발하기 위해 노력하고 있다. 현재 우리나라에서 관심을 갖고 추진하고 있는 신재생에너지는 풍력발전, 태양광발전, 조력발전 그리고 바이오매스 등이 있다. 바이오매스는 가축의 배설물이나 음식물 쓰레기 같은 바이오매스를 발효시켜 얻은 메탄, 수소 등의 바이오가스를 연료로 이용하고, 남은 찌꺼기는 농작물의 거름으로 이용한다.

연습문제

4.1 천연가스, 석유, 석탄의 공통점과 차이점을 자세히 설명하시오.

4.2 석유는 분별증류(fractional distillation) 방법을 이용하여 각종 석유제품을 제조한다. 분별증류의 방법 및 원리에 대해 자세히 설명하고, 분별증류에 의해 원유로부터 얻어지는 생성물들을 쓰시오.

4.3 노킹이란 연소되지 않은 가스가 자연 발화하며 폭발적으로 연소하고 이로 인해 피스톤이 밸브나 실린더와 충돌하여 발생되는 금속음이다. 노킹이 자주 발생하면 피스톤, 실린더, 밸브 등에 무리가 생기고 엔진의 힘이 줄어들며 엔진 수명단축의 원인이 된다. 노킹이 일어나는 정도는 사용하는 연료의 분자구조에 따라 다르고, 옥탄가라는 척도를 이용하여 구분한다. 분자구조에 따른 옥탄가 크기 변화에 대해 설명하시오,

4.4 다음 구조식을 명명하시오

ⓐ

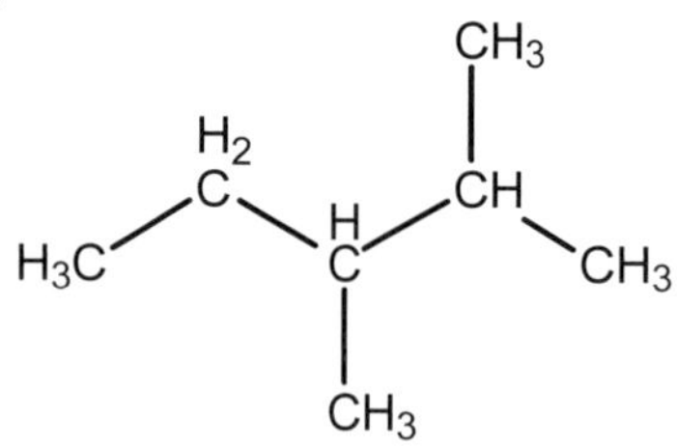

ⓑ

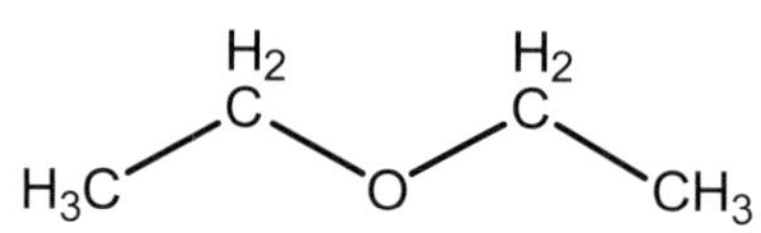

4.5 다음 화합물의 구조식을 그리시오.

ⓐ 3,4,6-트라이메틸-2-헵텐

ⓑ 3,4-디메틸-5-에틸옥탄

ⓒ 2,4-디메틸-2-헥센

ⓓ 1-부틴

연습문제

4.6 2-부텐이 갖는 두 가지 입체이성질체의 구조를 그리고, 이 이성질체의 녹는점, 끓는점, 밀도 등 물리적 성질을 비교하시오. 반면 1-부텐은 이성질체를 갖지 않는다. 그 이유를 설명하고, 2-부텐과의 특성 차이도 비교하시오.

4.7 표 4.1에 있는 결합에너지 자료를 이용하여 광합성 과정에서 이산화탄소와 물로부터 포도당과 산소가 생성되는 반응의 이론적 에너지 변화량을 계산하라. 그리고 이 반응은 발열반응인가 흡열반응인가?

$$6CO_2 + 6H_2O + \text{에너지} \longrightarrow C_6H_{12}O_6 + 6O_2$$

4.8 석탄의 매장량은 다른 화석연료들에 비교하면 막대한 양에 해당되고 화석연료 전체 매장량의 91%를 차지하는 양이다. 그러나 석탄은 채굴할 때 위험성도 클 뿐만 아니라, 비교적 더러운 연료이고, 다루기에 부피가 크며, 공기오염의 주범이기 때문에 연료로서 사용은 대부분의 지역에서 점차 감소하고 있다. 하지만 미래에 원유가 고갈되는 현상이 도래하고 마땅한 대체연료가 개발되지 않는다면, 그 때는 석탄이 요긴하게 쓰일 수도 있다. 석탄으로부터 합성가스를 만드는 석유기화와 액상의 탄화수소를 만드는 석탄액화에 대해 설명하시오.

4.9 방향족 화합물의 구조 이성질체를 예를 들어 설명하시오.

4.10 휘발유를 연료로 사용하는 대신 메탄올 등과 같은 알코올을 연료로 사용할 경우의 장점과 단점을 나열하시오.

제5장
유기화합물

5.1 유기화합물

5.2 탄화수소 유도체

5.3 합성 고분자 물질: 플라스틱

지구상에 존재하고 있는 물질 중에서 생명 현상과 관련되어 만들어진 모든 화합물은 탄소화합물이다. 이는 생물체의 구성 성분을 이루는 화합물 그리고 생물체에 의해서 만들어진 화합물은 모두 탄소화합물이라는 것을 의미한다. 탄소화합물의 기본 골격은 탄화수소로, 탄소-탄소 그리고 탄소-수소의 공유결합으로 구성되어 있다. 이 기본 골격에 산소, 질소, 황 등의 원자를 포함하는 작용기가 치환되어 만들어진 유도체의 모든 화합물을 **유기화합물**(organic compound)이라 한다. 원래 유기란 생물에 관계되는 것을 의미하고, 우리 인체를 구성하고 있는 대부분의 성분도 유기화합물이다. 만일 인체에서 유기화합물이 모두 제거된다면 물과 소량의 무기질만 남게 될 것이다. 모든 생명체에 대해서도 마찬가지이다. 또한 유기화합물은 지금까지 알려진 수많은 화합물의 85% 이상을 차지하고 있고, 우리 일상에서 없어서는 안되는 필수물질이다. 연료, 음식, 대부분의 의약품, 플라스틱, 합성섬유, 합성고무 뿐만아니라 염료, 농약, 비료 등 우리가 사용하고 있는 대부분의 상품들도 일정 부분 유기화합물로 되어있다. 유기화합물의 주된 근원 중의 하나는 화석연료이다. 현재 생산되고 있는 원유의 3% 정도가 산업 및 상업적으로 중요한 유기화합물을 합성하는 출발 물질로 사용되고 있다.

이 장에서는 몇 가지 주요한 유기화합물을 살펴보고 또한 이들의 반응에 대해서도 논의하고자 한다. 특히 우리 주변에서 쉽게 접하고 있는 플라스틱 등 여러 고분자 화합물들을 알아보고 그들의 특성과 용도 그리고 생산 공정들에 대해서도 살펴보고자 한다.

5.1 유기화합물

화합물은 크게 무기 화합물과 유기화합물로 나뉜다. 원래 광물계에서 얻어지는 화합물을 무기 화합물이라 하고 생물의 성분으로 얻어지는 화합물을 유기화합물이라 하였다. 현재 알려져 있는 유기화합물의 수는 수백만에 가깝다고 하는데, 시간이 지나면서 전 세계의 연구실에서 지속적으로 새로운 화합물이 만들어지고 있으므로 정확한 수는 알 수 없다. 유기화합물은 화학의 한 분야인 **유기화학**(organic chemistry)에서 이 물질을 다루고 있다. 유기화합물의 수가 매우 많은 이유는 탄소 원자들의 결합으로 만들 수 있는 화합물이 사슬 모양 또는 고리 모양의 탄소 골격을 형성할 수 있는경우의 수가 많기 때문이며, 이들 탄소 골격에 수소 원자가 결합해서 탄화수소가 되고, 이것이 모든 유기화합물의 기본이 된다. 그리고 탄화수소의 수소 원자가 다른 원자나 원자단에 의해 치환되어 다양한 유기화합물이 구성된다. 그러나 종종 유기화합물과 무기화합물을 구분하는데 있어서 경계가 엄밀하지 않는 경우도 있다. 즉 탄소화합물이지만 유기화합물로 구분되지 않는 경우도 있다. 예를 들면 일산화탄소, 이산화탄소, 탄산 및 그 염류, 이황화탄소 등은 무기화합물로 취급되고 있다. 또한 옥살산은 탄소-수소 결합을 포함하고 있지 않지만 유기화합물로 취급된다. 그리고 사염화탄소, 시안 등은 중간적인 것으로 유기화합물로 취급하는 경우도 있고, 무기 화합물로 취급하는 경우도 있다.

유기화합물은 종류가 너무 다양하기 때문에 그 특성들의 정리도 복잡할 수 밖에 없지만, 전형적인 유기화합물은 전형적인 무기화합물과는 현저하게 대비적인 성질을 갖는다. 무기화합물의 대부분은 수용액 중에서 이온으로 해리된다. 반면 유기화합물의 대부분은 보통 가연성이고 물에 녹지 않으며, 에탄올, 에테르, 벤젠, 벤진 등의 유기용매에 녹는 것이 많다. 물에 녹는 유기화합물도 유기산이나 유기염기의 염(salt) 외에는 해리해서 이온이 되지 않는다. 무기화합물은 일반적으로 비휘발성이지만, 유기화합물은 일반적으로 휘발성이고, 또한 고체 유기화합물도 비교적 녹는점이 낮고 분해되지 않으며 증류 가능한 것들이 많다.

유기화합물은 그 구조식으로 분류되는데, 탄소 골격에 의해 사슬식 화합물과 고리 화합물로 크게 나뉜다(4장 참조). 분자 내의 탄소원자가 곧은 사슬 모양, 가지 있는 사슬 모양, 방향족이 아닌 고리 모양의 구조를 가진 유기화합물은 **지방족 화합물**(aliphatic compound)이라 한다. 천연으로 존재하는 것으로는 석유 속에 함유되어 있는 사슬 모양의 탄화수소, 지방이나 납의 성분인 고급 지방산 및 이것들의 에스터(ester) 등이 지방족화합물이다. 고리 화합물은 탄소 원자만으로 고리가 구성되고 있는 탄소 고리화합물과, 탄소 이외의 원소를 고리 안에 포함하는 헤테로 고리화합물로 분류된다. 탄소 고리화합물은 지방족 고리화합물과 벤젠 고리를 포함하는 방향족 화합물로 분류된다. 유기화합물은 각각의 탄화수소를 모체로 하고, 그 수소 원자를 할로겐 또는 각종의 작용기에서 치환함으로써 알코올, 케톤, 카르복실산 등의 동족체를 생성한다.

화학 공업에서 사용되는 유기화합물의 대부분은 화석연료로부터 얻는다. 예를 들어 천연가스와 석유로부터 얻은 알칸을 촉매 열분해하여 에틸렌, 프로필렌, 부틸렌, 아세틸렌 등을 얻고, 이들을 출발 물질로 사용하여 플라스틱, 용매, 합성섬유, 합성고무, 의약품, 세제, 접착제, 페인트 등 수많은 종류의 상품을 생산한다. 그리고 석유와 석탄에 많이 함유되어 있는 방향족 화합물은 분별증류를 통하여 벤젠, 톨루엔, 크실렌 등으로 분류되고, 이들을 원재료로 하여 많은 종류의 상품으로 변환된다. 이러한 이유로 유기화학 공업을 석유화학 공업(petrochemical industry)이라고 한다. 표 5.1과 5.2는 화석연료를 열분해나 분별증류를 통하여 얻은 원재료를 이용하여 만들어진 상품들과 그들의 용도를 보여준다.

표 5.1 석유와 천연가스로부터 얻은 알칸을 열분해를 통하여 생성한 원재료와 상품들, 그리고 그들의 용도

천연가스 석 유	에틸렌	에틸알코올	용매, 제약
		폴리에틸렌	플라스틱
		에틸렌글리콜	부동액, 합성섬유
		염화에틸	휘발유 첨가제
	프로필렌	폴리프로필렌	플라스틱
			용매, 세제, 수지, 의약품 등
	부틸렌	부타디엔	합성고무
	아세틸렌	네오프렌	합성고무
			섬유, 용매, 페인트 등

표 5.2 석유와 석탄으로부터 얻은 방향족 화합물과 분별증류를 통하여 생성한 원재료와 상품들, 그리고 그들의 용도

석유 석탄	벤젠	스타이렌	라텍스, 합성고무
		폴리 스타이렌	플라스틱
		페놀	살충제, 수지, 의약품
			합성세제, 염료 등
	톨루엔		TNT, 플라스틱, 아스피린, 절연체 등
	자일렌		염료, 제약, 페인트, 합성수지, 합성섬유

또한 많은 유기화합물들 중에는 탄화수소에 포함되어 있는 수소원자의 일부 또는 전부가 다른 **작용기**(functional group)로 치환되어 있고, 이를 **탄화수소 유도체**(derivatives of hydrocarbon)라 한다. 실제로는 알칸, 알켄, 알킨 등 탄화수소를 제외한 모든 유기화합물을 탄화수소 유도체라 할 수 있다. 작용기의 분류에 따른 대표적인 탄화수소 유도체의 일부가 표 5.3에 보여진다.

표 5.3 탄화수소 유도체

유도체	일반식	접미어	간단한 예	이름
할로겐 화합물	R—X X= F, Cl, Br, I)	-	H_3C—Cl	클로로메탄
알코올	R—OH	-올(-ol)	H_3C—OH	메탄올 (메틸알코올)
에테르	R—O—R'	-에테르	H_3C—O—CH_3	디메틸에테르
아민	R—NH_2	-아민	H_3C—NH_2	메틸아민
니트릴	R—C≡N	-니트릴	H_3C—C≡N	메탄니트릴 (아세토니트릴)
황 화합물	R—S—R'	-설파이드	H_3C—S—CH_3	디메틸설파이드
싸이올	R—SH	-씨올	H_3C—SH	메탄씨올
알데하이드	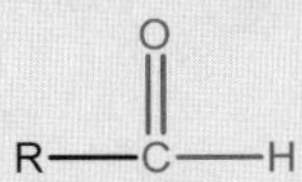	-날 (-알데하이드)	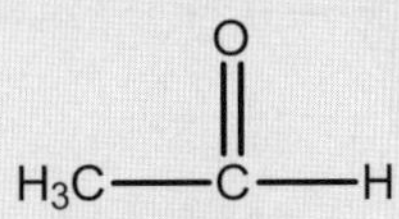	에탄알 (아세트알데하이드)
케톤	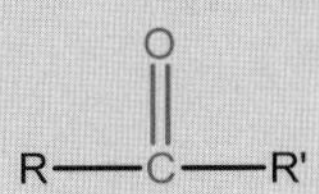	-온	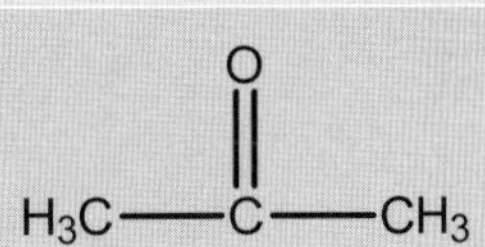	프로판온 (아세톤)
카르복실산	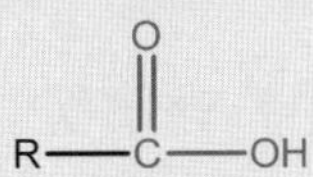	-익 에시드	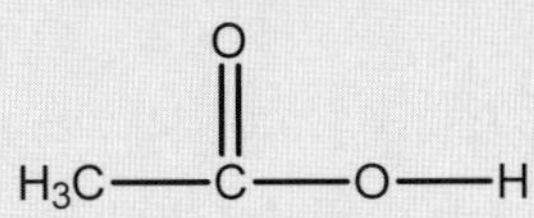	에타노익에시드 (아세틱에시드)
에스터	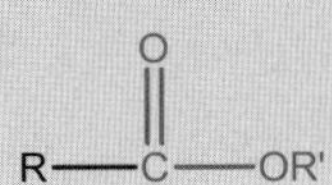	-에이트	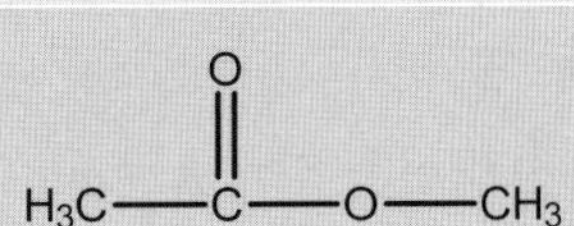	메틸아세테이트
아마이드	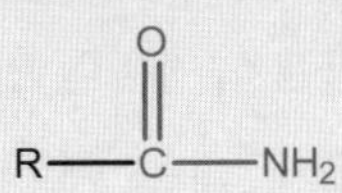	-아마이드	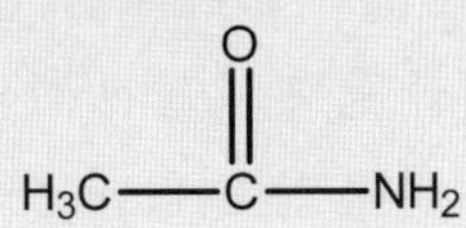	아세트아마이드

5.2 탄화수소 유도체

탄화수소 유도체 중에서 탄화수소의 수소가 수산화($-OH$) 작용기로 치환된 알코올은, 다른 형태의 유기화합물을 합성하는데 출발물질로 이용되는 중요한 역할을 하는 물질이다. 알코올이 산화되면 산화된 알코올의 산화 정도에 따라 다른 형태의 탄화수소 유도체인 **알데히드**(aldehyde), **케톤**(ketone), **카르복실산**(carboxylic acid)이 얻어진다. 일차알코올을 시작물질로 하여 첫 번째 산화 생성물은 알데히드이고, 두 번째 산화 생성물은 카르복실산이다. 포르말린이라 불리는 가장 간단한 알데히드인 포름알데히드(formaldehyde, $HCHO$)는 메탄올을 산화하여 얻는다. 에탄올의 두 번째 산화 생성물인 아세트산(acetic acid, CH_3COOH)는 묽게 희석하여 음식을 조리할 때 식초로 사용한다. 또한 이차알코올이 산화되면 케톤이 얻어진다. 예를 들면 2-프로필알코올을 산화하면 유기용매 또는 매니큐어 지우는 용제로 널리 사용되는 프로판온(아세톤)이 얻어진다.

2-프로판올 아세톤

5.2a 알코올

에탄올은 알코올음료에 사용되는 알코올로 탄수화물이나 당을 발효시켜 만든다(4.3절). 이 때 발효시키는 탄수화물이나 당의 종류에 따라 맥주, 와인, 위스키, 럼, 보드카 등이 얻어지고, 표 5.4는 일반적인 알코올 음료를 보여준다. 탄수화물이나 당이 발효되는 과정에서 알코올의 농도가 14% 정도에 도달하면 효모가 더 이상 기능을 할 수 없기 때문에 발효가 멈추게 된다. 에탄올 함량이 더 높은 음료는 증류를 통하여 얻을 수 있고, 연속 증류를 통해 순도 95%의 에틸알코올을 만들어 낼 수 있다. 알코올음료에 함유된 알코올의 함량을 나타내는 도수는 알코올음료에 대한 에탄올의 부피 백분율로 표시한 비율이다. 우리나라를 포함한 많은 국가에서 표준으로 사용하고 있으며, ~도, ~%, 또는 ABV(alcohol by volume)과 같은 단위를 이용하여 나타낸다. 미국이나 영국에서는 술의 강도를 표시하는데 Proof라고 하는 단위를 사용하고, Proof는 우리나라에서 사용하고 있는 도수의 두 배에 해당된다. 예를 들어 40도의 보드카는 80 Proof이다.

우리가 마신 에탄올은 체내에서 산화되어 아세트알데히드가 되고, 더 산화되어 아세트산이 되며 최종 생성물로 CO_2와 H_2O가 되어 몸 밖으로 빠져나간다.

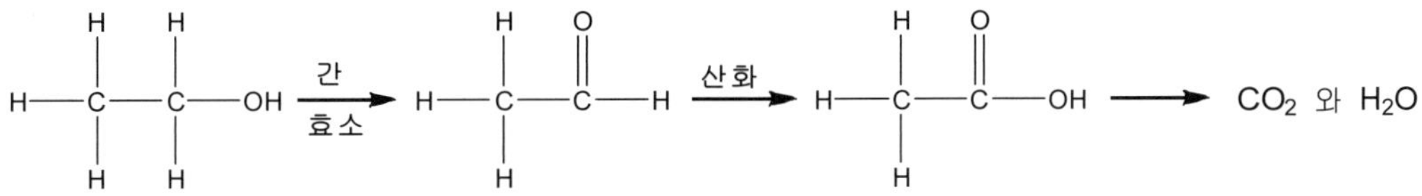

에탄올 아세트알데히드 아세트산

표 5.4 일반적인 알코올음료

이름	발효시키는 출처	알코올 함량 (%)
맥주	보리, 밀	3~9(평균 5)
소주	곡류, 고구마	15~20
와인	포도 또는 다른 과일	최대 18
위스키	보리, 호밀, 옥수수 등	45~55
보드카	감자	40~50

음주에 의한 인체의 반응은 알코올 섭취량, 섭취 속도, 감수성, 섭취 시 정신적 또는 신체적 상황, 그리고 환경 조건 등 여러 가지 조건에 의해 영향을 받는데, 일반적으로 에탄올의 혈중 농도에 따른 일반 성인에게 나타나는 효과는 표 5.5에 나타나 있다.

표 5.5 혈중 알코올 농도에 따른 변화

음주량 (잔)*	혈중 농도(%)	효 과
1~3	0.05	사고와 판단 및 억제가 느슨해짐
3~7	0.1	조정력 부족, 과장된 감정
7~10	0.2	뇌 운동영역이 전체적으로 억제
10~13	0.3	무의식, 인사불성이 됨
13~15	0.4~0.5	혼수상태
16잔 이상	0.5 이상	호흡 및 심박동 중추의 마비 → 사망

*1잔 : 맥주 300cc, 와인 110ml, 위스키 40ml

에탄올은 음료 산업뿐만 아니라 용매 또는 다른 여러 종류의 유기화합물의 합성, 그리고 가솔린 첨가제 등으로 널리 사용된다. 알코올 음료에 사용되는 알코올에는 고액의 세금이 부과되지만 공업용 알코올에는 세금이 부과되지 않는다. 따라서 무세로 판매되는 공업용 에틸알코올이 음료용으로 전용되는 것을 방지하기 위해 소량의 변성제를 첨가하여 음료용 알코올과 구별되도록 한다. 변성제는 메탄올이나 휘발유와 같은 독성 물질을 포함하고, 물리적 방법이나 화학적 방법으로 이들 물질들을 알코올로 부터 분리하기 어려운 화합물을 소량 첨가한다. 이와 같은 알코올을 **변성 알코올**(denatured alcohol)이라 한다. 가장 일반적인 변성 알코올은 에탄을 200 리터 당 메탄올 7kg, 포르말린 30g, 로다민 B 0.5g를 첨가하도록 규정되어 있다.

■ 2가 알코올과 3가 알코올

탄화수소 한 분자 내에 알코올 작용기가 두 개 이상 치환되는 경우가 있다. 한 분자 내에 알코올 작용기 두 개가 치환되면 2가 알코올이고, 세 개가 치환되면 3가 알코올이라 한다.

에틸렌글리콜은 2가 알코올이며, 부동액이나 고분자 합성에 이용된다. 에틸렌글리콜은 무색의 점도가 높은 액체이다. 흡수성이 있고 물과 알코올에 잘 녹으며 부식성도 적고 분자 당 수소결합을 할 수 있는 수산기($-OH$)가 두 개 있기 때문에 끓는점이 높아 부동액으로 사용된다. 에틸렌글리콜은 부동액으로 유용하게 이용되지만, 인체에 심각한 손상을 주기 때문에 적절한 관리가 요구된다. 부동액은 눈에 잘 띠는 녹색과 단 맛을 갖고 있기 때문에 어린 아이들이나 애완동물이 먹는 사고가 종종 나기도 한다. 에틸렌글리콜의 두 개의 수산기($-OH$)는 간의 **알코올 탈수소효소**(alcohol dehydrogenase)에 의해 산화되어 옥살산(oxalic acid)이 생성되고, 옥살산은 인체 내의 칼슘과 결합하여 불용성 염인 옥살산 칼슘(calcium oxalate)을 형성한다. 옥살산 칼슘은 신장 내에서 결정화되면 심각한 장애를 유발하여 사망할 수도 있다.

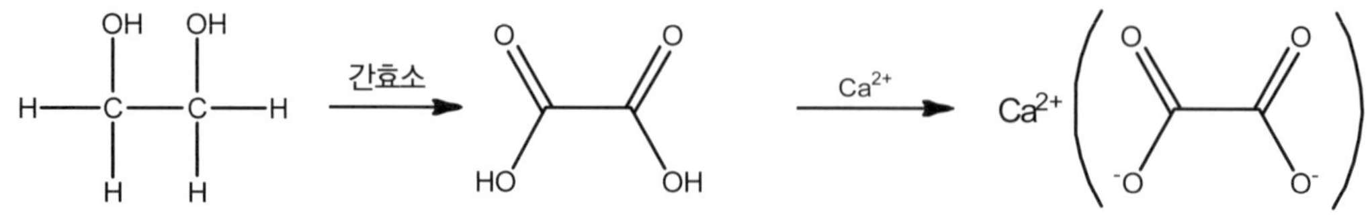

에틸렌클리콜 옥살산 옥살산칼슘

만일 실수로 부동액을 마시게 되면 곧 바로 섭취한 부동액을 토해내도록 하고, 최대한 빨리 병원으로 이송해야 한다. 병원에서 사용하는 치료법은 정맥으로 에탄올을 투여하는 방법을 이용한다. 간에 있는 알코올 탈수소효소는 에틸렌글리콜보다 에탄올을 우선적으로 대사하기 때문에, 효소가 에탄올을 대사하는 동안 에틸렌글리콜은 신장을 통해 체외로 배출된다. 그러나 에탄올 대사로 생성된 아세트산이 과도하게 생성되어 혈액 중의 산의 농도가 비정상적으로 증가하면 **대사성산증**(acidosis)으로 사망할 수도 있기 때문에 의사의 주의 깊은 관찰 하에 처치하는 것이 중요하다. 의사들은 필요에 따라 혈액 완충제를 사용하기도 한다.

글리세린이라 불리는 **글리세롤**은 화장품 보습제로 주로 이용되는 3가 알코올이다. 글리세롤은 지방산과의 에스터로서 유지나 지질 등의 형태로 동식물계에 널리 분포한다. 원래 비누 제조 시의 부산물로 얻어졌으나, 지금은 석유의 분해과정인 크래킹(cracking) 과정 중에 생성되는 프로필렌에서 염화알릴을 거쳐 합성하는 방법에 의해 대량으로 얻어지고 있다. 글리세롤은 인체 내에서 간에서 글루코오스로 전환되어 세포대사의 에너지로 이용되며, 무독성이고 흡습성이기 때문에 식품과 약품의 보습제로도 많이 이용된다.

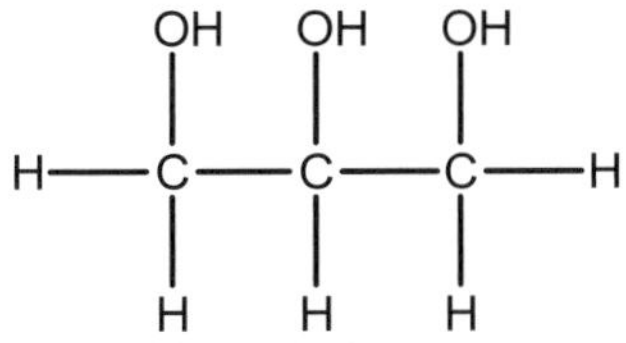

글리세롤(글리세린)

5.2b 카르복실산

카르복실산(carboxylic acid)은 $-COOH$ 작용기를 포함한 화합물이고, 다양한 방법으로 만들 수 있다. 예를 들어 에텐, 1차 알코올, 알데히드, 메틸케톤 등을 산화시켜 만들 수 있고, 니트릴을 가수분해하여 만들 수도 있다. 또한 카르복실산을 환원시키면 알데히드를 거쳐 1차 알코올이 된다. 모든 카르복실산은 약산이며 염기와 반응하여 염과 물을 생성한다.

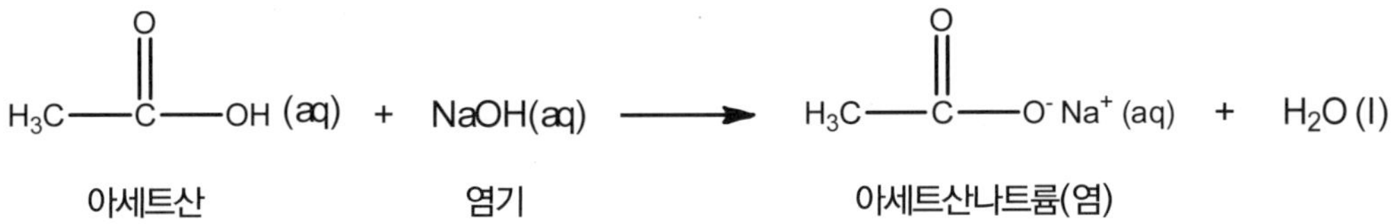

카르복실산은 수소결합을 할 수 있기 때문에 녹는점과 끓는점이 크기가 비슷한 탄화수소나 산소를 가진 유기화합물에 비해 상당히 높고, 물에 대한 용해도도 크다. 그리고 카르복실산의 성질 중 특징적인 것은 탄소, 수소, 산소만으로 된 화합물 중 가장 산성이 세다는 것이다. 이것은 카르복실산이 수소 이온을 잃고 형성된 이온이 공명으로 안정화되기 때문이다.

탄소 원자 개수가 보통 10개 이상 되는 긴 사슬의 카르복실산 염은 비누로 사용된다. 이런 염들은 물에서 나트륨 양이온과 카르복실산 음이온으로 해리되므로 극성인 물에 잘 용해된다. 탄소 원자들이 길게 사슬로 결합된 부분은 비극성을 나타내며, 이 부분은 소수성으로 기름 성분과 잘 섞인다. 그리고 반대 쪽 끝의 카르복실산 음이온이 있는 쪽은 이온성이고 극성이기 때문에 친수성을 띤다. 비누의 친수성은 물과 그리고 소수성 꼬리는 기름과 서로 상호작용을 통하여 세정 작용을 한다. 이처럼 비누와 같이 이중성을 지니고, 표면장력을 감소시키는 이중성 물질을 **계면활성제**(surfactant)라 한다.

아세트산은 진한 형태로 생산되어 합성섬유나 플라스틱 등과 같은 생산품 제조에 사용되며, 묽혀서 식초로 사용한다. 표 5.6은 천연에서 산출되고 우리에게 익숙한 천연 카르복실산들을 보여준다.

표 5.6 천연에서 산출되는 익숙한 카르복실산

이 름	구 조	천연 출처
구연산	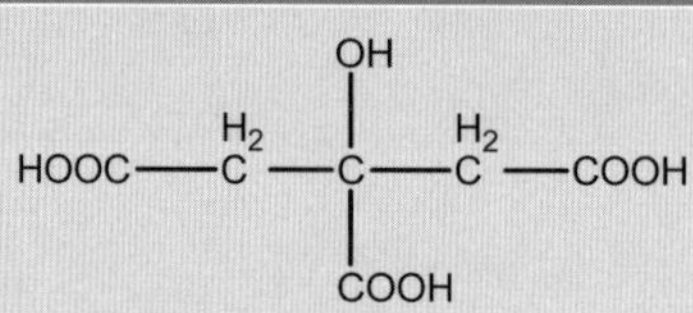	감귤류 과일
젖산	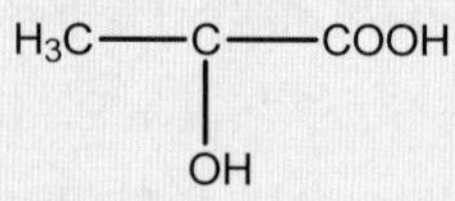	상한 우유
올레산	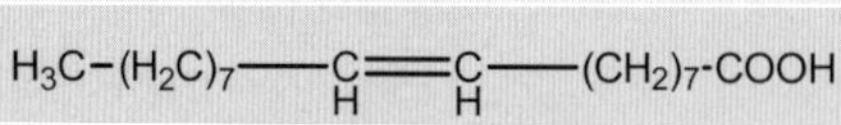	식물성 기름
글라이콜산	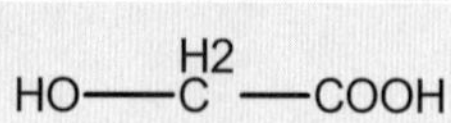	사탕수수
옥살산	HOOC—COOH	시금치, 양배추, 토마토
타타르산	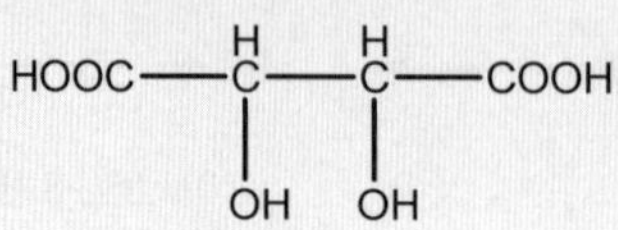	포도주스, 와인

5.2c 에스터

카르복실산과 알코올이 강산의 조건에서 반응하면 물을 잃고 축합하여 $-COOR$ 작용기를 갖는 **에스터**(ester)를 생성한다. 이 반응은 탈수반응(dehydration)이며, 이 반응에서 강산은 촉매로 작용한다.

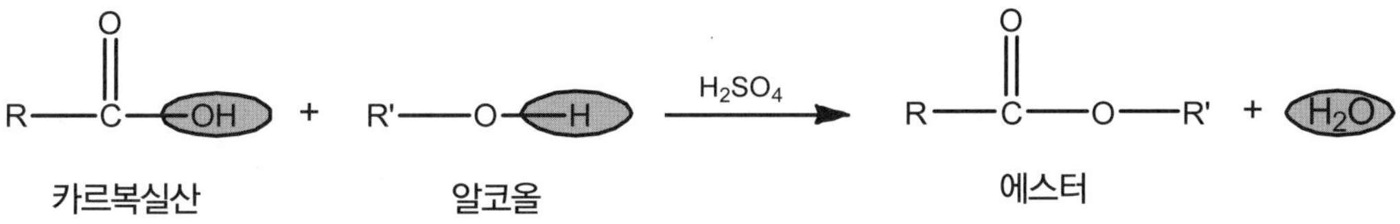

그리고 에스터를 물과 함께 가열하면 산과 알코올로 분해된다. 이 반응은 에스터화의 역반응으로 에스터의 **가수분해**(hydrolysis)라고 하며 산이나 알칼리에 의해 뚜렷하게 촉진된다. 특히 알칼리에 의한 가수 분해는 쉬우며 이 반응을 비누화 반응이라 한다.

에스터의 우리말 명명은 산의 이름을 먼저 쓰고 알코올의 알킬기를 다음에 쓴다. 그리고 IUPAC에 의한 명명은 알킬기 이름을 쓰고 산의 이름 어미를 -ate로 바꾸어 뒤에 붙인다. 예를 들어, 아세트산과 에틸알코올의 반응으로 얻은 에스터의 우리말 이름은 아세트산에틸이고, IUPAC에 의한 명명은 에틸아세테이트(ethylacetate)이다. 에스터의 이름으로부터 우리는 에스터를 만드는데 사용한 카르복실산과 알코올이 무엇인지 쉽게 알 수 있다. 중성 에스터는 일반적으로 냄새를 가진 휘발성 액체이며 물에 녹기 쉽고 유기 용매에 잘 녹는다.

특히 비교적 저위의 지방산과 알코올의 에스터는 과실의 상쾌한 냄새가 있으므로 과실의 인공 에센스로서 식품의 향료로 사용된다. 천연 향료는 초콜릿, 아이스크림, 캔디, 푸딩, 케이크, 쿠키, 과자, 술, 커피, 음료 등의 향료로 널리 사용이 가능하나, 순수한 향을 채취하기 위해서는 까다로운 공정을 거쳐야하기 때문에 가격이 높다. 따라서 세계적으로 식품이나 음료에 사용되는 향 중 90%가 **인공향료**(artificial flavor)를 사용하고 있다. 그러므로 인공향료를 첨가한 식품이나 음료 등 상품의 라벨에 적혀있는 성분 표를 보면 에스터가 첨가제로 명시되어 있는 것을 종종 볼 수 있다. 표 5.7은 식품이나 음료의 인공향료로 사용되는 몇 가지 에스터의 목록을 보여준다.

표 5.7 인공향료로 사용되는 몇 가지 에스터

에스터	화학식	구조식	향
부탄산 벤질	$C_{11}H_{14}O_2$	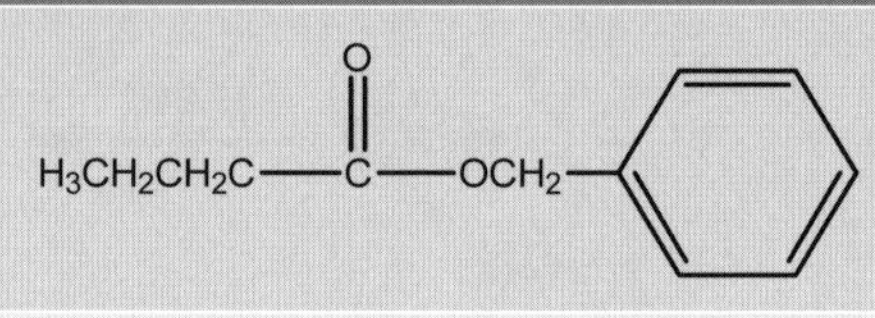	장미
아세트산-3-메틸부틸	$C_7H_{14}O_2$	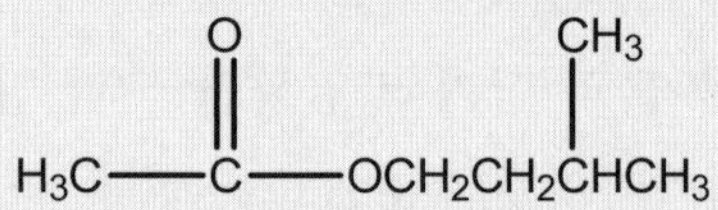	바나나
펜탄산 3-메틸부틸	$C_{10}H_{20}O_2$	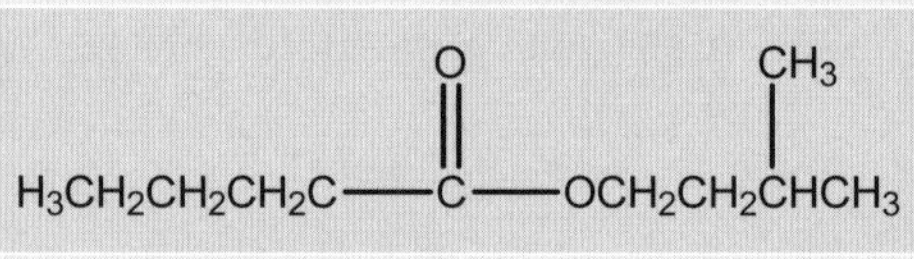	사과
부탄산 부틸	$C_8H_{14}O_2$	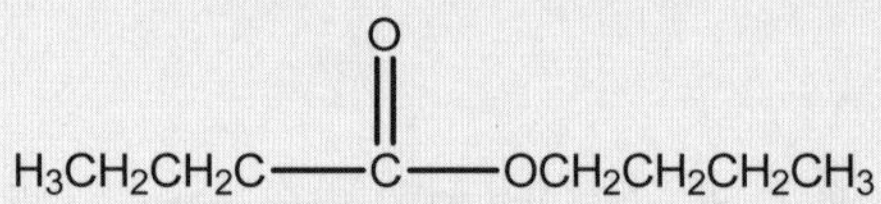	파인애플
2-아미노벤조산 메틸	$C_8H_9NO_2$	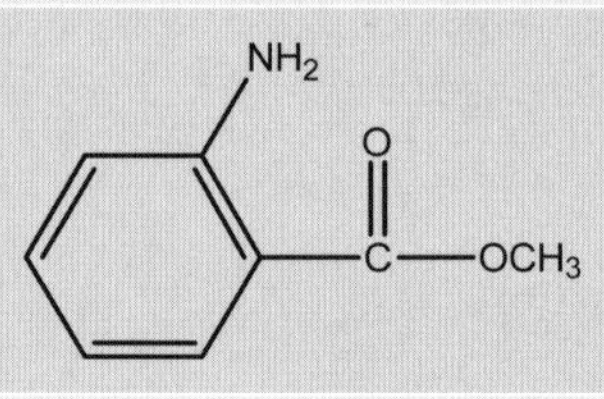	포도
2,6-데카디엔산 에틸	$C_{13}H_{22}O_2$	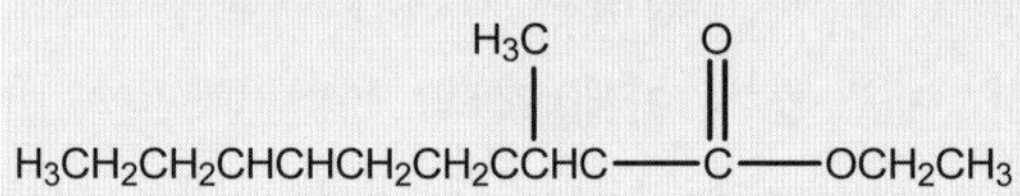	배

5.3 합성 고분자 물질: 플라스틱

우리가 일상에서 사용하는 물질 중에는 원자 몇 개가 결합하여 이루어진 간단한 분자식을 가진 물질도 있지만, 수십만 심지어는 수백만 개의 원자가 인공적으로 결합하여 분자량이 매우 큰 물질로 이루어진 것들도 있다. 이와 같이 매우 많은 원자들이 결합하여 만든 거대한 분자를 **고분자**(polymer)라 하고, 셀룰로오스나 단백질처럼 천연적으로 만들어진 것을 천연고분자, 나일론이나 폴리에틸렌처럼 인공적으로 만든 것을 합성고분자라고 한다. 그리고 고분자를 만드는데 사용되는 작은 단위체 분자들을 **모노머**(monomer)라 한다. 합성고분자는 합성 방법에 따라 크게 두 가지로 분류되는데, 모노머를 어느 한 원자도 잃지 않고 반복적으로 연결하는 **첨가고분자**(addition polymer)와 모노머들이 결합할 때 주로 물과 같은 작은 분자가 이들 사이에서 떨어져 나가면서 거대분자를 형성하는 **축합고분자**(condensation polymer)로 나뉜다.

합성고분자는 섬유, 플라스틱, 고무 등으로 널리 사용된다. 우리가 입고있는 합성섬유도 고분자이고, 음식을 담는 플라스틱 용기나 쓰레기용 비닐봉지도 고분자이며, 자동차의 타이어나 핸들도 많은 고분자 성분이 포함되어 있다. 대부분의 합성고분자들은 우리 주위에서 쉽게 볼 수 있는 여러 종류의 **플라스틱**(plastic)이다. 플라스틱의 정의는 가열이나 가압 또는 이 두 가지에 의해서 여러 모양으로 성형이 가능한 고분자, 또는 고분자를 사용한 **합성수지**(synthetic resin) 제품의 총칭이다. 현대는 플라스틱 시대라 할 수 있을 만큼 플라스틱은 현대 문명이 만들어낸 혁신적인 제품이고 20세기를 주도한 기술 중 하나이다. 예를 들어 플라스틱이 개발되지 않았다면 반도체 소자, LCD와 OLED, 고성능 2차 전지, 초극세사 기능성 섬유, 자동차 내장재 등 수많은 제품들은 생산이 가능하지 않았을 것이다.

세계 최초의 플라스틱은 1868년 비싸고 귀했던 상아로 된 당구공의 대용품을 찾으려는 노력에서 얻어진 셀룰로이드인데, 이것은 외관상 송진(resin)과 비슷했기 때문에 합성수지라 하였다. 그 후 천연수지와 다른 다양한 인조재료를 다양한 모양으로 만들 수 있게 되었고, 따라서 그리스어로 '모양을 변형할 수 있는 능력'의 의미를 가진 플라스틱이라는 이름을 갖게 되었다. 플라스틱은 일반적으로 두 그룹으로 크게 구별된다. 하나는 고분자 물질이 가열에 의해 유동성을 갖게 되어 성형이 가능한 **열가소성 플라스틱**이고, 다른 하나는 저분자이지만 틀 속에서 가열 가압되는 동안 유동성을 갖고 화학반응에 의해서 고분자화 되며 그 후에는 가열해도 유동성을 가지지 않는 **열경화성 플라스틱**이다.

열가소성 플라스틱(thermoplastic)은 일정 온도 이상으로 올라가면 변형이 쉬워지는 부드러운 상태가 되고 온도가 내려가면 딱딱한 상태가 되는데, 상(phase)의 변화가 있는 것은 아니다. 대체적으로 분자간의 상호 작용이 약한 선형분자로 되어있다. 열가소성 플라스틱의 예로는 폴리에틸렌(polyethylene, PE), 폴리프로필렌(polypropylene, PP), 나일론(nylon), 폴리옥시메틸렌(polyoxymethylene, POM), 폴리스티렌(polystyrene, PS), 폴리염화비닐(polyvinyl chloride, PVC), 폴리카보네이트(polycarbonate, PC), 아크릴 등이 있다.

열경화성 플라스틱(thermosetting plastic)은 플라스틱 중에서 한번 굳어지면 다시 열을 가해도 녹지 않는 플라스틱이다. 열경화성 플라스틱은 열을 가하기 이전에는 액체 상태나 모양 변형이 잘되는 수지(resin)이다. 여기에 열과 압력을 가하거나 촉매를 섞어 주면, 폴리머(polymer) 체인 사이에 교차 결합이 생기면서 딱딱하고 견고한 상태가 된다. 일단 정형이 되면 온도를 더 가해도 원래의 수지 상태로 돌아오지 않는다. 열경화성 플라스틱은 폴리머 체인들의 3차원적인 교차 결합을 통하여 단단하고 불에 강한 성질을 갖고 있어서 많은 제품에 사용되고, 접착제로 사용되기도 한다. 반면에 재활용하기가 어렵고 잘 분해되지 않아서 공해 문제가 되기도 한다. 열경화성 플라스틱의 예로는 폴리에스테르(polyester), 에폭시(epoxy), 폴리우레탄(polyurethane), 페놀(phenol), 베이클라이트(bakelite) 등이 있다.

플라스틱을 만드는데 이용되는 원천 재료는 대부분 석유이다. 다음이 천연가스, 그리고 일부는 석탄을 원료로 사용한다. 이것들로부터 분자량이 작은 모노머를 먼저 얻고, 중합 반응을 통하여 모노머를 고분자화 하여 플라스틱 재료로 이용한다. 모노머를 고분자화 하는 반응은 많으나, 여기서는 첨가고분자와 축합고분자에 대해 알아보도록 하자.

5.3a 첨가고분자

첨가중합에서 가장 흔한 반응 형태는 탄소와 탄소 사이에 이중 결합이나 삼중결합을 포함하고 있는 모노머가 고압 고온의 조건에서 촉매를 이용하여 자유 라디칼을 만들고, 이들이 연쇄적으로 반응을 일으켜 고분자를 형성하는 것이다. 가장 간단한 모노머는 에틸렌(ethylene, $CH_2 = CH_2$)이다. 에틸렌에서의 반응은 탄소와 탄소 사이의 이중결합에 있는 결합 중 하나를 끊음으로서 개시되는데, 끊어진 탄소원자는 반응성이 매우 큰 **홀 전자**를 갖게 된다. 여기에 불안정하여 쉽게 **자유라디칼**(free radical)을 갖는 개시제가 반응하여 고분자화가 시작된다. 자유라디칼은 탄소와 탄소 사이의 이중결합을 갖는 분자와 즉각 결합하여 새로운 자유 라디칼을 만든다.

새로운 자유 라디칼은 반응하지 않은 에틸렌 분자에 있는 이중결합 전자와 결합하여 사슬의 길이가 길어지는 고분자화(polymerization)가 시작한다. 이런 반응이 연쇄적

으로 반복되어 폴리에틸렌이 형성된다.

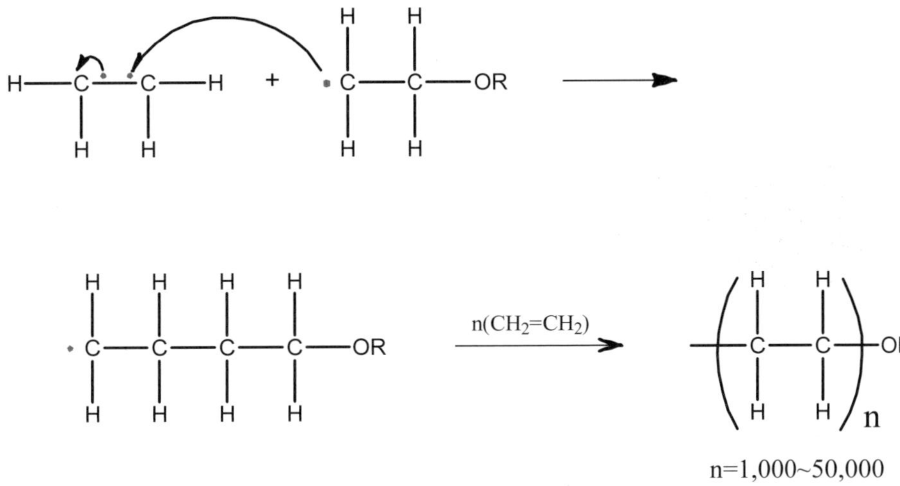

① 폴리에틸렌: 가장 널리 쓰이는 플라스틱

폴리에틸렌(PE)은 다양한 성질을 가지고 있어 전 세계에서 가장 광범위한 용도로 소비되는 플라스틱이다. 폴리에틸렌은 생활 주변 어디서든 쉽게 찾아볼 수 있다. 예를 들면, 포장용 필름, 비닐봉지, 플라스틱 음료수병, 전선용 피복 재료 등이 폴리에틸렌으로 만들어진 것이다. 이밖에 각종 용기, 섬유, 파이프, 패킹, 도료 등에 이용된다.

폴리에틸렌은 고분자화 과정에서의 압력, 온도, 촉매의 조건을 달리함에 따라, 형성된 폴리에틸렌의 분자구조가 달라지기 때문에 다른 물리적 성질을 갖는다. 폴리에틸렌은 그 밀도에 따라 저밀도 폴리에틸렌과 고밀도 폴리에틸렌으로 나뉜다. 에틸렌은 촉매의 조건에서 고분자화하면 거의 선형(linear) 폴리에틸렌이 된다. 선형 구조는 사슬에 가지가 없기 때문에 공간적으로 지그재그를 형성하여 사슬들이 더 가깝게 채워질 수 있다. 이렇게 가깝게 채워져 밀도가 크고 분자량이 큰 고분자를 형성되는 것을 **고밀도 폴리에틸렌**(high density polyethylene, **HDPE**)이라고 한다. 고밀도 폴리에틸렌은 저밀도 폴리에틸렌보다 단단하고 높은 온도에 강해 파이프나 연료탱크 같은 딱딱한 제품을 만드는 데 주로 사용된다(그림 5.1). 만일 선형 폴리에틸렌 사슬과 주위의 사슬 사이에 상호작용에 의한 결합이 생겨 망상의 구조를 갖게 되면 단단한 형태의 **가교 폴리에틸렌**(cross-linked polyethylene, **CLPE**)이 형성된다. CLPE는 폴리에틸렌의 뛰어난 절연 재료로서의 성질을 살려서 열에 약한 결점을 개량한 것으로, 음료수병의 플라스틱 뚜껑이나 온도가 높은 곳에서 사용되는 전선을 피복하는 절연체로 사용된다(그림 5.1). 에틸렌은 고온과 고압의 조건에서 자유라디칼이 폴리에틸렌 사슬을 무작위로 공격하기 때문에 불규칙한 가지를 만든다. 가지가 있는 사슬들은 서로 가깝게 채워지지 않기 때문에 밀도가 낮아 **저밀도 폴리에틸렌**(low density polyethylene, **LDPE**)을 형성한다. 이 고분자는 연하고 구부릴 수 있기 때문에 샌드위치 백 등을 만드는데 이용된다(그림 5.1). 그림 5.2는 HDPE, CLPE, 그리고 LDPE의 구조를 보여준다.

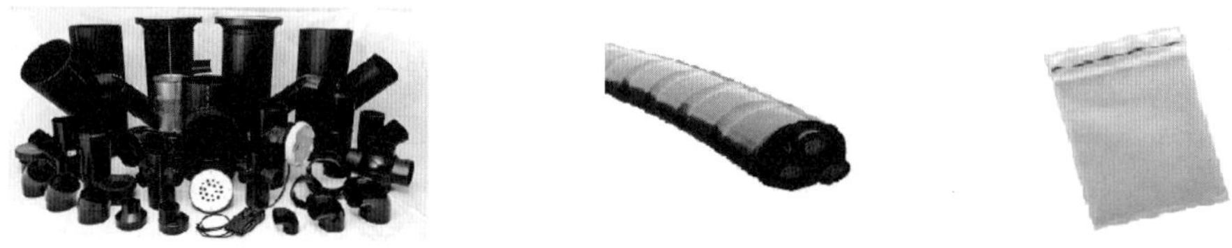

(a) (b) (c)

그림 5.1 (a) HDPE, (b) CLPE, (c) LDPE를 이용하여 생산한 제품들

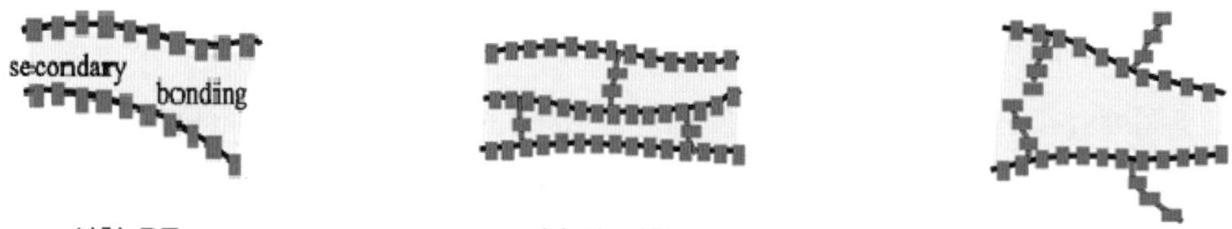

선형 PE
HDPE 형성

사슬간 결합
CLPE 형성

가지 있는 PE
LDPE 형성

그림 5.2 HDPE, CLPE, 그리고 LDPE의 구조

② 에틸렌 유도체 고분자

에틸렌에 포함된 수소원자 중 하나 이상이 할로겐 원자나 또는 다른 작용기로 치환된 모노머들은 고분자화 반응을 거쳐 다양한 종류의 첨가 고분자를 만든다. 에틸렌의 수소원자가 할로겐($X = F$ 또는 Cl)으로 치환된 에틸렌 유도체인 모노머로부터 PVC(Polyvinyl chloride), 테플론 등의 첨가고분자를 얻을 수 있다(그림 5.3).

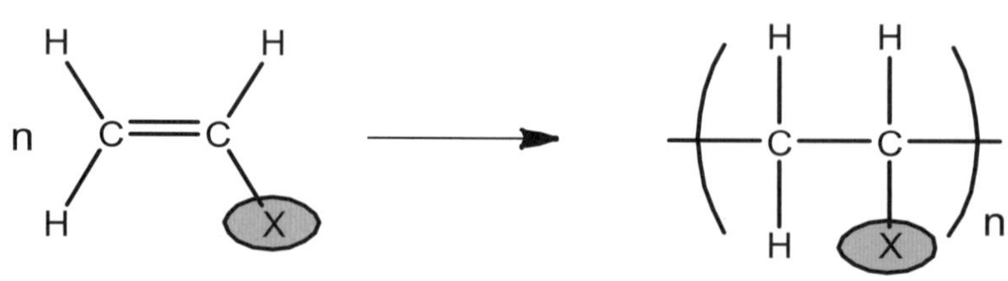

할로겐으로 치환된
모노머

할로겐으로 치환된 모노머로부터
얻는 첨가고분자의 반복 단위 구조식

에틸렌에서 수소원자 하나가 염소로 치환된 모노머인 염화비닐($CH_2 = CHCl$)은 고분자화 반응을 거쳐 타일, 정원용 호스, 파이프, 필름, 시트, 성형품, 캡 등 광범위한 제품으로 이용되는 PVC를 가공한다. PVC는 인체 유해성에 대한 논란이 있어, 유아용 장난감이나 치아발육기, 젖꼭지 등 어린이들이 입에 넣을 수 있는 일부 PVC 완구에 대해서는 사용을 금지하고 있다. **테플론**은 미국의 듀퐁사에서 새로운 냉매를 개발하는 과정 중 우연히 발견한 매우 안정한 물질이며, 기체 상태의 테트라플루우오로에틸렌(TFE, $F_2C= CF_2$)을 고분자화 반응을 거쳐 변환시킨 고체 상태의 PTFE(poly TFE)이다. 이 물질을 어떤 물체의 표면에 입히면 녹이 스는 것을 막을 수 있는 특성이 있다. 테플론은 원자폭탄을 제조할 때 사용되는 용기나 관을 처리하는데 처음으로 사용되었다. 원자폭탄을 만들기 위한 맨해튼 프로젝트의 연구팀은 고농축 우라늄을 생산하기 위해 육불화우라늄(UF_6)을 이용한 실험을 하였다. 그러나 이 물질의 강한 파괴력 때문에 용기나 관이 닿기만 하면 금세 부서지는 문제에 봉착하게 되었는데, 테플론의 사용으로 이 문제를 간단히 해결할 수 있었다. 그 후 테플론의 달라붙지 않는 성질을 이용하여 부엌의 필수품인 프라이팬의 막을 입히는데 이용되고, 섬유에 피막을 입힌 고어텍스가 개발되어 텐트와 우비를 만드는데 이용되고 있다. 그리고 인공혈관이나 인공관절에도 유용하게 이용될 뿐만 아니라 레이더망에도 포착되지 않는 스텔스 기능을 갖고 있기 때문에 무기 개발에도 이용되는 등 테플론은 인류가 개발한 혁신적인 물질 중의 하나이다.

(a)

(b)

그림 5.3 (a) PVC 파이프, (b) 테플론으로 막을 입힌 프라이팬

에틸렌의 수소원자 하나가 벤젠 작용기로 치환된 스타이렌(styrene) 모노머로부터 **폴리스타이렌**(polystyrene)을 얻을 수 있다.

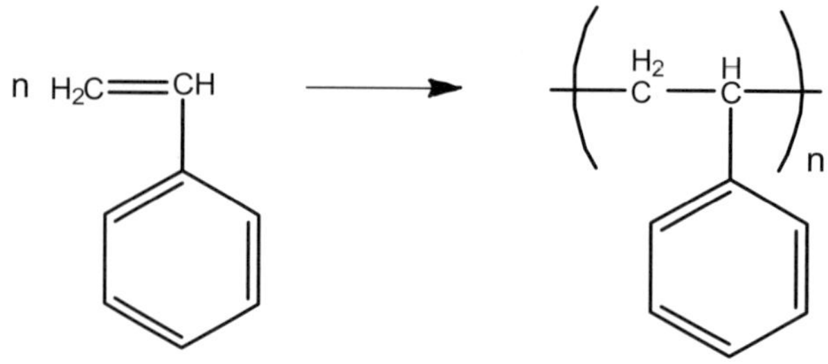

폴리스타이렌은 상온에서 투명하고, 단단하고, 가벼우며 쉽게 원하는 모양을 만들 수 있는 다양한 성질을 지닌 전형적인 합성 고분자이다. 폴리스타이렌은 부엌용품, 배터리용기, 벽타일, 생활 용품, 장난감, 전기절연체, 라디오, 텔레비전 케이스, 포장재 등에 사용한다. 폴리스타이렌의 주 용도는 **팽창 주형**(expanding molding)을 이용한 단단한 거품인 발포 수지이다. 폴리스타이렌 구슬을 원하는 모양의 틀 안에 넣고 가열하여 팽창하게 만들고 거품이 된 입자가 팽창하면서 틀의 모양대로 주형이 이루어진다. 스타이로폼(styrofoam, 보통 스티로폴이라는 잘못된 이름으로 불리고 있음)이라 불리는 발포 스타이렌 수지는 절연이나 충격 완화에 쓰이는 물질로 포장재, 일회용 커피 컵, 달걀이나 육류 생선 등을 포장하는 상자나 쟁반 등에 이용된다(그림 5.4).

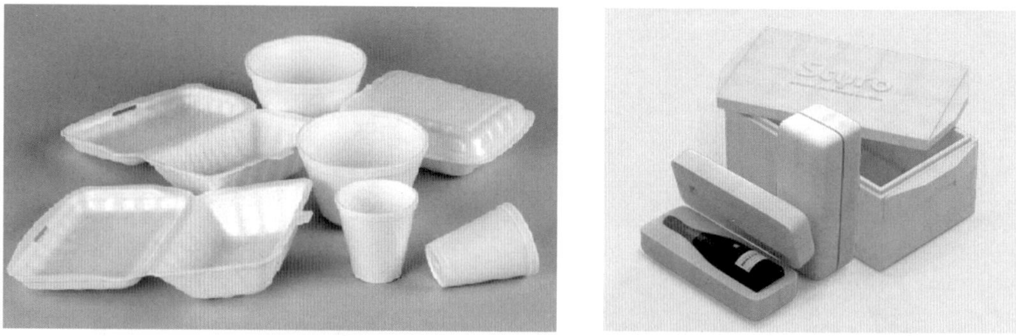

그림 5.4 스타이렌 거품으로 만든 스타이로폼은 가볍고 우수한 단열재이므로 다양한 용도로 쓰인다.

폴리프로필렌(polypropylene)은 프로필렌($CH_2 = CHCH_3$)으로부터 만든다. 폴리프로필렌은 열가소성 수지 중 사용량 비중이 24%로 광범위하게 사용되며, 폴리에틸렌, PVC, 폴리스타이렌과 함께 4대 범용수지에 포함된다. 그리고 탄소와 수소만으로 이루어져 있기 때문에 전기적 성질이 우수하며, 가격이 저렴하다. 폴리프로필렌은 포장용 필름, 길이가 늘어나는 테이프, 섬유, 의류, 카펫, 파이프, 일용잡화, 완구, 공업용 부품,

컨테이너 등의 제조에 사용되고, 열에 강하기 때문에 보온병, 열소독을 하는 의료기구, 또는 약품용기 등에 사용된다.

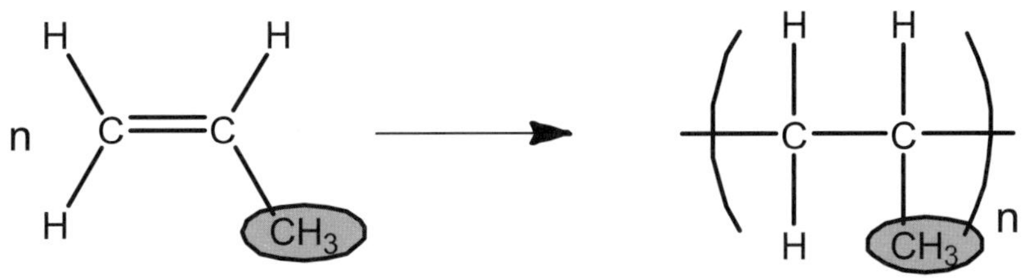

프로필렌 폴리프로필렌

아크릴산나트륨 모노머로부터 얻어지는 **폴리아크릴산나트륨**(poly-sodium acrylate)은 친수성 및 흡습성이 크다. 폴리아크릴산나트륨은 소맥분의 반죽 중에 수분을 균일하게 유지하고 안정화시키기 때문에 빵, 케이크, 마카로니, 스파게티 등의 면류에 첨가되고, 케첩, 마요네즈 등의 안정제로, 아이스크림이나 캐러멜 등의 맛 개량제로, 그리고 주류의 분산제 및 안정제로 사용된다. 폴리아크릴산나트륨의 사용량은 식품의 0.2% 이하로 규제되고 있다. 특히 물을 흡수하여 젤로 변환하는 기능이 있기 때문에 기저귀와 여성용 위생용품에 사용된다.

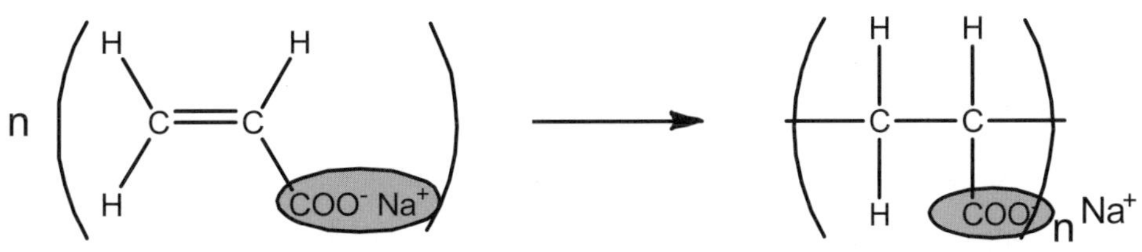

아크릴산 나트륨 폴리아크릴산 나트륨

천연고무(natural rubber)는 대부분 고무나무에서 생산되며, 주성분은 아이소프렌(isoprene) 모노머의 중합체인 폴리-cis-아이소프렌이다. 천연고무는 라텍스(latex)로 산출되는데 함유량이 80%이상이면 천연 라텍스, 80%미만이면 합성 라텍스라 한다. 라텍스는 고무나무(Hevea brasiliensis) 껍질에 칼로 금을 그으면 흘러나오는 끈적끈적한 액체로, 이것은 단백질 층에 싸인 천연고무의 입자가 물속에 떠 있는 상태의 액체이다. 천연고무는 상온에서는 발수성이 있고 탄성이 풍부하지만, 높은 온도에서는 매우 끈적끈적하고 점착성이 있는 엿같이 된다. 반면 낮은 온도에서는 딱딱하게 굳어 탄성을 잃는다. 천연고무의 주성분은 대부분 폴리-cis-아이소프렌이지만, 소량의 트랜스 물질도 산출되며 이를 구타페르카(guttapercha)라고 하는데, 이것은 잘 부서지고 딱딱하여 골프공 등 늘어나는 성질이 필요하지 않는 곳에 이용된다.

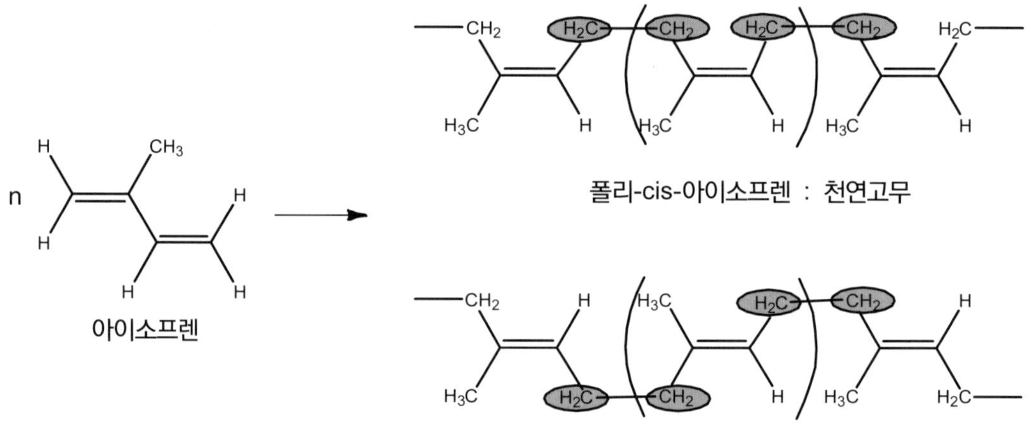

아이소프렌

폴리-cis-아이소프렌 : 천연고무

폴리-trans-아이소프렌 : 구타페르카

제2차 세계대전 이후 자동차공업이 급속하게 발전하고 타이어의 수요가 증대된 상황에서 석유화학 공업의 발달과 함께 값싼 원료를 다량으로 확보할 수 있게 되어, 천연고무에 의지하지 않을 수 있는 **합성고무**(synthetic rubber)와 관련된 분야의 연구와 산업이 획기적인 발전을 거듭하였다. 석유화학 공업의 발전과 고분자화학 공업의 진보에 따라, 천연고무가 갖는 낮은 내유성, 내열성, 내한성 등을 보완한, 즉 높은 온도에서 끈적거리지 않고 낮은 온도에서도 딱딱하게 굳지 않아 탄성을 잃지 않는 다양한 합성고무가 개발되었다. 아이소프렌을 중합하면 시스와 트랜스 구조가 무작위로 섞여 고무 같지도 않고 트랜스 같지도 않은 고분자 화합물을 얻을 수 있게 되었고, 이는 자동차 타이어 제조에 유용하게 사용되었다. 그리고 부타디엔을 중합하여 얻은 폴리부타디엔은 타이어, 호스, 벨트 등의 생산에 이용된다.

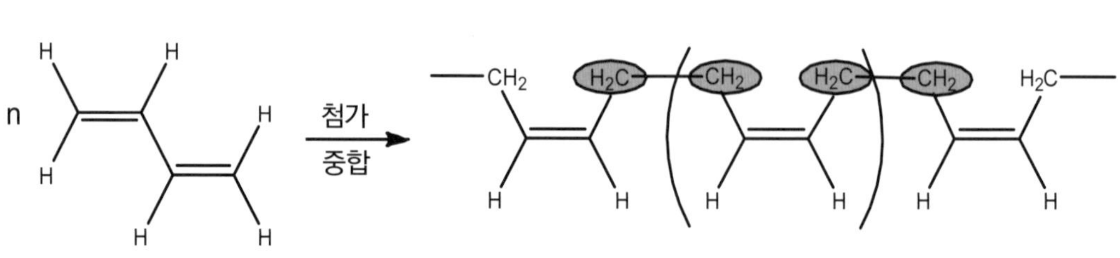

1,3-부타디엔

폴리-cis-부타디엔 : 천연고무

합성고무는 원료 및 제조법의 다양성 때문에 많은 종류가 있으며, 그 화학구조에 따라 서로 다른 특징을 나타낸다. 표 5.8은 합성고무의 종류를 보여준다. 주로 석유의 열분해로 얻어지는 에틸렌, 아세틸렌이나 프로필렌 등을 원료로 하여 부타디엔이나 클로로프렌, 아이소프렌, 프로필렌, 아크릴로니트릴 등을 만들어, 그것을 중합시켜서 만든다.

표 5.8 합성고무의 종류

이 름	모노머(비율)	통칭, 약칭	용 도
스타이렌부타디엔 고무	스타이렌, 부타디엔	GR-S, SBR	구두창, 뒤축, 접착제
폴리클로로프렌 고무	클로로프렌	CR	금속과 고무, 플라스틱과 고무 접합체
니트릴 고무	부타디엔, 아크릴로니트릴	NBR	내유성, 내열성, 내마멸성
부틸 고무	이소부틸렌, 아이소프렌	IIR	타이어 내부 튜브, 전선케이블
부타디엔 고무	부타디엔	BR	타이어, 골프공
아이소프렌 고무	아이소프렌	IR	합성천연고무
에틸렌프로필렌 고무	에틸렌, 프로필렌	EPR	전선·케이블의 피복, 컨베이어 벨트 등
다황화물계 고무	폴리설파이드	GR-P	가솔린 호스, 유류탱크, 개스킷 등
실리콘 고무	디클로로실란	SR	개스킷, 전선, 피복, 전기절연재료
플루오로 고무	플루오린	-	내열성이 요구되는 특수한 용도
우레탄 고무	폴리에스터글리콜	-	타이어의 표면, 소형의 공업용 바퀴, 구두 뒤축 표면
아크릴 고무	아크릴산에스터	-	내열성, 내유성

5.3b 축합고분자

축합(condensation)은 두 모노머 분자가 반응하여 물과 같은 작은 분자가 빠지면서 보다 큰 분자가 만들어지는 반응이다. 예를 들면, 알코올 두 분자가 반응할 때 물 분자가 빠져 나오면서, 보다 큰 분자인 에테르가 되는 것이 바로 축합이다.

$$R—OH + HO—R' \longrightarrow R—O—R' + H_2O$$

축합중합(condensation polymerization) 반응은 첨가반응과는 다르게 반응 분자 내에 탄소-탄소 이중결합이 필요하지 않다. 대신 반응에 참여하는 두 개의 분자에 다른 종류의 작용기가 있어야 한다. 축합 중합을 이용하여 만든 고분자는 폴리아마이드, 폴리에스터, 폴리우레탄, 베이클라이트 등이 있고, 이 고분자들은 우리 생활에 널리 쓰이고 있다.

① 폴리아마이드(나일론)

아민($-NH_2$ 작용기를 갖는 유기화합물)이 카르복실산과 반응하면 물 분자가 제거되고 **아마이드**(amide)를 형성한다.

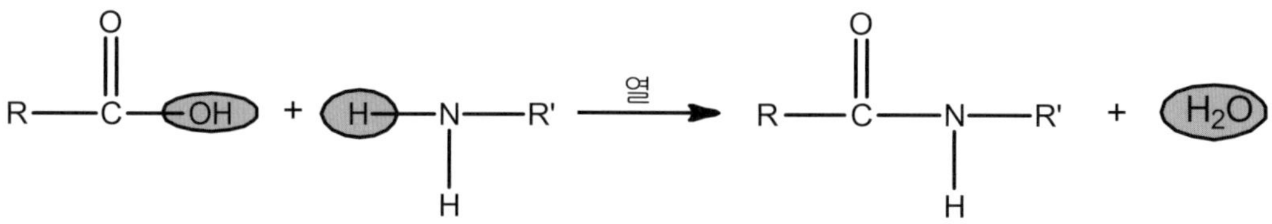

1935년 미국 듀퐁(DuPont)사의 월리스 캐러더스(Wallace H. Carothers, 1896~1937)는 합성섬유 나일론을 개발했다. 나일론은 '거미줄보다 가늘고 강철보다 질긴 기적의 실'로 불렸다. 나일론의 개발로 그 당시 섬유로 주로 사용하였던 실크, 울, 면 등의 천연섬유들이 갖는 단점들을 보완할 수 있었다. 실크는 비싸면서 질기지 않고, 울은 따끔거리며, 면은 질감 등이 최신 스타일을 따라가지 못하고 있었다. 특히 스타킹의 수요가 많아졌는데, 나일론을 재료로 하여 얇고 질기며 가격이 낮은 스타킹을 공급할 수 있게 되었다. 그리고 방수, 방풍 기능을 갖기 때문에 낙하산과 텐트 등 군용 제품과 어망이나 밧줄 등 산업용 제품을 제조하는 데 널리 사용되었다. 당시 연합군 총사령관이었던 미국의 아이젠하워는 그의 이름을 따 '아이크 재킷'이라 불리는 나일론 군복을 직접 디자인할 정도였다.

다른 폴리아마이드인 **케블라**(kevlar)는 밀도가 섬유 유리의 절반 정도이고 강철보다 5배나 강력한 섬유로 방탄조끼, 군사용 헬멧, 그리고 방호복 등을 만드는데 사용된다. 또한 석면 브레이크 패드 대체품, 경주용 보트의 돛과 로프, 대부분의 광섬유 케이블, 우주선 표면, 레이디얼 타이어, 현수교 케이블 등이 케블라로 만들어진다.

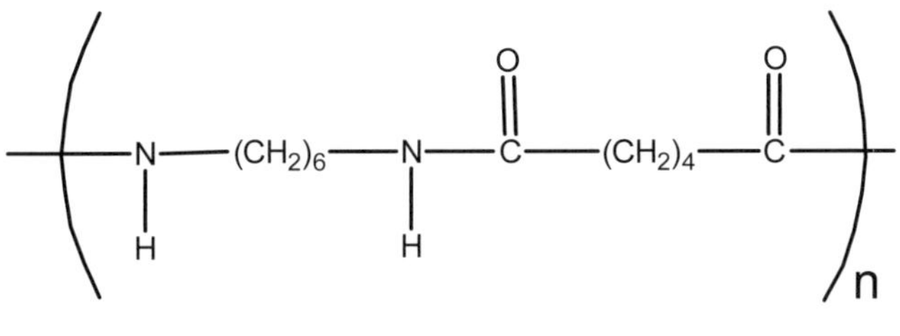

나일론-6,6

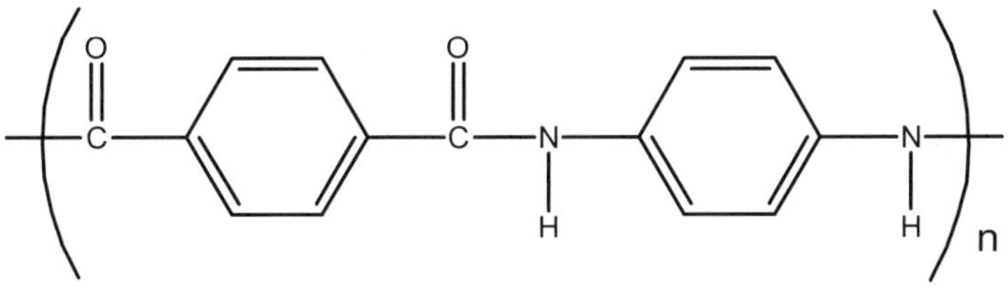

케블라

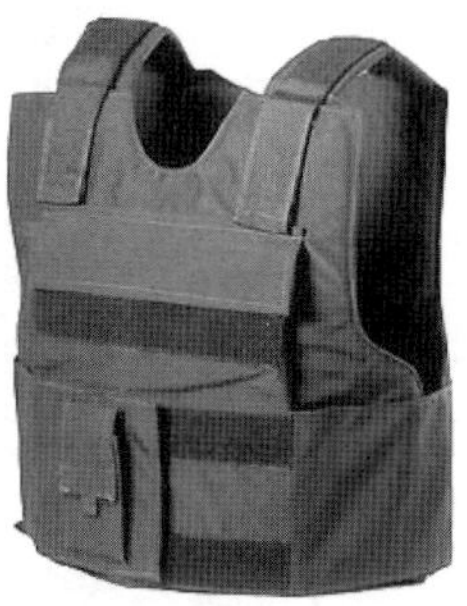

그림 5.4 케블라로 만든 방탄조끼. 케블라®은 듀퐁사의 등록상표이다.

② 폴리에스터

폴리에스터는 에스터(ester)기가 연결기가 된 고분자 화합물이다. 폴리에스터는 알코올기가 두 개 있는 에틸렌글리콜과 카르복실기가 두 개 있는 테레프탈산의 양 끝이 서로 반응하여 에스터 결합을 형성한다. 폴리에스터(polyester)는 구성이 강하지만, 흡습성이 없다. 열에 약하고, 주름이 잘 가지 않고 모양도 잘 변하지 않는 특성이 있다. 불포화 폴리에스터는 주요 부분이 말레산과 에틸렌글리콜로 되어 있다. 이 이중결합이 스타이렌과 중합하여 복잡한 구조가 되는데, 그 수지를 유리섬유나 합성섬유와 합하여 매우 강력한 섬유강화플라스틱(fiber reinforced plastic, **FRP**)을 만들 수 있다. FRP는 스키, 장대높이뛰기용 폴, 욕조, 보트, 소형 선박, 송유관을 만드는데 사용되고 있다.

일반적으로 가장 널리 사용하는 폴리에스터는 테레프탈산과 에틸렌글리콜의 축합반응으로 얻는 폴리테레프탈산에틸렌(polyethylene telephthalate, PET)일 것이다. PET는 가벼우면서도 깨지지 않고 투명하며 식품 위생상으로 안전하다고 생각되기 때문에, 청량음료나 기타 용기로서 널리 사용되고 있다.

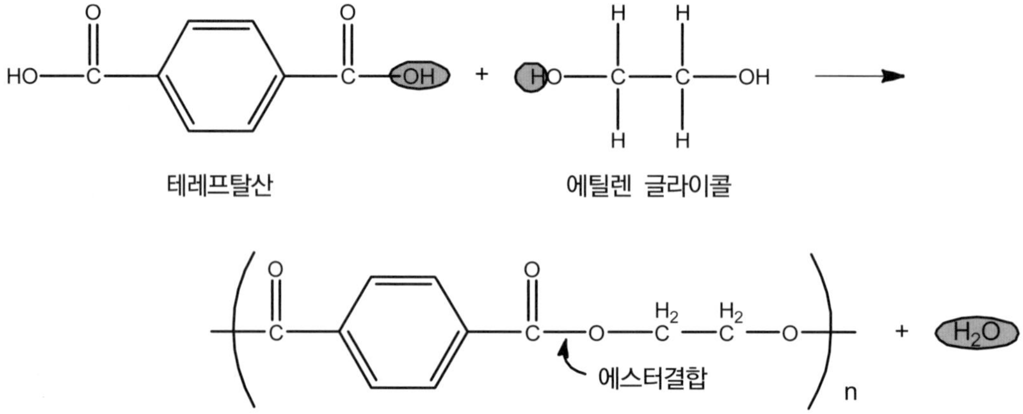

폴리 테레프탈산에틸렌
(poly ethylene telephtalate, PET)

③ 폴리우레탄

폴리우레탄(poly urethane)은 알코올기와 아이소사이안산기의 결합으로 만들어진 우레탄 결합으로 결합된 고분자 화합물의 총칭이다. 발포 폴리우레탄과 무발포 폴리우레탄이 있다. 폴리우레탄에 기포가 들어 있어 우레탄폼이라고도 하는 발포 폴리우레탄은 여러 가지 굳기를 가진 제품으로 생산되며, 자동차 내장재나 침구 매트리스 등 다양한 용도로 쓰인다. 무발포 우레탄은 대표적인 것이 합성섬유로 만들어진 스판덱스이고, 그 외 합성피혁, 코팅 및 실란트, 몰드 성형용 등으로 사용된다. 우레탄계 합성고무도 널리 사용되는데, 저속용 타이어, 컨베이어벨트, 전기 부분품, 구두의 밑창, 베어링, 탄성거품 고무 등의 제조에 이용된다.

④ 베이클라이트

플라스틱의 시초라 불리는 **베이클라이트**(bakelite)는 페놀과 포름알데히드와의 반응으로 생기는 열경화성 수지로 미국 헥시온(Hexion)사의 상표이며, 페놀수지, 페놀레진, 석탄산수지 등의 이름으로도 불리고 있다. 베이클라이트 판은 절연체로서 유명하고, 외관 등이 칠기와 유사하기 때문에 접시, 쟁반, 냄비의 손잡이, 주전자의 손잡이 등에 사용된다. 이상한 냄새가 나기도 하는데 원료인 페놀(Phenol)이 용출되기 때문이다. 최근에는 이 수지의 열경화성을 이용해서 셀 형 주물의 점결제(bond)로 쓰이고 있다.

5.3c 고기능성 플라스틱과 미래의 플라스틱

20세기 후반으로 들어오면서 고기능성 플라스틱의 개발이 활발해졌다. 전도성 플라스틱은 광학재료나 유기발광소자(organic light emitting diode, **OLED**), 접거나 말 수 있는 차세대 디스플레이, 가볍고 투명한 태양전지의 제조에 이르기까지 다양한 분야에서 기술 개발이 이뤄지고 있다. 그리고 인공 피부나 연골 같은 인공 장기 역시 플라스틱으로 개발되고 있으며, 또한 생체 재료로서 플라스틱은 의학 분야에 광범위하게 사용될 것으로 예측된다. 높은 온도에 견디는 플라스틱도 만들어졌고 이를 이용해 경주용 자동차 엔진도 제작되었다. 이처럼 미래의 플라스틱 신소재 개발과 응용 범위는 한계가 없고, 첨단 기능의 특수 플라스틱 수요는 지속적으로 확대될 것으로 전망된다.

그러나 플라스틱은 쉽게 분해되지 않기 때문에 쓰고 버려지는 수많은 플라스틱으로 지구의 환경이 오염되고 있다. 따라서 분해성 플라스틱의 개발은 앞으로 플라스틱 기술에서 매우 중요한 과제다. 또한 플라스틱의 원료로써 사용되는 원유의 고갈 역시 플라스틱 산업이 직면한 커다란 위기이기 때문에 천연 소재 기반의 플라스틱을 개발할 필요가 있다.

연습문제

5.1 에스터의 탈수반응과 가수분해 반응에 대해 자세히 설명하시오. 그리고 두 반응 중에서 비누화 반응과 관련 있는 반응은 어느 것인가?

5.2 첨가고분자 반응과 축합고분자 반응을 예를 들어 설명하시오. 이들 반응으로부터 얻어지는 생성물들의 이름을 쓰시오.

5.3 다음 화합물들은 알코올, 에테르, 페놀, 알데히드, 카르복실산 중 어느 것에 해당하는지 분류하시오.

ⓐ

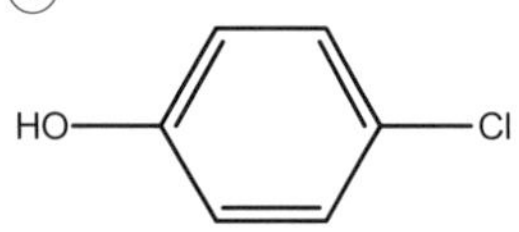

ⓑ

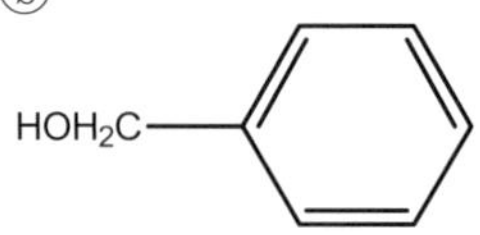

ⓒ

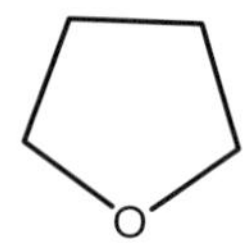

ⓓ

$H_3CH_2C—O—CH_3$

ⓔ

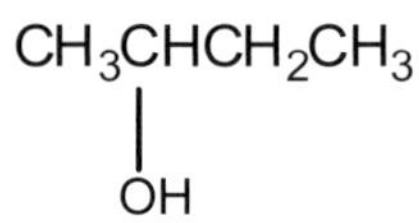

5.4 다음과 같은 구조식을 갖는 살리실산은 해열제와 진통제로 쓰이는 화합물이다. 살리신산은 카르복실산인가 아니면 페놀인가?

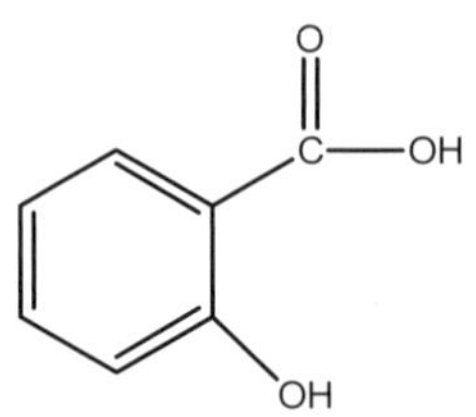

연습문제

5.5 아민은 암모니아에서 수소를 제거하여 알킬기나 방향족기로 치환하여 유도한다. 다음 아민의 구조식을 쓰시오.

ⓐ 부틸아민 ⓑ 아이소프로필아민 ⓒ 메틸프로필아민

5.6 아마이드기는 또 다른 질소함유 작용기이다. 다음 중 아민과 아마이드를 구분하고, 작용기를 찾으시오.

ⓐ $CH_3CH_2NH_2$ ⓑ CH_3CONH_2 ⓒ $CH_3COCH_2NH_2$

5.7 주변에서 볼 수 있는 유기발광소자(OLED)를 이용하여 만든 제품들의 예를 드시오.

5.8 천연고무와 합성고무의 차이점을 설명하시오. 그리고 자동차 타이어, 전선 피복 그리고 구두 밑창으로 이용되는 합성고무의 종류를 각각 쓰시오.

5.9 아세트산(acetic acid)과 에탄올(ethanol)로부터 생성되는 에스터의 분자식과 그 이름을 쓰시오.

5.10 우리가 음료수병(페트병)으로 많이 사용하는 고분자 물질인 PET에 대해 설명하시오.

제 2 부

생활 속의 화학

제6장
흔하지만 소중한 공기

현재까지 지구 탄생에 대한 분명하고 정확한 이론은 정립되어 있지 않았지만, 지금까지 받아들여지고 있는 가설에 의하면 원시 대기에는 질소, 수증기, 이산화탄소, 암모니아 등이 있었고 산소는 거의 없었다고 한다. 많은 과학자들은, 25억 년 전에 광합성을 하는 박테리아가 출현하면서 대기의 조성이 변화하기 시작하였다고 추정한다. 박테리아의 대사 과정에서 생성되는 산소의 농도는 시간이 지남에 따라 점진적으로 증가하여 왔고, 그로 인해 산소를 필요로 하는 생명체가 활동할 수 있게 되었다고 한다. 산소는 호흡에 필수적이고, 성층권의 오존층 형성에도 중요한 역할을 한다. 만약 산소를 비롯한 대기의 조성이 현재와는 전혀 다르게 변화해 왔다면, 인간은 살아남을 수 없었을 수도 있고, 만일 살아남았다 하더라도 지금과는 다른 대기의 조성에 적응하기 위해 지금의 우리와는 전혀 다른 모습으로 변화해 왔을 것이라고 상상할 수 있다.

공기는 매우 흔하지만 인간의 삶 뿐만 아니라 지구의 생명 유지에 절대적으로 필요한 화학 물질이다. 우리는 평소 이 소중한 공기의 중요성을 알고는 있지만, 당연히 주어지는 것으로 여기고 공기의 질을 깨끗이 유지하려는 노력을 다 하지 못하고 있다. 여러 통계에서 보듯이, 지구의 대기는 우리의 삶의 활동들에 포함된 여러 요인들에 의해서 점점 오염되어 가고 있기 때문에, 우리는 현재 뿐만 아니라 미래 세대를 위해서도 대기오염 문제를 해결해야 할 막중한 책임이 있다.

이 장은 지구의 생명체가 유지되는데 절대적으로 필요한 공기에 대해서 그리고 공기를 오염 시키는 요인들에 대해서 자세히 알아보고, 또한 깨끗한 공기를 유지하기 위해 우리가 할 수 있는 그리고 해야만 하는 것들이 무엇인지 함께 고민해 보도록 한다. 다음 장에서는 태양으로 부터 방출되는 해로운 자외선을 차단하여 지구의 생명체를 보호하는 역할을 하는 성층권의 오존층에 대해서, 그리고 8장에서는 온실효과와 지구의 이상기후 변화에 대해서 알아보도록 한다.

6.1 공기의 조성

지구의 대기의 영역을 그림 6.1에 보여 지는 것과 같이 고도로 구분하면, 해수면에서 10km 고도 까지 영역을 **대류권**(troposphere) 그리고 대류권 위의 고도 약 50km 까지 층을 **성층권**(stratosphere)이라 한다. 지구 대기의 약 75%는 우리가 살고 있는 지구 표면 가까이에 위치하고 있고, 날씨가 맑거나 눈이나 비가 내리는 등의 날씨 변화도 대류권 내에서 일어나고, 비행기나 다른 열기구 등도 대류권 안에서 움직인다. 그림

6.1은 성층권과 대류권에서 오존층의 분포를 보여주고 있다. 성층권에 있는 오존층은 태양에서 방출되는 자외선의 일부 파장을 흡수하여 해로운 자외선으로부터 우리를 보호하는 역할을 할 뿐만 아니라, 성층권의 온도 상승을 차단하기도 한다. 반면 대류권에서의 오존은 인간에게 해로운 이차 오염 물질이고 그 농도는 공기 오염에 의해 증가하고 있다.

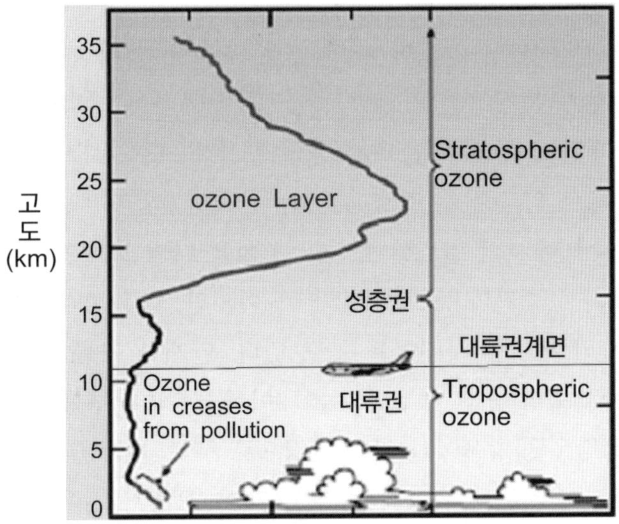

그림 6.1 대기 영역의 수직 구조와 오존의 분포. 출처: Environmental Protection Agency (EPA)

대류권 내에서 공기의 조성은 고도가 바뀌어도 바뀌지 않지만, 대류권의 상층부로 갈수록 공기의 밀도는 낮아진다. 해수면에서 대기압(atmospheric pressure)은 1기압이지만, 고지대에 위치한 에베레스트 산 정상에서는 0.3기압으로 낮아진다. 그러므로 에베레스트 산 정상에서 공기 중 21%는 산소로 해수면과 같은 조성을 갖지만, 공기의 밀도가 해수면의 3분의 1이기 때문에 지상에서 보다 보통 세배나 많은 부피의 공기를 들이마셔야 한다. 그림 6.2는 고도에 따른 공기의 밀도의 변화를 보여준다. 성층권 내의 고도 10km에서 30km 사이에는 오존의 농도가 높은 **오존층**(ozone layer)이 존재한다.

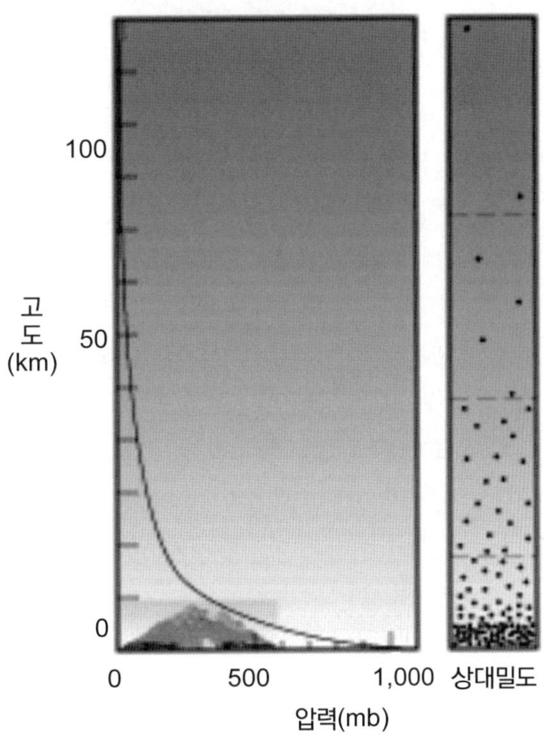

그림 6.2 고도에 따른 공기의 밀도 변화

우리는 자동적이고 무의식적으로 하루에 수 천 번의 호흡을 하고, 흥분하거나 격한 운동을 한 경우에는 더 많은 호흡을 하게 된다. 그리고 단 몇 분간이라도 호흡을 멈추거나 신선한 공기를 공급 받지 못하는 상황에 처하면 생존할 수 없다. 그렇다면 우리가 들이 마시는 대기 중의 공기 속에는 무엇이 있을까? 건조한 지역에서의 공기는 부피로 약 78%는 질소, 21%는 산소, 그리고 1%는 다른 기체로 채워져 있다. 표 6.1은 해수면에서의 건조한 공기의 조성을 나타내고 있다. 사막 지대와 같이 건조한 지역에서는 수증기의 농도가 거의 0%이지만, 더운 열대 우림 지역의 공기 중에는 수증기가 5%의 부피를 차지하는 곳도 있다. 안개나 구름은 수증기와는 다르다. 수증기는 육안으로 보이지 않는 무색의 기체이나, 안개나 구름은 육안으로도 볼 수 있고 기체가 아닌 작은 물방울이나 얼음 결정으로 구성되어 있다. 공기의 조성은, 공장 지대나 도시지역의 공기는 숲속에서 보다 더 많은 오염 물질을 포함하고 있기 때문에, 장소에 따라 다를 수 있다.

표 6.1 해수면에서의 건조한 공기의 조성(부피)

기체	조성(%)	ppm
질소	78.08	780,840
산소	20.95	209,480
아르곤	0.93	9,340
이산화탄소	0.04	370
네온	0.0018	18.2
헬륨	0.00052	5.2
메탄	0.0002	2
수소	0.0001	1
크립톤	0.0001	1
일산화탄소	0.00001	0.1
제논	0.000008	0.08
오존	0.000002	0.02
암모니아	0.000001	0.01
이산화질소	0.0000001	0.001
이산화황	0.00000002	0.0002

우리가 하루에 호흡하는(들숨과 날숨) 공기의 양은 성인의 경우 하루에 만 리터 이상의 공기를 호흡하고, 이 과정에서 내쉬는 공기와 마시는 공기의 조성은 약간 다르다. 표 6.2는 내쉬는 공기와 마시는 공기의 조성 차이를 나타내고 있다. 표에서 보여주듯이, 호흡과정에서 비활성 기체인 질소와 아르곤의 조성은 변하지 않지만, 산소와 이산화탄소의 조성은 들숨과 날숨에서 차이가 있음을 볼 수 있다. 우리가 숨을 들이마시면, 폐를 통하여 혈액에 흡수된 산소는 섭취한 음식물들을 대사하여 에너지를 방출하는데, 이 에너지는 체내에서 일어나는 일련의 화학 과정들을 가동하는데 쓰여 진다. 이 과정의 끝에서 생성된 이산화탄소와 수증기는 날숨으로 공기 중으로 배출된다.

표 6.2 내쉬는 공기와 마시는 공기의 조성

기체	마시는 공기	내쉬는 공기
질소	78.0	78.0
산소	21.0	16.0
아르곤	0.9	0.9
이산화탄소	0.04	4.0
수증기	?	?

6.2 공기에 포함되어 있는 기체

공기에 포함되어 있는 질소, 산소, 아르곤 등 여러 기체는 순수한 화합물로 분리하여 다양한 용도로 사용된다. 공기에서 각각 다른 성분의 기체들을 저온 분리하는 방법을 **공기 분별증류**(air fractionation)라 한다. 먼저 공기의 성분 중에서 냉각 액화 과정에서 공정에 방해가 되는 불순물인 수분과 이산화탄소를 제거한다. 공기를 냉각하면 수분(어는점 0°C)과 이산화탄소(어는점 -78.5°C)는 고체 상태가 되어 쉽게 제거된다. 그리고 압축과 팽창을 반복하는 과정을 통하여 온도를 -200°C 이하로 내리면 기체는 액화 상태에 도달한다. 액화된 기체의 온도를 다시 올리는 과정에서 각 기체들의 끓는점 차이를 이용하여 순수한 기체들을 분리해 낼 수 있다. 액화공기의 온도를 올리면 끓는점이 낮은 질소(끓는점 -196°C, 77K)가 먼저 증류되어 나오고, 온도를 더 올리면 산소(끓는점 -183°C, 90K)와 아르곤(끓는점 -189°C, 84K)이 연속으로 증류되어 나온다. 그리고 공기에 미량으로 존재하지만 '네온' 사인에 많이 쓰이는 네온, 제논, 크립톤 등도 액화공기로부터 분리하여 사용한다. 헬륨은 공기 중에서 분리하지 않고 천연가스에서 얻어낸다. 천연가스에서 분류해낸 기체의 혼합물에는 몇 퍼센트의 헬륨이 포함되어 있기 때문에 공기로부터 분리하는 것보다 훨씬 더 경제적이다.

■ 산소

산소(O_2)는 년 간 1억 톤 이상이 공기로부터 분별 증류되어 각종 산업에 사용되고 있다. 산소는 우리 몸속의 대사작용에 사용될 뿐만 아니라, 철을 만들 때 사용되기도 하고, 로켓 추진이나 탄화수소의 연소 등 산소가 필요한 다양한 반응에 사용된다. 탄소를 포함한 탄화수소와 같은 유기화합물이 연소하는 과정에서 산소는 연료와 빠르게 반응하여 열과 빛의 형태로 에너지를 방출한다. 이 과정에서 충분한 산소가 공급되면 이산화탄소가 생성되고, 산소 공급이 원활하지 않으면 불완전 연소에 의해 일산화탄소가 함께 생성된다.

공업적으로 생산된 산소의 50% 이상은 제철 공정에서 선철(pig iron)을 강철로 만드는데 사용된다. 즉 선철에 포함된 탄소, 규소, 인 및 기타 불순물들을 산화시켜 제거하고, 탄소 함량을 낮추는데 산소가 사용된다. 그리고 생산된 산소의 약 25%는 화학공업에서 사용되고, 그 밖에도 병원이나 잠수부가 사용하는 산소 호흡기, 그리고 아세틸렌 용접기 등에도 사용된다. 액체 산소와 아세틸렌 용접기의 사용으로 금속을 절단하고 용접할 수 있게 됨으로써 선박을 제조하거나, 교량을 세우고, 철제 구조를 이용한 건물의 건축이 가능해졌다.

■ 질소

질소(N_2)는 색깔과 냄새가 없는 기체이며 산소와는 다르게 화학적으로 반응성이 매우 약한 비활성기체이다. 질소는 비활성이기 때문에 용접이나 금속 야금공정 등에 유용하게 사용되고, 신선한 샐러드나 고기와 같은 식품을 포장할 때도 사용된다. 그리고 액체질소는 온도가 낮고 비활성이기 때문에 식품을 냉동으로 유통하거나 보관할 때 사용된다. 또한 질소는 생명체에 필수적인 원소이다. 특히 생명 활동의 중심이 되는 DNA나 단백질에서도 질소는 중심 역할을 한다. 그리고 질소는 식물에 필수적인 원소이기 때문에 비료의 핵심 성분으로 이용된다. 이 때 질소는 불활성이기 때문에 식물의 뿌리가 흡수할 수 있는 화합물 형태로 바꾸는 **질소고정**(nitrogen fixation)의 과정을 거쳐 식물에 공급된다. 질소 비료의 대량 생산이 가능해짐으로써 인류의 식량난을 해결할 수 있게 되었다.

■ 아르곤

아르곤(Ar)은 불활성기체 중에서 대기에 가장 많은 기체이고 비교적 생산이 쉬워 불활성기체 중에서 가장 값이 싸다. 그리고 산소(O_2)나 질소(N_2)가 이원자분자인 것과는 달리 원자 상태로 존재하고 색깔과 냄새가 없는 기체이다.

헬륨과 마찬가지로 아르곤은 아크 용접, 반도체 산업에서 순수한 실리콘 결정을 성장시킬 때 보호기체로 사용된다. 그리고 금속 공업에서도 널리 사용되고 있는 아르곤은 금속을 광석으로부터 추출하고 정련하는데 사용된다. 또한 아르곤은 의료용으로도 다양하게 사용되고 있다. 아르곤 레이저는 망막 혈관이나 박리된 망막의 치료와 일부 형태의 녹내장을 치료하는 데 사용된다. 아르곤 기체는 몸 안의 조직, 특히 대장에 내시경 탐침을 통해 공급하여 혈액이 응고되게 하여 출혈을 정지시키는데 사용된다. 네온과 함께 아르곤은 '네온'관에서 밝은 푸른색 빛을 내는데 사용되고, 또한 수은 증기와 혼합하여 형광등에도 사용된다.

■ 헬륨

헬륨(He) 기체는 좋은 열 전도체여서 기체 냉각 원자로의 냉각제로 사용된다. 불활성기체라는 특성을 이용하여 매우 민감한 재료나 부품을 생산할 때 보호기체로 사용된다. 그리고 전자공학 산업에서 이용되는데, 예를 들면 순수한 규소 결정의 성장이나 액정 디스플레이(LCD)와 광섬유 제작과 같은 작업은 헬륨 기체 안에서 이루어진다. 또한 헬륨은 아크 용접 시에 공기 중의 산소가 높은 온도의 용접 물질과 접촉해 금속을 산화시키는 것을 방지하는 용도로도 쓰인다.

헬륨의 많은 용도 중 하나는 액체 상태의 헬륨의 낮은 끓는점(−269°C, 4.2K)을 이용하여 물질을 냉각시키고 저온 상태를 유지하는데 이용된다. 예를 들면 MRI나 입자가속의 초전도 자석을 냉각시키는데 필요한 저온을 유지하는 용도로 사용된다. 비슷한 경우로, 로켓 연료로 사용되는 수소와 연료 연소에 필요한 산소를 액화시키고 차갑게 유지하는데도 이용된다.

가끔 주위에서 헬륨 기체를 들이마시고 이상한 목소리를 내면서 재미있게 노는 것을 볼 수 있다. 헬륨 안에서는 소리의 속도가 공기에서 보다 훨씬 더 빠르기 때문에, 입이나 코 안의 공간이 줄어든 것과 같은 효과가 생겨 더 높은 진동수를 가진 이상한 소리가 공명되어 나오는 것이다. 헬륨은 독성이 없기 때문에 조금 흡입하는 것은 해롭지 않지만, 계속 흡입하면 폐가 헬륨으로 가득 차고 몸에 공급되는 산소가 부족하게 되어 질식할 수도 있다.

6.3 대기오염

표 6.1에서 보여지고 있는 공기의 조성 중에서 낮은 농도로 발견되는 몇몇 물질은 대기를 오염시키는 물질로 분류된다. 특히 일산화탄소, 오존, 이산화황, 그리고 이산화질소 네 가지 기체는 미세먼지와 더불어 오랫동안 노출되면 건강에 해로운 심각한 대기 오염 물질에 속한다. 대기 오염 물질들은 화산 폭발이나 자연 발화에 의한 산불 등 자연적인 원인에 의해 발생되기도 하지만, 산업, 발전, 수송, 가정 등 인간 활동에 의해 황산화물, 질소산화물, 일산화탄소, 탄화수소 및 중금속 등 다양한 대기오염물질이 배출되는 인위적인 원인에 의해 발생되기도 한다. 뉴욕, 로스앤젤레스, 베이징, 서울 등과 같이 많은 인구가 모여 살고 차량 운행이 많은 대도시는 인위적인 요인에 의한 오염이 매우 심각하다. 우리나라의 수도권은 전국 인구의 49.4%가 거주하고 있고, 전국 자동차 등록 대수의 44%가 있으며, 전국 산업체의 47%, 그리고 전국 에너지 소비량의 24%의 비중을 차지하고 있다. 이러한 이유로 수도권에서는 미세먼지와 이산화질소 등이 상대적으로 타 지역보다 많이 배출될 수밖에 없고, 유감스럽게도 대한민국의 수도 서울은 런던, 파리, 동경, 뉴욕 같은 대도시보다 그 수치가 각 각 71%, 37%로 더 높은 편에 속한다.

6.3a 대기오염물질

대기오염물질은 오염 발생원에서 대기로 직접 배출되는 **일차 오염물질**(primary pollutant)과 하나 이상의 오염 물질들이 다른 성분들과의 화학 반응 등에 의해 생겨나는 **이차 오염물질**(secondary pollutant)로 분류된다. 일산화탄소, 이산화황, 이산화질소, 그리고 미세먼지는 주로 화석연료를 연소할 때 생성되고 자동차 배스가스에도 포함되어 있다. 이들을 일차 오염물질이라 한다. 그리고 이산화질소의 광해리 반응을 통해 생성된 산소 자유원자가 공기 중 산소와 결합하여 생성되는 오존은 이차 오염물질이다.

■ 일차 오염물질

일산화탄소(CO)는 자동차의 배기나 담배의 흡연 과정에서 탄소나 탄소를 포함한 화합물들의 불완전 연소에 의해 생성된다. 자동차 배기가스는 일산화탄소 오염의 주요 요인 중의 하나인데, 촉매변환기를 사용함에도 불구하고 일산화탄소 전부가 제거되지 않는다. 그래서 도시 지역의 출퇴근 시간대의 일산화탄소 오염도는 50ppm에 달하고, 이는 전원 지역의 0.1ppm 보다 500배나 높은 것을 볼 수 있다. 일산화탄소는 색, 맛, 냄새가 없고 독성이 매우 강하기 때문에 '조용한 살인자'라는 별명을 갖고 있다. 혈액 속으로 흡입된 일산화탄소는 산소를 전달하는 헤모글로빈의 활동을 저해한다. 건강한 성인이 일산화탄소 30ppm을 포함한 공기에 8시간 노출되면 어지럼증, 구역질, 두통 등의 증상을 나타낸다. 그리고 지속적으로 0.1%(1000ppm)의 농도에 4시간 노출되면 목숨을 잃을 수도 있기 때문에 적절한 응급처치와 산소 치료가 필요하다. 누구나 일산화탄소에 노출되지 않도록 주의해야하지만, 특히 노약자나 임산부는 각별한 주의를 해야 한다. 태아의 헤모글로빈은 일산화탄소에 더 강하게 결합하므로, 임신 시에 일산화탄소에 중독되면 태아가 산모보다 더 많은 손상을 받게 된다. 그러므로 실내에서 숯이나 연료를 이용하여 요리나 난방을 할 경우에는 반드시 적절한 환기를 해야 할 필요가 있다.

이산화황(SO_2)은 석탄이나 황철석과 같이 황이나 황을 함유한 화합물을 공기 중에서 연소할 때 발생하는 주요 일차 오염물질이다. 이산화황은 자극적이고 불쾌한 냄새를 가진 기체로 에어로졸 형태로 퍼지고, 시야 거리를 감소시키며 햇빛을 산란시킨다. 미국 환경보호청의 보고에 의하면, 이산화황의 배출이 많은 도시의 온도는 그렇지 않은 곳에 비해서 낮다고 한다. 그리고 이 기체는 공기 중의 산소 그리고 수증기와 반응하여 산성비를 만들고, 호흡으로 몸속에 들어오면 폐의 축축한 조직에서 산성으로 변하여 폐 손상을 가져오기 때문에 노인과 유아, 천식과 같은 폐 질환을 가진 사람들에게 나쁜 영향을 미친다. 예를 들면 1952년 겨울 런던에서는 혹한이 있었고 시민들이 추운 겨울 동안 황을 함유한 석탄을 많이 사용하였는데, 이때 배출된 이산화황으로 인해 발생한 스모그로 수많은 사람들이 폐 손상을 입었을 뿐만 아니라 심지어 수천 명 이상의 사람들이 사망하였다.

이산화질소(NO_2)는 자동차 엔진이나 석탄을 연소시키는 발전소 등에서 배출되는 무색의 일산화질소로부터 공기 중에서 생성된다. 공기 중의 질소와 산소는 상온에서는 서로 반응을 하지 않지만 내연기관의 높은 온도에서는 일산화질소의 형성 반응이 쉽게 일어난다. 엔진의 배기장치에서 배출된 일산화질소는 공기 중의 산소와 빠르게 반응하여 갈색의 유독 기체인 이산화질소를 생성한다. 서울과 같은 대도시에서는 가끔 이산화질소에 의해 만들어진 적갈색의 연무를 볼 수 있는데, 이 연무는 눈과 호흡기에 나쁜 영향을 준다. 이산화황과 마찬가지로 이산화질소는 폐조직의 수분과 반응하여 산을 생성하기 때문에 장시간 노출되면 폐 조직에 손상을 준다. 이산화질소는 빛 에너지를 흡수하여 **광해리**(photodissociation) 반응에 일어나고, 반응에 의해 분해된 자유 산소 원자가 공기 중의 산소 분자와 결합하여 이차 오염 물질의 주요 물질인 오존을 생성한다.

입자물질(Particular Matter)은 여러 가지 복합적인 성분을 포함한 대기 중에 떠다니는 부유물질이고, 석탄 석유 등의 화석연료 등의 연소나 자동차 등의 배출가스에서 많이 발생한다. 이 물질은 입자의 크기와 화학적 조성에 따라 건강에 미치는 영향이 결정된다. 지름이 10μ m 보다 작은 입자는 미세먼지(PM_{10})라 하며, 지름이 2.5μ m 보다 작은 입자는 초미세먼지($PM_{2.5}$)라 한다. 그림 6.3은 미세먼지의 크기를 보여준다. 노출 시에는 폐 등에 침투하여 기침과 호흡 곤란이 발생하고 천식이 악화되며 부정맥이 발생한다. 만성 노출 시에는 호흡기의 감염을 초래하고 폐 기능을 감소시킨다. 그리고 혈액으로 들어가 심혈관계와 자율신경계 질병을 일으키거나 평소 가지고 있던 만성 증상을 악화시킬 수 있다. 특히 심장이나 폐 질환 환자, 아이와 노인, 임산부는 미세먼지에 노출되지 않도록 각별히 주의해야 한다. 미세 먼지에 포함된 성분은 지역이나 계절 등에 따라 달라질 수 있지만 일반적으로 대기오염물질이 공기 중에서 반응하여 형성된 황산염 질산염과 화석연료의 연소에서 발생하는 탄소류와 검댕, 그리고 광물 등으로 구성된다.

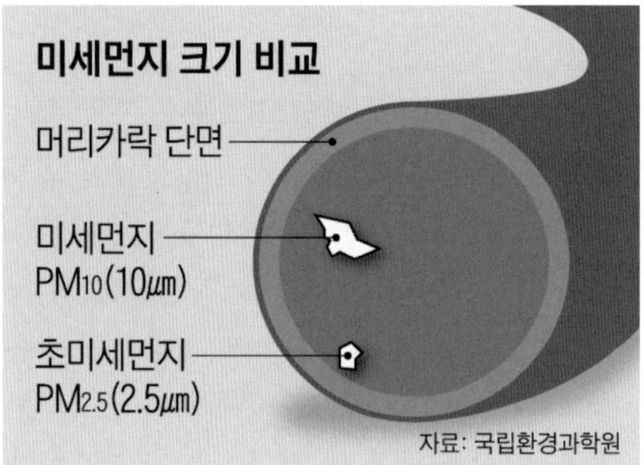

그림 6.3 미세먼지의 크기 비교

■ 이차 오염물질

오존(O_3)은 오염 발생원에서 대기에 바로 배출되는 일차 오염물질과는 달리 하나 이상의 오염 물질들이 다른 성분과의 반응에 의해 생겨나는 **이차 오염물질**이다. 오존은 자극적인 냄새를 가지고 있기 때문에 극소량만 존재해도 그 냄새를 맡을 수 있고, 강한 산화력을 갖고 있기 때문에 살균작용에 의한 음료수 소독이나 표백 등에 사용되기도 한다. 오존은 독성이 있어 기준치 이상으로 노출되면 건강한 사람도 폐 기능에 손상을 입을 수 있기 때문에 장시간 흡입하지 않도록 주의해야 한다. 오존에 의한 호흡기 장애는 노출되는 시간과 농도에 따라 다르지만, 일단 노출되면 가슴 통증, 기침, 재채기, 답답함 등의 증상을 느낀다. 표 6.3은 오존 농도에 따른 공기의 질 영향을 보여준다. 오존은 대기에서 일어난 화학 반응에 의해 생성되기 때문에 제어하기가 매우 어렵다. 대기권에 있는 오존은 인간에게 해로운 이차 오염물질이지만, 성층권에 있는 오존은 해로운 자외선으로부터 우리를 보호하는 이로운 역할을 한다.

표 6.3 오존 농도에 따른 공기의 질 영향

오존 농도 (ppm)	공기의 질 지수 값	비고
0.00~0.064	0~50	양호
0.065~0.084	51~100	보통
0.085~0.104	101~150	민감한 사람은 해로움
0.105~0.124	151~200	해로움
0.125~0.404	201~300	아주 해로움

오존은 하나 이상의 오염 물질들이 공기 중에 있는 다른 성분들과 화학 반응을 거쳐 생성되는 오염물질이다. 이산화질소가 대기 중에 배출되면 햇빛 에너지에 의해 분자의 결합 중 하나가 깨진다(광해리 반응).

$$NO_2(g) \xrightarrow[280\sim430nm]{light} NO(g) + O(g)$$

생성된 산소 자유 원자는 산소 분자와 반응하여 오존을 생성한다.

$$O(g) + O_2(g) \longrightarrow O_3(g)$$

햇빛은 이산화질소를 분해하여 산소 자유 원자를 방출하고, 방출된 자유 산소원자가 산소분자와 반응하여 오존을 생성하는 과정에서 중요한 역할을 한다. 따라서 그림 6.4에 보여지는 것과 같이 햇빛이 많은 시간대에 오존의 농도가 높은 것을 볼 수 있다. 시간에 따른 오존 농도를 살펴보면, 자동차의 운행이 많은 오전 출근 시간에는 많은 양의 이산화질소가 배기되고, 햇빛이 강한 낮 시간에는 이산화질소로부터 오존이 생성되어 농도가 증가하고, 해가 지면 급격히 떨어지는 것을 볼 수 있다. 그림 6.5는 서울의 월 별 오존의 평균 농도를 보여주고 있는데, 겨울보다 햇빛이 많은 여름 기간에 오존의 농도가 높은 것을 볼 수 있다. 우리나라는 현재 오존 농도가 시간당 0.12ppm 이상이면 오존 주의보를, 시간당 0.3ppm 이상이면 오존 경보, 시간당 0.5ppm 이상이면 오존 중대경보를 내려 광화학 스모그 발생을 통지한다. 오존 주의보나 경보가 발령되면 되도록 외출을 삼가고, 외출 후에는 샤워 등 세척을 꼼꼼히 하는 개인적인 주의가 필요하다.

(a)

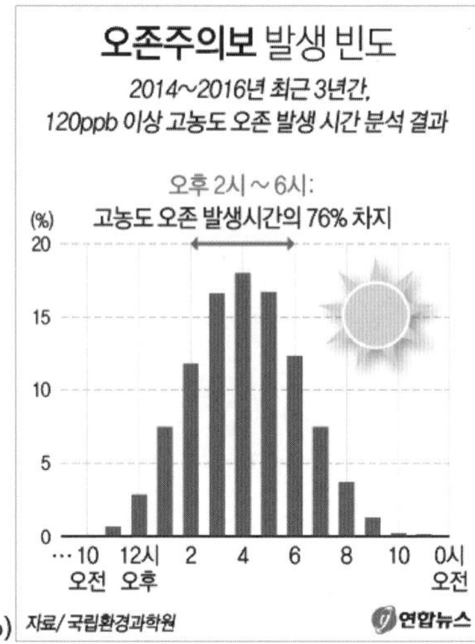

(b)

그림 6.4 (a) 출근 시간대의 자동차들, (b) 최근 3년간 고농도 오존 발생 시간 분석 결과

(a)

2014~2016년 7~8월 오존 추이

연도	오존주의보 발생 일수	매우 나쁨 횟수
2014	10일	1회
2015	17일	4회
2016	29일	14회

자료: 국립환경과학원

(b)

그림 6.5 (a) 서울 월 평균 오존 농도, 그리고 (b) 7~8월 오존 추이

6.3b 스모그(Smog) 현상

스모그는 영어의 'smoke'(연기)와 'fog'(안개)의 합성어이다. 18세기 유럽은 산업 발전과 인구 증가로 석탄 소비량이 늘어나기 시작하면서 석탄 연소에 의한 스모그가 큰 환경 문제로 등장하였다. 1952년 런던에서 대규모의 스모그가 발생하였고, 이로 인해 5일 만에 4,000여 명이 사망하고 이듬해 봄까지 10,000 명 이상의 인명 피해가 발생하였다. 이 사건 이후 석탄의 연소에 의한 스모그를 "런던 형" 스모그라 부른다. 반면 19세기 중엽 이후부터는 석유가 자동차 등의 내연기관에 널리 이용되기 시작하였고, 스모그에 의한 대부분의 피해는 석유의 연소에 의한 스모그가 차지하게 되었다. 석유의 연소에 의한 스모그는, 내연기관의 배기가스 속에 함유된 탄화수소와 질소산화물의 혼합물이 햇빛과 작용해서 일어나는 광화학 반응에 의한 **광화학 스모그**(photochemical smog)

이고, 미국 로스앤젤레스에서 처음 발생이 확인되었기 때문에 "로스앤젤레스(LA) 형" 스모그라고 한다. 또는 "런던 형" 스모그를 후진국 형 스모그, "LA형" 스모그를 선진국 형 스모그라 부르기도 한다. 우리나라에서는 두 가지 유형의 스모그가 모두 발생하는데. 겨울철과 봄철에는 주로 "런던 형" 스모그가 발생하고, 여름철에는 주로 "로스앤젤레스 형" 스모그가 발생한다. 그림 6.6은 스모그로 뒤덮인 서울 하늘의 모습을 보여준다. 만일 스모그를 일으키는 원인이 복합적으로 존재할 경우에는 두 가지가 합쳐진 형태의 스모그가 나타나기도 한다.

그림 6.6 스모그로 뒤덮인 서울의 하늘

스모그가 도시나 공업지대에서 발생하면, 시계가 감소되고 눈, 코, 호흡기 등에 자극 증상을 일으키며, 식물 성장에도 장애가 된다. 인위적인 원인에 의해 발생한 스모그가 일정 지역에서 오래 머무는 것은 기상조건 때문이다. 보통 지면 부근에서 형성된 따뜻한 공기는 밀도가 낮아 위로 올라가고 동시에 오염물질도 함께 위로 올라가 넓게 퍼지게 된다. 그러나 따뜻한 공기층이 지면 근처의 찬 공기를 덮어 움직이지 못하게 하는 **기온역전**(thermal inversion) 현상(그림 6.7)이 일어나면, 찬 공기는 상당 기간 동안 지면 부

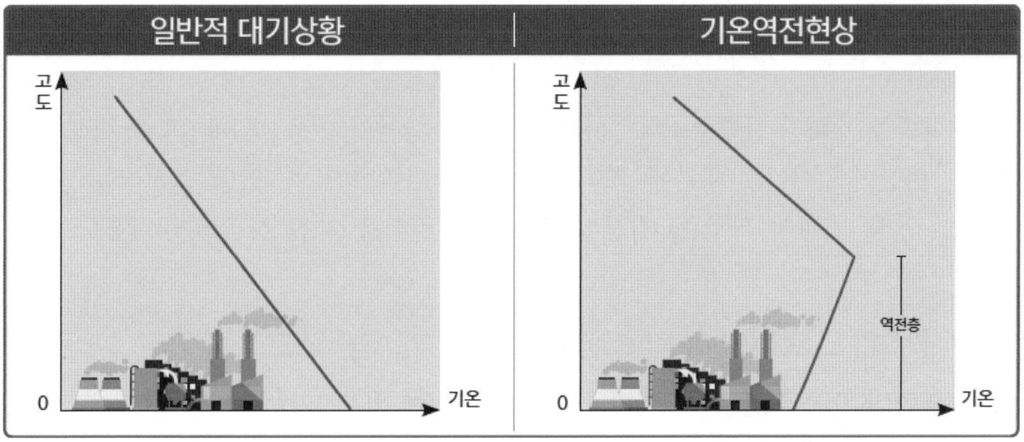

그림 6.7 기온역전 현상. 보통 지면 부근에서 따뜻해진 더운 공기는 오염물질과 함께 위로 올라간다. 그러나 기온역전이 발생하면 지면 부근에 찬 공기가, 높은 쪽에 따뜻한 공기가 위치해 공기의 상하 이동이 일어나지 않는다. 그러면 지상에서 주로 발생하는 오염물질이 지면 부근에 머무르게 된다.
출처 : 환경부

근을 빠져나가지 못하고 머물러 있게 된다. 이 때 바람이 불지 않아 오염물질이 퍼지지 않고 모일 수 있는 충분한 시간이 주어지면 공장, 자동차, 발전소 등에서 배출된 오염물질들이 스모그를 형성할 수 있는 좋은 조건이 형성된다.

■ 산업 스모그(Industrial Smog), "런던" 스모그

1952년 런던은 인구가 밀집되어 있고, 부근에는 발전소, 제철소 및 각종 공장들이 밀집되어 가동되고 있었다. 그 해 겨울 런던에서는 기온역전 현상이 발생하고 거의 무풍상태가 계속되었으며, 짙은 안개가 끼고 먼지와 아황산가스의 농도가 상승하였다. 이런 상태가 며칠 동안 계속되면서 대규모의 스모그가 발생하였고, 이로 인해 호흡기 질환이나 심장질환의 환자수가 급증하였으며 수천 명의 사망자를 낸 '런던사건'이 일어났다. 그 후에도 런던에서는 스모그가 자주 발생하였는데 1952년 뿐만 아니라, 1872년에는 사망자가 243명이나 발생하였고 1956년, 1957년, 1962년에도 대규모의 스모그가 발생하였다.

스모그의 발생원은 주로 가정 난방용으로 태운 석탄과 화력발전소 등의 굴뚝에서 배출된 이산화황으로 추정하고 있다. 그러나 배출된 이산화황 기체만으로 이와 같은 큰 피해를 입었다고 생각하기는 어렵다. 런던에서의 피해는 이산화황이 공기 중의 산소와 반응하여 아황산가스를 생성하고, 안개입자에 흡수된 아황산가스가 석탄 분진의 촉매작용으로 황산미스트를 형성하여 큰 피해를 준 것으로 추정되었다.

$$\underset{\text{아황산가스}}{SO_3(g) + H_2O(l)} \longrightarrow \underset{\text{황산 미스트}}{H_2SO_4(l)}$$

이산화황은 특히 탄화수소와 이산화질소의 혼합물이 있을 때 에어로졸 형성이 증가하는 현상이 일어나기 때문에 스모그의 발생이 더 악화될 수 있다. 스모그는 만성기관지염, 천식, 기관지 확장증, 심장질환, 폐기종 질환을 가진 사람에게 해롭다.

■ 광화학 스모그(Photochemical Smog), "LA형" 스모그

석유 연료가 연소된 후, 배기가스 등에 포함되어 있는 일차 오염물질이 햇빛의 자외선의 영향으로 화학 반응을 일으키는 과정을 통해 생물에 유해한 화합물이 생성되어 대기 중에 안개 같이 형성되는 스모그이다. 광화학 스모그의 발생은 자외선에 의한 영향이 크기 때문에 빛이 강한 날에 잘 발생하며, 또한 대기 중에 충분히 오랫동안 머물러야하기 때문에 바람이 약한 날에 잘 발생한다. 광화학 스모그를 발생시키는 주성분은 질소산화물, 오존, 이산화황, 탄화수소이다.

질소산화물은 **광해리**(photodissociation) 반응에 의해 스모그의 주성분 중의 하나인 오존을 생성한다. 그리고 공기 중의 수증기와 반응하여 산성비를 만든다.

$$2NO_2(g) + H_2O(g) \rightarrow HNO_3(aq) + HNO_2(aq)$$

이산화황은 다음 반응식에서 보여주는 것과 같이 공기 중의 산소와 반응하여 SO_3을 생성하고, 생성된 SO_3은 물과 반응하여 산성비를 만든다.

$$2SO_2(g) + O_2 \rightarrow 2SO_3(g)$$

$$SO_3(g) + H_2O(l) \rightarrow H_2SO_4(l)$$

이산화황에 의한 오염을 줄이기 위한 방법으로는, 첫째, 황을 함유하고 있는 석탄이나 석유에서 황을 제거하는 방법이다. 그러나 이 방법은 많은 경비가 소요되고 황을 완전히 제거하지 못한다. 다른 방법으로는, 배기가스에 포함되어 있는 이산화황을 아래와 같은 반응으로 기체인 이산화황을 고체 상태의 $CaSO_3$로 바꾸는 것이다. 이 반응은 온실기체인 CO_2를 생성한다.

$$CaCO_3(s) \xrightarrow{heat} CaO(s) + CO_2(g)$$

$$CaO(s) + SO_2(g) \rightarrow CaSO_3(s)$$

광화학 스모그를 발생시키는 주성분은 산업용 희석제, 휘발유의 증발, 석유 정제, 자동차 배기 등에서 배출되기 때문에, 이들에 의한 오염을 줄이기 위해서는 내연기관을 개선하고 촉매변환기를 사용해야 한다. 광화학스모그를 줄일 수 있는 가장 중요한 방법은 자동차의 배기가스 배출량을 감소하는 것이겠지만, 실질적으로 많은 어려움이 있다.

6.3c 대기오염도

대기의 오염이 심각하게 우려할 정도로 점점 나빠지고 있는 상황에서 우리는 스스로 몇 가지 질문을 해본다. 현재 대기 오염 정도는 어느 정도인가? 호흡하는 것이 위험할 수 있는 정도인가? 오염된 공기에 어느 정도 노출되면 위험할까? 우리 주위에서 공기를 오염시키는 주된 원인은 무엇인가? 오염원들을 대체할 수 있는가? 그리고 대안은 무엇이 있을까? 오염된 공기를 깨끗한 공기로 다시 원상 복구하고 유지하기 위한 해결 방안은 무엇일까? 불행하게도 대기 오염은 복합적인 요인들에 의해 일어나기 때문에, 이 질문들의 명확한 답을 구하기는 쉬운 일이 아니다. 이 절에서는 대기 오염을 유발하는 주요 원인과 대기 오염도, 그리고 해결 방안들에 대해서 알아보도록 하자.

■ 대기환경 기준

대기오염 물질에 의한 위험성은 물질이 건강에 미치는 위해성을 나타내는 **독성**(toxicity)과 물질에 노출되는 양인 **노출량**(exposure)으로 나타낸다. 전문가들은 과학적 자료를 평가하고 결과의 가능성에 대하여 조직화된 방법으로 예측하는 **위험성 평가**(risk assesment)를 실행한다. 하지만 독성을 사람에게 직접 실험하는 것은 윤리적으로도 매우 어렵기 때문에 정확하게 평가하기는 쉽지 않다. 더불어 노출에 의한 위험성을 느끼는 정도는 특성이 다른 집단의 사람들 사이에 서로 다를 수가 있다는 어려움도 공존하고 있다. 이러한 어려움에도 불구하고, 정부 기관은 과학자들 그리고 의학 전문가들과의 복잡한 상호 의견 조율을 통해 대부분의 대기오염 물질에 대한 노출 한계의 기준을 설정하고 있다.

환경 기준은 대기를 비롯한 소음, 수질 및 수생태계, 토양 등을 대상으로 환경정책기본법에 의거 대통령령으로 규정된 환경오염의 허용 한도를 말하며, 각 대상별로 환경보전법에 제정되어 시행되고 있다. 대기환경 기준에 따라 대기 중 7가지 오염 물질에 대해 환경기준이 마련되어 있고, 대기의 법적 허용기준은 표 6.4에 나타나 있다. 이 표를 이용하여 오염 물질의 상대적 독성도 함께 평가할 수 있다. 예를 들면 일산화탄소와 오존의 8시간 평균 노출 기준은 9ppm과 0.06ppm이다. 이 기준에 의하면, 일산화탄소는 '조용한 살인자'라는 별명처럼 매우 위험한 오염 물질임에도 불구하고, 오존이 일산화탄소보다 150배 더 유해함을 알 수 있다. 미국 환경보호국(EPA)에 의해 수립된 국가 환경 대기 질 기준(National Ambient Air Quality Standards)은 오염 물질에 의한 위험 가능성에 관한 지식이 증가함에 따라 지속적으로 수정되어오고 있고 점점 더 엄격해지고 있다. 예를 들면 2006년 $PM_{2.5}$의 연간 기준치는 15μ g/m^{3}로 낮아졌고, 2008년에는 오존에 대한, 그리고 2010년에는 이산화질소에 대한 새로운 기준이 더해졌다.

표 6.4 대한민국의 대기환경기준

오염물질	기준	오염물질	기준
이산화황(SO_2) 1 시간 평균 24 시간 평균 연간 평균치	 0.15ppm 0.05ppm 0.02ppm 이하	**이산화질소(NO_2)** 1 시간 평균 24 시간 평균 연간 평균치	 0.1ppm 0.06ppm 0.03ppm
일산화탄소(CO) 1 시간 평균 8 시간 평균	 25ppm 9ppm 이하	**오존(O_3)** 1 시간 평균치 8 시간 평균치	 0.1ppm 0.06ppm 이하
납(Pb) 연간 평균치	 0.5μg/m^3 이하	**벤젠** 연간 평균치	 5μg/m^3 이하
미세먼지(PM_{10}) 24 시간 평균 연간 평균치	 100μg/m^3 50μg/m^3		

■ 대기오염도

그렇다면 현재 우리나라의 대기 상황은 어떠한가? 그림 6.6에서 보여주고 있는 뿌옇게 흐려진 서울의 하늘과 같이 우리의 대기 상황은 먼지 감옥에서 살고 있다고 표현할 정도로 매우 심각하다. 미세먼지와 황사 등에 의해 공기의 질이 지속적으로 악화되어 시민 생활의 불편이 가중되고 있고, 그림 6.7에 보여지는 것과 같은 환경성 질환(호흡기내과, 안과, 피부과, 정신과 질환 증상) 환자가 급격하게 증가하고 있으며, 의료비 부담도 늘어가고 있는 실정이다. 더불어 대기 오염에 대한 우려 때문에 사람들이 외부 활동을 자제하면서, 우울증 환자의 증가뿐만 아니라 자살 위험은 4배가 높아지고 치매 위험도 증가한다는 연구 결과도 보도되고 있다. 그러므로 국민 건강 증진의 목적뿐만 아니라 각종 의료비 증가와 경제적 비용을 절감하기 위해서도 국가가 적극적으로 개입하여 사회적 손실을 줄이는 법적, 제도적 정책 방안의 수립이 시급하다. 표 6.5는 황사, 미세먼지, 초미세먼지, 스모그의 원인과 인체에 미치는 영향을 보여준다.

우리나라 대부분의 지역에서의 $PM_{2.5}$의 오염도 측정 결과는 25μ g/m^3 이상으로 미국의 노출 한계 15μ g/m^3 보다 더 높은 것을 볼 수 있다. 그림 6.8은 지역별 $PM_{2.5}$의 성분 구성을 보여주고 있다. PM_{10} 오염도 수준도 매우 나쁜 수준으로 보고되고 있다. 과학저널인 사이언스지에 게재된 한 연구 결과에 따르면 서울의 연평균 PM_{10} 수치가 세계보건기구의 가이드라인인 20μ g/m^3을 크게 웃돌고 있는 것으로 발표됐다.

그림 6.6 남산에서 바라본 뿌옇게 흐려져서 답답한 서울 하늘

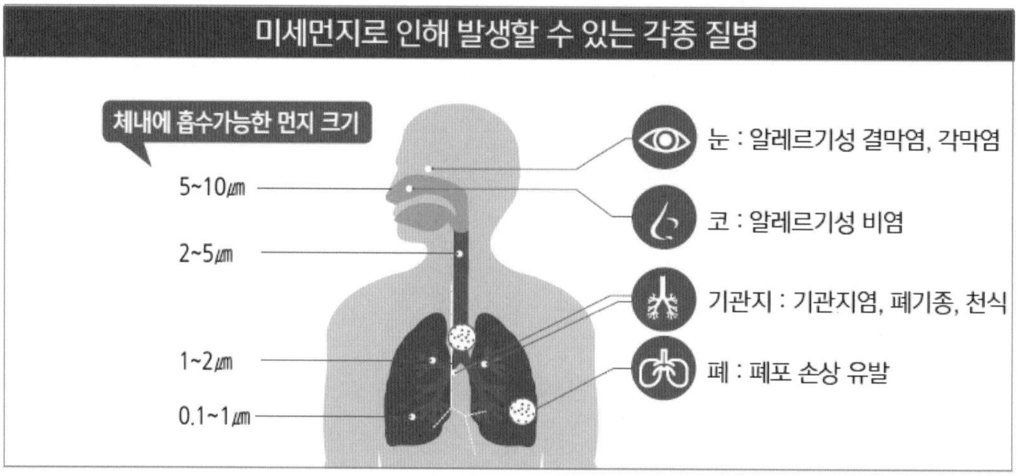

그림 6.7 미세먼지로 인해 발생할 수 있는 각종 질병. 출처 : 환경부

표 6.5 황사, 미세먼지, 초미세먼지, 스모그의 원인과 인체에 미치는 영향

		원 인	인체에 미치는 영향
황사(PM_{10})		중국 내륙에 위치한 내몽골 사막에서 강한 바람이 불면서 생성	결막염, 폐에 일부 영향
미세먼지	미세먼지(PM_{10})	산업시설이나 자동차 배기가스, 화석연료 등에서 발생	눈과 목이 따가움, 기침, 답답한 가슴, 두통, 폐렴 등 감염성 질환
	초미세먼지($PM_{2.5}$)		알레르기 결막염, 각막염, 비염, 기관지염, 폐기종, 천식 등 심혈관계 질환이나 암으로 인한 사망 가능성 증가
스모그		자동차나 발전소 등 연료가 연소할 때 나온 오염물질이 공기 중의 질소, 산소와 결합해 생성, 바람이 적고 태양 광선이 강렬한 낮에 발생	눈과 목의 점막이 자극을 받아 따갑게 느껴짐, 안구건조증, 눈병, 각종 호흡기 질환

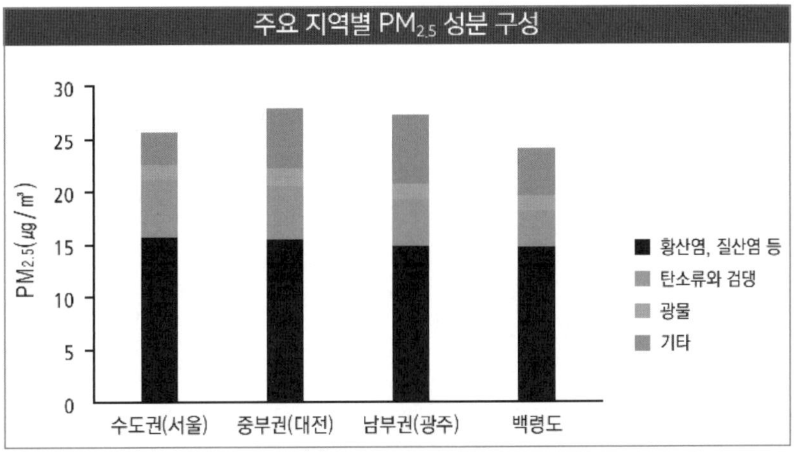

그림 6.8 지역별 $PM_{2.5}$의 성분 구성. 출처 : 환경부

우리나라 대기의 오염은 국내에서 발생하는 오염물질에 의한 국내 유발 오염과 중국으로부터 서풍을 타고 오는 황사나 미세먼지에 의한 중국 발 오염이 있다. 국내에서 유발하는 오염은 그림 6.9와 같이 화석연료를 에너지원으로 사용하는 화력 발전소, 공장, 자동차 등에서 나오는 배출가스가 주된 요인이다.

그림 6.9 대기오염을 일으키는 주된 요인들(발전소, 자동차 배기, 공장)

최근 전문가들은 고농도 미세먼지의 가장 큰 요인으로 중국을 지목하고 있다. 미항공우주국의 위성 관측을 통해 분석된 전 지구의 미세먼지 분포도를 보면 동아시아 지역의 대기오염이 얼마나 심각한지 잘 보여주고 있으며 특히 서해에 접해있는 중국 동부 해안 지역에서의 대기오염 수준이 매우 높은 편이다. 최근 중국의 급격한 경제성장과 개발로 인해 공기 중으로 배출된 대기오염 물질은 편서풍을 타고 동쪽으로 이동하면서 우리나라와 일본에 상당한 영향을 주고 있다. 그림 6.10을 보면 백령도의 미세먼지 농도가 수도권보다 더 높게 나타난 것을 볼 수 있기 때문에 미세먼지 발생 원인의 60% 이상이 중국 등 해외 영향이라고 추정하고 있다.

중국은 그동안 미세먼지 감소를 위한 여러 정책들을 꾸준히 진행해 왔고, 그림 6.11에 나타난 것과 같이 매년 오염도가 점차 감소해 가고 있지만, 여전히 중국의 오염도는 WHO 기준치인 25μ g/m^{3}과 한국 오염도의 두 배 이상을 유지하고 있다. 하지만 그림 6.11에서 보여주는 중요한 현실은, 2013년 이후 중국의 미세먼지 오염도는 매년 현저하게 감소하고 있음에도 불구하고 국내의 오염도가 증가하고 있는 것을 보면 우리나라 대기 오염을 오직 중국의 탓으로만 돌릴 수는 없을 것 같다.

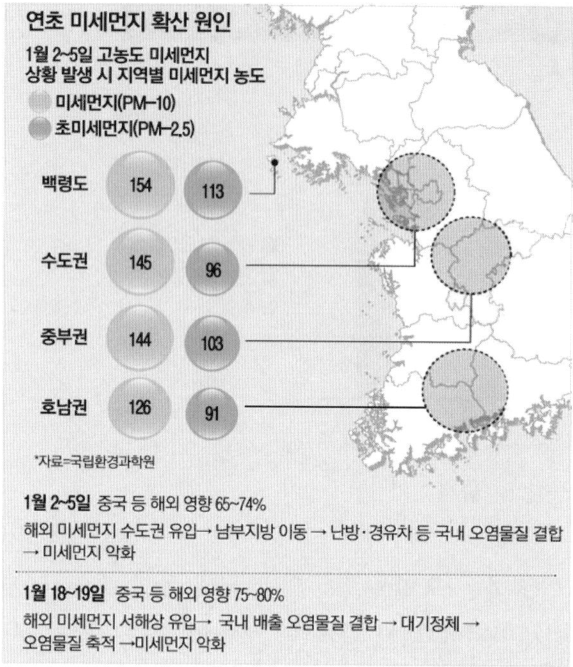

그림 6.10 미세 먼지 확산 원인

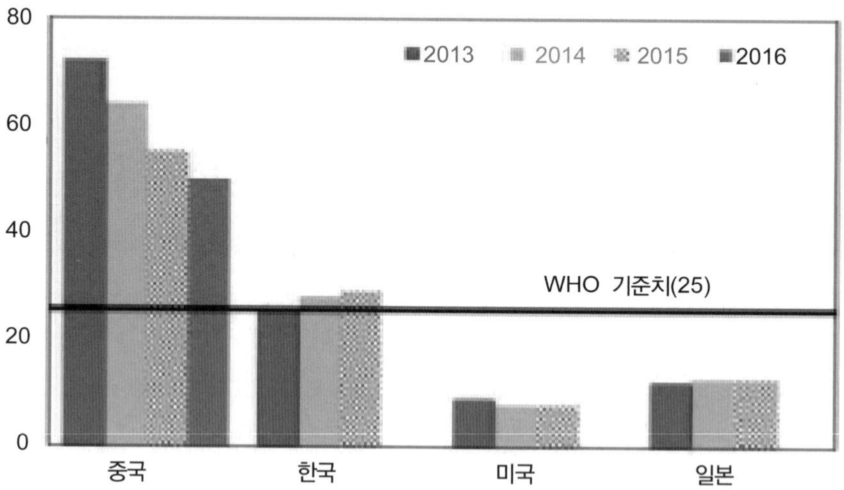

그림 6.11 주요국 초 미세먼지 농도($\mu g/m^3$), 출처 : 중국환경보호부, HEI

주 : 중국은 74개 주요 도시 평균

6.4 대기오염 해결 방안

이 절에서는 오염된 공기를 깨끗한 공기로 다시 원상 복구하고 유지하기 위한 해결 방안들에 대해 알아보고자 한다. 우선 비교적 공기가 깨끗한 청정 국가를 기준으로 해서 목표치를 설정하고, 다음으로 그 목표치의 깨끗한 공기로 원상 복구하고 유지할 수 있는 다양한 방안들을 모색해야 할 것이다. 대기오염을 해결하는 대책은 과학적 분석과 체계적 검토를 바탕으로, 장기적 관점에서 대기의 질에 관한 관측 데이터를 축적하고 어떤 정책이 비용 대비 실질적 대기환경 개선 효과가 큰지 면밀히 검토한 뒤 추진해야 한다.

미국의 경우, 1943년 '로스앤젤레스(LA) 스모그 사건'을 계기로 대기의 질에 관한 연구를 꾸준히 수행해 왔다. 다각적인 연구 결과를 바탕으로 '**깨끗한 공기 법령**(Clean Air Act)' 정책을 세우고 엄격하게 추진해오고 있다. 깨끗한 공기 법령은 과학적인 관측 데이터와 대기의 질 모델링이 정책을 결정하는 시스템의 기반이 되고 있다. 1970년부터 45년 동안, 연방정부를 중심으로 주, 자치단체, 시민들이 협력한 결과 2015년에는 1970년 대비 미세먼지(PM_{10})와 초미세먼지($PM_{2.5}$)는 각각 39%와 37%씩 줄었다(24시간 평균농도 기준). 같은 기간 미국의 국내총생산(GDP)이 2.5배 증가했고, 자동차 수도 1.8배 증가했다는 점을 감안하면, 실제 감소폭은 더 크다고 할 수 있다.

대기오염 물질이 우리의 삶에 미치는 영향은 앞에서 언급한 내용 뿐만 아니라, 이상기후를 유발하는 주범이라는 것이 전문가들의 지배적인 의견이다. 지난 수억 년 동안 거의 변동이 없던 지구의 기후가 최근 100년간 급격히 변동한 것은 빠른 도시화가 그 배경이라는 의견에 대부분의 전문가들은 동의하고 있다. 최근에 발간된 유엔의 보고서에 따르면 도시가 차지하는 면적은 지표의 1% 미만에 불과하지만 세계 인구의 50% 이상이 도시 지역에 살고 있고, 2030년에는 50억 명의 인구가 도시 지역에 거주할 것으로 전망하고 있다. 대기는 모두가 공유하고 있기 때문에 일단 오염되면 모든 사람들이 공유하게 된다. 이는 대기를 오염시키는데 영향을 주지 않은 사람들도 오염시킨 사람들과 마찬가지로 똑같은 결과에 고통을 받게 된다는 것을 의미한다. 따라서 옛날에는 지역의 근심거리였던 대기오염이 지금은 국제적인 문제로 대두되고 있다. 우리나라도 미세먼지 문제를 해결하기 위해서는 근본적으로 대기환경을 개선할 수 있도록 중국과 긴밀하게 협력하여 중국 발 미세먼지를 줄이는 방도를 모색해야 할 것이다. 중국과 한국 간 미세먼지의 이동에 대한 정보뿐만 아니라, 주요 배출원 별 감소기술과 대책을 서로 공유하는 것이 필요하다. 또한 대기오염을 줄이기 위해 우리는 범

국가적인 차원에서 시행해야할 정책들이 있겠지만, 개인들도 대기오염을 줄이는 방향으로 일상 활동들을 바꿔야 할 것이다. 정부나 산업체 등에 의해 추진되는 대기오염 대책뿐만 아니라 일반 가정이나 직장에서도 에너지나 물품 절약을 생활화하는 등 다양한 방법을 통해 대기오염 물질과 온실가스의 배출을 최대한 억제하기 위한 실천이 필요하다. 예를 들면 안 쓰는 플러그 뽑기, 대중교통 이용하기, 냉난방 줄이기, 폐기물 재활용 늘리기 등의 노력이 필요하다.

대기오염을 줄이기 위한 실천 방안으로 다음과 같은 예를 들 수 있다.

1. 노후 석탄 화력발전소를 폐쇄하고 노후 경유차를 퇴출한다.
2. 공장, 발전소는 청정 연료 사용으로 전환하고, 배출 허용 기준을 강화한다.
3. 자동차와 선박 등은 친환경 연료를 사용한다.
4. 연비가 높거나 대체에너지를 사용하는 자동차의 보급을 확대한다.
5. 경유차에 매연 절감장치를 부착하고, 교통 수요 관리 등의 대책을 세운다.
6. 오염물질 배출을 효과적으로 억제 또는 제어하기 위한 과학기술을 개발한다.
7. 녹색기술의 개발에 대한 투자를 늘린다.

녹색기술의 주요 의지는 다음과 같다.

1. 쓰레기를 처리하거나 깨끗하게 치우는 것보다, 쓰레기가 만들어지지 않게 한다.
2. 제품 생산에서 사용하는 원료의 양을 최소화 한다.
3. 독성이 없는 물질을 사용하거나 만든다.
4. 가능하면 에너지를 적게 사용한다.
5. 재생 가능한 물질을 사용한다.
6. 수명을 다한 제품이 독성이 없는 물질로 분해되는 소재를 고안한다.

연습문제

6.1 우리가 숨 쉬는데 절대적으로 필요한 대류권의 공기는 여러 성분의 기체들로 조성을 이루고 있다. 대기의 기체 중에서 조성이 많은 기체 네 가지를 순서대로 나열하시오. 그리고 공기에서 각각 다른 성분의 순수한 기체들을 분리하는 공기분별증류 방법을 설명하시오.

6.2 일차오염물질의 종류와 발생하는 원인 그리고 우리에게 미치는 영향에 대해 설명하시오.

6.3 이차 오염물질인 오존이 생성되는 과정을 설명하시오. 그리고 같은 물질임에도 불구하고 대류권의 오존은 해롭고, 성층권의 오존은 유익하다고 한다. 그 이유를 설명하시오.

6.4 일차 오염물질과 이차 오염물질의 차이점을 설명하시오.

6.5 산업 발전과 인구 증가로 화석연료 소비량이 늘어나기 시작하면서 화석연료 연소에 의한 스모그가 큰 환경 문제로 등장하였다. 스모그 현상이 발생할 수 있는 기후 조건을 설명하시오.

6.6 산업 스모그는 '런던'형 스모그 또는 후진국 형 스모그라 하고, 광화학스모그는 'LA'형 스모그 또는 선진국 형 스모그라 불린다. 산업 스모그와 광화학 스모그의 차이점을 설명하시오.

6.7 대기오염을 일으키는 주된 요인들에 대해 설명하시오.

연습문제

6.8 입자물질은 여러 가지 복합한 성분을 포함한 대기 중에 떠다니는 부유 물질이고, 이 물질은 입자의 크기와 화학적 조성에 따라 건강에 미치는 영향이 결정된다. 지름이 10μm 보다 작은 입자는 미세먼지(PM_{10})라 하며, 지름이 2.5μm 보다 작은 입자는 초미세먼지($PM_{2.5}$)라고 한다. 미세먼지(PM_{10})와 초미세먼지($PM_{2.5}$)가 인체에 미치는 영향을 쓰시오.

6.9 대기오염을 줄이기 위해 우리가 일상생활에서 할 수 있는 일들에 대해 논하시오.

6.10 다음을 답하시오.

a. 공기 중의 이산화탄소 농도는 0.04%이다. 이 값을 ppm으로 표현하시오.

b. 건조한 사막 지역에서의 수증기의 농도는 5ppm이다. 이 값을 %로 표현하시오.

c. 우리나라 대기환경 기준에 따르면 일산화탄소의 1시간 평균 노출 기준은 15ppm이다. 이 값을 %로 표현하시오.

d. 열대 우림 지역의 수증기 농도는 50,000ppm에 이른다. 이 값을 %로 표현하시오.

e. 일산화탄소와 오존의 8시간 평균 노출 기준은 9ppm과 0.06ppm이다. 이 기준에 의하면, 일산화탄소는 '조용한 살인자'라는 별명처럼 매우 위험한 오염물질임에도 불구하고 오존의 노출 기준이 일산화탄소 보다 더 낮다. 그 이유를 설명하시오.

제7장
오존

7.1 오존은?

7.2 자외선

7.3 오존층 파괴의 원인과 영향

7.4 오존층 보호 방안

대류권의 대기 중에 포함되어 있는 오존의 농도는 0.02ppm으로 매우 희박하며(표 6.1), 모든 오존이 1기압의 압력을 갖는 지표에 있다면 약 1mm의 얇은 두께를 가질 만큼 작은 부분을 차지한다. 반면 성층권에는 오존의 약 97%가 존재하고 있으며, 성층권 내에서도 특히 25~30km 부근에 밀집되어 있는데 이 층을 **오존층**(ozone layer)이라 한다.

우리가 생활하고 있는 대류권에 있는 오존은 대기에서 일어난 화학반응에 의해서 생성된 이차 오염물질이고 독성이 강해 노출되면 건강을 해칠 수 있는 해로운 물질이다. 그러나 자연적으로 생성되고 넓은 층을 형성하고 있는 성층권에 있는 오존은 태양에서 오는 해로운 자외선을 차단하여 우리를 보호해주는 이로운 물질이다. 만약 오존층이 파괴되어 자외선이 그대로 지구 표면으로 들어오면, 지구에 살고 있는 생명체에 심각한 피해를 줄 것이다. 과학자들은 특정한 오염물질들에 의해 성층권에 위치하고 있는 오존 보호막인 오존층이 파괴되어 **오존홀**(ozone hole)이 생기는 것을 발견하였다. 가장 심한 파괴는 남극 상공에서 발견되었고 점점 그 범위가 넓어지고 있다. 이러한 상황을 걱정하는 세계 공동체는 오존 파괴를 통제하고 되돌리려는 노력을 하고 있다.

이 장에서는 성층권에 존재하는 오존의 생성과 역할, 오존홀을 유발하는 주요 원인, 오존층의 파괴가 심각한 이유, 오존홀의 형성으로 인한 영향, 그리고 오존층을 되돌리고 보호하기 위한 해결 방안들에 대해 알아본다.

7.1 오존은?

오존(ozone)이라는 이름은 '냄새를 맡다'라는 의미의 그리스어에서 유래되었다. 이 냄새는 설명하기가 매우 어렵지만 똑 쏘는 듯한(pungent) 냄새라고도 하고, 또는 염소 기체와 비슷하다고 하는 사람들도 있다. 분명한 것은 매우 낮은 농도(~100ppb)도 인간의 후각으로 감지할 수 있을 정도로 냄새가 확실하다. 누구나 만약 불꽃이 튀는 전기 모터 가까이에 있었다면 한번쯤은 이 냄새를 맡아 봤을 것이다. 오존층을 나타내는 단위는 돕슨(Dobson Unit, DU)이고, 1DU는 0℃ 1기압의 표준상태에서 0.01mm 두께의 오존층을 말한다. 적도 부근에서의 오존농도는 약 260DU, 북극은 최대 450DU, 남극은 380DU 정도이다. 그리고 지구 전체의 평균오존량은 3mm(300DU) 정도의 두께이고, 두께가 100DU이하이면 오존홀이라고 한다.

오존은 산소의 **동소체**(allotrope)이고, 분자 구조는 그림 7.1에 보여진다. 동소체는

"같은 종류의 원소로 구성되어 있지만 분자식이나 구조가 다른 물질"로 정의된다. 예를 들면, 탄소의 동소체로는 다이아몬드, 흑연, 숯, 풀러렌(fullerene) 등이 있다. 동소체는 화학적 성질이 서로 다르다. 오존은 독성이 있어 노출되면 건강을 해칠 수 있고, 산소보다 화학적으로 훨씬 반응성이 크기 때문에 살균제, 소독제, 그리고 표백제로 사용되기도 한다. 반면 산소는 생명 유지에 절대적으로 필요하고, 화학적으로 반응성이 크긴 하지만 섬유를 표백하거나 수돗물을 정화할 정도는 아니다.

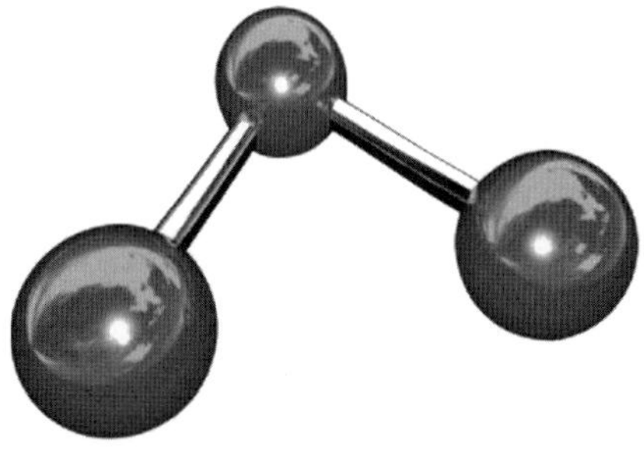

그림 7.1 오존의 분자 구조식

흥미롭게도 대기의 한 영역에서 해로운 것이 다른 영역에서는 이로운 것이 될 수 있다. 대류권에 있는 오존은 인간에게 매우 해로운 이차 오염물질이고, 성층권의 오존은 태양에서 오는 유해한 자외선으로부터 지상의 생물을 지켜주는 이로운 역할을 한다. 오존은 자연적 요인 또는 인간 활동의 결과인 인위적 요인에 의해 생성되는데, 대류권에 존재하는 대부분의 오존은 인간 활동의 결과로 생성되고 성층권의 오존은 자연적으로 생성된다고 할 수 있다.

대류권의 오존은 통제하기 어려운 이차 오염물질이다. 그리고 다른 오염물질과 반응하여 광화학 스모그를 생성하기도 한다. 앞 장에서 설명하였듯이 오염물질인 이산화질소가 햇빛으로부터 방출된 에너지를 받아 자유 산소 원자가 생성되고, 생성된 자유 산소 원자는 공기 중의 산소 분자와 반응하여 오존을 생성한다. 이 반응은 햇빛 에너지가 필요하기 때문에 오존의 농도는 낮 시간 동안에 높게 나타난다. 하지만 생성된 오존은 반응성이 매우 크기 때문에 오래 존재하지 않는다. 이런 이유로 지면에서 가까운 대기권에서의 오존 농도는 매우 낮다. 예를 들면, 만약 공기로 채워져 있는 공간에 공기를 구성하는 기체 입자가 1억 개가 있다고 가정하면, 그 중 2개에서 10개 사이의 입자만이 오존 입자일 정도로 그 양이 매우 적다. 그러나 비록 매우 낮은 농도일지라도 오존은 독성이 강하기 때문에, 기준치 이상으로 노출되면 건강한 사람도 폐 기능에 손상을 입을 수 있으므로 장시간 흡입하지 않도록 주의해야 한다.

성층권의 오존은, 성층권으로 올라간 산소 분자가 태양으로부터 방출되는 강력한 자외선을 받아 (식 7.1)과 같이 두 개의 자유 산소 원자로 분해되고, 분해된 자유 산소 원자가 주위의 산소 분자와 결합하여 생성된다. 이 반응은 에너지가 필요하기 때문에 전기 스파크와 같이 전기 방전이 일어날 때 공기 중의 산소로부터 오존이 생성될 수 있다.

$$O_2 + \text{에너지 (자외선)} \rightarrow O + O \tag{7.1}$$

$$2(O_2 + O) \rightarrow 2O_3 \tag{7.2}$$

생성된 오존 분자들은 자외선을 흡수하면 쪼개지고(식 7.3), 쪼개진 분자와 원자들은 곧 새로운 오존 분자를 만들기 때문에 일정하게 사라졌다 다시 나타난다고 할 수 있다. 이런 반복 작용이 방해받지 않는다면 대기 중의 오존은 일정한 양으로 균형을 이룬다. 이러한 순환 과정에 의해 일정한 농도를 유지하고 있는 오존 분자들은 지구 상공 24~32km에 떠다니고, 특히 지구 상공 25km 높이에서 한데 뭉쳐 오존층을 형성하고 있다.

$$O_3 + \text{자외선} \rightarrow O_2 + O \tag{7.3}$$

$$O_2 + O + M(\text{촉매 역할의 제3의 분자}) \rightarrow O_3 \tag{7.4}$$

그러나 만약 오존층이 파괴되면 자외선의 흡수가 낮아지기 때문에 지구 지면에 도달하는 자외선의 강도가 증가할 것이고, 자외선 강도의 증가는 인간을 포함한 동물들의 건강을 해치는 심각한 결과를 초래할 뿐 아니라, 식물 성장 방해와 임산 자원 감소 등의 문제가 발생할 수 있다.

7.2 자외선

7.2a 파장과 복사에너지

태양에서 방출되는 빛은 고유한 에너지를 가진 파장의 총 집합인 복사에너지의 상태로 지구에 도달한다. 복사에너지(햇빛)를 파장의 크기로 구분한 전자기스펙트럼(electromagnetic spectrum)은, 파장이 가장 큰 순서대로 라디오파, 마이크로파, 적외선, 가시광선, 자외선, X-선, 감마선등으로 나눠진다(그림 7.2).

파장(wavelength)은 파의 봉우리 사이의 거리를 의미한다. 이것은 길이의 단위로 표시되며, 그리스 문자 람다(λ)로 나타낸다. 또한 파는 1초간에 진동하는 수인 **진동수**(frequency)로도 나타내는데, 그리스 문자 뉴(ν)로 표기된다.

빛의 속도(c)는 $3.00 \times 10^8 m s^{-1}$ 이고, 파장과 진동수의 관계는 다음과 같다.

$$\text{진동수}(\nu) = \frac{\text{빛의 속도}(c)}{\text{파장}(\lambda)} \tag{7.5}$$

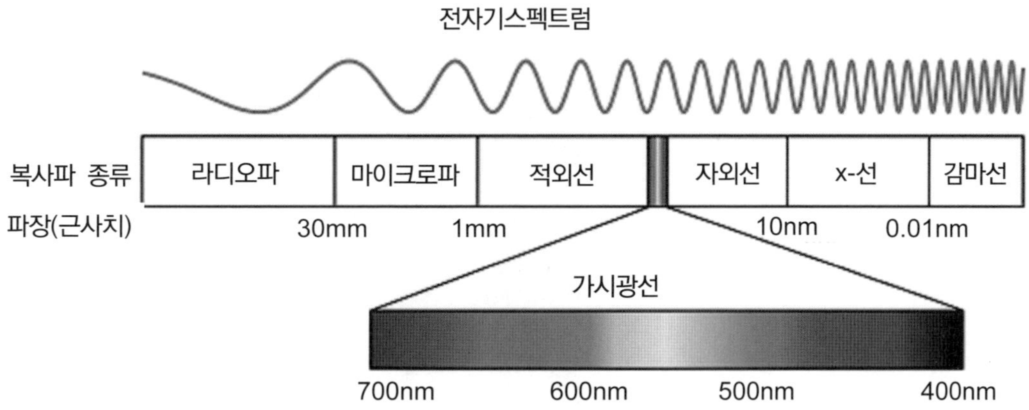

그림 7.2 전자기스펙트럼

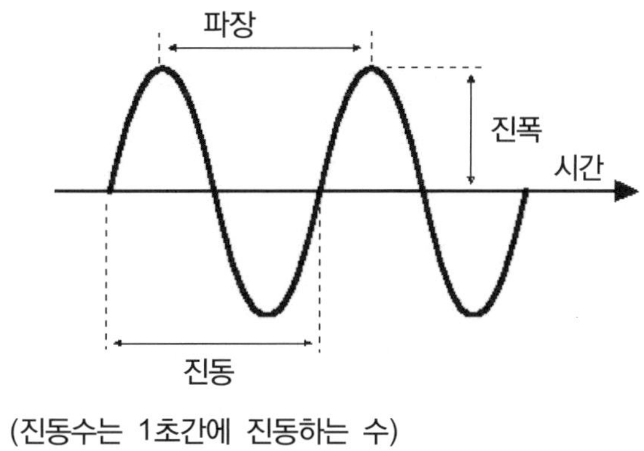

이 식으로부터 파장과 진동수는 반비례 관계가 있음을 알 수 있다. 그리고 진동수(ν)의 증가에 따라 에너지($E = h\nu$)는 증가하고, 파장(진동수의 역수) 증가하면 에너지는 감소한다. 즉 파장은 짧고 진동수가 큰 자외선은 가시광선보다 더 큰 에너지를 갖는다. 복사에너지의 광범위한 전자기스펙트럼의 배열 중에서, 우리 눈은 전자기스펙트럼 영역의 아주 작은 일부분에 해당하는 **가시광선**(약 420nm에서 700nm 사이의 파장)에만 반응한다.

지구에 도달하는 빛은 X선과 감마선 그리고 자외선의 일부를 제외한 모든 빛이 들어온다. 태양은 이렇게 다양한 종류의 복사에너지를 방출하지만 같은 세기로 방출하는 것은 아니다. 그림 7.3은 지구 대기권에 도달하는 태양 복사선의 파장 분포를 보여준다. 그림에서 볼 수 있듯이, 태양에서 오는 빛 중에서 세기가 가장 센 부분이 바로 우리 눈에 보이는 가시광선이다. 다른 전자기파들은 대기권의 상층부에서 반사되거나 대기권에서 흡수되어 차단된다. 태양이 방출하는 전체 에너지의 53%는 지구의 주요 열원인 적외선 형태로 지구로 방사되고, 에너지의 39%가 가시광선으로 오고 있으며, 오직 8% 만이 자외선 형태로 오고 있다. 그러나 작은 퍼센트에도 불구하고 태양의 자외선 복사는 생물체에 큰 손상을 줄 수 있다.

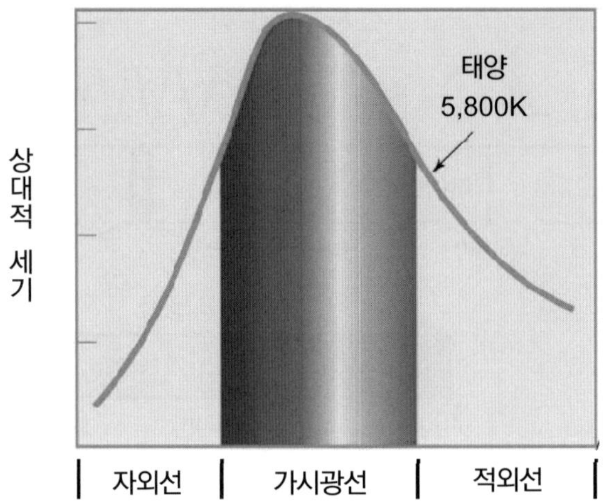

그림 7.3 지구 대기권에 도달하는 태양복사선의 파장 분포

복사선이 갖는 에너지는 식 (7.6)으로 주어진다.

$$\text{에너지}\,(E) = \frac{hc}{\lambda} \tag{7.6}$$

여기서 기호 h는 플랑크 상수이고, c는 빛의 속도이다. 이 식은 파장이 짧을수록 에너지가 증가하는 것을 보여준다.

7.2b 자외선 차단막-오존

자외선은 200nm에서 400nm 사이의 파장을 가진 복사선을 말한다. 짧은 파장을 가진 자외선은 가시광선이나 적외선보다 에너지가 크며, 식 (7.6)을 이용하여 계산해 보면, 방송국에서 방출되는 라디오파의 에너지 보다는 약 1,000만 배 정도 크다는 것을 알 수 있다. 그러므로 자외선에 노출되면 피부가 손상될 수 있지만 라디오파에 노출되었다고 피부가 손상되지 않는다. 그 이유는 자외선에 노출되면 피부 색소인 멜라닌을 생성할 수 있는 충분한 에너지가 공급되어 색소의 농도가 증가하지만, 라디오파는 멜라닌을 생성하는데 충분한 에너지를 제공하지 못하기 때문이다. 자외선은 파장의 길이에 따라 UV-A, UV-B, UV-C로 구분한다. UV-A는 가시광선 영역의 옆에 위치한 낮은 에너지를 갖는 자외선이고, UV-C는 X-선 영역 쪽에 가까운 쪽에 위치한 높은 에너지를 갖는 자외선을 나타낸다. 표 7.1은 이들 자외선들의 특성을 보여준다.

표 7.1 자외선 복사선의 종류

종류	파장(nm)	상대적 에너지	비 고
UV-A	320~400	가장 낮음	지면에 가장 많이 도달하고, 피해가 작음
UV-B	280~320	중간	대부분 성층권의 오존에 의해 흡수됨
UV-C	200~280	가장 높음	가장 피해가 크지만, 모두 성층권에서 흡수됨

표 7.1에 나타나 있는 것과 같이 태양에서 방출된 UV-C 복사선은 모두 성층권에서 산소와 오존에 의해 흡수되고 지상에 도달하지 않는다. UV-C 영역에 해당하는 에너지(240nm 이하)는 산소 분자의 결합을 끊는데 충분한 에너지를 갖고 있다.

$$O_2 + \text{자외선}(\lambda \leq 240nm) \rightarrow O + O \tag{7.7}$$

이 반응에서 생성된 불안정한 산소 자유원자는 산소와 재결합하여 오존을 생성한다. 그리고 생성된 오존 분자는 산소 분자보다 더 쉽게 분해된다. 그 이유는 산소 분자의 원자들은 이중결합으로 연결되어 있는데, 반면 오존의 산소 분자들은 단일결합과 이중결합의 중간 정도이기 때문이다. UV-B 영역에 해당하는 에너지(320nm 이하)는 오존의 산소 원자 사이의 결합을 끊는데 충분한 에너지를 갖고 있다.

$$O_3 + \text{자외선}(\lambda \leq 320nm) \rightarrow O_2 + O \tag{7.8}$$

식 (7.7)과 (7.8)은 성층권에서 일어나는 오존에 의한 UV-C와 UV-B 영역의 자외선 흡수 과정 그리고 자외선에 의한 오존의 생성과 분해과정을 보여준다. 성층권에서 일어나는 이 반응으로, 매일 같은 양의 오존이 생성되고 분해되는 순환 과정을 통하여 일정한 양의 오존의 농도가 균형을 이루고 있는 **정류상태**(steady state)를 유지한다. 이 순환 과정은 대기화학의 선구자인 영국 옥스퍼드 대학의 시드니 채프만(Sydney Chapman)에 의해 처음으로 제안되었고, **채프만 순환**(Chapman cycle)이라 부른다.

7.3 오존층 파괴의 원인과 영향

오존은 300nm이하의 자외선을 99.9%이상 차단하여 지구상의 생물들이 안전하게 살아갈 수 있도록 하는 매우 중요한 역할을 하고 있다. 그런데 오존이 1% 파괴되면 자외선이 2% 늘어나고 피부암이 3% 늘어난다고 한다. 그러나 현재 성층권에서의 오존의 생성과 분해 과정의 불균형으로 인해 오존의 농도가 일정하게 유지되지 않고 있다. 즉 오존이 생성되는 양보다 파괴되는 양이 많아지면서 전 세계적으로 오존층의 오존 밀도가 조금씩 낮아지고 있다. 특히 남극 주위로 오존층 파괴가 가장 심하게 일어나 거대한 구멍이 생겨나있는 상태이다. 그림 7.4는 2010년과 2011년 일 년 사이에 남극 주변의 오존량의 변화를 나타내는 사진이다. 이 사진은 일 년 사이에 짙은색으로 보이는 거대한 오존홀이 남극 상공 주위에 생성된 것을 보여준다.

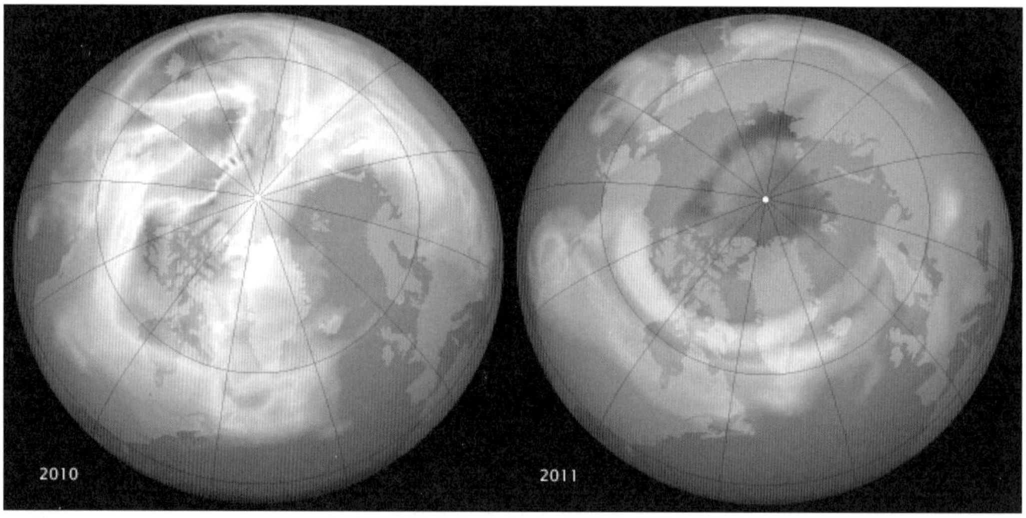

그림 7.4 2010년과 2011년에 남극주변의 오존량 변화를 보여주는 사진. 출처 : 나사/제트추진연구소

7.3a 오존층 파괴의 원인

오존층 파괴의 주범은 '프레온'이라는 상표명으로 생산된 **CFCs**(chlorofluorocarbon) 가스와 소화기에 사용되는 **할론**(Halon) 가스라고 추정하고 있다. 1974년 캘리포니아 대학의 롤런드 교수(F. Sherwood Rowland)는 스프레이 캔에 널리 쓰이고 있었던 프레온이 오존층을 파괴한다는 연구 결과를 처음으로 발표하였다. 이 연구 결과의 발표는 그 당시에는 많은 비판을 받았지만, 1985년 실제로 남극 상공에서 오존홀이 발견되고 나서야 관심을 받게 되었고, 결과적으로 프레온 가스 규제로 이어지게 되었다. 이 연구 업적으로 1995년 롤런드 교수는 다른 연구자 2명((Paul Crutzen, Mario Molina)과 함께 노벨 화학상을 공동 수상하였다.

■ 염화불소화탄소(CFCs, 일명 프레온 가스)

프레온은 메탄(CH_4), 에탄(C_2H_6)과 같은 포화탄화수소 화합물에 포함된 수소 부분을 불소나 염소 같은 할로겐족 원소로 치환한 물질로, 치환된 할로겐족 원소의 종류에 따라 CFC(chlorofluorocarbon), HCFC(hydrochlorofluorocarbon), HFC(hydrofluorocarbon) 등과 같이 여러 종류가 있다. 이들은 상온에서 기체 상태로 존재하며 클로로포름($CHCl_3$), 사염화탄소(CCl_4), 육염화에탄(C_2Cl_6) 등을 원료로 하여 불산(HF)과 함께 촉매반응을 거쳐 제조한다. 이 중에서 특히 유명한 것은 CFC이며, 이것을 판매한 미국의 듀퐁사가 붙인 상표명이 바로 프레온이다.

CFC는 1928년 미국 듀퐁사의 천재적 발명가 토마스 미드글리에 의해 발견되었으며 냄새도 없고 독성도 없으며 불에 타지도 않고 화학적으로도 매우 안정된 물질로서 한때 '꿈의 물질'이라 불렸다. 이 가스는 냉장고, 에어컨 등의 냉매, 드라이클리닝 용제, 우레탄 발포제, 소화기나 스프레이의 분무제, 그리고 반도체나 정밀부품의 세정제 등 첨단산업에 이르기 까지 폭넓게 사용되고 있다. CFC 합성의 성공으로 그 때까지 냉매로 사용해 왔던 암모니아나 이산화황 같이 독성이 있는 부식성 냉매를 대체함으로서 소비자의 안전을 위태롭게 하는 상황을 크게 줄일 수 있게 되었다. 그러나 아이러니하게도 화학적으로 안정하다는 장점이, 사용 후 성층권까지 도달하여 오존층을 파괴하는 주원인이 되는 단점으로 작용하게 된다.

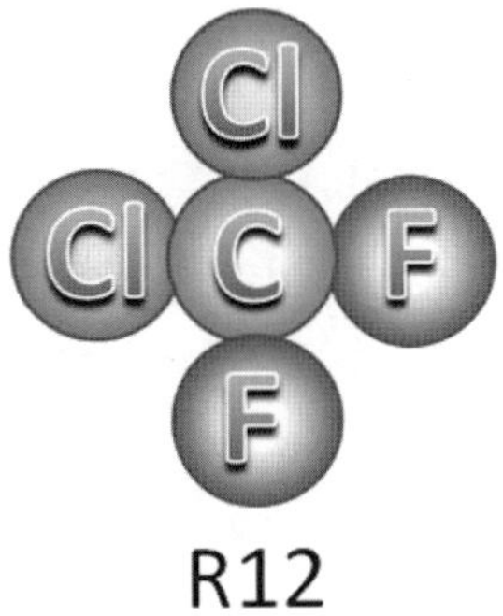

그림 7.5. 프레온 가스

프레온 가스(그림 7.5)는 탄소원자를 염소와 불소원자가 둘러싸고 있는 형태인데, 식(7.9)와 같이 높은 에너지의 자외선을 받으면 분해되어 반응성이 큰 염소 자유라디칼($Cl\cdot$)을 방출하게 된다. 염소 원자는 최외각 전자가 7개로, 쌍을 이루지 않은 홀 전자를 갖고 있기 때문에 반응성이 매우 강하다(홀 전자를 강조하기 위해 $Cl\cdot$ 같이 표현하였다).

$$CF_2Cl_2 + \text{자외선}(\lambda \leq 220nm) \rightarrow \cdot CF_2Cl + Cl\cdot \qquad (7.9)$$

방출된 자유 라디칼 $Cl\cdot$은 오존(O_3) 분자의 산소원자와 결합하여 산화염소 $ClO\cdot$와 산소 분자를 형성한다.

$$2Cl\cdot + 2O_3 \rightarrow 2ClO\cdot + 2O_2 \qquad (7.10)$$

$ClO\cdot$ 화학종은 또 다른 자유라디칼이다. 생성된 2개의 $ClO\cdot$ 라디칼은 서로 결합하여 $ClOOCl$을 형성한다.

$$2ClO\cdot \rightarrow ClOOCl \tag{7.11}$$

그리고 생성된 $ClOOCl$은 2단계 연속반응으로 분해되어 염소 자유라디칼($Cl\cdot$)을 생성한다. 이 일련의 연속반응에서 $Cl\cdot$은 식(7.10)에서는 반응물로 그리고 식(7.12a) (7.12b)에서는 생성물로 나타난다. 이것은 $Cl\cdot$은 농도의 알짜 변화 없이 순환과정에서 소비되고 재생됨을 의미한다.

$$ClOOCl + \text{자외선} \rightarrow ClOO\cdot + Cl\cdot \tag{7.12a}$$

$$ClOO\cdot \rightarrow Cl\cdot + O_2 \tag{7.12b}$$

일련의 화학반응식은 다음과 같이 오존이 산소로 변하는 알짜 반응으로 쓸 수 있다.

$$2O_3 \rightarrow 3O_2 \tag{7.13}$$

염소 자유원자는 **촉매**(화학반응에 참여하고 반응속도에 영향을 미치지만 자신의 농도는 변하지 않는 물질)의 기능과 같이 재순환되기 때문에 자유원자 하나가 무려 10만 개의 오존 분자를 파괴하며, 프레온 가스는 화학적으로 매우 안정된 물질이기 때문에 일단 성층권까지 올라가면 오존층을 파괴하면서 최고 100년까지 머무를 수 있다고 한다. 이런 심각한 피해를 방지하기 위해 89년 '몬트리올협정'이 맺어 졌고, 선진국은 96년부터 CFC의 생산 및 수입을 전면 금지하였다. 그리고 다른 나라들도 97년부터 단계적으로 감축해 왔으며 2010년에는 사용이 완전 금지되었다. 따라서 CFC를 대체할 새로운 냉매 물질의 개발이 필요하게 되고, 세계적으로 그 연구가 활발하게 진행되고 있다.

그림 7.6은 냉동기를 수리하는 도중에 프레온 가스가 유출되어 사상자가 발생한 사고를 보여주고 있다. 프레온 가스는 냄새도 없고 독성이 없으나 밀폐된 공간에서 다루는 경우가 많기 때문에 장시간 노출되면 질식의 위험이 있다. 프레온 가스를 생산하는 공장이나, 대량으로 다루는 냉동 창고, 그리고 냉동 시설을 갖춘 어선 등에서 종종 유출 사고가 일어난다.

그림 7.6 프레온 가스 유출 사고가 빈번히 일어나고 있다. 출처 : YTN뉴스

■ 할론(halon) 가스

할론 가스는 프레온 가스와 비슷한 물질로, 프레온 가스에 포함된 염소(Cl) 대신 같은 할로겐족 원소인 브롬(Br)이 포함되어 있는 반응성이 없는 무독성 화합물이다. 소화 성능이 뛰어나며 대상물을 더럽히지 않는 특성이 있어 특수한 용도의 소화기용 소화제로 많이 사용된다(그림 7.7). 할론 가스 소화기는 물 호스나 스프링클러 시스템의 사용이 적절하지 않은 곳의 화재를 진압할 때 매우 유용하다. 예를 들면, 물을 사용하는 것이 적절하지 않은 도서관, 컴퓨터실, 은행금고 등 에서의 화재, 물이 화재를 확산 시킬 수 있는 기름에 의한 화재, 물과 반응할 수 있는 위험물이 저장되어 있는 저장고, 전자 장비가 많은 항공기의 화재 등에 사용된다.

할론 가스도 역시 오존층 파괴 물질로 밝혀짐에 따라 최근에는 규제 대상 물질로 되어 있다. 브롬은 잘 타지 않는 성질이 있지만 염소보다 오존파괴 능력이 상당히 크고, 종류에 따라 프레온 가스 보다 3배에서 10배의 효과가 있다. 오존층 보호를 위한 '몬트리올 의정서'는 할론 가스의 소비량 또는 생산량을 규제하고 있고, 2000년에는 완전히 폐기하도록 규정하고 있다. 선진국에서는 1994년부터 이미 생산이 중단되었고, 개발도상국 조항으로 이 의정서에 가입한 한국은 2004년부터 생산을 중단해왔다.

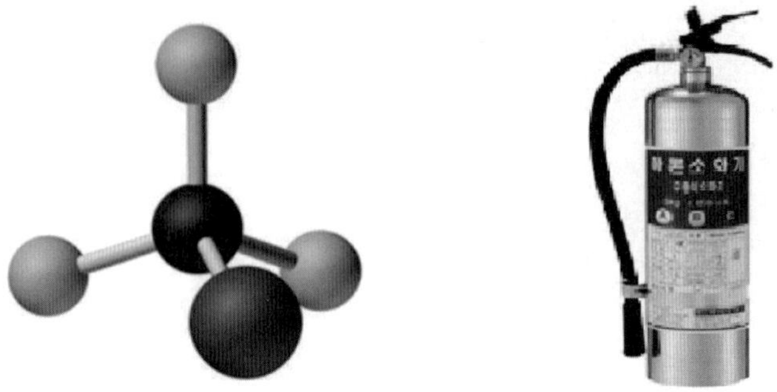

그림 7.7 할론 분자의 구조($CBrF_3$)와 할론 가스 소화기

■ 대체 냉매들

CFC의 대체 물질은 냉매가 갖추어야 할 세 가지의 특성인 무독성, 무인화성, 그리고 안정성을 가져야 한다. 그리고 냉매로서의 기능을 위해 $-10^o \sim -40^o C$ 정도의 끓는점을 유지해야 한다. 이런 특성을 염두에 두고 과학자들은 CFC와 유사하지만 성층권의 오존층 파괴에 장기적인 영향이 없고 대기 안정성을 확보할 수 있는 화합물을 만드는 방법을 찾게 된다.

오존층을 파괴하는 염소 원소를 줄이는 방법으로 C-Cl 결합 한 개를 C-H 결합으로 대체한 HCFC를 합성하였다. C-Cl 결합과는 달리 C-H 결합은 하이드록시 라디칼($\cdot OH$)의 공격에 민감하기 때문에 HCFC는 오존층이 존재하는 성층권에 도달하기 전에 수소 원자에 의해 많이 분해되어 성층권에 축적되지 않는다. 수소로 치환된 프레온 가스인 HCFC는 수명이 12년 정도로 CFC보다 짧고, 오존을 파괴하는 능력은 CFC 가스의 5% 정도로 상대적으로 적다. 이런 이점 때문에 CFC의 대체 용매로 오존층을 잘 파괴하지 않는 HCFC를 개발해서 얼마동안 사용하게 되었다. 그러나 HCFC는 CFC보다 인화성이 증가되고, 끓는점이 낮아서 기존의 시설을 다시 만들어야 하는 단점이 있다.

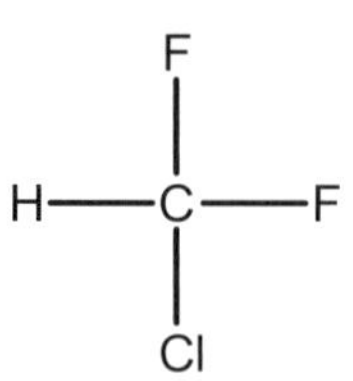

HCFC-22

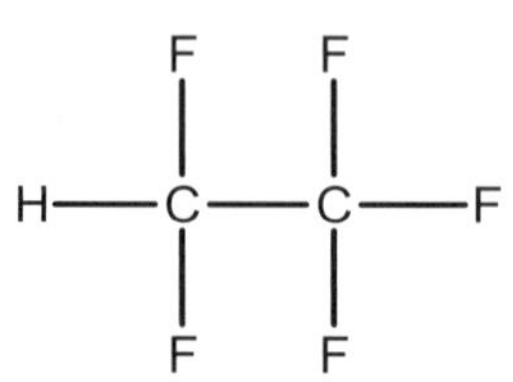

HFC-125

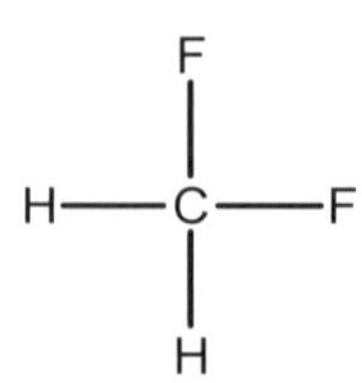

HFC-32

HCFC는 CFC의 대체 냉매로 얼마동안 사용되었다. 그러나 정도가 적기는 하지만 역시 오존층을 파괴하기 때문에 일시적인 해결책에 불과하였다. 현재 선진국에서는 HCFC를 더 이상 생산하지 않고, 몬트리올 의정서에 의하면 HCFC는 2030년 까지 단계적으로 폐기하는 것으로 협약이 되어 있다. HCFC를 폐기하는 과정에서 이를 대체할 화합물로 탄소 불소 수소의 화합물이면서 염소 원소를 갖지 않는 HFC가 개발되었다. 이는 성층권 오존을 파괴하지도 않고 대기에서 수명이 길지도 않다. 그림 7.8은 프레온 가스의 대체 냉매의 사용 경향을 보여준다. 1995년 이후 CFC의 사용은 점차 감소하고 HCFC계를 대체 용매로 사용해 오다가, 2000년 이후 부터는 HFC계가 대체 냉매로서의 역할을 하고 있다.

그러나 이 물질들은 이산화탄소에 비해 수백 배에서 만 배에 이르는 수준의 온실효과를 초래하는 온실가스라는 사실이 밝혀지고, 빙하를 녹이는 주된 요인이 되는 온실가스로 지목된 이후 지구온난화에 미치는 영향을 고려하여 이 물질들 역시 현재 사용이 규제되고 있고 새로운 대체 물질이 개발 중이다. 그리고 몬트리올 의정서에 의하면 2016년부터 이들 냉매의 생산과 사용을 감축하도록 권장하고 있음에도 불구하고 일부 국가에서는 경제적인 이유 때문에 의정서를 인정하지 않고 계속 프레온을 사용함으로써 문제가 발생하기도 한다.

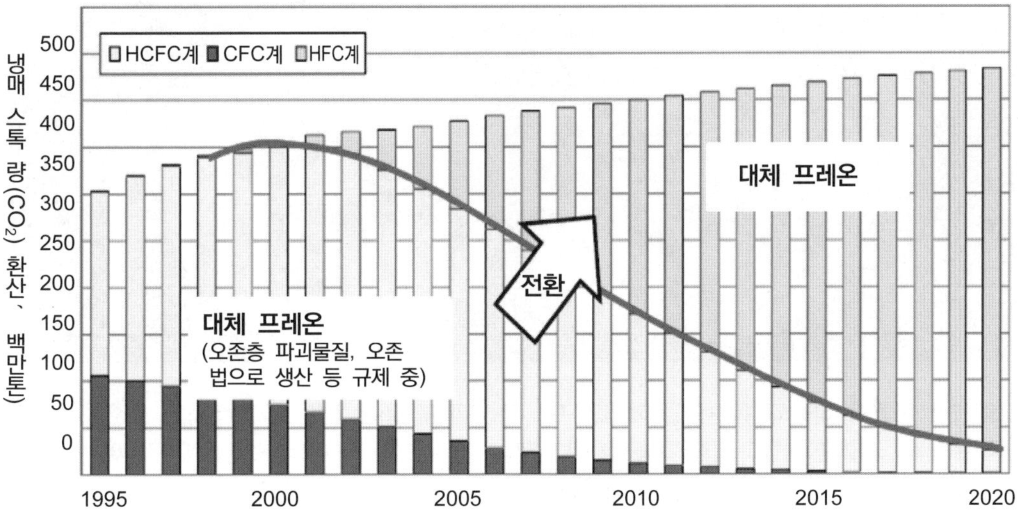

그림 7.8 대체 냉매의 사용 경향. 출처 : 대한무역투자진흥공사(kotra) 뉴스

7.3b 오존홀

남극에서는 오존층이 1980년부터 매년 4%씩 감소하고 있는데, 특히 극지방은 태양 빛이 약하므로 오존층 형성이 다른 곳에 비해 낮아 더욱 심각하다. 특히 남극에서는 10월경에 성층권의 오존 농도가 평상시의 반 정도로까지 급격히 감소되는 현상이 나타나고, 다른 곳에 비해서 구멍이 뚫린 것처럼 오존의 농도가 낮은 장소가 생기는 **오존홀**(ozone hole)이 발생한다. 다행히 남극은 추운 곳이라 생물체들이 많이 살고 있지 않기 때문에 아직은 그 피해에 대한 인식을 덜 하고 있지만, 오존홀이 점차 확대되면 지구의 다른 지역에서는 문제가 심각해질 것이다.

북극에서도 1985년 오존홀의 존재가 발표되었는데, 이것은 먼 미래의 일이라고 여겼던 오존층의 파괴가 현실화된 것으로 여겨지며 큰 충격을 주었다. 미국항공우주국(NASA)의 제트추진연구소이 주축이 되어 9개국 16개 연구소가 참여했던 연구프로젝트는 북극의 오존층에 구멍이 생긴 현상을 네이처(Nature)지에 발표하였다(그림 7.9). 북극에서 발견된 이 엄청난 오존홀은 남극에서 처음 발견되었을 때 우리를 놀라게 했던 오존층 구멍만큼 커졌던 것으로 드러났다. 이번 조사결과는 과거 오존층이 관측되었던 남극과는 달리, 북극권은 많은 사람들이 살고 있고 생물들이 풍부하게 서식하고 있어 직접적 피해를 줄 우려가 생겼다는 점에서 각별한 관심을 끌고 있다.

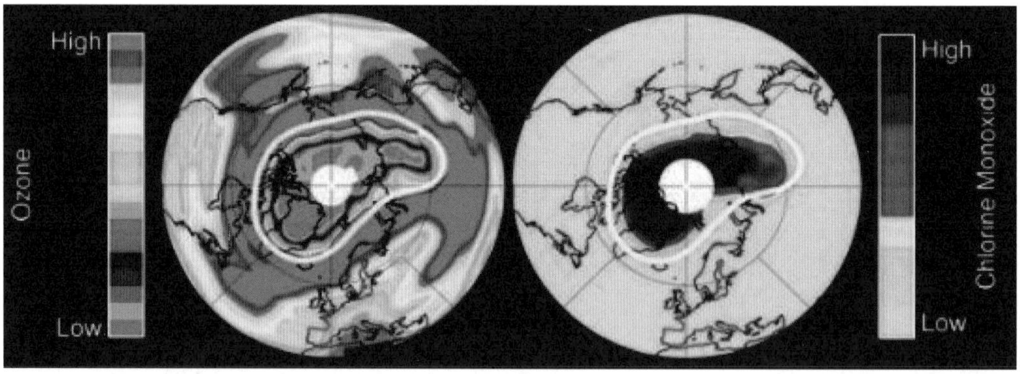

그림 7.9 미국의 나사와 독일의 베게너연구소 등 9개국 16개 연구소가 북극의 오존층 구멍이 남극보다 더 커졌던 원인과 함께 사진을 공개했다. 왼쪽은 북극상공의 오존층에 구멍이 난 모습. 오른쪽은 오존층 파괴의 주범인 염화물의 농도. 출처 : 나사/제트추진연구소

7.3c 생물학적 영향

자외선은 너무 과해도 그리고 너무 부족해도 안 되고, 적당량의 자외선은 우리의

피부와 건강유지에 도움을 준다. 자외선은 피부를 자극해 비타민 D가 생성되도록 하기때문에 인체의 비타민 D의 합성에 관여하는 필수적인 자극제이다. 그러므로 하루에 15~20분 정도 햇볕을 직접 쬐어주는 것이 건강에 좋다고 한다.

그러나 오존층이 파괴되고 오존 농도가 감소되면, 자외선은 오존층을 그냥 통과하게 되어 지상에 도달하는 자외선의 강도는 적당량을 넘어 너무 과하게 된다. 예를 들면, 5~10%의 오존층이 파괴되면 자외선강도가 10~20% 증대되고, 20% 파괴되면 자외선강도는 50%까지 증가한다. 오존은 태양에서 오는 자외선을 차단하는 역할을 하는데, 만약 자외선이 전혀 차단이 안 된 상태로 지구 표면으로 그대로 들어오면 생물학적으로 여러 가지 부정적인 영향을 미칠 수 있다. 예를 들어 1) 피부의 노화 및 피부암 증가, 2) 눈의 백내장 증가, 3) 동물의 면역체계 저하, 그리고 4)식물 성장 방해 등의 문제들을 초래할 수 있다.

(1) 피부 노화 및 피부암 증가

자외선이 피부의 노화를 촉진하는데 악영향을 미치는 가장 큰 이유는 인체나 동물 세포의 기본인자인 DNA나 핵산과 단백질이 260nm과 278nm(UV-C영역)의 자외선을 최대로 흡수하기 때문이다. 이 파장의 자외선에 노출되면 세포의 광산화 반응을 통해 피부의 노화가 촉진된다.

강한 자외선에 지속적이고 반복적으로 노출되면 피부 노화 뿐만 아니라 피부암이 발병할 수 있다. 피부암은 대부분 햇빛에 노출되는 것과 관련이 있는데, 그 중 UV-B가 주요 원인이고 UV-A도 원인이 될 수 있다. 그리고 발병은 어느 연령층에서나 일어날 수 있지만 특히 노인에게서 더욱 흔하고 노출을 멈춘 지 수년 후에도 나타날 수 있다고 한다. 우리나라에서는 2014년부터 4년 사이에 피부암 발병률이 38% 증가하였다(건강보험심사원 통계). 특히 발병 연령대는 70대가 28%로 가장 많았고, 60대 그리고 80세 이상 순으로 나타났다.

(2) 백내장 증가

백내장은 수정체의 혼탁으로 인해 사물이 뿌옇게 보이게 되는 질환이다. 자외선에 과다하게 노출되면 수정체의 단백질을 변형시켜 백내장을 유발하고 가속화 한다. 그리고 지속적으로 노출되면 시신경이 분포하고 있는 망막에도 악영향을 끼칠 수 있다. 눈이 UV-B에 노출되는 정도가 두 배 증가하면 백내장 발생률은 1.6배 증가된다는 연구 결과가 발표되었다. 또한 세계보건기구(WHO)의 발표에 의하면 세계에서 실명이 가장 많은 지역이 아프리카 대륙이고, 그 원인은 자외선에 의한 백내장이라 한다.

백내장을 예방하기 위해서는 자외선을 조심하는 것이 가장 중요하다. 외출할 때 모자를 쓴다거나 UV-B 차단 기능이 있는 선글라스를 착용하여 자외선을 차단하는 것이 좋다. 그리고 평소 비타민과 미네랄이 많이 든 과일과 채소의 섭취를 늘려 눈에 필요한 영양소를 공급하는 것도 백내장을 예방하는데 도움이 된다고 한다.

(3) 동물의 면역기능 저하

자외선 증가는 동물에게도 영향을 미치는 것으로 나타나고 있다. 최근 동물 실험에 의하면 자외선(UV-B)의 증가로 인해 특정 면역 세포가 파괴되어 정상적인 면역기능이 저하된다는 사실이 보고되고 있다. 이러한 면역기능의 저하는 동물들의 피부암과 기타 질병들의 유발을 촉진시키는 것으로도 알려져 있다. 동물들은 털이 많아서 자외선으로 부터 영향을 적게 받을 것이라 생각할 수도 있겠지만, 특히 하얀색 털을 가진 동물은 자외선에 더욱 민감한 반응을 일으킨다는 연구결과도 있다. 그리고 동물들도 자외선의 직접적인 노출로 인해 시력에 안 좋은 영향을 받거나 백내장이 유발될 수 있다.

(4) 식물 생장 방해

식물에 대한 영향 또한 예외가 아니다. 식물들은 종류에 따라 각기 다른 정도로 UV-B 자외선의 양에 따라 민감하게 영향을 받는다. 자외선 UV-B는 에너지가 강하기 때문에 세포를 투과하여 핵 안의 DNA 분자를 손상시키거나 파괴할 수 있고 생명에 영향을 줄 수 있다. 이런 이유로, 자외선이 강한 열대 지방에서 서식하는 식물들은 표피가 왁스나 작은 털로 싸여 있어 스스로 자외선을 차단하려는 방어 기능을 갖는다.

자외선의 강도가 과도하게 증가하면 식물의 생장을 저해하여 생산성을 떨어뜨린다. 그 결과 식량 부족 현상이 생길 수 있고, 임산 자원이 감소하는 심각한 문제가 발생할 수 있다. 또한 자외선은 물속으로 상당한 수심까지 침투할 수 있기 때문에 광합성이 가능한 단세포 조류에 특히 위험하다, 그리고 식물성 플랑크톤의 감소로 인한 먹이사슬 파괴가 일어나 해양 생태계에 부정적인 영향을 미칠 수 있다.

7.3d 오존층과 기후변화

오존층이 파괴되면 생물학적인 영향을 줄 뿐만 아니라, 지구의 기후 변화와도 밀접한 연관성이 있다. 지구의 온도는 특히 대류권 상층부 및 성층권 하층부의 오존의 양에 의해 큰 영향을 받는다. 오존은 이산화탄소와 마찬가지로 온실효과 기능을 갖고 있어, 대류권에서의 오존량의 증가는 대기의 온도 상승효과를 가져온다. 성층권에서 오존층은 온도 조절에 있어서 완전히 다른 기능을 수행한다. 성층권의 오존층이 파괴되면 단파장의 태양 복사 에너지 유입량이 많아져 온실효과가 증가한다. 그러면 지구 기온이 상승하면서 증발량과 습도가 증가하고 강수량도 변화하게 된다. 또한 오존층이 성층권의 온도를 유지시켜주는 역할을 하고 있는데, 만약 오존층이 감소하면 성층권의 온도는 내려간다. 따라서 성층권의 온도가 낮아지면 대기의 대순환의 흐름이 바뀌고 이로 인해 전 지구의 기후 패턴에 변화가 일어난다.

오존층 파괴로 인한 기후 변화의 영향은 프레온 가스가 대량 유출된 동일본 대지진이 아주 좋은 사례가 될 수 있다. 여러 국적의 공동연구팀은 2011년의 동일본 대지진 발생 이후 1년 동안 일본 상공의 대기 중에 포함된 프레온 가스와 육불화황(SF_6)의 농도 변화를 관측하였고, 동시에 이들의 농도 변화에 따른 오존층의 변화와 지구온난화에 대한 기여도도 함께 연구하였다. 연구 결과, 대지진으로 대량 배출된 두 물질의 양은 대지진 발생 이전 보다 90% 증가한 것으로 나타났고, 이 양은 지구 전체에서 배출된 양의 4%에 해당되었다. 그리고 두 물질들의 농도 증가로 인하여 관측 일 년 동안 일본 상공의 오존층 파괴 면적은 38% 증가하였고, 기후온난화도 36% 증가하였다고 발표하였다. 이 연구는 오존층의 감소가 지구온난화에 직접적인 영향을 준다는 정량적인 결과를 보여준다.

오존층의 파괴는 지구의 기후 변화를 가져오고, 그 영향으로 인해 1) 빙하의 양 감소, 2) 자연재해의 발생 빈도 증가, 3) 해양 생태계의 변화, 그리고 4) 사막화 현상이 가속화 된다. 그림 7.10은 2002년 이후 지구의 평균 기온이 증가함에 따라 남극 빙하의 양이 지속적으로 감소하고 있음을 보여준다. 남극의 빙하가 녹으면서 지구의 평균 해수면이 상승하게 되고, 이로 인해 몰디브 등 일부 섬 나라와 네덜란드 등 해안 저지대가 침수될 위험에 처해지게 되고 있으며, 이에 따른 피해도 계속 늘어나고 있는 추세이다. 또한 전 지구적으로 대기와 해수의 순환에 변화가 생겨 태풍, 홍수, 가뭄 등 자연재해의 발생 빈도와 강도가 급격히 증가하고 있다. 그림 7.11은 오존층에 구멍이 만들어지는 현상이 관측되기 시작하는 시점인 1980년부터 자연 재해의 발생 횟수가 급격히 증가하기 시작하는 것을 보여준다. 이는 자연재해 발생이 자외선 파괴와 관련이 있다는 것을 의미한다. 그리고 지구의 대기 대순환의 변화에 따라 고기압대와 저기압대가 변동하여 고기압대가 위치한 곳에서 비가 오지 않고 극심한 가뭄이 지속되면서 사막화 현상이 더욱 가속화되고 있다. 여기서 우리가 심각하게 우려해야할 것은 사

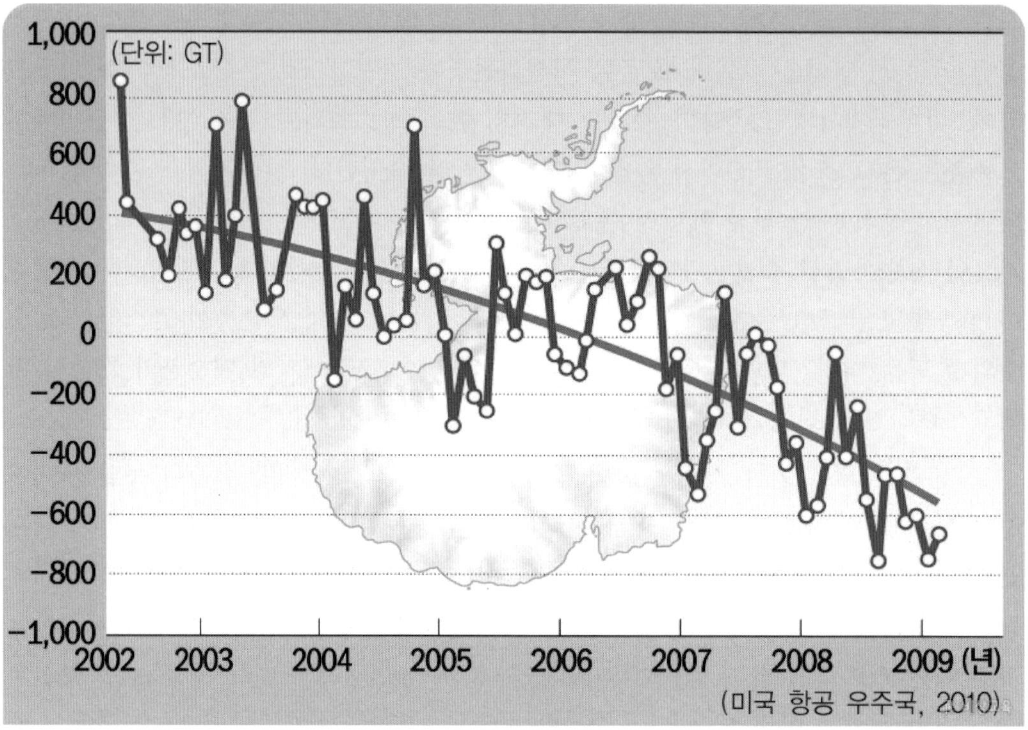

그림 7.10 남극 빙하의 양 변화, 출처 : NASA

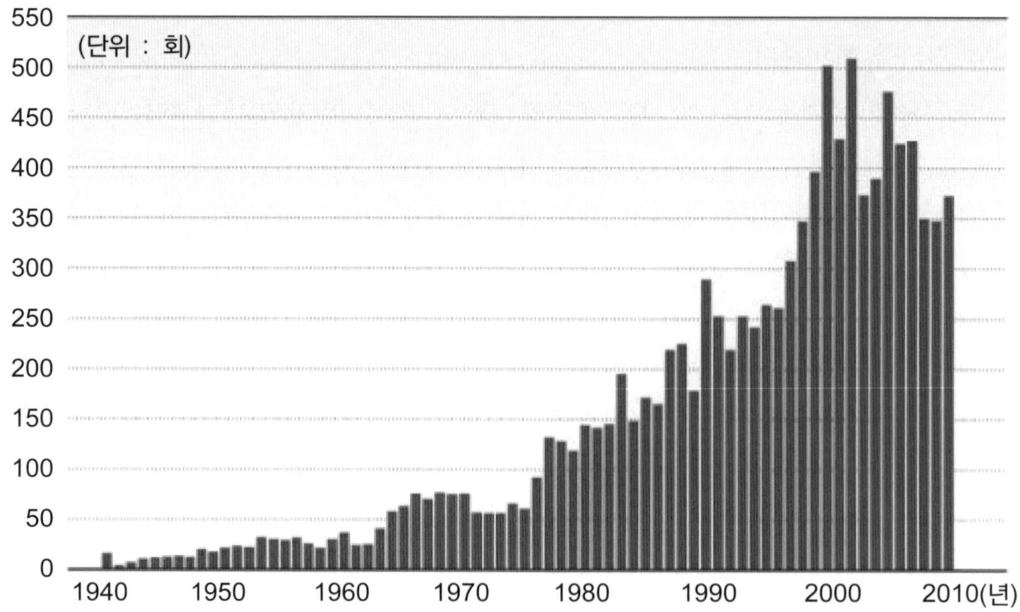

그림 7.11 전 세계 대형 자연재해의 발생 횟수 변화, 출처: 세계 재해 통계(2011년)

막화가 어느 정도 진행되면 다시 원상태로 돌이킬 수 없게 된다는 것이다. 또한 바닷물의 온도 상승으로 인해 해양 생태계에 변화가 일어나고 있다. 우리나라의 바다의 경우, 수온 상승에 따라 난류성 어종은 증가한 반면 한류성 어종은 감소하고, 특히 해파리의 증가는 어업 활동에 많은 지장을 주고 있으며, 또한 열대 돌산호류의 출현과 그 면적의 확대로 해조류 영역이 줄어들고 있다.

7.4 오존층 보호 방안

오존층의 파괴 문제를 우려한 세계 공동체는 오존 파괴를 통제하고 되돌리려는 노력을 지속적으로 해오고 있다. 1974년 F. Sherwood Rowland 박사에 의해 오존층 파괴 문제가 제기된 이후, 유엔환경계획(UNEP)을 중심으로 1985년 비엔나에서 오존층 파괴 문제에 대처하기 위한 협약을 채택하게 된다. 비엔나 협약은 오존층 파괴 원인 물질의 규제에 대한 내용을 주로 다루었으며, 2년 후 몬트리올 의정서(그림 7.12) 협약에서 프레온 가스의 사용을 2000년에는 전면 금지하기로 그 내용이 구체화 되었다. 그리고 의정서가 맺어진 9월 16일은 오존층 보호를 위해 '세계 오존층 보호의 날'로 제정되었다. 우리나라도 1992년 비엔나 협약과 몬트리올 의정서에 가입하여 프레온 가스 감축 계획에 적극 참여하고 있으며, 대체물질 개발에 노력하고 있다.

그림 7.12 몬트리올 의정서 협약

지구 성층권의 오존층을 회복시키기 위해서는 특히 개발도상국들이 몬트리올 의정서에 따라 프레온 가스의 단계적 감축 목표를 달성하는 것이 중요하다. 오존층 파괴

물질에 관한 몬트리올 의정서와 개정에 의하면 이 의정서의 당사국인 개발도상국은 명시되어 있는 계획서에 따라 단계적으로 줄여나가고, 2010년에는 완전히 오존층 파괴 물질의 생산 뿐만 아니라 소비까지도 중단하도록 되어 있다. 또한 이들 나라들은 2002년 까지 할론 가스와 메틸브롬 가스 생산과 사용 역시 동결하도록 되어 있다. 선진국들은 이미 1996년에 필수적인 몇 곳만 제외하고는 CFC의 사용과 생산을 중단했다 그림 7.13은 몬트리올 의정서 나타난 HCFC 프레온 가스 냉매제의 단계적인 감축 계획을 나타내고 있다. 오존층 파괴를 막는 가장 좋은 방법은 파괴 원인 물질인 프레온 가스의 사용을 줄이고 대체 냉매 물질을 개발하는 것이다.

그러나 생산이나 수입이 중지되었다고 프레온 가스가 발생하지 않는 것은 아니다. 아직도 우리 주변에는 프레온 가스를 사용하는 제품들이 다수 존재하고, 생산과 사용이 금지된 이후에도 프레온 가스의 농도가 많이 떨어지지는 않았다. 우리가 살아갈 지구를 위해서 프레온 가스에 대해 확실히 이해하고 사용을 자제하는 것이 중요하다.

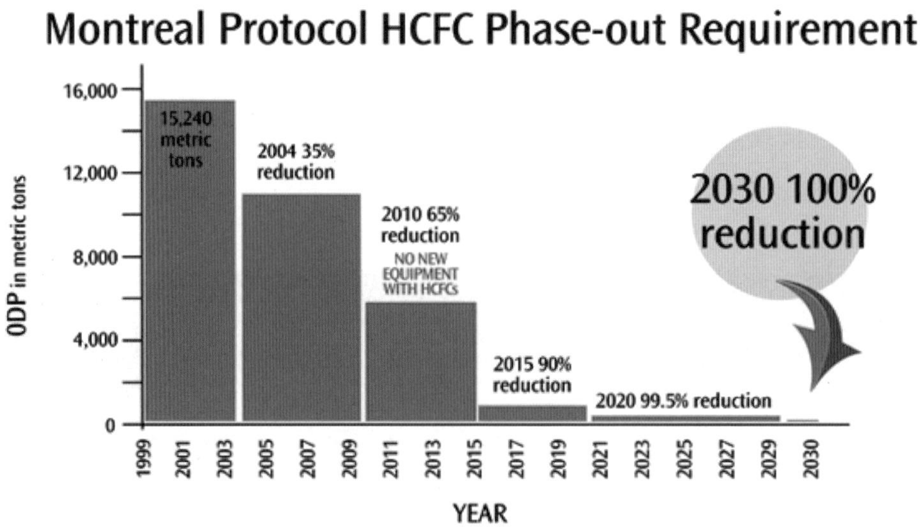

그림 7.13 구체적인 프레온 가스(HCFC) 감축계획에 대한 몬트리올 의정서 내용

연습문제

7.1 오존은 산소와 화학식이 어떻게 다른가? 특성은 어떻게 다른지 설명하시오.

7.2 성층권에서 오존이 생성되는 과정을 자세히 설명하시오.

7.3 만약 오존층이 파괴되면 지구 지면에 도달하는 자외선의 농도가 증가할 것이고, 자외선 강도의 증가는 인간을 포함한 동물들의 건강을 해치는 심각한 결과를 초래한다고 한다. 오존층을 파괴하고 오존홀이 생기게 하는 주된 요인을 설명하시오.

7.4 자외선에 노출은 너무 과해도 그리고 너무 부족해도 좋지 않다고 한다. 적당량의 자외선은 우리의 피부와 건강유지에 도움을 주기 때문에 하루에 15~20분 정도 햇볕을 직접 쬐어주는 것이 건강에 좋다고 한다. 그러나 오존층이 파괴되고 오존농도가 감소되면 지상에 도달하는 자외선의 강도는 적당량을 넘어 너무 과하게 된다. 이 경우, 자외선에 과도하게 노출되었을 때 미치는 생물학적 영향에 대해 설명하시오.

7.5 오존은 이산화탄소와 마찬가지로 온실효과 가스의 기능을 가지고 있기 때문에 이 효과에 의해 대류권에서 오존의 농도가 증가하면 온실효과가 증가하고 이로 인해 대기의 온도가 상승하게 된다. 그러나 성층권에 있는 오존층이 감소하면 성층권의 온도는 내려간다. 오존층 파괴로 인해 성층권의 온도가 내려가는 현상이 발생했을 때 유발되는 지구의 기후변화에 대해 설명하시오.

7.6 $Cl\bullet$, $NO_2\bullet$, $ClO\bullet$, $\bullet OH$ 는 자유 라디칼로 오존이 파괴되는 과정에서 촉매로 작용한다. 자유 라디칼의 어떤 특성이 촉매작용을 할 수 있도록 만드는가? 이러한 촉매작용을 감안하여 프레온 가스에 의해 오존의 농도가 감소하는 과정을 설명하시오.

연습문제

7.7 프레온 가스는 메탄 분자의 수소 원자 모두를 염소 원자와 불소 원자로 치환하여 얻을 수 있다. 이 화합물이 오존층을 파괴하는 메카니즘을 설명하시오. 그리고 오존층을 잘 파괴하지 않아 프레온 가스를 대체할 수 있는 대체냉매를 제시하시오.

7.8 성층권에 존재하는 오존은 UV-C와 UV-B 영역의 자외선 흡수를 통해 생성되고 분해된다. 성층권에서 일어나는 이 반응으로, 매일 같은 양의 오존이 생성되고 분해되는 순환 과정을 통하여 일정한 양의 오존의 농도가 균형을 이루고 있는 정류상태를 유지한다. 이렇게 성층권의 오존 농도가 자연적으로 일정하게 유지되는 채프만 순환에 대해 자세히 설명하시오. 그리고 이 순환이 대류권에서도 똑같이 일어날 수 있는지의 여부를 설명하시오.

7.9 산소와 산소 간의 단일 결합의 평균 길이는 132pm이고 이중 결합의 평균 길이는 121pm이다. 오존에서 산소와 산소 간의 결합길이를 예측하고 설명하시오.

7.10 오존층을 보호하는 방안에 대해 논하시오.

제8장
온실효과와 기후변화

지난 수 만년 동안 대기 중 이산화탄소의 양과 지구의 온도 변화 간의 연관성을 알아보기 위한 여러 연구 결과들에 따르면, 이산화탄소의 양이 최대치에 도달한 후 커다란 기후 변화가 일어났다는 증거들이 있다. 이들의 상관관계를 알아보기 위해 지난 수만 년 동안의 지구 온도와 대기 중의 이산화탄소 양의 값을 추산하였다. 남극 대륙의 표면 아래 깊은 곳에서 채취한 **얼음 핵**(ice core)으로부터, 얼음이 묻힐 당시의 대기 온도와 이산화탄소의 양을 알아낼 수 있다. 얼음 안에 있는 수소와 다른 동위원소들의 상대적 양의 측정을 통하여 얼음이 형성될 때의 대기온도를 결정할 수 있고, 얼음에 포획된 공기 방울들의 분석을 통하여 그 당시의 이산화탄소 양을 알아낼 수 있는 것이다. 이 연구 결과로부터 얼음 핵 안에 포획된 이산화탄소 양의 변화와 온도의 변화가 놀라울 정도로 일치하는 것을 알아냈다. 이 현상을 명백하게 과학적으로 입증할 수는 없지만, 연구 결과는 대기 중의 이산화탄소 농도와 지구 온도와의 상관관계가 있음을 암시한다. 물론 온도가 높아지면 이산화탄소 양을 증가시킬 수도 있는 다른 현상들도 있겠지만 그 가능성은 낮기 때문에 대부분의 과학자들은 과거의 기록을 바탕으로 이산화탄소의 양이 기후 변화와 상관관계가 있다고 믿게 되었다. 그리고 이 연관성은 **온실효과**(greenhouse effect)에 의한 것이라고 설명한다. 즉 이산화탄소가 적외선을 흡수하기 때문에 고농도의 이산화탄소가 적외선 복사열을 지구로 재복사하여 지구의 온도를 높였을 것이라는 이론이다. 현재 광범위하게 수용되고 있는 온실효과 이론에 의하면, 대기 중 이산화탄소와 같은 온실가스의 농도가 증가하면 대기권 평균 온도가 증가하고 지구 온난화 현상이 발생한다고 설명한다.

온실효과는 온실가스들이 대기 중의 열을 흡수하여 저장함으로써 지구의 적당한 온도를 유지시키는 현상을 말한다. 만약 이 자연적 효과에 의한 대기 온난화 현상이 없다면, 지구의 평균 기온은 현재의 15°C 보다 훨씬 낮은 -18°C를 유지하게 될 것이고 생명체가 살 수 없는 얼음덩어리 행성이 될 것이다. 온실효과를 유발하는 대기 중의 기체는 자연 상태의 수증기 외에 이산화탄소, 메탄, 프레온 가스, 그리고 이산화질소 등이 있다. 최근에는 화석연료 사용으로 방출되는 이산화탄소, 가축 이용의 증가와 농업의 확대로 산출되는 메탄, 냉매와 세척제로 사용되는 프레온 가스, 그리고 화학 비료에서 나오는 질소 등이 전례가 없을 정도로 크게 증가하고 있다. 그리고 이들 온실가스에 의한 과도한 온실 효과의 증대는 지구온난화를 유발하여 지구 생태계에 심각한 영향을 끼치고 있다.

8.1 온실효과

이산화탄소 등의 온실가스는 지구로부터 복사되거나 반사되어 우주로 빠져 나가는 적외선에너지의 약 84%를 흡수한 뒤, 지구로 재복사하여 지구를 덥히는 담요 역할을 한다. 이 온실효과 현상으로 인해 복사선의 진입과 진출의 균형이 적절하게 조절되어 생명체가 생존하기에 적절한 현재의 지구온도를 유지시켜주는 중요한 역할은 한다.

태양복사선이 지구에 도달하면 대기 중에 있는 다양한 분자들과 상호작용을 하게 되는데, 각 분자들은 그들이 더 효율적으로 흡수하는 고유한 에너지를 갖는 복사선의 영역들이 있다. 분자들은 분자운동이 일어나기 위해 필요한 고유한 에너지를 갖고 있는데, 이들은 완전히 일치하는 복사선의 에너지가 주어졌을 경우에만 분자운동이 일어난다. 즉 대기 중의 산소, 질소, 이산화탄소, 오존 등 분자들은 그들이 상호작용에 쓰여지는 복사선의 에너지가 서로 다르다. 그러므로 태양에서 오는 빛이 대기 중에 존재하는 분자들에 복사되면, 그 분자들의 분자운동에 필요한 복사선은 흡수되어 분자운동에 쓰여 지고, 그 외의 다른 에너지를 가진 복사선들은 그대로 통과한다. 예를 들면 대기의 주성분을 구성하는 산소와 질소는 적외선을 흡수하지 않기 때문에 온실효과에 관여하지 않는다. 그러나 산소나 오존이 운동하는데 필요한 에너지는 자외선 영역이기 때문에, 에너지가 높은 해로운 자외선의 상당량은 성층권에서 산소와 오존에 의해 흡수되고 매우 적은 양만 지표면에 도달하게 되는 것이다. 그래서 지표면에 도달하는 태양복사선의 대부분은 가시광선과 적외선 영역의 빛이다. 반면에 이산화탄소와, 물, 메탄 등의 온실가스들은 이들 분자와 관련된 고유에너지가 적외선 영역의 에너지를 갖기 때문에 적외선을 흡수한다. 따라서 이 기체들은 온실효과에 중요한 역할을 한다.

그림 8.1에 보여지는 것과 같이, 지표면에 도달한 복사선들은 땅, 바다, 얼음, 눈, 나무, 빌딩, 도로, 사람 등 모든 물체에 의해서 반사되거나 흡수된다. 물체에 흡수된 복사선은 물체의 온도를 높이고, 따뜻해진 물체의 에너지는 더 낮은 온도의 물체로 적외선 형태로 재복사 된다. 이렇게 재복사된 적외선의 일부분과 지표면의 여러 물체로부터 반사된 적외선은 지구로부터 우주로 빠져 나가게 되는데, 그 중 일부분은 대기를 통과하여 우주로 나가고 일부는 대기 중의 온실가스 분자에 의해 흡수되어 지구로 재복사 된다. 지구로 재복사 되는 이 효과가 지표면과 대류권 하부를 가열하여 지구를 따뜻하게 해주는 온실효과이다. 만약 온실효과 현상이 없다면, 외부 우주의 온도가 섭씨 −270° 임을 감안하면, 지구의 온도는 우리가 안락하게 살고 있는 지금의 온도를 보다 훨씬 낮은 온도가 유지될 것이다. 반대로 대기층의 이산화탄소 농도가 96%인 금성

과 같이 온실효과가 너무 크면, 태양 복사에너지가 대기 밖으로 빠져나가지 못하여 온도가 너무 높게 상승하게 된다. 그 결과 금성의 표면온도는 420℃에 달한다. 이와 같이 온실가스는 따뜻한 온도의 유지를 위해 꼭 필요하지만, 온실가스 농도가 과도하게 증가하면 온실효과의 증대로 인해 지구의 온도가 상승하여 **지구 온난화**(global warming) 현상을 초래할 것이다.

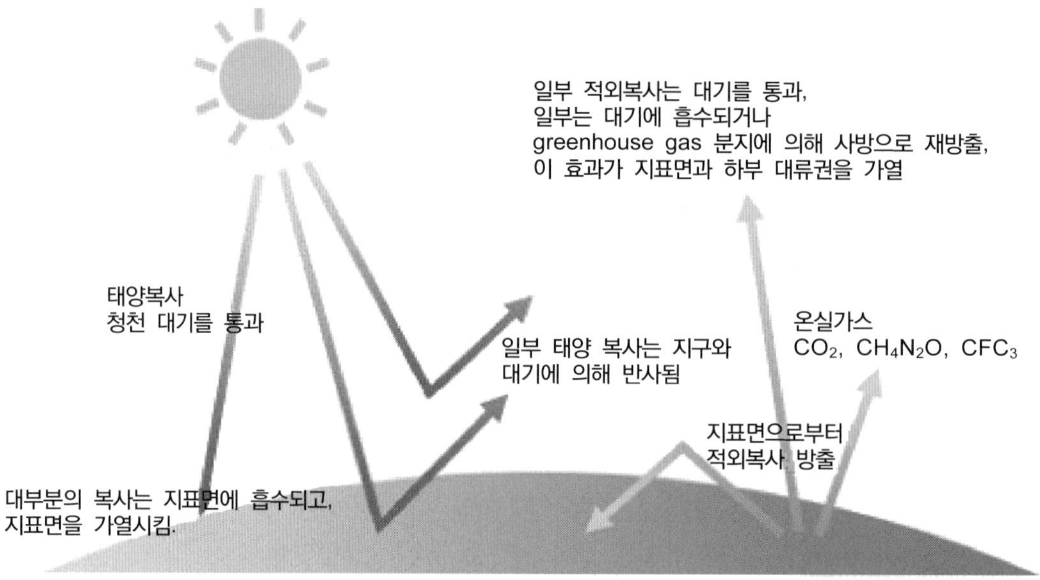

그림 8.1 온실효과. 출처 : 대한한국 환경산업기술원

이산화탄소를 비롯한 온실가스들에 의한 온실효과의 현상은 지구와 금성의 온도 차이를 비교하여 설명할 수 있다. 금성의 평균 온도는 섭씨 420도이고 지구의 평균 온도는 섭씨 15도이다. 물론 지구는 태양으로부터 금성보다 4,100만km 더 멀리 떨어져 있기 때문에 금성보다 온도가 더 낮을 것이라고 예측할 수 있다. 그러나 단순히 태양으로부터 떨어진 거리만을 고려하여 예측한 온도의 차이보다는 훨씬 더 큰 온도 차이를 보인다. 만일 태양으로부터의 떨어진 거리만을 고려하면 지구의 평균온도는 섭씨 영하 18도, 그리고 금성은 섭씨 150도가 예측된다. 여기서 우리는 두 가지 사실에 주목할 필요가 있다. 먼저 지구와 금성의 평균 온도는 거리를 고려하여 예측한 온도보다 더 높고(예측한 온도 보다 지구는 33도, 금성은 300도 더 높다), 다음으로 두 행성의 온도 차이는 거리 만을 고려하여 예측한 온도보다 훨씬 더 크다. 그 이유는 무엇일까? 이렇게 두 행성의 평균 온도가 예측한 온도보다 더 높은 이유와 두 행성의 온도 차이가 예측한 온도보다 더 큰 이유는 두 행성의 대기 조성과 온실효과로 설명할 수

있다. 지구의 대기 압력은 1기압이고 대기의 조성은 질소 78%, 산소 21%, 이산화탄소 0.03~0.04%, 수증기 0.1~1.0%이다. 반면 금성의 대기 압력은 90기압이고 조성은 지구와는 확연히 다른 이산화탄소 96%, 질소 3.5%, 이산화황 0.015%이다. 과학자들은 두 행성의 온도가 예측한 온도보다 더 높은 이유는 이산화탄소 등 온실가스들에 의한 온실효과의 차이 때문이고, 두 행성의 온도 차이가 큰 이유는 대기의 조성과 압력차이로 설명하고 있다. 금성은 지구보다 90배나 더 큰 압력과 높은 온실가스 조성을 포함하고 있기 때문에 온실효과가 더 크다(압력이 높으면 단위 부피 안에 더 많은 기체 분자가 있다는 것을 의미한다).

다행스럽게도, 지구는 온실효과라는 자연적이고 자발적인 지구 제어 시스템이 작동되고 있는 덕택에 지금까지 현재의 온도를 유지해왔다. 그러나 자연적으로 이루어진 이 정교한 균형이 인위적으로 발생한 오염 물질들에 의해 교란되어 흐트러지면, 지구온난화 현상이 일어나게 될 것이고 또한 지구 생태계와 환경을 손상하는 재앙으로 다가오고 있다는 현실에 지구 공동체의 우려가 커지고 있다.

8.2 이산화탄소와 온실가스

온실가스는 이산화탄소(CO_2), 메탄(CH_4), 아산화질소(N_2O), 수소불화탄소(HFCs), 과불화탄소(PFCs), 육불화황(SF_6) 및 그 밖에 대통령령으로 정하는 것으로 적외선 복사열을 흡수하거나 재방출하여 온실효과를 유발하는 대기 중의 기체 상태의 물질을 말한다(저탄소 녹색성장 기본법 제2조 9항). 온실가스에 의한 지구온난화를 방지하기 위한 목적으로 1990년 국제사회는 온실가스 배출량 감축을 규정하는 교토의정서를 채택하였다. 그림 8.2는 교토의정서 규제 대상인 여섯 가지 온실기체의 상대적 비율과 이들의 발생 원인들이 나타나 있다.

그림 8.3은 1990년 이후 25년 동안 우리나라의 온실가스별 배출량 변화를 나타낸다. 그 당시 온실가스 별 배출량 변화를 살펴보면, CO_2는 150.9%, N_2O는 49.1%, CH_4는 14.4%가 증가하였음을 볼 수 있다. 불소계 온실가스인 HFCs, SF_6, PFCs 역시 1990년 대비 배출량이 크게 증가하였다. 불소계 온실가스의 배출 증감률이 높은 이유는 1990년 이후 냉매로 사용되는 HFCs, 그리고 반도체나 액정표시장치 제조 공정 등에 사용되는 PFCs와 SF_6 등의 사용량이 크게 늘었기 때문이다.

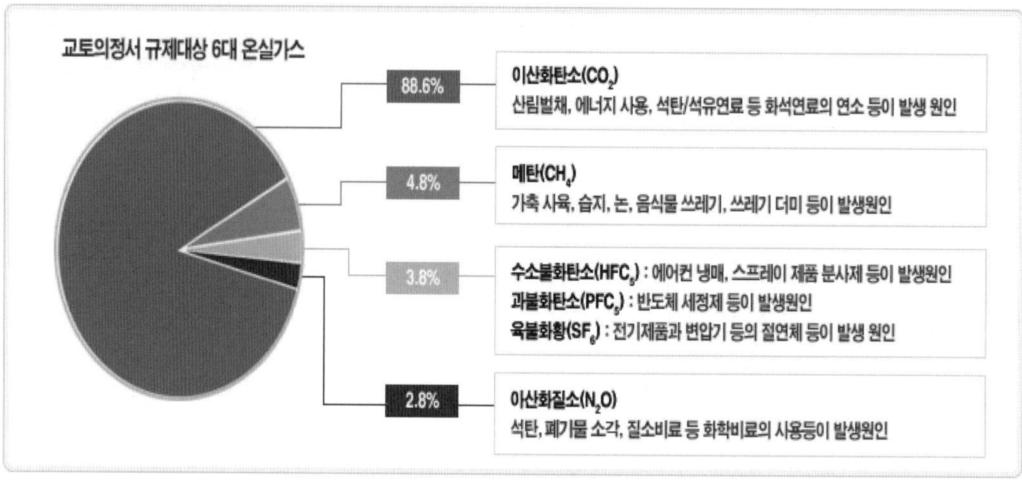

그림 8.2 교토의정서 규제대상 여섯 가지 온실가스, 출처 : 국토환경정보센터

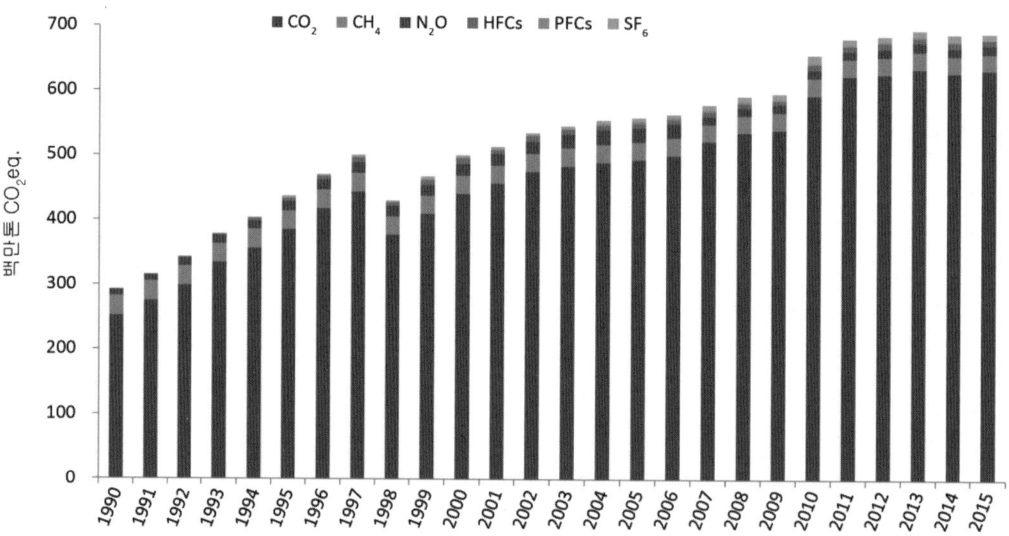

그림 8.3 우리나라의 온실가스별 배출량 변화(1990-2015), 출처 : 온실가스종합정보센터

표 8.1은 여섯 가지 온실가스들의 주요 배출원, 지구온난화지수, 온난화 기여도, 그리고 국내 총 배출량을 보여주고 있다. **지구온난화 지수**(GWP : Global Warming Potential)는 온실가스가 지구온난화에 미치는 영향을 수치로 표현한 것이다. 이 수치는 이산화탄소가 지구온난화에 미치는 영향을 기준으로 했을 때, 다른 온실가스들이 지구온난화에 기여하는 정도를 나타낸다. 지구온난화 지수는 이산화탄소(CO_2) 1, 메탄 21, 아산화질소 310, 수소불화탄소 1,300, 과불화탄소 7,000, 그리고 육불화황 23,900로

나타난다. 이 수치에 의하면, 이산화탄소의 지구온난화 지수는 다른 온실가스에 비해 가장 낮은 편에 속한다. 그럼에도 불구하고 이산화탄소가 지구 전체 온실효과의 약 55%를 차지하고 지구온난화의 주요 원인으로 지목되는 이유는 다른 온실가스에 비해 총 배출량이 월등히 많고 농도가 급속히 증가하고 있기 때문이다. 다른 온실가스들은 지구온난화 지수는 높지만 대기 중에 농도가 상대적으로 미비하기 때문에 온난화 기여도는 이산화탄소 보다 낮다.

지금도 지구 대기 중의 이산화탄소 농도는 지속적으로 증가하고 있다. 지난 10년간 이산화탄소 농도는 25% 증가하였고, 이 기간 동안 지구의 평균 온도는 약 0.5~0.7°C 증가하였다. 만약 대기 중의 이산화탄소 농도가 현재보다 더 증가하면 지구의 온도는 더 증가할 것인데, 많은 과학자들은 2050년쯤에는 이산화탄소의 농도가 약 600ppm에 도달할 것이라 추정하고 있고, 지구 온도는 1.5~6.4°C 상승할 것이라고 예측한다. 일반적으로 이 만큼의 온도 증가는 현저하지 않다고 생각할 수도 있겠지만, 과학자들은 이 만큼의 온도가 상승하면 해수면의 상승, 가뭄과 홍수, 그리고 한파와 폭설 등 기후 변화로 인한 기상 이변이 일어나고, 또한 육지와 해양 생태계의 변화를 가져올 것이며, 인류 건강에도 직·간접적인 악영향을 끼칠 것이라고 예측한다.

표 8.1 온실가스의 종류

	CO_2	CH_4	N_2O	HFC, PFC, SF_6
배출원	에너지/산업공정	폐기물/농업/축산	산업공정/비료사용	냉매/세척용
지구온난화지수 (CO_2=1)	1	21	310	1,300~23,900
온난화기여도(%)	55	15	6	24
국내총배출량(%)	88.6	4.8	2.8	3.8
산업혁명 전 농도	280ppm	700ppb	275ppb	0
2011년 농도	400ppm	1,816ppb	324ppb	0.53ppb
대기수명(년)	50~200	12	120	102

8.2a 이산화탄소

지구 대기 중의 이산화탄소는 전체 온실가스 배출량의 77%(화석연료 사용 57%, 산림 벌채, 벌목 및 습지 감소 17%, 기타 3%)를 차지하며, 일단 방출되면 100년 이상 대기 중에 머문다. 발전소에서 전기를 만들거나 공장에서 물건을 생산하기 위해 사용하는 석유와 석탄, 자동차와 비행기 및 건물 냉난방에 쓰이는 석유와 천연가스 같은 화석연료의 사용이 증가함에 따라 대기 중에 이산화탄소 배출량은 급격히 늘어나고 있다. 또한 이산화탄소를 흡수하는 역할을 하는 열대우림과 같은 기후대의 산림이 빠른 속도로 파괴되고 있기 때문에 이산화탄소 농도 증가는 더욱 가속화 되고 있다. 이러한 증가 상태가 지속된다면 2030년에는 전 세계 이산화탄소 배출량이 2000년 대비 최고 110% 증가할 것이라고 전망한다.

이산화탄소(CO_2)의 배출량은 화석연료의 사용이 본격적으로 시작하게 되는 1750년 산업혁명 이후 매년 그 양이 지속적으로 증가하고 있다. 산업혁명 이전의 대기 중의 이산화탄소 농도 수치는 약 1만 년 전부터 거의 변화가 없었다. 그러나 산업혁명 이후의 급격한 대기 중의 이산화탄소 농도의 상승은 주로 인위적인 방출에 의한 것임을 확실히 보여주고 있고, 특히 최근에는 이산화탄소 농도의 증가 속도가 점점 급속하게 빨라져 가고 있다. 예를 들면 산업혁명이 시작한 이후부터 농도가 50ppm 증가하는데 150년이 걸렸지만, 최근에는 50ppm 증가하는데 30년이 채 걸리지 않았다. 그리고 2016년 지구 대기 중의 이산화탄소 농도는 약 400ppm으로 산업화 이전 농도인 280ppm 보다 45% 증가하였음을 보여준다. 표 8.2는 지구 전체와 한반도 대기 중의 연평균 이산화탄소 증가량을 보여준다. 최근 10년간의 연평균 증가량은 2.2ppm으로 증가 속도는 점점 가속화되고 있다.

우리나라의 연간 이산화탄소 배출량은 전체 지구의 배출량의 평균값에 해당된다. 그림 8.4는 1999년 이후 최근 18년 동안의 전체 지구와 한반도, 중국, 일본의 연평균 이산화탄소 농도의 변화를 보여준다. 2016년 한반도 평균농도는 409.9ppm으로 1999년부터 평균적으로 연간 2.1ppm 증가해 왔고, 지구 연평균 농도 증가율인 2.0ppm과 비슷하다. 지역급 관측소인 우리나라 안면도와 지구급 관측소인 미국 마우나로아(Mauna Loa)에서 측정한 이산화탄소 농도를 비교해 보면, 연평균 농도와 월평균농도의 변동 폭은 서로 큰 차이를 보이지 않는 것을 볼 수 있다.

표 8.2 연평균 지구 대기와 한반도 이산화탄소 증가량.　출처 : 기상청

구 분	지구 대기	한반도 (안면도)
2016년의 연평균 농도 산업화 이전(1750년, 278 ppm) 대비 증가량	403.3ppm 45%	409.9ppm
2015~2016년 사이의 농도 증가량	3.3ppm	2.9ppm
최근 10년 연평균 농도 증가량	2.2ppm/year	2.3ppm/year

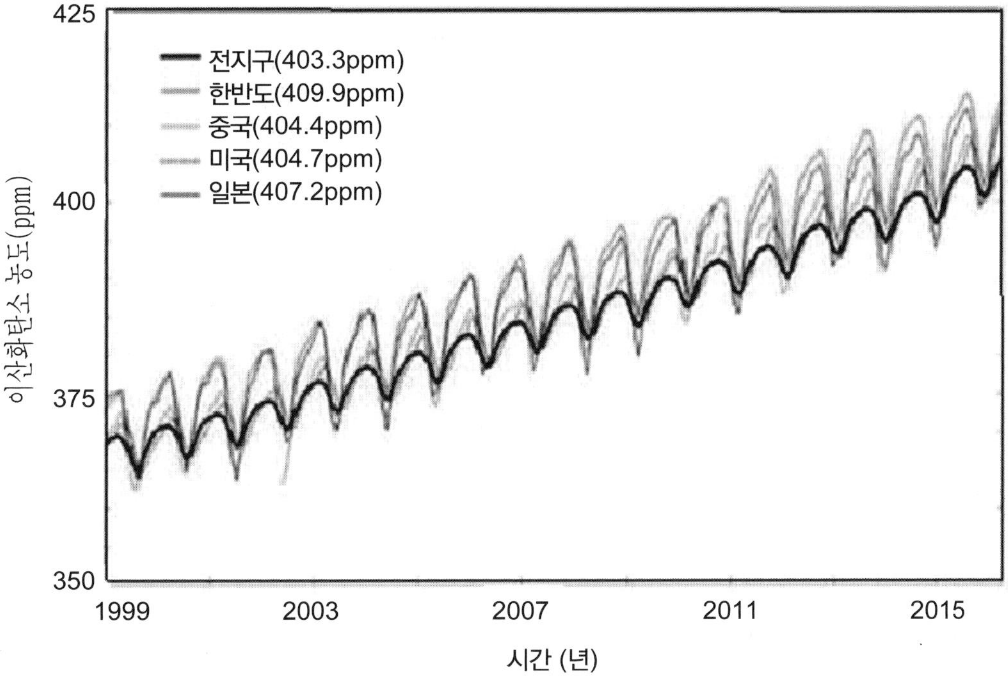

그림 8.4 전지구와 한반도, 중국, 미국, 일본의 연평균 이산화탄소 농도(ppm) 비교. 괄호는 2016년 연평균 이산화탄소 농도를 나타낸다. 출처 : 기상청

8.2b 메탄

메탄의 온실효과는 이산화탄소의 10~100배에 해당되기 때문에, 현재의 대기 중 메탄 농도가 약 1.7ppm으로 이산화탄소의 0.5% 보다 훨씬 더 낮음에도 불구하고 지구온난화에 대한 기여도는 무시할 수 없다. 메탄 농도의 상승은 거의 직선적이며, 현재 연간 2억 5천만 톤이 대기 중으로 배출된다. 메탄은 자연적 또는 인위적 과정을 통하여 생성되는데, 화석연료를 태울 때에도 발생하지만 습지에서도 발생하고, 석탄이나 천연가스의 채굴과 수송, 심지어는 가축으로부터 등 다양한 과정을 통해 발생하는 것으로 알려져 있다. 그렇기 때문에 인구가 증가함에 따라 식량 생산을 늘려 나가는 과정에서 대기 중의 메탄 배출량이 늘어났다고 보는 것이 일반적인 견해이다. 더불어 인구의 증가와 함께 쓰레기도 증가하고, 이들 쓰레기를 분해하는 과정에서도 다량 발생하는 것으로 알려져 있다.

8.2c 아산화질소

아산화질소는 인간에 의해 발생한 온실가스로 5% 이상을 차지하고 있으며 주로 화학비료의 사용량 증가로 발생하고 있다. 그리고 석탄을 채광 할 때와 연료가 고온으로 타면서 발생한다.

8.2d 불소계 온실기체

프레온 가스(HFCs)는 인간 활동에 의해 만들어진 온실가스 중 약 25%를 차지하는 것으로 1930년 이후 사용량이 급격히 증가해 왔고, 매년 4%의 비율로 지속적으로 증가하고있는 추세다. 주로 냉장고나 에어컨 등의 냉매제, 절연체 및 반도체의 세척제, 그리고 각종 에어로졸 스프레이 제품 등에 사용된다. 프레온 가스는 실제 대기 중의 양은 0.001ppm 이하로 아주 미비하지만, 매우 안정적이고 장기간 존재할 수 있기 때문에 아마 100년 후에도 대기 중에 남아있을 것이다. 그리고 프레온 가스 한 분자는 이산화탄소 한 분자보다 1,000배나 많은 양의 적외선을 흡수할 수 있다. 이런 이유로 인위적 온실 효과에 대한 기여도는 20% 정도이다.

과불화탄소(PFCs)와 육불화황(SF6)은 주로 알루미늄 용해, 반도체 생산, 전력 송배전, 마그네슘 주조 과정에서 발생하며, 과불화탄소의 경우 우리나라는 전량 반도체 제조 공정에서 사용되고 있다. 이들은 긴 잔류시간을 갖고 있으며 적외선 흡수가 매우 강하기 때문에 미래 기후에 영향을 미칠 잠재성이 있는 온실가스로 분류되고 있다.

8.3 지구온난화

우리가 지구에서 평균온도 섭씨 15도를 유지하며 쾌적하게 살아갈 수 있는 이유는, 대기 중에 존재하는 적절한 양의 온실가스가 지구로부터 나가려는 긴 파장의 적외선 복사 에너지를 흡수한 뒤 지구로 재복사하여 지구를 덥히는 온실효과 때문이라고 알고 있다. 만일 온실효과가 없다면 지구의 평균온도는 너무 낮아서 생명체가 살 수 없게 될 것이다. 그러나 산업발전에 따른 화석연료의 사용량 증가와 인구의 지속적인 증가로 인해 인위적으로 발생되는 온실가스의 양이 증가함에 따라 온실효과가 과도하게 커졌고, 그 결과로 지구의 평균온도가 올라가는 **지구 온난화 현상**이 나타나고 있다. 산림의 무분별한 벌목도 또 다른 기후변화의 큰 원인으로 꼽는다. '지구의 허파'라고 할 수 있는 아마존 산림의 무분별한 벌목 등으로 산림이 크게 줄어들고 있고, 산림이 감소하면 온실가스를 흡수하는 자연의 능력도 따라서 줄어들게 된다.

지구온난화 및 기후변화에 대응하기 위해 구성된 UN의 기후변화협의체인 IPCC (Inter governmental Panel on Climate Change)에 따르면, 대기 중 온실가스 농도를 낮추기 위한 국제적인 노력을 하지 않으면 21세기 동안 대기온도는 지속적으로 증가할 것으로 전망하고 있다. 그리고 현재 상태로 지구의 평균온도 상승률이 지속된다면, 정확하게 예측하기는 어렵지만 2050년 즈음에는 지구 평균기온은 1.5~6.4°C 상승할 것이라고 추정하고 있고, 2080년 즈음에는 해수면이 63cm 상승될 것으로 전망하고 있다. 이 전망이 현실로 일어난다면, 저지대에 위치한 내륙은 바다 속에 잠겨 전 세계 주거가능 면적의 5%가 침수될 것이고 지형에도 변화가 나타날 것으로 예측하고 있다.

특히 최근에 급격한 이산화탄소 발생량의 증가로 인해 지구온난화 현상이 가중되고 있고, 이로 인한 여러 기상 이변 현상들이 나타나고 있다. 예를 들면, 폭염이 자주 발생하고 오랫동안 지속되기도 하여 극심한 가뭄과 사막화 현상이 일어나고, 국지성 집중 호우로 인한 홍수가 빈번하고, 그리고 북극 및 남극 지대의 기온 상승으로 빙하 감소, 해수면 상승, 육상 및 해양 생태계의 변화 등이 발생할 것이며, 또한 인류 건강에 직·간접적인 영향을 끼치는 현상 등이 나타날 것이다. 이 현상 들은 가까운 미래에 발생할 것으로 전망되고 실제로 현실로 나타나고 있기도 한다. 이러한 이상기후의 원인이 지구 온난화 때문이라는 과학적 근거를 두고 논란은 있으나, 대부분의 과학자들은 온난화 현상은 최소한 부분적이라도 온실가스(주로 이산화탄소)들이 대기로 대량 방출되기 때문이고 그것에 대한 책임이 인류에 있다는 것에 동의한다.

2010년에는 지구 역사상 유례를 찾아 볼 수 없는 극한의 기상 이변이 발생했다. 북반구는 극심한 폭염에 시달리고 홍수로 인해 수만 명의 인명피해가 발생했고, 반면 남반구는 이례 없는 한파로 인명피해와 수많은 가축이 동사했다. 세계기상기구(WMO)는 전 세계적인 기상이변의 원인을 정확하게 분석하기 위해서는 충분한 시간을 두고 연구해야 한다는 의견이고, 과학자들은 대기 변동의 주요 패턴이 눈에 띄게 달라지고 있다고 지적하면서도 정확한 원인에 대해서는 밝히지 못하고 있는 실정이다. UN의 기후변화협의체(IPCC)는 지구온난화로 인한 기상이변이 더 자주 강한 모습을 보일 것이라고 예상한 바 있는데, 실제로 이 예측이 최근의 기상이변의 양상과 일치하고 있다. 이 때문에 WMO는 최근 발생한 일련의 기상이변이 지구온난화와 직결됐을 가능성이 높다고 밝히고 있다. 그림 8.5에 나타난 2015년에 측정된 지구 북반구에 위치한 지역의 온도를 보면 정상보다 더 높은 온도가 측정된 것을 볼 수 있다.

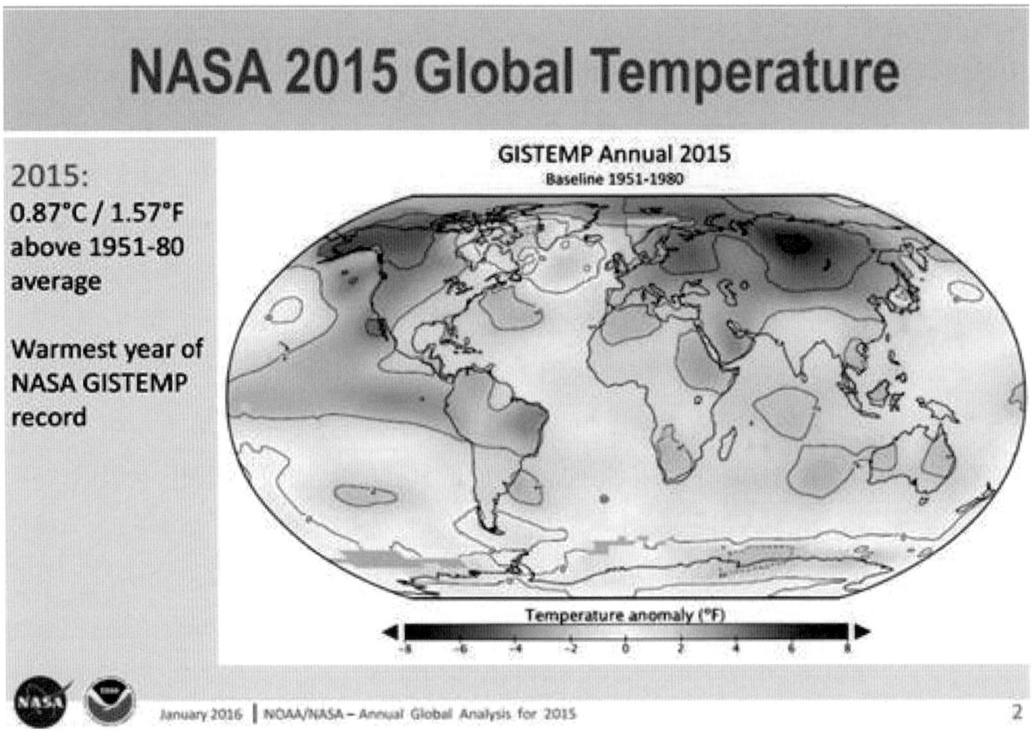

그림 8.5 2015년에 측정된 지구의 온도. 대부분의 지역에서 정상보다 높은 온도를 나타내는 것을 볼 수 있다. 출처 : NASA

8.3a 기상이변 현상

■ 가뭄과 사막화 현상

지구온난화의 중대한 영향중의 하나인 가뭄과 사막화 현상은 특히 아프리카 지역에서 아주 심각하게 발생하고 있다. 니제르, 세네갈 등 아프리카의 일부 지역에서는 전체 이용 가능한 물의 양이 40~60%나 감소하고 있고, 남북서부 아프리카에서는 년평균 강수량의 감소로 사막화 현상이 가속화되고 있다. 추운 나라인 러시아에서는 기상이변으로 최고 기온이 섭씨 35도~38도를 기록하는 때 아닌 폭염으로 300여 명이 사망했고, 산불을 포함한 화재가 800건이나 발생하였다(그림 8.6). 그리고 러시아 중서부 지역에서는 가뭄 현상이 나타나기도 했다.

■ 홍수

가뭄과 사막화 현상과 더불어 지구온난화의 또 다른 영향으로 전 지구적으로 집중호우와 폭풍우에 의한 홍수가 빈발하고 있다(그림 8.6). 2004년 방글라데시에서는 우기 홍수로 전 국토의 60%가 침수되었고 많은 인명과 재산 피해를 가져왔다. 2010년에는 세계 각지에서 발생한 기상 참사로 홍수가 발생하여 파키스탄에서는 1,600명, 중국에서는 2,000명, 인도에서는 160명 이상의 인명 피해가 발생했다. 2011년에는 태국에서 홍수로 381명이 사망하고 더 많은 사람이 실종되었다. 2015년 영국에서 발생한 홍수도 지구온난화에 의한 기상이변 현상이 원인이라고 추정하고 있다. 우리나라에서도 국지성호우로 인한 홍수 피해가 매년 증가하고 있다.

그림 8.6 지구온난화로 이해 발생한 홍수와 폭염에 의한 화재 등 기상 이변 현상들

■ 빙하 감소

지난 20세기 동안 북극지대 대기온도는 약 5도 증가하였고(이는 지구표면의 평균온도 상승 폭보다 5배나 빠른 속도이다), 이로 인해 빙하의 크기가 계속 감소하고 있다. 그림 8.7은 1979년과 2003년에 찍은 빙하의 크기를 보여 주는 사진이다. 이 기간 동안 빙하의 크기는 거의 30%까지 줄었고, 이것은 30년도 채 되기 전에 2백만km^2 이상의 북극 빙하가 모두 사라졌다는 것을 의미한다. 2005년 UN의 기후변화협의체(UNFCCC)의 보고에 의하면 북반구 극지방에서는 1960년대 이후로 눈 두께가 10%나 감소하고 있고, 20세기 동안 호수와 강의 연중 피빙 기간이 약 2주나 짧아지고 있다.

그림 8.8은 빙하의 감소를 비교하기 위해 같은 장소에서의 빙하의 전후(1980년과 2003년) 사진을 보여주고 있다.

* 피빙 기간(ice covered period) : 극지방의 호수나 강의 표면을 얼음 층이 덮고 있는 기간

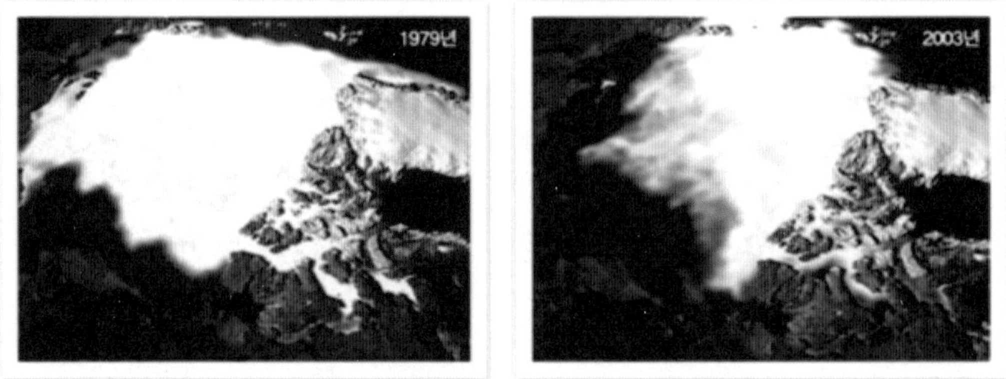

그림 8.7 1979년과 2003년의 빙하 크기 비교. 출처 : 미국항공우주국(NASA)

1980년 2003년

그림 8.8 미국지질조사국 USGS(United States Geological Survey)에서 기록한 빙하의 감소를 비교한 사진

지구온난화로 인해 빙하가 감소하면, 지구가 태양을 효율적으로 반사할 수 있는 빙하의 면적이 줄어들게 됨으로써 결국 지구온난화를 초래하는 악순환이 지속될 것이다. 그리고 빙하의 감소는 북극의 먹이사슬의 파괴를 가져와 북극에 살고 있는 야생동물들이 심각한 위기에 처하게 되는 생태계의 변화를 가져온다. 그 이유는, 북극 생태계의 모든 먹이사슬이 의존하고 있는 기본 물질인 해조류는 빙하의 밑바닥에서 서식하는데, 빙하감소로 인해 해조류가 점점 사라지기 때문이다.

■ 해수면 상승

지구온난화의 영향으로 해수면의 상승이 지속되고 있다. 아시아개발은행(ADB)의 발표에 따르면 2016년 2월을 기준으로 지난 20년 동안 전 세계 해수면 높이가 7.48cm 상승하였고 앞으로도 지속적인 상승이 예상된다고 보고하였다. 특히 필리핀 같은 경우는 12.2cm 상승하였다. UN의 기후변화협의체의 보고에 따르면 지구의 온도가 계속 상승한다면 2100년에는 전 세계 해수면의 높이가 1990년 보다 0.75~1.9m 상승할 것으로 전망하고 있다. 만약 이같이 해수면이 계속 상승하면, 방글라데시와 같이 인구가 해변에 밀집되어 있는 국가에서는 바닷물 범람에 의한 심각한 피해가 우려되고, 몰디브와 같은 작은 섬나라는 완전히 사라질 수도 있다. 또한 해수면 상승은 침수나 홍수 등으로 해당 주민들이 다른 국가나 지역으로 대규모 이주해야하는 상황이 발생할 뿐만 아니라, 해수에 의한 오염으로 식수나 농작물에 막대한 피해를 줄 수 있다. 이미 남태평양의 섬나라 투발루는 국토 전체가 서서히 물에 잠기고 있으며, 식물들은 점점 죽어 가고 있다. 투발루뿐만 아니라 지금도 태평양 저지대에 사는 사람들은 해수면의 상승으로 바다에 잠길 위험에 처해 인근 국가로 이주를 진행하고 있다. 우리나라는 삼면이 바다로 둘러싸여 있기 때문에 해수면의 상승으로 인한 피해를 받을 가능성이 높다.

8.3b 생태계 변화

기후 변화의 속도가 생물이나 생태계가 적응하는 것보다 빠르게 일어난다면 생물 다양성과 생태계에도 악영향을 미칠 수 있다. 지구온난화로 인한 자연 생태계의 변화는 식물, 곤충, 양서류와 파충류, 조류 등의 생존과 번식에 영향을 미치고 있다, 예를 들면 나무의 조기 개화, 새들의 조기 산란, 곤충 식물 및 동물 서식지 변화, 연안 지역의 백화 현상 증가, 생물 다양성 감소 등 지구온난화로 인하여 자연 생태계도 서서히 변화되고 있다.

기후변화로 인한 식물 생태계의 변화는 다양하게 나타나고 있다. 예를 들어 기후변화의 영향으로 제주도의 기온이 상승하면서 우리나라의 고유종인 구상나무가 위기를 맞고 있다. 한라산 해발 1,500m에서부터 산 정상 근처까지 군락을 이루고 있는 구상나무는 고사목조차도 그 자태가 아름다워 '살아 100년, 죽어 100년'이라는 이름을 갖고 있다. 그런데 기후변화에 의한 적설량 감소, 잦은 태풍, 그리고 집중 강우 등으로 구상나무의 생육 기반이 악화되면서 고사하는 현상이 발생하고 있다(그림 8.9). 제주특별자치도 한라산연구소가 2014년 한라산에 분포하는 10개 지역을 대상으로 표본 조사한 결과에 의하면 한라산 구상나무 중 고사목의 비율은 45.9%에 달하고, 특히 전체

고사목 중 20.7%가 2010년 이후 새롭게 발생한 것으로 확인돼 4년 동안에 고사목 비율이 급증한 것으로 드러났다. 그리고 식물의 개화 시기 또한 기후변화 때문에 큰 영향을 받는다. 조사 결과에 의하면 일본의 매화나무의 경우 기후 변화에 의해 개화 시기가 22일 앞당겨졌다고 한다.

그림 8.9 2014년 제주특별자치도 한라산연구소는 한라산에 구상나무가 분포하는 10개 지역을 대상으로 표본 조사한 결과 한라산 구상나무 중 고사목의 비율은 45.9%에 달한다고 발표했다.
출처 : 한라일보

기후변화로 식물 생태계가 변하게 되면, 식물을 먹이로 이용하는 곤충들도 그 영향을 받게 된다. 만일 곤충의 개체 수가 감소하면 곤충을 먹이로 이용하는 조류와 파충류 등이 영향을 받게 되고 연쇄적으로 먹이사슬의 파괴가 발생하는 심각한 결과를 초래할 수 있다. 생태계는 먹고 먹히는 관계가 그물과 같이 복잡하게 얽혀있어 한 종이 변화하면 다른 종에게도 연쇄적으로 큰 영향을 미친다. 즉 식물 생태계의 변화로 곤충의 개체수가 줄어들게 되면 이를 먹이로 삼는 조류와 파충류도 함께 위험해진다.

양서류와 파충류는 생존과 번식을 위해 일정량 이상의 수분이 필요하기 때문에 기후 변화로 인해 가뭄이 발생하면 큰 위협이 될 수 있다. 예를 들어, 많은 열대 지방의 개구리들은 물 밖에서 알을 낳는데 비가 오지 않는다면 말라죽을 위험이 크다. 이는 열대지방의 개구리 뿐만 아니라 물 밖에 알을 낳는 많은 종에게도 마찬가지로 적용된다. 도마뱀은 온도가 섭씨 43도 이상이 되면 부화하지 않기 때문에 기후온난화는 도마뱀의 멸종을 가져올 수도 있다. 즉 지금보다 온도가 더 높아지면 도마뱀은 생태계에서 사라질 수도 있다. 기후 변화는 장거리 이동하는 철새 뿐만 아니라 특정 지역에 서식하는 텃새에게도 영향을 끼치는데, 철새의 경우 도래시기의 변화와 개체군의 감소를 들 수 있고 텃새의 경우 번식률 감소와 산란 시기의 변화에 영향을 줄 수 있다.

지구 온난화로 인한 기후 변화로 인하여 동식물들의 삶의 터전이 바뀌게 되고, 심각한 경우에는 멸종에 이르기도 한다. 캘리포니아 요세미티 국립공원에서 발표한 조사결과에 의하면 기후 변화의 영향으로 저지대에서 서식하는 28종 중 절반이 고산 지대로 최대 300m까지 이동한 것으로 나타나고 있다. 이는 고지대에 서식하는 종은 점점 서식할 공간이 줄어들고 있다는 것을 의미한다. 지구의 온도가 1도만 상승해도 생태계가 30% 멸종하는 것으로 알려지고 있다. 카리브 해에 사는 대서양 대모거북도 멸종 위기에 처해 있다. 바다 수온 상승으로 거북의 주요 먹이인 해초와 산호가 죽어 먹을 것이 없어졌으며, 해수면이 높아져서 알을 낳을 수 있는 섬의 해변이 점차 사라지고 있기 때문이다.

지구의 온도변화로 얼음 위에서 살던 생물들도 살 곳을 잃어가고 있다. 최근 극지방의 북극곰들은 지구의 기온 상승으로 얼음이 녹아 살 곳이 점점 줄어들고, 북극 생태계의 변화로 사냥감도 줄어들어 삶의 터전을 위협받고 있다. 알래스카 및 캐나다 브리티시컬럼비아 주에 분포한 가문비나무도 기후 변화의 피해를 입고 있다. 원래 겨울이 춥고 길었던 이 지역의 날씨에서는 가문비나무 좀이 별 문제가 되지 않았지만, 점차 온도가 상승하자 좀 벌레가 번성하여 빠른 속도로 나무를 말려 죽이고 있기 때문이다. 지금은 560만 헥타르에 달하는 숲이 죽어 가고 있다.

이산화탄소의 배출량 증가는 지구온난화를 유발할 뿐만 아니라 해양 생태계에도 영향을 미치고 있다. 지구의 70%를 차지하는 바다는 인간이 만들어낸 이산화탄소의 약 25%를 흡수하는 거대한 스펀지 역할을 한다. 최근 이산화탄소 배출량이 급격히 증가하면서 바다는 조금씩 변화하고 있다. 일반적인 해수의 평균 pH는 약 8 정도지만 바닷물로 녹아드는 이산화탄소 양이 증가함에 따라 바닷물의 pH값이 8 이하로 떨어지는 해양 산성화 현상이 일어나고 있다(2.2a 참조). 바다로 흡수된 이산화탄소는 물과 반응해 탄산염과 수소이온을 생성한다. 수소이온 농도가 높을수록 산성이 강해진다. 그리고 이산화탄소 흡수로 바다에 많아진 수소이온은 탄산이온과 반응한다. 조개나 가재 등 등껍질을 갖고 있는 해양생물은 바닷물에 포함된 탄산이온을 이용해 골격을 만드는데, 수소이온 증가로 해양생물이 사용해야 하는 탄산이온의 수가 점점 줄면서 결국 해양생물의 성장이 영향을 받게 된다. 해양 산성화가 심해져 pH값이 1~2 정도만 낮아져도 해양 생태계는 큰 타격을 받게 된다. 미국 로렌스 리버모어국립연구소가 학술지 '네이처'에 발표한 연구에 따르면 산업혁명 이후 전 세계 해양 pH가 0.1가량 낮아졌고 이 같은 추세가 이어지면 2100년에는 pH가 0.4 이상 낮아질 수 있다는 전망이다. 이 변화는 작은 수치로 느껴질지 모르지만 pH가 0.4 정도만 감소하더라도 산성도는 약 2배 증가하기 때문에 생태계에 미치는 영향은 상당히 크다. 그림 8.10은 이산화탄소 배출량 증가로 인해 해양산성화 현상이 나타나는 것을 보여준다. 또한 바다가 산성화되면 산호초뿐 아니라 먹이 사슬 밑바닥을 차지하는 플랑크톤의 성장을 방해하여 바다 생태계를 파괴할 수 있다. 과학자들은 인간이 배출하는 이산화탄소의 양을 줄이지 못한다면 2050년쯤에는 바다 생태계가 돌이킬 수 없을 정도로 악화될 것이라고 경고하고 있고, 바다의 파괴는 고스란히 인류의 생존 위협으로 연결된다.

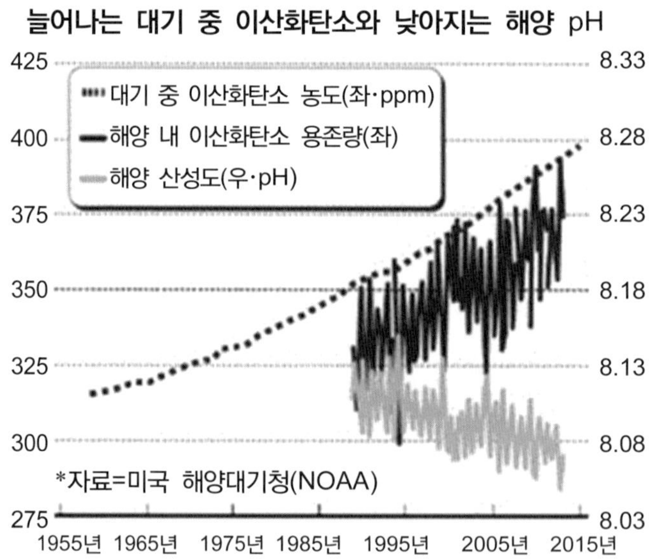

그림 8.10. 이산화탄소의 배출량이 증가함에 따라 해양산성화 현상이 일어나고 있다. 자료 : 미국 해양대기청(NOAA)

8.3c 건강에 미치는 영향

지구 온난화가 심해질수록 인간을 위협하는 질병들도 늘어나고 있다. 전혀 알 수 없는 새로운 질병들이 등장하기도 하고, 예전에는 통제할 수 있었던 질병들이 변형되어서 다시 나타나기도 한다. 지난 30여 년 동안 새로운 질병들이 30여 가지나 등장했다.

모기가 옮기는 질병인 말라리아와 뎅기열은 고도가 낮고 기온이 높은 지역에서만 발병하는 것으로 알려져 있는데, 최근 몇 년간을 살펴보면 고도가 높아 기온이 낮은 지역에서도 발병하고 그 빈도가 점차 증가하고 있다. 현재 지구에서 말라리아나 뎅기열이 발병하는 나라는 100여 개국에 달하는데, 지구온난화로 기온이 지속적으로 상승하면 영국이나 스칸디나비아같이 기온이 낮아 모기가 살 수 없는 나라에서도 환자가 발병하고 있고 그 수가 증가할 것으로 예측되고 있다. 만일 지금보다 기온이 섭씨 2도 더 상승하면, 말라리아나 뎅기열 환자는 두 배 늘어날 것이라고 예측되고 있다. 진드기 뇌염은 진드기 뇌염 바이러스에 감염된 진드기에 쏘여 생기는 전염병으로, 주로 서유럽에서 많이 발생했지만, 최근에는 북유럽에서도 해마다 진드기 뇌염 환자의 수가 늘어나고 있다. 과학자들은 그 이유를 겨울철의 기온이 비정상적으로 높아져서 진드기 뇌염을 옮기는 진드기의 개체수가 늘어났기 때문이라고 밝히고 있다. 또한 법정전염병 중 기후변화와 관련이 깊은 쯔쯔가무시병, 말라리아, 세균성이질, 렙토스피라증, 비브리오패혈증 등 매개체를 통한 질병들은 1990년대 이후 꾸준한 증가추세를 보이고 있다. 그리고 기후변화로 인해 기온이 상승하면 대기 내 광화학적 반응이 촉진되고, 이로 인해 오존 농도가 증가할 뿐만 아니라 대기오염이 심화되어 건강에 해로운 영향을 미치게 된다.

8.3d 우리나라에 미치는 영향

지구 곳곳에서 나타나고 있는 지구온난화 영향은 우리나라에서도 예외 없이 나타나고 있다. 지난 100년 동안 우리나라의 온도 상승 변화는 지구 평균 2배이고 해수면 상승 폭은 지구 평균 3배나 높은 수치를 나타내고 있다. 이와 같이 우리나라의 기후변화 진행 속도는 세계 평균을 상회하고 있다. 이와 같은 급속한 기후 변화로 인하여 우리나라에서 가장 빈번하게 발생하는 자연 재해는 집중 호우로 인한 홍수이며, 태풍으로 인한 재해가 그 다음으로 발생하고 있다. 특히 호우는 국지적인 집중 호우로 지역차가 매우 크며 최근 10년간 그 특성이 더욱 뚜렷해지고 있다. 이로 인해 소중한 인명과 막대한 재산상의 피해가 초래되고 있다. 특히 지난 10년(1994년~2005년) 동안 폭염, 집중 호우, 태풍으로 인한 인명 피해와 재산 피해가 막대했다. 그리고 말라리아 등과 같이 기후 변화로 인한 질병의 환자가 1994년에는 5명이었는데 2007년에는 2,227명으로 급격한 증가를 보이고 있다.

그림 8.11 설악산 한계령을 강타한 집중호우로 유실된 도로

기후변화로 인한 질병과 이상 기후 현상에 의한 생태계의 변화에 따라 국민의 생활 행태의 변화를 가져오고 또한 건강에도 부정적인 영향을 미치고 있다. 기후변화의 영향은 기온 상승과 관련하여 대체로 1990년대 이후 한반도 여름철 고온 발생 빈도가 증가하는 추세이고, 서울시의 7-8월 평균 최고 기온과 평균 사망자 수 추이가 대체로 비례한 것으로 나타나고 있다. 우리나라는 그림 8.12에 보여 지는 것과 같이 지구온난화의 영향으로 인해 아열대 기후로 바뀌고 있다. 또한 지구 평균 보다 3배나 많은 변화를 보이고 있는 해수면 상승과 해수 온도 상승으로 인해 열대야 일수가 많아지고, 여름철 기간은 길어지고, 또한 농작물과 해양 생물 등의 변화를 초래하여 우리 생활에 직·간접적인 영향을 미치고 있다. 그리고 지구온난화에 따른 수온 상승에 따라 우리나라의 바다에 난류성 어종은 증가한 반면 한류성 어종이 감소하고 있으며 특히 해파리의 증가는 어업 활동에 많은 피해를 주고 있다. 해파리 떼가 해수욕장 피서객을 공격하는가 하면 서해에 주로 출몰했던 식인상어가 남해안에서 발견되기도 한다. 남해의 유해성 적조는 발생 시기가 해마다 빨라지고 있고 동해에선 명태, 정어리 등 한류 어종이 급감하고 있다. 해양 전문가들은 지구온난화에 따른 수온 상승으로 바다 생태계가 바뀌면서 생기는 현상으로 보고 있다.

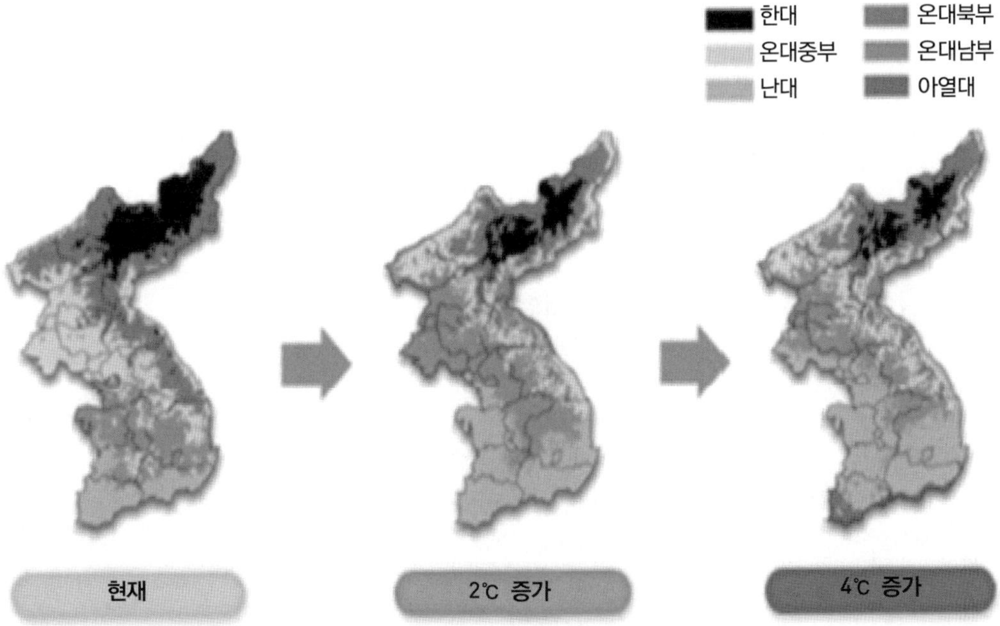

그림 8.12 온도 상승으로 인해 한반도의 난대와 아열대 지역이 넓어지고 있다. 출처 : 환경부

우리나라의 대표적 습지 생태계도 기후변화에 의한 자연적인 환경 변화에 따라 꾸준히 변화하고 있다. 경남 창원의 우포늪은 해수면의 상승에 의해 만들어진 국내에서 가장 오래된 자연 내륙 습지로 500여종의 수생식물, 400여 종의 식물성 플랑크톤, 그리고 다양한 종류의 포유류, 조류, 양서류와 파충류, 어류, 그리고 곤충 등이 서식하고 있다. 연구 결과에 따르면 우포늪의 연꽃 군락 면적이 85%나 증가하여 수생 식물의 다양성의 균형이 무너지는 현상이 발생하고 있다. 전문가들은 이 현상이 기후 변화와 관련이 있는 것으로 판단하고 있다. 또한 기온이 상승하면서 야생 동식물이 예년보다 일찍 산란하거나 싹을 틔우는 현상으로 인한 생태계의 변화도 일어나고 있다. 환경부가 지정한 기후변화지표 종의 하나인 북방산 개구리는 너무 이른 산란으로 인해 개체수가 급격히 감소하고 있다. 이런 현상은 상위 포식 동물이나 곤충 등에도 영향을 주기 때문에 연쇄적인 생태계 변화로 이어질 수 있다. 최근 연구 결과의 발표에 의하면, 만일 온실가스 배출을 감축하지 않는다면 우리나라의 기온은 6도 까지도 상승할 것이며, 강수량은 15~20%가 증가할 것으로 예측하고 있다. 이러한 급속한 기후 변화에 대비하여 우리는 사회, 경제 그리고 자연 시스템의 충격 및 부정적인 영향을 줄이고 사회적 적응력을 보호하기 위한 정책, 그리고 온실가스 배출을 감축하는 적극적인 국민의 참여가 필요하다. 표 8.3은 우리나라 정부에서 예측한 30년 후 우리나라 기후 변화가 자연 환경, 생활 환경, 그리고 산업에 미치는 영향을 보여준다.

표 8.3 30년 후(2050년) 우리나라의 기후변화에 의한 영향 예측. 출처 : 국토교통부

<table>
<tr><th colspan="2">부 문</th><th>기후변화영향 (2050년)</th></tr>
<tr><td rowspan="3">자연환경</td><td>산림 식생대</td><td>▸소나무 식생 지역 → 경기북부, 강원지역에만 분포
▸동백나무 등 난대 → 수종 서울에서 관찰 가능</td></tr>
<tr><td>육상 생태계</td><td>▸생태계 변화, 서식지 축소 → 생물 다양성 감소
▸꽃매미 등 남방계 외래 곤충 증가
▸멧돼지 개체 수 증가로 농작물 피해 확산</td></tr>
<tr><td>해양 생태계</td><td>▸제주 산호 군락지 → 백화 현상
▸난대성 어종 북상, 한대성 어종 남하
꽃게 어장 : 연평도 부근 → 북한 영해
참조기, 갈치 : 제주도 → 전남·경남 연안
대구 : 동해, 경남 진해 → 전남 고흥·여수</td></tr>
<tr><td rowspan="3">생활환경</td><td>물 관리</td><td>▸하천 유역, 도심지 홍수 발생 가능성 증가
▸가뭄 발생, 생활·농업용수 수요 증가 → 물 부족</td></tr>
<tr><td>해수면 상승</td><td>▸해수면 해일고 상승 → 해안 저지대 범람, 침식
해수면 상승으로 여의도 면적 7.7배 범람(2020년)
▸일부 방조제·항구 등 범람에 취약</td></tr>
<tr><td>건강</td><td>▸폭염 열대야 1개월간 지속 → 노인 환자 등 취약
▸말라리아 뎅기열 등 아열대성 질병 증가
- 기온 1도 상승 → 말라리아(3%) 쯔쯔가무시병(6%) 증가</td></tr>
<tr><td rowspan="3">산업</td><td>농업</td><td>▸쌀 과수 채소 등 품질 저하 생산성 감소
매년 2~4만 ha 경작지 감소
- 기온 2도 상승 → 사과 생산량(34%), 고랭지배추 재배면적 (70%) 감소
▸품종 개량 및 신품종 재배 기회 창출</td></tr>
<tr><td>수산업</td><td>▸갯녹음 현상 확대, 대형 해파리 증가 → 어업·양식업 피해발생
▸참치 등 난대성 어종 양식기회 제공</td></tr>
<tr><td>산업 전반</td><td>▸산업 생산 차질, 전력 수급 불안정 등 발생
▸기후 친화형 산업, 관광·레저 부문 활성화</td></tr>
</table>

8.3e 경제적 영향

기후 변화로 인한 피해를 최소화하기 위한 목적으로 지구온난화 방지를 위한 국제 협약 및 국내 규제가 꾸준히 도입되고 있다. 그리고 국제적으로 환경 규제, 탄소 배출권 시장의 형성, 그리고 국제 통상 마찰 격화 등 세계 경제 시스템이 변하고 있다. 1990년 온실가스에 의한 지구온난화를 방지하기 위한 목적으로 온실가스 감축 의무가 있는 선진국을 중심으로 국제사회는 온실가스 배출량 감축을 규정하는 교토의정서를 공식 채택하였다. 교토의정서에 명시된 감축 의무가 있는 국가들은 비용과 효과적인 의무 부담 이행을 위하여 배출권 거래 제도 및 청정 개발 체제 등 신축성 있는 교토 메카니즘을 제시하였다. 이와 더불어 새로이 창출되고 있는 온실가스 감축 관련 환경산업 및 기술 개발을 선점하려는 노력을 하고 있다. 이 같은 온실가스 감축과 관련된 제도의 도입은 교토의정서에 비준하지 않은 미국에서도 마찬가지여서 캘리포니아 주의 경우 2009년부터 차량의 CO_2 배출 기준을 엄격히 적용하고 있어 국내 관련 업계에 영향을 주고 있다. EU는 지역 내에 반입되는 차량에 대하여 1km 주행 시 평균 140g 이상의 CO_2를 배출하는 경우 수입을 제한하는 자발적 협약을 발효하고 있고, 이 기준을 120g/km로 더욱 강화한다는 계획을 갖고 있다. 이는 우리나라 주요 수출 품목 중 하나인 자동차의 수출 증대의 장애 요인으로 작용할 수 있다. 또한 기타 수입 품목의 경우에도 포장재의 처리에 까다로운 기준을 적용하고 있으므로 이에 대한 대처가 필요한 상황이다.

위에서 살펴본 것처럼 우리나라는 제1차 공약기간 동안에는 온실가스 감축 의무가 없더라도 이미 감축 의무 국가인 선진국을 대상으로 하는 대외 무역 시장에서는 온실가스 배출 규제가 무역 규제로 작용하는 많은 사례를 발견할 수 있다. 이러한 현실에서 우리나라가 교토체제 이후 의무 감축 국가에 포함될 경우, 국내에서도 온실가스 감축 정책 및 노력이 현실적으로 불가피할 것이다. 우리나라의 감축 의무 참여가 비단 산업계에만 영향을 미치는 것은 아니며, 우리 국민 모두에게 영향을 미칠 수 있다. 2005년도의 국가 온실가스 배출량이 1990년 온실가스 배출량 대비 2배에 이르고 있는 우리의 현실을 고려하면, 교토체제 제1차 공약기간 이후 감축 의무가 주어졌을 때에는 국민 경제에 큰 부담을 줄 수 있다. 향후 온실가스 감축 의무 방식에는 여러 가지 가능성이 있으므로 속단하기는 어려우나, 2013년부터 온실가스 배출량을 1995년 대비(교토체제 이후의 기준년도를 1995년으로 가정할 경우) 5% 줄인다고 가정하는 경우 실질 GNP성장률이 0.78% 감소하는 것으로 나타나 국민 경제의 어려움이 예상되며, 국가 경제를 고려하여 산업계의 감축 부담을 국민들이 부담하는 경우 국민들이 실제 느끼는 경제적 압박은 더욱 클 수도 있다(표 8.4).

표 8.4 한국의 온실가스 감축을 위한 부담비용(전망치). 단위 : 억 달러

년도	CO_2 감축량 (백만 톤)	부담 비용		
		54달러 예상	27달러 예상	5.5달러 예상
2010	395.2	213.4	106.7	21.7
2015	445.8	240.7	120.4	24.5
2020	513.3	277.2	138.6	28.2

'단소 배출권 시장 현황과 전망' 2007 이부형, 이해정 참조

지금까지 언급한 것과 같이 현재 상황이 지속되면, 온실가스 농도는 향후 계속 증가할 것이고, 결과적으로 지구온난화도 더욱 가속될 것이다. 이로 인해 인류의 미래는 빈발하는 자연재해, 생물종 멸종, 전염병 발생, 해수면 상승 등 필연적으로 발생할 것으로 예상되는 변화에 대응하기 위한 적응 노력을 해야 할 것이며, 더불어 심각한 사회경제적 영향을 피할 수 없을 것이다.

8.4 지구온난화에 대한 가능한 대응

대부분의 기후 전문가들은 기후 변화 특히 지구온난화는 지금 확실히 진행되고 있는 부정할 수 없는 사실이라고 단언하고 있다. 그리고 인간이 지구온난화를 가속화시키고 있느냐는 질문에는 매우 높은 확률로 '그렇다고 말할 수 있다'는 의견에 동의한다. 반면 이런 의견에 동의하지 않는 전문가들도 상당히 있다. 지구온난화의 원인이 인간이 아니라고 주장하는 사람들의 대표적인 논리는, 원래 지구온난화를 비롯한 기후 변화는 지구가 태어난 이후 주기적으로 일어나는 자연스러운 현상이고 지금 지구의 평균 기온이 상승하고 있는 것도 그런 맥락에서 이해해야 한다는 것이다. 그리고 지구온난화란 단어 자체가 잘못되었고 많은 사람들이 예상하는 비극적인 미래는 오지 않을 것이라는 주장을 하는 전문가들도 아직 존재하는 것 또한 사실이다. 이렇게 지구온난화를 바라보는 다양한 시각이 존재하는 이유는 기후 변화나 지구온난화는 수많은 집단과 개인의 이해 관계가 얽혀져 있는 복잡한 문제이기 때문일 수 있다. 예를 들어 이산화탄소의 방출을 억제하기 위해 화석연료의 사용을 줄이자고 하면, 산유국의 입장에서는 화석연료 사용을 줄이려는 움직임을 어떻게든 막아보려고 할 것이다. 이런 현상은 제조 공장을 운영하는 기업에서도 일어날 수 있는데, 만약 기후환경보호를 위

한 정책 수행을 위해 기업에 환경 규제를 적용하거나 산업구조 변화를 요구하면 갈등이 지속적으로 발생할 것이라 짐작할 수 있다. 기후온난화를 방지하기 위해서는 이러한 의견 대립은 바람직하지 않고, 그렇다고 강압적인 방법이나 일방적인 주장에 의존한 정책 결정 또한 가능하지도 않다. 지구온난화에 대처하는 노력은 전 세계 모든 국가와 사람들이 동참하여야 비로소 효과를 기대할 수 있기 때문에 하루빨리 전 세계 사람들이 동참하고 공감하는 지구온난화 대책이 마련되어야 할 것이다. 기후 변화에 대한 대책은 **적응과 완화** 두 부분으로 크게 구분할 수 있다. 적응은 기후변화에 의한 부정적인 영향을 줄이기 위한 대응 정책이며, 기후변화의 원인인 온실가스의 배출을 줄이는 정책은 완화이다. 기후 변화에 의한 지구온난화를 방지하는 가장 근본적인 대책은 당연히 온실가스 배출을 줄이는 완화정책일 것이다. 그러기 위해서는 어느 특정 그룹의 노력만으로는 좋은 결과를 기대할 수 없고, 국제사회, 국가, 산업계, 그리고 국민들 모두 나서서 함께 노력하는 것이 중요하다. 국제사회는 지구온난화에 따른 기후변화에 적극 대처하기 위한 협약을 체결하고, 각국의 정부는 온실가스 감축을 위한 국제적 노력에 동참하는 종합 대책을 수립하여 시행하고, 기업은 온실가스 감축을 경영과정에 포함시켜 지속적인 관심과 투자를 아낌없이 하며, 국민들은 일상 생활에서 지구온난화 방지의 첫걸음인 에너지와 자원의 절약을 실천했을 때 긍정적인 결과를 얻을 수 있을 것이다.

8.4a 국제사회의 노력

지구온난화는 전 세계적인 문제로써 어떤 특정 국가나 개인이 독자적으로 해결할 수 있는 사안이 아니다. 지구온난화는 인류 전체의 생존 여부까지 위협하는 자연 재앙으로 전 세계의 연합 기구들이 다양한 규제와 제도를 통해서 지구 오염을 줄이고 환경 개선을 통해 지구온난화 문제를 해결해 나가야 한다.

1995년부터 기후변화 특히 지구온난화를 막기 위한 국제적인 노력이 시작되었다. 세계 각국의 대표들이 모여 기후변화 문제를 논의하는 유엔기후변화협약 당사국총회(UN Climate Change Conference, UNCCC)가 독일의 베를린에서 첫 모임을 가졌다. 기후변화협약 주요내용은 지구온난화 방지를 위하여 모든 당사국이 참여하되, 단 온실가스 배출의 실질적 책임이 있는 선진국은 차별화된 책임과 의무 사항 그리고 모든 당사국들은 지구온난화 방지를 위한 정책과 조치 그리고 국가 온실가스 배출 통계가 수록된 국가보고서를 UN에 제출하는 것이다. 그러나 기후변화 협약에 의한 온실가스 감축은 구속력이 없기 때문에 온실가스의 실질적인 감축에 효과가 별로 없었고, 또한 기후변화를 막기 위해서는 참여하는 나라들의 희생과 양보가 불가피한 만큼, 짐작되다시피 마냥 순조롭게 진행되지는 않았지만 몇몇 괄목할만한 성과는 있었다.

기후변화협약(UNFCCC, UN Framework Convention on Climate Change)

1. 몬트리올 의정서(Montreal Protocol)

오존층 파괴 물질의 규제에 관한 국제 협약으로써, 지구온난화를 방지하고 규제하기 위한 국제 협약.

2. 1997년 교토의정서(Kyoto protocol)

1997년 일본 교토에서 개최된 기후변화 협약 제3차 총회는 지구온난화를 유발한 대부분의 책임이 당시 선진국들에 있음을 인정하고 구체적인 행동 지침이 결정되었다. 교토의정서에는 온실가스를 감축할 의무가 있는 국가들의 비용과 효과적인 의무 부담 이행을 위하여 신축성 있는 교토 메카니즘을 제시하였다. 첫째, 선진국이 다른 선진국에 투자하여 얻은 온실가스 감축 분을 투자한 선진국의 감축 실적으로 인정하는 공동이행제도(joint implementation, JI), 둘째, 선진국이 개도국에 투자하여 얻은 온실가스 감축 분을 선진국의 감축실적으로 인정하는 제도청정개발체제(clean development mechanism, CDM), 그리고 마지막으로 온실가스 감축 의무가 있는 국가들에 배출 쿼터를 부여한 후 동 국가 간 배출 쿼터의 거래를 허용하는 배출권거래제도(emission trading, ET)를 채택하였다. 즉 모든 선진국들은 탄소 배출 규제에 참여하는 것이 의무화되었지만 후진국은 규제에서 제외가 될 수 있었고, 선진국들의 이러한 양보에 따라 장기적으로 국제적인 기후 환경 변화 노력이 성공할 수도 있겠다는 희망을 가질 수 있게 되었다. 다만 후진국으로 인정받는 것이 탄소 배출 규제에서 제외될 수 있는 커다란 특혜가 되기 때문에 많은 나라들이 후진국으로 인정받으려 하였다. 미국은 중국과 인도가 후진국으로 인정받아 규제 대상국에서 벗어나게 되는 결정에 반발하였고 유엔기후변화협약에서 탈퇴하였다. 그림 8.13은 교토의정서에 명시된 주요 국가의 제1차 공약기간 동안 감축 목표를 보여준다.

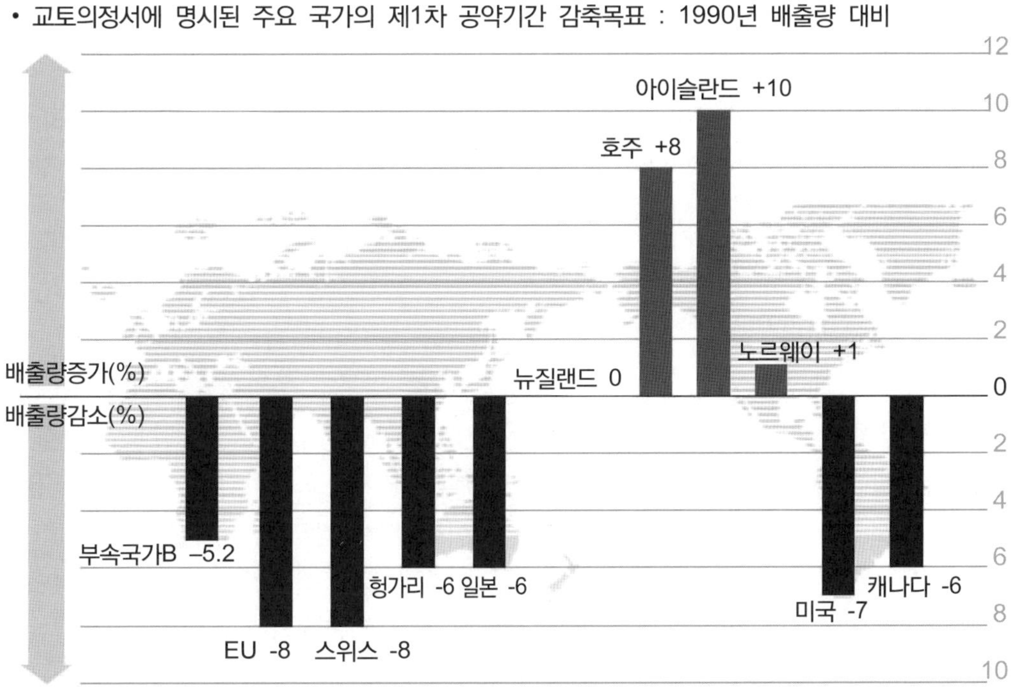

그림 8.13 교토의정서에 명시된 주요 국가의 제1차 공약기간 감축목표. 출처 : 환경부

그림 8.14 2007년 인도네시아 발리에서 열린 기후변화협약 당사국 회의

3. 2009 코펜하겐 기후협약

코펜하겐 기후협약에서는 구체적으로 지구 평균기온 상승을 2도 이내로 막아보자는 목표가 설정되었다. 그리고 선진국뿐만 아니라 후진국과 개발도상국들도 다음 해인 2010년까지 탄소배출 감축 목표를 제시하자는 결의가 이루어졌다. 또한 10년 이상 유엔기후변화협약에서 탈퇴해 있던 미국이 다시 참여를 하게 되었다.

4. 2015 파리 기후협약

그러나 교토의정서는 선진국에만 온실가스 감축 의무를 부과하는 체제이기 때문에, 기후변화에 효과적으로 대처하기 위해서는 개발도상국도 온실가스 감축에 동참해야 한다는 필요성이 지속적으로 제기되고 있었다. 따라서 교토의정서의 체제를 극복하기 위해 선진국과 개도국 모두가 참여하고 이를 위해 각국이 감축 목표를 스스로 결정할 수 있도록 하는 유연한 방식인 신 기후체제를 적용하기로 **파리협정**(Paris agreement)에서 합의하였다. 표 8,5는 교토의정서와 파리 기후협약의 비교를 보여준다. 파리 기후협약에서는 구체적으로 2100년의 지구의 평균기온 상승을 2015년 대비 1.15도 이내로 막아보자는 결의를 채택하였다(참고로 2015년 대비 1.15도 상승이라는 수치는 1차 산업혁명 이후 2도 상승에 해당된다). 이후로도 매년 유엔기후변화협약당사국 총회는 열리고 있지만 미국의 돌발적인 탈퇴 결정으로 기후변화 방지를 위한 국제적인 노력에 커다란 금이 가게 되었다. 그럼에도 불구하고 이러한 국제 공조 움직임이 중단되는 일은 없을 것으로 전망된다.

지구온난화 문제의 근본적인 해결 방안은 국제적인 협약과 기구들의 노력도 중요하지만, 결국에는 전 세계의 인구가 다 같이 환경을 생각하고 보호하는 실천과 노력이 뒤따라야 지구온난화를 방지할 수 있다.

표 8.5 교토의정서와 신기후 체제 비교

구분	교토의정서	신기후 체제
범위	온실기체 감축에 초점	감축을 포함한 포괄적 대응
감축대상국가	37개 선진국 및 EU (미, 일, 캐나다, 러시아, 뉴질랜드 불참)	선진·개도국 모두 포함
감축목표 설정방식	하향식(top-down)	상향식(bottom-up)
적용시기	1차 : 2008~2012년 2차 : 2013~2020년	2020년 이후 발효 예상

8.4b 국가

현재 우리나라는 온실가스 감축 의무 국가는 아니나, 주요 온실가스인 이산화탄소의 배출량이 2013년도에 세계 8위이며 OECD 국가 중 이산화탄소 배출량 증가율 1위 국가이기 때문에, 온실가스 감축을 위한 국제적 노력에 동참해야 할 뿐만 아니라, 기술 개발 등을 통해 보다 적극적으로 기후변화에 대응할 수 있는 대책이 필요하다. 따라서 우리나라 정부는 지구온난화 방지를 위한 국제적 노력에 적극 동참하고 기후변화 협약에 철저히 대응하기 위하여 온실가스 감축을 위한 다양한 정책을 추진하는 한편 국내 산업 보호를 위한 협상 전략을 포함하는 장단기 대응 전략을 치밀하게 준비하고 있다. 국가 차원에서 기후변화에 대한 장단기 대응책을 마련하기 위해서는, 먼저 미래의 기후변화의 특성을 이해하고 지역적 특성의 구체적인 분석이 선행되어야 한다. 그리고 이 결과를 토대로 기후변화의 영향과 취약성을 평가하고 이에 대한 적응 방안을 강구하는 국가 표준 기후변화 시나리오를 만들 필요가 있다. 우리나라 국립기상연구소에서는 최신 기후 모델을 이용하여 기후변화 전망 실험을 수행하였고 그 결과를 국제 사회와 공유하고 있으며(세계기후연구프로그램), 이를 토대로 전 지구 및 한반도 기후변화의 구체적인 시나리오를 만들고 있다.

우리 정부가 현재 수립하여 시행하고 있는 대책은

1. 기후변화 영향 평가 및 적응 대책 수립,
2. 온실가스 배출 관리 체계 구축, 교토메커니즘 도입 기반 구축 이행,
3. 기술 개발 투자 및 기업 지원 강화,
4. 교육, 홍보 및 전문가 양성,
5. 대외 협상 기반 강화 등이 있다.

그리고 이산화탄소 배출량 감축을 위해 에너지와 기술 개발 측면에서 구체적인 대책을 추진하고 있다.

1. 도시 녹화, 열 발전 공급 시스템, 쓰레기 발전 등의 이용을 촉진한다.
2. 자동차 연비 향상, 철도와 해운의 확대 등 이산화탄소 배출이 적은 교통 체계의 형성.
3. 에너지 절약형 제조 설비 보급, 공장 간의 폐열 이용 등 CO_2 배출이 적은 생산구조의 형성.
4. 발전 효율 향상으로 CO_2 배출이 적은 에너지 공급 구조를 형성한다.

5. CO_2 배출이 적은 생활양식(life style)의 실현 등을 추진한다.

8.4c 산업계

산업계는 에너지 낭비가 많은 기존 시설과 공정을 에너지 효율이 높은 시설과 공정으로 대체가 필요하다. 이렇게 에너지 낭비 요소만 제거해도 상당량의 에너지를 절감할 수 있기 때문에 산업계 전체 차원에서 많은 에너지를 절약할 수 있다. 그리고 향후 온실가스 감축 의무가 주어지면 산업 경쟁력이 온실가스 감축 기술 능력에 의해 크게 좌우되기 때문에 에너지 절약 및 온실가스 감축 기술에 대한 지속적인 관심과 투자가 필요하다. 이러한 기술은 단기간에 축적되지 않으므로 장기간의 투자 계획을 바탕으로 기술 개발에 매진하고, 또한 자체 감축 비용 절감을 위해서라도 온실가스를 최대한 감축하는 기술을 생산 공정 및 신규 공장 건설시 도입하여야 할 것이다. 그리고 현재와 같은 에너지 소비가 높은 산업 구조는 기후변화협약시대의 국제 수출 시장에서 가격 경쟁력에 매우 취약하므로, 에너지 소비가 높은 업종의 기업들은 업종 전환이나 고부가가치 첨단 산업으로 진출하는 것을 고려해야 할 것이다.

2005년 우리나라 산업계는 기후변화협약에 대한 대응의 기본 원칙을 '**산업경쟁력 훼손 없는 공동 분담**'으로 정했다. 산업경쟁력 훼손 없는 공동 분담은 우리나라의 경제와 사회 특성을 반영하여 선진국과 차별화된 새로운 방식으로 공동의 책임 분담 노력을 의미한다. 우선 산업계는 환경 보전과 지속 가능한 개발에 대한 사회적 책임을 깊이 인식하고, 급격한 기후변화를 방지하기 위한 범세계적 노력에 적극적으로 동참한다. 그리고 우리나라 산업계는 에너지 소비가 높은 산업의 비중이 크고 수출주도형 국가라는 점을 감안해서, 국제적인 경쟁력을 유지할 수 있는 방향으로 업종별로 구체적인 대응 방안을 모색하고 있다.

8.4d 국민

교통 수단과 가정으로부터 나오는 온실가스 배출량은 우리나라 뿐만 아니라 국제적으로도 가장 빠르게 증가하고 있으며, 국민생활과 밀접한 연관이 있는 이들 부문에서의 온실가스 감축은 가장 중요한 대응책이 될 수 있다. 우리 일상생활에서 지구온난화 방지의 첫걸음은 에너지와 자원을 절약하는 것이라 할 수 있다. 따라서 환경부는 이산화탄소 방출을 줄이는 녹색생활을 권장하고 있다.

이산화탄소 방출을 줄이는 녹색생활 실천 운동은

- 환경 친화적 상품으로의 소비 양식을 전환한다. 동일한 기능을 가진 상품이라면 환경오염 부하가 적은 상품, 예를 들면 에너지효율이 높거나 폐기물 발생이 적은 상품을 선택하는 환경친화적 상품으로의 소비 양식을 바꾼다. 녹색소비는 자원을 절약하고 온실가스도 줄인다. 환경마크가 붙은 제품을 구입하고, 에너지소비효율이 높은 가전제품을 사용하고, 재활용 제품을 애용한다.
- 실내 온도를 적정하게 유지하여 가정 및 직장에서의 냉난방 에너지 및 전력의 절약을 실천한다. 난방을 1도 낮추면 가구당 연간 231kg의 CO_2 를 줄일 수 있다. 여름철 실내온도를 26~28℃로 하고, 겨울철 난방온도는 20℃ 이하로 한다. 여름철에는 간편한 복장, 겨울철에는 내복을 입는다.
- 전기제품을 올바르게 사용하여 에너지를 절약한다. 집안에 있는 플러그들의 반만 뽑아도 연간 78kg의 CO_2 를 감소할 수 있으므로 사용하지 않는 전기 기기는 플러그를 뽑아 둔다. 텔레비전이나 컴퓨터를 사용하지 않을 때는 끈다. 냉장고에 음식물을 가득 채우지 않고 에어컨보다 가급적 선풍기를 사용한다. 고효율 조명 등을 사용하고 불필요한 전등은 끈다. 낮은 층은 승강기보다 계단을 이용한다.
- 승용차 사용을 줄이고 대중교통을 이용한다. B(버스)·M(지하철)·W(걷기) 건강법을 실천한다. 되도록이면 대중교통을 이용하고, 가까운 거리는 걷거나 자전거를 이용한다. 경차를 타고, 승용차 요일제와 카풀(car pool)에 참여한다.
- 올바른 운전 습관을 가진다. 급출발이나 급가속 할 때마다 40원씩 낭비되기 때문에 서서히 출발하고 서서히 정차한다. 출발 전에 행선지를 미리 파악하고 경제속도로 운전한다. 경제속도로 운전하면 연간 98kg의 CO_2 를 감축할 수 있다. 공회전을 자제하고, 타이어 공기압을 유지하며, 불필요한 짐을 싣고 다니지 않는다.
- 쓰레기를 줄이고 재활용한다. 쓰레기 10% 줄이면 연간 18kg의 CO_2 를 감축한다. 온실가스 중의 하나인 메탄은 주로 폐기물 매립 처리 과정에서 발생하는데, 재활용이 촉진되면 매립지로 반입되는 폐기물 양이 감소하므로 메탄 발생량도 감소한다. 또한 폐지 재활용은 산림자원 훼손을 막기 때문에 온실가스 감축에도 기여한다. 일회용 컵 대신 개인 컵을 사용한다. 쓰레기를 철저히 분리 배출한다. 1회용품 사용을 줄이고, 장바구니를 이용한다. 리필 제품을 구입한다.
- 나무를 심고 가꾼다. 나무는 이산화탄소의 좋은 흡수원이다. 소나무 1그루는 연간 5kg의 CO_2 를 흡수한다. 예를 들어, 북유럽과 같이 산림이 우거진 국가는 흡수량이 많아 온실가스 감축에 큰 부담을 느끼지 않는 것이 좋은 예라 할 것이다.

- 물을 아껴 쓴다. 샤워 시간을 1분 줄이면 CO_2 방출량이 7kg 줄어들고, 5분 줄이면 연간 9,500리터 물이 절약된다. 양치질과 세수할 때 물을 받아쓰면 연간 17kg의 CO_2 를 감축한다. 샤워기와 양변기는 절수형으로 설치하고, 세탁은 한 번에 모아서 한다.

그림 8.15 환경부와 그린스타트 전국네트워크에서 전개하는 온실가스를 줄이기 녹색생활 실천운동

이와 같이 우리가 주변에는 실천하기에 그렇게 어렵지 않으면서도 온실가스 방출을 줄이는데 큰 기여를 할 수 있는 일들이 많이 있다. 우리 모두가 일상적인 생활에서 온실가스를 줄이고, 에너지도 절약하면서 덤으로 건강도 챙기는 착한 환경보호 녹색생활 습관을 실천하는 것이 무엇보다도 중요하다.

연습문제

8.1 온실효과에 대해 자세히 설명하시오. 그리고 금성과 표면온도는 태양으로부터의 거리를 감안한 것보다 훨씬 높다. 그 이유를 온실효과 이론을 이용하여 설명하시오.

8.2 메탄과 이산화질소의 대기 수명은 각각 12년과 120년으로 판정되고 있다. 다음 표는 이 온실기체에 대한 온난화지수(GWP) 값이 시간에 따라 다른 값을 갖는 것을 보여주고 있다.

	20년	100년	500년
메탄	72	21	7.6
이산화질소	289	310	156

온난화지수가 서로 다른 값을 나타내는 이유를 설명하시오. 그리고 대기에서의 온실가스 수명이 중요한 이유를 설명하시오.

8.3 우리나라는 해수의 수온이 상승함에 따라 바다에서 난류성 어종은 증가한 반면 한류성 어종이 감소하고 있다고 한다. 이 현상이 발생하는 원인에 대해서 설명하시오.

8.4 기후변화로 인해 기온이 상승하면 대기 내 광화학적 반응이 촉진되고, 대기오염을 심화시켜 건강에 해로운 영향을 미치기도 하고, 지구온난화로 인해 전혀 알 수없는 새로운 질병들이 등장하기도 하고, 예전에는 통제할 수 있었던 질병들이 변형되어서 다시 나타나기도 한다. 지구온난화가 우리의 건강에 미치는 영향을 예를 들어 설명하시오.

연습문제

8.5 대기 중 이산화탄소 농도는 산업혁명 이전에는 280ppm이었는데, 2011년 지구 대기 중의 이산화탄소 농도는 약 396ppm이다. 그리고 최근 10년간의 연 평균 증가량은 2.2ppm으로 증가 속도는 점점 가속화되고 있다. 이 현상의 원인에 대해 설명하시오.

8.6 이산화탄소와 메탄은 온실가스이지만, 대기 중에 질소와 산소는 온실가스가 아니다. 그 이유를 설명하시오.

8.7 이산화탄소 분자는 적외선 영역의 복사선을 흡수하여 진동운동을 한다. 이산화탄소가 자외선이나 가시광선 영역의 빛은 흡수하지 않는 이유를 설명하시오.

8.8 지구온난화를 방지하기 위해 1995년부터 기후변화 특히 지구 온난화를 막기 위한 국제적 노력이 시작되었다. 국제사회가 지구온난화를 제어하기 위해 제안하고 있는 일련의 다양한 방법들에 대해 설명하시오.

8.9 온실가스 감축은 국민생활과 밀접한 연관이 있기 때문에 일상생활에서의 에너지 감축은 가장 중요한 대응책이 될 수 있다. 이산화탄소 배출을 감소하기 위해 일상생활에서 개인들이 할 수 있는 일들에 대해 나열하시오.

8.10 10리터(7,110g)의 휘발유를 연소시킬 때 생성되는 이산화탄소의 질량을 계산하시오. (이산화탄소의 몰 질량 = 44.0g/mol, 휘발유(C_8H_{18})의 몰 질량 = 114.0g/mol)

$$2C_8H_{18}(l) + 25O_2(g) \rightarrow 18H_2O(g) + 16CO_2(g)$$

제9장
생명을 위한 물

물은 생명체의 생명 유지에 절대적으로 필요한 지구상에서 가장 중요한 물질 중의 하나일 것이다. '4대문명'의 발상지라 불리는 4개 지역도 커다란 강과 함께 발생했다는 사실을 비추어 보듯 인류의 역사는 '물'과 함께 발달해 왔다. 공기처럼 흔한 물이 왜 중요할까? 화학의 관점에서 보면, 물 분자는 중심에 위치한 산소 원자 하나에 수소 원자 두 개가 공유결합을 형성하여 만들어진 매우 단순한 화합물이다. 그리고 바닷물, 강물, 지하수, 우물물, 빗물, 온천수, 수증기, 눈, 얼음 등 어디서나 흔하게 볼 수 있는 물질이다. 이렇게 흔하고 단순한 화합물이 무슨 특별한 성질을 가지고 있기에 생명체의 생존에 그렇게 중요한 존재가 될까? 물의 이러한 독특한 성질은 무엇이며, 우리는 그 독특한 성질을 언제 경험 하는가? 그리고 지구의 70%가 물로 덮여 있는데 물이 부족하다는 걱정은 왜 하는가? 그리고 만일 물이 없거나 물의 성질이 지금과 다르다면 어떤 일들이 일어날까? 이 장에서 이런 궁금증에 대해서 알아보고자 한다.

물은 부족해도 문제가 되지만 넘치면 더욱 문제가 되는 것이기도 하다. 건조한 사막과 같이 물이 너무 적으면 생명체가 살아가기에 너무 힘들고, 반면 습지와 같이 물이 너무 많으면 수생 동물들은 살아갈 수 있겠지만 인간이 거주하기에는 적절하지 않다. 지구의 생명체가 생존하기에 너무 많지도 그리고 너무 적지도 않는 적당한 물의 양이 있을 것이다. 지구 대부분의 면적을 차지하고 있는 바다에는 물로 가득 차 있고, 그 안에는 수많은 생명체들이 살고 있다. 하지만 해수는 육지에 사는 생물들이 생존 유지를 위해 사용하기에는 적절하지 않다. 그래서 깨끗한 물이 존재하는 곳에는 생명체가 모여들고, 인간의 문명도 강의 유역을 중심으로 형성되었다. 지구의 인구가 70억이 넘어가면서 인류에게 필요한 물의 양은 점점 늘어나고 있다. 하지만 인구가 늘어가면서 물이 오염되는 가능성은 점점 증가하게 되고, 따라서 깨끗한 물의 양은 우리에게 필요한 양보다 점점 부족해져가는 실정이다.

지구상에 존재하는 물중에 우리가 이용할 수 있는 깨끗한 물의 양은 제한되어 있기 때문에 물이 오염되지 않도록 각별히 주의해야 한다. 물은 다양한 물질들을 녹이는 좋은 용매의 특성을 갖고 있고, 이 특성은 물이 다른 물질들에 의해서 쉽게 오염될 가능성이 매우 높다는 것을 의미한다. 물에 용해되는 물질은 화학비료, 농약, 유독성 화학약품 등과 같이 사람들에게 매우 해로운 물질들이 있다. 또한 물은 대기 중의 오염물질들과 화학적으로 반응하고, 대기 중의 수증기는 질소산화물이나 황산화물과 반응하여 환경에 나쁜 영향을 끼치는 산성비를 만든다. 그러므로 이런 모든 종류의 오염으로부터 물을 보호해야 되고, 만일 불가피하게 오염이 된다면 적절한 과정을 통해 정화하여 재사용해야 한다.

출처 : unicef

9.1 물의 특별한 성질

액체 상태의 물은 수많은 물 분자들이 모여서 이루어진 것이다. 물 분자에 포함된 산소 원자의 전자는 동일 분자 내의 수소 원자의 전자와 공유결합을 하고 있다. 그리고 공유결핫에 참여하지 않는 산소 원자의 전자는 이웃에 있는 다른 물 분자의 수소 원자와 약한 결합을 하고 있다. 물 분자 한 개를 놓고 보면, 산소원자 주위에 전자가 더 많이 쏠려 있게 되기 때문에 산소원자는 부분적으로 음 전하를 띠고 수소원자들은 부분적으로 양 전하를 띤다. 한 개의 분자 안에 부분적으로 양 전하와 음전하를 가진 분자를 **극성**을 띤 분자라고 한다. 극성을 띤 분자들은 서로 이웃하고 있는 분자들끼리 서로 끌어당기는 힘이 존재한다. 그러므로 부분적으로 음 전하를 띠고 있는 산소 원자 주변으로 부분적으로 양 전하를 띤 주위에 위치한 물 분자의 수소원자가 공간적으로 가까이 배치되어 결합을 형성하려는 경향이 크다. 이렇게 그림 9.1에 보여 지고 있는 이런 약한 결합을 **수소결합**(hydrogen bond)이라 한다. 다른 원자에 비해서 상대적으로 전자를 잘 끌어당기는 특성을 가진 산소(O), 질소(N), 불소(F) 원자들을 포함한 분자들이 수소결합 형성의 가능성이 크다. 이러한 분자들 사이의 끌림으로 인해서 물 분자들

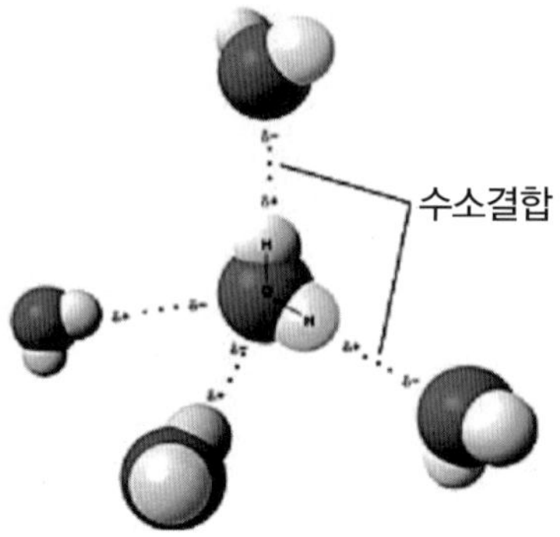

그림 9.1 물 분자의 수소결합. 분자의 중심에 위치한 산소원자(검은색)에 수소원자(회색) 두 개가 공유 결합하여 물 분자를 형성한다. 음전하를 띤 산소 원자는 주위에 있는 다른 물 분자의 양전하를 띤 수소원자를 끌어당겨 수소결합을 한다.

은 여러 개가 서로 뭉쳐져, 결국에는 응집되어 액체 상태가 된다.

물은 여러 가지 물질을 녹일 수 있는 만능적인 **용매**(solvent)로 작용한다. 극성을 띤 물은 극성을 띠고 있는 이온이나 분자들과 잘 섞이지만, 극성이 매우 약하거나 없는 비극성 분자들과는 섞이지 않는다. 예를 들면 비극성인 기름 분자들은 극성 용매인 물에는 잘 녹지 않는다. 대신 기름 분자들은 극성이 약하거나 없는 유기 용매에는 잘 녹는다.

수소결합으로 인해 물은 독특한 성질을 가진다. 한 예로 물의 끓는점은 분자량의 크기가 비슷한 다른 분자들에 비해 월등이 높다. 표 9.1은 물과 비슷한 크기의 분자들과의 특성 비교를 보여준다. 이 분자들은 모두 2~3개의 원자들로 구성되어 있고 분자량이 서로 비슷하다. 일반적으로 끓는점은 분자량이 비슷한 분자끼리는 거의 비슷하지만, 물은 다른 분자에 비해서 확실히 끓는점과 녹는점이 유별나게 높고 상온에서 액체로 존재한다. 물의 이 특성은 수소결합에 의한 것이다.

표 9.1 물과 비슷한 크기의 분자들과의 특성 비교

성질	물	암모니아	메탄	질소	산소	이산화탄소
분자량(g/mol)	18	17	16	28	32	44
상온에서의 상태	액체	기체	기체	기체	기체	기체
끓는점(°C)	100	-33.4	-161.5	-195.8	-183	승화
녹는점(°C)	0	-77	-182.5	-210	-218.8	5.2기압에서 -55.6

9.1a 수소결합의 영향

1. 상온에서 액체로 존재한다. 순수한 물은 0~100°C에서 액체이다.
2. 물은 좋은 용매이기 때문에 자연에서의 물은 순수한 물이 아니라 용질이 녹아 있는 용액의 상태로 존재한다. 이러한 특성으로 인해 물은 **만능적인 용매**(universal solvent)

로 불린다. 물이 여러 가지 물질을 녹일 수 있는 만능적인 용매의 특성은 장단점이 있다. 인체는 약 70%, 어류는 약 80%, 그 밖에 물속의 미생물들은 약 95%가 물로 구성되어 있다. 즉 생물의 생명 현상도 여러 가지 물질들이 물에 녹은 수용액에 의해서 일어나는 화학 변화들의 집합체라고 할 수 있다. 물에는 다양한 화학물질이 포함되어 있다. 구리나 철, 칼슘과 같은 금속이온이 염이나 산화물 형태로 녹아 있고, 또한 공기 중에 있는 산소와 이산화탄소와 같은 기체들도 녹아 있다. 물에 흔히 녹아있는 이온은 칼슘과 마그네슘이온이다. 그리고 석회암 지대를 갖는 지역에서 생산되는 물은 일반적으로 이온 농도가 높다. 그래서 물은 이러한 탁월한 용매 능력 때문에 쉽게 오염된다. 중금속과 유해 유기물들이 물에 녹아있으면 마시는 물로 사용할 수가 없고 정수 과정을 거쳐 걸러져야 한다. 물에 들어 있는 화학물질의 성분도 중요하지만 더욱 염려되는 것은 병원균의 존재 여부일 것이다. 일부 독성이 강한 화학물질을 제외한 유해 화학물질로 오염된 물을 마시면 건강에 대한 효과가 오랜 시간 후에 나타나기도 하지만, 박테리아를 비롯한 세균에 의해 오염된 물을 마시면 즉시 건강을 위협하고 경우에 따라서는 생명을 잃을 수도 있다.

3. 고체(얼음)의 밀도는 액체 상태의 물보다 낮다. 대부분의 액체는 고체가 되면 부피가 줄어드는데, 물은 액체에서 고체가 될 때 오히려 부피가 더 커진다. 이런 이유로 얼음은 물에 뜨고, 호수는 수면부터 얼기 시작한다. 만일 호수가 바닥부터 얼기 시작한다면, 해양 생물들의 생존에 심각한 장애가 될 것이다. 그리고 얼음에 압력을 가하면 녹는다. 압력은 얼음을 더 작은 부피로 만드는데, 물이 얼음보다 부피가 작기 때문에 물이 되는 것이다. 얼음을 만지면 얼음 표면이 녹아 미끄럽게 된다. 예를 들면, 스케이트가 얼음 위를 미끄러져 달릴 수 있는 이유는, 스케이트와 얼음 사이에 엷은 수막이 형성되어 마찰력을 줄이기 때문이라고 알려져 있다. 과학자들은 수막이 형성되는 원인을 세 가지 이론으로 설명하고 있다. 첫째 스케이트 날에 가해지는 압력 때문에 얼음이 녹아 물이 생기는 '압력녹음' 현상 때문일 수 있다. 그런데 얼음에 가해지는 압력이 1기압만큼 증가해도 얼음의 녹는점은 겨우 0.01℃ 밖에 내려가지 않기 때문에 보통 사람의 몸무게는 얼음의 녹는 온도를 불과 몇 도밖에 내리지 못한다. 압력녹음 이론대로라면 날씨가 아주 추운 영하의 날씨가 되면 얼음이 녹지 않아 스케이트를 탈 수 없을것이다. 둘째 얼음 위에서 스케이트 날이 미끄러질 때 발생하는 마찰열 때문에 수막이 생기는 '마찰녹음' 때문일 수도 있다. 마지막으로 액체나 고체의 물 분자들은 내부에서 비교적 강한 '수소 결합'으로 연결돼 있지만 표면에 노출된 물 분자는 단단하게 결합할 수 있는 이웃이 없기 때문에 얼음의 표면에 액체의 물처럼 쉽게 움직일 수 있는 얇은 물 분자 층이 형성되는 '표면녹음'

현상 때문일 수도 있다. 과학자들은 위의 세 가지 이론 중 어느 것이 가장 타당한지에 아직도 계속 논쟁하고 있다.

4. 물의 융해열은 80cal/g으로 다른 물질들과 비교하면 매우 큰 값이다. **융해열**(heat of fusion)은 0℃에서 1g의 얼음을 물로 녹이는데 필요한 열량이다. 또한 물은 **기화열**(heat of vaporization)은 2,250J/g으로 매우 높다. 기화열은 액체가 증발하는데 필요한 열이고, 이는 액체 안의 분자들이 서로 붙잡고 있는 분자 간 인력의 척도이다. 물은 높은 기화열을 갖기 때문에 젖은 몸에서 물이 증발할 때 체온이 내려가는 현상이 발생한다.

5. 물보다 열용량이 더 큰 물질을 찾기 힘들 정도로 물의 **열용량**(heat capacity)은 매우 크다. 열용량은 물질 1그램의 온도를 1도 올리는 데 필요한 열로 정의된다. 다른 열용량을 갖는 두 종류 물질에 동일한 열을 가하면, 열용량이 큰 물질의 온도 변화는 작지만 열용량이 작은 물질의 온도 변화는 크다. 예를 들어 여름철 바닷가에서 햇볕을 받은 모래나 자갈은 뜨거워서 발을 디디기가 어려울 정도로 온도가 높이 올라가지만, 물의 온도는 그렇게 많이 올라가지 않는다. 물의 열용량은 4.18 J/g℃ 이며, 모래의 주성분이 되는 실리콘 산화물의 비열은 0.7-0.84 J/g℃이다. 이것이 의미하는 것은 물 1그램을 1℃ 올리려면 4,18 Joule의 에너지가 필요하고, 모래 1그램을 1℃ 올리려면 0.7-0.84 Joule의 에너지가 필요하다는 것을 의미한다. 그러므로 같은 양의 열을 받았을 때 물의 온도 변화가 더 작다. 이런 물의 성질 때문에 호수나 바다의 온도가 기후의 영향을 크게 받지 않고, 지구의 밤과 낮의 온도차가 다른 행성에 비해 그렇게 크지 않다. 우리 인체의 70%가 물이 주성분인 체액 및 혈액으로 채워져 있기 때문에 한 여름의 뜨거운 햇볕에도 체온을 유지할 수 있고 추운 겨울의 한파에도 몸이 얼지 않고 버티어 낼 수 있다. 만약에 우리 몸이 물이 아닌 열용량이 작은 다른 액체가 주성분이 되는 혈액이나 체액으로 채워져 있다면 사막이나 극지방에서는 도저히 생존을 할 수 없을 것이며, 지구의 기후 변화에 적응하지 못하고 멸종했을 것이다.

6. 수소결합을 하고 있는 물은 **표면장력**(surface tension)이 다른 액체에 비해서 유난히 크다. 그림 9.2에 보여지는 것과 같이, 같은 물 분자들로 둘러싸여 있는 액체 내부에 있는 물 분자들은 모든 방향에서 서로 수소결합으로 인한 균등한 인력이 작용한다. 반면 공기와 접촉된 액체 표면에 위치한 물 분자들은 오직 분자의 아래나 옆에 있는 분자들 하고만 인력을 갖는다. 즉 표면에 노출된 물 분자들은 물 내부에서 끌어당겨 발생되는 액체가 응집하려는 힘과 그것에 저항하여 더 이상 압축이 안 되려는 힘이 균형을 이룬다. 그러므로 표면에 노출된 물 분자들은 액체 내부에 있는 다른

물 분자들에 비해서 상대적으로 덜 안정되어 있다. 따라서 물방울은 최대로 안정한 상태를 유지하기 위하여 공기와 접촉된 물방울 표면에 가급적이면 물 분자의 수를 최소로 하려한다. 기하학적으로 구가 기체와 접촉하는 물 분자의 수를 최소로 갖기 때문에, 물방울은 구 모양을 갖는다. 그리고, 물보다 밀도가 큰 물체들이 물 위에 떠 있을 수 있고, 컵에 물을 가득 채우고 조심스럽게 페이퍼 클립을 올려놓으면 페이퍼 클립이 가라앉지 않고 물위에 떠 있는 것을 볼 수 있고, 또한 연못에서 소금쟁이가 물 위를 걸어 다닐 수 있는 것도 물이 표면장력이 큰 액체이기에 가능하다.

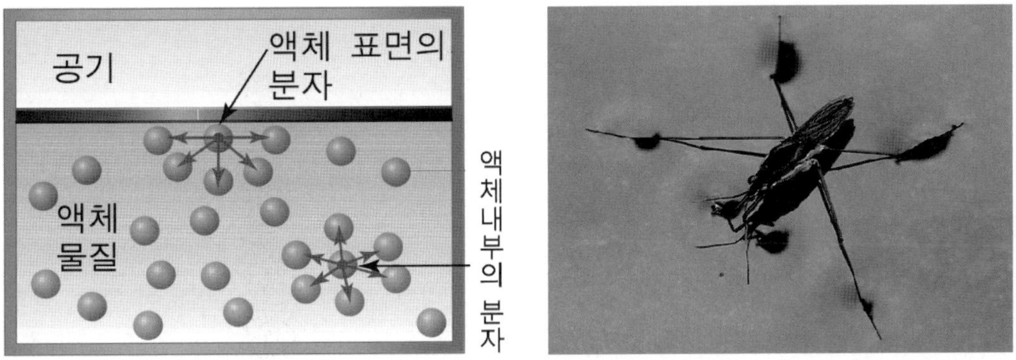

그림 9.2 (a) 액체내부의 분자는 사방에 있는 분자들을 끌어당기는데, 반면 표면에 있는 분자들은 액체가 있는 안쪽으로만 끌어당겨진다. 이로 인해 표면에 있는 분자들은 서로 비교적 강하게 붙어 물 표면을 최소화하려는 힘이 발생하는데 이를 표면장력이라 한다. (b) 표면장력이 무게를 지탱해 주어 물위를 걷는 소금쟁이.

물은 지구상에서 가장 중요한 화학물질이라 해도 과언이 아니다. 물이 없다면 그리고 물의 성질이 위에서 언급한 것과 다르다면, 지구상의 생명체는 생존하지 못할 것이다. 물은 지구상의 기후를 좌우하며, 모든 식물이 뿌리를 내리는 토양을 만드는 힘이 되고, 증기나 수력발전에 이용되어 근대산업의 근원인 기계를 움직이게 하는 역할을 한다. 특히 물은 인류를 비롯한 모든 생물에게 물질 중에서 가장 중요한 것이며, 생체의 주요한 성분이다(표 9.2). 물은 높은 열용량과 기화열의 특성이 있기 때문에 산업체나 일상생활에서 난방에 이용하거나 열을 식히는 냉각수에 사용되고 있다. 인간이나 동물들은 체온이 올라가면 땀을 흘린다. 이 때 흘린 땀이 증발하면서 몸의 열을 같이 가져가기 때문에 체온 조절의 기능을 갖기도 한다.

표 9.2 수분 함량

구분	백분율(%)	구분	백분율(%)
태아	93	생선	82
성인	70	살코기	76
체액	95	채소	89
근육	77	과일	80
피부	71	우유	88
해양무척추동물	97	치즈	35

9.2 수자원

9.2a 물의 순환

지구상의 물은 기체, 액체, 고체 상태로 그 상태가 변화하면서 끊임없이 하늘, 땅의 표면, 지하, 그리고 바다를 순환한다. 우리에게 중요한 담수의 근원은 바다 표면에서 일어나는 증발이고, 증발된 수증기는 응축되고 모여서 구름이나 안개가 되고, 이 들은 비, 눈, 또는 우박 등의 형태로 지표면에 다시 내린다. 전체 강수량 중 약 80%는 바다에 내리고, 나머지 20%가 육지에 내리며, 바다에서 증발된 양의 약 9%가 육지로 이동한다. 이는 다시 강물이나 지하수의 형태로 바다로 흘러가 전체적인 물의 균형이 이루어지게 된다. 지구상의 물이 순환하는 기간을 보면 해양에서 약 2,500년, 빙하로 1,600~9,700년, 지하수로 1,400년, 담수호에서 17년, 하천에서 16일, 대기에 8일정도 머문다. 그림 9.3은 지구상의 물 순환 과정을 보여준다.

9.2b 지구의 물 총량

지구 전체의 물 총량은 14억 km^3이며 이는 지구 전체를 2.7km 두께로 덮을 수 있는 엄청난 양이다. 바다는 지구 표면적의 3/4을 차지하고 있고, 그림 9.4에 보여지는 것과 같이 지구 전체 물의 97.47%가 염수이다. 그리고 나머지 2.53% 만이 담수이다. 담수의 70%는 빙하와 만년설 등 빙설이 차지하고 있고, 우리가 사용할 수 있는 나머지 30%는 호수나 하천에 있는 **지표수**(surface water)와 지표면 아래에 있는 **지하수**(ground water)이다. 그림 9.3의 물 순환과정에서 보여지는 것과 같이 지하수는 **대수층**

(aquifer)에 있는데 이는 지표수에 의해 재충전된다. 대수층은 물을 함유한 다공성 바위나 불투과성 바위에 의한 퇴적물들의 층을 말한다.

가정용, 공업용, 또는 농업용 등으로 사용 가능한 지하수와 지표수는 그림 9.4에 나타난 것과 같이 지구상의 물 전체의 0.77%로 극히 적은 양이고, 더군다나 물 사용량은 세계 인구의 증가와 함께 지속적으로 증가하기 때문에, 물 부족 현상을 피하기 위해서는 깨끗하게 관리하고 유지되어야 하며 아껴 쓰고 재사용하여야 한다.

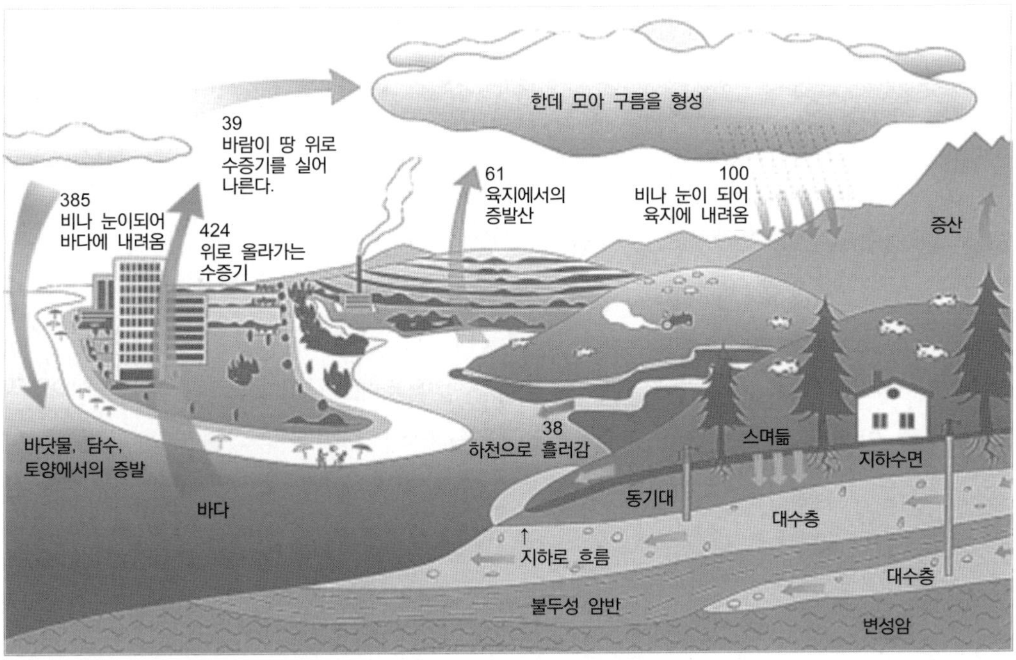

그림 9.3 지구상의 물의 순환. 출처 : 국토교통부, 물과 미래 2015

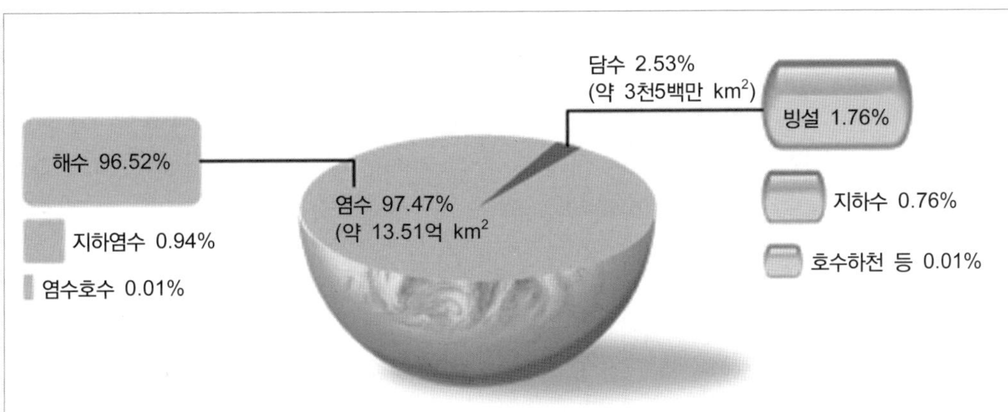

그림 9.4 지구의 물 부존량. 출처 : 한국수자원공사, 물과 미래 2015

표 9.3 지구의 물 부존량

구 분	부피(백만km³)	비율(%)	비 고
총량	1,386	100	
염수	1,351	97.47	지하염수, 염수호수 포함
담수	35	2.53	민물 중 상대적인 비율(%)
- 빙설(빙하, 만년설, 영구동토)	24	1.76	69.57
- 지하수	11	0.76	30.04
- 호수, 하천 등	0.1	0.01	0.39

(주) 남극대륙의 지하수는 포함되지 않음

전문가들에 의해서 추정된 우리나라 지하수 부존량은 2,320억m³ 정도이지만 대수층이 얇고 경제성이 희박하므로 개발이 곤란하다고 한다. 우리나라 년 강수량은 약 1,200mm이고, 이 양은 세계의 평균값 730mm에 비해서 약 60%나 많지만, 1인이 차지할 수 있는 물은 1년에 3,100m³로서 세계평균의 1/10밖에 되지 않는다. 그 이유는 연강수량의 2/3 정도가 6~8월에 편중되어 내리기 때문에 대부분이 홍수로 흘러내려가고 실제로 이용가능한 평상시 유출은 총 수자원양의 23%에 불과하기 때문이다.

9.2c 물 사용량

표 9.4는 우리나라의 수자원 총량, 취수량, 그리고 물 사용 내역을 보여준다. 물을 이용하는 양적인 측면에서 보면, 수자원 총량은 변함이 없으나 사용량은 증가하고 있음을 보여준다. UN의 조사에 의하면 지난 세기에 인구는 두 배로 증가한 반면 물 사용은 6배나 늘었다고 발표하고 있다. 또한 급속한 도시화, 인구집중, 이상기후에 따른 가뭄이 세계적인 물 부족을 가중시키고 있다고 한다. 이렇듯 세계 인구 및 물 수요는 급격하게 증가하고 있으나, 지구 전체의 수자원 양은 거의 변함이 없기 때문에 1인당 사용 가능한 물의 양은 감소하고 물과 관련된 환경 피해는 갈수록 가속화될 것으로 전망되고 있다. 최근에는 수소가스 및 바이오에탄올 등 대체에너지 생산을 위한 물 이용의 증가가 더욱 커질 것으로 전망되고 있어 우리나라와 같이 식량 및 에너지 등을 외국에 크게 의존 하고 있는 국가의 경우 물 부족이 더욱 심화될 수 있음을 우려하고 있다.

우리나라의 경우를 살펴보면, 전체 사용량 중 가정에서 사용하는 물의 양은 약 23%이다. 1년간 사용하는 수자원의 약 47%가 농업용수로 쓰이고, 공업용수로 8%가 쓰인다. 그리고 나머지 22%는 강이나 하천 등의 기능 유지 등에 쓰이고 있다. 그림 9.5에

표 9.4 연도별 수자원 총량 및 용수 이용 현황(1980~2007). 출처 : 수자원공사

구분 \ 연도	1980	1990	1994	1998	2003	2007
수자원총량	1,140	1,267	1,267	1,267	1,240	1,297
유출량	662	697	697	731	723	753
총 이용량 취수량(취수율)	153 128 (19%)	249 213 (31%)	301 237 (34%)	331 260 (36%)	337 262 (36%)	333 255 (34%)
생활용수	19	42	62	73	76	75
공업용수	7	24	26	29	26	21
농업용수	102	147	149	158	160	159
유지용수	25	36	64	71	75	78

(주) 취수량은 유지용수 제외, 취수율은 하천 유출량 대비 취수량

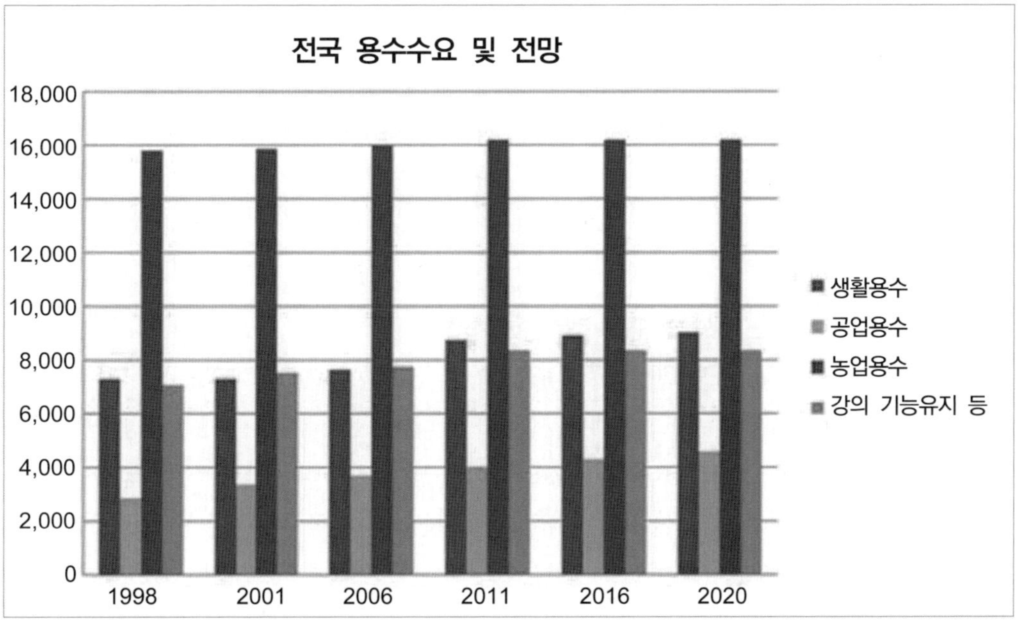

그림 9.5 우리나라 용수 수요 및 전망. 출처 : 수자원공사

보여지는 것과 같이 물 사용량의 가장 큰 비중을 차지하는 농업용수의 사용량이 과다하다고 생각할 수 있지만, 농업용수는 과거부터 현재까지 물 사용량에 큰 변화가 없고 농업용수 사용량을 줄이는 것은 현실적으로 어려움이 있다. 반면 생활용수와 공업용

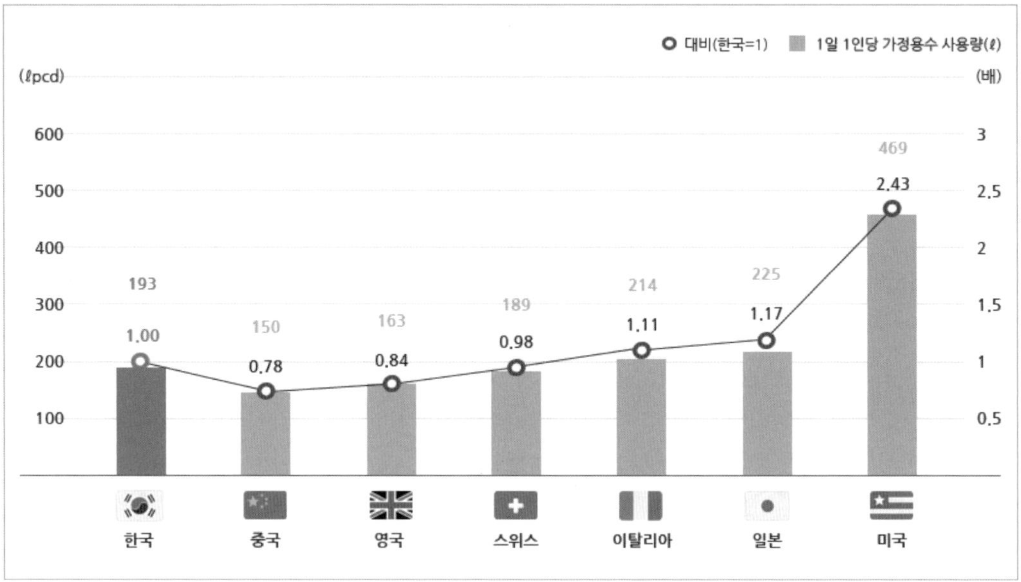

그림 9.6 생활용수 사용량 비교. 출처 : 환경부, 상수도 통계(2015)

수의 사용량은 지금까지 증가해왔고 앞으로도 더 증가할 것으로 예상되고 있다. 공업용수 중에서 가장 많이 사용하는 것은 냉각 시스템이다. 물의 열용량은 다른 액체보다 높기 때문에 많은 열을 흡수할 수 있다. 냉각수를 재순환 하는 것은 물 사용을 절약하는 매우 중요한 방법 중의 하나이다. 냉각으로 인해 따뜻해진 물이 강이나 호수로 흘러나가 생태계에 영향을 주는 열 공해를 일으키지 않도록 냉각시킬 때 얻은 열에너지를 주위 공기로 방출하거나 재사용할 수 있게 하는 것이다.

가정에서 사용하는 생활용수는 전체 물 사용량의 약 23%를 차지하고 있는데, 변기(25%), 싱크대(21%), 세탁(20%), 목욕(16%), 세면(11%) 순으로 사용하고 있다. 그림 9.6은 우리나라 환경부(상수도 통계)에서 발표한 2015년 국가별 1인 1일당 생활용수 사용량의 비교를 나타내고 있다. 이 발표에 의하면 우리나라 1인당 하루 생활용수 사용량은 193L이고, 스위스, 이탈리아와 유사한 수준이나 미국 등 다른 선진국보다 적게 사용하는 것으로 나타났다. 미국의 경우 화력 발전을 비롯한 공업용수로 53%를 사용하고, 농업용수는 우리 보다 적은 34%를 사용하고 있다. 생활용수는 전체 물 사용량의 11%로 우리의 절반 정도에 해당되나, 하루에 1인당 사용하는 물 사용량을 보면 우리보다 2배 이상을 사용하는 것으로 나타난다. 2015년 UN이 발표한 각 나라별로 하루 동안 생활용수를 포함한 1인이 사용하는 물의 양은, 우리나라는 미국이나 노르웨이 보다는 더 적은 양이고, 스위스나 스페인 보다 더 많은 것으로 나타난다. 반면 1일 1인당 4.5L의 물을 사용하고 있는 아프리카에 위치한 잠비아 보다 우리나라는 40배 이상의 많은 물을 사용하고 있다. 가장 적은 양의 물을 사용하는 아프리카 말리의 1인 물 사용량은 8L로 이는 변기 1회 물 사용량에 해당된다.

그림 9.7 서울 여의도 국회 앞 도로에서 일어난 깊이 3m의 싱크홀 현상. 출처 : 서울특별시

지하수를 지나치게 많이 뽑아 쓰면 대수층의 물이 고갈되면서 지하수가 감당하던 압력을 땅 속 공간이 고스란히 받게 된다. 이 결과로 지표가 무너져 **싱크홀**(sink hole)이 만들어진다. 땅속으로 2.5m 깊이 들어갈 때마다 1기압씩 압력이 증가하기 때문에, 깊이 25m의 암반층은 10기압, 250m 지점은 100기압의 압력을 받는다. 이 힘을 지하수가 버텨내고 있는 것이다. 그러나 지하수가 사라지면 땅속 공간은 막대한 압력을 버텨내지 못하고 가라앉는다. 우리나라에서도 싱크홀이 점점 자주 출현하고 있다(그림 9.7). 싱크홀 발생을 막기 위해서는 도시 주요 지역에서 지하수의 흐름을 늘 모니터링 해야 한다. 특히 도심지 공사장의 무분별한 공사는 싱크홀의 가능성을 높인다. 또한 많은 연안 도시들은 지하수를 지나치게 사용한 결과 담수가 빠져 나간 대수층에 바닷물이 흘러 들어와서 염분이 섞인 물로 인한 문제를 일으키기도 한다.

9.2d 물과 미래: 물 부족 현황

세계 인구 및 물 수요는 급격하게 증가하고 있으나, 지구 전체의 수자원 양은 거의 변함이 없기 때문에 1인당 사용 가능한 물의 양 감소와 물과 관련된 환경 피해는 갈수록 가속화될 것으로 전망되고 있다. 미국 CIA는 'Global Trends 2015'에서 2015년에는 세계인구 절반이 넘는 30억 명 이상이 물 부족 상태에 이르게 될 것으로 보고하고 있으며, UN 산하 국제기후변화회의 2001년도 보고서에는 '21세기 지구는 고온, 가뭄, 홍수 등 이상기후 변화와 인구 증가로 인해 가까운 장래에 극심한 물 부족에 직면할 것'으로 전망하고 있다. 또한 국제원자력연구소의 조사에 따르면 세계 인구의 약 1/5에

달하는 11억 명이 아직까지도 **안전한 음용수**(safe drinking water)를 사용할 수 없는 상황이며, 이보다 두 배나 많은 24억의 인구가 기본적인 위생 시설도 없고 하수도 시설이 없는 상태에서 물을 마시고 있는 것으로 나타났다. 즉 10명 중 2~3명은 상식 이하의 비위생적인 환경 속에서 제대로 정화되지 않은 물을 마시고 있으며 각종 질병과 전염병에 취약할 수도 있다는 것을 의미한다. 이러한 수자원에 대한 부실한 관리로 매년 전 세계 인구 중 5백만 명 이상이 비위생적인 물로 인해 수인성 질병으로 목숨을 잃고 있는 상황이다. 이렇듯 세계적으로 심각한 물 부족이 인간의 생존마저 위협하고 있고, 먼 미래의 일이라고만 여겼던 물 부족 사태가 더 이상 미래의 일이 아닌 현실적인 문제로 부각되고 있다. 수자원 전문가들은 '물은 대체할 수 있는 것이 전혀 없어 물 파동은 상상조차 할 수 없는 재앙을 가져올 것'이라고 경고하고 있다.

이상기후와 인구 증가로 인한 물 부족 현상뿐만 아니라, 전 세계적으로 환경오염과 무분별한 개발로 인한 물 부족 문제가 발생하고 있으며, 이는 인류가 해결해야 할 가장 큰 문제로 인식되고 있다. 2018년 미국 항공우주국(NASA)은 인공위성을 통해 2002년부터 2016년까지 14년간 세계 34곳의 담수 저장량을 연구한 결과 2002년 이후 담수 저장량이 급격히 감소하고 있으며 이중 19곳은 물 부족 위험에 빠지게 될 것이라고 발표했다. 특히 인도 북부와 동부, 중동, 중국 북서부, 미국 캘리포니아, 브라질 북부, 호주 지역 등의 경우 농업용수를 과도하게 사용하거나 기후 변화에 의한 오랜 가뭄으로 담수 저장량이 급격히 감소했다. 연구팀은 '물 부족 불안은 생각보다 훨씬 가깝게 다가오고 있다'고 말했다. 세계은행에서 발표한 미래에 대한 전망 자료에 따르면 "20세기의 자원 전쟁이 주로 '석유' 때문이었다면, 다음 세기는 대체할 수도, 재생할 수도 없는 '물'이 재앙의 씨앗이 될 것"이라고 예측하고 있다. 표 9.5는 수자원과 관련이 있는 연구소, 환경단체 등에서 예측한 향후 세계 물 부족 현상을 보여주고 있다.

물 부족이 일어나는 첫째 이유로 인구의 증가에 따른 물 수요 증가라고 할 수 있다. 또한 1인당 사용하는 물의 양은 도시화, 소득 수준의 향상에 따라서도 증가한다. 둘째로는 산업화에 따른 물 수요의 증가이다. 공장이나 발전소에서 사용하는 냉각수, 생산 원료로서 쓰이는 물, 수영장 등 사람들이 사용하는 물의 수요가 지속적으로 증가하고 있다. 셋째는 환경오염이 심해짐에 따라 사용 가능한 물의 양 감소로 인해 물 부족 현상이 발생한다. 예전에는 생활용수로 사용할 수 있었던 하천이나 개울물이 여러 가지 오염으로 인해 더 이상 그 물을 사용하지 못하고 버리게 된다. 넷째는 도시화에 따른 물 부족 현상이다. 아스팔트와 시멘트로 만들어진 도로들이 빗물이 땅 속에 스며드는 현상을 방해하게 되어 지하수의 양이 줄고, 또한 공사의 영향으로 수맥이 끊기기도 한다.

표 9.5 물 부족 현상 예측

기관	예측 내용
국제인구행동연구소 (PAI, Population Action International, 2003)	현재 5억 5천만 명이 물 압박국가나 물 기근국가에 살고 있고, 2025년 까지 24억 명에서 34억 명의 사람들이 물 압박 또는 물 부족국가에 살게 될 것임
미국 NIC (National Intelligence Council : 미 CIA 산하기구)	2015년에는 세계인구의 절반이 넘는 30억 명 이상이 물 부족국가로 분류되는 나라에서 살게 될 것임
세계기상기구 (WMO)	2025년 6억 5천 내지 9억 명이, 2050년에는 24억 명이 물 부족을 겪을 것임
앤더슨 국제식량기구연구소 소장	앞으로 25년 이내에 5개국 중 한 나라가 심각한 물 부족 사태에 직면할 것임
산드라 포스텔 (World Watch Institute)	향후 30년에 걸쳐 지구상의 인구는 약 24억 명이 더 늘어날 것임. 그런데 식량 생산에 필요한 물의 40%만 강에서 가져온다 해도 농업용수가 매년 1천 750km^{3}씩 증가해야 하며, 이양은 대략 20개의 나일 강 또는 97개의 콜로라도 강의 규모와 맞먹음
국제원자력연구소 (IAEA, 2002)	현 추세라면 2025년 약 27억 명이 담수부족에 직면. 현재 약 11억 명이 안전한 식수원에 접근하지 못하고, 25억 명이 비위생적인 환경에 놓여 있으며, 500만 명 이상이 수인성 질병으로 사망. 비위생적인 물로 인한 사망자는 전쟁으로 인한 사망자의 10배에 달함.
UN 요하네스버그 정상회담	2050년 세계 인구는 90억 명에 이를 전망. 11억 명이 안전한 마실 물 부족에 직면할 것이며, 개발도상국 질병 원인의 10%는 안전한 식수 부족 또는 물 부족에 기인함.
UN 세계 수자원개발 보고서	지구의 1인당 담수공급량은 앞으로 20년 안에 1/3으로 줄어들고 2050년 까지 적게는 48개국 20억 명, 많게는 60개국 70억 명이 물 부족 겪을 것임. 2050년 까지 인구는 93억 명으로 늘고 오염된 담수원 면적은 현재 관개용 수자원 면적의 9배에 달할 것임
캐나다 회의(캐나다 시민단체) 마우드 발로 (2004)	산유국이 카르텔을 형성 석유자원을 무기화하듯이 머지 않아 물이 풍부한 국가들도 그렇게 할 것이라고 잔망
세계경제포럼 수자원 이니셔티브 보고서 (2009)	수자원 부도(water bankruptcy) 가능성 경고 '이제는 1970년대 석유파동(oil shock)이 아니라 물파동(water shock)에 대비해야 한다'고 지적
2030 Water Resources Group Charting Our Water Future (2009)	수자원 시설 미 확충 시 2030년에는 수요의 60%만 충족 가능을 경고
OECD Environmental Outlook to 2050 (2012)	전 세계 인구의 40%가 심한 물 부족을 겪으며 강 유역에서 생활할 것으로 예측함. 전 세계 물 수요는 생산 수요(+400%), 열병합발전(+140%), 가정용(+130%) 수요 증가로 전체 55% 증가 예상. 도시 폐수와 농업에서 나오는 영양염류로 대부분의 지역에서 부영양화 심화 및 수 생태계 다양성 파괴

물 이용량 측면에서 UN은 제7차 세계 물 포럼에서, 지난 세기에 인구 증가율 대비 물 사용량은 2배 증가했다고 발표했다(그림 9.8). 이렇게 물의 수요가 급증함에도 불구하고 많은 지역에서는 여전히 물이 남용되고 있고, 반면 다른 지역에서는 수자원 부족상태로 심각한 문제에 직면하고 있다. 또한 급속한 도시화, 인구집중, 이상기후에 따른 가뭄이 세계적인 물 부족을 가중시키고 있는 상황에 처해 있으며, UNESCO는 '물도 기후변화나 환경문제처럼 세계적인 협력과 과학적인 접근이 필요하다'고 촉구하고 있다. 물의 공급량은 제한되어 있는 반면 인구 및 물의 수요는 점점 늘어나고 오염에 대한 우려는 커지고 있는 상황에서, 당장 우리는 물을 이용하는 데에 큰 제약이 없다고 해도 미래에도 안전하다고 보장할 수는 없는 현실에 처해 있다.

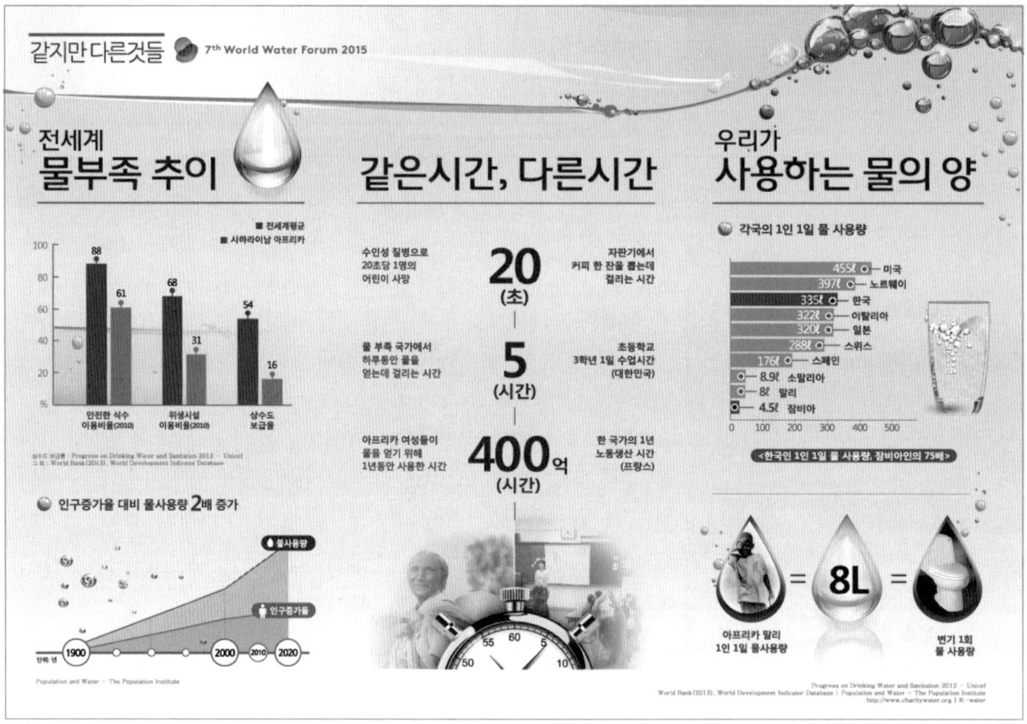

그림 9.8 전 세계 물 부족 추이. 출처 : 2015 7th world water forum, (수자원공사, 물과 미래)

1년 동안 한 사람이 건강한 생활을 위해 필요한 물의 양은 약 1,100톤이라고 한다. 이것을 기준으로 연간 물 사용 가능양이 1인당 1,000톤 이하이면 물 기근국가, 1,700톤 이하이면 물 압박국가(부족국가), 1,700톤 이상이면 물 풍요국가로 분류한다(표 9.6). 국제인구행동연구소(population action international, PAI)의 발표 자료에 의하면 우리나라 1인당 물 사용 가능양은 2000년에는 1,488톤이었고, 2025년에는 1,327톤으로 예측하고 있는데, 이 결과는 우리나라가 건조 기후 지역의 국가인 리비아, 이집트 등 국가와 함께 물 부족국가로 분류되는 것을 보여준다. 다행히 2006년 발표된 물 빈곤지수에서 한국은 147개국 중 43위를 차지해 상황이 그렇게 나쁘지 않다는 평가가 나왔다. 반면 아프리카의 많은 국가들은 물 기근국가로 분류되고 있고, 특히 가뭄이 오래도록 이어지면서 물 부족과 오염된 식수 때문에 해마다 수많은 사람이 오염된 물과 관련된 질병으로 고통 받고 있다.

표 9.6 물 사용이 가능한 양에 따른 분류. 출처 : 국제인구행동연구소

구분	1인당 연간 물 사용 가능량	나타나는 현상	국가
물 기근국가	1,000톤 이하	경제 발전, 국민복지 및 보건이 방해될 정도의 만성적인 물 부족 경험	지부티, 쿠웨이트, 몰타, 카타르, 바레인, 바베이도스, 싱가포르, 사우디아라비아, 아랍에미리트연합국, 요르단, 예멘, 이스라엘, 튀니지, 카보베르데, 케냐, 부룬디, 알제리, 르완다, 말라위, 소말리아
물 부족국가	1,000~1,700톤	주기적인 물 압박 경험	리비아, 모로코, 이집트, 오만, 키프로스, 남아프리카공화국, 대한민국, 폴란드
물 풍요국가	1,700톤 이상	지역적 또는 특수한 물 문제만 경험	벨기에 외 128국

과연 지구는 전 인류가 사용하는데 충분하지 않을 만큼 물이 부족할까? 전문가들은 물의 전체적인 양이 부족한 것이 아니라 지역에 따라 물 부존량의 편차가 크기 때문에 필요한 물의 양 보다 훨씬 부족할 정도로 고갈되고 있는 곳이 많기 때문이라고 한다. 캐나다, 러시아, 브라질, 미국 등은 물이 풍부한 데 반해, 강수량이 적은 튀니지, 수단, 파키스탄을 연결하는 서남아시아와 아프리카 일부 국가는 심각한 물 부족 문제를 겪고 있다. 서남아시아와 아프리카 지역의 많은 국가들은 인접국의 물에 의존하고 있고 국제 하천도 200개가 넘는다. 따라서 인접국으로부터 물 공급이 원활하지 않으면 물 부족 현상은 국가 간 갈등과 분쟁의 요인이 될 수 있다. 특히 아프리카 곳곳에서는 물을 확보하기 위해 목숨을 걸고 싸우고 있는 '우물 전쟁'까지 일어나고 있는 실정이다. 아프리카의 물 부족 문제를 해결하려고 국제단체에서 나서고 있지만 물 부족 문제는 쉽게 해결되지 않고 있다. 가까운 장래에 물 부족 현상이 더욱 심각해질 것으로 예

상되어 물 분쟁은 더욱 빈번해질 전망이다.

표 9.6에서 보여주는 1인당 물 사용 가능 양은, 국토 면적에 내리는 연 강수량 중 증발 등의 손실을 제외한 유출량을 인구 수로 나눈 값으로 국가 별 기본적인 수자원 여건을 판단할 수 있는 지표이지만 수치와 실제 상황이 많이 벗어난 경우가 많다. 즉 물이 부족하더라도 1인당 물 사용량이 적을 경우 물 부족 현상이 발생하지 않으며, 물이 풍족하더라도 국민이 물을 사용할 수 있는 기반시설이 없을 경우 물 부족을 겪게 된다. 따라서 가용 수자원 양, 물 이용량, 수자원 접근성 등을 포함한 종합적인 관점에서 국가별 수자원 여건에 대한 판단이 필요하다. 따라서 2003년 영국의 생태환경 및 수문학센터(The Centre for Ecology & Hydrology)의 Sullivan 등은 수자원 양, 수자원 접근성, 수자원 관리능력, 물이용 효용성, 수질 환경 등 5가지 구성요소를 종합적으로 반영하여 물 부족을 평가하는 **물 빈곤 지수**(water poverty index, WPI)를 제안하였다. 그림 9.9는 세계 각국의 물 빈곤 지수를 지도에 표시한 그림이다. 아프리카 대부분의 지역과 중동, 인도, 중국, 동남아시아는 상대적으로 열악한 상태에 속하는 반면 우리나라는 그보다는 양호한 등급에 속해 있으며, 주로 선진국 그리고 강수량이 풍부한 지역이라 할 수 있는 북미 지역과 유럽, 남미 지역은 물 사용에 있어서 큰 문제가 없는 것으로 나타난다.

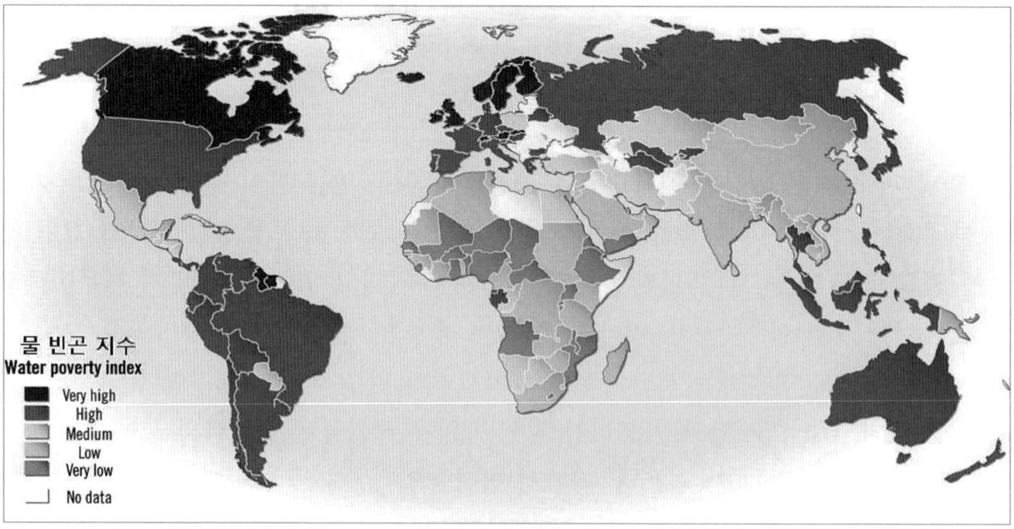

그림 9.9 물 빈곤지수(WPI, Water Poverty Index). 출처 : Natural Resource Forum 2003

물이 부족한 지역의 대표적인 문제 중의 하나는 사막화이다. 사막화가 진행 되면 작물 재배가 불가능해져 난민이 발생하기도 하고, 이들이 새롭게 이주한 지역에서 또

경작과 방목이 행해지면서 악순환이 반복된다. 지금 현재 지구 여러 곳에서 사막화가 진행되고 있다. 카자흐스탄과 우즈베키스탄 사이에 위치하고 있는 아랄 해는 세계에서 네 번째로 큰 내해(육지에 위치한 바다)였지만 지금은 수량이 줄어들어 과거의 10%정도만 남아있고 나머지는 사막화 되었다. 중국의 네이멍구 자치구에 위치하고 '하얀 호수'라 불리는 차칸노르 호수는 원래 두 개의 큰 호수였지만 2002년 큰 호수가 말라버렸다. 그 이유는 이 지역의 과도한 지하수 개발로 호수로 들어가는 수량이 줄어들었기 때문이다. 더욱이 말라버린 호수 바닥의 염분이 날려 주변 지역의 농경지와 마을에 피해를 주고, 염분이 섞인 황사는 우리나라에도 피해를 주고 있다. 아프리카 대륙의 중앙부에 위치한 나이지리아, 니제르, 차드, 카메룬에 걸쳐 있는 호수인 차드 호는 과거에는 세계에서 6번째로 큰 호수였지만 지속된 가뭄과 농업용수로 이용하면서 현재는 1960년대 호수의 5%에 불과한 물만이 남아 있다. 특히 최근 이상기후로 인해 가뭄이 지속되면서 호수의 수심이 더욱 얕아졌고, 호수의 수량 감소로 인해 농업과 어업에 심각한 피해를 주고 있다.

9.2e 물과 미래: 물 부족 해결 방안

물 부족 현상을 해결하는 방법은 크게 두 가지를 들 수 있다. 물 낭비를 줄이는 것이 사실 물 부족을 해결하는 가장 첫 번째 해결방안일 것이다. 다음으로는 수자원의 관리 및 새로운 수자원의 확보가 필요하다. 효율적인 수자원 관리의 일환이 되는 물 절약은 한정된 자원의 효율적 이용과 환경적 영향을 최소화할 수 있는 방법이고, 오염의 최소화는 오염된 물을 처리하는 과정의 투자를 줄일 수 있다는 이점이 있다.

환경부가 제공하는 자료에 의하면, 우리가 지금 사용하는 물의 10%만 아껴 사용한다고 해도, 연간 절약할 수 있는 물의 양은 약 5억 8천만 톤에 달한다고 한다. 이 양은 1년 동안 수돗물 생산 비용, 하수처리 비용, 댐을 건설하는 비용 등 합하면 총 5,000억 원 이상을 절감시킬 수 있는 양이다. 뿐만 아니라 환경 개선 비용을 절감할 수 있고, 막대한 사회적 이익까지 기대할 수 있다. 개인은 다음과 같은 방법으로 물을 절약할 수 있다.

1) 합성세제 대신 친환경세제를 이용하기
2) 빗물을 모아서 사용하기
3) 음식 국물을 남기지 않기
4) 양치질과 씻을 때 물을 받아서 사용하기
5) 샤워기와 양변기를 절수형으로 사용하기

6) 한번 사용한 깨끗한 물은 재사용하기 등이 있다.

물 부족 문제를 해결하는데 어려움을 겪는 근본적인 이유는 자원의 특성상 물이 공급되는 양이 계절적, 지역적으로 편차가 크고, 또한 이상기후와 환경오염 등의 요인으로 예측이 매우 어렵기 때문이다. 따라서 가변적인 여러 상황들을 고려하지 않은 수요와 공급의 조절만으로는 문제 해결에 있어서 큰 도움이 될 수 없고, 우선 가능한 한 많은 양의 물을 확보하는 것이 필요하다. 수자원 확보를 위한 가장 기본적인 대안은 저수지나 댐 등의 물그릇을 마련하는 것이다. 2000년 세계 댐 위원회의 연구 결과에 의하면, 댐은 용수 공급뿐만 아니라 수력 발전을 통해서 에너지를 공급하는 기능을 갖고 있으며(세계 전력 발생과 공급의 19%), 또한 온실가스 방출 감소에 가장 중요한 역할을 수행하고 있다고 평가하고 있다. 수자원의 확보가 중요하지만 이에 못지않게 확보한 수자원의 효율적인 관리 또한 매우 중요하다. 물은 일단 오염되면 자원으로서의 가치를 상실하게 되고, 제 기능을 회복하는데 많은 시간과 투자가 필요하다. 현재 물 부족과 오염에 의한 사망자는 매년 5백 만 명에 달하며, 전 세계 약 23억 명이 오염된 물과 관련된 질병으로 고통 받고 있다는 사실에서 수자원 관리의 중요성을 다시 한 번 되새길 수 있다. 또한 비효율적인 관리로 필요한 양 이상의 물이 낭비되고 있어 사회 전반에 걸친 절약 운동 확대와 기존의 비효율적인 물 관리 체계의 일원화와 개선을 통한 수요관리 강화는 수자원 개발만큼 중요하다고 할 수 있다.

수자원의 관리 및 새로운 수자원의 확보를 위한 방법으로는 강변 여과수 개발, 빗물과 지하철 용출수 이용, 중수도, 인공강우, 해수 담수화 등이 있다.

(1) 강변 여과수 개발

하천 표류수가 장기간 동안 강변의 하상 바닥 또는 측면으로 침투되는 과정에 토양의 자정능력에 의하여 오염물질이 여과되고 제거된 물을 취수하는 방법. 오염된 하천 표류수를 직접 취수할 경우 발생하는 정수 처리 문제를 개선하고, 동시에 하천의 수질 오염을 막을 수 있는 이점이 있다.

(2) 빗물과 지하철 용출수 이용

빗물 이용시설을 설치해 화장실이나 청소용수, 조경수 등으로 활용하는 방법

(3) 중수도

중수도는 상수도와 하수도의 중간 단계를 말하며, 사용한 수돗물을 생활용수나 공

업용수 등으로 재활용할 수 있도록 다시 처리하는 시설이다. 중수도를 설치하게 되면 20%의 절약 효과를 볼 수 있으며, 이 효과는 자연 훼손이나 환경 오염 없이 작은 댐 하나를 건설하는 것과 같다고 한다. 그리고 하수 발생량이 감소하는 만큼 하천으로 흘러들어가는 오염물질의 양을 감소시켜 하천 수질 개선에도 기여할 수 있다.

(4) 인공 강우

아주 작은 물방울인 구름 입자는 100만 개 이상이 합쳐져서 2mm의 빗방울이나 1~10cm의 눈송이가 되면 중력이 부력보다 커져 땅으로 떨어지게 된다. 인공 강우는 인위적으로 구름입자가 서로 뭉치는 데 도움을 주는 비의 씨를 뿌려 특정 지역에 구름이 비를 쉽게 내리도록 하는 기술이다. 인공 강우는 비용 대비 효율이 낮고, 또 수증기를 포함한 적절한 구름이 있어야만 가능하기 때문에 건조한 날씨에서는 사용할 수 없는 단점이 있다.

(5) 해수의 담수화

바닷물에 녹아 있는 염분을 포함한 용해물질을 일련의 처리 과정을 거쳐 제거하여 순도 높은 음용수 및 생활용수, 공업용수 등 담수를 얻어내는 방법을 말한다. 현재 널리 사용되는 해수담수화 방식은 기본원리에 따라 증발법과 역삼투압 방식 두 종류이다.

증발법: 열원을 이용하여 해수를 가열하고 발생한 증기를 응축시켜 담수를 얻는 방법이다. 증발법은 MSF(multi-stage flash), MED(multi-effect distillation) 등 여러 종류의 기술이 있는데, 이 기술들을 혼용한 Hybrid 방식이 주로 적용되고 있다. Hybrid 기술을 적용한 세계 최초의 해수담수화 플랜트는 우리나라 기업이 아랍에미리트(UAE)에 건설한 하루에 454,600톤의 해수를 담수화할 수 있는 후자이라(Fujairah) 플랜트이다(그림 9.10). 우리나라는 MSF, MED 및 역삼투법(reverse osmosis, RO) 등 해수담수화 주요 방식의 원천기술을 보유하고 있으며, 설계, 제작, 시공, 시운전 등 전 분야의 기술을 보유하고 있다.

역삼투법(reverse osmosis: RO): 역삼투법은 반투막과 역삼투 현상을 이용하여 해수에 용해되어 있는 용질을 제거하여 순도가 높은 담수를 얻는 방식이며, 현재 상용되고 있는 해수담수화 설비에서 MSF 및 MED와 함께 가장 많이 적용되는 담수화 기술이다. 동일한 양의 농도가 다른 두 용액을 **반투막**(semi-permeable membrane)을 사이에 두면, 시간이 지남에 따라 농도가 낮은 쪽의 용액이 반투막을 통과하여 농도가 높은 쪽으로 이동하게 되어 농도가 높은 쪽의 용액의 양이 점점 증가하는 현상이 발생하고,

일정 시간이 지나면 더 이상 양쪽의 용액의 양 변화가 없는 평형상태에 이르게 된다. 이를 **삼투현상**(osmosis) 이라고 하며, 평형상태에서의 양쪽의 압력 차이를 **삼투압**(osmotic pressure)이라고 한다. 그러나 그림 9.11에 나타나 있는 것과 같이 평형상태에서 농도가 높은 용액 쪽(왼쪽)에 삼투압 이상의 압력을 가하면, 농도가 높은 용액에 있는 용질(입자)은 반투막을 통과하지 못하고 용매인 물만 반투막을 통과하여 농도가 낮은 용액 쪽(오른 쪽)으로 이동하게 되는데, 이를 **역삼투**(reverse osmosis) 현상이라 한다. 이와 같이 반투막에 담겨진 염수에 압력을 가하여 용매인 물을 용질과 분리하는 방식을 역삼투법이라고 한다.

그림 9.10 Fujiarah Water & Power Project, 세계 최초의 Hybrid 방식

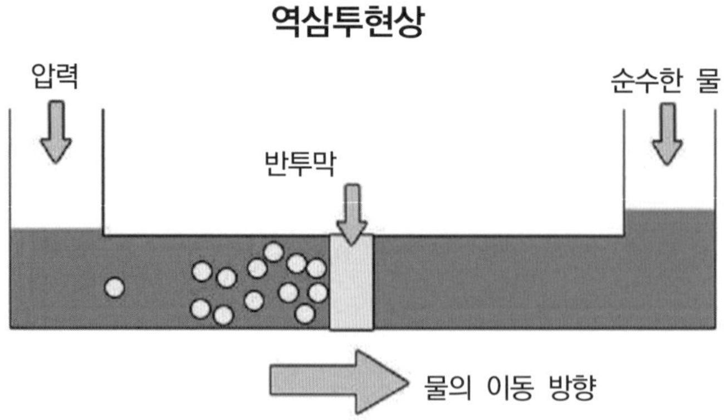

그림 9.11 역삼투 현상

지금 우리가 매일 사용하는 물은 수십억 년 전 처음 이들이 형성되었을 때부터 지금까지 계속 재활용되고 있다. 자연적으로 반복되는 물의 순환 과정을 통해서 얻어진 물은 사용하기에는 너무나 쉽고 편하지만, 만일 과도한 사용이나 기후변화 등의 원인으로 인해 물 부족 현상이 일어나면 인류에게 심각한 영향을 미칠 것이다. 그리고 인위적인 요인에 의해 물이 오염 되면, 이를 재사용하기 위해 정화하는 과정은 굉장히 복잡하고 어렵다. UN은 매년 3월 22일을 세계 물의 날로 지정하여 세계적인 물 부족 현상을 사람들이 인식하고, 또한 물에 대한 지속적인 관심을 가지고 물 문제 해결에 적극적으로 동참하기를 바라고 있다.

9.3 수질오염

물은 좋은 용매의 특성을 가졌기 때문에 다른 물질들에 의해서 쉽게 오염될 수 있다. 수질오염(water pollution)이라는 정의는 물이 **자연수**(natural water)의 성격을 상실한 상태, 즉 자연적 또는 인위적 요인에 의해 **오염물질**(pollutant)이 지표수나 지하수에 유입되어 물 사용의 가능성이 줄어들게 되는 현상을 말한다. 자연수는 부유물질, 악취, 색깔, 독성이 없고, 적당한 양의 무기질이 녹아 있으며, 생명체가 살기에 적절한 조건 등을 갖춘 물이다. 그리고 오염물질은 열, 독성 금속이온, 유기물, 부패성 물질, 또는 병을 일으키는 병원균 등이 될 수 있다.

물이 오염되면 지구의 모든 생명체에 나쁜 영향을 미친다. 하천이 오염되면 어류의 서식이 곤란해지며 관개용수로 사용되는 경우 농작물에 피해를 준다. 하구나 연안 등의 해수가 오염되면 어패류에 피해를 주고, 오염이 진행되어 물에 용존 산소가 줄어들면 미생물 외의 생물은 살 수 없게 된다. 또는 농약이나 중금속 등이 혼입된 물은 직접 또는 간접적으로 인체의 건강을 해치는 원인이 된다. 물은 낙엽 같은 퇴적물이 꾸준히 쌓여 썩으면서 나는 악취나 동물들의 배설물에 의한 오염 등 자연적인 요인에 의해서도 오염될 수 있다. 그러나 물은 대부분 인간 활동에 의해 오염된다. 예를 들면, 생활폐수, 공장 폐수, 축사폐수 등이 주된 요인이고 바다는 폐기물이나 기름 유출 등으로 인해 오염될 수 있다. 정부는 수질 오염물질을 줄이기 위에 수질 환경 기준의 설정, 배출 허용 기준의 설정 등 각종 수질보전 대책을 시행하고 있으며, 2004년부터는 체계적이고 과학적인 방법으로 오염물질의 총량을 관리하는 수질오염 총량제를 시행하고 있다.

9.3a 깨끗한 물과 오염된 물

물은 어떤 용도에는 적합하더라도 다른 용도로는 오염되어 적합하지 않을 수도 있다. 예를 들어 공업용수로 적합한 물은 상당히 깨끗하지만 마실 정도는 아니고, 농업용수로는 충분히 깨끗한 물이지만 수영장에서 사용하기에는 적합하지 않을 수 있다. 표 9.7은 깨끗한 자연의 물에서 발견될 수 있는 물질들을 나타내고 있다. 물은 공기, 흙, 바위 등과 접촉에서 뿐만 아니라, 동물이나 식물의 부패 그리고 하천의 침식 작용 등의 자연적인 과정에서도 오염된다. 따라서 깨끗한 물은 100% 완전히 순수한 물을 의미하지는 않는다.

표 9.7 깨끗한 자연의 물에서 발견되는 물질

이름	화학식	비고	이름	화학식	비고
이산화탄소	CO_2	공기접촉, 약산성	산소	O_2	흙, 바위 접촉
질소	N_2	공기접촉	이산화질소	NO_2	흙, 바위 접촉
탄산수소이온	HCO_3^-	흙, 바위 접촉	마그네슘이온	Mg_2^+	흙, 바위 접촉
칼슘이온	Ca_2^+	석회석 접촉	칼륨이온	K^+	흙, 바위 접촉
염화이온	Cl-	흙, 바위 접촉	나트륨이온	Na^+	흙, 바위 접촉
철 이온	Fe_2^+	흙, 바위 접촉	황산이온	SO_4^{2-}	흙, 바위 접촉

인간 활동에 의해 자연의 순수한 물이 오염됨에 따라 정부는 깨끗한 물을 유지하기 위해 수질 및 수생태계 보전에 관한 법률을 정하였다. 이 법령 수질오염의 요인이 되는 물질로 중금속류(구리, 납, 니켈 등), 유류, 유기화합물(페놀 등), 환경호르몬 물질, 생태 독성 물질 등 53가지를 수질오염 물질로 규정하고, 사람의 건강, 재산, 그리고 동식물의 생명에 직접 또는 간접으로 위해를 줄 우려가 있는 28가지를 특정 유해물질로 규정하고 있다. 오염물질이 수중에 흘러 들어가면 오염된 물로 분류되고, 농도가 증가할수록 사람이나 환경, 생태계에 악영향을 미치는 정도가 높아진다. 공장 등에서 오염된 물을 자연수로 방류하기 전에 정화하는 것이, 정화되지 않고 방류된 다음에 정화하는 것보다 훨씬 용이하다. 그래서 정부나 지자체는 수질 보전에 관한 법률에 의해 공장 등에서 방류되는 물의 배출 기준을 정하여 감시하고 있다.

그림 9.12 친환경 폐수처리 시설. 출처 : 아시아경제

9.3b 수질에 영향을 미치는 물질

수질오염원은 오염 물질의 배출지점을 확실히 식별할 수 있는 **점오염원**(point source)과 배출지점을 확실하게 식별할 수 없거나 확산되면서 오염을 일으키는 **비점오염원**(non-point or diffused source)으로 구별된다.

점오염원은 생활폐수, 산업오폐수, 축산폐수 등이다. 생활폐수는 가정에서 배출되는 가정 오수와 상업 시설 및 각종 공공기관에서 배출되는 폐수, 음식 찌꺼기, 세탁폐수, 화장실 분뇨 등이 대부분이고, 오염은 농촌보다 인구가 집중된 도시에서 더 심하다. 산업폐수는 각종 중금속을 비롯하여 고농도의 유기성 물질, 난분해성 물질 등을 배출하기 때문에 수질 오염에 심각한 영향을 준다. 특히 중금속을 함유하는 폐수는 **생물농축**(biological concentration)과정에 의해 결국 인간에게 되돌아와 환경 질환이나 공해병을 일으키는 요인이 된다. 생물농축은 물이나 먹이를 통하여 생물체 내로 유입된 유기오염물을 비롯한 중금속 등이 분해되지 않고 잔류되는 현상으로, 이러한 유해물질들이 먹이사슬을 통해 전달되면서 농도가 점점 높아지게 된다. 생물농축에서 가장 큰 영향을 미치는 두 가지 물질이 중금속과 방향족 화학물질이다. 이 두 가지 물질은 자연 상태에서 잘 분해되지 않고, 한 번 들어오면 바깥으로 잘 빠져나가지 않아 몸 안에 축적되는 특징을 가지고 있다. 대표적인 중금속으로는 수은과 카드뮴이 있으며, 수은의 생물농축은 미나마타병 그리고 카드뮴의 생물농축은 이타이이타이병을 일으킨다. 방향족 화학물질은 몸속의 지방에 녹아서 축적되기 때문에 몸 밖으로 잘 배출되지 않는다. DDT, 다이옥신 등이 대표적인 방향족 유해물질이다. 축산폐수는 유기물질 함량이 높아 발생량에 비해서 수질 오염을 유발하는 정도가 매우 크다. 그래서 축산 시설은 상수원 가까이에 위치하지 않아야 한다.

비점오염원은 농업폐수와 같이 강수에 의한 유출로 넓은 면적에서 발생하는 특징을 지니고 있다. 예를 들면, 사용한 비료와 농약 중에서 중금속 등 분해되지 않는 잔류성 화합물을 포함하고 있는 농업폐수는 토양을 오염시키고 생물체로 흡수되는데 결국 인간의 몸에 축적되어 만성적인 중독 현상을 발생시킬 수 있다. 농업폐수는 비점오염원으로서 뚜렷한 방지대책을 세울 수 없는 것이 문제이다.

적정량 이상의 생활하수나 산업폐수, 가축의 배설물 등의 유기물질이 수중생태계에 유입되면 물속의 질소와 인과 같은 영양물질이 많아지게 된다. 영양물질의 양이 자연정화로는 제거될 수 없는 과잉 상태가 되면 **조류**(algae)의 광합성이 급격히 증가하게 되어 그 성장과 번식이 매우 빠르게 진행되고 최종적으로 대량 증식하게 되는데, 이 현상을 **부영양화**라 한다. 이러한 조류의 급격한 증식으로 인하여 해수의 색이 변하는 **적조**는 수질 악화로 인해 나타나는 대표적인 현상으로, 원인이 되는 생물 종에 따라 물은 붉은색, 녹색, 갈색으로 변하여 물의 투명도를 감소시킨다. 부영양화가 진행되면 과다 증식한 플랑크톤이 물의 표면을 뒤덮어 햇빛을 차단하면 해조류와 같은 수생식물이 죽게 되고, 조류의 산소 소비량은 급속히 증가하여 물에 서식하는 동식물이 다량으로 폐사한다. 폐사한 동식물의 사체가 부패할 때도 산소를 소모하기 때문에 물의 산소 농도는 급격히 감소하게 된다. 이렇게 용존 산소가 부족하게 되면, 유기물의 잔재가 혐기성 세균에 의하여 부패하여 악취가 발생하고 독성물질이 발생하게 되어 물은 이용 가치를 거의 상실하게 된다.

수질에 영향을 주는 요인으로는 폐기물에 의한 오염이 매우 심각하다. 폐기물은 인간의 생활이나 산업 활동에 필요하지 않게 된 물질을 의미하고, 폐기물관리법에서는 폐기물을 일반폐기물과 특정폐기물로 분류하고 있다. 그리고 일반폐기물은 생활폐기물과 산업폐기물로 구분하는데, 산업폐기물 외의 폐기물을 생활폐기물이라 한다.

① 산업폐기물

산업폐수는 종이, 자동차, 의복 등을 제조하는 산업과정에서 생기는 폐기물에 의해 발생한다. 표 9.8은 인간 생활에 필요한 제품을 제조하는 과정에서 생성되는 몇 가지 산업 오염물질을 나타내고 있다. 과거에는 폐기물을 금속 드럼통에 넣어 땅 속에 묻는 방법을 사용하였다. 하지만 일정 기간이 지난 후 드럼통이 녹슬게 되고 안에 있던 오염물질이 흘러나와 지하수나 다른 물들과 섞이게 되었다. 이러한 방법이 수질 오염을 일으키는 요인이기 때문에 유해 폐기물은 취급과 처리 그리고 처분에 있어서 특별한 법적 규제를 받고 있다.

유해 산업폐기물들은 안전한 매립지로 옮겨 소각하거나 위험 요소를 없애는 처리 방법을 이용하여 처리되어야 한다. 소각 처리는 유독 성분의 파괴가 99.99% 이상 되도록 980℃ 이상의 고온에서 소각한다. 소각하는 방법이 좋은 방법 중의 하나이기는 하나, 항상 그 지역 주민들의 반발로 분쟁의 대상이 되고 있다. 유해 물질의 위험 요소를 없애는 처리 방법으로는 미생물에 의한 처리, 활성탄 흡착 처리, 화학적 침전 처리, 증류 처리, 오존 처리, 고화 처리 등이 있다. 매립 방법을 이용해야 할 경우에는, 유해 성분이 용출되어 나오지 못하도록 완전히 봉합시키는 안전 매립을 원칙으로 한다. 최종 다중 덮개 설비를 해야 하며 최종복토층, 배수 설비, 점토층, 합성 차수막을 갖춰야 하며, 바닥 층에는 보통 이러한 합성 차수막을 두 겹으로 해서 누출 사고에 대비한다.

표 9.8 제품제조와 관련된 중요한 산업폐기물

구 분	특 성
폐산, 폐 알칼리	pH가 2.0 이하 및 12.5 이상, 부식성을 가짐
폐유기용매	할로겐족(디클로로메탄, 트리클로로메탄)과 비할로겐족(밴젠, 톨루엔), 반응성 높음
폐유	기름성분이 5% 이상, 인화성을 가짐
함유 폐기물	PCB 콘덴서, 트랜스의 절연체, 열처리용 열매체, 독성이 큼
슬러지(sludge)	분진, 폐주물사, 소각잔재물, 폐촉매, 폐흡착제
폐석면, 폐농약	발암성과 유독성을 가짐
폐합성고분자화합물	플라스틱, 난분해성을 가짐

② 생활폐기물

가정에서 버리는 쓰레기와 그 쓰레기를 버리는 방법은 산업 폐기물들과 마찬가지로 수질에 큰 영향을 준다. 매립지에서 처리되는 가정 폐기물은 수질오염의 요인이 될 수 있고, 소각지에서 처리되면 공기 오염의 주요 원인이 된다. 현재 가장 효율적인 방법으로 인정되고 있는 방법은 소각하여 그 양을 줄인 후 재를 매립하는 방법이다. 표 9.9는 일반 생활폐기물과 그들이 포함하는 화합물들을 보여준다. 물론 가정에서 나오는 생활폐기물의 양은 산업폐기물의 양보다 훨씬 적지만, 인구가 밀집된 도시에서 버려지는 생활폐기물의 양은 무시할 수 없는 양이다.

생활폐기물의 처리는 산업폐기물의 처리보다 더 복잡한 문제이다. 산업폐기물에 비해서 생활폐기물은 다양한 종류의 쓰레기를 포함하고 있기 때문에, 분리 수거하는 과정에서 매립지나 소각장으로 가는 쓰레기와 분리해야 하는 유해 화학물질을 분리하기가 쉽지 않다. 만일 분리 처리해야 하는 유해 화학물질들이 매립지나 소각장으로 가게 되거나 하수구에 버려진다면 분명히 수질오염을 유발할 것이다.

표 9.9 일반 생활폐기물과 그들이 포함하는 화합물

구분	유해성분	구분	유해성분
살충제	농약, 유기용매	매니큐어, 리무버	유기용매
청소제	산과 염기	부동액	
스프레이	용매, 추진제	자동차 배터리	황산, 납
의약품	유기화합물	라텍스	유기고분자
자동차오일	유기화합물	페인트	유기용매
휘발유	유기용매	수은, Ni-Cd 전지	중금속

③ 독성원소들

산업이나 채굴 현장의 부적절한 폐기물 처리로 인해 방출되는 수은(Hg), 납(Pb), 카드뮴(Cd), 크롬(Cr) 등의 독성 금속이온들이 물에 유입되면 먹이사슬 과정에서 물고기 등 각종 음식물을 통해 인간의 몸속으로 이동 축적된다. 또한 농약이나 일반 가정에서 나오는 폐기물로 인해 물에 유입될 수 있다. 이 금속들은 주로 소량이지만 반복적으로 노출되면 독성이 누적되어 신경마비, 언어장애, 사지마비 등 만성적인 증상으로 신체의 기능을 저하시키는 질병을 일으킨다.

수은은 매우 흔한 중금속으로 쉽게 Hg_2^{2+}(수은(I) 이온)이나 Hg^{2+}(수은(II) 이온)로 산화될 수 있다. 이 두 가지 이온 형태는 대단히 독성이 강하고, 우리 몸은 수은을 잘 제거하지 못하기 때문에 몸 안에 축적된다. 수은은 소독제, 살균제, 농약으로 널리 사용되고, 수은 온도계와 형광등에도 사용되고 있다. 폐기된 형광등에서 방출된 수은은 중금속에 의한 수질오염의 대표적인 근원이다. 물속에 수은이 방출되면 아래로 가라앉게 되고 미생물에 의해 메틸수은(CH_3Hg)으로 전환된다. 메틸수은은 해양 생물이나 해양 포유동물의 몸 안에 축적되고 메틸수은이 축적된 물고기를 사람들이 섭취할 때 독성 증상을 초래한다. 사람의 메틸수은 섭취 경로는 거의 어패류의 섭취에 의한 것이므로, 우리나라에서는 해산 어패류에 대하여 총 수은 허용한도를 0.5ppm 이하로 규제하고 있다.

납 또한 널리 알려진 중금속이며 수은과 같이 반복적인 노출로 인해 인체 내에 축적된다. 납은 수도 시설 등의 배관 작업에 쓰이고, 또는 납이 포함된 페인트는 실내 작업에서는 사용이 금지되어 있지만, 산업용이나 실외 작업에서는 페인트 배합에 널리 쓰인다. 도자기용의 그림에는 납을 포함한 화합물이 사용되고 있어 이러한 경우 충분히 고온 처리된 도자기에서는 납 용출의 염려는 없으나, 굽는 온도가 낮은 경우에는 납이 식품 중으로 용출될 염려가 있다. 납과 그 화합물은 낮은 농도이긴 하지만 널리 자연계에 분포하고 있고, 우리들이 섭취하는 식품 중에도 포함되어 있는데, 그 농도는 곡물에서 26～144㎍/kg, 야채류에서 1～130㎍/kg, 어패류에서 71～900㎍/kg 정도인 것이 보고되고 있다. 직업적으로 납을 다루지 않는 일반인은 거의 대부분이 식품을 통해서 납을 섭취한다. 납은 급성 중독은 별로 볼 수 없고, 만성 중독인 경우 초기에는 식욕부진, 두통 등의 증상이 있으며, 더욱 진행되면 팔, 다리, 관절 등의 동통이나 사지 마비 등을 일으킨다.

표 9.10 식품위생법에 의한 식품 중의 납의 규제량

식품	규제량 (mg/kg 이하)	식품	규제량 (mg/kg 이하)
어패류	2.0	탄산음료	0.3
통조림류	0.3	혼합음료	0.3
과채류 음료	0.3	인삼음료	0.3

비소는 많은 식품에 자연적으로 소량 존재하고, 식품 오염물질로서 식품 위생의 중요한 대상이 되고 있다. 대부분의 토양에는 비소가 포함되어 있어 식물에 축적되고, 또한 비소가 들어있는 살충제도 있어 이런 살충제를 사용했을 때 잔류물이 남아있을 수 있다. 그리고 비소는 합금 첨가제로도 사용된다. 구리에 소량을 첨가하면 내열성이 증가하고, 납에 소량을 첨가하면 굳기가 증가하는 특징을 보인다. 비소 화합물은 안료, 방부제, 살충제, 살서제, 농약 등에 사용되고 있으며, 의약품으로서는 매독 치료에 사용되는 살바르산 등이 있다. 최근에는 비소가 n-형 반도체의 첨가제(dopant)로, 그리고 발광 다이오드(LED), 다이오드 레이저, 트랜지스터, 광전지 등을 만드는 비소화갈륨(GaAs) 화합물 반도체에 중요하게 사용되어 첨단 전자산업에서 꼭 필요한 원소가 되었다. 비소에 중독되면 급성 증상으로는 목이나 식도에 증상이 나타나고 소화기 장해

를 일으킨다. 만성 증상으로는 대개의 경우 각질, 발진, 색소 침착 같은 피부 증상, 손 떨림이나 말초신경염 같은 신경 증상, 그리고 구토 설사 같은 위장 증상을 동반한다. 또한 비소 화합물은 피부암 뿐 아니라 폐암이나 간암의 원인물질의 하나로 지목되고 있다.

카드뮴은 아연, 구리, 납 등의 광물 속에 함유되어 있고, 이들 금속을 정련할 때의 부산물이 오염 발생원의 대부분을 차지하고 있다. 카드뮴을 이용하기 시작한 것은 20세기 이후로 안료, 화학, 전지 제조나 도금 등의 공장에서 이용되고 있지만, 아연, 구리, 납은 수천 년간 사용되어 오고 있기 때문에 인간이 금속을 사용한 때로부터 카드뮴에 의한 환경 오염이 시작됐다고 할 수 있다. 공기 중에 방출된 카드뮴은 토양이나 수중에 퇴적되고 식물을 통하여 인간에 축적된다. 카드뮴 중독으로 발생된 병은 이타이이타이병으로 이 병은 공해성 질환의 한 예로서 광산에서 배출된 폐수 중의 카드뮴이 장기간 체내에 축적되어 일어나는 만성 중독이다. 우리나라에서는 대기, 수질, 토양 오염 방지법에 의해 특정 유해 물질로 지정하고, 배수 기준에서는 허용 한도를 0.1mg/ℓ로, 건강 보호에 관한 환경 기준에서는 0.01ppm 이하, 그리고 청량음료의 카드뮴 농도는 0.1mg/kg 이하로 규제하고 있다.

중금속 오염 방지의 최우선 과제는 환경 오염을 줄이는 것이다. 물이나 토양의 오염으로 농작물이나 수산물에 중금속이 농축되지 않도록 규제를 철저히 할 필요가 있다. 식품 가공 공장에서는 식품 제조 시설의 노후화로 중금속이 오염되는 것을 최대한 방지하고, 또한 식품 용기도 중금속 용출이 적은 용기로 개선 할 필요가 있다. 일반 가정에서는 수은 건전지의 분리수거를 철저히 하고, 또한 한번 개봉한 캔 식품은 즉시 섭취하여 오래 보관하지 않도록 한다. 그리고 오염 가능성이 높은 해산물의 섭취를 줄이는 것도 중금속 섭취를 줄이는 방법이 될 수 있다.

9.3c 수질 오염 측정

수질 오염의 정도를 측정하는 지표로는 생화학적 산소 요구량, 화학적 산소 요구량 그리고 부유 물질을 들 수 있다. **생화학적 산소 요구량**(biochemical oxygen demand, BOD)은 수질 오염의 측정에서 가장 많이 사용되고 있는 지표로서, 수중의 유기물질을 미생물에 의해 무해한 CO_2와 H_2O와 같은 단순한 물질로 분해하여 안정시키는 데 소요되는 산소의 양을 의미한다. 강이나 바다 등의 자연수역에 폐수가 방류되면 그중에 산화되기 쉬운 유기물질에 의해 수질이 오염된다. 이 때 박테리아나 다른 미생물들이 이들의 식량이 되는 유기물을 대사하기 위해 필요한 용존 산소의 양이 생화학적 산소요구량이다. 단위는 주로 ppm(mg/L)으로 표시하며 수질 오염이 심할수록 BOD의 수치는 높아진다. BOD 1 mg/L 수준은 매우 깨끗한 상태로써 1급의 상수원으로 이용이 가능하고, 3 mg/L까지는 연어가 살 수 있고, 5 mg/L까지 농업 용수로 사용이 가능하지만, 10 mg/L이상이면 불쾌감을 주고 공업 용수로도 사용이 불가능하다. 20 ℃, 1기압에서 물에 대한 산소 용해도(산소포화농도)는 9.2 mg/L이다. 만일 강이 유기물에 의해 오염되면 BOD 값은 높아지고, 그 값은 용해된 산소의 평형 농도를 초과하게 된다. 이렇게 BOD 값이 높아지면 박테리아는 강에 용해된 산소를 더 많이 활용하기 때문에 물속의 산소 농도는 낮아지게 되고 물고기가 살 수 없게 된다. 온도가 올라감에 따라 산소포화농도는 감소하고(아래 표 참조), 반면 BOD 값은 약간 증가한다.

수온 (℃)	0	2	4	6	8	10	12	14	16	18	20	22	24	26	28	30
산소포화농도 (mg/L)	14.6	13.8	13.1	12.5	11.9	11.3	10.8	10.4	10.0	9.5	9.2	8.8	8.5	8.2	8.0	7.6

유기물질의 농도가 높아지고 수질 오염이 극심해지면 BOD 수치는 올라가고 더 많은 산소가 필요하게 된다. 극단적인 경우에 도달하면 많은 수중 생물이 살 수 없게 되고, 죽은 생물체의 부패 과정에서 더 많은 산소가 소요되기 때문에 호기성 세균(분해과정에서 산소를 필요로 하는 세균)도 죽게 되어 BOD는 더욱 급증한다. 이런 경우가 되면 자연적인 현상으로 혐기성 미생물들이 등장하고, 충분한 시간이 주어지면 산소를 얻을 수 있게 되어 호기성 세균이 다시 돌아오게 된다. BOD는 수중의 오염된 정도를 측정하는 지표로 사용되기에는 문제점을 갖고 있다. 수중의 유기물질 중에는 경성세제나 농약, 리그닌(lignin)처럼 생물 분해가 불가능하거나 또는 생물 분해가 곤란한 유기물질 등이 있는데 그러한 것들은 BOD값에 포함되지 않는다. 또한 오염원 중에 박테리아나 미생물의 활성을 저하시키는 유독 물질이 존재하면 BOD 수치가 낮아진다.

화학적 산소 요구량(Chemical Oxygen Demand, COD)은 수중의 유기물을 화학적으로 산화시킬 때 필요한 산화제의 양을 산소의 양으로 환산한 것으로 BOD와 마찬가지로 폐수 내의 유기물을 간접적으로 측정하는 방법이다. COD 측정에 주로 사용되는 산화제는 과망간산칼륨($KMnO_4$), 중크롬산칼륨(K_2Cr_2O)등이다. 생물 분해가 가능한 유기물질에 대해서는 COD값과 최종 BOD값이 일치하지만, 인간이 합성한 고분자 유기물질의 배출량이 증가하면서 BOD 반응에 잡히지 않는 유기물질의 농도가 증가하고, 이러한 것들의 농도는 COD 농도와 최종 BOD 농도의 차이로 나타난다.

부유물질(suspended solids)은 입자 지름이 0.1μ m~2mm 크기로 물에 녹지 않고 수중에 부유하고 있는 유기물과 무기물을 모두 포함한 고형 물질을 일컫는 말로 오염된 물의 수질을 표시하는 지표이다. 강이나 하천 등 자연 수역에 부유물질이 방류되면 물이 흐려지고, 그 중 생물 분해가 가능한 유기물질은 용존 산소를 감소시키는 등 수질 오염의 원인이 된다. 유기성 부유물질의 경우는 이것이 분해되면서 어류의 아가미에 부착되어져 어류를 폐사시키기도 하고, 빛의 투과를 저해하여 식물의 광합성에 장애를 줌으로서 물의 오염을 증가시킨다. 측정법은 부유물질이 함유된 시료를 여과시켜서 고형물을 포집하고 건조시킨 후, 고형물의 농도를 구하고 단위는 mg/L 또는 ppm으로 나타낸다. 크기가 5μ m 이상인 것은 잘 가라앉으므로 침전에 의해 제거가 가능하며, 침전 가능 부유물이라 하고, 0.1-5μ m범위의 것은 콜로이드(colloid) 상태의 초미립자이기 때문에 응집이나 산화처리에 의해 침전시킬 수 있다.

표 9.11 부유물질

구 분	크기 (μm)	비 고
용존성 물질(Dissolved solids)	0.001 이하	분자나 이온 들
콜로이드(Colloid)	0.001~1	초미립자의 분산이나 현탁액
부유성 물질(Suspended Solids)	1~10	도시 폐수의 50~60%

9.4 물의 정화

산업혁명 이전 인구가 지금처럼 늘어나지 않았을 때는 물 순환 과정을 통한 자연적인 정화작용으로도 충분히 깨끗한 물을 얻을 수 있었다. 자연적인 정화 과정은 큰 규모와 범위에서 일어남에도 불구하고 다양하고 섬세한 자연적인 흐름에 의해 최적의 결과를 만들어 낸다. 그러나 오늘날에는 인위적 요인에 의한 발생하는 오염이 자연 정화 작용을 통한 수용 능력의 한계를 넘어 오염된 물이 축적되고 있다. 따라서 공장폐수나 생활폐수는 강이나 하천으로 방류하기 전 여러 단계의 정화 시설을 통해 처리한 후 방류하고 있다. 그리고 자연에서 얻어진 물은 사용하기 전, 용도에 적합한 정화 단계를 거쳐 공급하고 있다. 예를 들면 침강 분리로 탁한 물질을 제거한 청정수는 살균 등의 과정을 거쳐 식수로 공급하거나, 연화, 탈염 등으로 용해 물질 중 제거해야 할 필요가 있는 것을 제거하여 공업용수로 사용하기도 한다.

9.4a 자연적 정화

물은 한정된 양이지만 그림 5.3에 나타나 있는 물의 순환과정을 통해 지속적으로 자가 정화 작용을 통해 재생된다. 자가 정화는 천연에서 생물학적, 화학적, 그리고 물리학적 과정을 통해 오염물질을 제거하는 물의 재생 능력이다. 물은 순환과정에서 **증류**(distillation), **통기**(aeration), **결정화**(crystallization), **퇴적**(sedimentation), **여과**(filtration), **산화**(oxidation), **희석**(dilution)작용 등이 자발적으로 일어난다. 물은 증발하는 과정에서 대부분의 불순물이 제거되고, 빗물로 내려올 때는 공기 중의 용해된 기체와 극소량의 비휘발성 불순물만을 포함한다. 빗물이 빠르게 흐르는 강이나 개울을 지날 때는 휘발성 불순물이 방출되고 반면 산소는 녹아 들어가고, 천천히 흐르는 강이나 하천에서는 고체 입자의 퇴적작용이 일어난다. 물이 모래층 등을 통과할 때는 여과 작용에 의해 부유물질이 제거된다. 바닷물이 빙산 형태로 결정화되면 비교적 순수한 물이 된다. 또한 오염된 유기물질들은 물속의 세균이나 미생물에 의해 산화과정을 통해 분해된다. 그리고 자연에 존재하는 오염물질은 대부분 많은 양의 물에 의해 희석되어 무해한 수준의 농도로 유지된다.

자연적인 정화 과정으로 제거할 수 없는 오염물질은, 미생물의 활동으로 쉽게 간단한 물질로 산화되지 않는 **비 생분해성**(non-biodegradable) 물질이다. **생분해성**(biodegradable) 물질은 미생물에 의해 간단한 분자로 분해된다. 반면 비 생분해성물질은 분해되는 속도가 너무 느리거나 아예 천연 미생물로 분해되지 않기 때문에 지속적으로 축적되어 환경 오염을 유발하는 요인이 된다. 일부 유기화합물 특히 합성된 것들은 비 생분해성 물질이다. 예를 들면 플라스틱류, 살충제로 쓰이는 DDT, 그리고 합성세제 등은 미생물에 의해 분해되지 않고 물에 남아있거나 생물체에 흡수되면 그 상태로 생체 안에 오래 남는다. 따라서 플라스틱류는 재활용이나 적절한 처리 과정을 통하여 자연으로 방출을 최대한 줄이고 있고, DDT는 현재 사용이 금지되어 있으며, 비 생분해성 합성세재는 미생물이 쉽게 분해할 수 있는 생분해성 세재로 대체되어야 할 것이다.

9.4b 오폐수 처리

오래전에는 가정이나 공장 등에서 나오는 하수는 강이나 하천으로 흐르는 과정에서 자연적으로 정화되어 하류에 도달했을 때는 사람들이 이용할 수 있을 수준의 깨끗한 물로 정화될 수 있었다. 하지만 오늘날에는 자연적인 정화작용의 수용 능력을 초과할 만큼 오염이 증가하였기 때문에, 하수를 방출하기 전 미리 여러 단계의 하수 처리를 통하여 자연에 존재하는 물만큼 깨끗한 상태로 방출하고 있다. 하수 처리는 정도에 따라서 1차 처리, 2차 처리, 3차 처리로 구분되며, 가장 기본적인 **일차 폐수 처리**(primary wastewater treatment)는 침전과 여과 그리고 고체-액체 분리 과정으로 하수에 존재하는 고체의 40~60%와 유기물의 30% 정도를 제거한다. 고체-액체 분리는 단순히 중력과 기포의 상승력을 이용하여 폐수의 부유물을 분리하고 회수하는 일반적으로 널리 이용되는 방법이다. **이차 폐수 처리**는 생물학적인 처리 방법으로 일차 처리에서 침전되지 않은 유기물질들이 미생물에 의해 슬러지가 생성되어 침전되는 과정이다. 그러나 일차 및 이차 처리과정을 거치고 나서도 독성 금속이온 같은 용해성 무기물질, 질산이온(NO_3^-)이나 암모늄 이온(NH_4^+), 그리고 염화탄화수소와 같은 비분해성 유기화합물들은 제거되지 않는다. 이러한 물질들은 폐수의 특성에 따라 물리화학적, 생물화학적, 열처리방법 등의 방법을 이용한 **삼차 폐수 처리** 과정을 통해 제거한다.

물리화학적 처리법은 추출, 흡착, 이온교환, 중화와 pH 조정, 산화·환원, 전기투석, 역삼투법 등 여러 가지 처리 방법이 있다. 추출은 용매를 이용하여 폐수 속에 있는 유용물질을 회수하는 방법이고, 흡착은 활성탄이나 제올라이트와 같은 흡착재로 폐수 속의 유기물질과 암모니아 등을 처리하는 방법이다. 이온교환은 폐수 속의 암모니아 등의 제거나, 폐수의 재이용을 위한 칼슘이온, 염화이온, 황산이온, 나트륨이온을 제거하는데 이용된다. 중화와 pH 조정은 폐수에 산이나 알칼리를 주입하여, 용해되어 있는 가스를 방출시키거나 금속염을 응집 침강시키거나, 또는 알맞은 pH로 조정하는 것이다. 전기투석은 양이온과 음이온의 교환 막을 이용하여 염(salt)을 제거하는 방법이다. 역삼투막에 의한 처리는 물을 통과시키는 반투막을 이용하여 불순물과 물을 분리하는 것이다. 생물학적 처리법은 미생물이 폐수와 접촉하면 슬러지가 생성되어 미생물과 처리수가 분리 되어진 후 미생물은 다시 폐수 처리로 이용되는 방법이다. 열처리방법은 물을 증발시켜 폐수를 내보내지 않는 방법인데 폐수처리로 인해 만들어진 슬러지의 처리에 적용이 되며 방류하는 곳의 조건이 좋지 않을 때 사용된다.

시안을 함유하는 폐수는 주로 화학공업, 도금, 금속 표면처리, 시안 화합물 제조공장, 아크릴 제조공장, 도시가스 제조, 코크스공장, 철강 열처리 공장 등에서 배출된다. 시안화물 폐수는 비교적 농도가 높고 가끔 일시적으로 배출되는 것이기 때문에 일단 탱크에 저장하여 처리한 후 서서히 배출해야 한다. 시안 함유 폐수의 처리법으로는 염소 또는 차아염소산 산화법, 전해산화법, 오존산화법 등이 있으며, 알칼리 염소화법은 산화에 의하여 시안을 분해하고, 무독의 화합물로 만드는 방법이다.

플라스마 폐수 처리 방법은 활성전자와 라디칼을 이용해 폐수를 정화하는 방법이다. 플라즈마 폐수 처리 기술은 방전(discharge)으로 수화전자와 OH라디칼을 생성시켜 폐수에 주입한 후 산화력이 강한 라디칼, 이온 등을 이용해 폐수의 유기성 오염물질, 생태 독성물질 등을 제거한다. 그림 9.13은 저온 플라스마 폐수 처리 시설의 공정을 보여주고 있다.

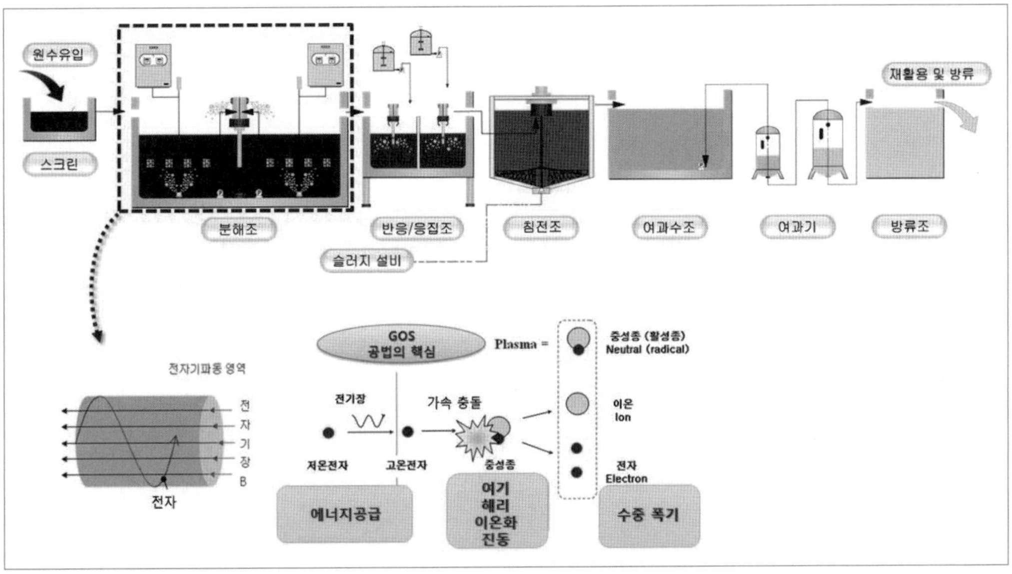

그림 9.13 저온 플라스마 폐수처리 시설. 출처 : 한국 환경산업기술원

9.4c 경수의 연화

물에는 흔히 포함된 이온은 칼슘, 마그네슘, 철, 망간이온이다. 이 이온들이 물에 존재하면 보일러와 온수 배관에 침전물이 생성되고, 비누 거품이 잘 나지 않으며, 고약한 맛이 나기도 한다. 물에 녹아 있는 칼슘과 마그네슘 이온의 농도를 측정하여 270 ppm(mg/L)을 초과하면 **경수**(hard water)라 하고, 60 ppm 이하가 되는 물은 **연수**(soft water)라 한다. 마시는 물의 기준은 약 300 ppm 이하이다. 시판되는 생수는 연수 기준보다 더 작은 농도의 칼슘과 마그네슘 이온을 포함하고 있다. 유럽과 같이 석회암 지대에서 생산되는 물은 이온 농도가 높은 것이 일반적이다. 경수에 존재하는 칼슘이나 마그네슘 이온을 침전시키거나, 이온 교환을 통한 제거, 또는 킬레이트를 형성하여 이온의 작용을 봉쇄하는 등의 방법으로 경수를 연화시킬 수 있다.

경수를 연화시키는 방법 중 하나는 석회소다(lime soda) 과정이다. 이 과정은 소석회($Ca(OH)_2$)와 소다(Na_2CO_3)를 물에 첨가하여 칼슘과 마그네슘 이온을 불용성의 특성을 가진 탄산칼슘($CaCO_3$)과 수산화마그네슘($Mg(OH)_2$)의 형태로 침전시키고 소듐 이온으로 치환하는 방법이다. 철과 망간 이온은 격렬한 공기접촉(aeration)으로 더 높은 산화상태로 만들어 물로부터 제거할 수 있다. 가장 상업적으로 사용되는 연수장치는 **이온 교환 칼럼**(ion-exchange column)이다(그림 9.14). 이온 교환 칼럼은 작은 구슬 형태의 고분자성 물질인 이온 교환 수지로 채워져 있다. 이온 교환 수지는 일반적으로 수지 표면에 음전하를 띤 작용기를 갖고 나트륨 양이온이 표면에 흡착되어 전하의 균형을 맞춘다. 물이 수지 주위에 나트륨 양이온이 부착되어 있는 칼럼을 통과할 때, 경수에 존재하는 칼슘이나 마그네슘 이온들이 나트륨 이온보다 수지에 더 강하게 부착하는 힘을 가졌기 때문에 칼슘이나 마그네슘 등의 경수 이온이 수지 표면에 부착되어 있는 나트륨 이온과 치환되는 이온 교환 현상이 일어난다. 이렇게 연화된 물에는 나트륨 이온의 농도가 높다. 그러나 나트륨 이온의 섭취가 늘면 심장병과 관련이 있다고 알려져 있기 때문에 나트륨 이온을 다수 포함하는 연수를 마시는 것이 바람직하지 않을 수도 있다. 이온 교환 칼럼이 물을 연화시킬 수 용량은 제한되어 있다. 칼럼은 사용시간에 따라 점진적으로 경수 이온들로 채워지게 되어 기능을 점차 잃기 때문에 주기적인 교환이 필요하다.

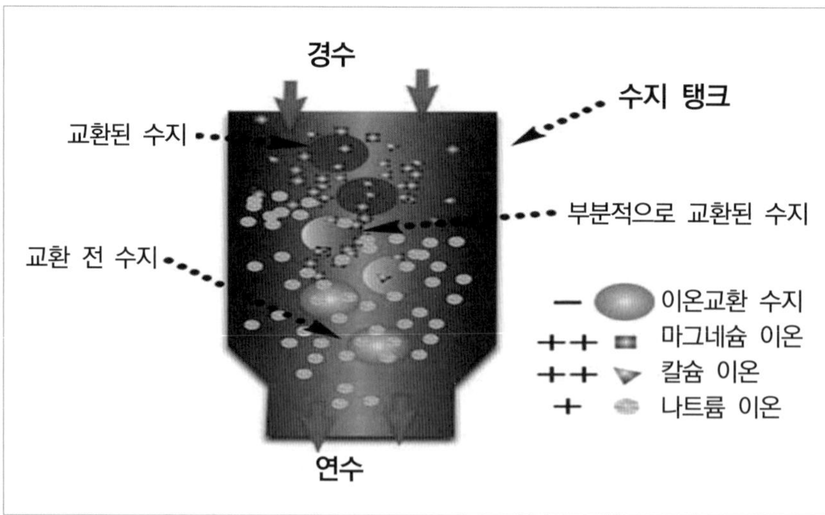

그림 9.14 이온교환 연수장치

9.4d 염소 및 오존 처리

염소는 강한 산화제로 작용하기 때문에 물속의 세균을 죽이는데 이용될 수 있다. 따라서 폐수를 방출하기 전 또는 상수도 시설에서 모두 염소 처리 과정을 거친다. 이 과정에서 염소는 적절한 농도를 사용하는 것이 중요하다. 염소는 진한 염소수를 주입하거나 염소가스를 물에 불어 넣는 방법을 이용하는데, 농도를 0.1～0.3ppm으로 유지하기 위해 염소 공급 장치에서 물의 유량에 따라 정확하게 일정량의 염소가 공급되도록 하고 있다. 염소는 독가스이므로 특히 취급에 주의하고 공급 장치가 없을 때에는 하이포아염소산염 등을 사용하는 것이 안전하다. 염소는 공업 폐수 처리에는 시안 화합물 제거에, 오수 처리에는 살균에, 공업용수 처리에는 암모니아의 제거 등에 사용되기도 한다. 그리고 염소는 세균으로 인한 수인성 질병인 콜레라, 장티푸스, 이질 등을 방지하는데 사용되기도 한다. 또한 염소는 시안화합물을 질소와 이산화탄소로 분리하여 독극 물질을 제거하거나, 공업용수에 포함된 암모니아를 질소와 클로로아민으로 변환해 제거하는 작용에 이용되기도 한다. 하지만 염소는 산업 폐수와 수돗물을 염소로 처리하는 과정에 물속에 잔류하는 유기화합물과 반응하여 살균부산물인 염화탄화수소를 생성한다. 이 살균부산물은 트리할로메탄(THM), 다이클로로메탄(dichloromethane), 클로로포름(chloroform), 클로로벤젠(chlorobenzen) 등으로 이 물질들은 발암물질로 알려져 있다. 그렇기 때문에 폐수를 처리하는 방출하기 전에 우선 염소화 되는 유기화합물들을 먼저 효율적으로 제거하는 것이 중요하다.

살균 부산물인 염화탄화수소는 오존(O_3)을 살균제로 이용하여 제거할 수 있다. 오존의 발생은 전기 조정으로 관리할 수 있으므로 수송이나 저장이 필요 없고 처리 조작이 비교적 간단해 안전하게 운전할 수 있다. 오존처리도 염소화 과정과 마찬가지로 유해한 살균 부산물을 생성할 수 있다. 오존처리 과정에서 대부분의 자연수에 존재하는 브롬이온(Br^-)은 오존에 의해 산화되어 발암물질로 추정되는 브롬산 이온(BrO_3^-)을 생성한다.

9.4e 바닷물의 담수화

바닷물은 지구에 있는 전체 물 양의 97% 이상을 차지하기 때문에 담수 공급이 부족한 지역에서는 바닷물을 담수 공급원으로 이용하고 있다(9.2e 참조). 그리고 미래에는 제한된 양의 물 공급 상태가 지속되는 가운데 인구증가, 기후변화 그리고 환경오염 등의 원인으로 인해 물 부족 국가가 증가할 것으로 예측되기 때문에 불가피하게 바닷물을 담수화해서 이용할 수밖에 없을 것이다. 하지만 바닷물은 평균적으로 3.5%(35,000ppm)의 염분을 포함하고 있기 때문에, 염분 농도의 합이 500ppm 이하인 경우에만 사용하기에 적당한 식수, 생활용수, 농업용수 등으로 사용하기에는 적절하지 않다. 따라서 생활용수나 공업용수로 직접 사용하기에는 부적절한 바닷물은 그 속에 포함되어 있는 염분과 다른 용해물질을 제거하여 순도 높은 식수 및 생활용수, 공업용수 등을 얻어낸다. 이러한 바닷물의 담수화는 열 증류 방식과 역 삼투압 방식 등 일련의 물 처리 기술이 개발되어 사용되고 있다. 전 세계 담수화 공장의 20%는 열 증류 방식을 이용하고 있다. 사우디아라비아는 담수화 공장에서 생산되는 물로 식수의 70%를 충당하고 있는데 주로 역삼투압 방식(그림 9.11)을 이용해 바닷물을 담수로 바꿔 이용하고 있다. 보통 바닷물의 삼투압은 24.8 기압이기 때문에 역삼투가 일어나기 위해서는 24.8 기압보다 더 높은 압력을 가해주어야 한다. 우리나라는 물 부족국가로 진입하고 있는 상태이지만 아직까지는 해수를 담수화해서 사용하고 있지는 않다.

9.5 마시는 물

물에는 다양한 화학물질이 포함되어 있는데, 지각에 포함된 구리나 철, 칼슘과 같은 금속이온이 자연스럽게 염이나 산화물 형태로 물에 녹아 있고, 또한 공기 중에 있는 산소와 이산화탄소와 같은 기체들도 물에 녹아 있다. 이렇게 화학물질이 녹아있는 물에서 중금속과 유해 유기물들을 정수 과정을 통해서 걸러낸 후에 마시는 물로 사용한다. 마시는 물은 고형 성분이 눈에 보이지 않아야 된다. 물에 존재하는 고형 성분들에 의한 빛의 산란도를 측정하여 마시는 물의 혼탁도 기준을 정한다. 물에 빛을 비추고, 빛을 비추는 방향과 직각(90°)인 방향에서 물로부터 산란(scattering)되는 빛의 양을 측정하면 고형 성분의 양을 알아낼 수 있다. 만약에 물 안에 빛을 산란시킬 수 있는 고형성분이 없다면 빛의 산란은 일어나지 않을 것이다. 그러나 고형 성분이 있다면 그것의 양에 비례해서 산란되는 빛도 증가할 것이다. 혼탁도를 측정하는 기기를 네펠로미터(nephelometer)라 부른다. 우리나라에서는 측정된 혼탁도가 0.5 NTU(nephelometric turbidity unit) 이하인 물을 수돗물로 공급하도록 하고 있다. 물에 들어 있는 화학물질의 성분도 중요하지만 더욱 염려되는 것은 병원균의 존재 여부일 것이다. 일부 독성이 강한 화학물질을 제외하곤 화학물질로 오염된 물을 마시면 오랜 시간 후에 건강에 대한 효과가 나타난다. 그러나 박테리아를 비롯한 세균에 의해 오염된 물을 마시면 즉각적인 위협이 되고, 경우에 따라서는 치명적이다.

마시는 물에는 들어있는 여러 종류의 오염 물질 중 인간의 건강에 위협을 주는 대표적인 수질 오염물질은 미생물(microorganism), 유독성 무기물질(toxic mineral)과 금속물질, 유기물질(organic chemicals), 방사성 물질(radioactive substances), 그리고 첨가제(additives)등이 이다.

9.5a 미생물

미생물(microorganisms)로는 장티푸스, 콜레라, 간염, 유행성 독감 등을 일으킬 수 있는 유해한 세균, 바이러스 그리고 기생충 등을 들 수 있다. 일반적으로 공급되는 수돗물은 철저히 살균 처리되기 때문에 인체에 위협이 될 정도의 세균은 없다고 생각할 수 있다. 바이러스는 크기가 아주 작으며 검출하기도 매우 어렵고, 염소 처리를 통해서 수돗물 속에 있는 바이러스 대부분을 죽인다 하더라도 유해한 바이러스가 수돗물에 남아 있을 수 있다. 기생충은 물속에서 단단한 외피로 둘러싸인 포낭 형태로 있기 때문에 염소 소독으로부터 자신을 보호해 수돗물에 남아 있을 수 있다. 표 9.12는 미생물에 관한 수질 기준을 보여준다.

표 9.12 미생물에 관한 수질 기준

구 분	공동시설의 물	샘물, 지하수, 심층수
일반세균	100 CFU*/mL 이하	저온일반세균 20 CFU/mL 이하 중온일반세균 5 CFU/mL 이하
총 대장균군	100mL에서 검출되지 아니할 것	250mL에서 검출되지 아니할 것
대장균, 분원성 대장균군	100mL에서 검출되지 아니할 것	미적용
분원성 연쇄상구균, 녹농균, 살모넬라, 쉬겔라	미적용	250mL에서 검출되지 아니할 것
아황산환원혐기성포자형성균	미적용	50mL에서 검출되지 아니할 것
여시니아균	2L에서 검출되지 아니할 것	

*CFU(Colony Forming Unit) : 집락 형성 단위

9.5b 유독성 무기물질

유독성 무기물질(toxic minerals)은 아마 제일 흔한 수질오염 물질이다. 이러한 유독성 무기물질들은 바위, 모래, 점토 등에 포함되어 자연적으로 수원에 유입되기도 하고, 산업이나 생활 폐기물 등 인위적인 요인에 의해서 물속으로 유입될 수 있다. 이들

중 수은, 납, 비소 등 몇 몇 중금속은 극심한 독성으로 소량만 체내로 유입되더라도 증상이 바로 나타난다. 반면 대부분은 체내에 축적되어 만성적인 증상으로 신체의 기능을 저하시키는 질환을 유발한다. 특히 석면 섬유는 매우 적은 양일지라도 오랜 기간 노출되면 암이나 신장, 혈액, 신경계의 질병을 유발한다. 표 9.13은 건강에 유해한 영향을 주는 무기물질들에 관한 기준을 나타낸다.

표 9.13 건강상 유해영향 무기물질에 관한 기준

무기물	허용치	무기물	허용치
납	0.01mg/L 이하	암모니아성 질소(NH_3-N)	0.5mg/L 이하
불소	1.5mg/L 이하 (샘물 2.0mg/L 이하)	오존	살균·소독, 세척하여 이용하는 지하수만 적용
비소	0.01mg/L 이하 (샘물 0.05mg/L 이하)	셀레늄	0.01mg/L 이하 (염지하수mg/L 이하)
카드뮴	0.005mg/L 이하	보론	1.0mg/L 이하
수은	0.001mg/L 이하	브롬산 염	0.01mg/L 이하
시안	0.01mg/L 이하	질산성 질소(NO_3-N)	10mg/L 이하
크롬	0.05mg/L 이하	스트론튬	4mg/L 이하

9.5c 유기물질

물속에 녹아있는 유기물질(organic chemicals)은 자연적인 요인에 의해 생성될 수도 있지만, 대부분은 인간 활동에 의해 사용되고 있는 유기화합물들 즉 합성비료, 살충제, 제초제, 페인트, 연료, 플라스틱, 염료, 방향제, 약물, 방부제 등에 의한 오염이다. 오늘날 상업적으로 이용되고 있는 합성 유기물은 대략 10만 가지 이상이고, 물에서 발견되는 유기화학 물질의 실제 오염원을 찾는 것은 쉽지 않다. 오염원이 수 킬로 떨어져 있는 공장 폐기물이나 농촌지역으로부터 유입되는 비료나 살충제가 섞인 농업용수일 수도 있기 때문이다. 특히 **휘발성 유기화학물질**(volatile organic chemicals, VOCs)은 마시지 않고 피부 접촉만으로도 건강에 위협이 될 수 있기 때문에 위험하며, 수돗물에 소독약으로 널리 사용되고 있는 염소는 물속에 포함된 유기화학물질과 결합하여 트리할로메탄(THMs)이라 불리는 새로운 독성 오염물질을 만들어 낼 수 있다. 트리할로메

탄은 암에 걸릴 수 있는 위험률을 증가시키는 발암물질로 알려져 있다. 표 9.14는 건강에 유해한 영향을 주는 유기물질들에 관한 기준을 나타낸다.

표 9.14 건강상 유해영향 유기물질에 관한 기준

유기물	허용치 (mg/L)	유기물	허용치 (mg/L)
페놀	0.005	벤젠	0.01
다이아지논	0.02	톨루엔	0.7
파라티온	0.06	에틸벤젠	0.3
페니트로티온	0.04	크실렌	0.5
카바릴	0.07	1,1-디클로로에틸렌	0.03
1,1,1,-트리클로로에탄	0.1	사염화탄소	0.002
테트라클로로에틸렌	0.01	1,2-디브로모-3-클로로프로판	0.003
트리클로로에틸렌	0.03	1,4-다이옥신	0.05
디클로로메탄	0.02		

9.5d 첨가제

모든 수돗물 처리 시설에서는 정수 과장에서 화학 약품을 첨가제(additives)로 사용한다. 염소는 뛰어난 살균효과가 있기 때문에 가장 널리 사용되고 있다. 지난 수십 년간 소량의 염소를 첨가하는 것은 안진한 것으로 인식되어져 왔다. 그러나 소량의 염소를 장기간에 걸쳐서 섭취할 경우 건강에 위협이 될 수 있다는 연구 결과가 보고되었고, 더욱 심각한 것은 만약 염소가 물속의 다른 유기화합물과 결합하여 유해한 화학물질인 트리할로메탄(THMs)을 형성하게 되면 건강에 나쁜 영향을 준다는 보고도 있다.

또한 불소가 아이들의 충치예방에 도움이 된다 하여 어떤 국가에서는 수돗물 처리 과정에서 불소화 처리를 시행하는 나라들이 있다. 미국에서도 불화 처리에 관한 찬성과 반대 논쟁은 1945년 이래 계속되고 있다. 불화 처리에서 가장 중요한 사항은 불화물은 강력한 독성을 갖고 있으므로 첨가량에 세심한 주의가 필요하다는 것이다. 문제는 보통 아이들이 치약이나 캔으로 된 음식을 통해서도 불화물을 섭취하고 있기 때문에, 얼마나 많은 양의 불화물을 섭취하고 있는지 아무도 모르고 있다는 점이다. 따라서 물속에 첨가되어 있는 안전한 양의 불화물이 다른 경로를 통해 들어온 불화물의 양과 합해질 경우 인체에 위험한 수준이 될 수 있다.

수돗물 처리시설에서는 처리효과를 높이기 위해 기타 몇 가지 물질을 첨가하기도 한다. 응집제는 물에 첨가되어 물속에 존재하는 입자와 결합하여 여과에 용이한 덩어리를 형성하기 때문에 필터 과정에서 입자의 효과적인 정화작용을 돕는 역할을 한다. 가장 일반적으로 사용하는 응집제로는 PAC(poly aluminum chloride)로서 그 성능이 우수하며 국내외에서 널리 사용되고 있다.

표 9.15 소독제 및 소독부산물질에 관한 기준*

구분	허용치 (mg/L)	구분	허용치 (mg/L)
잔류염소	4.0	디브로모아세토나이트릴	0.1
총 트리할로메탄	0.1	디클로로아세토나이트릴	0.09
클로로포름	0.08	트리클로로아세토나이트릴	0.004
브로모디클로로메탄	0.03	할로아세틱에시드	0.1
디브로모클로로메탄	0.03	포름알데하이드	0.5
클로랄하이드레이트			

*샘물, 먹는 샘물, 먹는 염지하수, 먹는 해양심층수 및 먹는 물 공동시설의 물의 경우에는 적용하지 아니한다.

9.5e 방사성 물질

물속에는 두 가지 유형의 방사성 물질(radioactive substances)이 존재하는데, 이는 방사성 미네랄과 방사성 가스이다. 방사성 미네랄은 자연적으로 또는 인위적으로 발생할 수 있다. 자연적인 발생은 현재 채광 중이거나 과거에 채광 지역이었던 장소에서 방사성 물질이 유출되어 수원에 유입되는 것이다. 방사성 미네랄이 수원으로 유입될 수 있는 다른 오염원으로는 제련소와 화력 발전소 등을 들 수 있다. 인위적인 방사성 미네랄 오염은 원자력 발전소, 핵무기 시설, 방사능 물질 처리장소, 그리고 원자력을 동력으로 하는 선박에서 발생할 수 있다. 만일 수원이 핵 관련 시설로부터 인접해 있다면 우리는 사용하는 물속에 존재하는 방사능의 양에 세심한 관심을 가져야 할 것이다. 물속에 방사성 미네랄이 존재하면, 당연히 건강을 해치는 요소가 될 수 있으며, 발암 물질인 라돈 형태로 존재할 경우 훨씬 더 건강에 위협이 될 수 있다. 라돈은 자연 방사성 미네랄의 붕괴로 생기는 무색, 무취의 가스이다. 이 물질은 모든 물에 아주 소량 존재하며 만일 가정에서 사용하는 수돗물에 포함되어 있으면 쉽게 공기 중으로 기화하여 체내로 흡수된다. 라돈은 빠른 속도로 공기 중으로 기화하기 때문에 1차적인 위험은 물을 마시는데 있지 않고, 오히려 기화하여 공기 중에 퍼져있는 라돈을 호흡기를 통해 흡입하는데 있다. 라돈 흡입으로 인해 건강에 미치는 영향은 매우 심각한 것으로 알려져 있다.

우리나라 환경부는 2012년 지하수의 자연 방사성 물질 함유실태를 조사한 결과, 마을 상수도 459개 중 우라늄은 22개소(4.8%)가 미국의 먹는 물 수질기준 30 μg/L을, 라돈은 75개소(16.3%)가 미국 기준치 4,000 pCi/L를 초과한 양이 검출되었다고 보고하였다. 특히 마을 상수도의 경우 우라늄은 최대 436.3 μg/L로 미국 먹는 물 수질기준의 14.5배, 그리고 라돈은 최대 32,924 pCi/L로 미국 먹는 물 제안치의 8배 가량 높은 것으로 확인되었다. 휘발성이 높은 기체인 라돈은 원수(4,000pCi/L 이상)에 비해 수돗물에서 평균 약 40% 이상의 감소율을 보여, 지하수를 상온에서 반감기 3.8일 이상의 일정기간을 둔 뒤 음용할 경우 노출 영향을 줄일 수 있다고 밝혔다. 반면 우라늄은 원수와 수돗물에서 농도가 거의 일정해 자연적으로 저감 되지 않는 것으로 확인됐다. 표 9.16은 방사능에 관한 기준을 나타낸다.

표 9.16 방사능에 관한 기준*

구 분	허용치 (Bq/L 이하)
세슘(Cs-137)	4.0
스트론튬(Sr-90)	3.0
삼중수소	6.0

*염지하수의 경우에만 적용한다.

우리가 일상적으로 사용하는 안전하고 깨끗한 수돗물을 공급하기 위해 정부는 상수도 사업본부를 설치하여 운영하고 있다. 각 지역에서는 상수원을 지정하여 물 관리를 철저히 하고 있으며, 그림 9.17에 나타나 있는 것과 같이 여러 단계의 정수 처리 과정을 통하여 깨끗한 물을 가정에 공급하고 있다.

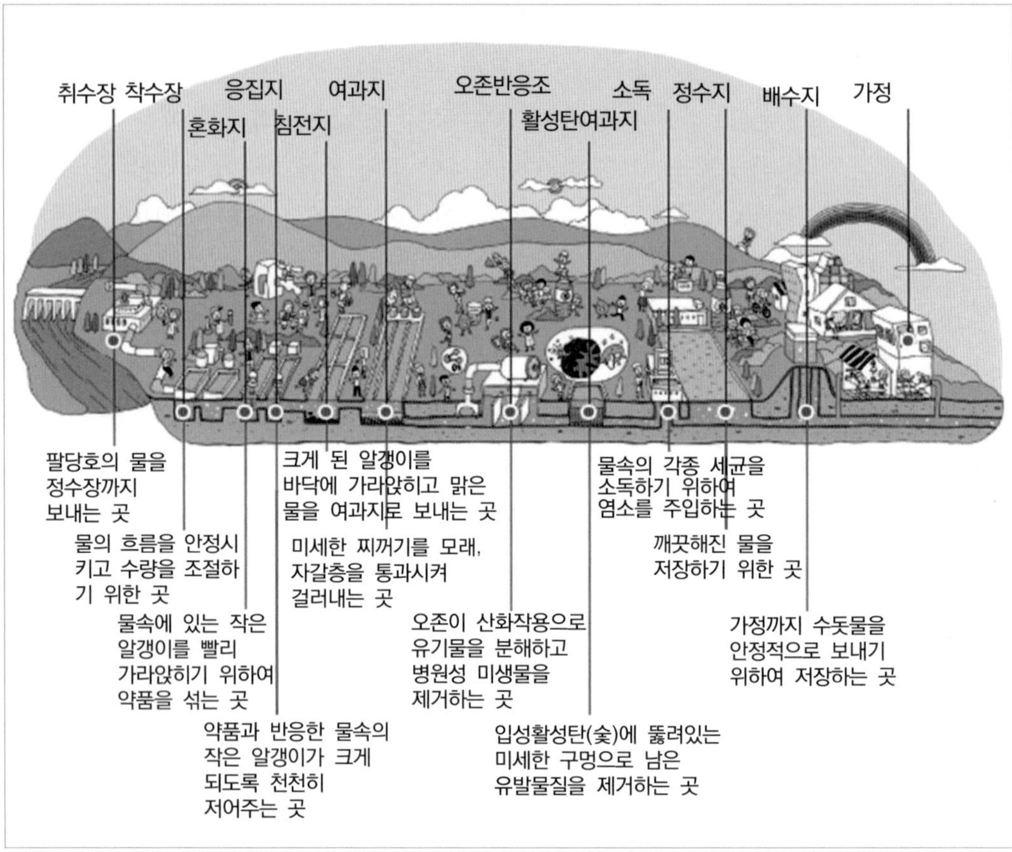

그림 9.17 안전하고 깨끗한 물을 생산하기 위한 단계적인 정수처리공정.
출처 : 아리수(서울 상수도 사업본부)

연습문제

9.1 지구상의 물은 기체, 액체, 고체 상태로 그 상태가 변화하면서 끊임없이 하늘과 땅의 표면 및 지하, 그리고 바다를 순환한다. 이 순환과정을 통해 우리는 물을 재사용해 왔는데 물 부족 현상이 발생하고 있다. 물 부족 현상을 유발하는 요인에 대해 쓰시오.

9.2 지구 전체의 물 총량은 14억 km^3이며, 염분을 포함하고 있는 해수와 그렇지 않은 담수로 구성되어 있다. 담수 중에서 우리가 사용할 수 있는 물은 호수나 하천에 있는 지표수와 지표면 아래에 있는 지하수이다. 지구 전체에 존재하는 물의 총량에서 담수가 차지하는 비율은 얼마일까요? 그리고 우리가 사용할 수 있는 지하수와 지표수가 전체 물의 총 량에서 차지하는 비율은 얼마일까요?

9.3 물의 순환과정에 대해 쓰시오.

9.4 일반적으로 물질의 끓는점은 몰 질량에 따라 증가한다.

a. 분자량에 근거하여 물, 질소, 산소, 이산화탄소 중 끓는점이 높은 것부터 차례대로 쓰시오.

b. 상온에서 물은 액체이고 질소, 산소, 이산화탄소는 기체 상태이다. 그 이유를 설명하시오.

c. 물의 특별한 성질에 대해 아는 대로 쓰시오.

9.5 오늘날에는 인위적 요인에 의한 발생하는 오염이 자연 정화 작용을 통한 수용 능력의 한계를 넘어 오염된 물이 축적되고 있다.

a. 자연정화 작용에 의해 오염물질이 제거되는 방법을 쓰시오.

b. 물이 오염되는 요인을 쓰시오.

연습문제

9.6 지구에 있는 물의 대부분은 바다에 있기 때문에 담수 공급이 부족한 지역에서는 불가피하게 바닷물을 담수화해서 이용할 수밖에 없다. 하지만 바닷물은 염분을 포함하고 있어 식수, 생활용수, 농업용수 등으로 사용하기에는 적절하지 않다. 바닷물 속에 포함되어 있는 염분과 다른 용해물질을 제거하는 방법에 대해 쓰시오.

9.7 물속에 녹아있는 경수 이온을 제거하여 연수로 만드는 방법 중 가장 상업적으로 사용되는 연수장치는 이온 교환 칼럼이다. 경수가 이온 교환 칼럼을 통과하여 연수가 만들어지는 메카니즘을 쓰시오.

9.8 우리가 일상적으로 사용하는 안전하고 깨끗한 수돗물을 공급하기 위해 정부는 상수원을 지정하여 물 관리를 철저히 하고 있으며, 여러 단계의 정수 처리 과정을 통하여 깨끗한 물을 가정에 공급하고 있다. 정수처리 과정에 대해 쓰시오.

9.9 불소가 아이들의 충치예방에 도움이 된다 하여 외국에서는 수돗물 불소화 처리를 시행하는 나라들이 있다. 수돗물의 불소화 처리에 대해 본인의 의견을 개진하시오.

9.10 우리가 사용하고 있는 물은 재생 가능한 자원이지만 물 부족 현상이 가속화되고 있다. 녹색화학의 핵심은 '폐기물 생성 후 이를 처리하거나 제거하는 것보다 폐기물 생성을 방지하는 것이 더 좋다'이다. 이는 오염된 물을 정화하는 것보다 사용한 물을 방류하기 전 정화해서 내 보내는 것이 좋다는 것을 의미한다. 물을 방류 전 정화하는 방법에 대해 쓰시오.

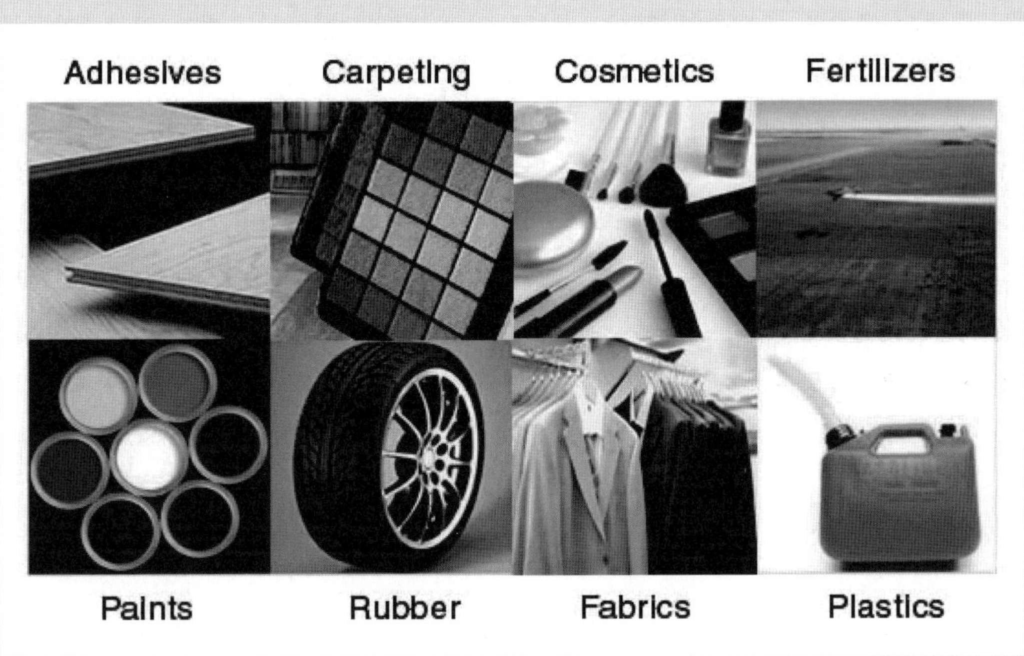
Adhesives
Carpeting
Cosmetics
Fertilizers
Paints
Rubber
Fabrics
Plastics

제10장
생활 속의 화학

화학은 물질의 특성과 변화 등을 다루는 학문이기 때문에, 우리의 일상생활에서 접하는 거의 모든 것이 화학과 밀접한 연관이 있다고 해도 과언이 아닐 것이다. 그 중에서도 우리 주변에서 화학이 가장 많이 사용되는 분야는 놀랍게도 우리가 매일 음식으로 섭취하여 생명의 에너지를 얻는 식품 분야이다. 우리는 음식을 통해 다양한 영양소를 섭취하지만 그 중에서도 에너지를 얻는 것은 탄수화물, 지방, 단백질 세 가지다. 그 외 비타민이나 미네랄은 우리의 생명을 유지하고 에너지를 내는 과정을 연결해주는 필수적인 요소이긴 하지만 그 자체가 에너지를 가지고 있는 것은 아니다.

이 장에서는 탄수화물, 단백질 그리고 지방의 종류와 역할들에 대해서 알아보고, 모든 생명체의 주요 에너지원인 포도당을 생성하는 광합성에 대해서도 공부할 것이다. 그리고 우리 몸에서 유전 정보를 저장하는 중요한 물질인 핵산과, 유전정보의 저장과 전달 그리고 발현을 돕는 기능을 담당하는 DNA와 RNA에 대해서도 알아보고자 한다.

10.1 생명체의 에너지

10.1a 탄수화물

우리 몸은 어떻게든 **탄수화물**(carbohydrate)의 가장 작은 단위의 형태 중 한 가지인 혈당(혈액 속의 포도당)의 농도를 일정 수준으로 유지하고 있다. 만일 혈액 속 포도당의 농도가 일정 수준 이하로 떨어지면 저혈당 증세를 보이고 그 정도가 더욱 심해지면 의식을 잃게 되며 심하면 사망에 이르게 된다. 우리 몸에는 탄수화물의 저장 공간이 그다지 많지 않다. 일반적으로 우리 몸에 저장할 수 있는 탄수화물은 근육에 300g, 간에 100g 정도이다. 이는 1,600kcal 정도의 양으로 하루만 완전히 단식을 하면 그 저장량이 모두 고갈된다. 따라서 만일 탄수화물 섭취량을 필요한 양 보다 줄이면 활동할 기력이 떨어지고, 반대로 그 양이 과하면 바로 지방으로 전환돼 저장된다.

탄수화물은 녹말, 셀룰로오스, 포도당 등과 같이 일반적으로 탄소, 수소, 산소의 세 원소로 이루어져 있는 화합물이다. 탄수화물은 생물체의 구성 성분일 뿐만 아니라 활동의 에너지원으로 사용되는 생물체에 절대적으로 필요한 화합물이다. 구조를 유지하는 데 사용되는 탄수화물은 모두 다당류로, 식물의 세포벽을 만드는 셀룰로오스, 곤충의 외피를 만드는 키틴, 동물의 연골이나 힘줄의 성분인 황산콘드로이틴 등이 그 예이다. 에너지원으로 사용되는 탄수화물은 지질, 단백질과 함께 생물체에서 중요한 3대 영양소에 속한다. 녹색식물은 광합성을 통해 단당류인 글루코오스(포도당)를 합성하고, 이것을 다당류인 녹말로 합성하여 저장한다. 동물은 자신이 탄수화물을 합성하지 못하므로 식물에서 섭취하여 사용한다. 탄수화물은 화학적으로 $C_x(H_2O)_y$의 일반식을 갖고, 이 일반식을 보면 마치 탄소와 물 분자로 구성되어 있는 것처럼 보이기 때문에 '탄소의 수화물'이란 의미의 탄수화물이라는 이름이 붙었다. 탄수화물에서 탄소, 수소, 산소는 아래와 같이 세 가지 유기 작용기로 배열되어 있다.

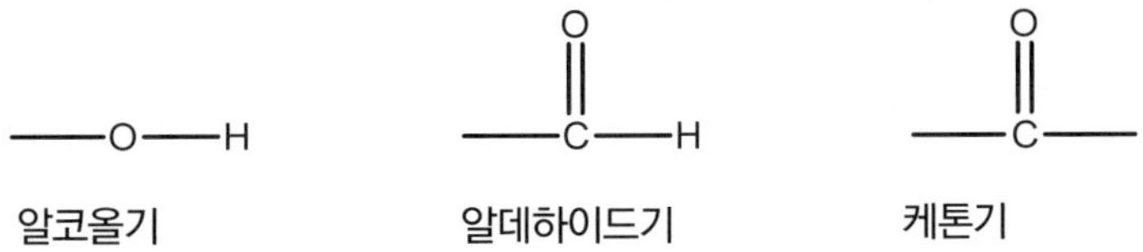

탄수화물은 당류라고도 부르는데, 축합 중합 반응으로 결합되어 있는 당의 수에 따라 단당류(monosaccharide), 이당류(disaccharide), 다당류(polysaccharide)로 분류된다. 예를 들어, 포도당(glucose)은 단당류의 일종으로 녹말을 형성하는 기본 단위가 된다. 이당류는 단당류 두 개가 **글리코시드 결합**을 통해 연결된 것으로, 수크로오스(sucrose), 말토오스(maltose) 등이 그 예이다. 이당류가 가수분해되면 단당류 두 개가 얻어진다. 그리고 녹말은 단당류인 포도당이 무수히 많이 연결되어 만들어진 분자로 다당류에 속하고 분자량이 수천에서 백만을 넘는 것도 있으며, 가수분해하면 많은 단당류가 얻어진다.

① 단당류

단당류는 탄수화물 중 가수 분해에 의하여 더 이상의 간단한 화합물로 분해되지 않는 당류이고, 탄수화물 또는 당류의 기본 단위를 이루는 기초가 되는 물질이다. 일반식은 $C_nH_{2n}O_n$으로 나타내며 n= 2~10 으로 알려져 있다. 일반적으로 n=6인 육탄당(hexose, 한 분자에 여섯 개의 탄소원자가 들어있는 단당류)이 대표적이고, 글루코오스(glucose), 갈락토오스(galactose), 그리고 과당으로 불리는 프룩토스(fructose) 등 세 가지가 가장 흔한 단당류이다. 이들은 서로 구조는 다르지만 일반식은 $C_6H_{12}O_6$로 모두 같으며, D-글루코오스와 D-갈락토오스는 네 번째 탄소의 H와 OH의 배열만이 다른 입체 이성질체이다. 글루코오스와 갈락토오스는 알도오스(aldose)라고 하는데, 알도오스는 알데히드 작용기를 가진 단당류를 말한다. 프룩토스는 케토오스(ketose)이고, 케토오스는 케톤 작용기를 가진 단당류이다. 프룩토스는 과당(fruit sugar)이고 설탕(수크로오스)보다 약 25% 정도 더 달다. 그리고 글루코오스는 설탕보다 약 25% 정도 덜 달다.

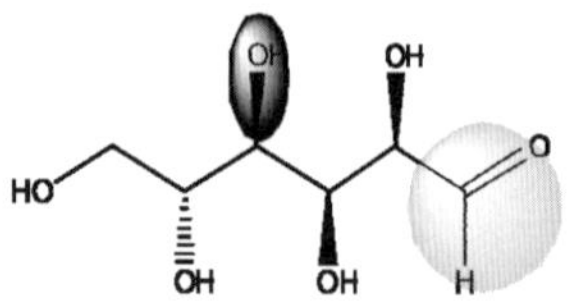

글루코오스

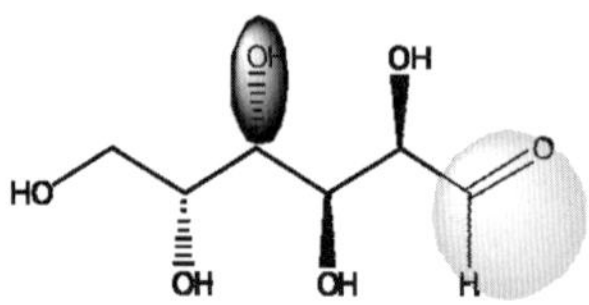

갈락토오스

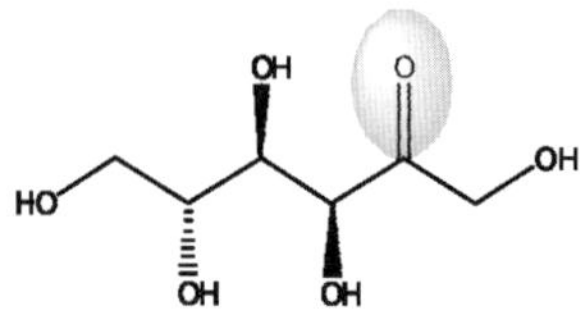

프록토스

대부분의 단당류는 물에 녹으면 **고리 구조**가 된다. 아래 그림은 글루코오스, 갈락토오스, 프록토스의 고리 형 구조식을 보여준다. 어떤 당은 두 가지 이상의 고리 모양으로 존재한다.

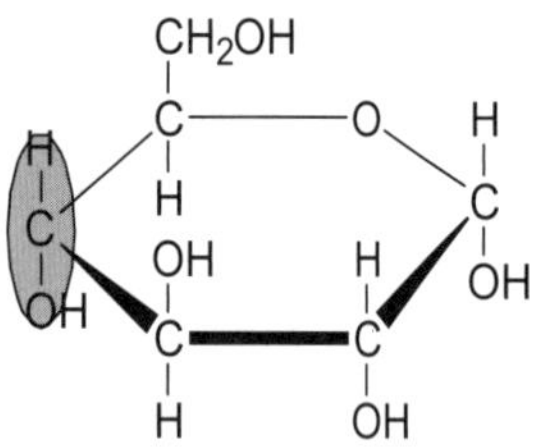

D-글루코오스

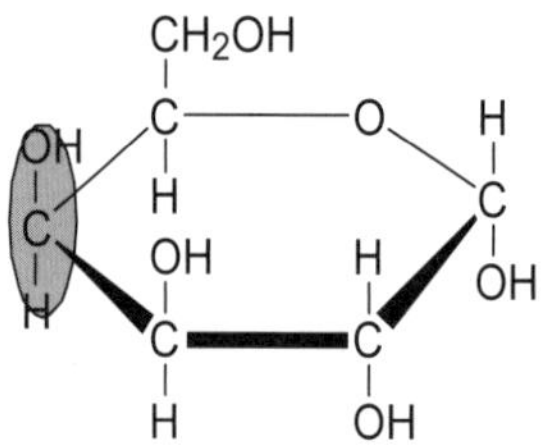

D-갈락토오스

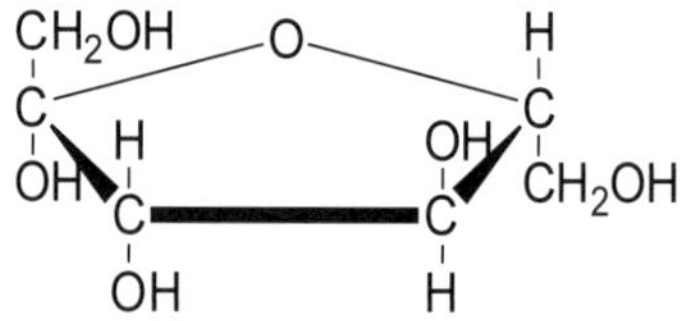

D-프록토스

② 이당류

이당류는 단당류 두 개가 결합하면서 물이 떨어져나가고 만들어진 일반식 $C_{12}H_{22}O_{11}$을 갖는 화합물이다. 가장 흔한 이당류는 수크로오스(sucrose), 말토오스(maltose), 그리고 락토오스(lactose)이다. 이들은 체내에서 효소의 촉매작용에 의해 가수분해 되어 단당류가 된다.

이름	결합	근원	용도
수크로오스	글루코오스+프록토스	사탕수수, 사탕무	설탕
말토오스	글루코오스+글루코오스	녹말	감미료
락토오스	글루코오스+갈락토오스	우유	의약품, 유아식, 제빵

수크로오스는 사탕수수와 사탕무로부터 얻어지는 설탕의 주성분이며 식용 감미료로 사용되고 있다. 또한 글루코오스와 프록토스의 혼합물인 꿀도 식용 천연 감미료로

사용되고 있으며, 옥수수 녹말을 가공하여 얻은 글루코오스를 효소로 처리하여 글루코오스와 프록토스의 혼합물을 얻어 인공 감미료로 사용하기도 한다. 이 혼합물을 **액상과당**(corn syrup)이라 한다. 수크로오스의 당도(1.0)와 비교한 일반적인 당들과 인공 감미료의 당도는 표 10.1에 나타나있다. 아스파탐과 사카린은 인공 감미료이다.

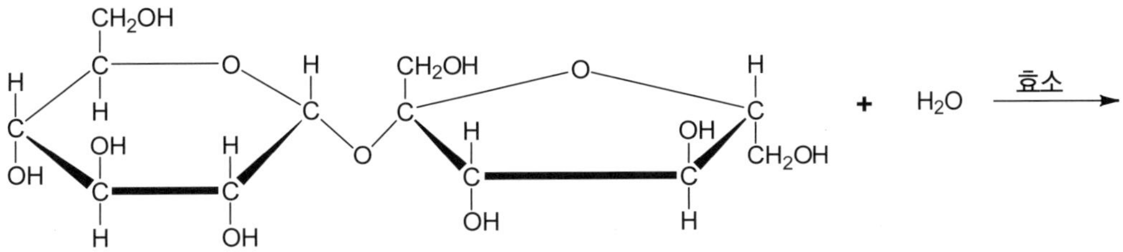

수크로오스

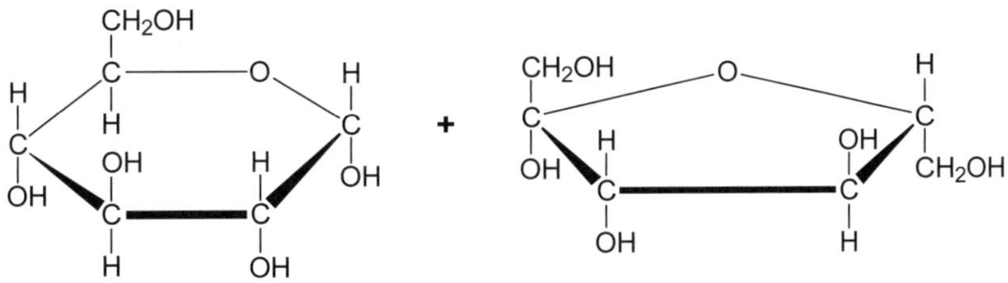

D-글루코오스 D-프록톡스

표 10.1 수크로오스와 비교한 일반 당들과 인공감미료의 당도

당	당도	당	당도
락토오스	0.16	**수크로오스**	1.00
갈락토오스	0.32	프록토스	1.17
말토오스	0.33	아스파탐	180
글루코오스	0.74	사카린	300

■ 인공감미료

인류 최초의 인공감미료는 로마인들이 즐겨 사용한 **사파**(sapa)라 할 수 있다. 사파는 납으로 만든 솥에 포도 주스와 포도주 찌꺼기를 넣고 물과 알코올이 전부 날아갈 때까지 끓여 만든 것이다. 이 과정에서 아세트산납이라는 독성이 강한 중금속 화합물이 생성되는데. 이것이 사파의 주성분이다. 로마인들은 여러 가지 요리에 사파를 넣어 먹었다. 그리고 사파를 먹으면 납 중독으로 인해 창백한 얼굴의 미인이 된다하여 특히 여성들이 먹는 화장품으로 이용했고, 낙태를 위한 의약품으로 이용되기도 하였다. 로마인들은 이렇게 사파를 애용하다가 결국 집단으로 납 중독에 걸리기도 하였다. 요즘도 포도시럽을 사파라고 부르기도 한다.

사카린(saccharin)은 미국 존스홉킨스 대학 화학연구실에서 우연히 발견한 톨루엔 유도체의 산화에서 발생한 화합물이다. 사카린은 소화되지 않고 그대로 배설되기 때문에 칼로리가 전혀 없다고 할 수 있다. 그래서 다이어트를 하는 사람들이나 당뇨병 환자들에게 설탕을 대신하는 감미료로 널리 사용되어 왔다. 사카린은 전혀 열량이 없으면서도 설탕에 비해 300~500배 정도의 강력한 단맛을 낸다. 하지만 사카린은 약간 쓴 뒷맛이 있기 때문에 일반적으로 천연 감미료에 소량 첨가하여 사용한다. 따라서 사카린을 첨가한 일반 식품들은 낮은 칼로리를 갖는다. 한때 잠재적인 발암물질이라는 논란이 많았지만, 여러 연구 결과를 토대로 미국 국립 환경보건학연구소에 의해 결국 사카린이 인체에 암을 유발하는 물질이 아니라는 최종적인 결론이 내려졌다. 이렇게 수십 년간 지속된 사카린의 유해성 논란은 아스파탐이나 스플렌다와 같은 다른 감미료들의 개발을 촉진시키는 긍정적인 계기를 제공하였다.

아스파탐(aspartame)은 1965년 미국의 화학자 슐라터에 의해 위액 분비를 촉진하는 호르몬을 연구하던 중 우연히 발견되었다. 아스파담은 누트라스위트라는 이름으로 널리 알려진 인공감미료로, 아미노산 유도체로부터 만들어지기 때문에 인체 내에서 소화되며 아미노산과 거의 같은 양의 칼로리를 갖는다. 하지만 설탕보다 약 180배 정도 달고 칼로리는 설탕과 비슷하므로 소량으로 단맛을 낼 수 있으며 사카린과는 달리 쓴맛이 없어 깨끗하므로 다이어트용 식품에 사용하기에 적합하다. 그러나 아스파탐은 열에 의해 쉽게 분해되기 때문에 가열 과정을 거쳐 만드는 음식에는 사용할 수가 없다는 단점이 있다. 따라서 저온의 다이어트 청량 음료에 주로 이용된다. 예를 들면 일반 콜라는 주로 과당을 감미료로 사용하지만, 라이트 콜라나 다이어트 펩시 등 다이어트 음료는 과당 대신에 아스파담으로 단맛을 낸다. 아스파담은 현재 우리나라에서 가장 많이 쓰이고 있는 인공감미료이다.

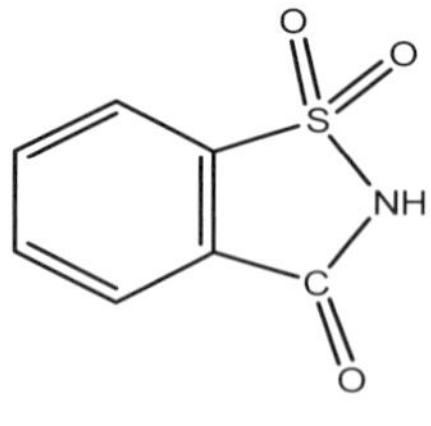

사카린

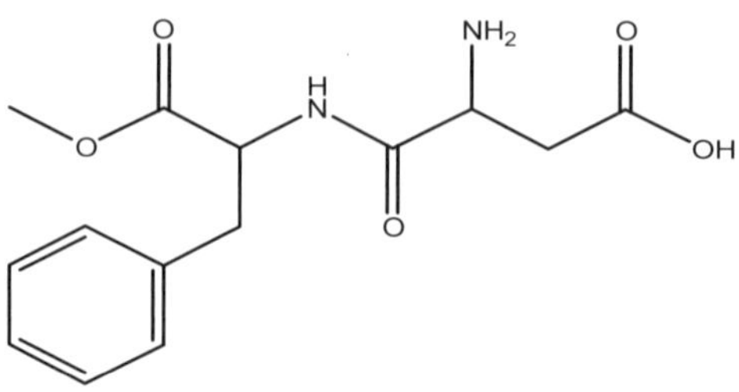

아스파탐

③ 다당류

다당류는 단당류 3개 이상이 글리코시드결합을 통하여 큰 분자를 이루고 있는 당류이고, 천연에서 가장 풍부한 다당류는 셀룰로오스, 녹말, 글리코겐이다. 어떤 다당류는 수천 개 이상의 단당류 모노머를 가지며 분자량이 100만을 넘는 것도 있다. 다당류는 생물계에 널리 존재하며 종류도 다양하나, 일반적으로 셀룰로오스는 식물의 구성성분이고, 녹말이나 글리코겐은 식물이나 동물의 에너지 저장체로 존재한다.

셀룰로오스(cellulose)는 식물 세포벽의 중요 성분을 구성하는 당류이고, 식물 섬유를 구성하므로 섬유소라고도 부른다. 가장 순수한 천연 형태는 면(cotton)으로 98%의 셀룰로오스를 함유한다. 또한 펄프의 원료인 목재는 약 40~50%가 셀룰로오스이다. 셀룰로오스는 자연계에서 석탄에 이어 다량으로 존재하는 유기화합물이며, 종이나 의류의 원료로 사용되고 공업적으로도 중요한 자원이다. 알칼리에는 상당히 강하나 산에서는 가수분해 되어 글루코오스가 된다.

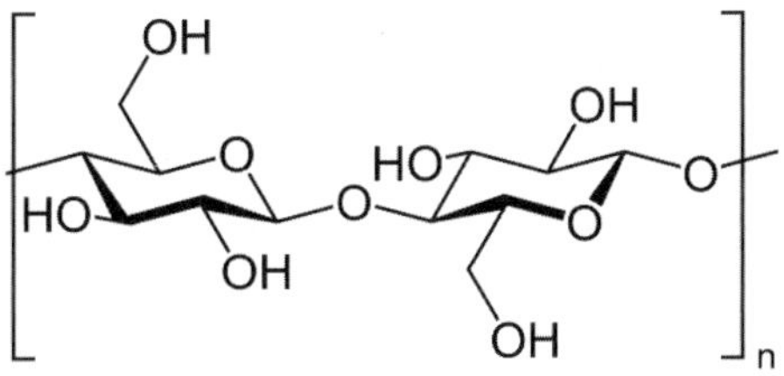

셀룰로오스

엽록소를 가진 식물체가 광합성을 통해 만들어 내는 물질이 **녹말**(starch)이다. 녹말은 식물에 함유된 중요한 에너지 저장물질의 하나이고, 동물에게도 영양원으로서 중요한 물질이다. 즉 인체에 녹말을 포함하고 있는 음식물이 들어오면 침샘이나 이자 등에서 나오는 소화 효소에 의해 거대한 녹말 분자가 수많은 포도당 분자들로 분해되고 흡수되어, 대사 과정에서 에너지원으로 이용된다. 녹말은 구조적으로 평균 약 200개의 D-글루코오스(포도당)가 축합반응을 통해 길게 연결되어 만들어지는 다당류로서 아밀로오스(amylose)와 아밀로펙틴(amylopectin)의 혼합물이고, 아밀로스는 천연 녹말의 약 25%를 그리고 아밀로펙틴은 녹말의 약 75%를 차지한다. 아밀로펙틴은 아밀라아제나 포스포릴라아제에 의해 분해된다. 녹말이 식물체의 저장 다당류인데 반하여 **글리코겐**(glycogen)은 동물체의 에너지 저장 다당류이다. 글리코겐은 간이나 근육 조직 등에 저장되며 대사과정에서 에너지원으로 작용한다.

아밀로오스와 셀룰로오스는 각각 60~300개와 900~6000개의 모노머 단위가 물 분자를 잃으면서 결합하여 곧은 사슬 축합중합체를 만든다. 그들 간의 차이는 모노머 사이의 연결에서 미묘한 구조적 차이가 존재한다. 이 차이 때문에 우리는 아밀로오스는 소화할 수 있는데 반해 셀룰로오스는 대사 시킬 수 없다. 우리 입과 소화계는 아밀로오스에 있는 글루코오스 모노머 사이의 연결을 끊을 수 있는 효소를 가지고 있지만, 셀룰로오스를 대사하는데 필요한 효소를 가지고 있지 않다. 반면에 소나 염소와 같은 동물들은 내장 안의 세균이 셀룰로오스를 대사하는 효소를 제공하기 때문에 소화할 수 있다.

10.1b 지방

지방(fat)은 탄수화물과 함께 우리 몸의 주요 에너지원으로 사용되는 화합물이다. 발생 에너지는 탄수화물의 2배의 열량을 공급한다. 그리고 지방은 연소될 때 생성되는 물의 양도 탄수화물이나 단백질의 두 배나 되기 때문에 중요한 영양 저장 물질이다. 또한 지방은 체온 유지에 중요한 역할을 하며 지방의 한 종류인 인지질의 경우 세포막의 중요한 구성 성분으로 사용된다. **지질**(lipid)은 동식물의 생체를 구성하는 물질 중에서 물에는 잘 녹지 않지만 유기 용매에는 잘 녹는 비극성 유기 물질이다. 다당류나 단백질과 같이 비교적 성질이 유사한 구성 성분이 중합된 고분자 물질이 아니라, 많은 종류의 물질을 함유하고 있다. 따라서 생체 내에서의 역할도 다양하다. 예를 들면, 지방(fat), 기름(oil). 스테로이드(steroid), 왁스(wax) 등이 지질에 속하며, 이들의 가수분해에 의해 생성된 지방산과 알코올 등도 지질에 포함된다. 주요 지질은 지방과 기름이고, 우리가 섭취하는 식품에서 지방과 기름은 지질의 95%를 차지하며, 특히 영양분으로서 주로 피하에 저장된다. 지질은 3대 영양소 중에서 가장 많은 열량을 낸다.

① 지방과 기름

지방과 기름은 글리세롤(또는 글리세린) 한 분자에 지방산 세 분자가 에스터 결합하여 생성된 **트라이글리세리드**(triglyceride)이다. 글리세롤과 지방산은 생체 내에서 해당되는 계나 지방산 회로에서 합성되고 분해된다. 그러나 그것만으로는 생체에 충분하지 않기 때문에 영양으로서 섭취해야 한다.

트라이글리세리드는 중성지방으로도 불린다. 중성지방은 대부분 동물의 저장 지방으로 간주되지만 식물이나 미생물에도 존재한다. 같은 지방이나 기름 안에 있는 세 개의 R_1, R_2, R_3기는 같을 수도 다를 수도 있으나, 모두 같은 것은 자연에서 찾기 어렵고 대부분 길이가 서로 다르다. R_1, R_2, R_3기의 포화도에 따라서 포화지방과 불포화 지방으로 나누어지는데, 특히 R_2 위치에서 불포화 지방산이 많이 관찰된다. 포화지방은 지방

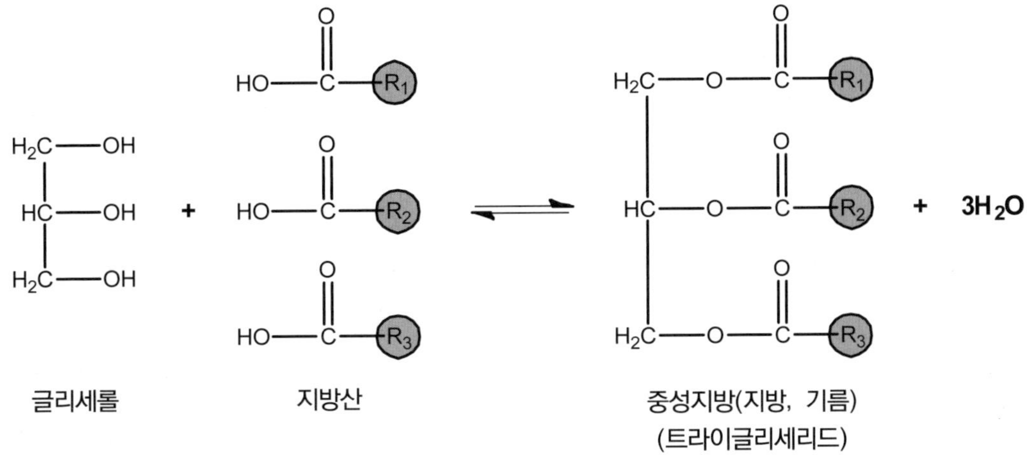

산기에 탄소의 이중결합이 없는 경우이고, 불포화지방은 탄소-탄소 결합 중에 이중결합이 존재하는 경우이다. 대부분의 동물성 지방은 포화지방이고, 식물성 오일류(oil)는 불포화 지방인 경우가 많다. 불포화 지방은 다시 이중결합에 연결된 탄소의 모양에 따라서 시스 구조와 트랜스 구조로 나뉘는데, 트랜스 구조는 흔히 말하는 트랜스지방이다. 지방(fat)이란 말은 주로 버터와 같은 고체 중성지방에 사용되며, 기름(oil)은 콩기름이나 올리브유와 같은 액체 중성지방에 사용된다. 불포화 지방은 탄소 이중결합이 지그재그 패턴을 방해하기 때문에 분자의 모양이 불규칙적이고 고체를 형성할 만큼 효과적으로 쌓이지 않는다. 그림 10.1은 포화 지방, 그리고 시스와 트랜스 형 불포화 지방을 보여준다.

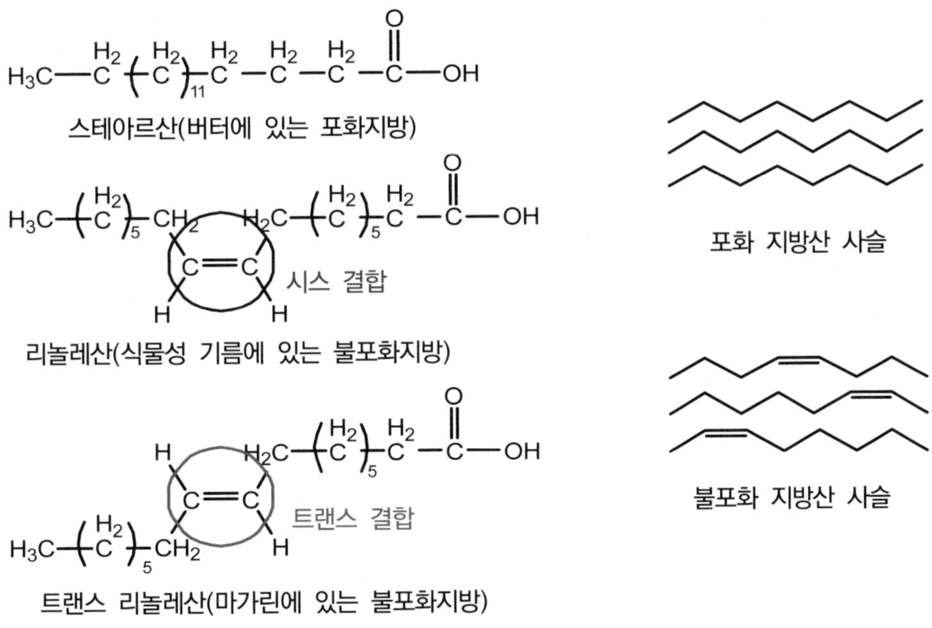

그림 10.1 포화 지방, 그리고 시스형과 트랜스형 불포화 지방

오메가-3은 지방산을 구성하는 탄소 사슬의 끝 탄소(카르복실기로부터 가장 멀리 떨어져 있는 탄소, 그리스어로 맨 끝 글자인 오메가(ω)의 의미를 살려서 명칭을 정하였다)에서 세 번째에 위치한 탄소에서부터 이중 결합이 시작되는 필수 불포화 지방산으로, 생선기름, 들기름 등에 많이 포함되어 있다.

트랜스 지방은 불포화 탄소 이중 결합을 많이 가지는 식물성 지방에 **수소화**(수소를 화학적으로 첨가)하여 불포화도를 낮추고, 융점을 높여 단단하게 만든 포화지방을 말한다. 수소화를 하는 이유는 지방산에 있는 이중결합은 반응성이 커서 산소가 이들 결합을 쉽게 공격할 수 있기 때문에, 기름을 수소화하여 포화도를 높이면 산소에 의해 식품이 산화되어 불쾌한 냄새와 맛이 나는 것을 막을 수 있다. 그리고 기름을 수소화하면 덜 유동적이 되어 식품의 질감과 일관성을 향상시킬 수 있기 때문에 식품 공급자들은 고체 지방을 선호한다. 불포화지방을 포화지방으로 만든 트랜스 지방이나 원래부터 포화되어 있는 지방은 화학구조가 같기 때문에 우리 건강에 똑같이 나쁘다. 표 10.2는 몇몇 식품 중에 들어있는 포화지방 함유량을 보여준다.

표 10.2 식품 중 포화지방 함유량 (출처 : 농촌진흥청)

식품	총지방 (g/100g)	포화지방 (g/100g)	콜레스테롤 (mg/100g)
돼지기름	100	39.5	100
쇠기름	99.8	45.5	100
옥수수기름	100	12.5	0
홍화유	100	6.1	2
참기름	100	14.2	0
코코넛유	100	84.9	1
팜유	100	47.6	1
해바라기유	100	9.8	0
올리브유	100	12.3	0
마가린	82.4	21.8	1
버터	84.5	51.4	200
마요네즈	72.5	7.5	212
호두	68.7	6.9	0
달걀	11.2	3.1	470
우유	3.9	2.4	14
아이스크림	13.9	7.7	32
도넛	22.7	6.0	110

② 스테로이드

스테로이드(steroid)는 모든 동식물의 생체 내에서 중요한 역할을 하는 **콜레스테롤**, **담즙산**, **호르몬** 등이 포함되며, 다음과 같은 네 개의 고리 골격의 기본구조를 갖는다. 그림의 골격 구조는 모든 고리가 포화된 고리로 보이지만, 스테로이드는 불포화되거나 방향족 고리를 포함하는 경우가 많다.

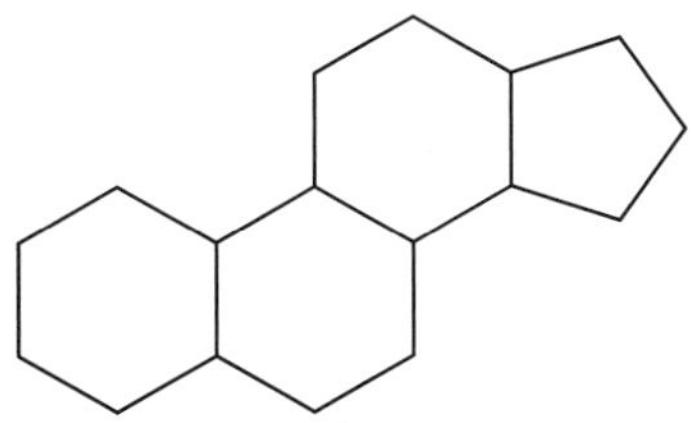

콜레스테롤(cholesterol)은 스테로이드와 알코올의 조합인 스테롤(sterol))의 하나로서, 식물에서는 발견되지 않는 가장 풍부한 동물성 스테로이드이다. 콜레스테롤은 네 개의 고리 골격의 기본구조에서 두 번째 고리에 이중 결합 하나를 갖고 있다.

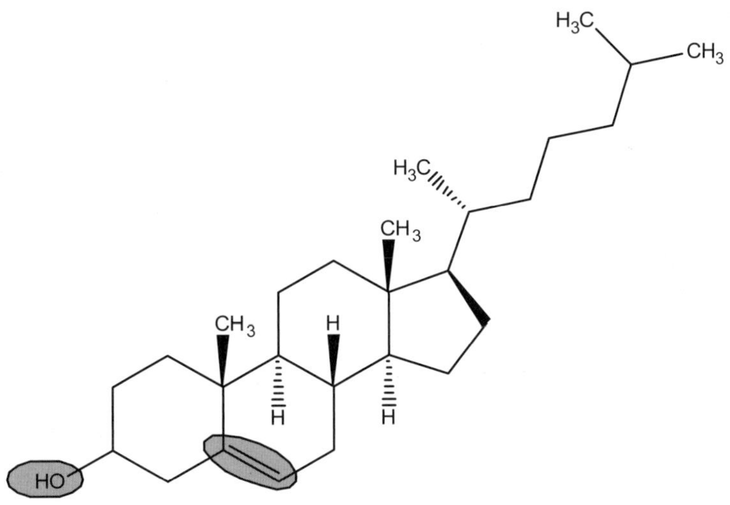

콜레스테롤

콜레스테롤은 음식을 통해서 흡수되지만 우리 몸에서 합성되기도 한다. 콜레스테롤은 우리 몸을 이루는 기본 단위인 세포의 세포막, 신경세포의 수초, 그리고 지질단백질(lipoprotein)을 구성하는 성분이며, 비타민 D, 코르티손(cortisone), 성호르몬과 같은 중요한 호르몬을 만들어 내는 생리적 및 생화학적 반응에 중요한 역할을 하는 꼭 필요한 성분이다. 이러한 콜레스테롤이 전혀 없으면 사람은 생명을 유지할 수 없지만, 심혈관 질환에 밀접한 관련이 있기 때문에 만일 혈중 콜레스테롤이 정상 수치보다 높으면 동맥 경화를 일으킬 위험이 높다. 콜레스테롤은 **저밀도 지질단백질 콜레스테롤**(low-density lipoprotein cholesterol, LDL)과 **고밀도 지질단백질 콜레스테롤**(high-density lipoprotein cholesterol, HDL)로 나뉘는데, 이 중 LDL 콜레스테롤은 동맥 경화를 일으키는 것과 밀접한 관련이 있는 나쁜 콜레스테롤이라고 알려져 있고, 반면 HDL 콜레스테롤은 좋은 콜레스테롤의 역할을 한다. 콜레스테롤 기준치는 정상 성인의 경우 200 mg/dL이며, 240 mg/dL 이상이면 위험하다. 그리고 HDL의 정상 기준치는 60 mg/dl 이상 이고, LDL의 정상 기준치는 130 mg/dL 이하가 적당하다.

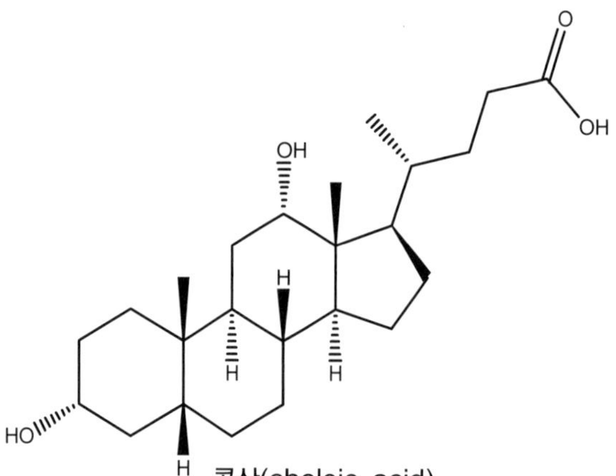

콜산(choleic acid)

담즙산(bile acid)는 쓸개즙의 주요 성분으로 간에서 콜레스테롤로부터 만들어지며, 담낭에 저장되어 음식물의 소화에 관여하고, 지방이나 비타민의 흡수를 도와주는 역할을 한다. 쓸개즙의 쓴맛은 담즙산에 의한 것이며, 한방에서 이용하는 웅담도 주요 성분인 담즙산의 우수한 약리작용에 의한 것이다. 담즙산은 콜레스테롤에서 생성되므로 화학적 구조는 스테로이드에 속하고 그 종류는 다양하다. 그 중에서 **콜산**(choleic acid)은 각종 동물의 쓸개즙 속에 가장 널리 분포된 담즙이다.

호르몬은 우리 몸의 한 부분에서 분비되어 혈액을 타고 표적기관으로 이동하는 일종의 화학물질을 일컫는다. 표적 기관에 도착한 호르몬은 세포 외부 또는 내부에 위치하는 수용체(receptor)와 결합하여 작용을 한다. 콜레스테롤은 스테로이드 성 호르몬 합성의 출발 물질이다. 표 10.3은 여성과 남성 호르몬의 종류를 보여준다. 여성호르몬은 난소에서 분비되는 난포 호르몬인 **에스트로겐**(estrogen)과 황체 호르몬인 **프로게스테론**(progesterone)이 있는데, 일반적으로 에스트로겐이 여성 호르몬을 지칭하는 용어로 많이 사용된다. 남성호르몬의 작용을 하는 물질은 총괄적으로 **안드로겐**(androgen)이라 부른다.

표 10.3 여성호르몬과 남성 호르몬

여성호르몬		남성호르몬	
프로게스테론 (progesterone)			테스토스테론 (testosterone)
에스트로겐 (estrogen)	에스트라디올 (estradiol)	안드로겐 (androgen)	안드로스테론 (androsterone)
	에스트론 (estrone)		안드로스텐다이온 (androstenedione)

여성호르몬의 하나인 프로게스테론과 남성호르몬인 테스토스테론은 분자 구조에서 약간의 차이가 있을 뿐이다. 이렇게 상대적으로 미세한 구조적 차이가 있음에도 불구하고 생물학적 활성은 현저히 다르다. 프로게스테론은 수정된 난자를 자궁에 착상시키고 보호하는 등 임신의 유지에 중요한 역할을 한다. 반면 테스토스테론은 남성호르몬으로서 가장 강력하고 대표적 작용을 하는 성호르몬으로 자신감 형성과 남성 역할의 수행에 기여한다.

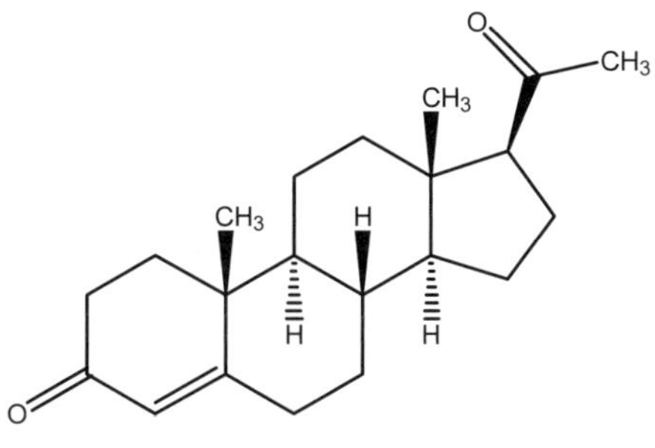

프로제스테론
(여성호르몬)

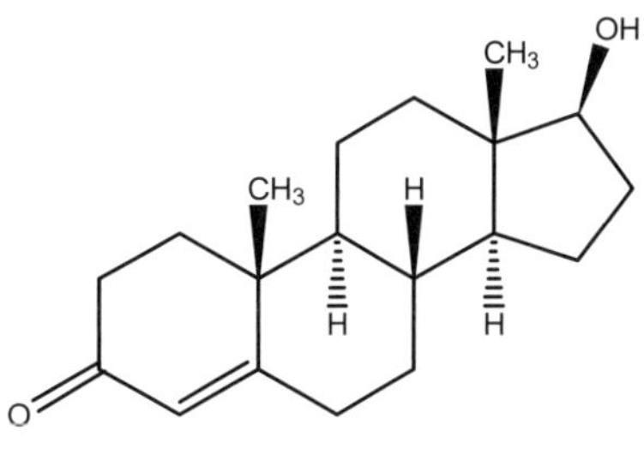

테스토스테론
(남성호르몬)

다른 여성호르몬인 에스트라디올과 에스트론은 **에스트로겐**(estrogen)이라 부른다. 에스트로겐의 구조는 방향족 고리를 포함하고 있고, 생리, 임신, 그리고 폐경에 이르는 여성의 일생을 조절하는 역할을 하는 여성 호르몬이다.

남성호르몬인 테스토스테론과 안드로스테론은 정소에서 콜레스테롤로부터 만들어지며, 전립선이나 음경 등의 발육을 촉진시키고 남성의 이차 성징을 나타내는 역할을 한다.

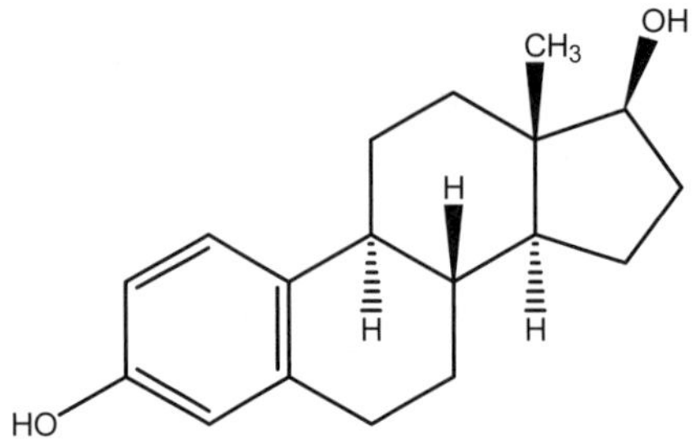

에스트라디올

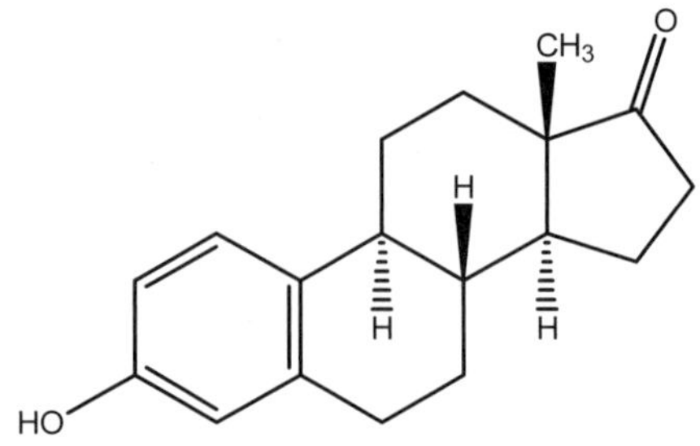

에스트론

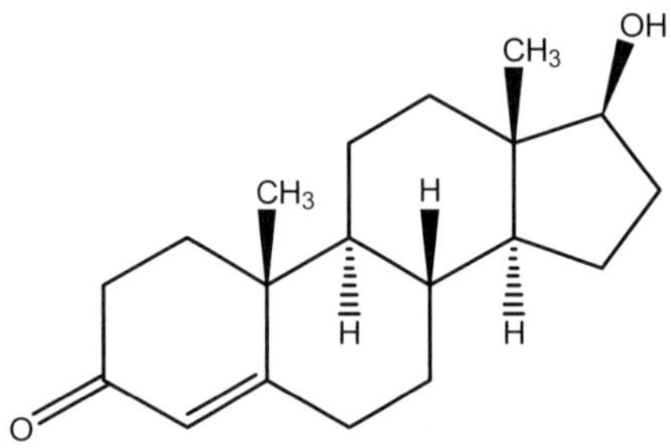

테스토스테론

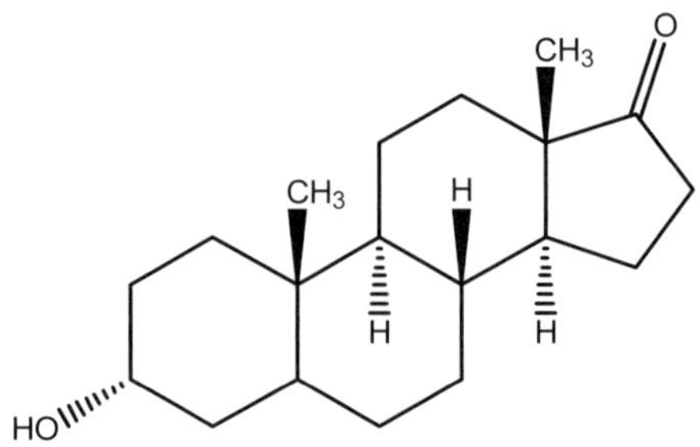

안드로스테론

또 다른 남성호르몬인 안드로스텐다이온(androstenedione)은 근육 강화 특성을 가진 호르몬으로 알려져 있다. 이런 근육강화작용(anabolic) 때문에 이 호르몬을 모방한 여러 변종의 합성 스테로이드가 운동 기능 향상을 목적으로 개발되었다. 대표적인 합성 스테로이드는 메탄드로스테놀론(methandrostenolone, 디아나볼)로 운동선수들에 의해서 남용되어 왔고, 그 부작용은 상당히 심각하고 위협적이다.

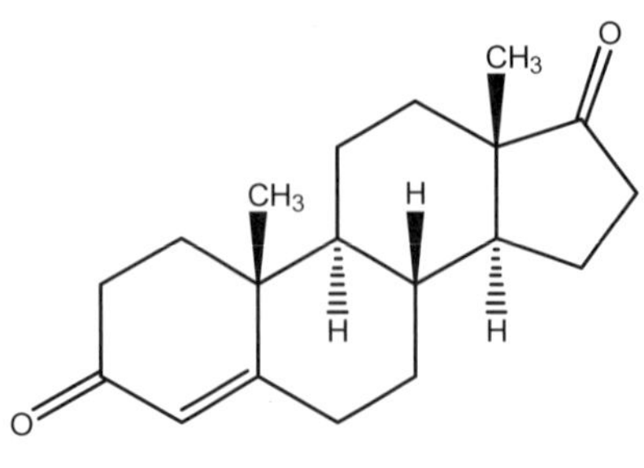

안드로스텐다이온

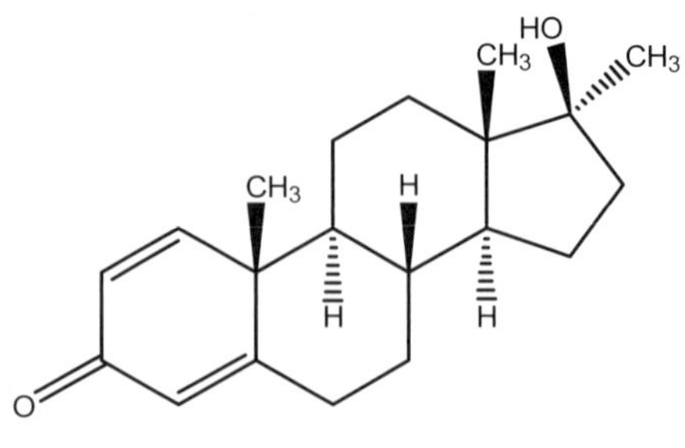

메탄드로스테놀론

근육 강화를 위해 특히 운동선수들이 스테로이드를 오용이나 남용하는 경우가 많은데, 이는 도핑에 해당되는 약물이고 운동선수가 이를 복용하는 것은 금지되어 있다.

스테로이드 남용은 심각한 부작용을 초래한다. 남성이 스테로이드를 남용할 때 발생할 수 있는 부작용은 고환위축, 유방확대 등 여성화, 탈모 증가, 예측 불가능한 기분 변화(스테로이드 분노)가 있으며 사망까지 이르는 경우도 있다. 여성이 스테로이드를 남용할 때 발생하는 부작용은 거의 여자로 인식하기 어려울 정도의 남성화이다.

코르티손(cortisone)은 부신에서 분비되는 호르몬의 일종으로, 당질 대사 작용을 하며 강력한 항염증 작용과 항 알레르기 작용으로 류머티즘 관절염 및 천식 치료에 특효를 나타내고, 눈 피부 점막의 급성 염증을 비롯하여 알레르기 질환이나 만성 피부병 치료에 쓰인다. 또한 점안제나 연고제로도 널리 사용된다. 다수의 유사 화합물이 합성되어 약제로 널리 사용되는데, 이들 약제를 스테로이드제라고 한다. 인체에서 호르몬의 농도는 과다하거나 부족하지 않는 적절한 양이 유지되어야 하는데, 만약 과다하거나 부족한 경우 부작용이 발생한다. 쿠싱증후군은 장기적인 코르티솔 투여로 인해 혈중 코르티솔 농도가 과다해져서 발생하는 대표적인 만성 내분비 장애로, 체중 증가, 보름달 모양의 얼굴(moon face), 고혈압, 복부의 붉은색 줄무늬 형성, 몸에 털이 많아짐, 사지의 가늘어짐, 안면 홍조, 골다공증 등의 증상을 특징적으로 동반한다. 반면 매우 드문 만성적인 질병이지만, 선천적으로 부신에서 당질 코르티코이드를 생성하지 못하거나, 부신을 수술적으로 제거하여 충분한 양의 스테로이드 호르몬을 생산해내지 못할 경우 발생하는 에디슨병(Addison's disease)이 있다. 이 병은 만성 피로 증후군과 무기력 증상이 나타나고 식욕이 없어지며 속이 메스껍거나, 구토 증상 등이 동반될 수 있다. 그리고 체중이 감소하고 피부가 검게 변하며 입 점막 주위에 갈색의 점들이 생기고 저혈압이 동반될 수 있다.

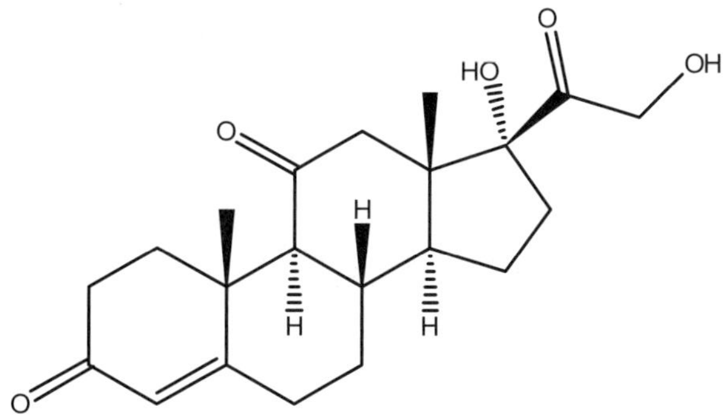

코르티손

③ 왁스

왁스(wax)는 긴 사슬 지방산과 긴 사슬 알코올로부터 생성되는 친유성이면서 주변

온도에 따라 모양이 쉽게 변할 수 있는 다양한 에스터의 화합물이다. 왁스는 평균적으로 녹는점이 대략 40도 이상인 알칸과 지방을 포함한다. 천연 왁스는 식물과 동물에서 다양하게 만들어지고, 석유로부터 합성도 가능하다. 천연 왁스는 그 성상에 따라 고체 왁스와 액체 왁스로 대별되며 대부분 상온에서 비결정성 고체이다. 식물은 잎을 보호하고 수분 증발과 젖음성 등을 조절하기 위해 각피 표면에 왁스를 분비한다. 가장 잘 알려진 동물성 왁스는 밀랍(beeswax)이고 다른 곤충들에 의해서도 왁스가 생성되어 분비된다. 새의 깃털도 왁스로 코팅되어 물에 젖지 않도록 하고, 우리 귀도 왁스로 보호된다. 천연 왁스는 상업적으로 개발되어 광택제, 화장품, 절연재, 방수제, 복사지, 양초, 증발억제제, 의약품, 마루 코팅, 서핑 보드 왁싱 등 다양한 용도로 사용된다. 많은 천연 왁스들이 에스터를 포함하고 있지만, 합성 왁스인 파라핀은 알칸 복합체인 탄화수소이다. 이러한 물질들은 석유 구성 성분의 상당한 부분을 차지하고 있으며, 진공 증류에 의해 정제된다. 해마다 수 백만톤의 파라핀 왁스가 생산되고, 껌과 치즈 등과 같은 음식과 양초, 화장품, 방수 코팅과 광택제에까지 다양한 용도로 산업적으로 이용되고 있다.

10.1c 단백질

단백질(protein)은 우리 몸에서 다양한 기관, 효소, 호르몬 등 신체를 이루는 주성분으로, 몸에서 물 다음으로 많은 양을 차지한다. 단백질의 구성 단위 물질은 아미노산이며, 주로 인체 구성에 사용되고 에너지원으로도 드물게 사용된다. 단백질이 우리 체내에서 수행하는 여러 가지 역할은 세포 안과 밖을 지지하고, 신체의 운동을 조절하며, 그리고 신호 전달자 역할을 한다. 또한 세포막의 물질 수송 통로도 단백질이 관여하고, 효소와 항체도 단백질로 이루어져 있다. 이 밖에도 생체 내 고분자 물질들의 수선과 유지를 담당하는 등 여러 기능을 담당한다. 단백질은 **아미노산**(amino acid)이라고 하는 비교적 단순한 분자들이 비공유결합에 의해 연결되어 만들어진 복잡한 축합 고분자로, 대체적으로 분자량이 매우 큰 편이다. 단백질을 이루고 있는 아미노산에는 약 20 종류가 있는데, 이 아미노산들이 화학결합을 통해 서로 연결되어 **폴리펩티드**(polypeptide)를 만든다. 이때 아미노산들의 결합을 **펩티드 결합**이라 한다. 단백질은 하나 이상의 폴리펩티드에 의해 만들어진다. 따라서 넓은 의미에서 단백질도 폴리펩티드라 할 수 있으며, 일반적으로는 분자량이 비교적 작으면 폴리펩티드라 하고, 분자량이 매우 크면 단백질이라고 한다. 우리 몸에는 10만 개 정도의 다른 단백질들이 존재하는 것으로 추정된다. 이러한 단백질들이 단지 20가지 아미노산들로부터 축합중합에 의해서 만들어지는 것을 보면, 선택성을 갖춘 수많은 이성질체 입체구조들이 만들어진다는 것을 자연스럽게 알 수 있다. 그리고 이러한 구조로 인하여 각각의 단백질은 고유한 기능을 수행할 수 있는 특징을 지니게 된다.

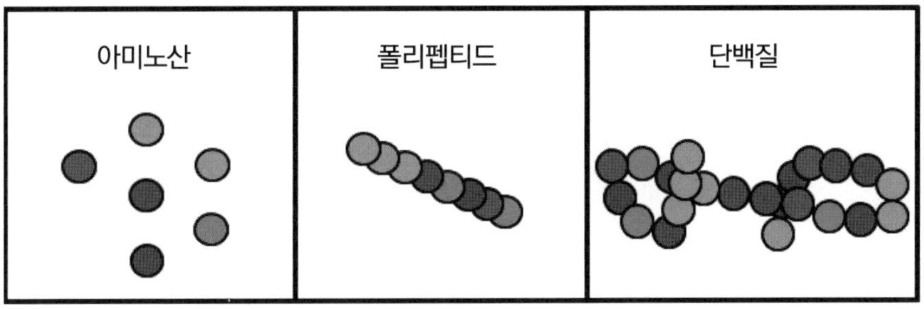

① 아미노산

아미노산(amino acid)은 모든 단백질을 구성하는 기본 요소로, 염기성 성질을 가진 아미노기($-NH_2$)와 산성 성질을 가진 카르복실기($-COOH$)가 공존하는 특정한 구조를 지닌 분자를 말한다. 아미노기와 카르복실기는 동일한 탄소 원자에 결합되어 있으며, 이 탄소를 **알파 탄소**라 부른다. 알파탄소에 결합되어 있는 R(알파탄소 곁사슬) 자리에는 극성, 산성, 염기성 등 여러 가지가 붙을 수 있는데, 이에 따라 아미노산의 종류가 결정되고, 단백질의 구조와 기능에 영향을 준다.

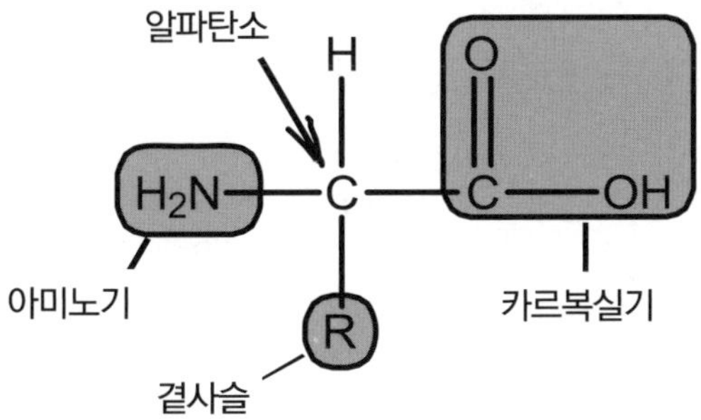

표 10.4는 20가지의 아미노산을 보여준다. 표는 R기가 극성, 비극성, 산성, 염기성에 따라 아미노산을 분류하였고, 필수 아미노산은 별표(*)로 나타내었다. 필수 아미노산(essential amino acid)은 체내에서 합성할 수 없기 때문에 음식물로부터 섭취해야 한다.

표 10.4 단백질의 구성요소인 아미노산

아미노산	약자	구조식	아미노산	약자	구조식
비극성 R기			극성이지만 중성인 R기		
글리신 (Glycine)	Gly	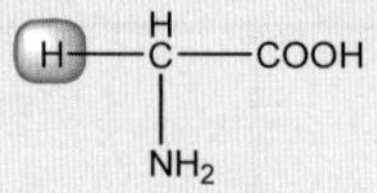	글루타민 (Glutamine)	Gln	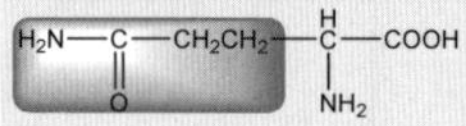
메티오닌* (Methionine)	Met	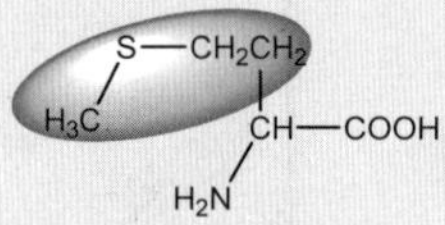	세린 (Serine)	Ser	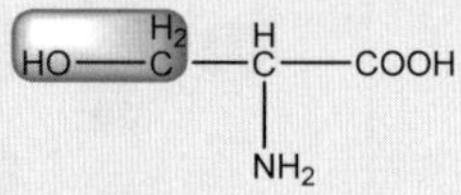
로이신* (Leucine)	Leu	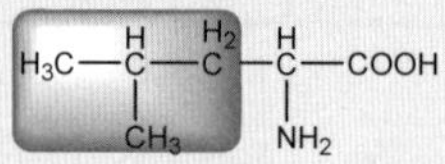	시스테인 (Cysteine)	Cys	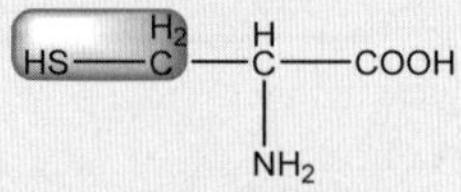
발린* (Valine)	Val	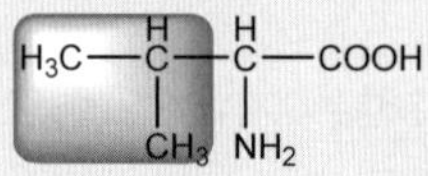	티로신 (Tyrosine)	Tyr	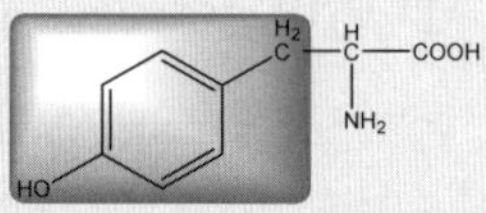
알라닌 (Alanine)	Ala	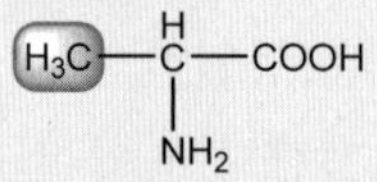	트레오닌* (Threonine)	Thr	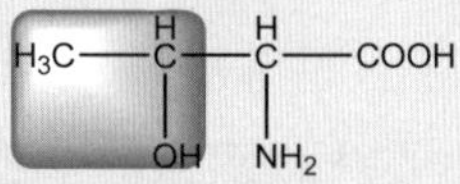
			산성 R기		
이소류신* (Isoleucine)	Ile	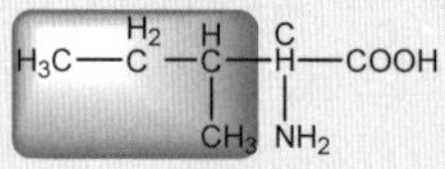	글루탐산 (Glutamic acid)	Glu	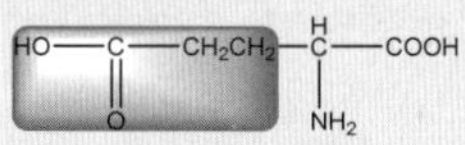
트립토판* (Tryptophan)	Trp	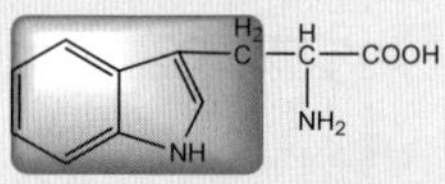	아스파르트산 (Aspartic acid)	Asp	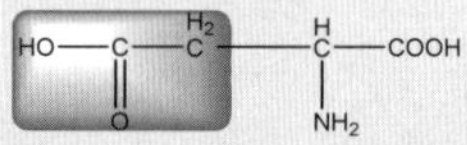
			염기성 R기		
페닐알라닌* (Phenylalanine)	Phe	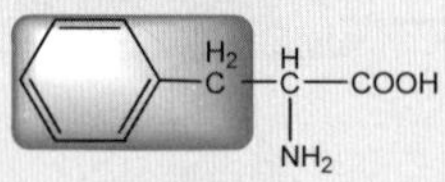	라이신* (Lysine)	Lys	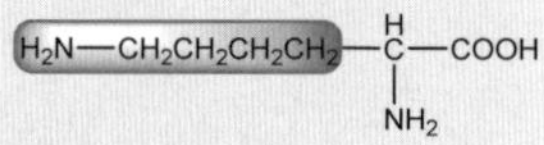
프롤린 (Proline)	Pro	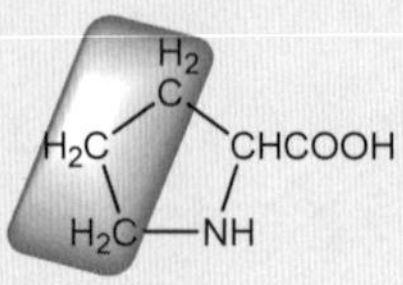	아르기닌 (Arginine)	Arg	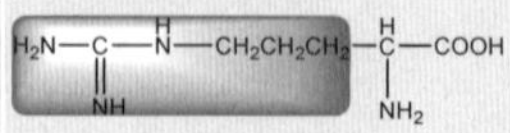
극성이지만 중성인 R기			히스티딘 (Histidine)	His	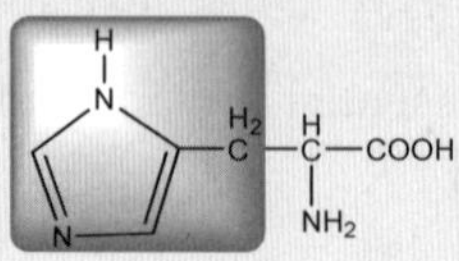
아스파라긴 (Asparagine)	Asn	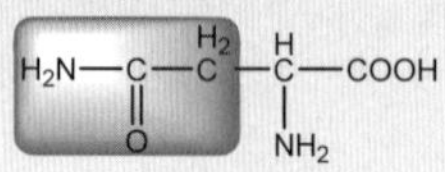			

② 펩티드 결합과 폴리펩티드

아미노산(amino acid)은 알파탄소에 결합되어있는 아미노기($-NH_2$)와 카르복실기($-COOH$)를 모두 가지고 있기 때문에, 한 아미노산의 $-NH_2$는 다른 아미노산의 $-COOH$와 결합할 수 있다. 이 축합반응을 **펩티드 결합**(peptide bond)라고 하며, 만들어진 분자를 다이펩티드(dipeptide)라고 한다.

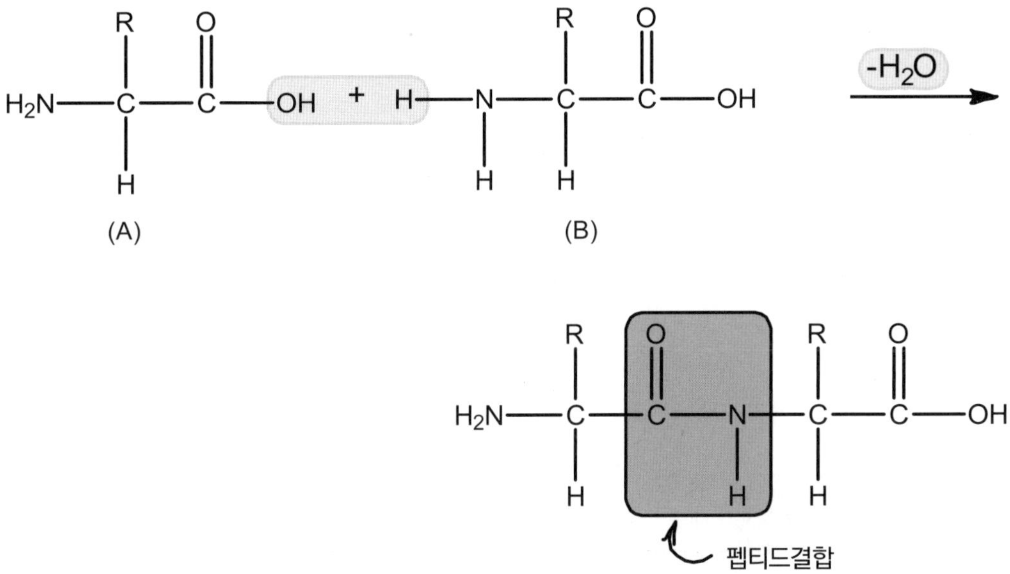

두 아미노산이 아마이드 결합으로 연결될 때 어느 아미노기가 어느 카르복실기와 반응하느냐에 따라 두 가지 다른 결합이 가능하다. 위의 그림에서 보여주는 반응은 아미노산(A)의 카르복실기와 (B)의 아미노기가 반응하여 다이펩티드를 형성하였지만, 반대로 아미노산(A)의 아미노기와 (B)의 카르복실기가 반응하면 다른 다이펩티드를 형성한다. 예를 들어 알라닌과 페닐알라닌이 반응하면 알라닐페닐알라닌(Al-Phe)이나 또는 페닐알라닐알라닌(Phe-Al)이 형성될 수 있다. 펩티드의 이름은 아미노기(N-말단)부터 시작해서 왼쪽에서 오른쪽(C-말단)으로 쓴다. 그리고 카르복실기를 제외하고 모든 아미노산의 -ine 어미를 -yl로 바꾼다.

다이펩티드에도 카르복실기($-COOH$)와 아미노기($-NH_2$)가 여전히 하나씩 존재하므로 어느 쪽 끝에서든지 카르복실기와 아미노기가 반응하면 트라이펩티드를 형성할 수 있으며, 이러한 중합반응이 계속되면 긴 사슬의 폴리펩티드(polypeptide)를 만들 수 있다. 사슬의 길이가 증가할수록 아미노산 서열이 변화할 수 있는 경우의 수는 급격히 증가하고, 따라서 형성되는 폴리펩티드 종류의 수도 증가한다. 예를 들면 아미노산 세 개를 조합할 수 있는 경우의 수는 6이고, 따라서 형성되는 트라이펩티드의 종류도 여섯 가지가 가능하다. 모두 다른 N 개의 아미노산을 배열할 수 있는 경우의 수는 N!이다. 그러므로 천연에 존재하는 20가지 다른 아미노산들이 모두 결합한다면, 분자들이 갖는 서열의 경우의 수는 20!, 즉 2.43×10^{18}가지이다. 이는 아미노산에 의해 만들어지는 단백질 종류의 수는 무한하다는 것을 의미한다. 하지만 이들 중에서 소수 비율의 것만 생물학적 활성이 있다. 따라서 실제로 살아있는 세포는 상대적으로 적은 수의 단백질만 생성한다.

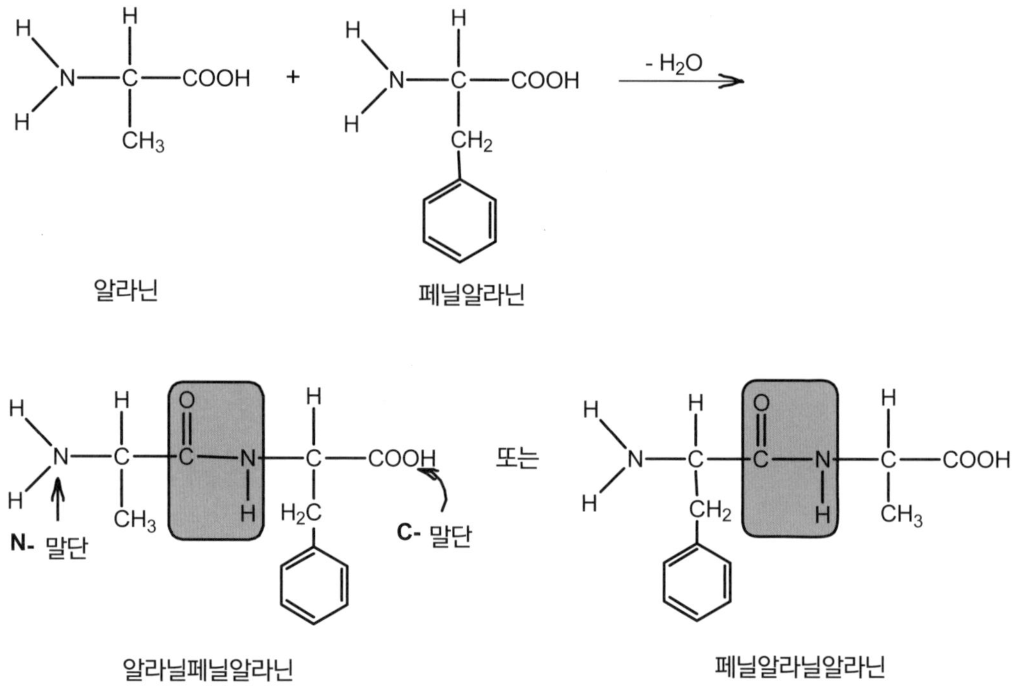

③ 단백질의 구조

단백질 내에서 펩티드 결합에 의해 서로 결합된 아미노산 서열이 그 단백질의 **일차 단백질 구조**(primary protein structure)이다. 서열이 단 하나만 바뀌어도 단백질의 성질이 변하기 때문에 새로운 단백질은 원래의 단백질과 같은 작용을 할 수 없다. 폴리펩티드는 중추의 모양이 분자 내 그리고 분자 간 수소결합을 형성하면서 규칙적이고 반복적인 패턴을 나타내는데, 이를 **이차 단백질 구조**(secondary protein structure)라 한다. 흔한 두 가지 구조는 그림 10.2에서 보여주는 **알파 나선**(α-helix)구조와 **베타 병풍**(β-pleared sheet)구조이다. 알파 나선구조는 중추 펩티드 결합 사이에서 산소원자가 단위

아래에 있는 질소 원자에 연결된 수소 원자와 분자 내(intramolecular) 수소결합으로 서로 묶여 나선구조를 형성한다. 이 구조는 양털, 모발, 손톱, 발톱 등에서 볼 수 있는 기본 구조 단위이다. 베타 병풍구조는 분자 간(intermolecular) 수소결합에 의해 여러 아미노산 사슬이 옆으로 결합하여 형성된 구조이다. 이 구조는 늘어나지 않는 성질을 갖고 있으며, 모나 비단 등의 섬유에서 볼 수 있다.

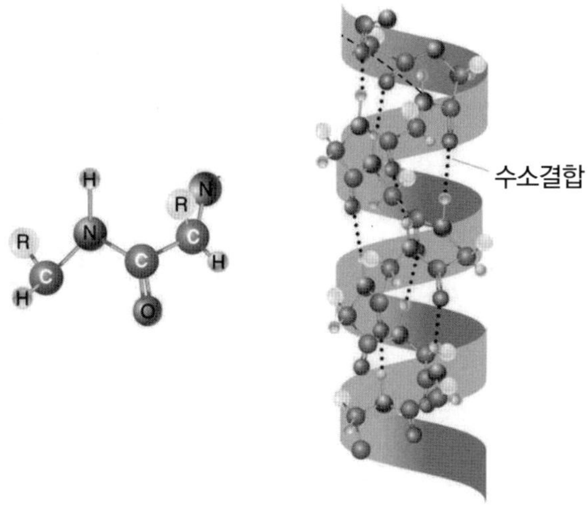

그림 10.2 펩티드 결합을 하는 질소원자(검은색)와 아래에 있는 산소원자(회색) 사이를 수소결합으로 연결하여 나선구조를 형성한다.

나선구조와 병풍구조로 이루어진 단백질 사슬 내에서 비교적 멀리 떨어진 기능기 간의 수소 결합, 이황화결합, 소수성 상호작용(hydrophobic interaction) 등에 의하여 형성되는 입체 구조를 **삼차 단백질 구조**(tertiary protein structure)라고 한다. 이 구조는 섬유상 단백질인 **콜라겐**(collagen)에서 볼 수 있고, 효소의 활성, 특이성 등 단백질의 기능과 밀접한 관계가 있다. **사차 단백질 구조**(quaternary protein structure)는 삼차 구조를 가진 두 개 이상의 단백질 사슬이 비공유 결합을 통해 구성된 **초분자**(supermolecule) 구조로, 헤모글로빈 등 고도의 기능을 보이는 단백질들이 이러한 구조를 가진다. 그림 10.3은 단백질 구조를 보여준다.

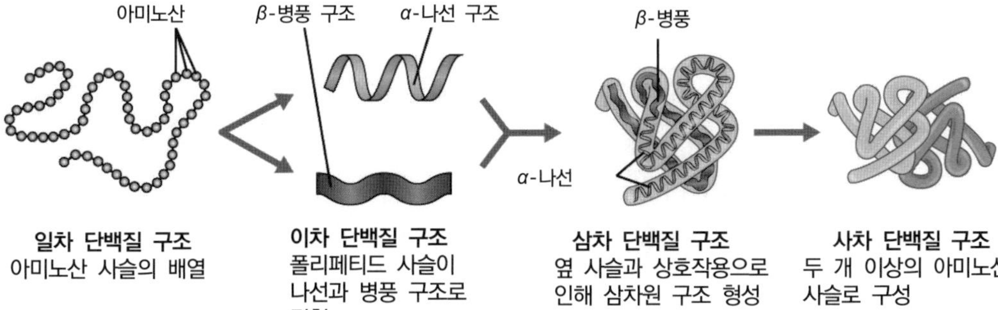

그림 10.3 단백질 구조

모든 일차, 이차, 삼차, 사차 단백질 구조가 갖는 특징은 단백질이 적절한 기능을 하는데 대단히 중요하다. 그리고 단백질 구조를 변화시켜 원래 이들이 갖고 있던 고유한 기능을 할 수 없게 만드는 물리적 화학적 과정을 **변성**(naturalization) 과정이라 한다. 예를 들어 달걀을 요리할 때처럼 단백질을 가열하여 삼차구조를 이루고 있는 수소결합이 끊어지게 하거나, 산과 염기 등 화학적 처리에 의해 구조를 이루고 있는 이황화 결합, 수소 결합, 그리고 이온결합 등에 영향을 주어 모발을 곱슬곱슬하게 만드는 파마와 같은 과정이다

④ 효소

단백질은 **효소**(enzyme)로서 생물학적 합성과 분해 반응에서 촉매로 작용한다. 효소는 각종 화학 반응에서 자신은 변화하지 않으나 반응 속도를 빠르게 하는 단백질을 말한다. 즉, 단백질로 만들어진 촉매라고 할 수 있다. 대부분의 효소는 구상 단백질이다. 구상 단백질은 사슬 내의 $-NH$와 $C=O$간의 수소 결합으로 고정되어 있는 단백질의 폴리펩티드 사슬이 서로 꼬여 3차원적 구조로 구상 모양을 가진 것을 말한다. 효소는 아무 반응에나 관여하여 촉매작용을 하는 것은 아니다. 효소는 무작위한 구조를 가진 것처럼 보이지만 고도로 조직화된 구상 단백질의 구조는 효소가 촉매 작용을 할 수 있도록 하는 자리인 **활성자리**(active site)를 갖고 있다. 따라서 한 가지 효소는 한 가지 반응만을, 또는 극히 유사한 몇 가지 반응만을 선택적으로 촉매 작용하는 기질 특이성을 갖고 있다. 기질이란 효소에 의하여 반응속도가 커지게 되는 물질, 즉 효소에 의하여 촉매작용을 받는 물질을 말한다. 효소에 선택적 기질 특이성이 있는 것은 효소의 활성자리와 기질이 마치 자물쇠와 열쇠의 관계처럼 공간적 입체구조가 꼭 들어맞는 것끼만 결합하는 것으로, 그 결과 선택된 기질의 화학반응 속도가 커지게 된다(그림 10.4).

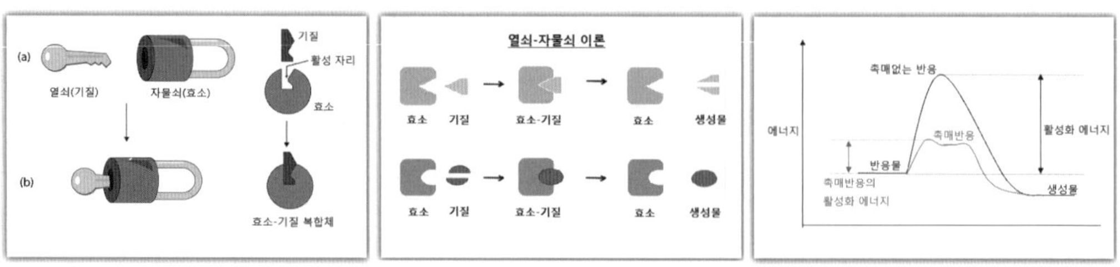

(a) (b) (c)

그림 10.4 (a), (b)효소의 활성자리와 기질은 자물쇠와 열쇠의 관계처럼 선택성을 갖는다.
(c) 촉매는 반응의 활성화 에너지를 낮춰 반응의 속도가 커지게 한다.

효소 가운데 비교적 잘 알려져 있는 것은 소화 효소이다. 예를 들면, 침 속에 있는 전분 분해 효소인 프티알린(ptyalin)은 다당류인 녹말을 이당류인 말토오스(maltose)로 분해하는 촉매작용을 한다. 프티알린은 분자의 입체구조가 녹말 분자와 꼭 들어맞는 구조를 하고 있기 때문에 유일하게 녹말만을 분해하는 것이 가능하다. 맥아당인 말토오스는 효소인 말타아제(maltase)의 촉매작용에 의한 가수분해 반응을 통하여 글루코오스 두 분자로 분해된다. 그리고 위 속의 펩신(pepsin)은 단백질 만을 부분 가수분해하는 기능을 가지고 있다. 여기서 펩신은 단백질 분자와 꼭 들어맞는 구조를 하고 있기 때문에 오직 펩신과의 작용이 유일하며 다른 어떤 효소도 이것을 대신할 수 없다. 어떤 효소들은 선택성이 비교적 덜한 것도 있다. 예를 들면 소화 효소인 트립신(trypsin)은 일차적으로 단백질의 펩티드 결합을 가수분해할 뿐만 아니라, 일부 에스터의 가수분해 반응에도 촉매로 작용한다.

만약 유전적이거나 다른 질환의 영향에 의해 효소의 작용이 원활하지 않는 경우도 있다. 예를 들어, 젖당분해효소는 이당류인 락토오스(lactose, 젖당)를 단당류인 포도당과 갈락토오스로 가수분해할 때 촉매로 사용되는 효소인데, **젖당분해효소 결핍증**(lactose intolerance) 환자는 우유를 섭취하였을 때, 효소의 결핍으로 젖당을 소화하지 못해 발생하는 복통, 설사, 복부팽만, 방귀 등 증상이 나타난다. 이 현상은 유아기에는 소장 내에 풍부히 존재하던 젖당분해효소가 이유기 이후부터 서서히 감소하고 더 나이가 들면서 몸에서 이 효소의 생산을 멈추기 때문이다. 우리나라에서도 많은 사람들이 젖당분해효소 결핍증으로 불편을 겪고 있는 것을 흔하게 볼 수 있다.

우리 몸속에서 알코올을 분해하는 효소는 아세트알데히드 탈수소 효소이다. 우리 몸에서 알코올은 먼저 독성 물질인 아세트알데히드로 대사되고, 다음 과정에서 아세트알데히드는 무독성인 아세트산으로 대사된다. 음주 후 쉽게 붉어지거나 숙취가 심한 사람은 이 두 번째 단계에서 중요한 역할을 하는 알코올 분해 효소가 선천적으로 결핍되어 알코올 분해가 원활하게 이뤄지지 않기 때문이다.

효소결핍증(enzyme deficiency)은 어떤 특정한 효소 활성이 선천적으로 현저하게 저하 혹은 결핍된 상태를 말하고, 대부분은 DNA의 구조이상 때문에 펩티드 사슬에 변화가 생기고 효소 활성에도 이상을 일으키는 질병이다. 복합카르복실화 효소결핍증(multiple carboxylase deficiency), 간인산화 효소결핍증(liver phosphorylase deficiency), 글루타치온합성 효소결핍증(glutathione synthetase deficiency) 등이 있다.

10.1d 생명체의 에너지

녹색 식물과 그 밖의 생물은 태양으로부터 빛 에너지를 흡수하여 물과 이산화탄소로부터 포도당과 산소를 생성하며, 이 반응을 **광합성**(photosynthesis)이라 한다. 이 반응에서 생성된 포도당은 모든 생명체의 주요 에너지원이다. 우리가 섭취한 탄수화물, 지방, 단백질 중 많은 부분들도 포도당으로 전환된다.

$$6\,CO_2 + 6\,H_2O + \text{에너지} \longrightarrow C_6H_{12}O_6 + 6\,O_2$$

태양에서 오는 에너지를 이용한 광합성은 지구상 모든 생명체의 생명 유지에 절대 필수적이다. 또한 우리는 식물로부터 음식뿐만 아니라 식물이 광합성을 통하여 생성되는 산소를 우리 대기에 있는 산소의 주요 공급원으로 이용하여 살아가고 있다.

포도당은 탄수화물 대사의 중심적 화합물로서 한 분자 당 38개의 **아데노신삼인산**(ATP)을 합성할 수 있다(그림 10.5).

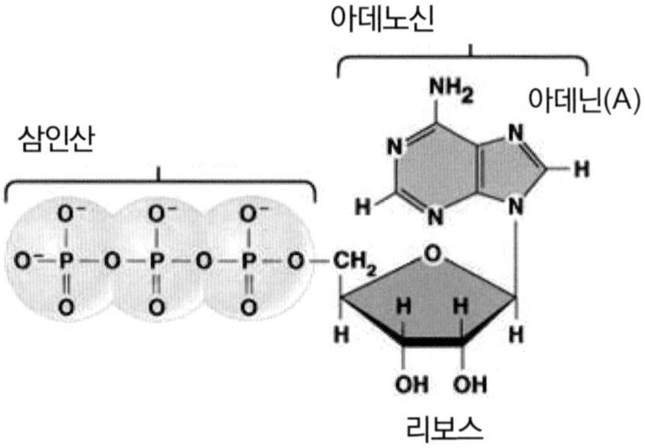

그림 10.5 아데노신삼인산(ATP)의 분자 구조

에너지는 ATP 분자에 저장되고 생물이 에너지가 필요하게 되면 ATP 분자 안의 인산 결합이 가수 분해되어 **아데노신이인산**(ADP)으로 변하면서 방출되는 에너지를 사용한다. ATP가 가수분해 되어 ADP와 인산이 될 때, 세포의 상태에 따라 조금 다르지만 1몰 당 약 7kcal의 이용 가능한 에너지가 생산된다. 이 과정을 보면 ATP는 충전 가능한 전지와 같이 행동한다. ATP는 충전된 전지이며, 일단 에너지가 방출되면 ATP는 ADP로 전환된다. ADP는 다시 ATP로 재충전 될 수 있고, 에너지가 필요할 때 사용될 수 있는 에너지로 저장된다.

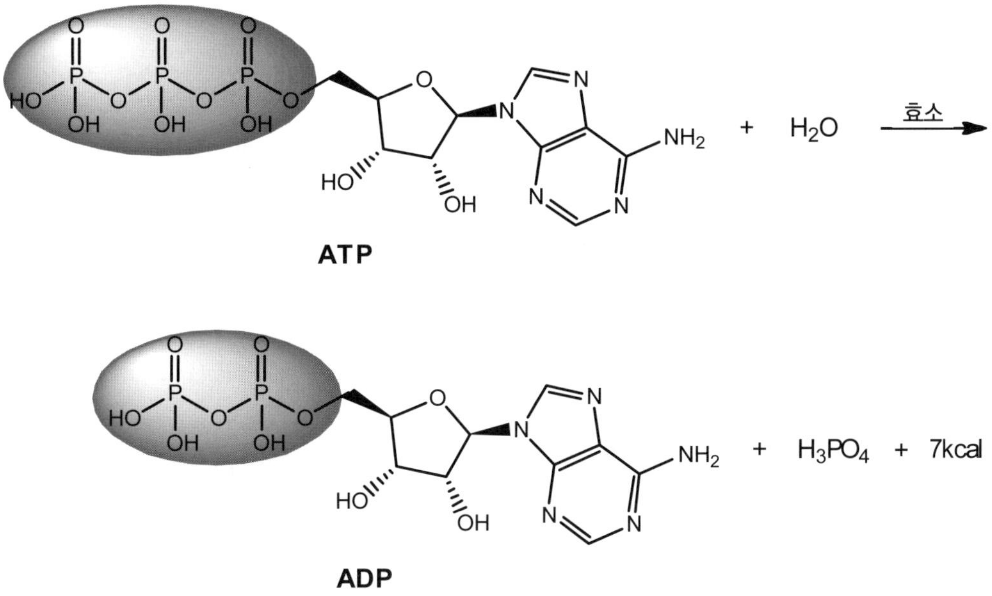

10.2 핵산

핵산(nucleic acids)은 **뉴클레오티드**(nucleotide)라는 모노머가 중합체인 폴리뉴클레오티드(polynucleotide)로 구성되는 거대분자이다. 뉴클레오티드는 그림 10.6에 보여주는 것과 같이 일반적으로 오탄당, 질소함유 염기, 그리고 인산기로 구성된다.

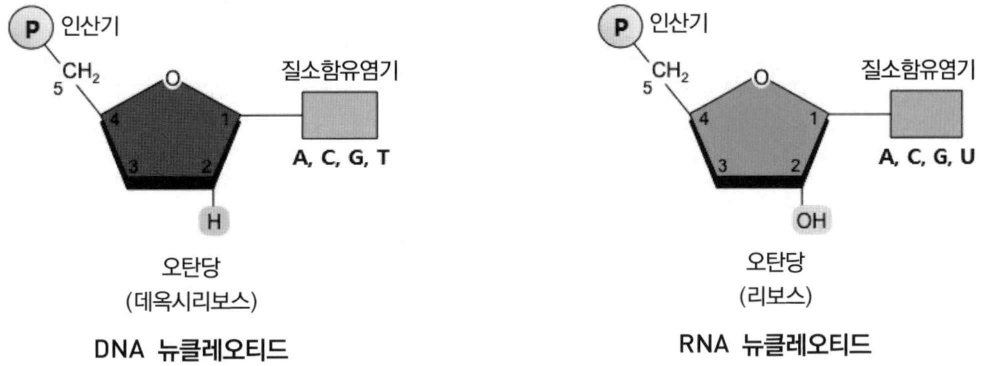

그림 10.6 뉴클레오티드는 인산기, 오탄당, 그리고 질소함유염기로 구성되어 있다. 그리고 오탄당의 종류에 따라 DNA 뉴클레오티드와 RNA 뉴클레오티드로 구별된다.

오탄당과 질소함유 염기가 결합된 부분을 **뉴클레오시드**(nucleoside)라 한다. 즉 오탄당의 두 번째 탄소에 수소만 결합되어 있으면 데옥시리보스이고, 반면에 수산화(OH)기 하나가 결합되어 있으면 리보스이다. 그리고 정보저장 메커니즘에서 중요한 역할을 하는 질소 함유 염기는 아데닌(adenine, A), 구아닌(guanine, G), 티민(thymine, T), 시토신(cytosine, C), 우라실(uracil, U)이 있다. 염기 우라실은 RNA에만 있으며 염기 티민은 DNA에만 있다. 다른 당(아데닌, 구아닌, 시토신)은 DNA와 RNA 모두에서 발견된다.

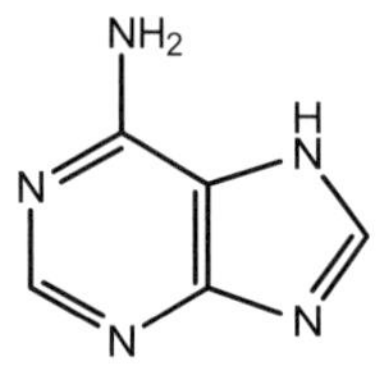

아데닌(A)

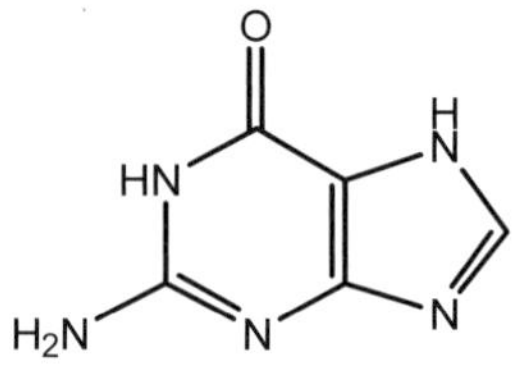

구아닌(G)

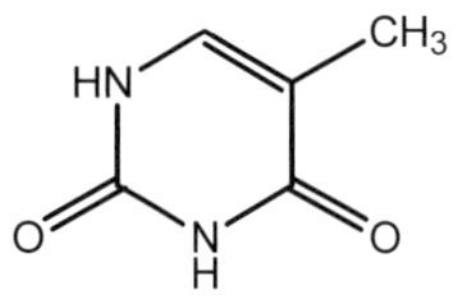

티민(T)

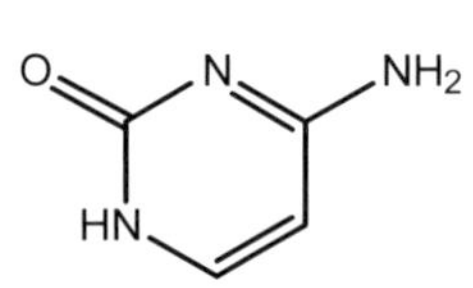

시토신(C)

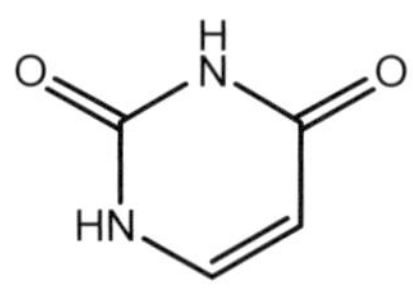

우라실(U)

수천 개 이상의 뉴클레오티드는 서로 직선 형태로 연결되어 매우 긴 사슬인 폴리뉴클레오티드를 형성한다(그림 10.7). 이것이 유전 정보를 저장하는 중요한 물질인 핵산(nucleic acid)이다. 핵산은 DNA와 RNA라는 두 가지 유형이 있으며, 유전정보의 저장과 전달, 그리고 발현을 돕는 기능을 담당한다. 뉴클레오티드를 구성하고 있는 오탄당이 데옥시리보스를 포함하고 있으면 그 중합체는 **데옥시리보핵산**(deoxyribonucleic acid, DNA)이고 오탄당이 리보스를 포함하고 있으면 그 중합체는 **리보핵산**(ribonucleic acid, RNA)이 된다. 폴리뉴클레오티드의 일차구조는 염기의 배열에 따라 거의 무한한 다양성이 있으므로 분자 구조에 기록되는 정보도 거의 무한하게 된다.

DNA의 작용을 알기 위해서는 그 구조를 이해해야한다. 1953년 **Watson과 Crick**은 DNA 구조는 폴리뉴클레오티드의 쌍이 이중나선으로 배열되고 두 사슬이 마치 마주보고 있는 염기 사이의 수소결합에 의해 안정화되어 있다는 연구 결과를 발표하였다.

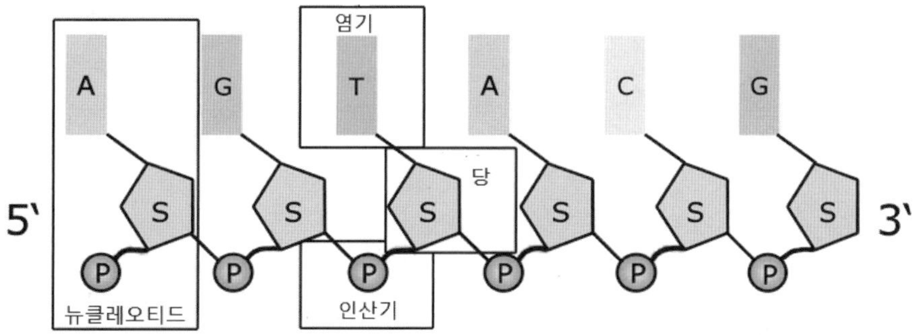

그림 10.7 여섯 개의 뉴클레오티드의 결합. 당은 데옥시리보나 리보일 수 있으며, 염기는 다섯 가지 중 어느 것일 수도 있다. DNA와 RNA의 일차구조는 모두 이 구조를 연장한 것이다.

(a) (b) (c)

그림 10.8 왓슨(a), 크릭(b), 윌킨스(c)는 DNA의 구조적 이해에 대한 기여로 생리학 또는 의약 부분에서 1962년 노벨상을 공동 수상하였다.

특히 Watson-Crick 모형에서 중요한 내용은 매우 견고한 수소결합 때문에 특정 염기인 아데닌-티민과 구아닌-시토신 쌍만 형성된다는 것이다. 이들 염기 사이의 상보적인 수소결합은 그림 10.9에서 보여주고 있으며, 아데닌-티민은 이중결합 그리고 구아닌-시토신은 삼중결합을 이루고 있는 것을 알 수 있다. 따라서 덩치가 큰 염기들은 일직선상으로 쭉 DNA들이 배열되는 것이 아니라 염기의 각도가 약간 각도가 틀어지게 된다. 이렇게 일정한 방향으로 조금씩 각도가 틀어지면서 그 결과 둥글게 나선으로 꼬이기 시작한다. 그리고 상보적인 염기간의 길이가 짧기 때문에 틈이 생기게 되고 그림 10.9(a)에 보여 지는 주 그루브와 부 그루브가 생기게 된다.

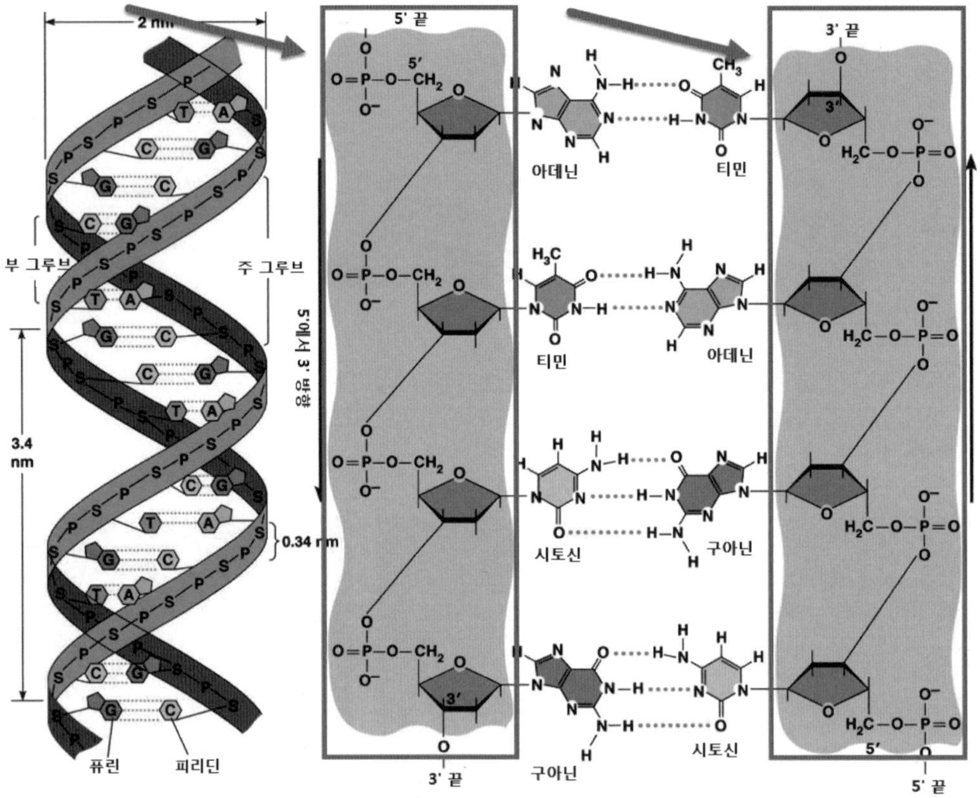

(a) 이중 나선구조 (b) 역 방향의 가닥

그림 10.9 (a) 이중 나선 구조와 (b) 5번 탄소에서 3번 탄소의 방향이 반대 방향으로 놓여진 역방향의 폴리뉴클레오티드 가닥(strand).

세포의 핵 속 DNA가 뭉쳐서 염색체를 만드는데, 사람의 세포 1개의 핵 속에는 23쌍의 염색체가 들어 있다. 그리고 인간 DNA(인간 게놈)은 4만 개의 유전자와 약 30억 개의 염기쌍으로 되어있을 것으로 추정한다. 염기 서열을 밝히는 방법이 개발되자 자연스럽게 인간 게놈 해독이 20세기 마지막 10년 동안 과학계 최대 이슈로 떠올랐다. 하지만 당시 실험실에서 쓰는 방식으로는 염기 수백 개의 서열을 밝히는데도 며칠이 걸렸으니, 인간의 염기 30억 개를 해독한다는 것은 서열을 분석하고 또 분석하는 엄청난 시간과 노력이 요구되는 작업이었다. 그러나 1990년 인간게놈프로젝트(HGP) 국제 컨소시엄(consortium)이 출범하였고, 드디어 2000년 인간게놈 초안 완성이 발표되었다. 인류사의 맥락에서 볼 때 인간게놈 해독은 DNA가 생명체의 유전정보를 담고 있다는 사실을 발견한지 50년도 채 안 되는 기간 동안에 30억 개의 인간염기 서열을 규명하는 방법을 개발한 것은 인류의 위대한 업적임에 틀림없다.

■ DNA 복제

유전자 복제(gene replication)는 원본 DNA으로부터 새로운 두개의 DNA를 생산해 내는 과정이다. 먼저 서로 상호 보완적인 두 개의 가닥으로 이루어진 DNA의 이중나선이 분리되고, 각 분리된 가닥들이 주형으로 작용하여 다른 상보적인 반쪽 가닥이 세포 환경에서 분자로부터 복제되는 것이다. 이 과정은 모든 생명체에서 일어나며, 생물학적 유전의 기초이기도 하다.

클로닝(cloning)은 유전 공학의 기초가 되는 기술로, 특정 DNA조각을 분리하여 벡터(vector)라고 불리는 작고 간단한 유전 요소로 옮긴 후 이를 살아있는 생명체에 다시 도입하여 특정 유전자를 순수한 형태로 분리하거나 다양하게 이용하는 기술이다. 그 방법으로는, 유전적으로 동일한 세포나 기관의 군집을 시험관 내에서 자라게 하는 방법, 체세포의 핵을 난자에 이식시켜 배아(embryo)로 자라게 하는 방법, 배반포(blastodermic vesicle) 안의 배세포(germ cell) 중 일부를 배세포가 제거된 다른 배반포의 투명 층에 옮김으로써 배아를 생성하고 이를 생체 내에 착상시켜 개체로 발생시키는 방법, 그리고 하나의 DNA 조각을 가지고 수백만 개의 복사본을 만들어내는 DNA 재조합 기술 등이 있다.

10.3 생활의 화학

10.3a 세정제 : 비누, 합성세제, 샴푸 등

비누화 반응(saponification)은 지방과 강한 염기가 반응하여 지방산염인 비누와 보습에 좋은 글리세린이 만들어지는 화학반응이다.

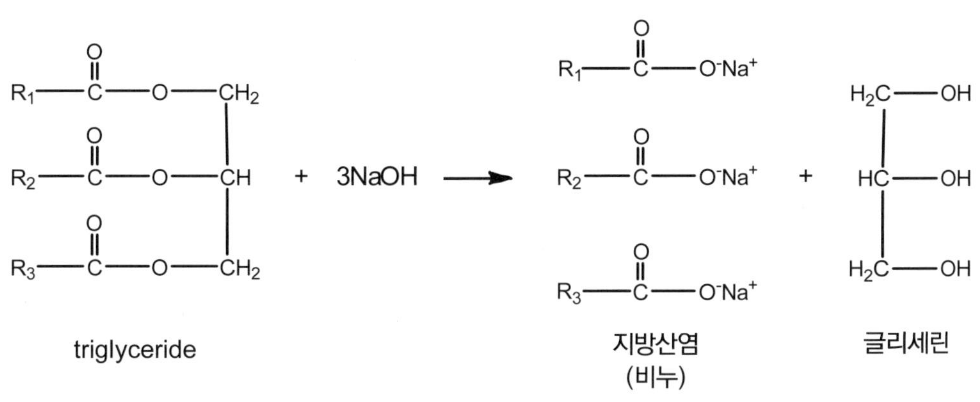

전통적으로 비누 제조에는 동물성 기름이나 식물성 기름이 사용되며 이 기름들은 다양한 포화 지방산 또는 불포화 지방산들의 에스터 화합물인 중성지방(triglyceride)의 혼합물이다. 중성지방은 지방산 세 분자와 글리세린 한 분자가 축합하여 생성된 에스터 화합물이며 동식물의 지방을 이루는 주요 구성요소이다. 주로 사용되는 지방산은 포화 지방산인 스테아르산(stearic acid)과 팔미트산(palmitic acid) 그리고 불포화 지방산인 올레인산(oleic acid) 등을 사용한다(그림 10.10).

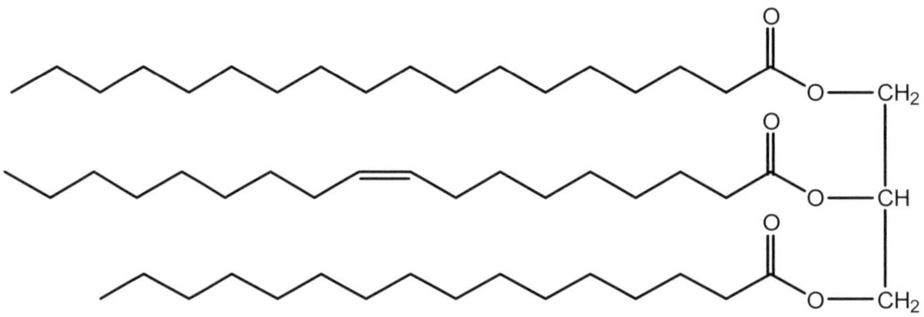

그림 10.10 스테아르산, 올레인산, 팔미트산(좌측 위부터)과 글리세린(우측)으로 생성된 에스터인 중성지방(triglyceride).

비누의 세정 작용은 그 분자 구조로 설명할 수 있다. 비누의 분자 구조는 한쪽 끝은 긴 소수성(hydrophobic)기와 다른 한쪽은 친수성(hydrophilic)기로 구성되어 있다. 이렇게 하나의 분자 안에 물을 좋아하는 부분(친수성)과 물을 싫어하는 부분(소수성)을 동시에 지니고 있는 물질을 **계면활성제**(surfactant)라고 한다. 비누가 물에 녹으면 미셀(micelle)이 형성된다. 각종 계면활성제는 극성 친수기와 무극성 소수기로 이루어져 있고 양자의 균형에 따라 분자의 회합상태가 변한다. 이들 분자는 용액 중에서 반데르발스(van der Waals) 힘 등에 의해서 회합하여 열역학적으로 안정한 회합체(aggregate)를 만들어 콜로이드 특성을 나타내는데, 이 회합체를 미셀이라고 한다. 그림 10.11에 나타난 것과 같이, 미셀 내부의 비극성 꼬리부분이 표면에 묻은 기름이나 그리스 분자를 둘러싸고 있는 상황에서 미셀의 친수성 머리 부분을 물로 씻어내면 기름이나 그리스와 함께 표면에서 떨어져 나가 헹구는 물에 씻겨 나가게 된다.

합성세제(synthetic detergent)는 세척 대상에 따라 각각 성분이 달라지므로 종류가 다양하다. 세척 작용을 높이기 위해 배합하는 세탁조제(builder) 성분의 알칼리성에 따라 중성에 가깝도록 한 것을 경질(light duty) 합성세제라 하며, 주로 양모, 견, 기타 합성섬유에 쓰인다. 보통 쓰이는 합성세제는 알칼리성이 강한 중질(heavy duty) 합성

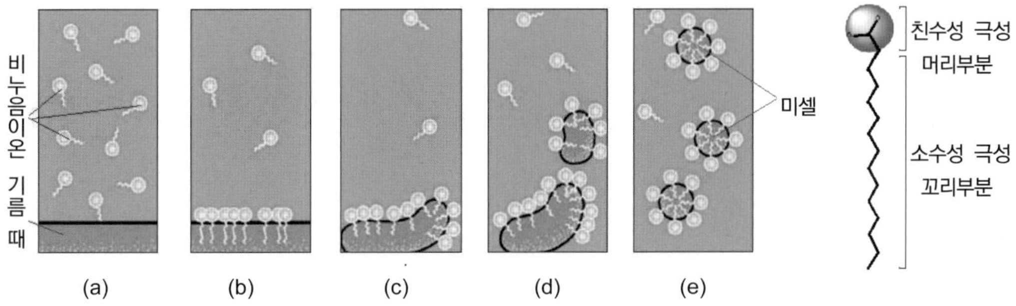

그림 10.11 비누의 세정작용 원리와 계면활성제. (a) 비누는 물에 녹아 Na^+와 비누음이온으로 분리된다. (b) 소수성 꼬리부분은 기름때에 붙는다. (c) 흔들어주면 입자가 기름때를 둘러 싸 표면으로부터 분리하기 시작한다. (d) 과정이 계속되면서 기름때가 더 작은 크기로 쪼개진다. (e) 미셀을 형성하고 헹구는 물에 씻겨 나간다.

세제이다. 여기서 세탁조제는 계면활성제의 계면 활성을 촉진시키기 위하여 세제에 배합하는 조제 또는 첨가제인데, 합성세제 중에 65~80%가 배합되어 있다. 첨가제의 종류에 따라 세제의 능력이 달라지는데, 주로 알칼리성과 pH를 높여 지방산을 중화시키고, 세제의 표면장력을 저하시켜 세척력을 높여주거나 경수의 연화, 흡착, 분산, 방부 작용, 대전방지, 오염방지 작용, 형광표백 작용 등을 한다. 의복용 세제는 알칼리성과 의복의 원래 색깔을 살리는 재료를 배합하고, 식기나 식품(채소·과일)용 세제는 피부를 보호하고 물에 잘 녹게 만드는 가용화제(solubilizing agent)를 첨가한다. 세제는 일반적으로 말단에 벤젠과 같은 고리를 가지고 있으며, 친수성 머리 부분은 음전하를 띤 설폰산($-SO_3^-$)기, 황산기, 인산기를 포함하는 **음이온 계면활성제**(anion surfactant)를 이용하는 경우가 많다. 그 중 알킬벤젠설폰산나트륨이 대부분을 차지하며, 합성세제라고 하면 대부분 이것을 가리킨다. 그리고 알킬기가 분지한 재생 ABS계, 노말 사슬형의 연생 LAS계 2종이 있다. ABS(Alkyl benzene sulfonate)계는 폐수 중에서 분해되지 않아 하수처리가 곤란하고, 강물에 거품이 일어나게 하고, 또한 어류와 인체에 유해하기 때문에, 1980년대 이후에는 소수성 꼬리 부분이 가지가 없는 사슬로 구성되어 계면활성제의 생분해가 용이하고 폐수 속에서 미생물에 의해 잘 분해되는 LAS(linear alkyl benzene sulfonate)계를 생산 판매하고 있다. 일반적으로 이용되는 **양이온 계면활성제**(cation surfactant)는 거의 4차 암모늄 할로겐화물이다. 아래 그림에서 X는 염화이온(Cl^-)이나 브롬화 이온(Br^-)과 같은 할로겐화 이온을 나타낸다.

비누는 오랫동안 사용되어 오면서 사람이나 가축에게 무해하다는 것이 증명되고 있으나, 반면 합성세제는 독성이 있고 공해를 유발한다는 문제를 안고 있다. 세탁이나

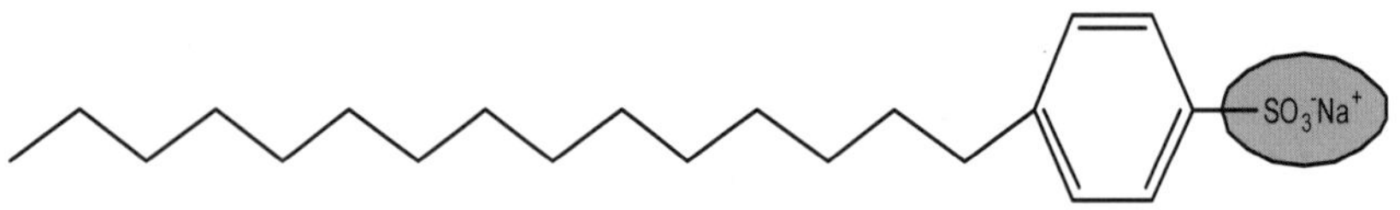

음이온 계면활성제

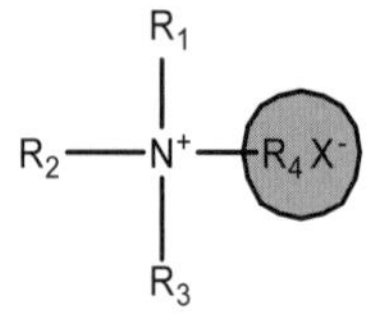

양이온 계면활성제

식기 세척에 세제를 사용하거나 샴푸로 머리를 감았을 때 강한 탈지작용으로 각종 세균이나 곰팡이 등의 미생물이 감염되어 피부염이 유발될 수 있고, 세제 사용 후 충분히 씻거나 헹구지 않으면 피부 또는 입으로 세제가 체내에 들어가 다른 독성물질의 독성을 더욱 증강시키는 작용을 한다. 따라서 세제는 용도에 맞는 것을 선택하고 사용량의 최적 농도 및 최적의 온도에서 사용하여야 하며, 독성을 고려해서 충분히 헹구고 세제를 사용할 때는 고무장갑을 착용하며, 식기의 기름기 제거는 되도록이면 세제를 쓰지 않고 더운물에 하는 것이 바람직하다.

폼 클렌저(foam cleanser)는 거품이 풍부하므로 피부에 자극을 줄이면서 깨끗한 세정을 돕는 촉진제로 얼굴의 노폐물을 제거해주면서 동시에 피부의 보습력을 유지해 주는 기초 세안용 화장품으로 기존의 비누를 대체하는 상품으로 개발되었다. 그리고 메이크업을 지우는 기능과 함께 마사지, 피부 톤 개선 등의 목적으로도 사용되며, 최근에는 노폐물과 유분기를 깨끗이 제거할 뿐만 아니라 방수기능(water proof)이 있는 메이크업도 한 번에 지울 수 있는 높은 세정력을 가지며, 피부 수분 막을 보호하는 기능이 더해져 세안 후에도 오랜 시간 피부가 촉촉하도록 도와주는 장점을 갖춘 클렌저가 개발되고 있다.

$$\underset{\text{디에탄올아민}}{HN(CH_2CH_2OH)_2} + \underset{\text{라우르산}}{CH_3(CH_2)_{10}COOH} \longrightarrow$$

$$\underset{\text{디에탄올아마이드라우린산 (아마이드 세제)}}{CH_3(CH_2)_{10}-\overset{\overset{\displaystyle O}{\|}}{C}-N(CH_2CH_2OH)_2} + H_2O$$

샴푸(shampoo)는 비누와 같이 미셀 작용으로 세정력이 가장 중요한 요소이나 세정력이 지나치게 강하면 머리카락의 기름기를 너무 빼앗아 좋지 않으므로 조절제를 따로 첨가하는 것이 보통이다. 조절제로는 건조하거나 영양 부족인 머리카락에 맞도록 라놀린 또는 레시틴을 첨가한 세제, 식물유를 첨가한 세제, 살균 작용이 있는 세제, 비듬 제거용 세제, 유아용 세제 등을 첨가한다. 그리고 샴푸 후에 사용하는 컨디셔너나 린스는 일반적으로 양이온을 포함하고 있어 샴푸에서 나온 음이온을 제거하여 모발이 손상되는 것을 막고 알킬 사슬이 모발에 남아 세제에 의해 제거된 기름기를 대체하여 모발이 부드러운 촉감이 나도록 하는 작용을 한다.

10.3b 화장품

화장품의 정의는 인체를 청결, 미화하여 매력을 더하고 용모를 밝게 변화시키거나 피부와 모발의 건강을 유지 또는 증진하기 위하여 인체에 사용되는 물품으로서 인체에 대한 작용이 경미한 것을 말한다. 또한 기능성 화장품이란 피부의 미백에 도움을 주거나, 피부의 주름개선에 도움을 주거나, 피부를 곱게 태워주거나 자외선으로부터 피부를 보호하는데 도움을 주는 제품을 말한다.

■ 기초화장품: 로션 및 크림

세안이나 샤워 후 건조한 피부에 유성 물질인 로션이나 크림을 바르면 충분한 천연 기름이 재생될 때까지 피부를 보호해주는 기능을 한다. 피부의 수분을 유지하도록 하는 물질을 보습제(moisturizer)라고 하고, 보습제는 함유된 기름기가 피부를 부드럽게 하고 진정시키는 효과를 갖기 때문에 유연제(emollient)라고도 한다. 널리 사용되는 제품인 **로션**(lotion)과 **크림**(cream)은 에탄올, 글리세롤, 글리콜, 붕산, 시트르산, 식물점액, 정제수 등의 주원료를 적절한 비율로 혼합하여 만든 안정한 혼합물이다. 좀 더 고체 형태로 만든 것을 크림이라 하고, 좀 더 액체 형태로 만든 것이 로션이다. 이 혼합물들은 물과 기름 같이 잘 섞이지 않는 물질들이지만 **유화제**(emulsifying agent)에 의해 섞이도록 만든다. 유화제의 분자 구조를 살펴보면 물에 녹는 부분과 기름에 녹는 부분이 있는 것을 볼 수 있다. 이와 같은 혼합물들을 **유제**(emulsion)라고 한다.

유제는 **콜로이드**(colloid)의 한 종류에 속하는데, 콜로이드 혼합물은 용액과 다르다. 콜로이드는 용액 중의 용질 분자보다 훨씬 큰 콜로이드 입자가 매질에 분산되어 있는 것을 말한다. 안개, 거품, 우유, 에어로솔, 스프레이 등이 모두 콜로이드이다. 물과 기름 사이에는 두 가지 유제가 형성될 수 있다. 하나는 물에 기름방울이 분산(oil-in-water emulsion)되어 있는 것이고, 다른 하나는 기름에 콜로이드 물방울이 분산(water-in-oil emulsion)되어 있는 것이다(그림 10.12). 전자는 물로 씻어 낼 수 있지만, 후자는 피부에 기름기가 있어 세제를 이용해야 한다. 로션이나 크림의 라벨에는 일반적으로 유제의 종류가 명시되어 있다.

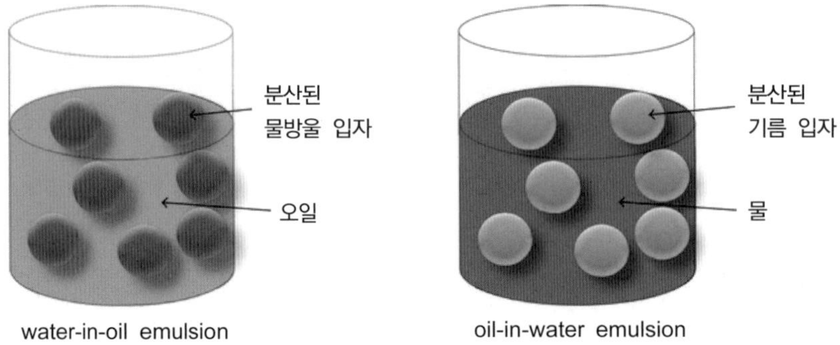

그림 10.12 물과 기름으로 형성된 두 가지 유제. 기름에 물 입자가 분산되어 있는 경우(왼쪽)와 물에 기름방울이 분산되어 있는 경우(오른쪽).

■ 선탠 오일

피부는 태양광에 대한 보호 작용이 있어서 자외선이 신체 내부에 도달하지 못하도록 표피의 최하층의 기저세포 사이에 존재하는 색소 형성 세포에서 멜라닌이 다량으로 만들어져 여기서 자외선을 흡수한다. 그리고 혈액 색소인 헤모글로빈도 자외선을 흡수한다. 그러나 피부가 과도한 자외선에 단시간 강렬하게 노출되는 경우, 피부에 염증 상태가 발생하고 이를 선번(sunburn)이라 한다. 반면 자외선의 양이 적고 완만하게 장시간에 걸쳐서 작용하면 멜라닌 색소만 조금씩 증가하여 살갗을 고운 갈색으로 태우게 되는데 이를 선탠(suntan)이라 하고, **선탠 오일**(suntan oil)을 이용하여 알맞게 그을려 갈색으로 만드는데 도움이 되기도 한다. 선탠 오일은 이 선번을 일으키는 자외선을 차단하고, 햇볕에 그을린 부분에 의한 염증에서 살갗을 보호하면서 피부를 얼룩지지 않고 고운 갈색으로 되게 한다. 주성분은 올리브유, 자외선 흡수제, 향료 등을 이용하는데, 특히 올리브유는 태양광을 얼마간 흡수하는 작용과 자외선을 얼룩지지 않게 쬐는 효과가 있고, 이런 상승 작용으로 아름답게 햇볕에 태우는 효과가 있다.

■ 선크림

피부 색소와 햇볕을 차단해야 하는 정도는 사람에 따라 개인차가 있지만, 자외선의 세기가 점점 강해지고 있기 때문에 피부를 자외선으로부터 보호해 줄 필요가 있다. 특히 산이나 바다 등 야외 활동 중에 강한 햇볕에 장시간 노출되는 경우 일광 화상은 물론 기미나 주근깨와 같은 피부 질환뿐만 아니라 피부의 노화도 촉진되므로 피부 보호를 위해 선크림(sun cream)을 사용할 것을 권장한다. 자외선은 파장 길이에 따라 A,

B, C 세 종류로 나뉘는데, 자외선 C는 가장 독성이 강한 자외선이지만 다행히 오존층에서 대부분이 차단되어 피부에 큰 영향을 끼치지 않는다. 이 중 피부에 가장 많이 도달하는 것은 자외선 A이고, 자외선 A는 피부 깊숙한 곳까지 침투해 주름을 늘리고 멜라닌 색소까지 증가시킨다. 자외선 B는 기미, 주근깨, 검버섯이 생기는 원인이 되고 장시간 노출되면 일광 화상을 입게 되는데, 심한 경우 피부암까지도 일으킬 수 있다. 따라서 자외선 차단제를 선택할 때는 자외선 B와 A를 모두 막아주는 제품을 꼼꼼히 따져보고 선택하는 것이 좋다고 한다.

선크림이 자외선을 차단하는 효과는 **자외선 차단지수**(sun protection factor, SPF)를 이용하는데, 이는 자외선 B를 차단하는 제품의 차단 효과를 나타내는 지수이다. 예를 들어 자외선 양이 1일 때 SPF15 차단제를 바르면 피부에 닿는 자외선의 양이 15분의 1로 줄어든다는 의미다. 따라서 SPF는 숫자가 높을수록 차단 기능이 강한 것이다. 자외선 A(UV A) 차단지수는 'PA'지수다. PA지수는 PA^{+}, PA^{++}, PA^{+++} 3가지로 '+'가 많을수록 차단이 잘 된다. 선크림은 자외선을 흡수하여 피부 면에 미치는 것을 막는 작용을 하므로 선 블록(sun block) 또는 자외선 차단제(sun screen)라고도 한다.

자외선 차단제는 파바(PABA)와 같은 유기 물질 등과 같이 피부 표면의 자외선을 흡수해 열에너지로 분산시키는 **자외선 흡수제**, 그리고 자외선을 산란시키고 반사시켜 피부 침투를 막는 **자외선 산란제**로 구분된다. 자외선 흡수제는 합성된 화학물질이 자외선이 피부에 침투하기 전에 무해한 열에너지로 변화되도록 돕는 성분으로 파라아미노안식향산(p-aminobenzoic acid, PABA), 파라아미노안식향산글리세릴(glyceryl p-aminobenzoic acid) 등을 이용한다. 그 외 옥틸메톡시신나메이트와 부틸메톡시디벤조일메탄이 함유된 신남산을 첨가제로 사용하여 흡수제의 활동을 촉진시키는 역할을 하도록 한다. 자외선산란제로는 광물 성분인 이산화티타늄과 산화아연이 대표적이다. 이 성분들은 자외선 차단 능력이 우수하며 피부 안전성이 높아 민감성 피부나 어린아이에게 사용된다.

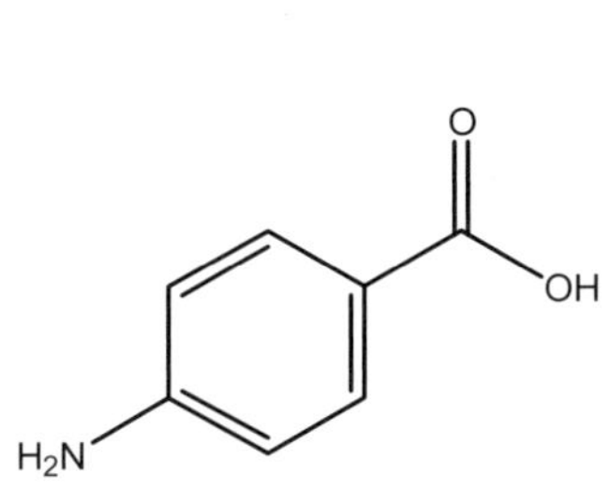

p-aminobenzoic acid

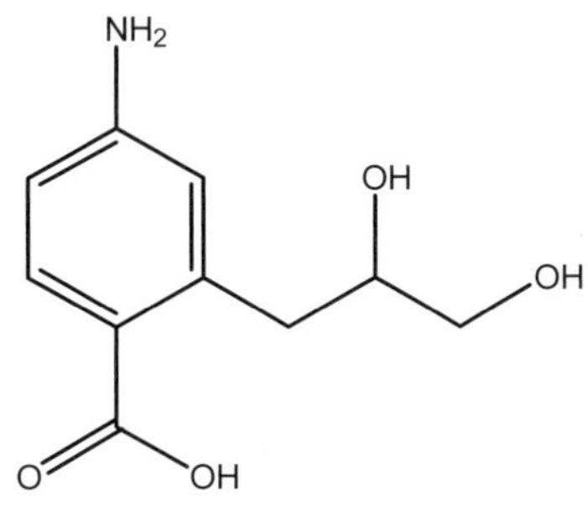

glyceryl p-aminobenzoic acid

연습문제

10.1 다음을 정의하시오.

ⓐ 단당류 ⓑ 이당류 ⓒ 다당류 ⓓ 탄수화물

10.2 천연에서 가장 풍부한 다당류는 셀룰로오스, 녹말, 글리코겐이다. 이들의 차이점을 설명하시오.

10.3 다음을 정의하시오.

ⓐ 중성지방 ⓑ 포화지방, 불포화지방 ⓒ 트랜스지방 ⓓ 오메가-3

10.4 아미노산의 일반 구조식을 그리고 알파 탄소를 지정하시오. 그리고 필수 아미노산이 무엇인지 설명하고 그 종류를 나열하시오.

10.5 비누화반응(saponification)은 지방과 강한 염기가 반응하여 지방산염인 비누($RCOO^-Na^+$)와 보습에 좋은 글리세린이 만들어지는 화학반응이다. 다음 중 어느 지방산이 수산화나트륨과 반응하여 가장 좋은 비누를 만들겠는가?

ⓐ

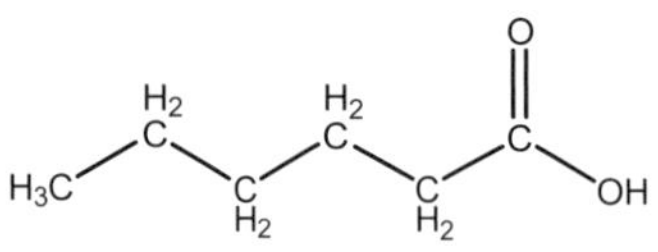

ⓑ

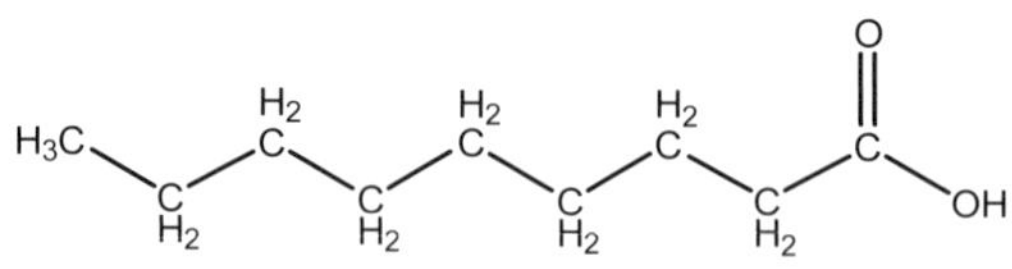

ⓒ

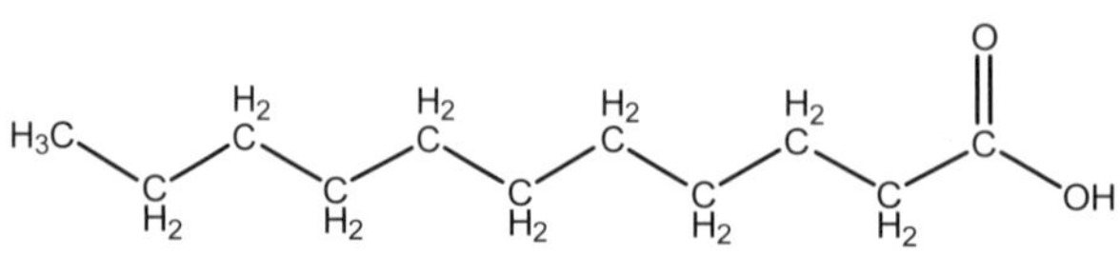

ⓓ

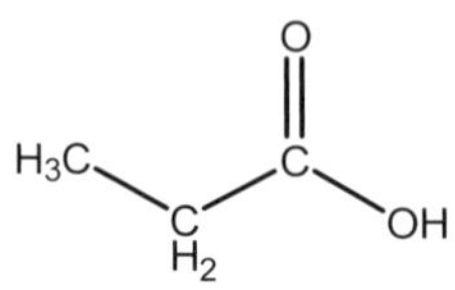

연습문제

10.6 알데히드 작용기를 가진 단당류를 알도오스라 하고, 케톤 작용기를 가진 단당류는 케토오스라 한다. 알도오스와 케토오스의 예를 들어 설명하시오.

10.7 일반적으로 동물성 기름과 식물성 기름은 어떤 점이 다른가?

10.8 6개의 아미노산을 각각 한 번씩만 사용하여 만들 수 있는 폴리펩티드의 수는 몇 개인가?

10.9 다음의 뉴클레오티드에서 당과 염기는 무엇인가. 그리고 이 뉴클레오티드는 DNA인가 아니면 RNA인가?

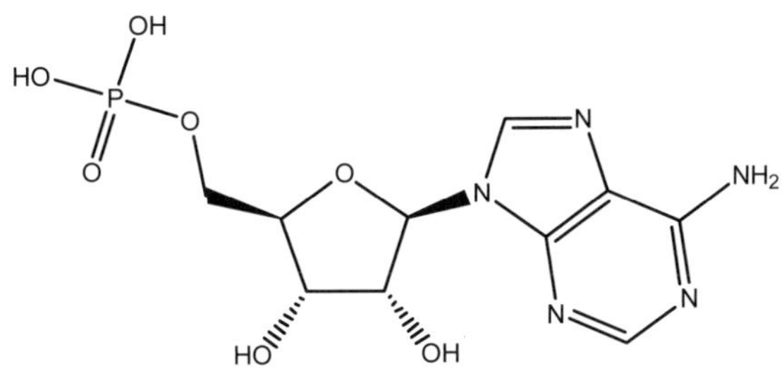

10.10 저밀도 지질단백질 콜레스테롤(LDL)과 고밀도 지질단백질 콜레스테롤(HDL)의 차이점을 설명하시오. 그리고 그들의 성인의 정상 기준치는 얼마인가?

제11장
건강한 삶

11.1 무엇을 먹어야 하는가?

11.2 얼마나 많은 양을 먹어야 하는가?

11.3 식품첨가물의 종류와 안전성

11.4 생활용품 속 유해물질

인간은 누구나 건강과 건강한 삶에 대해 관심이 매우 높다. 건강은 우리가 일반적으로 생각하는 생리적 건강뿐만 아니라 심리적, 사회적 건강 등이 있다. 그리고 이들 사이에는 서로 밀접하게 관련이 맺어져 있으며, 이들의 복합적인 조합은 한 개인의 건강 유지에 심오하게 영향을 미치게 된다. 그러나 이 장에서는 화학의 관점에서 인간의 생리적 건강에 대해서만 관심을 갖고 알아볼 것이다. 인간은 일상적으로 숨을 쉬고, 일하고, 휴식하고, 그리고 수면을 취하는 등 여러 가지 생리적으로 기본이 되는 일을 계속하며, 이를 위한 에너지를 공급하는 영양소의 섭취를 필요로 한다. 더불어 개인의 활동 수준에 따라 다르겠지만, 기본적인 생리 활동에 필요한 에너지 보다는 더 많은 에너지를 필요로 한다. 영양소(nutrient)는 식품의 화학적 성분들이고, 우리 몸을 구성하고 있는 모든 세포나 조직을 이루는 재료와 활동에 필요한 에너지는 우리가 매일 섭취하는 식품에 포함된 **영양소**에 의해 공급되고 있다. 이러한 관점에서 볼 때 우리가 먹은 식품이 바로 우리 자체라고 생각할 수 있다. 우리 몸에 공급된 영양소는 적절한 생화학 반응을 거쳐 몸의 조직이 만들어지고 활동에 필요한 에너지를 제공한다. 그러므로 우리가 매일 섭취해야할 식품의 종류와 양을 선택하기 위해서는 우리 몸이 필요로 하는 재료와 에너지의 양을 먼저 알아야 할 것이다.

우리는 무엇을 먹어야 하며 그리고 얼마나 많은 양을 먹어야 하는지 판단하기 위해, 우리는 식품이나 영양소에 대한 견해를 넓게 가져야 될 필요가 있다. 물론 우리 주위에는 식품에 대한 정보들로 가득 차 있고, 하루에도 최소한 세 번씩은 식품에 대한 선택을 하고 있다. 그러나 정보들을 선별하여 올바른 선택을 위해서는 섭취하는 식품의 영양에 관한 지식이 필요할 것이다. 이 장에서는 5대 영양소인 탄수화물, 지방, 단백질, 비타민과 그리고 무기질에 대해 알아보고, 우리 몸이 필요한 에너지의 양과 그 만큼의 에너지를 공급하는데 필요한 식품의 섭취량에 대해서 살펴보고자 한다. 더불어 각종 식품 첨가물의 종류와 용도 그리고 안전성에 대해서도 논의된다.

11.1 무엇을 먹어야 하는가?

11.1a 탄수화물

탄수화물(carbohydrate)은 당이라고도 하는데, 그 종류는 크게 포도당이나 과당과 같은 단당류, 설탕과 같은 이당류, 그리고 감자, 고구마, 곡물 등에 많은 녹말(starch) 성분의 다당류로 나뉜다. 일반적으로 사탕이나 음료수 등과 같이 먹거나 마셨을 때 바로 단맛이 나는 것은 단당류나 이당류이고, 씹을수록 단맛이 나는 것은 다당류라고 이해하면 쉽다. 식품용 당으로 오랫동안 사용되어 온 것은 단당류인 글루코오스와 프록토스 그리고 이당류인 수크로오스이다. 글루코오스는 우리 몸의 세포가 에너지를 위해 사용하는 당이고, 혈액 속에 들어있으므로 **혈당**(blood sugar)이라고 불린다. 그리고 프록토스는 과당이라 불리며 과일에 많이 들어있고, 수크로오스는 설탕의 주 성분이다. 녹말이나 섬유소(cellulose)는 모두 글루코오스의 고분자 물질로 다당류이다. 하지만 그들의 글루코오스 모노머 사이의 연결이 다르기 때문에 인간은 녹말은 소화할 수 있어도 섬유소는 소화하지 못한다.

수크로오스와 락토오스와 같은 이당류와 다당류인 녹말은 소화가 되는 동안 가수분해 되어 단당류로 된다.

$$\text{수크로오스} + H_2O \rightarrow \text{글루코오스} + \text{프록토스}$$

$$\text{락토오스} + H_2O \rightarrow \text{글루코오스} + \text{갈락토오스}$$

$$\text{녹말} + nH_2O \rightarrow n\text{글루코오스}$$

모든 단당류는 대사가 일어나는 동안 글루코오스로 전환되고, 우리 몸은 글루코오스를 대사하여 에너지원으로 사용한다.

$$\text{글루코오스}(C_6H_{12}O_6) + 6O_2 \rightarrow 6CO_2 + 6H_2O + \text{에너지}$$

탄수화물은 그램 당 4 Kcal의 에너지를 공급하는데, 사용되고 남은 탄수화물이 적은 양이면 간이나 근육조직에 **글리코겐**(glycogen)으로 저장되고, 많은 양이 남으면 지방으로 전환되어 저장된다.

전분과는 달리, 인간이나 육식동물은 섬유소의 베타 글리코사이드 결합을 끊는 효소가 없기 때문에 섬유소를 소화하지 못한다. 하지만 섬유소는 식이섬유(dietary fiber) 역할을 하여 물의 흡수를 돕고 음식이 이동하는 것을 도와주며 변비를 방지한다. 또한 수용성 섬유질을 섭취하면 혈중 콜레스테롤 수치가 낮아져 심장병에 대한 위험이 감소한다고 한다. 표 11.1은 대표적인 탄수화물 식품을 나타낸다.

우리 몸에 탄수화물 음식이 들어오면 위에서 포도당으로 분해되어 혈액 속으로 들어온다. 이때 췌장에서는 인슐린을 분비하고, 인슐린은 포도당을 각 세포로 보내 에너지로 사용할 수 있게 한다. 그리고 사용하고 남은 포도당은 간과 근육에 글리코겐 형태로 저장된다. 만일 탄수화물을 필요한 양보다 적게 섭취하면 우리 몸은 미리 저장되

표 11.1 대표적인 탄수화물 식품

음식	다당류	밥, 라면, 국수, 과자, 떡, 빵 등
곡류	다당류	쌀, 보리, 밀 등
녹말	다당류	감자, 고구마, 찰옥수수 등
당류	이당류	유당, 맥아당
	단당류	포도당, 과당, 갈락토오스, 잼, 사탕, 등

어 있던 글리코겐과 지방, 단백질을 대체 에너지로 사용하게 된다. 그러나 탄수화물의 섭취가 지나치게 부족하면, 단기적으로 저혈당의 증상이 나타나고, 장기적으로는 무기질이 부족해져서 심장 박동 불규칙이 나타나고 근 골격이 약해져 관절과 결합 조직의 영구적인 손상이 나타날 수 있다. 반면 탄수화물을 필요한 에너지 양보다 많이 섭취할 경우 과잉 탄수화물의 일부는 지방으로 전환 되어 주로 복부에 저장된다. 특히 탄수화물이 지방으로 전환될 때에는 포화 지방산인 중성지방으로 전환된다. 따라서 탄수화물의 과다 섭취는 인슐린을 지나치게 분비시켜 체내 지방 및 콜레스테롤을 축적시키므로 당뇨, 고혈압, 심장병, 비만 등을 유발할 수 있다.

탄수화물도 '좋은' 탄수화물과 '나쁜' 탄수화물이 있다. 이들의 가장 큰 차이점은 섭취 후 얼마나 혈당을 빨리 올리느냐에 있다. '나쁜 탄수화물'은 혈당을 급격히 올려 빨리 허기지게 만들고 탄수화물 맛에 중독되게 한다. 반면 '좋은 탄수화물'을 적당량 먹으면 혈당을 천천히 올려 운동의 에너지원이 되면서 운동할 의지도 만들어지고 근육이 빠져나가는 것을 막는다. 나쁜 탄수화물은 섭취 후 혈당을 빠르게 증가시켜 췌장에서 인슐린 분비를 급격히 자극한다. 혈당을 급격히 올리는 탄수화물은 그 후 혈당이 급격히 떨어지기 때문에 배고픔을 자주 느끼게 되며, 단시간동안 과도하게 증가한 몸속 탄수화물은 결국 지방으로 저장된다. 나쁜 탄수화물은 정제된 탄수화물로 대표적인 것이 청량음료, 도넛, 과자 등에 첨가되는 설탕과 같은 첨가 탄수화물이다. 반면 좋은 탄수화물은 혈당을 서서히 올린다. 예를 들어 흰 쌀밥은 혈당을 급격히 올리고 인슐린 분비를 빠르게 자극하지만, 잡곡밥이나 현미밥은 혈당을 천천히 올리고 인슐린 분비를 과도하게 자극하지 않는 좋은 탄수화물이다.

11.1b 지방

지방은 지방산과 글리세롤의 반응으로 생성된 에스터인 **트라이글리세라이드**(triglyceride)이며, 어떤 지방 분자는 모노글리세라이드 또는 다이글리세라이드로만 가

수분해 되기도 한다. 그러나 이들은 일단 흡수되면 지방 소화 생성물은 트라이글리세라이드로 재조립되고 혈액을 통해 운반되기 위해 단백질에 붙는다. 지방은 육류와 어류, 식물성유, 그리고 낙농제품에 많이 함유되어 있다. 또한 지방은 고체지방(fat)이나 액체기름(oil) 상태이며, 포화 또는 불포화 지방산을 함유한다. 표 11.2는 대표적인 지방 식품을 보여준다.

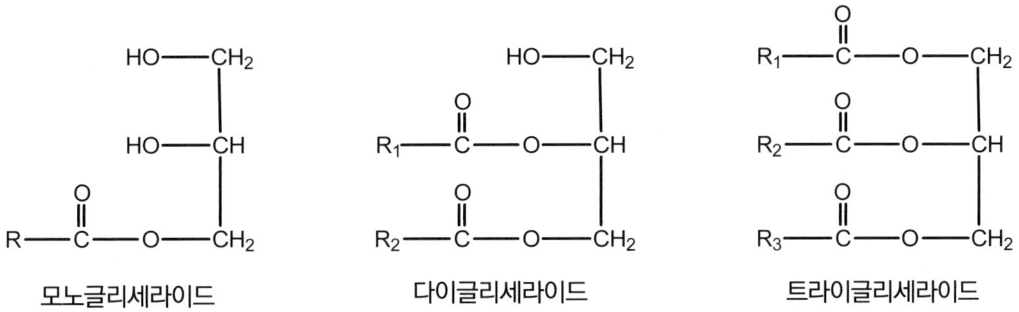

표 11.2 대표적인 지방 식품

동물성 지방	포화지방산이 많음	육류, 유제품(예 : 우유, 치즈) 등
동물성 지방	불포화지방산이 많음	등푸른 생선(예 : 고등어, 꽁치, 참치, 삼치)
식물성 지방	불포화지방산이 많음	콩기름, 참기름, 들기름, 올리브유, 견과류(호두, 땅콩, 잣 등) 등

저장된 지방이 에너지로 쓰이기 위해 지방분자는 **리파아제**(lipase)라고 불리는 효소에 의해 지방산과 글리세롤로 가수분해 되어 간으로 이동한다. 글리세롤은 에너지 사용을 위해 연소되거나 글루코오스로 전환된다. 그리고 지방산은 한 번에 탄소 원자 두 개씩 제거하는 지방산 나선(fatty acid spiral) 과정을 거친 후, 탄소 조각들은 에너지로 사용되거나 새로운 지방산 합성에 이용된다.

지방은 탄수화물이나 단백질과는 달리 건강을 위협하는 해로운 영양소로 인식하고 섭취를 되도록 줄이려는 경향이 있지만, 지방 자체는 우리 몸에 꼭 필요한 중요 영양소이다. 물론 트랜스지방과 같은 변형된 지방, 혈관 지방이나 복부 지방과 같은 누적된 지방은 몸에 해로운 건 사실이고, 지방을 과다하게 섭취할 경우 비만과 연관된 여러 질환뿐만 아니라, 심장병 위험이 높아지고 심혈관 질환인 심장마비와 뇌졸중 등의 질환이 발생할 수도 있다. 하지만 정상적인 양의 복부 지방은 실제로 장기를 보호하는 역할을 수행하고, 특히 필수 지방산은 신체의 성장과 정상적인 여러 가지 생리 기능

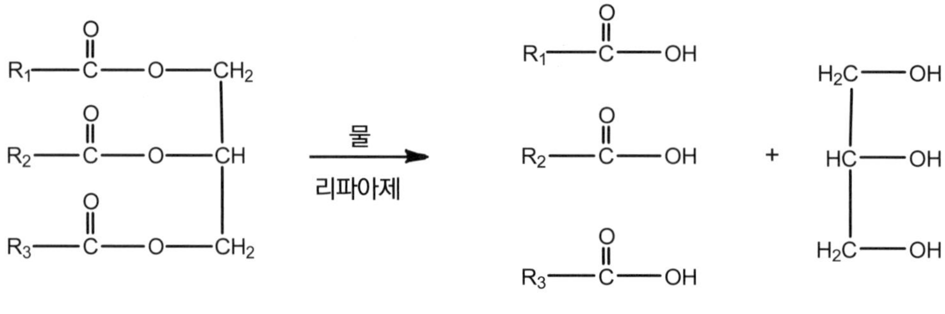

유지에 필요하다. 필수 지방산이 부족할 경우 피부가 건조해지고, 집중력이 떨어지며, 쉽게 피로를 느끼게 되고, 면역력이 약해지는 등의 증상이 발생할 수 있다. 이외에도 지방은 1g당 9kcal의 에너지를 만들어 내기 때문에 에너지 효율이 높아서, 열량 소모가 많이 필요한 상황에서 도움이 되기도 한다.

국민건강영양조사결과에 따르면 우리나라 국민들의 지방 섭취양은 꾸준히 증가하고 있으며 이로 인한 만성 질환의 발생도 늘어나고 있는 추세이다. 이로 인해 과체중이거나 비만인 사람들의 수가 꾸준히 증가하고 있고, 전반적으로 지방 섭취량을 평소보다 줄여야 한다고 권고하고 있다. 대한 비만학회에서는 비만한 사람의 하루 지방 섭취량은 총 섭취열량의 25%를 넘지 않을 것을 권장하고 있다. 그리고 지방 섭취량을 줄이고자 할 때는 무조건 총 섭취량을 줄이기보다 트랜스 지방(마가린 등), 동물성 지방(돼지고기 등)의 상대적인 섭취량을 줄이고, 오메가3 지방산(DHA, EPA), 오메가6 지방산과 같이 몸에 유익한 지방의 섭취 비중을 늘려가는 것이 좋다. 현대인들이 식사에서 섭취하는 지방은 대략 포화지방산 40%, 일가 불포화지방산 40%, 그리고 다가 불포화지방산 20%를 포함하고 있다 한다. 의사들은 포화지방산과 일가 불포화지방산의 섭취량을 줄이고 다가 불포화지방산 섭취량을 증가하는 것이 매우 중요하다고 강조한다. 현재 심장마비 환자의 약 98%는 **동맥경화증**(atherosclerosis)으로 인한 경우이며, 동맥경화를 일으키는 혈전의 주성분은 포화지방산과 콜레스테롤이기 때문이다.

지방의 일종인 콜레스테롤은 단백질과 결합하여 지질단백질(lipoprotein)을 형성하는데, 지방과 단백질의 성분 비율에 따라 **초저밀도 지질단백질**(very low density lipoprotein, VLDL), **저밀도 지질단백질**(low density lipoprotein, LDL), 그리고 **고밀도 지질단백질**(high density lipoprotein, HDL)로 구분된다(308 페이지 참조). VLDL은 주로 트라이글리세라이드를 운반하는 역할을 하고, LDL은 콜레스테롤을 필요한 세포에 운반한다. 이 때 동맥경화성 혈전을 형성하여 심혈관질환을 유발하는 요인을 제공하기 때문에 나쁜 콜레스테롤로 불린다. HDL은 콜레스테롤을 신체조직으로부터 간으로 이동하여 몸 밖으로 배출시키는 역할을 하므로 좋은 콜레스테롤로 불린다.

표 11.3 혈액의 지질단백질

분류	약칭	단백질 (%)	밀도 (g/mL)	기능
초저밀도	VLDL	5	~1.0	트라이글리세라이드 운반
저밀도	LDL	25	1.0~1.1	콜레스테롤을 세포로 운반
고밀도	HDL	50	1.1~1.2	콜레스테롤을 간으로 운반, 배출

11.1c 단백질

단백질(protein)은 수많은 아미노산(amino acid)의 연결체이다. 단백질은 우리 몸을 구성하는 고분자 유기물로 세포막, 핵, 미토콘드리아 등 세포 내의 각종 구조물은 단백질과 지방으로 구성되어 있다. 단백질이 우리 체내에서 수행하는 여러 가지 역할은 신체의 운동을 조절하며, 신호 전달자 역할을 한다. 그리고 세포 내의 각종 화학반응의 촉매 물질로서 중요하다. 또한 세포막의 물질 수송 통로도 단백질이 관여하고, 효소와 항체도 단백질로 이루어져있다. 이 밖에도 생체 내 고분자 물질들의 수선과 유지를 담당하는 등 여러 중요한 기능을 한다(10.1c 참조).

단백질은 체내에서 아미노산으로 분해된 후에 흡수되고 이용된다. 따라서 우리가 식품으로 섭취하는 단백질의 영양가는 그 속에 함유되는 아미노산의 종류와 양에 의하여 결정되는데, 아미노산은 인체 내에서 다른 아미노산으로부터 만들어지는 것과, 체내에서 합성되지 않고 음식으로 섭취되어야 하는 것이 있다. 체내에서 당(glucose)의 중간 대사과정 물질과 질소 또는 필수 아미노산으로부터 합성될 수 있는 아미노산들을 **비필수 아미노산**(non-essential amino acids) 이라고 부르며, 현재까지 총 11가지가 알려져 있다. 반면 체내에서 합성되지 않거나 합성되더라도 그 양이 매우 적어 생리기능을 달성하기에 불충분하기 때문에 반드시 음식으로부터 공급해야만 하는 아미노산을 **필수 아미노산**(essential amino acid)이라 한다. 필수 아미노산은 발린(valine), 로이신(leucine), 이소로이신(isoleucine), 메티오닌(methionine), 트레오닌(threonine), 라이신(lysine), 페닐알라닌(phenylalanine), 트립토판(tryptophan), 히스티딘(Histidine) 등 9가지가 있다(표 10.4 참조). 필수 아미노산 함량은 식품 단백질의 영양적 가치 평가의 기준으로서 매우 중요하다. 음식을 통해 충분한 양의 필수 아미노산이 공급되지 않으면 체내에서 단백질 합성이 잘 이루어지지 않는다. 따라서 단백질 섭취량을 제한하면 음식물을 통해서만 섭취할 수 있는 필수 아미노산을 공급받지 못하게 되고, 이로 인해 성장기에는 성장 저하가 일어날 수 있고, 면역력 저하나, 빈혈 등의 부작용이 나타날 위험이 있다. 그러므로 체중 1kg당 하루에 1.0~1.5g의 단백질을 꾸준히 섭취하는 것이 건강을 유지하는데 도움이 된다. 예를 들어, 체중 50kg의 여성이라면 60g 정도의 단백질 섭취가 필요하다. 반면 단백질 과다 섭취에 따른 부작용은 정확하게 밝혀진 바는 없으나, 단백질을 과다 섭취하게 되면 단백질 분해 과정에서 체내 질소 노폐물이 많이 형성되어, 노폐물을 걸러 주는 기능을 담당하는 신장에 과도한 부담을 주는 것으로 알려져 있다. 표 11.4는 대표적인 단백질 식품을 보여준다.

표 11.4 대표적인 단백질 식품

구분	식품
육 류	쇠고기, 돼지고기, 닭고기 등
어패류	생선, 조개, 굴 등
기 타	콩류(두부, 콩, 두유), 견과류(호두, 땅콩, 잣), 달걀, 유제품(우유, 치즈) 등

단백질은 아미노산을 최소 단위로 하는 폴리펩티드(polypeptide)이고, 위(펩신), 췌장(트립신 등) 그리고 소장(아미노펩티다아제 등)에서 분비되는 분해 효소인 펩티다아제에 의해 아미노산으로 분해되어 새로운 단백질을 만들거나, 요소(질소폐기물) 또는 포도당과 지방(탄소 저장물)으로 전환된다. 그림 11.1은 단백질의 소화과정을 보여준다. 그리고 표 11.5는 대표적인 단백질 식품의 소화에 걸리는 시간을 보여준다. 따라서 식단과 식사시간은 이를 고려하여 정하는 것이 좋을 것이다.

표 11.5 단백질 식품의 소화에 걸리는 시간

단백질	소화에 걸리는 시간	단백질	소화에 걸리는 시간
계란 노른자	30분	닭고기	2시간
계란	45분	오리고기	2.5시간
저지방 생선 (대구, 광어, 서대, 농어 등)	30분	소고기	3.5시간
고지방 생선 (연어, 송어 등)	45~60분	돼지고기	4.5시간

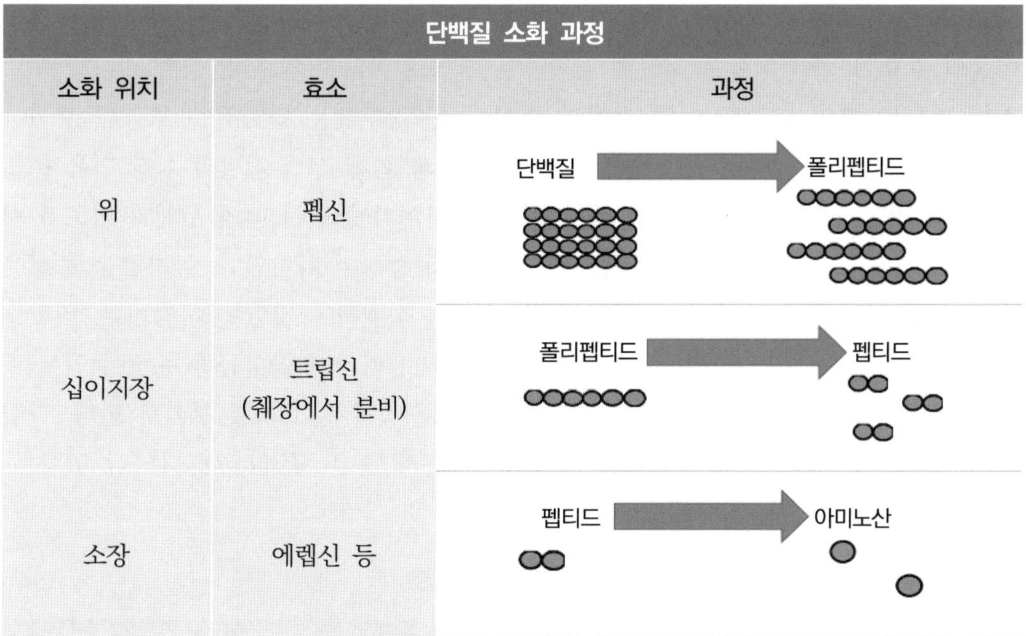

그림 11.1 우리 몸에서의 단백질 소화과정

11.1d 무기질

무기질(mineral)은 C, H, N, O 이외의 원소들로 건강을 위해 필요한 영양소이다. 인체 내에서 필요한 무기질은 40여 종이며, 그 중에는 우리 몸에서 하루에 100mg 이상 다량으로 필요한 **다량 무기질**(macronutrient mineral)과 하루에 100mg 미만으로 소량만 필요한 **미량 무기질**(micronutrient mineral)이 있다. 그리고 인체 내의 무기질의 대부분은 매일 배출되므로 매일 필요량을 보충하여 모자라지도 남지도 않게 균형 있게 유지되어야 한다. 무기질의 주요 기능은 첫째 체내에서 적절한 pH를 유지할 수 있도록 조절하는 산과 염기의 균형 조절을 하고, 둘째 신체의 각종 부위를 형성하는데 관여하며, 호르몬과 효소의 구성 성분을 이루는 신체의 필수 성분이고, 셋째 무기질의 농도에 의해서 세포막을 투과하여 세포 안과 밖으로 이동하는 물의 방향과 양을 결정하여 체액의 균형 조절을 하며, 넷째 에너지를 내는 분해반응을 활성화시키는 데에 중요한 촉매 역할을 할 뿐만 아니라 합성하는 과정에도 필수 요소로 작용하는 것이다.

다량무기질은 칼슘, 인, 마그네슘, 나트륨, 칼륨, 염소, 황 7가지가 있으며 우리 체중의 대략 4%를 차지할 만큼 많은 양을 필요로 한다. 이들 무기질 원소들은 우리가 섭취하는 다양한 식품에 풍부하므로 결핍증은 그리 흔하지 않다. 이들 중 나트륨, 칼륨, 그리고 염소는 이온상태(Na^+, K^+, Cl^-)로 존재하며, 체액의 전해질 균형(electrolyte balance)을 유지하는 역할을 한다. 대부분의 음식 속에 함유된 소금이 나트륨과 염소 이온의 주요 공급원 역할을 하므로 결핍증은 거의 일어나지 않으나, 심한 설사나 구토 또는 과도한 땀의 배출로 인해 체액의 손실이 큰 경우에는 전해질을 보충해 주어야 한다. 칼슘은 이온 상태로 나트륨이온과 칼륨이온과 함께 신경 전달과 심장 박동 조절에 관여하며, 대부분 뼈와 이(teeth)에 존재한다. 나이가 들면서 뼈의 무게와 밀도가 서서히 감소하게 되고 심하면 **골다공증**(osteoporosis) 증상이 나타난다. 골다공증 증상은 뼈가 형성되는 청년기(12~18세)에 칼슘을 충분히 섭취하지 않았던 사람이나, 비활동적인 생활습관을 가진 폐경기 여성에게 잘 나타난다. 따라서 골다공증 증상이 있는 폐경기 여성에게 에스트로겐을 투여하여 뼈의 손실을 늦추는 효과를 보기도 한다. 다량무기질의 기능, 대표음식, 결핍과 과잉에 의한 증상 등은 표 11.6에 나타나 있다.

표 11.6 다량무기질의 기능, 대표음식, 그리고 결핍과 과잉

무기질	주요 기능	대표음식	결핍증	과잉증
나트륨	체액의 주요 이온, 신경전달	식염	근육경직	고혈압, 위궤양
칼륨	체액의 주요 이온, 신경전달, 신경전달	과일, 채소	부정맥, 피로	심장마비
염소	체액의 주요 이온	식염	거의 없음	없음
칼슘	뼈와 치아 구성성분, 신경전달, 근육수축, 혈액응고	우유, 치즈	골다공증	변비, 신장결석
인	뼈와 치아 구성성분, 완충작용, 세포막, ATP, ADP	육류, 낙농제품	무력증, 식욕부진	골격손실, 신장손상
마그네슘	신경 및 근육 기능, ATP를 포함하는 반응	견과류, 곡류	근육경련, 혈전 증가	구역질, 허약감
황	아미노산과 비타민의 일부 글루타티온, 산-염기 평형	단백질식품	거의 없음	없음

미량무기질은 철분, 구리, 아연, 요오드 4가지 원소이다. 철분이 부족하면 적혈구 또는 헴(heme)이 낮아져서 혈액의 산소 운반 능력의 감소로 인해 발생하는 빈혈(anemia)이 생길 수 있다. 요오드는 갑상선 호르몬 그리고 아연은 인슐린의 중요 성분을 이룬다. 그리고 철분, 구리, 아연은 효소의 성분으로 중요한 역할을 한다. 미량무기질의 기능, 대표음식, 결핍과 과잉에 의한 증상 등은 표 11.7에 나타나 있다.

표 11.7 미량무기질의 기능, 대표음식, 그리고 결핍과 과잉

무기질	주요기능	대표음식	결핍증	과잉증
철분	혈액의 산소운반	육류, 생선, 계란	빈혈, 면역기능감소	구토, 저혈압
구리	효소 성분	동물의 내장육, 굴, 계란	저색소성 빈혈, 백혈구 감소	복통, 심한 간 손상, 신부전
아연	인슐린의 구성성분	굴, 간, 육류, 달걀, 콩류 등	성장지연, 면역기능저하	철, 구리 흡수저해, 설사, 구토
요오드	갑상선 호르몬 성분	미역, 김, 시금치	갑상선 기능저하	갑상선 기능 항진증

그 외 필수 미량 무기질로는 셀레늄, 망간, 불소, 크롬, 몰리브덴 등이 있다. 무기질은 체내의 여러 가지 생리적 활동에 참여하고 있으며, 보통 성인에게 필요한 양은 미량이지만 부족하면 각종 결핍 증상을 유발하게 된다. 특히 칼슘과 인, 마그네슘, 철분은 인체의 기초대사에 영향을 미치기 때문에 섭취가 부족하게 되면 지방이 분해되는 것을 막아 살이 찌는 요인이 될 수 있다. 따라서 비타민과 마찬가지로 무기질이 결핍된 경우에는 보충제를 통한 섭취를 권장한다. 특히 격렬한 스포츠나 극심한 육체 활동을 할 경우, 무기질은 신경의 피로, 근육의 탄력성 감퇴, 체액의 산성화 및 삼투압의 변화, 소화 기능의 저하, 발한에 의한 염분이나 칼슘, 철의 손실 등에 의한 기능의 저하를 막고, 또한 그 회복을 촉진시키는 주요 역할을 하므로 우리 몸 안의 무기질의 농도를 균형 있게 유지하는 것이 중요하다.

11.1e 비타민

비타민(vitamin)은 체내에서 합성되지 않기 때문에 식품으로 섭취해야만 하는 필수적인 유기화합물로 수용성과 지용성 두 가지가 있다. 지용성 비타민은 비극성 지방에 잘 녹는 비타민으로 비타민 A, D, E, K가 여기에 속한다. 주로 식품 속의 지방과 함께 섭취되어 소화되며, 지방 조직에 오랫동안 저장된다. 지용성 비타민을 충분히 섭취하는 것은 중요하지만, 반면 과량 섭취 시에는 체내에 축적되어 독성을 유발할 가능성도 있다. 수용성 비타민은 체내에서 물에 녹아 운반되는 비타민을 말하며, 8가지의 비타민 B 복합체와 비타민 C가 여기에 속한다. 수용성 비타민은 체내 조직에 저장되지 않기 때문에 매일 음식을 통해 공급해 주어야 하며, 과잉 섭취 시 축적되지 않고 신장을 통해 소변으로 배출된다.

비타민은 직접 에너지원으로 사용되지 못하고 소화 작용에 의해 변화되지도 않지만, 3대 영양소가 체내에서 정상적으로 산화되어 에너지를 발생하는 과정에서 **보조효소**(coenzyme)로서 작용한다. 비타민은 신체 각 기관의 기능 조절, 신경 안정, 생리 조절, 두뇌 활동을 촉진하며, 영양소의 효율적인 이용을 가능하게 하는 유기화합물로서 사람의 생존에 필수적인 물질이다

① 지용성 비타민

비타민 A는 레티놀(retinol)이라고도 하며, 베타카로틴이 소장을 통과하는 동안 비타민 A로 전환된다. 생리적 기능은 치아, 뼈, 연골, 건 등의 연부조직 생성과, 피부 및 점막의 생성 및 기능 유지, 그리고 시력에 관여하는 기능을 담당한다. 또한 박테리아가 세포막을 통과해 들어가는 것을 막아줌으로써 감염을 예방한다. 비타민 A가 결핍되면 뼈의 성장이 저하되고, 야맹증, 각막 연화증, 결막염의 증상을 가져오며 심하면 실명할 수도 있다. 그리고 건조하고 거친 피부와 면역기능 저하를 가져온다. 반면 과잉 복용하면 구토와 두통을 동반하고 정신이 혼미한 현상이 오는 급성 비타민 A 과다증(hypervitaminosis A)을 일으킨다. 비타민 A를 풍부하게 함유한 식품은 버터, 생선의 간유, 동물의 간, 달걀노른자, 치즈, 당근, 순무, 셀러리, 양상추 등이 있다.

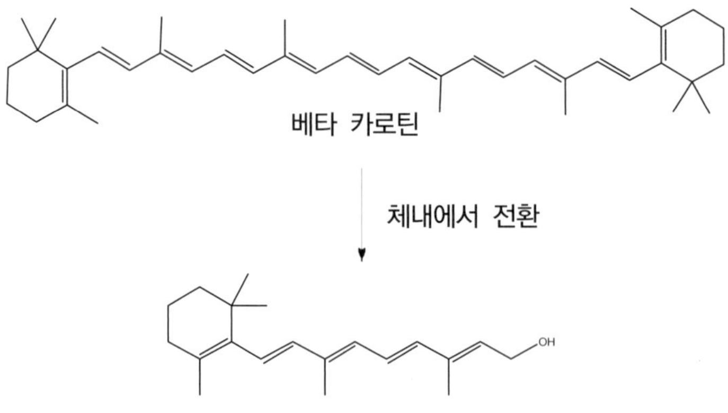

비타민 A
(레티놀)

자외선이 피부에 자극을 주면 **비타민 D** 합성이 일어난다. 따라서 햇볕에 전혀 노출되지 못하는 사람을 제외하고는 비타민 D의 보충은 전혀 필요하지 않다. 비타민 D는 우리 몸의 골격 형성에 필요한 칼슘과 인이 체내에서 흡수되는데 기여한다. 이로 인해 혈중 칼슘과 인의 농도가 증가되어 뼈의 무기질 침착에 유리한 환경이 조성된다.

어린이에게 비타민 D가 결핍되면 골격의 석회화(calcification)가 충분히 이루어지지 않아 골격이 약화되고 압력을 이기지 못해 휘게 되는 구루병(rickets)이 나타나고, 성인은 뼈가 약해지고 잘 변형되는 골연화증(osteomalacia)이 나타날 수 있다. 즉 새롭게 만들어지는 뼈가 약해서 엉덩이, 척추, 기타 뼈 골절의 원인이 된다. 과량의 비타민 D는 독성이 있으며 특히 어린이에게 독성이 강하다. 특히 영아는 비타민 D에 매우 민감하여 과량 섭취할 경우 정신 발달 장애, 혈관 수축 등과 같은 독성 증상이 나타난다. 비타민 D 함유 식품에는 등푸른생선, 동물의 간, 달걀노른자, 버섯 등이 있다. 특히 비타민 D는 지용성 비타민이므로 지방이나 기름과 함께 섭취되어야 체내 흡수율이 높아진다.

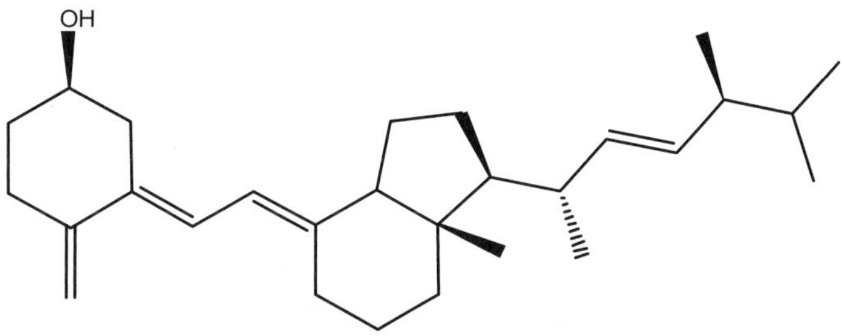

비타민 D
(칼시페롤)

비타민 E는 세포막을 유지시키는 역할을 한다. 즉 세포막의 불포화지방산 사이에 존재하면서 불포화지방산의 과산화 작용이 진전되는 것을 막는 항산화제(antioxidant)로 활성산소를 무력화시키는 작용을 한다. 또한 비타민 E는 혈액 속에 있는 중성지방을 줄이는 역할을 하므로 비만 위험을 막는 역할을 한다. 자연에 널리 분포되어 있는 비타민 E는 대개 섭취량의 약 30~50% 정도가 흡수되며 식이지방과 같이 섭취하면 흡수율이 증가한다. 비타민 E가 결핍되면 적혈구 용혈이 일어날 수 있다. 과다 섭취로 인한 독성은 거의 일어나지 않지만 혈액응고에 관여하는 비타민 K의 작용을 저해 할 수 도 있다. 비타민 E는 식품의 동결에 의해서 파괴되는 유일한 비타민이다.

비타민 K는 간에서 혈액 응고 인자의 합성에 관여하여 혈액 응고에 필수적인 비타민으로 항출혈성 비타민으로 불린다. 비타민 K는 체내에서 빠르게 소모되므로 지속적인 공급이 필요하다. 케일, 양배추의 녹엽, 콜리플라워, 브로콜리, 시금치, 상추와 같은 녹엽채소에 많이 함유되어 있다. 건강한 식생활을 하는 건강인은 대체로 지혈 작용이 손상 받지 않는다. 다만 지방의 흡수가 불량할 경우, 그리고 비타민 K 대사를 방해하는 것으로 알려진 약물로 치료를 받을 경우에는 가끔 비타민 K의 결핍 증상이 보고되기도 한다. 비타민 K의 과다 섭취에 대한 임상적인 부작용은 보고된 바 없지만, 과다 섭취하면 지나치게 혈액이 응고되어 뇌손상을 가져올 수도 있다.

② 수용성 비타민

수용성 비타민은 비타민 C(ascorbic acid), 그리고 극성인 $-OH$, $-NH_2$, $-COOH$ 기를 포함하고 조효소 역할을 하는 8가지 종류의 B군 비타민들이 이에 속한다. 비타민 B군은 비타민B_1(thiamin), 비타민 B_2(ribo-flavin), 비타민 B_6(pyridoxine), 비타민 B_{12}(Cyanocobalamin), 니아신(niacin), 비오틴(biotin), 엽산(folic acid) 및 판토텐산(pantothenic acid) 등 8종이 있다. 이들은 흔히 함께 존재하며 상호작용을 하므로 한 가지가 결핍하면 다른 것의 결핍을 가져오기도 한다. 과잉의 경우는 소변으로 배설되기 때문에 과다증은 나타나지 않는다.

아스코르빈산(ascorbic acid)인 **비타민 C**는 항산화 비타민이며 인터페론의 합성과 작용을 도와준다. 콜라겐 합성을 도와 상처 치유에 중요하며, 호르몬 합성에 관여하기 때문에 영유아와 임산부에 필수적이다. 비타민 C가 결핍되면 상처 치유가 지연되고, 성장 장애를 가져올 수 있다. 그리고 멍, 출혈성 경향, 치아와 잇몸 변형, 잇몸 출혈을 동반하는 괴혈병의 위험이 높아진다. 신선한 과일, 채소 등에 많이 함유되어 있으며, 열에 의해서 파괴되기 쉽기 때문에 단시간에 조리하는 것이 좋다.

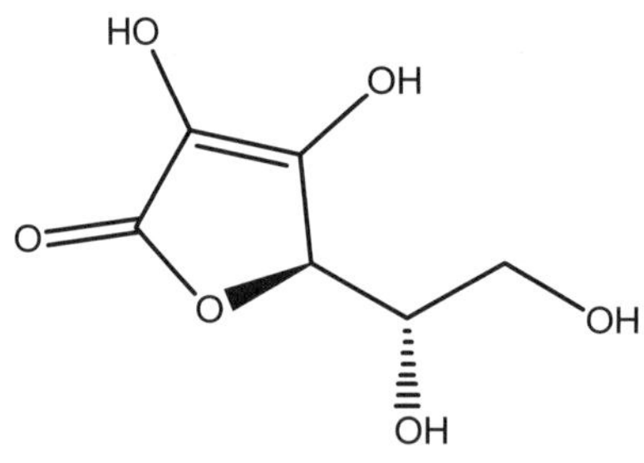

비타민 C
(아스코르빈산)

비타민C를 제외한 수용성 비타민은 모두 생체 내에서 조효소의 성분이 된다. 특히 비타민 B군은 지방을 연소시켜 에너지로 전환하는 작용을 하여 체내에 남아 있는 당분과 지방이 쌓이는 것을 막아주는 역할을 하므로 비만 치료에 도움이 된다. **비타민 B_6**은 일명 만능 비타민으로 단백질의 대사와 합성에 관계되는 다양한 효소 반응에 참여한다. 또한 혈색소 합성 과정, 그리고 헤모글로빈과 면역계의 백혈구의 합성에도 필요하다. 비타민 B_6이 결핍되면 만성 피로와 말초신경 장애 그리고 면역력 저하의 증상이 올 수 있다. **니아신**(niacin)은 비타민 B_3라고도 불리고 에너지 대사에 관여한다. 보통 기름기가 없는 육류에 많으며, 거의 대부분의 식물과 동물에 포함되어 있다. 적당량을 섭취하면 펠라그라, 고질적인 피부질환, 위장장애 등을 막을 수 있다. 펠라그라(니아신 결핍증)는 조직 내의 니아신이나 그 전구체인 트립토판(tryptophan)이 부족하여 발병하는 희귀 난치성 질환으로 피부염, 설사, 치매를 가져오며 치료하지 않는 경우에는 사망을 초래하는 경우가 있다. **엽산**은 핵산과 아미노산 합성에 관여하고 태아의 결함이나 심장병 발생의 위험을 줄이는 역할을 한다. 엽산이 결핍되면 빈혈, 임신 초기 태아 신경관 증후군 발생 위험, 성장장애, 정신적 혼란, 신경 이상 등이 올 수 있다.

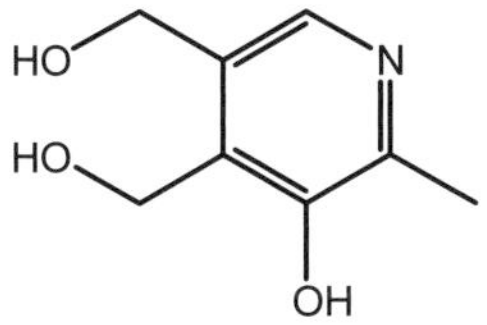

비타민 B_6
(피리독신)

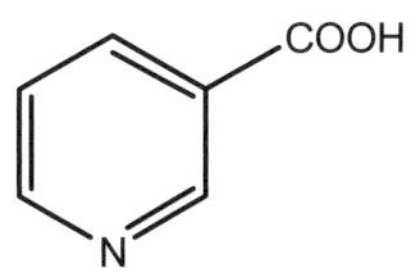

비타민 B_3
(니아신)

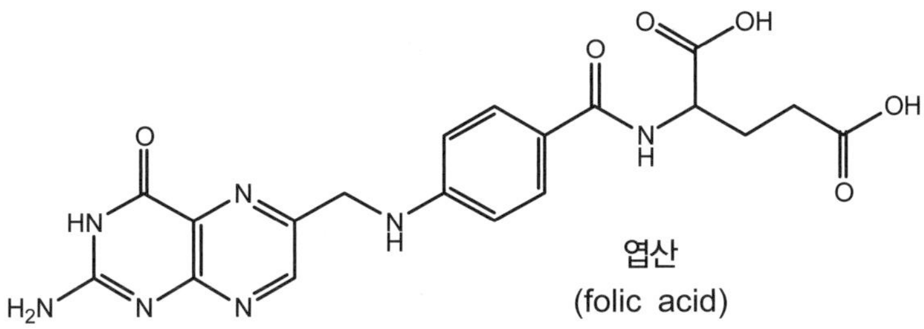

엽산
(folic acid)

비타민 B_1(티아민)은 에너지 대사와 신경 전달물질 합성 과정의 조효소로 작용하고, 결핍되면 각기병에 걸릴 수 있다. **비타민 B_2**(리보플라빈)는 단백질 및 지방산 합성의 조효소로 작용하며, 결핍되면 구강 염증과 안구 가려움증 등이 올 수 있다. **판토텐산**은 콜레스테롤과 지방산의 합성과 대사에 관여하므로 결핍되면 빈혈 및 저혈압 증상이 올 수 있다. **비오틴**은 지방 및 당질 대사에 관여하고 결핍되면 피부염, 탈모 증상을 초래한다. **비타민 B_{12}(코발아민)**는 DNA 합성과 적혈구 형성에 관여하며, 결핍되면 악성 빈혈과 신경장애가 올 수 있다.

비타민의 섭취가 부족하지 않도록 유제품, 채소, 과일 등의 음식을 다양하게 섭취하는 건강인은 체내에 비타민이 결핍될 경우는 거의 없지만, 하루 섭취 열량을 1,200kcal 이하로 과도하게 제한할 경우 보충제를 통한 비타민 섭취를 권장하고 있다.

11.2 얼마나 많은 양을 먹어야 하는가?

건강한 삶의 유지에 요구되는 충분한 에너지를 얻기 위해서는 도대체 무엇을 그리고 얼마나 많은 양의 음식을 먹어야 할까? 물론 적절한 열량을 섭취하는 것이 정답이겠지만, 적절한 열량은 얼마이며, 그 열량을 얻기 위해 얼마만큼을 먹는 것이 건강 유지에 적절한지 알 필요가 있다. 우리가 적절한 열량을 섭취한다는 것은 섭취하는 식품의 열량과 몸에서 필요한 열량이 균형을 이룬 것이라 할 수 있다. 그래서 얼마만큼을 먹어야 하는지 알려면 우선 우리 몸은 얼마만큼의 열량을 필요로 하는지 먼저 알아야 할 것이다. 다음으로 우리 몸이 필요로 하는 것은 무엇이며, 그 것들은 어떤 음식들로부터 얻을 수 있는지 알아본다. 그러고 나서 섭취하는 음식들의 열량에 따라 적절한 섭취량을 결정해야 할 것이다.

11.2a 필요한 에너지 양

우리는 생명을 유지하기 위해서는 에너지를 필요로 한다. 보통 육체 활동이 거의 없이 휴식 상태에 있고, 오직 체온 유지나 호흡, 심장 박동 등 기초적인 생명 활동을 위한 신진대사에만 필요한 에너지를 **기초대사량**(basal metabolic rate, BMR)이라 한다. 기초대사량은 개인의 신진대사나 근육양 등 신체적인 요소와 활동 수준을 비롯한 여러 요인들에 따라 차이가 있다. 불안감, 스트레스, 수면부족, 고열, 심장기능 항진 등은 기초대사량을 증가시키고, 영양실조, 부신 기능 저하 등은 기초대사량을 감소시킨다. 유아기에는 기초대사량이 높으며, 성인이 된 이후에는 매 10년 마다 2～3%씩 기초대사량이 감소한다. 일반적으로 남성은 체중 1kg당 1시간에 1kcal을 소모하고, 여성은 0.9kcal을 소모하는 것으로 알려져 있다(즉 남성의 BMR은 체중 kg 당 1일에 24kcal 그리고 여성은 22kcal이다). 따라서 보통 70kg의 남성이 하루에 소모하는 기초대사량은 1,680kcal 이고, 체중 50kg의 여성이 하루에 소모하는 양은 1,080kcal이다. 그리고 기초대사량은 우리가 하루에 소모하는 총 에너지의 60～70%를 차지할 정도로 중요하다.

기초대사에 쓰이는 에너지 외에 일상 생활에서 활동하면서 소모되는 에너지양을 **활동대사량**이라고 하며 기초대사량과 활동대사량을 합한 양이 우리 몸이 필요로 하는 전체 에너지 양이다. 신체 활동량에 따라 에너지 필요량은 달라지는데, 이는 자가운전으로 출근해 하루 종일 앉아서 일을 하다가 집에 와서 TV를 보는 직장인이 소모하는 (필요로 하는) 에너지 양은 육체 노동자나 운동 선수의 에너지 양과는 같지 않을 것이기 때문이다. 표 11.8은 일반적인 신체 활동에서 소비되는 시간 당 열량을 보여주고,

표 11.9는 활동량에 따른 하루 에너지 필요량을 보여준다. 예를 들어 70kg의 남성이 일주일에 세 번 정도 조깅을 하고 한 번 정도 테니스를 하는 적당한 활동을 하는 생활을 한다면, 이 남성이 하루에 필요한 에너지의 양은 2,856kcal이다(표 11.9에 있는 환산계수 1.7을 BMR 1,680kcal에 곱한 값).

표 11.8 일반적인 신체활동에서 소비되는 시간 당 열량*

적당한 신체활동	시간 당 열량 (kcal)	격렬한 신체활동	시간 당 열량 (kcal)
하이킹	370	수영	510
걷기	280	조깅	590
스트레칭	180	에어로빅	480
자전거 타기〈15km/h	290	자전거 타기〉15km/h	590
댄스	330	농구	440

*체중 70kg 성인을 기준으로 시간 당 소비되는 열량의 평균을 나타낸 값

표 11.9 활동량에 따른 하루 에너지 필요량

활동량	성별	환산계수	활동량	성별	환산계수
아주 가벼운 운동 (뜨게질)	남	1.3	적당한 운동 (자전거타기, 댄스)	남	1.7
	여	1.3		여	1.6
가벼운 활동 (걷기)	남	1.6	격렬한 운동 (등산, 축구)	남	2.1
	여	1.5		여	1.9

11.2b 얼마나 먹어야 할까?

우리는 음식을 통해 다양한 영양소를 섭취하지만 그 중에서 에너지 즉 칼로리를 내는 것은 탄수화물, 지방, 그리고 단백질 세 가지이다. 단위 그램 당 열량은 탄수화물과 단백질은 4 kcal/g이고 지방은 9 kcal/g이다. 그 외 비타민이나 미네랄은 우리의 생명을 유지하고 에너지를 내는 과정을 연결해주는 필수적인 요소긴 하지만 그 자체가 칼로리를 가지고 있는 것은 아니다.

식품	탄수화물	지방	단백질
열량 (kcal/g 또는 Cal/g)	4	9	4

여기서 대문자 C로 시작하는 칼로리(Cal)는 1,000 cal(1 kcal)과 같다. 식품의 라벨에 기재된 열량의 값은 위의 표에서 설명한 방법으로 계산한 수치들을 표시하고 있다.

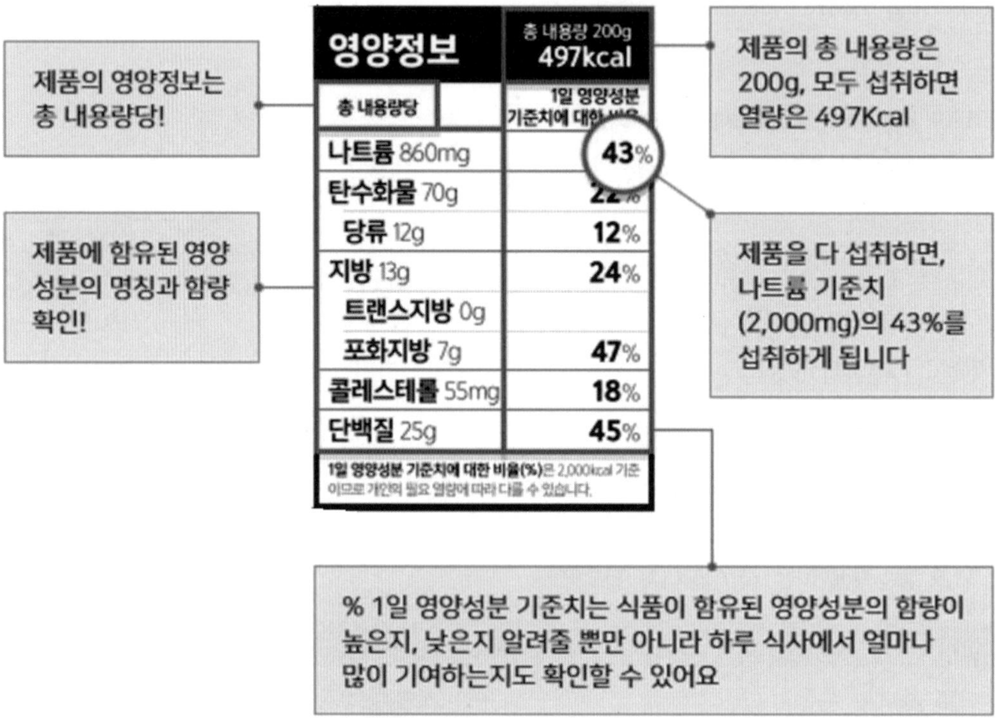

그림 11.2 영양정보 표시. 출처 : 식품의약품 안전처

전문가들은 식단에서 3대 영양소의 이상적인 섭취 비율은 탄수화물 55~60%, 단백질 20~25%, 그리고 지방 15~20%가 이상적이라고 한다. 이 섭취 비율로 하루 2,000Cal의 열량을 얻기 위해서는, 탄수화물로부터 1,280 Cal, 지방으로부터 500 Cal, 그리고 단백질로부터 220 Cal을 얻는 것이 적절하다는 계산이 나온다. 즉 하루에 탄수화물 320 그램, 지방 55 그램 그리고 단백질 55 그램을 섭취하는 것이 이상적인 식단이라고 할 수 있다. 그림 11.2의 영양 정보 표시를 살펴보면, 이 제품의 총 내용량은 200 그램이고, 제품이 포함하고 있는 탄수화물, 지방, 그리고 단백질 함량은 총 497 Cal의 열량을 포함하고 있으며, 이는 1일 기준치의 약 25%에 해당하는 양을 섭취하게 되는 것을 알 수 있다(아래 표 참조). 나트륨은 860mg을 포함하고 있는데 이는 1일 기준치 2,000mg의 43%를 섭취하게 되는 것을 보여준다.

성분	1일 기준치 (g)	함량	기준치에 대한 비율 (%)	열량 (Cal)	총열량 (Cal)
탄수화물	320	70	22	280	497
지방	55	13	24	117	
단백질	55	25	45	100	

표 11.10 일반적으로 섭취하는 식품 100g 당 칼로리 값

식품	Cal/100g	식품	Cal/100g	식품	Cal/100g
야채		곡류		과일	
감자	93	쌀	119	사과	58
시금치	26	밀가루	361	배	61
완두콩	12	빵	269	오렌지	49
육류 및 생선		유제품, 계란		바나나	85
쇠고기	183	우유	65	블루베리	62
돼지고기	171	요구르트	50	딸기	37
통닭	136	아이스크림	207	체리	70
대구	78	계란	163	아몬드	589
연어	182	치즈(코티지)	86	피칸	689
굴	66	치즈(체다)	398	호두	651

신체 기능을 유지하기 위해서는 탄수화물은 성인 기준으로 하루 최소 100 그램 이상 섭취해야 한다. 특히 흰 쌀밥이나 흰 빵보다는 현미밥이나 통밀 등 도정하지 않은 곡류의 섭취가 권장된다. 이는 식이섬유가 풍부해 같은 양을 먹어도 포만감을 더 느낄 수 있고, 소화 속도도 느려 다이어트에 효과적이기 때문이다. 지방의 섭취량은 하루 총 섭취 열량의 25%를 넘지 않을 것을 권장하고 있다. 특히 트랜스지방(마가린 등)이나 동물성 지방(돼지고기 등)의 상대적인 섭취량을 줄이고, 오메가3 지방산(DHA, EPA)이나 오메가6 지방산과 같은 몸에 유익한 지방의 섭취 비중을 늘려가는 것이 좋다. 그리고 단백질은 하루에 체중 1 킬로그램당 1.0~1.5 그램의 단백질을 꾸준히 섭취하는 것이 건강과 다이어트 모두에 도움이 된다(예를 들어 체중 50 킬로그램의 여성이라면 60 그램 정도의 단백질 섭취가 필요하다).

체중 조절을 위해 식이요법을 하는 경우에도 에너지 보존의 법칙을 따르게 된다. 예를 들어, 섭취한 에너지가 사용한 에너지보다 더 많으면 그 여분은 대부분 지방세포에 중성지방의 형태로 축적되고 살이 찌게 된다. 그러나 섭취한 에너지의 양은 같아도 운동을 통하여 에너지 사용이 늘어나게 되면 지방으로 축적되는 양이 줄어들고 얼마간 살이 빠지게 된다. 물론 사용한 에너지와 섭취한 에너지의 균형이 맞으면 체중은 그대로 유지될 것이다. 반면 사용한 에너지가 섭취한 에너지보다 더 많으면 지방으로 축적되었던 에너지를 사용하게 되고 살이 빠지게 될 것이다. 그러나 체중 조절을 위해 무리하게 다이어트를 하면 우리 몸은 에너지가 부족하다는 것을 느끼게 되고 에너지가 고갈되지 않도록 스스로 기초대사량을 줄여나간다. 따라서 몸에서 기초적으로 사용하는 에너지 소모가 줄어들게 되고, 장기적으로 보면 오히려 다이어트에 역 효과를 주게 된다. 그래서 무리한 다이어트 보다는 꾸준한 운동을 통해 근육의 양을 증가시켜 기초대사량을 높이고 동시에 식이요법을 병행하는 것이 체중 조절에 더 도움이 된다고 할 수 있다.

11.3 식품첨가물의 종류와 안전성

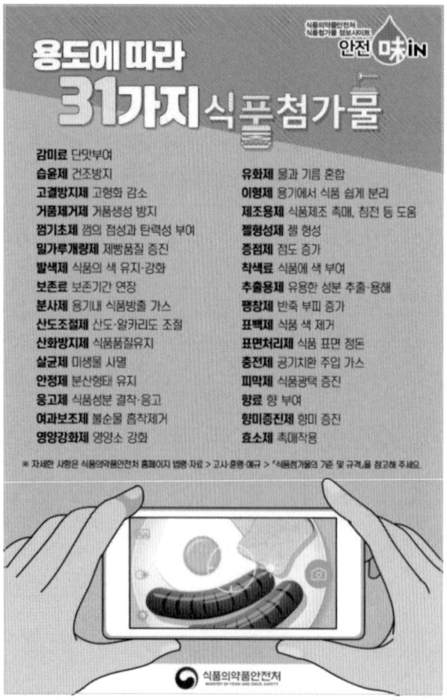

그림 11.3 용도에 따른 식품첨가물의 종류. 출처 : 식품의약품안전처

식품첨가물(food additive)은 식품을 제조, 가공 또는 보존하는 과정에서 사람의 건강을 해칠 우려가 없는 경우에 한하여 식품에 첨가하거나 혼합하는 등의 방법으로 사용되는 물질을 말한다. 식품첨가제를 사용하는 목적은 산화나 부패를 방지하여 오래 보관하고, 좋은 향이나 먹음직스러운 색깔을 내거나 맛을 더 좋게 하며, 점도를 증가시키거나 건조되는 것을 막고, 또는 거품을 내거나 연화시키는 작용을 하는 것 등이다.

현재 우리나라 식품의약품안전처에서 관리하고 있는 용도에 따른 식품첨가물의 종류는 31가지가 있다(그림 11.3). 그리고 허가되어 있는 품목은 화학적 합성품 370여 종, 천연첨가물 50여 종이 있다. 그러나 식품첨가물에 관한 규정은 나라마다 달라 식품의 국제간 무역에 문제가 야기될 수 있다. 따라서 국제식량농업기구(FAO)와 세계보건기구(WHO)에서는 세계 공통의 기준을 정하기 위하여 1963년부터 국제식품규격계획(Joint FAO/WHO Food Standard Program)을 추진하고 있고 세계의 많은 나라들이 이 계획에 동참하고 있다.

11.3a 식품첨가물의 종류

① 보존성 향상

식품을 변질시키는 요인은 산화와 미생물(박테리아, 곰팡이 등)이다. 따라서 산화를 지연시키거나 박테리아의 성장을 막는 방법을 이용하여 식품을 효과적으로 보존한다. 수분은 미생물의 성장과 산화 반응에 꼭 필요하기 때문에 식품을 건조하는 것은 효과적인 보존 방법이라 할 수 있다. 예를 들어 곡류, 과일, 육류를 건조시키는 방법은 오래된 보존 기술의 하나다. 또한 육류를 소금에 절이거나 과일을 설탕 용액에 저장하여 미생물의 증식을 막는 방법도 유용하게 이용되고 있다. 소금과 설탕은 삼투현상에 의해 미생물을 탈수시켜 식품이 변질되는 것을 막는다.

화학물질을 첨가하여 상당 기간 동안 식품을 보존할 수도 있다. **보존료**는 대부분 카르복실산 또는 카르복실산의 염을 이용한다. 빵, 소시지, 치즈 등에는 주로 아황산나트륨, 무수아황산, 소르빈산, 소르빈산칼륨 등을 사용하고, 비알코올 음료, 주스 그리고 그 외 저장식품에는 벤조산나트륨을 주로 사용한다. 또한 식품의 산도를 적절한 범위로 조정하는 산도조절제도 보존 효과를 높이기 위해 사용한다.

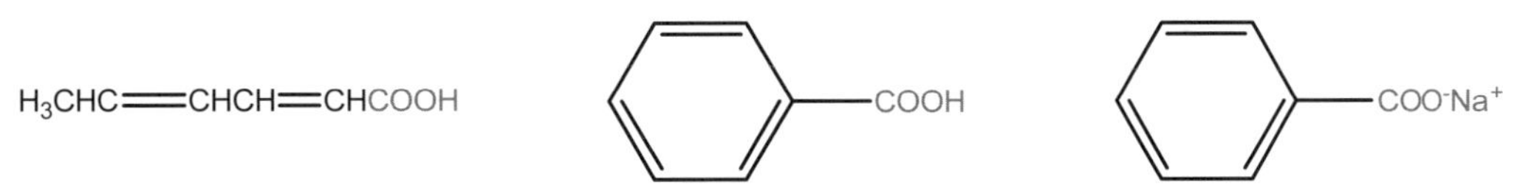

소르빈산 벤조산 벤조산나트륨

② 산화방지제

공기 중의 산소에 의한 산화는 식품에 함유된 지방을 변질시키는 주요 원인이다. 특히 불포화 지방산의 탄소-탄소 이중결합은 산소의 공격을 받기 쉽고, 산화되면 유기산의 복잡한 화합물이 생성되어 불쾌한 맛과 냄새를 낸다. 따라서 식품을 밀폐시켜 보관하면 비교적 산화가 덜 일어난다. **산화방지제**(antioxidant)는 일부 필수 아미노산과 비타민의 파괴를 최소화 하여 식품의 영양 손실을 막고, 유해물질의 생성을 억제하여 음식의 화학적 부패를 막는 방부제 역할을 한다. 가장 일반적인 항산화제는 BHT (butylated hydroxytoluene), BHA(butylated hydroxyanisole), 갈산 프로필(propyl gallate) 등이 있다. 이 화합물들로부터 생성된 라디칼은 안정하기 때문에 지방 분자와 반응하지 않는다. 따라서 자유라디칼의 형성에 의해 일어나는 지방의 연쇄적인 산화반응을 멈추게 한다.

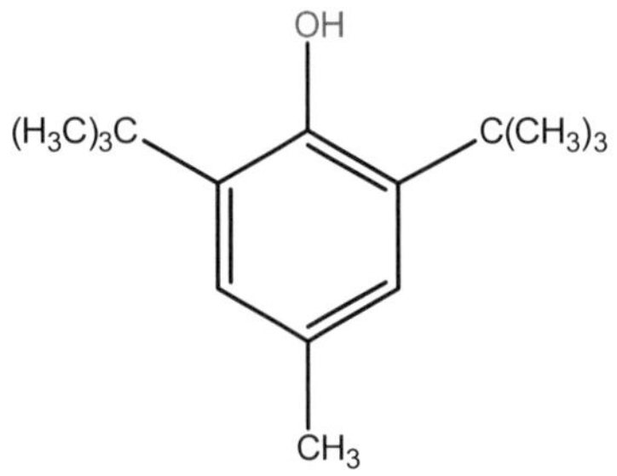

BHT

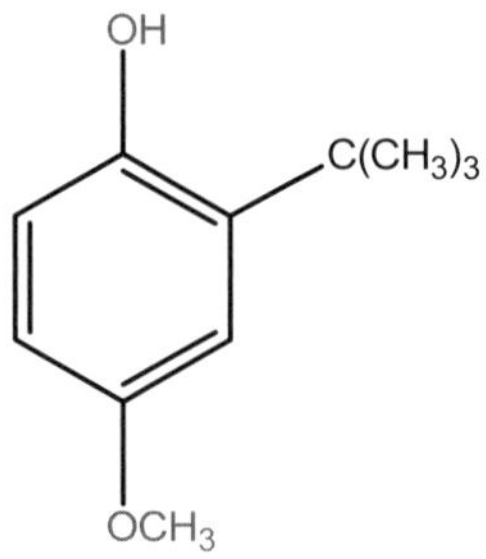

BHA

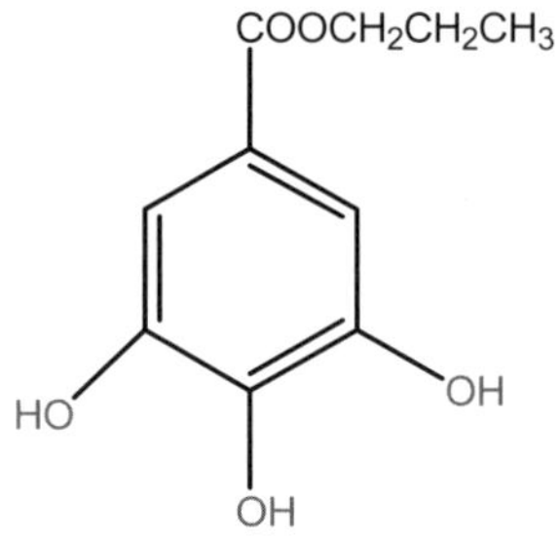

갈산 프로필

③ 식품의 품질을 좋게 하는 첨가물

식품의 품질 유지 및 향상을 위해 이용되는 식품첨가제는 대표적인 것으로 착색료, 영양 강화제, 그리고 유화제가 있다. **착색료**는 식품 본래의 색을 유지하거나 향상시키는 식품첨가물로 천연식품에서 색소 성분을 추출한 천연 색소와 화학반응을 통해 추출한 인공 색소가 있다. **영양 강화제**는 식품에 부족한 영양소를 보충하거나 가공 과정에서 파괴되기 쉬운 영양소를 채워주는 첨가물로 비타민, 미네랄, 아미노산 등이 이에 해당된다. 그리고 **유화제**는 기름이나 물처럼 혼합되지 않는 두 물질이 분리되지 않고 잘 섞일 수 있도록 첨가한다.

④ 식품을 쉽게 만들려고 넣는 첨가물

식품을 만드는 과정에서 식품의 질감을 개선하고 유지에 필요한 첨가물로 응고제, 팽창제, 증점안정제 등이 있다. **응고제**는 식품의 조직을 단단하게 만든다. 주로 액체를 고체화하는 데 사용하며 두부를 만들 때 넣는 간수(salty water)가 이에 해당된다. **팽창제**는 탄산가스를 발생시켜 식품을 부풀리는 역할을 하며 가공물의 조직을 향상시키고 적당한 모양을 갖도록 돕는다. 케이크, 빵, 쿠키 등을 만드는 데 주로 사용한다. **증점안정제**(thickener stabilizer)는 식품의 점성과 촉감을 살려 맛과 품질의 향상 및 유지를 돕고 수분이 식품으로부터 분리되는 것을 막는 역할을 한다. 카라기난(carrageenan)과 같은 대부분의 증점안정제는 다당류로 그 구조에 여러 개의 OH^- 기를 갖는다. OH^- 기는 물과 수소결합을 형성하여 식품 중의 물과 기름이 더 잘 섞이게 해준다.

⑤ 식품의 모양, 맛, 냄새 등을 좋게 하려고 넣는 첨가물

식품 고유의 향은 조리, 가공, 저장 중 없어지거나 변하기 쉽기 때문에 이를 유지할 목적으로 **착향료**를 사용한다. 자연에 존재하는 성분을 이용한 천연 향료와 화학적인 합성을 통해 만드는 합성 향료가 있다. 대표적인 천연 향료는 레몬 정유와 오렌지 정유 등이 있고, 합성 향료는 바닐라 향, 딸기 향 등이 있다. 식품에 감칠맛을 부여하는 **화학 조미료**(flavor enhancer)는 그 자체로는 전혀 또는 거의 맛이 없으나 식품의 맛을 증진시킨다. 화학조미료는 아미노산계, 핵산계, 유기산계, 무기염류 이렇게 네 종류가 있으며 모두 식품에 함유된 성분이다. 대표적인 화학 조미료는 글루탐산나트륨(MSG), 이노신산(inosine monophosphate, IMP)과 구아닐산(guanosine monophosphate, GMP) 등이 있다. **발색제**는 주로 육류 가공품의 발색을 위해 사용한다. 식육에 대표적인 발색제인 암염을 뿌리면 고기의 색과 풍미가 향상될 뿐만 아니라 보존성이 높아진다. 대표적인 발색제로는 아질산나트륨이다. **감미료**는 식품에 단맛을 내기 위해 사용하는 첨가물로 소량으로도 단맛을 내기가 쉽고 칼로리가 낮아 다이어트 식품이나 당뇨병 환자의 식사에 사용된다. 대표적인 감미료는 사카린나트륨, 아스파탐 등이 있다.

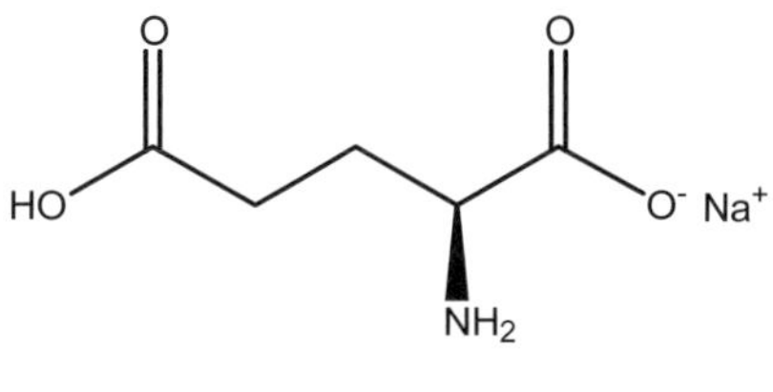

monosodiumglutamate (MSC)

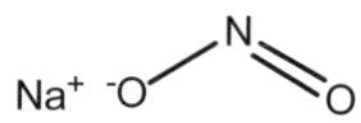

아질산나트륨

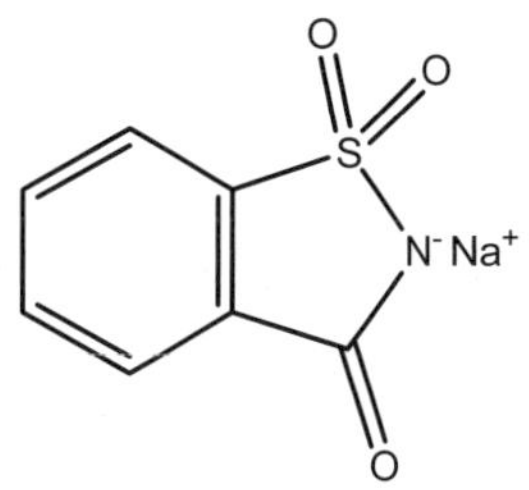

사카린나트륨

우리나라에서는 엄격한 평가 과정을 거쳐 안전하다고 입증된 첨가물만 식품에 사용할 수 있도록 규정하고 있고, 국제기구인 FAO/WHO 합동식품첨가물전문가위원회(JECFA)에서는 사람이 어떤 물질을 일생동안 매일 먹더라도 유해한 작용을 일으키지 않는 양을 1일 섭취허용량으로 정해놓고 있다. 그러나 가공식품에 사용할 수 있는 식품 첨가물의 양은 이보다 훨씬 낮은 수준에서 정해지고 있음에도 불구하고 식품 첨가물의 안전성에 대한 소비자의 불안과 염려는 여전히 남아있다. 일부 식품에 사용이 허가된 식품 첨가물이라 하더라도 허가되지 않은 식품에 잘못 사용하거나 과다 섭취하면 건강에 해가 될 수 있고, 특히 유해 화학물질 두 가지 이상을 혼합했을 때 그 유해성이 더 커지는 **칵테일 현상**에 대한 우려가 있기 때문이다. 따라서 식품을 구매할 때는 어떤 식품 첨가물이 들어 있는지 꼼꼼히 확인하고(그림 11.4), 되도록 짧은 기간 동안에 많은 양의 식품 첨가물을 섭취하지 않도록 주의하는 것이 좋다. 그리고 열에 약한 식품 첨가물들은 재료를 한번 데치거나 열을 가하면 많은 첨가물을 걸러낼 수 있다. 예를 들어 햄 같은 고기를 가공한 제품에는 발암 물질일 가능성이 높은 아질산나트륨 등의 발색제가 들어있는데, 햄을 요리하기 전에 끓는 물에 2~3분정도 데치면 아질산나트륨의 80%정도를 제거할 수 있다.

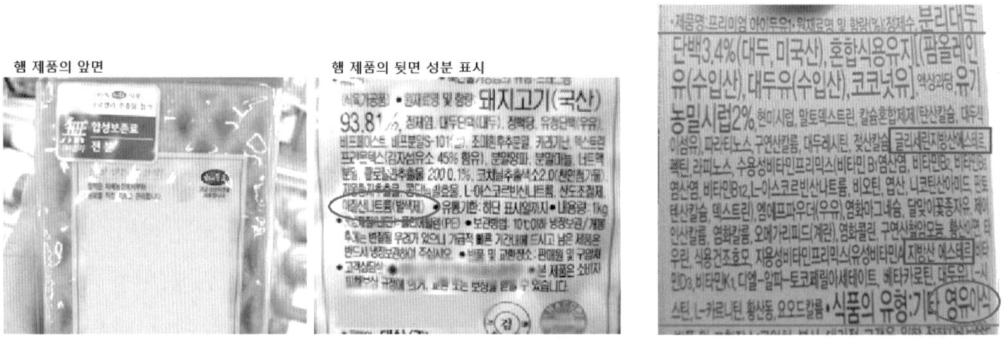

그림 11.4 (a) 햄의 앞면에는 '무합성보존료'라고 적혀 있지만 뒷면 성분 표시에는 '아질산나트륨(발색제)' 표시가 있다. (b) 영유아용으로 시판되는 아이두유에 들어있는 다양한 식품첨가제들. 특히 해로운 지방 중성인 지방산 에스테르가 첨가되어 있는 것을 볼 수 있다.

11.3b 식품에 있는 독성 물질

식품에 존재하는 유독 성분은 동식물체에서 생성되고 합성되어 존재하는 독성 물질과 생물학적 또는 인위적으로 식품 내에 존재하는 오염 물질로 크게 나눌 수 있다. 그동안 미생물에 의한 오염은 식품 저장 기술의 발달 등으로 인하여 크게 감소하였지만, 식품의 발암성 및 유전 독성 등은 지속적인 관심을 갖고 해결해야할 가장 큰 과제이다.

① 독성이 있는 식품

어떤 식물들과 동물들은 체내에 존재하는 독성 물질을 갖고 있다. 복어의 난소와 간에는 치명적인 독성분인 테트로도톡신(tetrodotoxin, $C_{11}H_{17}O_8N_3$)이 있는데 치사량은 1~2mg이고 치사율은 60%에 이른다. 섭조개, 홍합, 대합조개 같은 조개류는 섭취한 유독성 플랑크톤을 체내에 서서히 축적하여 독성인 색시톡신(saxitoxin, $C_{10}H_5NO_2$)을 갖고 있다. 일명 조개중독이라 불리는 이 독성은 복어독과 비슷하고 청산나트륨의 1,000배에 해당하며 치사율은 15%이다. 그리고 모시조개, 바지락, 굴도 흡습성 독성물질인 모시조개독이라 불리는 베네루핀(venerupin)이 있다. 독력은 계절적 변화가 있어 1~4월에 높고 6~11월에는 독이 없으며 지역 특이성이 있어 무독의 조개를 유독 지역에 이식하면 약 10일이 지나면 독력이 발생하며, 반대로 유독 지역의 조개를 무독 지역에 이식하면 약 2주 후에 무독화 된다. 또한 광대버섯, 붉은 광대버섯도 매우 강한 독소인 무스카린(muscarine)을 함유하고 있다. 이 독소는 안구 조절 경련을 비롯해 순환성 쇼크, 혼수 등을 일으킬 수 있으므로 식용하지 않도록 주의해야 한다. 해독제로는 아트로핀이 사용된다. 감자의 발아 부위와 녹색 부분에는 솔라닌(solanine, $C_{45}H_{73}NO_{15}$)이라는 독성 물질이 있다. 솔라닌은 열을 가해도 잘 없어지지 않으므로 감자에 싹이 돋았거나 녹색을 띠는 경우 이를 반드시 제거하고 섭취해야 한다. 그리고 감자를 보관할 때는 싹이 나지 않도록 햇볕이 들지 않는 서늘하고 어두운 곳에 보관해야 한다. 독미나리의 뿌리 쪽에는 독성분인 시쿠톡신(cicutoxin, $C_{17}H_{22}O_2$)이 있는데, 옛날에는 독미나리의 독을 화살촉에 발라서 독화살로 이용하기도 하였다.

② 발암 물질

3,4-벤조피린(3,4-benzpyrene)은 탄화수소, 아미노산, 전분, 지방산 등을 600℃ 이상으로 가열할 때 생성된다. 검게 태운 고기에서의 벤조피렌 함유량은 보통 구운 고기에서의 함유량의 10배 이상 포함하는 것으로 보고되고 있다. 담배 연기나 자동차 배기가스에서도 검출되는 3,4-벤조피린(3,4-benzpyrene)은 발암물질로 분류되고 있다. 그리고 누룩곰팡이가 원인이 되는 아플라톡신(aflatoxin)은 쌀이나 땅콩을 비롯한 탄수화물이 풍부한 농산물이나 곡류에서 잘 번식하며, 특히 한국의 메주에서도 검출되는 경우가 있다. 특히 아플라톡신 B_1은 강한 독성과 발암성이 있다.

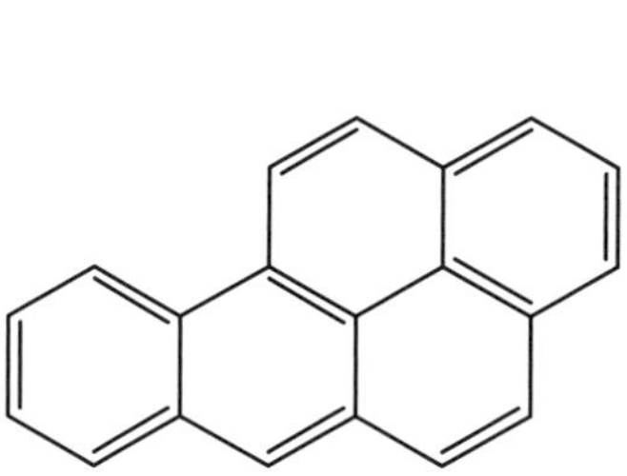

3,4-벤조피린

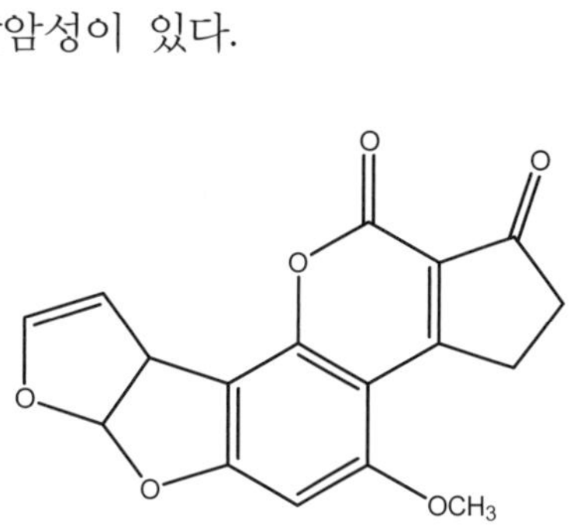

아플라톡신 B_1

③ 식품 오염물질

식품의 오염원은 너무 다양하고, 또한 생산지에서 소비자에게 유통되는 과정이나 부주의한 보관과 관리에 의해서도 일어날 수 있다. 예를 들어 식품에 잔류 농약이나 동물 사료에 첨가된 항생제 등이 남아있을 수 있고, 또는 유통 과정이나 부주의한 보관으로 인해 화학적 생물학적 오염이 일어날 수 있다. 항생제가 첨가된 동물 사료로 사육된 가축의 고기에 함유된 항생제는, 고기를 먹는 사람을 민감하게 만들어 알레르기를 일으키게 한다. 또한 함유된 항생제로 인해 박테리아가 약에 대한 내성을 일으키는 과정이 빨라질 수도 있다.

식품 오염은 보통 화학적 오염보다는 생물학적인 오염이 더 우려스럽다. 예를 들어 대장균의 일종인 O157:H7 같은 박테리아는 심각한 식중독을 일으키고, 살모넬라 오염은 복통, 고열, 탈수, 설사를 일으킨다. 그리고 리스테리아 균은 고열, 근육통, 설사 등을 일으키고, 특히 심각한 간질환 전염병인 A형 간염을 일으키는 헤파타이티스 A(hepatitis A)와 노로 바이러스(nowalk virus)는 전염성이 강하다. 그 외에도 황색포도상구균, 보툴리누스(clostridium botulinum), 황변미균, 아리조나 균, 바실러스세레우스균, 시트로박터균 등이 있다. 지금까지 알려진 독소 중 가장 독성이 강한 것 중의 하나는 불완전하게 보존된 깡통 고기나 야채에 생기는 높은 독성을 가진 신경독인 보툴린(botulin)이다. 보툴린의 독성은 매우 강해서 1g 으로 100만 명을 사망에 이르게 할 수 있다. 식품에 있는 독성 물질로 인한 위험은 항상 존재하고 있지만, 식품을 적절히 조리하고 처리함으로써 식품 오염으로 인한 대부분의 부작용은 매우 낮아지게 할 수 있다.

11.4 생활용품 속 유해물질

우리가 일상 생활에서 자주 사용하는 생활용품 속에는 인체에 해가 되는 유해 물질들이 포함되어 있을 수 있다. 예를 들면, 화장품, 치약, 샴푸, 표백제, 세제, 장난감, 모기약 등에는 인체에 유해한 유해 성분들이 함유되어 있다, 그러나 아쉽게도 생활용품 속에 포함되어 있는 화학물질들의 인체 유해성에 대해 사용하는 함량, 빈도, 연령 등에 관해 명확한 기준이 없는 것도 있다. 이런 이유로 안전하다는 것을 뒷받침할 수 있는 충분한 자료를 바탕으로 안전성이 확실히 입증될 때까지 사용 여부에 대해 논란의 여지가 있을 수 있다. 그러므로 감독기관인 식품안전처의 역할이 중요하다고 할 수 있다. 우리나라에서는 2011년 가습기 살균제로 인한 폐손상 등으로 산모, 영유아 등

78명이 사망하였고 수 많은 폐질환 환자들이 발생한 사건이 있었다. 이 사건은 가습기 살균제에 사용된 PHMG(폴리헥사메틸렌구아디닌) 인산염과 PGH(염화에톡시에틸구아디닌)의 독성이 원인인 것으로 확인되었는데, 외국에서는 유해성이 입증되어 사용이 중단된 이 성분들이 우리나라에서는 이용이 허용되었기 때문이다. 이 가습기 살균제는 개발한 1994년부터 판매가 중단된 2011년까지 연간 60만 개가량 판매되었으며 사용한 사람들은 1,000만 명에 이른다. 이런 사고는 절대 재발되어서는 안될 것이다.

우리의 건강한 삶을 유지하기 위해서는 가정에서 자주 사용하는 생활용품들 속에 포함되어 있는 대표 화학물질과 그 유해성에 대한 정확한 정보를 아는 것이 매우 중요하다. 만약 일상에서 사용하는 제품 속에 포함되어 있는 유해 화학물질의 여부와 위해성을 알면, 가급적 그 성분이 안 든 제품을 고르거나 사용량을 줄이는 데 도움이 될 것이다.

화장품의 대량 생산은 인공 방부제인 **파라벤**이 개발되면서 가능해졌다. 하지만 파라벤은 몸속에 들어오면 내장 기관이나 근육 등에 쌓여서 몸 밖으로 잘 배출되지 않는다는 보고가 있다. 그리고 파라벤은 여성호르몬과 유사한 작용을 해서 생식 기능에 악영향을 끼친다는 연구 결과가 있다. 즉 정자를 파라벤에 노출시켰더니 정자의 활성도가 떨어졌고, 파라벤 농도가 높을수록 정자가 많이 죽었다는 연구 결과가 1989년에 나온 적이 있다. 최근에는 파라벤은 적은 양만 사용해도 유방암을 비롯한 여러 질환을 유발할 수 있다는 내용이 국제 학술지에 발표되었다. 또한 식품의약품안전평가원 자료에 의하면 파라벤은 피부염을 유발하고, 소화기와 호흡기에도 독성을 일으킨다고 나타나 있다. 따라서 천연 방부제나 파라벤이 아닌 방부제를 사용해 만든 화장품을 사용하는 것이 좋다.

옷장이나 화장실의 냄새를 제거할 목적으로 주로 쓰이는 좀약에는 **나프탈렌**이 들어 있다. 나프탈렌은 휘발성이 강하고 살충제, 방부제, 탈취제 등으로 다양하게 쓰인다. 과량 흡입하면 뇌의 호흡 중추에 영향을 끼쳐 질식할 수 있고, 무기력, 어지럼증, 경련 등을 유발할 수 있다. 국제암연구소는 나프탈렌을 발암 가능 물질로 분류하고 있다

퍼클로로에틸렌은 세탁소에서 드라이클리닝 용매로 주로 사용하는 화학물질이고, 발암 가능 물질로 분류돼 있다. 미국 환경보호청의 보고에 따르면, 드라이클리닝한 옷을 방 안에 두는 것만으로도 공기 중 퍼클로로에틸렌 농도가 높아질 수 있고, 퍼클로로에틸렌에 노출이 많은 세탁업 종사자들은 비뇨기계 암 발생률이 높고, 림프종·백혈병·피부암 위험이 크다는 조사가 있다. 따라서 드라이클리닝한 옷을 세탁소에서 찾아오면, 비닐을 벗기고 베란다 등 바람이 잘 통하는 곳에서 퍼클로로에틸렌이 날아가도

록 한 뒤 옷장에 보관하는 게 좋다.

치약에 함유되어 있는 **트리클로산**은 치석을 없애는 항균 기능을 갖고 있지만, 과량 사용 시 근육 긴장도가 떨어져 움직임에 제한이 생기고, 다뇨증 유발과 내분비계 교란이 나타날 수 있는 것으로도 알려져 있다. 트리클로산은 친유성으로 주로 지방 조직에 축적되기 때문에, 여성의 가슴 주변 지방 조직에 쌓였다가 모유를 통해 아이에게 전달될 수 있다고 한다. 따라서 트리클로산이 함유되지 않은 치약을 고르거나, 만약 이 성분이 들어 있다면 양치질 한 후 입안을 깨끗이 헹구는 습관을 들이는 게 좋다.

디에탄올아민은 샴푸를 비롯한 각종 바디케어 제품들에 흔하게 함유되는 화학물질의 일종으로 풍부한 거품을 만들어 내기 위한 목적으로 사용되어진다. 주요 용도는 세정제, 세제, 폼클렌징, 염색약, 제초제, 살충제 등 계면활성제 또는 물과 기름을 섞어주는 유화제로 사용되어진다. 이 성분이 표준 수치 이상 적용되면 피부로 쉽게 흡수되어 위암, 식도암, 간암, 방광암 등을 유발할 수 있는 발암 물질이며, 내분비계를 교란시키는 환경호르몬의 일종으로 의심된다는 견해도 있다. 특히 임산부의 피부를 통해 체내로 흡수되면 태아에게 전달되어 태아의 세포 성장을 방해하고, 기억력과 관련 있는 뇌 내부 부위의 세포 괴사를 증가시킬 수 있다는 실험 결과가 나온 적이 있다. 따라서 손세정제나 샴푸, 주방 세제와 같은 제품의 뒷면에 표기사항을 확인하고, 이 물질이 함유되지 않은 제품을 고르는 게 좋다. 만약 사용한다면 샴푸질을 오래 하지 말고 거품은 물로 깨끗하게 씻어내는 등 각별한 주의가 필요하다.

차아염소산나트륨은 수산화나트륨 용액 등에 염소가스를 이용해 만든 염소제이다. 식품의 부패균 또는 병원균 제거를 위한 살균제로 사용되고, 수영장 물을 소독하는 살균 소독제 용도로 쓰이며, 표백 기능이 있어 표백제로 사용되는데 피부에 닿으면 화상을 유발할 정도로 독성이 강하다. 그리고 수용액이 분해되어 나오는 염소 가스를 과다 흡입할 경우 기관지를 자극해 반응성 기도 장애 증후군이 생길 수 있으며, 심한 경우 폐부종이나 사망으로 이어지기도 한다.

주방세제 용도의 계면활성제로 많이 쓰이는 **알킬페놀류**는 일부 국가에서는 생산 및 사용을 금지할 정도로 독성이 강하다. 특히 알킬페놀류의 하나인 노닐페놀과 옥틸페놀은 피부를 통해 몸속에 흡수되면 내분비계를 교란시켜 여러 호르몬의 분비를 방해한다.

프탈레이트는 플라스틱을 유연하게 만드는 특성이 있기 때문에 장난감이나 치아발육기를 만드는데 쓰이고 있다. 이 성분은 우리나라에서 환경 호르몬으로 지정하고 있는 67종 물질 중 하나이고, 정자의 DNA를 손상시킨다는 연구 결과가 나온 적이 있다.

따라서 아이들이 플라스틱으로 된 치아발육기나 장난감 등을 입으로 빨 때 프탈레이트에 노출될 수 있기 때문에, 플라스틱으로 된 치아발육기 대신 당근이나 오이 같은 식품을 쓰는 게 좋고 플라스틱 장난감을 입에 물지 못 하도록 해야 한다.

디에칠톨루아미드(DEET)는 모기를 직접 죽이는 효과는 없으나 모기를 쫓는 효과가 좋아 시중에서 판매하는 모기 기피제에 그 성분이 포함되어 있다. 하지만 디에칠톨루아미드가 몸속에 과다 흡수되면 구토, 발진, 어지럼증, 경련, 정신착란 같은 문제를 겪을 수 있고, 이 성분이 피부를 통해 광범위하게 노출된 소아에게 뇌 장애가 발생했다는 보고가 있다. 식품의약품안전처는 6개월 미만 아이와 임신부는 사용하지 말 것을 권고한다. 사용 시에는 용량을 지키고, 피부와 호흡기에 닿지 않도록 조심해서 뿌려야 한다. 그리고 상처 부위나 햇볕에 많이 탄 피부에는 사용하지 않고, 자외선 차단제와 같이 사용할 경우 자외선 차단제를 먼저 바르고 발라 주어야 한다. DEET 제품은 주로 성인에게 권하고, 영유아의 경우에는 이카리딘 제품이나 에틸부틸아세틸아미노프로피오네이트(IR3535) 제품을 권한다.

폴리에틸렌글리콜(PEG)은 보통 화장품 베이스로 많이 사용되며 제약 분야에서 방부제로 사용되기도 한다. 이 성분은 보습, 윤활 작용의 특성이 있어 물티슈에 사용되기도 하는데, 상처가 난 피부에 이 성분이 닿으면 체내로 흡수돼 피부 발진이나 두드러기 발생 등의 문제를 일으킬 수 있다. 또한 구역, 구토, 급성 신부전, 급성 폐손상 등이 유발됐다는 보고도 있다.

연습문제

11.1 다음 당을 단당류, 이당류, 다당류로 구분하시오.

ⓐ 혈당 ⓑ 과당 ⓒ 설탕 ⓓ 녹말

11.2 녹말이 소화될 때 일어나는 화학반응을 설명하시오.

11.3 지방이 분해되는 반응을 쓰시오. 그리고 분해된 지방이 저장되는 곳을 나열하시오.

11.4 동물성 지방과 식물성 기름의 차이를 쓰시오, 그리고 트랜스 지방을 설명하시오.

11.5 우리 몸에서의 단백질 소화 과정을 설명하시오. 그리고 필수아미노산과 비필수아미노산의 차이를 쓰시오.

11.6 다량무기질 7가지를 나열하고 그들의 기능과 대표 음식을 설명하시오. 그리고 이들 무기질이 결핍되었을 때 나타나는 증상에 대해 쓰시오.

11.7 다음 식품첨가물들은 어떤 목적에 사용되는지 쓰시오

ⓐ MSG ⓑ BHA ⓒ 벤조산나트륨 ⓓ 아질산나트륨

11.8 통조림으로 제조된 식품의 라벨에 단백질은 8g, 탄수화물은 20g, 지방은 5g의 함량을 포함하고 있다고 표시되어 있다. 이 통조림이 제공하는 총 칼로리를 계산하고 탄수화물, 단백질, 지방이 제공하는 칼로리의 백분율을 계산하시오.

연습문제

11.9 적당한 활동을 하는 50kg의 여성이 하루에 필요한 에너지의 양은 약 2000 kcal이다. 3대 영양소의 이상적인 섭취 비율이 탄수화물 55~60%, 단백질 20~25%, 지방 15~20%이라면, 여성이 하루 2000Cal의 열량을 얻기 위해서는, 탄수화물로부터 1280Cal, 지방으로 부터 500Cal, 그리고 단백질로부터 220Cal을 얻는 것이 적절하다는 계산이 나온다. 이 여성이 하루에 섭취해야 하는 탄수화물, 단백질, 그리고 지방의 양을 계산하시오.

11.10 수용성 비타민과 지용성 비타민은 어떤 것들이 있는지 나열하고, 그들의 차이점에 대해 설명하시오.

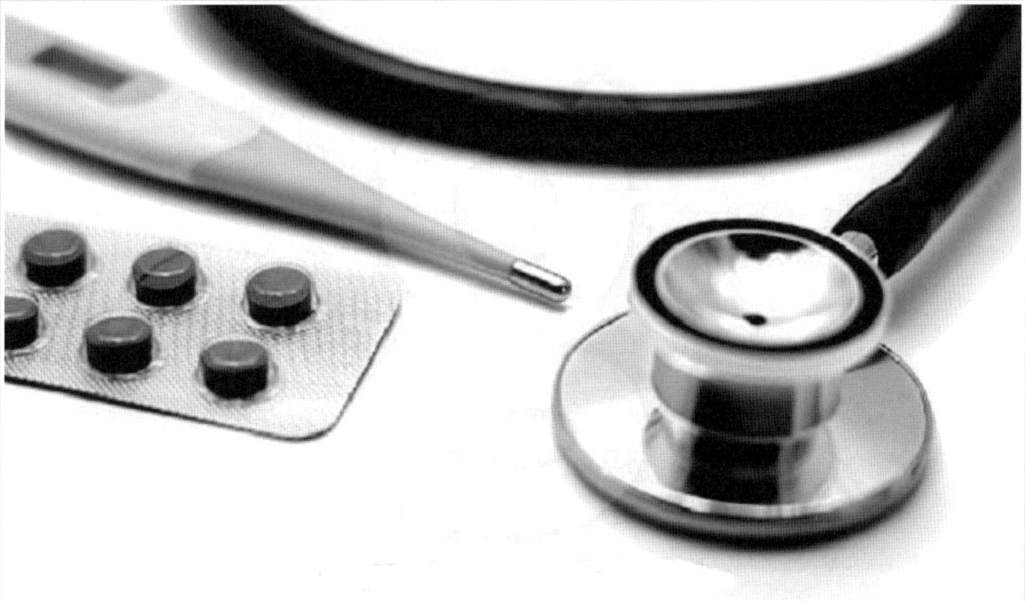

제12장
질병과 의약품

12.1 질병

12.2 질병의 예방: 백신

12.3 의약품

12.4 통제 대상 약품

질병은 인류의 발전과 함께 지금까지 그 탄생과 진화를 반복해오고 있고, 과학과 인류 문명의 발전으로 병원균의 실체를 알기 시작하면서 의약품의 필요성이 시작되었다. 의약품은 예방과 치료를 통하여 질병으로 부터 고통을 덜어주고 인류의 건강과 생존을 유지하는데 중요한 역할을 해오고 있다. 유럽 대륙에서 창궐했던 페스트, 결핵, 천연두, 매독 등의 전염병으로 수많은 사람들이 고통을 받았고, 1차, 2차 세계대전 동안에는 전쟁에서 희생되는 군인보다 세균 감염에 의한 희생자가 더 많았다. 만약 의약품들이 없었다면 인류는 여전히 질병의 공포에서 살아가고 있을 것이고, 인류의 삶의 질이나 수명은 지금과는 사뭇 다를 것이다.

최근 과학의 발전과 함께 인체 내에서 일어나는 생물학적 과정을 잘 이해할 수 있게 되었고, 더불어 질병 치료에 필요한 화학반응의 조절이 가능해지고 또한 신뢰할 수 있는 의약품을 설계할 수 있는 과학적 접근이 더 수월해지고 있다. 이 장에서는 건강에 관련된 중요한 질병과 그리고 치료에 사용할 수 있는 여러 의약품들의 종류를 살펴보고 그들의 작용을 화학의 관점에서 알아보고자 한다.

12.1 질병

고대 철학자들과 히포크라테스 등 고대 의학자들의 질병에 대한 관념은 인체와 각 구성 요소들 사이의 균형과 조화가 깨진 것이라고 보았다. 그러나 이러한 전통적인 질병에 대한 관념은 현대에 들어서면서 질병의 심리적 기원을 중요하게 생각하는 정신·신체적 질병관이 중요한 관점으로 등장했다. 이는 질병을 단순히 생물학 차원의 기능적 관점으로만 보는 것이 아니라 정신적 차원과 나아가서는 사회적 차원까지도 포함해서 바라볼 수 있게 했다. 이렇듯 질병을 생물학 차원이 아닌 다양한 관점에서 바라볼 수 있고 또한 질병의 원인이 다를 수도 있겠지만, 일단 질병은 사람 몸에서 일어나는 사건이고 그런 의미에서 질병은 '몸'이라는 실체적 근거를 가지는 현상이다. 따라서 질병은 우리 몸의 전체 또는 일부가 일차적 또는 계속적으로 장애를 일으켜서 정상적인 기능을 할 수 없는 상태라 할 수 있다.

질병은 감염성 질환과 비감염성 질환으로 나눌 수 있는데, 감염성 질환은 바이러스·세균·곰팡이·기생충과 같이 질병을 일으키는 병원체가 동물이나 인간에게 전파·침입하여 질환을 일으킨다. 반면 비감염성 질환은 고혈압이나 당뇨와 같이 병원체 없이 일어날 수 있고 발현기간이 길다.

12.1a 감염성 질환

전염성 질환(contagious disease)은 세균이나 바이러스 등과 같은 병원체에 의해 감염된 질병이, 호흡이나 접촉 등 다양한 경로를 통해 여러 사람에게 전파되는 질환이다. 감염은 세균의 증식력과 숙주가 갖는 저항력의 상호 관계에 의해서 일어났는데, 대부분의 경우 인체에 병원체가 침입하면 인체 내의 면역 체계가 작동하여 이를 퇴치한다. 그러나 여러 가지 이유로 면역 체계가 약화되어 있거나, 병원체의 독성이 강하거나, 또는 대량의 병원체에 노출된 경우에는 미생물이 체내의 면역 체계에 의해 죽는 것보다 증식이 더 활발히 일어나게 되고, 결과적으로 인체의 면역 체계가 제 기능을 못하게 되어 감염 증상을 보이게 된다. 의학이 발달하기 전에는 전염성 질환은 예방은 물론이고, 치료하는 것도 가능하지 않았다. 그래서 특별한 예방법이라기보다는 병으로부터의 차단, 병을 이겨낼 수 있는 방법을 모색하는 정도의 담론들이 대부분이었다. 감염병 유행은 과학과 의학기술의 발달로 점차 줄어들고 있었지만, 변이된 바이러스의 출몰로 다시 증가하면서 최근 30년간 에이즈, 사스, 에볼라, 메르스, 지카 바이러스 등 다양한 변이된 바이러스는 21세기에도 여전히 지구촌에 많은 고통과 공포를 안겨주고 있다.

바이러스와 세균이 병원체가 되어 발병한 전염성 질환은 인류 문명을 완전히 바꾸기도 하는 등 인류사에서 큰 비중을 차지해 왔다. 전염성 질환의 대유행은 방역의 중요성을 일깨우는 계기가 되었고 의학 발전을 이끄는데 지대한 역할을 하기도 하였다. 오염된 물로 발생한 콜레라는 세계 주요 도시의 상·하수도 시스템이 정비되는 계기를 만들었으며 인류에게 위생, 청결, 소독이라는 새로운 관습을 남겼고, 이는 지금까지 문명 사회의 기본 생활 방식으로 자리 잡고 있다. 스페인독감은 예방접종의 중요성과 의료기관 종사자의 안전이 우선시되는 문화를 만들었다. 세계보건기구(WHO)는 전염성 질환의 위험도에 따라 경보단계를 1~6단계까지 나누고 있다. **팬데믹**(pandemic)은 6단계에 해당하는 최고 경고 등급으로, 특정 질병이 특정 권역 창궐을 넘어 2개 대륙 이상으로 확산되는 전 세계적으로 유행하는 상태를 일컫는다. **에피데믹**(epidemic)은 비교적 넓은 영역에 퍼지지만 특정지역에 한정되는 경우를 말하며, 감염 속도가 2주 이하로 매우 빠르다는 특징이 있다. 그리고 **엔데믹**(endemic)은 특정 지역에서 주기적으로 발생하는 풍토병을 가리킨다. 예를 들면 동남아시아·남미·아프리카 등에서 많이 발생하는 말라리아나 뎅기열 등이 이에 속한다.

인류 역사에서 팬데믹에 속한 질병은 여러 차례 있었다. 대표적으로 14세기 말 아시아와 유럽을 휩쓸었던 박테리아성 질병인 '흑사병(페스트)', 구대륙이 신대륙을 침략한 뒤 전파된 '천연두', 팬데믹의 시초라고 할 수 있는 19세기 유행한 콜레라, 1918년 제1차 세계대전 후반에 발생하여 전쟁에 의한 사망자 수 보다 3배 이상의 사망자를 발생시킨 '스페인 독감', 1968년 100만 명 이상이 사망한 '홍콩 독감', 그리고 2019년 전 세계를 공포에 떨게 만든 코로나19 등이 있다. 물론 질병의 세계적인 유행은 콜레라 이전에도 여러 차례 있었지만 한 대륙에서 유행한 뒤 1~2년 지나 대륙을 건너 유행한 질병은 콜레라가 처음이다. 콜레라 이후 우리가 주목해야 할 점은 19세기 들어 전 지구적 전염성 질환 확산 속도가 과거에는 상상할 수 없을 정도로 빨라졌고 질병의 전파 방향이 달라졌다는 것이다. 콜레라 이전의 질병은 대부분 문명 사회에서 비문명 사회로 전파되면서 치명적인 위력을 발휘하였다. 반면 콜레라는 비문명 지방인 인도의 뱅돌 지방의 토착화된 질병이 그 지역에 주둔한 영국 군대에 의해 전파되었다. 이렇듯 현대에 들어서면서 감염성 질병의 전파는 공간의 제약 없이 매우 빠른 속도로 퍼져나가는 양상을 갖게 되었다.

■ 페스트(Pest)

페스트균에 의해 발생하는 급성 열성 징후를 나타내는 질병으로 감염 후 살이 썩어 검게 되기 때문에 흑사병으로도 불린다. 1300년대 초 중앙아시아에서 시작된 페스트는 실크로드를 통해 1340년대 말 유럽에 상륙했다. 유럽에 확산된 페스트는 1350년까지 유럽 전체 인구의 30~40%를 몰살시키면서 중세 유럽을 초토화시켰다. 페스트는 19세기 말 파스퇴르가 발병 원인과 치료법을 개발하면서 대부분 역사 속으로 사라졌으나, 현재 아프리카·아시아 일부 지역에서 발생 사례가 나오기도 한다.

■ 천연두(Smallpox)

천연두는 두창 바이러스에 의해 유발되는 감염성 질병으로 사람과 사람 사이에 혹은 오염된 물건을 통해 감염되고, 치사율은 30%에 달하며 영유아의 경우 치사율은 더 높다. 천연두의 초기 증상은 열과 구토이며 이후 입 주위에 염증 및 통증이 생기고 피부 발진을 동반한다. 피부 발진이 난 곳은 물집과 딱지가 생기며, 이후 딱지가 떨어지면서 흉터를 남긴다. 그래서 천연두를 앓고 살아 남더라도 피부에 많은 흉터가 남거나 실명하기도 한다. 천연두에 대한 백신은 1798년 에드워드 제너(Edward Jenner)에 의해 개발되었다. 천연두의 기원은 확실치 않지만 기원전 3세기 이집트의 미라로부터 발견할 수 있는 것으로 보아서 이 당시 이집트에서 천연두가 발생한 것으로 알려져 있다. 18세기 유럽에서는 천연두로 인해 매년 40만명이 사망하였고, 20세기에는 약 3억

~5억명 정도가 천연두로 사망한 것으로 추정하고 있다. 자연적으로 가장 마지막으로 발생한 천연두는 1977년 10월이며, WHO는 1980년에 이 질병이 지구상에서 완전히 사라진 것으로 보고하였다.

■ 콜레라(Cholera)

콜레라는 비브리오 콜레라균에 의해 일어나는 전염성이 매우 강한 수인성 질병으로, 급성 설사가 유발되어 탈수가 빠르게 진행되며 사망에 이를 수도 있다. 콜레라는 본래 인도의 벵골(Bengal) 지방에서 유행하던 풍토병이었으나 1817년 인도를 침략한 영국군을 통해 세계로 확산되기 시작했다. 콜레라는 이후 일곱 번의 대유행을 거치면서 남극 대륙을 제외한 전 대륙으로 퍼져 나갔고, 이 질병으로 수백만 명의 사망자가 발생하였다. 콜레라의 감염 경로가 오염된 물과 음식에 의한다는 사실이 밝혀지면서, 도시의 상하수도 시스템이 정비되는 계기가 되었다.

■ 결핵(Tuberculosis)

결핵은 석기 시대의 화석에서 그 흔적이 발견될 만큼 오래된 질병이고, 1800년대 초반까지 유럽 인구 4분의 1을 희생시킨 인류 역사상 가장 많은 생명을 앗아간 감염 질환이다. 결핵으로 인한 증상은 감기로 혹은 다른 폐 질환 또는 흡연과 관련된 증상으로 오인되어 종종 증상만 가지고는 진단하기가 어려운 경우가 많기 때문에, 기침과 가래 등의 증상이 2주 이상 지속되는 경우에는 반드시 결핵에 관한 진단적 검사를 받아야 한다. 과거 결핵을 치료할 수 있는 효과적인 치료제가 없던 시대에는 깨끗한 공기가 있는 곳에서 요양하는 방법을 사용했지만, 항결핵제가 개발된 1950년대 이후부터는 대부분의 결핵은 완치가 가능하다. 우리나라의 경우 6·25전쟁 이후 연간 수백만 명에 이르는 결핵 발병 국가이지만 환자 수가 꾸준히 감소 중이며, 1962년부터 세계보건기구(WHO)의 지침에 따라 BCG 접종을 실시하고 있다.

■ 스페인독감

제1차 세계 대전 후반부터 종전 직후 H1N1 바이러스(인플루엔자 A형)에 의해 유행한 독감이다. 독감의 발원지는 미국이었지만(1918년 3월 시카고에서 처음으로 발견됨), 스페인 언론이 이 이상한 독감에 대해 크게 보도했기 때문에 '스페인 독감'이라는 명칭이 지어졌다. 스페인 독감은 전염성도 기존의 어떠한 전염병보다 강하기도 했지만, 세계대전 중 영양 부족과 위생 불량으로 허약해져 면역력이 약해진 병사들이 쉽게 스페인 독감에 감염되었다. 1차 세계대전이 끝난 후 귀환 병사들을 통해 전 세계적으로 확산되었고 2년 동안 창궐했다. 당시 제대로 된 통계가 없어 정확한 사망자를 추정할 수 없지만, 1차 대전 사망자수 900만 명의 5배가 넘는 약 5,000만 명이 사망했다고 추정하고 있는 최악의 전염성 질병이다. 우리나라도 스페인독감으로 인해 당시 인구 1,670만 명 가운데 절반 가량인 740만 명이 감염되었으며, 이 중 14만 명이 사망한 것으로 기록되어 있다.

■ 에볼라 출혈열(Ebola Hemorrhagic Fever)

1976년 콩고 민주공화국에서 처음 발견된 에볼라 출혈열은 아프리카를 덮친 사망률이 90%에 이르는 죽음의 바이러스로 알려져 있고, 2014년 서아프리카 지역에서 발병해 만 명 이상의 사망자를 발생하면서 현지를 공포로 몰아넣었던 질병이다. 에볼라는 사망률이 너무 높아 숙주인 인간이 채 바이러스를 퍼뜨리기도 전에 대부분 사망하였기 때문에 질병이 널리 퍼지기는 어려웠음에도 불구하고 유럽·미국에까지 감염자가 발생하면서 공포를 일으켰다. 이후 2016년 세계보건기구(WHO)에 의해 에볼라 바이러스 종식이 공식 선언되었지만, 2017년 다시 발생하였고 현재까지 예방 백신이 없어 발병 때마다 엄청난 피해가 이어지고 있다.

■ 에이즈(AIDS, Acquired Immune Deficiency Syndrome)

에이즈는 HIV 바이러스 감염으로 인해 면역 기능이 저하되어 사망에 까지 이르게 되는 20세기 최악의 공포 질환으로, 1981년 미국에서 처음 발견되었다. 에이즈가 처음 발견된 이래 전 세계에서 2,300만 명이 사망하였고, 지금까지 불치병으로 여겨지고 있다. 현재도 약 3,500만 명이 에이즈 바이러스를 보유한 채 살아가고 있는데, 2,000만 명 이상이 사하라 이남 아프리카에 거주하고 있다고 추정하고 있다. 1996년 레트로바이러스 증식을 억제하는 약물들이 개발되고, 이들 약물을 섞어 쓰는 칵테일 요법이 정착되면서 불치병의 범주에서 점차 벗어나고 있다.

■ 사스(SARS)

사스는 인간에게 치명적인 사스-코로나 바이러스에 의한 중증급성호흡기증후군이고, 2002년 중국 광둥성에서 처음 발생한 뒤 홍콩을 거쳐 전 세계로 확산된 감염성 질병이다. 사스는 건강한 사람은 조기에 발견하여 치료하면 회복율이 높지만, 노인이나 어린이 그리고 기저질환 환자의 경우에는 매우 위험할 수 있다. 사스는 발생 이후 8개월 동안 30개국에서 8,000명이 넘는 사스 감염자가 발생했으며, 이 중 774명이 사망하였다. 중국에서 사스가 발생하였을 때 중국이 초반에 정보를 공개하지 않아 초기 대응에 실패하였고, 그 결과 전 세계 확산으로 이어졌다는 비판이 높다.

■ 신종플루

신종플루는 2009년 멕시코에서 시작됐다가 미국으로 전파되어 전 세계로 확산됐다. 초기에는 A형 인플루엔자 바이러스에 감염된 돼지를 통해 발생했기 때문에 돼지독감으로 불렸다. 신종플루는 전 세계적으로 200 국가 이상에서 발병해 1만 8,500명이 사망했는데, 우리나라에서도 75만 명이 감염돼 250여 명이 사망하였다. WHO는 2009년 신종플루 확산세가 급증하자 최초로 국제적 공중보건 비상사태를 선포하였고, 이어 6월에는 전염성질병 팬데믹(Pandemic)을 선포하였다. 이후 치료제로 항바이러스제인 타미플루가 사용되고 있고, 현재는 신종플루가 아닌 A형 독감으로 불리고 있다.

■ 메르스

2015년 중동 지역에서 최초로 발병한 중동호흡기증후군(MERS, Middle East Respiratory Syndrome) 질환이 국내에도 나타났고 병원을 통해 2차 감염자가 양산되면서 무서운 속도로 번져나갔다. 우리나라는 이미 사스와 신종플루 사태를 겪었음에도, 메르스 사태에서도 초기 대응에 실패하여 두달 동안에 총 186명이 감염되고 36명이 사망하였다. 메르스는 병원 감염이 주된 전파 경로였기 때문에 초기에 병원을 제대로 공개하고 대응을 잘 함으로써 사태의 확산을 막을 수 있었고, 감염성 질환의 전파고리를 끊는 가장 확실한 방법은 감염자의 격리에서 시작된다는 것을 알게되었다.

■ 코로나19

코로나19는 2019년 12월 중국 우한에서 처음 발생한 이후 중국 전역과 전 세계로 확산된 새로운 유형의 코로나 바이러스에 의한 호흡기 감염 질환이다. 이 질환은 감염자의 비말이 호흡기나 눈·코·입의 점막으로 침투될 때 전염되고, 감염되면 약 2주일의 잠복기를 거친 뒤 발열 및 기침이나 호흡 곤란 등 호흡기 증상, 그리고 폐렴이 주증상으로 나타나지만 무증상 감염 사례도 드물게 나오고 있다. COVID19 확진자가 전 세계에서 속출하자 WHO는 3월 홍콩독감(1968), 신종플루(2009)에 이어 사상 세 번째로 COVID19에 대해 팬데믹을 선포했다. 현재 전 세계를 공포에 떨게 만들고 있는 COVID19는 전 대륙으로 확산된 상태이다. 아직 이 질병에 대한 백신이나 치료제가 아직 개발되지 않은 상황이기 때문에, 지금은 각자 예방 수칙을 철저히 지키고 또한 사회적 거리두기 캠페인에 동참하면서 확산을 막으려는 노력을 하고 있다. 새로운 질병에 대한 최선의 대응책은 백신 개발과 치료제 개발을 통한 신속한 대응일 것이다. 백신은 간단하게 어떤 야생동물이 숙주이고, 어떤 경로로 감염되는지를 알고 만들면 된다. 그러나 바이러스는 유전자 종류가 다양하기 때문에 이것들이 서로 섞이면 수많은 변종이 생길 수 있다. 따라서 예방 백신을 미리 만들어도 변종이 나타나면 허탕이 된다. 즉 백신이 바이러스의 진화 속도를 따라잡기가 어렵다는 것을 의미한다. 그러므로 바이러스 변종에 상관없이 공통으로 듣는 만능백신의 개발이 해답일 것이고, 많은 과학자들이 열정적으로 연구에 매진하고 있기 때문에 머지않아 대응책을 찾을 것으로 기대하고 있다.

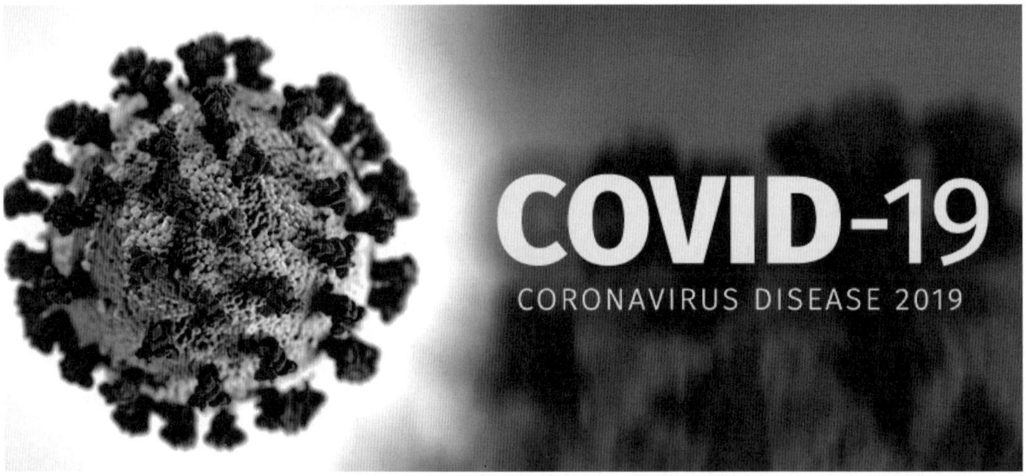

그림 12.1 코로나 바이러스. 바이러스 입자의 표면에 곤봉 모형의 돌출부가 있는 특징적인 형태가 왕관을 연상시켜 라틴어 왕관을 뜻하는 'corona'에서 파생되어 coronavirus로 명명되었다. 코로나 바이러스는 그 종이 다양하고, 바이러스의 특성과 숙주에 따라서 호흡기와 소화기 감염병을 모두 유발하는 것으로 알려져 있다. 최근 사람에게서는 전 세계적으로 문제시되었던 사스(SARS)와 메르스(MERS)처럼 중증의 호흡기 증상을 유발하는 원인체로서 코로나바이러스가 주목받고 있다.

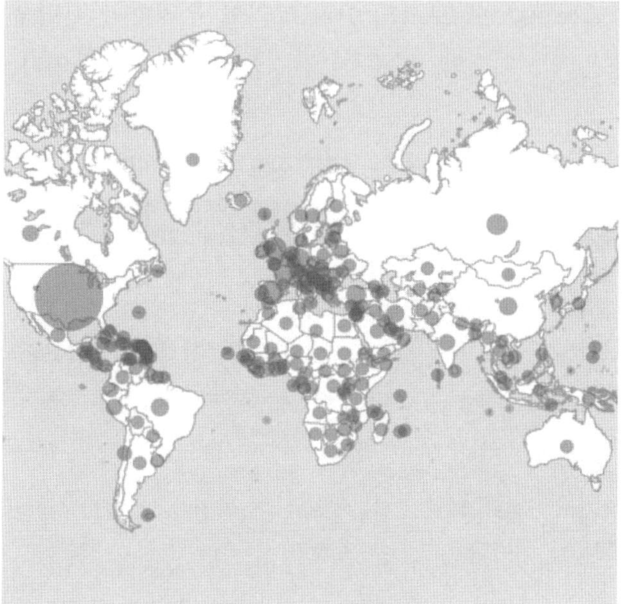

그림 12.2 전 세계 코로나19 발생 상황

12.1b 비감염성 질환

보건복지부 보고서에 따르면, 우리나라 사람들이 질병으로 인해 삶에 부담을 느끼는 질병의 순위는 고령화 시대로 접어들면서 나이가 들수록 당뇨, 요통, 심장 질환 같은 만성 질환에 대한 부담을 많이 느끼는 것으로 나타나고 있다(그림 12.3). 그리고 성별에 따라서 부담을 느끼는 질병에도 약간의 차이가 있는 것으로 나타나고 있다. 예를 들면 남성의 경우 당뇨, 요통, 간경화, 심장 질환, 만성 폐쇄성 폐 질환 순으로 나타나고, 반면 여성의 경우 요통, 당뇨, 만성 폐쇄성 폐 질환, 골관절염 순으로 질

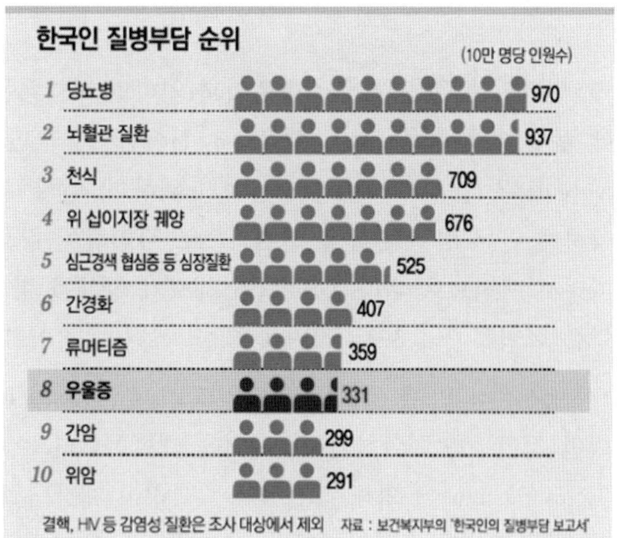

그림 12.3 한국인의 질병부담순위. 출처 : 보건복지부 '한국인의 질병부담 보고서'

병부담을 가지고 있는 것으로 보고되었다. 그리고 우리나라 사람들의 건강을 위협하는 대표적인 질병은 암, 위궤양, 뇌졸중, 간경화, 심근경색 등이다(표 12.1).

표 12.1 나이별로 한국인의 건강을 위협하는 대표 질병 순위 (사고, 자살 제외)

	20대	30대	40대	50대	60대	70대
1위	우울증 등 신경정신질환	위궤양, 간경화	위궤양, 간경화	암	암	뇌졸중, 심근경색
2위	위궤양, 간염 등 소화기질환	우울증	암	심근경색, 뇌졸중	뇌졸중, 심근경색	암
3위	천식 등 호흡기질환	암	당뇨	당뇨	당뇨	만성폐쇄성 폐질환
4위	결핵 등 감염질환	심근경색, 뇌졸중	심근경색, 뇌졸중	간경화, 위궤양	만성폐쇄성 폐질환, 천식	당뇨
5위	디스크 등 근골격계질환	당뇨	우울증	근골격계질환	근골격계질환	우울증

12.2 질병의 예방: 백신

인간의 몸은 외부에서 항원이 침입하면 저항하는 과정에서 항체를 생성하고, 다음에 동일한 항원에 감염되었을 때 신속한 면역 반응을 하도록 만들어져 있다. **백신**(vaccine)은 인공적으로 면역을 얻기 위하여, 인체 내에 병원성을 제거하거나 병원성을 약하게 만든 병원체 등을 인위적으로 주입하여 항체가 생성되도록 하는 역할을 한다. 따라서 백신으로 우리 몸의 면역 세포가 항체를 형성하여 면역 체계가 활성화되면 질병을 예방하거나 또는 질병에 의한 피해를 최소화할 수 있게 된다.

백신은 1796년 영국의 에드워드 제너(Edward Jenner)가 당시 사망률이 40%에 달했던 천연두를 치료하기 위해 처음 개발하였다. 이후 프랑스의 미생물학자 파스퇴르(Louis Pasteur)에 의해 백신이라는 명칭이 제창되었고, 백신의 의미를 모든 예방을 위한 물질 접종까지 확장시켰다. 파스퇴르는 1881년 탄저병이 유행할 때 공개적으로 백신의 효과를 입증 하였고, 1885년 광견병 백신을 개발하였다. 19세기에는 장티푸스, 콜레라, 페스트 백신이 잇따라 선보였으며 1909년에는 오늘날 백신의 대명사격인 결핵예방백신(BCG)까지 개발되었다. 이후 1949년 소아마비 백신, 홍역, 간염 백신 등 수많은 백신이 개발되었고, 최근엔 치료와 예방을 동시에 하는 파맥신(pharmaccine)이라고 하는 백신이 개발 중이다.

같은 종류의 세균 또는 바이러스라도 몇 가지 종류가 존재하여 그 항원성이 다를 경우에는 한 가지 항원만으로 만든 백신을 사용했을 때 충분한 면역효과를 얻을 수가 없다. 이러한 경우에 쓰이는 것이 다가 백신이다. 다가 백신은 두 종류 이상의 병원체를 배양한 백신으로 한 번의 접종으로 여러 증상에 대응할 수 있다. 인플루엔자 백신이나 폐렴 백신이 대표적인 다가 백신이다. 인플루엔자 바이러스는 핵산의 유형에 따라 A, B, C형으로 나뉘며, 사람에서는 A형과 B형이 주로 겨울철에 호흡기 질환(일반적으로 독감이라 부름)의 유행을 일으킨다. A형 인플루엔자 바이러스는 사람뿐만 아니라 돼지 및 조류도 감염시킬 수 있다. B형 인플루엔자 바이러스는 사람이 유일한 숙주이다. 국내에서는 불활성화 백신과 약독생균 백신이 사용되고 있다. 독감 백신은 매년 접종이 필요하며 소아와 만성 질환자, 임산부, 50세 이상 성인 및 노인, 의료인 등에게 접종이 권장된다. 성인 대상 폐렴구균 백신은 제조 방법에 따라 다당 백신과 단백결합 백신으로 나뉜다. 충분한 폐렴 예방 효과를 위해서는 단백 결합백신 그리고 다당 백신 순서로 접종하는 것이 좋다고 한다.

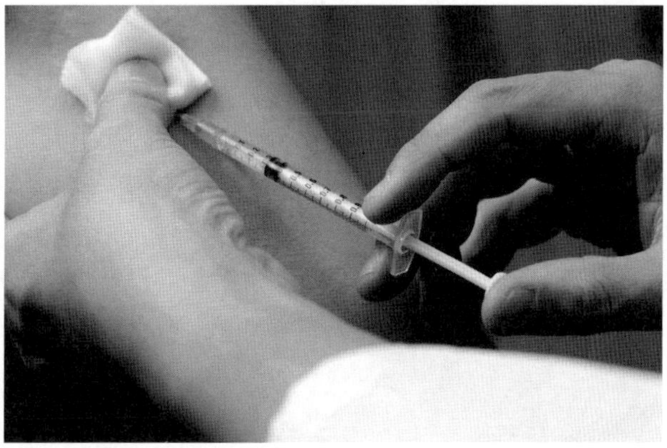

대상포진(herpes zoster)은 보통 노인에게 발생하는 질환으로, 포진 후 신경통이라는 합병증을 남길 수 있다. 이 신경통은 한 번 발생하면 잘 치료되지 않으며 환자의 삶의 질에 엄청난 악영향을 끼치기 때문에 예방하는 것이 최선으로 여겨진다. 수두를 앓게 되면 마치 예방접종을 한 것처럼 면역력이 생기고 오랜 시간이 흐르면서 그 면역력이 저하되면 다시 대상포진 바이러스가 병을 일으킬 수 있다. 그리고 대상포진 예방접종을 하더라도 대상포진에 걸릴 수 있는데, 다만 예방접종을 한 사람은 대상포진을 앓더라도 훨씬 가볍게 앓고 지나가고 포진 후 신경통의 강도도 훨씬 덜하다고 한다. 대상포진 백신은 최소한 5년 정도까지는 예방 효과가 있을 것으로 기대하고 있다.

한국에서는 전염병 예방법에 천연두, 디프테리아, 백일해, 장티푸스, 콜레라, 파상풍, 결핵 등 7개 질병에 관하여 정기 예방접종을 시행하도록 되어 있다. 또한 우리나라는 만 12세 이하 어린이의 예방접종 비용 전액을 지원하고 있다.

표 12.2 신생아 소아 예방 접종표. 제공 : 질병관리본부

나 이	종 류	참고사항
0~4주	결핵(BCG)	생후 4주 이내
0~6개월	B형 간염	3회 (0, 1, 6개월)
2~15개월	뇌수막염(Hib)	3회 (2, 4, 6개월), 추가접종 (12~15개월)
2개월~만 6세	소아마비(폴리오)	3회 (2, 4, 6개월), 추가접종 (만 4~6세)
2~59개월	폐렴구균 (단백결합백신 10가, 13가)	3회 (2, 4, 6개월), 추가접종 (12~15개월)
2개월~만 12세	디프테리아/파상풍/백일해 (DPT)	3회 (2, 4, 6개월), 추가접종 (15~18개월, 만 4,12세)
2개월~만 6세	디프테리아/파상풍/백일해 +폴리오 (콤보 백신)	3회 (2, 4, 6개월), 추가접종 (만 4~6세)
12~15개월	수두	1회 (12~15개월), 추가접종 (만 4~6세)
12~15개월	홍역/유행성이하선염/풍진(MMR)	1회 (12~15개월), 추가접종 (만 4~6세)
12~35개월	일본뇌염(생백신)	1회 접종 (12~24개월), 추가접종 (12개월 후)
12개월~만 12세	일본뇌염(사백신)	3회 접종 (12~36개월), 추가접종 (만 6세, 12세)
6개월~만 4세	인플루엔자	우선접종권장 대상자
24개월~만 12세	장티푸스	고위험군에 한하여 접종

표 12.3 표준 예방 접종표. 제공 : 질병관리본부

나이	종류	참고사항
19~39세	A형 간염	2회
	B형 간염	음성이면 3회
40~49세	파상풍-디프테리아 (Td백신)	10년마다 1회
50~64세	인플루엔자	매년 10~11월에 1회
65세 이상	폐렴사슬알균	1회

1918년 지구촌 인구의 30%를 감염시키고 1억 명의 사망자를 발생시킨 인플루엔자A H1N1에 의한 스페인독감이 유행한 이후 홍콩독감(H3N2), 조류독감(H5N1) 등 다양한 인플루엔자 바이러스가 원인이 되어 독감이 유행하고 있다. 인플루엔자 바이러스는 유전자(H, N) 종류가 각각 18개와 11개나 되기 때문에 이것들이 서로 섞이면 198종의 변종이 생길 수 있다. 따라서 예방 백신을 미리 만들어도 변종이 나타나면 허탕이 된다. 2017년 다보스 포럼에서 각국 지도자들은 바이러스 변종에 상관없이 공통으로 듣는 인플루엔자 만능백신을 만들어 보자고 제안하고 동의하였다. 곧바로 충분한 개발 비용이 마련되었으며 과학자들이 열정적으로 연구에 매진하고 있으므로 머지않아 대응책을 찾을 것으로 기대하고 있다.

지구촌을 위협하고 있는 다양한 바이러스는 대부분 사람과 동물을 감염시키는 인수공통 바이러스이다. 사람을 감염시키는 메르스(코로나 바이러스)는 낙타, AI와 멕시코독감(인플루엔자A)은 각각 오리와 돼지, 그리고 에이즈(HIV)는 침팬지 등을 감염시키는 인수 공통 바이러스의 예이다. 메르스(MERS, 중동호흡기증후군)는 우리나라에서도 발병하여 감염자의 28%가 사망할 정도로 치명적이고 세계보건기구(WHO)가 10대 위험질병에 올린 바이러스이다. 최선의 대응책은 백신 개발일 것이다. 하지만 한 번 접종으로 평생 예방이 가능한 어떤 백신 주사는 경제성이 없어 제약회사들은 이 백신 개발에 관심이 없을 것이다. 따라서 메르스와 같은 경우는 여러 국가들이 6,000억 원의 백신 개발 비용을 공동으로 마련하여 백신이 개발되었고 1차 임상 실험까지 성공적으로 마친 상태에 있다. 그리고 다른 바이러스의 경우에도 이런 공동 대응책이 확장되어가고 있다.

그림 12.4 2017년 스위스 다보스에서 열린 세계경제포럼(world economic forum, WEF). 포럼 주제는 소통과 책임의 리더십이고, 화두는 4차 산업혁명 등 변혁의 속도가 상상을 초월할 만큼 빠른 환경 변화에서 양극화와 빈부격차 확대 등 자본주의의 본질적 문제까지 해결해야 하는 데는 결국 사람이 가장 중요하다였다.

12.3 의약품

의약품(drug medicine)은 사람이나 동물의 질병을 진단, 예방 또는 치료를 목적으로 신체 구조 또는 기능에 영향을 주기 위해 사용되는 물질을 총칭한다. 천연의약품은 자연에서 산출되어 그대로 쓰거나 간단한 가공을 거쳐 약으로 사용되는 것을 말하고 흔히 생약이라고도 한다. 반면에 합성 의약품은 생약의 한정성과 자원의 고갈로 인한 문제를 해결하기 위해 생약의 분자 구조를 밝혀내고 인공적으로 합성한 의약품을 말한다. 그리고 의약품은 의사의 처방전 없이 구입할 수 있는 **일반 의약품**(over the counter drug)과 의사의 처방전이 필요한 **처방약**(prescription drug)으로 구분되는데, 처방약과 일반 의약품의 구분은 식품의약품안전처에서 정한다. 일단 의약품이 개발되면 충분한 임상시험을 거치고, 시판 후에도 한국의약품안전관리원에서는 국민의 안전한 의약품 사용을 도모하기 위하여 체계적인 약물 감시를 통하여 약물이상반응을 철저히 파악하고 안전 대책을 강구하고 있다.

세균의 감염에 의해 인체의 면역 체계가 제 기능을 못하게 된 경우, 침입한 병원체를 죽이거나 증식을 억제하여 면역 기능을 돕는 역할을 하는 것이 **항생물질**(antibiotics) 또는 **항생제**이다. 항생제를 **마이신**(mycin)이라고 부르기도 하는데, 마이신이라는 용어는 결핵 치료에 이용하는 스트렙토마이신(streptomycin)에서 유래되었다. 항생 물질은 다른 미생물의 증식과 성장을 저지 또는 억제하는 미생물을 이용하여 만들어지는 것으로, 항생 물질은 숙주 세포에는 해를 주지 않고 병을 일으키는 미생물을 공격하여 증식을 저해함으로써 인체에 침입한 세균의 감염을 치료한다. 예를 들면 페니실린은 세균의 세포벽이 정상적으로 합성하는 것을 저해하여 균을 죽인다. 동물 세포는 세포벽이 없으므로 페니실린은 세균에 뛰어난 선택 독성을 가진다. 세균의 견고한 세포벽은 펩티드 사슬 사이의 교차 결합에 의한 것인데, 페니실린이 교차 결합을 생성하는 효소를 방해하여 반응이 일어나지 못하게 작용하면 세포가 터져 죽게 된다. 그리고 겐타마이신을 비롯한 항생 물질은 세균의 단백질 합성만 선택적으로 저해한다. 세균과 숙주세포의 단백질을 합성하는 리보솜은 서로 다르기 때문에 항생 물질은 세균의 리보솜에 선택적으로 작용하여 단백질 합성을 방해하여 세균의 증식을 억제한다. 그 외에도 작용 기전, 화학 구조, 항균 범위 등에 따라 다양하게 분류될 수 있는데, 대표적인 항생제의 종류는 표 12.4에 나타나 있다.

표 12.4 대표적인 항생제의 종류

종 류	약물군	항생제
세균 세포벽 합성 저해제	페니실린계	아목시실린, 암피실린 등
	세팔로스포린계	세파클러, 세파드록실, 세파드린, 세팔렉신, 세픽심, 세포탁심 등
세균 세포막 기능 저해제		폴리믹신
엽산 합성 저해제		트리메토프림
핵산 합성 저해제	퀴놀론계 (DNA 합성 저해제)	시프로플록사신, 오플록사신, 레보플록사신, 목시플록사신 등
	RNA 합성 저해제	리팜피신
단백질 합성 저해제	아미노글리코사이드계	겐타마이신, 아미카신, 토브라마이신, 네오마이신 등
	마크로라이드계	에리트로마이신, 아지트로마이신, 클래리트로마이신 등
	테트라사이클린계	테트라사이클린, 독시사이클린, 미노사이클린 등

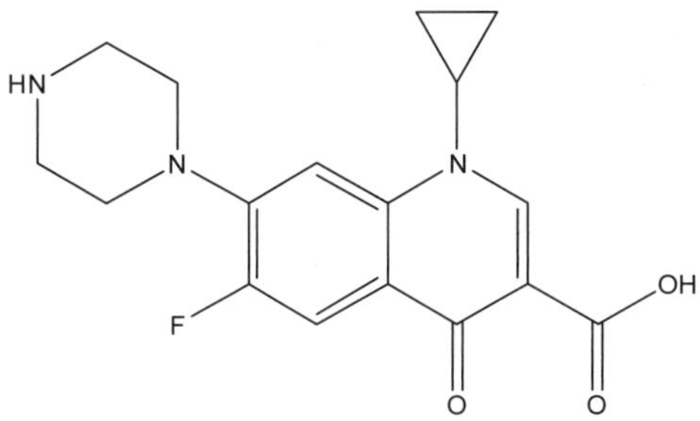

시프로플록사신
(ciprofloxacin)

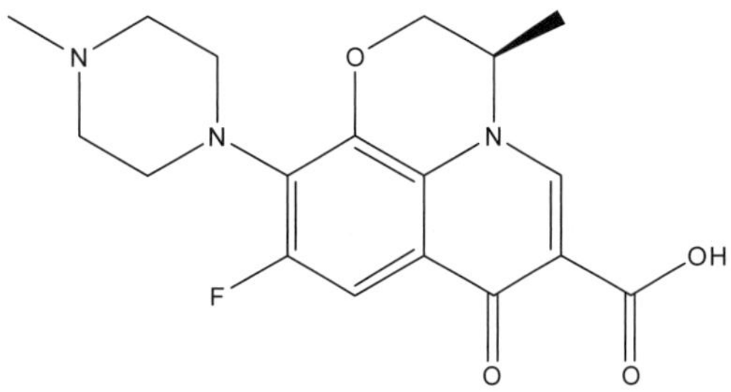

레보플록사신
(levofloxacin)

최초의 항생제는 페니실린이다. 1929년 영국의 미생물학자인 플레밍(Alexander Fleming)이 푸른곰팡이의 배양액에서 강한 항균 작용을 지닌 독성이 낮은 물질을 발견하고 페니실린이라 이름 붙였다. 이 후 페니실린이 순수 분리되어 약리적 효과가 밝혀졌고, 그라미시딘(1942), 스트렙토마이신(1944), 클로람페니콜(1945), 클로르테트라사이클린(1948), 옥시테트라사이클린(1950), 에리트로마이신(1952) 등 다양한 마이신이 잇따라 발견되었다. 이들은 적용 범위가 광범위하고 먹는 약으로도 이용이 가능하여 항생 물질요법이 급속히 보급되었다. 항생 물질이 널리 쓰이게 된 뒤부터 항균성 항생 물질의 개발사는 내성균과의 투쟁의 역사라고도 할 수 있을 만큼 높은 빈도로 내성균이 출현하게 되었다. 그러나 요즘은 내성을 갖는 메커니즘이 상세히 연구되어 내성균에도 작용하는 약제가 개발되고 있다.

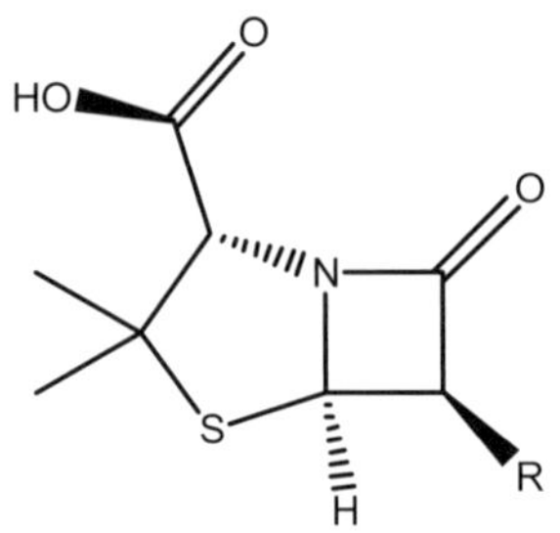

페니실린 구조

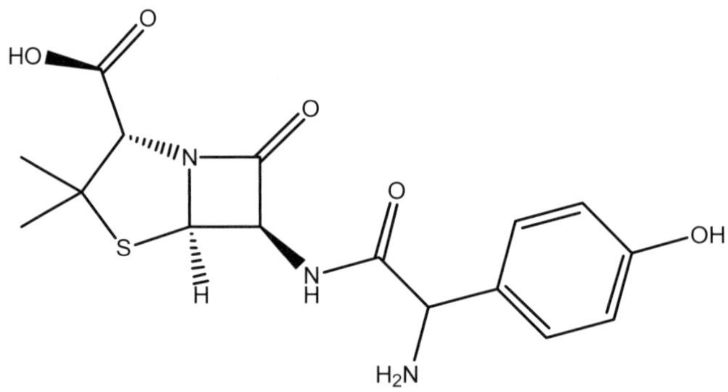

아목시실린

항생제에서 공통적으로 일어나는 대표적인 부작용은 과민 증상이며, 항생제를 복용 했을 때 발진, 두드러기 또는 미열 등과 같은 가벼운 증상부터 갑작스런 호흡 곤란 및 쇼크 등과 같은 비교적 심각한 증상까지 나타날 수 있다. 과민 증상이 나타나면 즉시 전문가에게 알려 적절한 조치를 받아야 한다. 그리고 간이나 신장 질환자, 고령자, 소아, 임신 및 수유 중인 여성, 알레르기 증상을 일으키기 쉬운 환자에게는 신중히 투여해야 한다. 또한 감염 질환과 투여되는 항생제의 종류에 따라 항생제의 투여 기간에 차이가 있을 수 있다. 그러므로 환자가 항생제의 복용을 임의로 중단하지 않아야 한다. 항생제 복용을 임의로 중단하면 감염이 불완전하게 치료되어 내성 세균의 발현을 가속화시킬 수 있기 때문이다.

우리나라 국민들의 건강을 위협하는 질병의 순위를 나타내는 통계에서 보여주듯이, 우리나라에서 주로 사용되는 처방약도 간질환, 뇌졸중, 심근경색 그리고 당뇨 질환의 치료제가 가장 많은 것을 볼 수 있다. 표 12.5는 우리나라에서 가장 많이 처방되어 사용한 처방약의 순위를 보여준다.

표 12.5 2017년 의약품 처방실적 순위. 자료 : 건강보험심사평가원

순위	제품명	제약사	치료
1	비리어드정	길리어드	B형 간염
2	리피토정	화이자	고지혈증
3	트윈스타	베링거인겔하임	고혈압
4	바라크루드	BMS	B형 간염
5	소발디	길리어드	C형 간염
6	크레스토	아스트라제네카	고지혈증
7	플라빅스	사노피아벤티스	뇌졸중, 심근경색
8	자누메트	MSD	당뇨
9	하루날	아스텔라스	전립선비대증
10	아모잘탄	한미약품	고혈압

12.3a 가정상비약

진통제(analgesics, painkiller)는 통증을 제거하거나 완화시키는 약물로 마약성 진통제(모르핀, 코데인 등)와 비마약성 진통제(소염진통제, 아세트아미노펜)로 구분된다. 마약성 진통제는 중추신경계에서 통증의 전달을 억제하여 진통 효과를 나타내며, 진통 효과가 큰 편이긴 하나 오남용의 위험이 있다. 반면 비마약성 진통제는 주로 염증을 가라앉히는 작용으로 통증을 억제하고 체온 조절 중추에 작용하여 체온을 내리는 해열 작용도 갖고 있다.

마약성 진통제는 아편, 모르핀, 메타돈, 펜타닐, 바이코딘, 코데인 등이 있으며, 대수술, 암 말기 투병 환자 등 상상도 못할 고통을 견디지 못하는 환자들을 위한 최후의 수단으로 이용되고 있다. 비 마약성 진통제는 비스테로이드 소염진통제로 아스피린, 게보린, 탁센, 에드빌 등이 있으며 아세트아미노펜 계열의 해열진통제로는 타이레놀이 있다.

소화제(digestant)는 음식물의 소화를 촉진하고, 위와 장의 소화기능을 높이는 약물로, 위장운동을 항진시켜 소화액의 분비를 높이는 약제(쓴맛의 약이나 방향성 약제)와 소화액의 분비부족을 보충하는 소화효소제가 있다. 소화제의 중심이 되는 것은 소화효소제이며, 펩신, 판크레아틴, 디아스타아제가 임상적으로 쓰이는 소화효소제이다. 우리나라에서 시판되고 있는 여러 소화제들은 종합 소화효소제인 판크레아틴 용량이 많은 것도 있고 더 많은 소화효소제가 성분 조화를 이루고 있는 것들 등 조금씩 차이

는 있으나 전체적으로 서로 비슷한 효능을 보이는 것으로 알려져 있다.

제산제(antacid)는 염기성 물질로 위산을 중화시켜 위산으로 인한 속 쓰림과 위통 등의 급성 증상에 사용되는 위장약이다. 제산제는 2.2d절에서 자세히 다루고 있다.

소염제(anti-inflammatory drugs)는 체내에 발생한 염증 반응을 억제하는데 사용되는 약물로, 일반적으로 비스테로이드 항염증제(nonsteroidal anti-inflammatory drug, NSAID)와 스테로이드 항염증제로 분류된다. NSAID는 류머티즘 관절염, 퇴행성 관절질환, 강직성 척추염 등의 염증 완화에 사용한다. 또한 약물에 따라 감기로 인한 발열 및 치통, 두통, 월경통, 신경통, 요통, 관절통, 근육통에도 효과가 있다. 스테로이드 소염제는 부신 피질 기능 이상 등의 내분비 장애, 류머티즘 관절염, 루푸스(lupus) 등의 질병과 호흡기, 혈액, 신경계, 알레르기성, 종양이나 부종 질환 등 다양한 질환의 염증 감소에 사용된다.

표 12.6 대표적인 비스테로이드항염증제와 스테로이드항염증제의 종류

비스테로이드항염증제	스테로이드항염증제
아스피린, 애드빌 부루펜, 록소닌 에어탈, 폰탈 모빅, 쎄레브렉스	하이손 소론도 베라마존 덱사코티실

12.3b 항암제

인체에서 무절제하게 증식하여 장기를 파괴하는 조직의 일종을 종양이라고 한다. 인체에 생기는 어떤 종양은 성장 속도가 느리고 어느 정도까지 자라면 더 자라지 않으며 주위의 정상조직과 경계가 분명하고 일반적으로 생명에 영향을 주지 않는 양성종양이고, 반면 성장 속도가 매우 빠르며 주위의 정상 조직을 침범하고 자라서 결국 주위의 장기를 파괴하는 악성종양이 있다. 악성종양은 번식력이 강하며 전이성이 높아 다른 조직에 퍼지고 생명을 위협하며 이를 **암**(cancer)이라고 한다. 현재 암은 100여 가지의 다른 종류가 있다.

암의 공포로부터 벗어나기 위해서는 암의 발생을 예방하거나 암 세포의 바람직하지 않은 확산을 막을 수 있어야 한다. 그러기 위해서는 암의 생화학적 작용을 알아야 하는데, 현재까지 그 기전이 분명하게 규명되지 않은 상태이다. 암은 방사선, 바이러

스, 흡연, 발암물질, 또는 병원체 등 유전자 변이를 일으키는 위험 요인에 노출되었을 때 정상 세포의 변화가 일어나 DNA의 손상이나 면역계의 이상에 의해 시작한다고 알려져 있다. 암의 원인이 되는 **발암 물질**(carcinogen)을 밝혀보려는 연구가 지금도 진행되고 있다. 모든 암의 약 80-90%는 생활 습관 및 환경적 요인에 의해 발생한다고 한다. 전 세계적으로 매년 천만 명 이상이 발병하고, 6백만 명이 암으로 사망한다. 우리나라에서 암 사망률은 사망원인의 1위이며, 다른 사망 원인은 감소하고 있는 반면 암 사망율은 지속적인 증가 추세에 있다. 국립암센터의 발표에 의하면 2015년 우리나라 암 발생자수는 214,701명이며, 그중 남성 발병자수는 113,335명 그리고 여자 발병자수는 101,366명이라고 한다. 표 12.7은 성별에 따른 10대 암 발병 유형을 보여준다.

표 12.7 2015년 성별에 따른 우리나라 10대 암 발병 유형. 출처 : 국립암센터

남 성			여 성		
순위	암 종류	백분율(%)	순위	암 종류	백분율(%)
1	위	17.2	1	갑상선	19.4
2	폐	15.0	2	유방	18.9
3	대장	14.0	3	대장	10.7
4	간	10.4	4	위	9.5
5	전립선	9.0	5	폐	7.2
6	갑상선	4.8	6	간	4.0
7	췌장	3.0	7	자궁경부	3.5
8	방광	2.9	8	담낭	3.0
9	담낭	2.8	9	췌장	2.9
10	신장	2.8	10	난소	2.4

현재 암의 치료는 세 가지 방법을 주로 이용한다. 첫째 암의 종양과 주변 조직을 외과적으로 제거하거나, 둘째 방사선으로 암세포를 파괴하거나, 셋째 화학물질을 사용하여 암세포를 죽이는 항암화학요법을 이용한다. 최근에는 근치적인 수술이나 방사선 치료 후 재발의 방지 또는 완전치유를 위하여 미리 예방적 화학요법을 실시하여 큰 성과를 거두고 있다.

암을 축소, 억제, 제거시키기 위해 화학물질(항암제)을 사용하는 것을 통틀어 **항암화학요법**(chemotherapy)이라고 한다. 항암화학요법은 크게 세포독성 항암화학요법과

표적 항암화학요법 두 가지가 있다. 세포독성 항암화학요법은 빨리 자라는 세포를 죽이는 항암제를 사용하여 암세포를 죽이는 요법이다. 그러나 암세포 이외의 빨리 자라는 기관인 골수, 머리카락, 점막 등이 같이 손상 받기 때문에 골수 억제(빈혈, 백혈구와 혈소판 감소) 및 탈모, 그리고 구토, 복통, 설사 등의 부작용이 발생할 수 있다. 표적 항암화학요법은 암세포에 주로 발현되는 표적 물질에 대해 항암제를 사용하여 암세포를 제거하는 요법이다. 골수 억제, 탈모 등의 부작용은 세포독성 항암화학요법에 비해 적은 편이다.

제1차 세계대전 중 독일군이 독가스로 사용하였던 겨자가스(mustard gas)라는 이름을 가진 독가스의 유도체가 무한정 증식하는 백혈병 세포를 저지시킨다는 사실이 밝혀졌다. 이의 경험을 토대로 지난 30여 년 동안 수많은 항암제들이 개발되었고, 그 중 40여 종만이 효능이 인정되어 암 치료에 사용되고 있으며 각각의 약제마다 그 항암 범위에는 큰 차이가 있다.

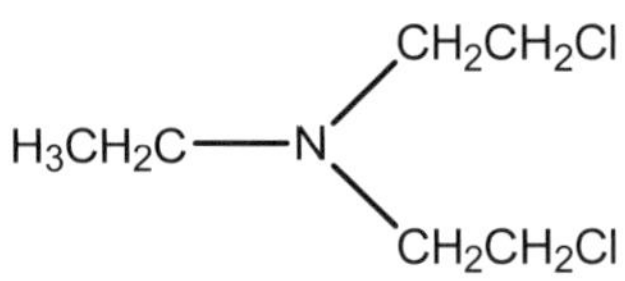

겨자가스의 유도체

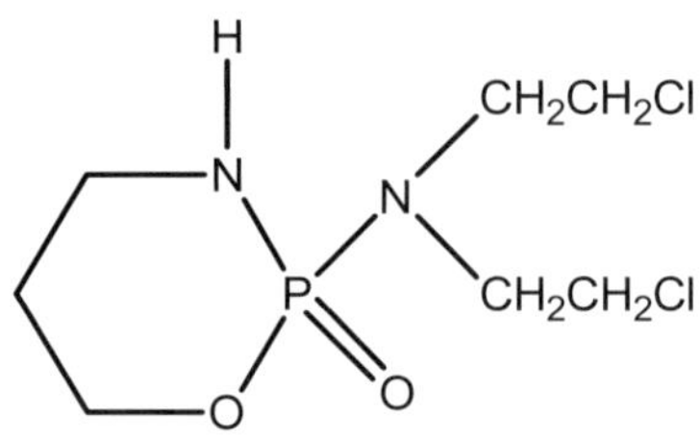

사이클로포스파미드

사이클로포스파미드와 같은 화합물은 반응성이 대단히 높은 물질로 알킬기 ($-CH_2CH_3$)를 포함한 **알킬화 시약**(alkylating agent)이라 부른다. 이 화합물은 DNA (특히 구아닌)의 질소와 반응하여 DNA 구조를 변형시키고 복제를 못하게 하여 세포 분열을 멈추게 함으로써 항암효과를 나타낸다. 여기에 속하는 항암제는 나이트로젠 머스터드(nitrogen mustard), 클로람부실(chlorambucil), 멜팔란(melphalan), 부설판 (busulfan), DTIC(dacarbazine), 프로카바진(procarbazine), BCNU(carmustine), CCNU (lomustine), 메틸-CCNU 등이 있다.

다른 종류의 항암제인 **대사길항제**(antimetabolites)는 DNA 합성에 필요한 화합물과 분자 구조가 유사하기 때문에 암세포의 증식에 필요한 대사 과정을 저해하는 작용을 한다. 여기에 속하는 항암제는 엽산 유도체인 메소트렉세이트(MTX), 퓨린 유도체인 6-메르캅토퓨린(6-MP), 6-싸이오구아닌, 그리고 피리미딘 유도체인 5-플루오로우라실, 시타라빈 등이 있다. 독소루비신(doxorubicin)은 DNA 사다리 구조를 만드는 염기쌍 사이에 이 분자 구조의 평면 고리 부분을 끼워넣음으로써 DNA를 변형시킨다. 그리고 세균에서 생산되는 항생물질(antibiotics) 가운데 항암 작용을 나타내는 것으로는 아드리아마이신, 다우노루비신, 블레오마이신, 미토마이신-C, 악티노마이신-D 등이 있다. 어떤 종류의 암은 호르몬을 투여함으로써 치료 효과를 볼 수 있는데, 남성 호르몬을 사용하는 경우는 유방암, 여성 호르몬은 전립선암, 프로게스테론은 자궁내막암에 효과가 있으며, 또한 부신피질 호르몬은 백혈병이나 림프종의 치료에 사용하고 있고, 유방암은 항여성호르몬제인 타목시펜이 쓰이고 있다.

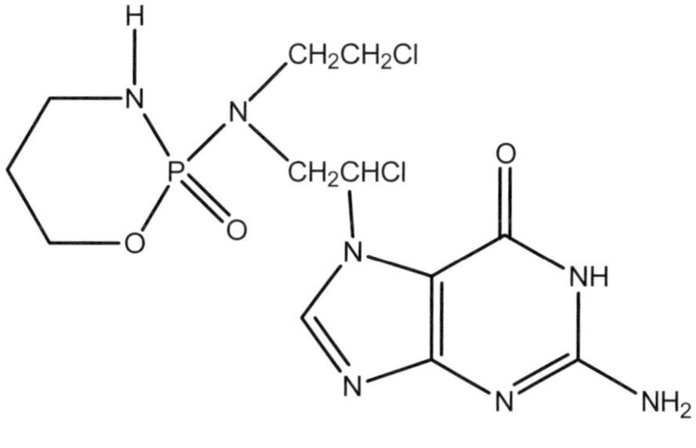

12.3c 호르몬제

호르몬은 우리 몸의 내분비선에서 분비되어 혈액을 타고 표적기관으로 이동하는 일종의 화학물질을 일컫는다. 표적 기관에 도착한 호르몬은 세포 외부 혹은 내부에 위치하는 **수용체**(receptor)와 상호작용하여 생물학적 과정을 조절하는 메신저 역할을 한다. 호르몬은 구성 성분에 따라 크게 펩티드 호르몬과 스테로이드 호르몬으로 나눌 수 있다. 호르몬제(hormone drug)는 인체 내의 호르몬 물질의 부족한 점을 보완하거나, 호르몬의 생리학적 특성을 모방하여 특수한 질환의 치료에 사용하는 약제로, 침투한 병원체와 싸우는 의약품과는 다르다.

호르몬제는 동물의 각종 장기로부터 제제하거나 또는 합성하여 얻는다. 대표적인 것은 성 호르몬제로서는 남성 호르몬제로 테스토스테론, 여성호르몬제로는 에스트로겐의 에스트라디올과 황체 호르몬의 프로게스테론제 등이 있다. 그리고 이 두 가지 혼합 호르몬제도 노화방지 등에 사용된다. 또한 여성 호르몬의 합성 화합물을 이용하여 피임약으로 사용한다. 임신하지 않은 여성은 매달 뇌하수체에 의한 호르몬의 분비가 일어나고 이는 배란이 일어나도록 한다. 하지만 여성이 임신하면 프로게스테론(progesterone)이 분비되는데, 이 호르몬은 태아의 착상과 더 이상 배란을 막을 수 있게 자궁을 준비하도록 하는 역할을 한다. 프로게스테론을 투여하면 몸이 임신하고 있다고 착각하게 하고, 따라서 더 이상 배란이 일어나지 않기 때문에 임신을 막는 효과를 갖게 된다. 여성이 사용하는 경구용 피임약은 대부분 두 가지 합성 호르몬을 배합하여 사용한다. 하나는 월경 주기를 조절하는 에스트로겐과 같은 작용을 하는 에티닐에스트라디올(ethynyl estradiol)이고, 다른 하나는 노르에틴드론(norethindrone)이며 프로게스테론과 같은 작용을 한다.

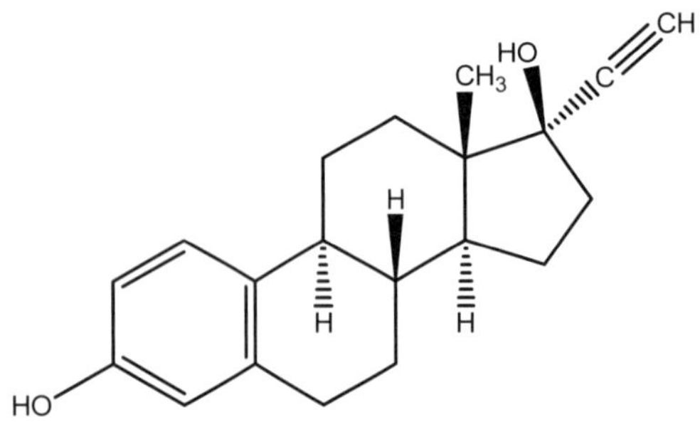

에티닐에스트라디올

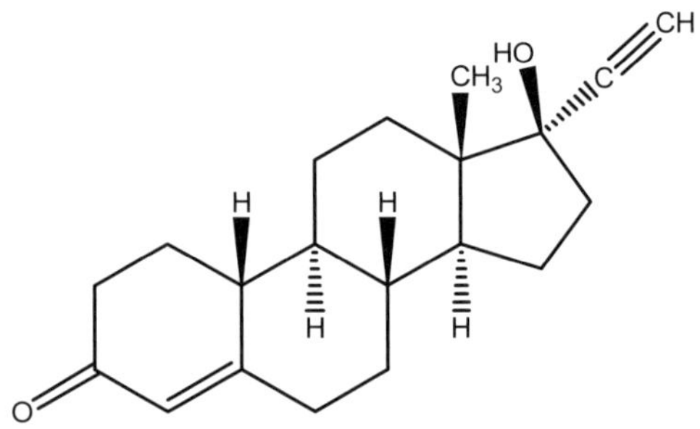

노르에틴드론

다른 종류의 호르몬제로는 부신피질 호르몬제인 코르티솔 등이 있고, 부신수질 호르몬제인 아드레날린이 있다. 코르티솔(cortisol)은 스테로이드 호르몬으로 모든 스테로이드에 공통적으로 있는 고리구조를 갖고 있다.

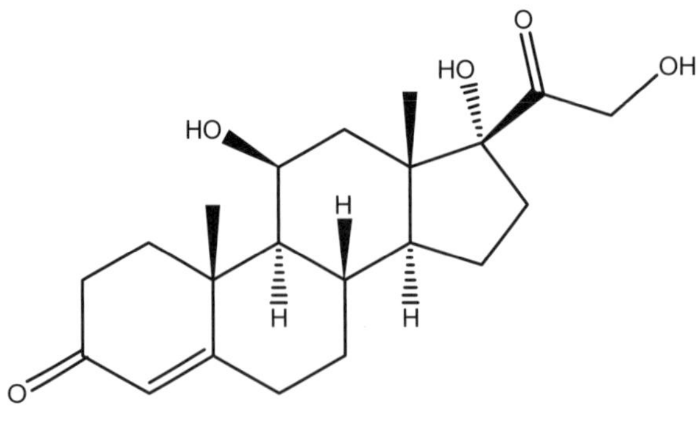

코르티솔

12.3d 당뇨, 고혈압

통계에 의하면 2011년 30세 이상의 우리나라 전체 국민의 30% 정도는 고혈압 환자이고 10%는 당뇨병 환자로 나타나고 있다(그림 12.5). 그리고 이 질병의 환자 수는 매년 4~6% 씩 증가하고 있다고 보고되고 있다. 이 질병은 공통적으로, 현재까지는 이들 증상을 완치시키는 치료법은 없고 오직 증상을 완화하는데 중점을 두고 증상을 관리하고 있다는 것이다. 따라서 치료 약물 역시 이런 목적에 맞게 증상 완화에 목표를 두고 오랜 기간 동안 복용해야 한다. 그러므로 약물의 종류와 기전을 먼저 이해하고, 전문가의 도움을 받아 효과는 좋고 부작용은 적으면서 자신에게 맞는 약물을 선택하는 것이 중요하다.

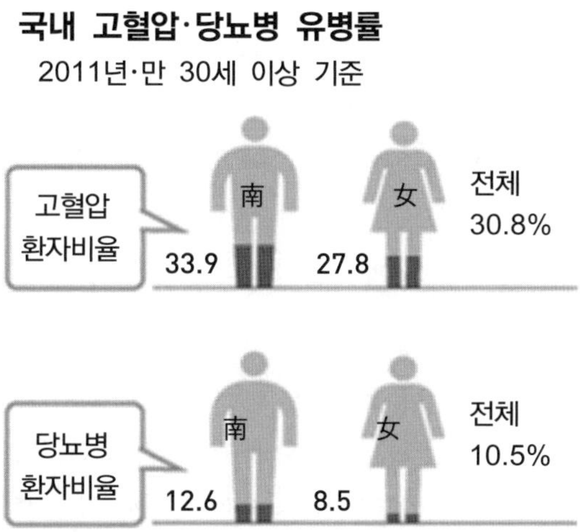

그림 12.5 국내 고혈압과 당뇨병 환자 비율. 출처 : 국민건강영양조사

고혈압(hypertension)은 일반적으로 18세 이상의 성인에서 수축기 혈압이 140mmHg 이상이거나 확장기 혈압이 90mmHg이상인 경우를 말한다. 수축기 혈압은 심장이 수축하면서 혈액을 내보낼 때 혈관 벽에 가해지는 압력이고, 확장기 혈압은 심장이 확장하면서 혈액을 받아들일 때 혈관이 받는 압력이다. 고혈압 환자의 95%는 질환의 근본적인 원인이 명확하지 않다. 다만 심장에서 1분 동안 내보내는 혈액의 양의 증가나 말초 혈관 저항의 증가에 의한 것으로 생각되고 있다. 고혈압과 관련된 위험 인자에는 고혈압의 가족력, 음주, 흡연, 고령, 운동 부족, 비만, 짜게 먹는 식습관, 스트레스 등의 환경적, 심리적 요인이 있다.

고혈압은 심혈관 질환과 뇌졸중의 주요 위험 요인이므로 생활습관 개선과 약물을 복용을 통하여 관리하는 것이 매우 중요하다. 그리고 혈압은 비만이나 나트륨 또는 알코올 섭취와 관련이 깊다는 보고가 있다. 대부분의 고혈압 환자에서 5kg 정도의 체중 감량을 하면 수축기 혈압과 이완기 혈압 모두가 감소되는 것으로 알려져 있고, 나트륨 섭취를 1일 섭취량의 $\frac{1}{3}$정도(소금 6g)로 제한하는 경우 수축기 혈압과 이완기 혈압 모두 감소된다는 보고가 있으며, 여러 조사에 의하면 소량의 알코올 섭취는 혈압에 유해하지 않으나 많은 양의 알코올 섭취는 혈압이 상승한다는 보고가 있다.

대부분의 사람들은 고혈압을 조절하기 위해 2개 이상의 약제가 필요하다. 미국심장협회에서는 이뇨제인 티아지드와 함께 안지오텐신 전환 효소 억제제(Agiotensin Cnverting Ezyme Ihibitor, **ACEI**), 안지오텐신 수용체 차단제(Agiotensin II Receptor Blocker, **ARB**), 칼슘 통로 차단제(Calcium-Channel Blocker, **CCB**), 베타 차단제 등을 병용하여 사용한다. 티아지드 계 이뇨제는 고혈압 치료제로 널리 쓰이고 있는데, 가장 널리 쓰이는 것은 HCTZ라고 줄여서도 쓰는 히드로클로로티아지드이다. 티아지드계 이뇨제들은 신장에서 나트륨의 배설을 촉진하는데, 나트륨이 많이 배설되면 물도 많이 배설되고 혈관 내의 물도 많이 빠지게 된다. 따라서 혈관 내의 물이 줄어들면 심장으로 들어가는 혈액의 양도 줄어들게 되므로 심장이 뿜어내는 혈액 양도 줄어들게 된다. 결과적으로 심장에서 나가는 혈액의 양과 비례하는 혈압이 강하된다.

ARB는 혈압 상승에 관여하는 앤지오텐신 II 수용체의 결합을 억제하여 혈압을 강하하고, ACEI는 혈관 수축을 통해 혈압을 상승시키는 작용이 있는 앤지오텐신 II의 생산을 억제함으로써 혈압 강하 작용을 나타낸다. 그리고 CCB는 칼슘 길항제로서 혈관을 확장시키는 작용이 있으며 고혈압, 협심증에 이용하고, 베타 차단제는 심근 수축력과 심장 박동 수를 감소시키는 작용을 한다. 주로 많이 쓰이는 혈압 강화제는 칼슘 통로 차단제(CCB)인 암로디핀과 안지오텐신 수용체 차단제(ARB)인 발사르탄을 복합제로 병용하여 고혈압과 협심증 치료에 널리 쓰인다.

그림 12.6 암로디핀 10mg과 발사르탄 160mg을 함유한 고혈압 강화 복합제

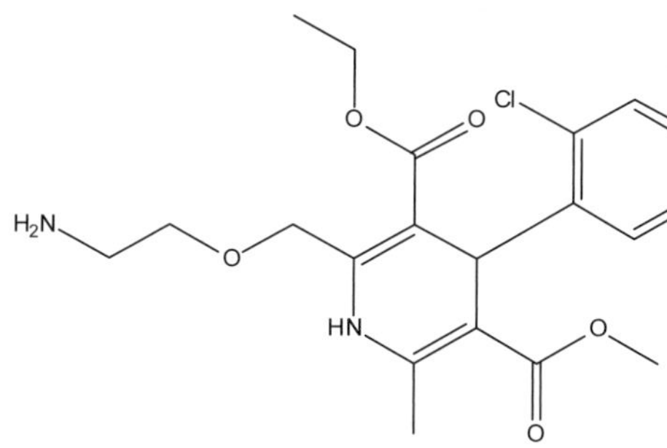

암노디핀

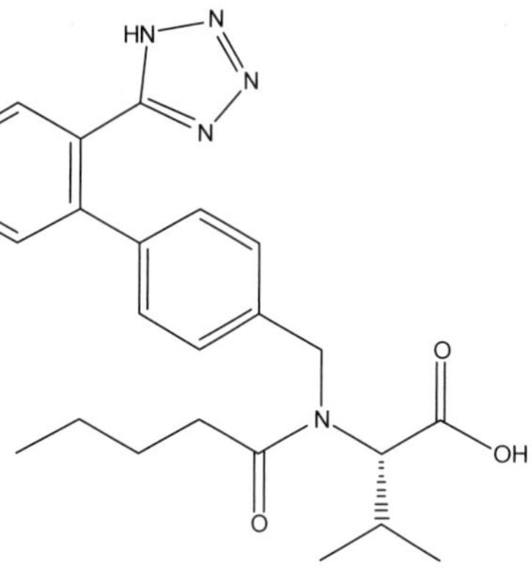

발사르탄

당뇨병(diabetes)은 인슐린의 분비량이 부족하거나 정상적인 기능이 이루어지지 않는 등의 대사 질환의 일종으로, 혈중 포도당의 농도가 높아지는 고혈당을 특징으로 한다. 인체 내에서 혈당의 농도가 너무 높으면 여러 증상 및 징후를 일으키고 소변에서 포도당을 배출하기 때문에 당뇨라는 이름을 갖게 되었다. 당뇨의 증상으로는 높은 혈당으로 갈증이 나게 되서 물을 많이 마시게 되므로 화장실을 자주 가게 된다. 또한 체중이 빠지게 된다. 오랜 기간 고혈당 상태가 유지되면 신체에서 여러 합병증이 발생하는데, 대표적인 것이 망막병증(실명할 수 있음), 신장 기능장애(신장 기능 저하로 심할 경우 투석이 필요함), 신경병증(저림, 통증)이고, 심혈관계 질환의 위험이 높아지게 된다. 당뇨병 증상을 완전히 사라지게 하는 치료는 기대하기 어렵고, 증상을 관리하면서 증상을 완화시키는 의미의 치료 효과만을 기대할 수 있다고 한다. 따라서 당뇨병의 치료 약물 역시 이런 목적에 맞게 혈당 강하제인 인슐린을 이용한다. 혈당 강하제는 크게 인슐린 분비 촉진제와 인슐린 감수성 개선제로 나뉜다. 인슐린 분비 촉진제는 설폰요소제와 메글리티나이드 계열이 있다. 그리고 인슐린 감수성 개선제는 비구아나이드 계열과, 치아졸리딘다이온 계열, 그리고 알파글루코시다제 억제제가 있다. 또한 최근 개발된 신약으로는 DPP-4 억제제가 있다. 표 12.8은 당뇨병 치료제의 종류와 효능을 나타낸다.

표 12.8 당뇨병 치료제의 종류와 그 효능

종 류	효 능
설폰요소제 (Sulfonylureas)	췌장의 기능을 강화하여 췌장에서 인슐린이 보다 원활하게 분비될 수 있도록 한다.
메글리티나이드계 (Meglitinides)	췌장으로부터 인슐린 분비를 촉진한다. 작용 시간이 짧기 때문에 식후 혈당 조절에 효과적이다.
비구아나이드계 (Biguanides)	당분이 대장에서 흡수되는 것을 방해하고, 간에서 당이 만들어지는 것 역시 억제시키는 기능을 한다.
치아졸리딘디온계 (Thiazolidinediones)	근육과 지방의 세포가 인슐린에 더 민감하게 반응하도록 도와 혈당을 저하시킨다.
알파글루코시다제 억제제 (α-glucosidase inhibitors)	탄수화물의 소화를 지연시켜 식후 혈당이 증가하는 것을 줄여주는 역할을 한다.
DPP-4 억제제 (DPP-4 inhibitors)	DPP-4를 억제하여 GLP-1을 활성화 시키게 된다. 그 결과 인슐린 분비 증가와 함께 글루카곤 분비감소를 통해 혈당이 감소한다.

12.4 통제 대상 약품

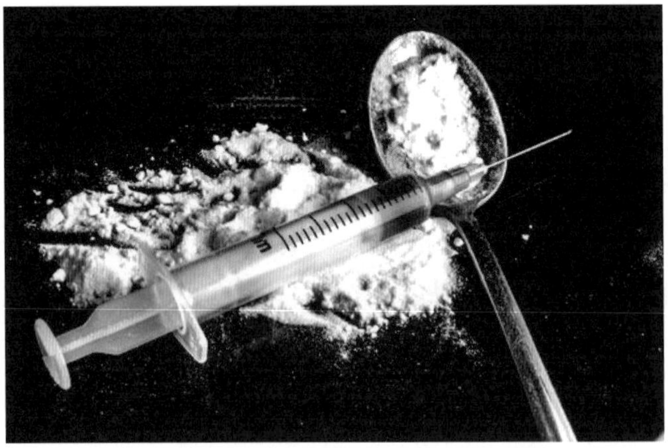

강한 활성의 각성과 진정 효과를 갖는 아편이나 환각제등은 흔히 사회적으로 허용될 수 없거나 해로운 방향으로 오용될 수 있는 의약품이다. 모르핀, 코카인, 아편 등과 같은 **마약**(narcotics)은 강력한 진통 작용과 마취 작용을 지니며 계속 사용하면 중독성이 생기고 사용을 중단하면 극심한 금단 현상이 나타나 정신적 육체적 불안정한 증상이 생긴다. 따라서 이런 물질은 남용되는 위험을 방지하기 위하여 의료 및 연구의 목적 외에는 마약류 관리에 관한 법률로 엄격히 사용을 제한하고 있다.

12.4a 신경안정제

신경안정제는 중추신경계 억제제 효과가 있으며 불안과 불면증 치료에 사용된다. 신경안정제는 통상 항정신성의약품의 하나인 **벤조디아제핀** 계열의 약물이 대표적으로 사용되고 있다. 벤조디아제핀 약물은 신경전달물질인 감마 아미노부티르산(Gamma Amino Butyric Acid, GABA)의 수용체에 작용하여 신경자극의 전달을 저해함으로서 불안 및 긴장을 완화시키고, 경련을 막으며, 근육을 이완시키는 효과를 나타낸다. 복용량이 과다하면 수면, 전신마취, 혼수상태에 도달하며 사망에 이를 수도 있다. 그리고 약물 의존성과 오남용 위험이 있어 향정신성 의약품으로 지정되어 있다. 이에 속하는 대표적인 약물로는 리브리움, 바리움, 옥사제팜, 로라제팜, 아티반 등이 있다. 그림 12.7은 벤조디아제핀의 대표적인 약물인 로라제팜의 구조식과 몇 가지 벤조디아제핀 계열의 의약품을 보여준다.

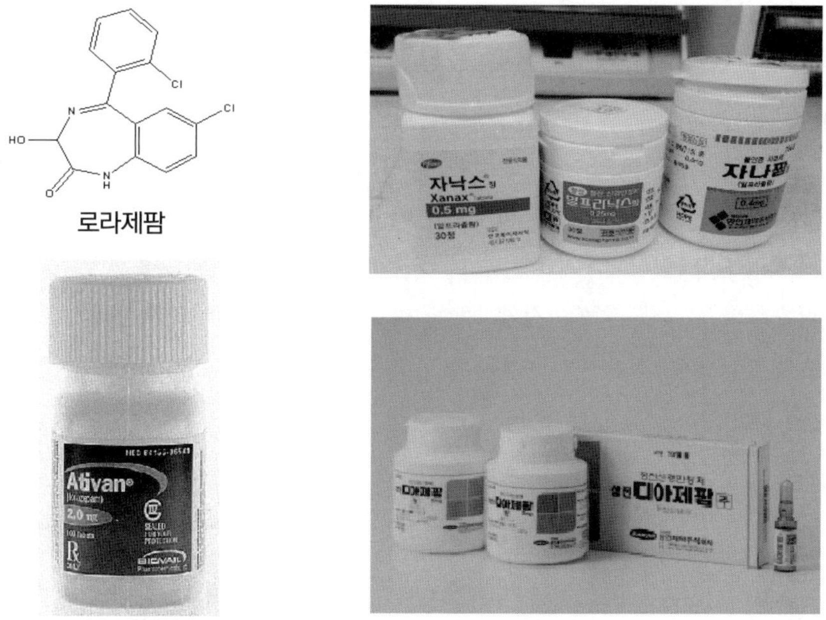

그림 12.7 벤조디아제핀의 대표적인 약물인 로라제팜의 구조식과 몇 가지 벤조디아제핀 계열의 의약품

말로닐요소라 불리는 바르비투르산의 화학 구조를 변화시켜 만들어진 다양한 바르비투르산 유도체도 억제제로 널리 사용된다. 바르비투르산 유도체는 중추신경계의 기능을 억제하고, 정신을 안정시키는 작용을 하고, 투여량을 증가시키면 억제 작용이

강화되어 최면작용을 나타내므로 최면제로서도 이용되기도 한다. 에틸알코올이나 다른 진정제와 함께 복용하면 상승효과 때문에 매우 위험하다. 대표적인 약물은 아모바르비탈, 페노바르비탈 등이 있다.

12.4b 흥분제

흥분제(stimulant)는 중추신경계를 흥분시키고, 특히 뇌의 기능을 항진시키는 약물이다. 흥분제는 뇌, 심장, 혈관에서 노르에피네프린, 세로토닌, 도파민 생성을 자극한다. 세로토닌, 노르에피네프린, 도파민은 정보 전달 과정에서 신경 전달 물질로서 중요한 역할을 한다. 우리의 뇌는 약 천 억 개가 넘는 신경 세포들이 모여서 전기적 신호를 통해 정보를 통합하고 교환한다. 그 과정을 통해 우리는 생각하고, 감정을 느끼고, 판단하며, 몸이 유지될 수 있게 생체 리듬과 운동을 조절한다. 신경 전달 물질은 어느 한 신경 세포에서 다른 신경 세포로 신호를 전달할 때, 전기적 신호가 할 수 없는 정보 전달 역할을 하는 화학 물질을 말한다. 흥분작용이 있는 주요 물질로는 카페인, 암페타민, 코카인, 아트로핀, 피크로톡신 등이 있다.

암페타민류 약물에는 암페타민, 덱스트로암페타민 그리고 메스암페타민(필로폰) 등이 있다. 엑스터시도 암페타민을 공정을 달리해 만든 신종 마약이다. 암페타민은 매우 강력한 중추신경 흥분제로서 기관지 천식, 비만증, 우울증, 파킨슨씨병, 간질, 수면 발작 등 치료에 사용되고 있다. 암페타민과 메스암페타민의 구조가 신경 전달 물질인 에피네프린과 비슷하다는 것을 주의 깊게 보면 이 들의 작용을 이해하는데 도움이 된다.

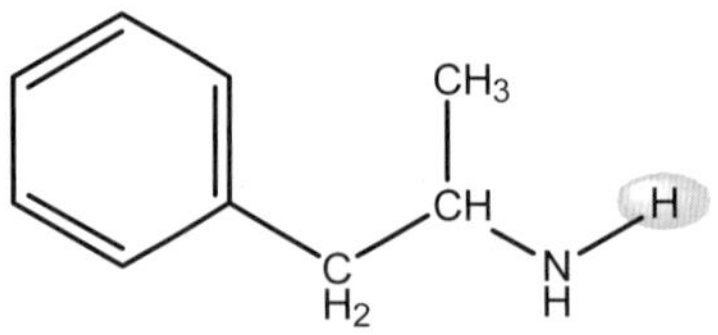

암파타민

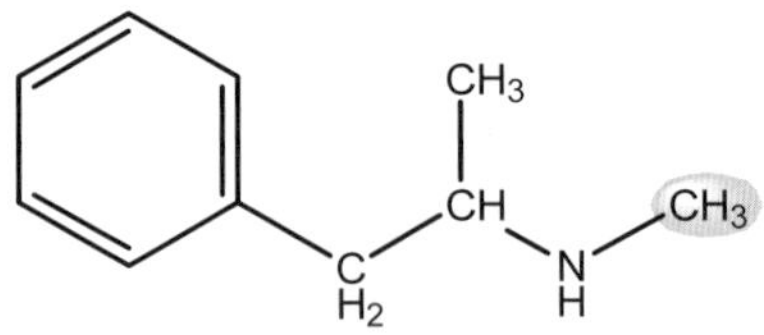

메스암페타민
(필로폰)

코카인(cocaine)은 극히 위험한 마약으로 거래나 사용이 법률로 엄격히 규제되고 있다. 의료용으로는 국소 마취제로 안과나 이비인후과에서 사용되기도 한다. '크랙'이라고 부르기도 하는데, 이는 코카인의 제조 과정에서 혼합물을 가열할 때 이산화탄소가 발생하며 나는 소리에서 유래되었다. 코카인의 중독량은 0.1g이고 치사량 1.0g이다. 대량 사용에 의한 급성 중독일 경우 현기증과 안면이 창백해지며 동공 산란 등의 현상이 일어나고, 정신 착란, 환각, 환청, 실신 등이 동반할 수 있으며, 호흡 곤란이나 허탈을 일으켜 사망하게 되는 극히 위험한 마약이다.

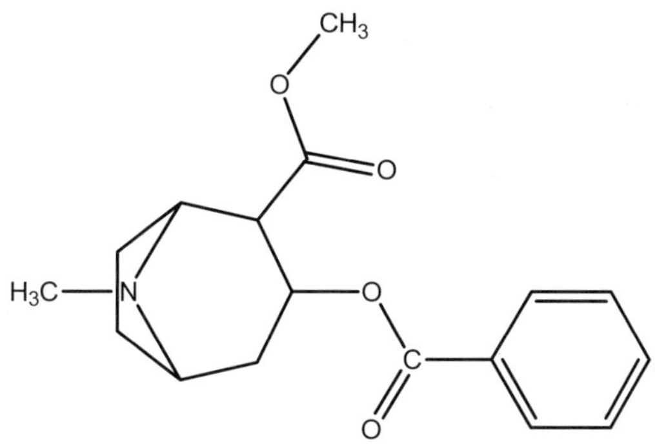

코카인

피크로톡신은 주로 바르비투르산계 최면제에 의한 약물 중독의 치료에서 호흡 및 중추신경계의 자극제로 쓰인다. 이 물질은 소화관에서 쉽게 흡수되며, 사람은 20mg의 섭취로 중독 증상을 일으키는데, 치사량은 밝혀져 있지 않다. 이 독물을 함유하는 식물이 자생하는 지역의 주민들은 으깬 과실을 강이나 못에 넣어 물고기를 잡기도 한다.

12.4c 환각제

환각제는 환각 작용을 유발하는 작용 물질이다. 이들은 중독성이 있어서 마약에 속한다. 메스칼린이나 대마(마리화나), 최음제나 엑스타시도 환각제에 속한다. 여러 환각제 중 환각 작용이 가장 강한 것은 LSD(Lysergic acid diethylamide)이다. 이와 같은 물질의 소지는 법으로 엄격하게 규제되고 있으며, 일반인이 소지하는 경우 강력한 법적 처벌의 대상이 된다.

1940~50년대에 LSD는 놀라운 효능이 있는 약물로 알려져 정신과 질환을 치료하는 데 사용되기도 하였지만, 치료 효과가 별로 없고 오히려 부작용과 중독 증상이 있다고 알려지면서 1966년 UN에서 마약으로 분류하고 사용을 통제하고 있다. LSD는 내성이나 심리적 의존 현상은 있지만 신체적 금단 현상은 일으키지 않는다고 알려져 있다. 그러나 남용자의 경우에는 사용하지 않아도 환각을 반복해서 경험하는 경우가 흔하게 일어나는데, 이것을 **플래시백**(flash back)이라 한다. 1960년대에는 히피 문화의 영향과 더불어, 창작 활동을 하는 예술인들이 마약으로 주로 LSD를 복용하였다. 그러나 LSD가 금지되자 히피들은 조금 약한 환각제인 마리화나를 피우기도 했다.

마리화나(marijuana)는 약한 환각제 및 진정제이다. 마리화나는 안전한 약물이라고 주장하는 사람들도 많고, 예술가들의 감성을 높이는데 도움이 될 수 있다는 낭설이 있기도 하지만, 대부분의 전문가들은 마리화나의 주성분인 테트라하이드로카나비놀(tetrahydrocannabinol, THC)이 폐 손상, 뇌기능 저하, 면역계 저하를 유발한다는 연구결과에 대부분 동의한다.

PCP(phencyclidine)는 천사의 가루(angel dust)라고도 하며 화학적 구조는 LSD와 거의 비슷하다. 저용량을 복용하면 알코올의 효과와 비슷하게 해방감을 주며 공중에 떠 있는 듯한 느낌과 마비 증세가 나타난다. 그러나 과량을 복용하면 환각 상태가 되어 흥분과 불안, 도취감에 빠지게 되며, 근육 경색이나 언어 장애, 판단 장애, 죽음에 대한 공포 및 신체 감각의 변화를 가져온다. 중독되면 폭력적이고 이상한 행동을 하게 되어 사고에 의한 심각한 상처와 죽음을 초래하기도 한다. 표 12.9는 마약류 관리에 관한 법률로 엄격히 사용을 제한하고 있는 향정신성 물질을 보여준다.

표 12.9 마약류 관리에 관한 법률로 엄격히 사용을 제한하고 있는 향정신성물질

구 분	종 류	약리학적 분류	중독성	증 상
마 약	아편, 헤로인, 모르핀	억제제	O	내성, 금단현상, 조정력상실, 호흡마비
	코카인, 필로폰	흥분제	O	불안, 초조, 손 떨림, 환각
환각제	LSD, PCP	흥분제, 억제제	O	불안, 초조, 환각, 예측불허 행동
	대마(마리화나)	흥분제, 억제제	X	말이 많음, 시공간 왜곡, 환각
흥분제	암페타민	흥분제	O	피로, 불면증, 적개심, 편집증, 환각
흡입제	부탄, 본드, 아세톤	억제제	?	혼수, 지각이상, 언어장애, 환각, 현기증, 무의식

12.4d 진통 마취제

모르핀(morphine)과 같은 마약성 진통제는 중추신경계에서 통증의 전달을 억제하여 진통 효과를 나타내며, 진통 작용이 큰 편이나 오남용의 위험이 있다. 모르핀은 양귀비 식물이 만드는 알칼로이드 계열의 물질이다. 식물은 모르핀을 자신의 방어에 사용하기 위해서 만들어 낸다. 식물 세포벽이 외부 자극에 의해서 손상이 되면 모르핀은 비스모르핀으로 바뀌게 되고 이것이 세포벽에 농축되면서 병원균의 침입을 막는다.

식물에서 추출된 모르핀을 사람에게 투여하면 다양한 중증 통증 완화 효과를 보인다. 모르핀은 아편에서 떨어져 나온 또 다른 화합물인 헤로인과 달리 엄연히 향정신성 의약품으로 취급되는 진통제의 한 종류이다. 모르핀은 통상적인 진통제로는 듣지 않는 상황에 투여하는 최후의 진통제로 사용되고, 말기 암 환자와 같이 더 이상의 가망이 없으나, 심각한 고통을 동반하는 환자, 또는 전쟁터에서의 중상자에게만 사용되는 것이 원칙이다. 모르핀을 장기간 사용하게 되면 진통 작용 외에 구토를 일으키는 등 여러 부작용과 약물 의존도가 높아지고, 호흡을 억제하는 효과가 있기 때문에 과량 투여하면 호흡 곤란으로 사망할 수도 있다.

프로포폴(propofol)은 빠르게 짧은 시간 동안 작용하는 정맥으로 투여되는 전신마취제이다. 수술이나 검사 시 마취를 위해 사용되거나, 인공호흡기를 사용하는 환자를 진정시키기 위해 사용된다. 프로포폴은 하얀색 액체 형태로 되어 있어서 '우유주사'라는 별명이 있으며, 다른 마취제들과 달리 빠르게 회복되고 부작용이 적지만, 만일 오남용하면 중독될 수 있다. 그리고 프로포폴은 수련 받은 사람에 의해 투여되어야 하며 환자의 기도 유지를 위한 장치, 인공호흡, 산소 공급을 위한 시설과 즉각적인 심혈관계 소생술의 실시가 가능한 시설이 준비되어 있어야 한다. 프로포폴에 중독되는 이유는 도파민 때문이다. 프로포폴은 보상 체계에 있어 핵심적인 역할을 하는 뇌의 측좌핵 부위에서 도파민 농도를 증가시킨다. 일단 도파민 수치가 올라가면 뇌는 더 많은 도파민을 원하게 되고, 보상 회로를 자극한 즐거운 시간을 뇌는 기억하고 그 일을 반복하려는 동기가 생긴다. 이 현상은 알코올, 니코틴, 도박, 또는 다른 약물 중독자들에서도 일반적으로 관찰되는 반응과 같고, 이 쾌감 중추의 작동에 의해 중독되게 된다. 국내에서 프로포폴의 오남용 및 중독 사례가 이어지면서 2011년 마약류의 하나인 향정신성 의약품으로 분류되었다.

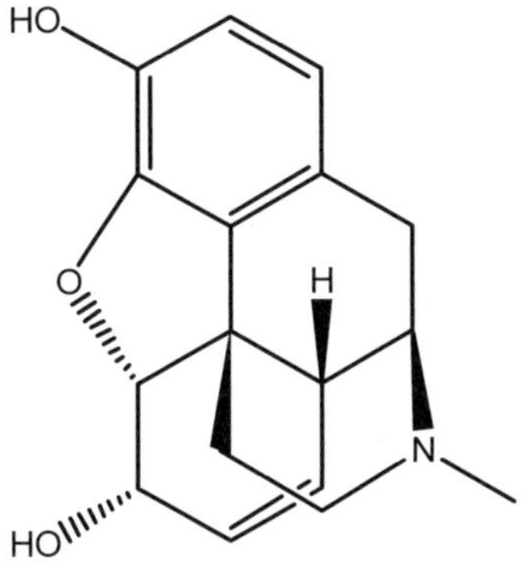

모르핀

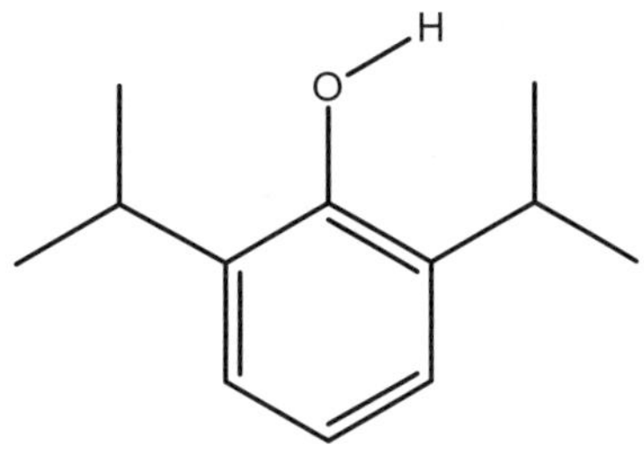

프로포폴

연습문제

12.1 항생제는 숙주세포에는 해를 주지 않고 병을 일으키는 미생물을 공격하여 증식을 저해하는 의약품이다. 페니실린은 세균의 세포막에 겐타마이신과 같은 항생제는 단백질 합성을 방해하여 세균의 증식을 억제한다. 그들의 작용 기전을 자세히 설명하시오.

12.2 암을 치료하는 방법 중의 하나인 항암화학요법은 크게 세포독성 항암화학요법과 표적 항암화학요법이 있다. 두 가지 방법의 차이점을 쓰시오.

12.3 여성 호르몬의 합성 화합물을 이용하여 피임약으로 사용한다. 어떻게 작용하는지 설명하시오.

12.4 칼슘통로차단제(CCB)인 암로디핀(Amlodipine)과 안지오텐신 수용체차단제(ARB)인 발사르탄(valsartan)을 복합제로 병용하여 고혈압과 협심증 치료에 널리 쓰인다. 이 혈압강화제의 작용 원리를 설명하시오.

12.5 다음은 흥분제로 쓰이는 암페타민과 메스암페타민의 분자구조를 보여준다. 이 화합물이 분자구조적인 관점에서 흥분제로 작용할 수 있는 이유를 설명하시오.

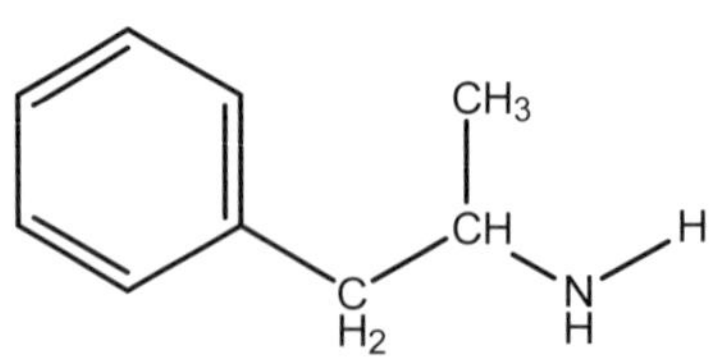

암페타민

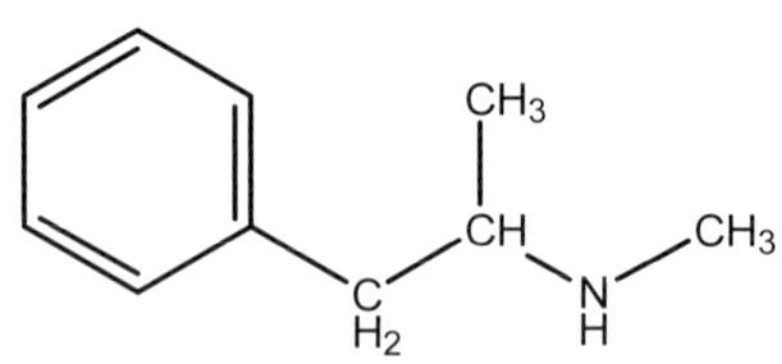

메스암페타민
(필로폰)

연습문제

12.6 향정신성의약품이란 무엇인지 설명하시오.

12.7 다음 구조를 가진 화합물은 항암제로 사용되는 화합물이다. 어떤 종류에 속하는가?

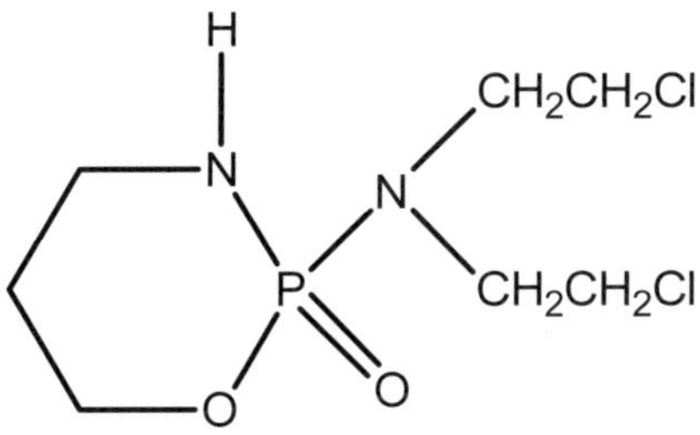

12.8 항생제에 대하여 자세히 설명하시오.

12.9 호르몬이란 무엇인지 자세히 설명하시오.

12.10 다음은 코르티솔의 분자구조를 나타낸다. 분자구조를 보고 코르티솔은 무엇인지 짐작할 수 있는 것 모두를 설명하시오.

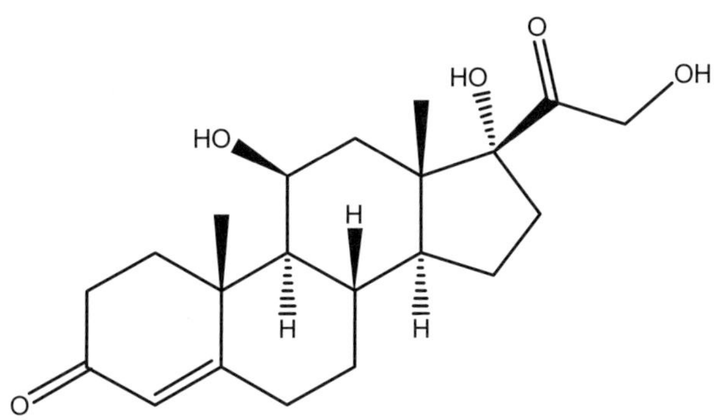

제13장
신소재 및 신기술

인류의 초기 시대에는 돌, 뼈, 나무 등 자연 물질을 단지 물리적으로 변형시켜 도구로 사용하였다. 이러한 석기시대를 거친 후 청동 야금술이 발명되고, 그에 따라 더 다양한 기구를 제작하고 사용할 수 있게 되는 청동기 시대를 거치게 되었으며, 철이 그 뒤를 이으면서 인류의 삶과 문명은 도구의 사용으로 인해 막대한 영향을 받게 된다. 현재에 와서는 주로 화석연료를 원재료로 이용하여 수많은 새로운 고분자 물질이 생산되어 유용되고 있다. 그래서 현재를 플라스틱 시대라고 부르는 사람들도 있다. 분명한 것은 지금의 인류는 지구상에 존재하는 화합물들을 다양한 화학반응을 이용하여 변형시켜서, 우리에게 더 유용한 새로운 기능과 특성을 가진 물질을 만들 수 있는 기술과 능력이 나날이 발전하고 있다는 것이다.

과학의 발전과 함께 새로운 기술이 개발되고 나날이 발전하고 있다. 통신 분야를 예로 들면, 옛날에는 사람이 직접 구두나 서신으로 서로 소통하던 시절이 있었는데, 유선전화가 개발되면서 지구 반대편에 있는 사람에게도 실시간으로 소통할 수 있었고, 무선전화를 이용할 수 있는 시대에 접어든지 얼마 되지 않아 벽돌 만한 크기의 휴대전화가 손안에 들어올 만한 크기로 작아졌고, 또한 인터넷이 대중화 되면서 휴대전화의 용도는 엄청나게 다양하게 되었다. 기술이 발달함에 따라 화학 분야에서도 새로운 기술이 요구하는 재료들을 공급하기 위해 새로운 소재들이 개발되어 왔다. 현대 사회의 기반이 되는 반도체의 개발을 통해 트랜지스터 장치는 세계를 혁명적으로 변화시켰고, 금속보다 전도성이 더 좋은 물질의 개발은 더 강력한 전자석을 만들 수 있게 되었으며 핵 입자 가속기나 의료 진단기기인 자기공명영상(MRI)에 응용될 수 있게 되었다. 그리고 개선된 세라믹 재료는 높은 온도에서도 강도를 유지하고 전자 산업에 유용한 전기적, 광학적, 자기적 특성을 갖게 됨으로 인해 기술의 개발을 가속화하는데 기여할 수 있게 되었다.

기술 분야뿐만 아니라 의료 분야에서도 진단과 치료 기술이 두드러지게 발전하여 왔고, 더불어 불치병이나 난치병에 효능이 있는 새로운 신약들이 개발되어 인류는 더 건강하고 연장된 삶을 살 수 있게 되었다. 예전에는 혈액 검사나 청진기 등을 이용하여 인체 밖에서 진단하던 시대에서, 내시경이나 영상 기술 등을 이용하여 인체 내부를 들여다보며 진단할 수 있게 되었다. 그리고 치료법도 레이저나 감마나이프 등을 이용하여 외과적 수술을 대체하는 기술이 개발되었고, 또한 신약의 개발과 더불어 기존 약물도 약물 방출 속도를 조절하거나 약물을 목표 부위에 효율적으로 전달하는 방법을 이용하여 의약품의 부작용을 최소화하고 효능과 효과를 극대화하는 시스템을 이용할 수 있게 되었다.

이장에서는 화학과 관련이 깊은 새로 개발되었거나 개발 중에 있는 신소재들을 알아보고, 또한 화학의 발전으로 인해 개발될 수 있었던 새로운 기술들을 소개하고자 한다.

13.1 신소재

지금 우리는 일반적으로 유기재료, 무기재료, 금속재료로 크게 분류되는 소재들을 다양하게 사용하고 있고, 또한 새로운 신소재들이 계속 개발되고 있다. 신소재는 기존 소재의 결점을 보완하거나 보다 우수한 특성을 창출하여 종래에 없던 새로운 기능과 특성을 가진 물질을 말한다. 보통 신소재는 기존 소재를 단독 또는 여러 개를 다양하게 조합하여 새로운 공정이나 기술로 생산하고 있다. 지금까지 개발된 신소재를 크게 분류하면 신금속 재료, 비금속 무기 재료, 신고분자 재료, 복합 재료 등으로 나눌 수 있다. 예를 들면, 신금속 재료는 형상 기억 합금, 비정질 금속 재료, 초전도 재료 등이고, 비금속 무기 재료는 파인 세라믹스, 광섬유, 결정화 유리 등이다. 그리고 신고분자 재료는 엔지니어링 플라스틱, 고효율성 분자막, 태양광 발전 플라스틱 전지 등이며, 복합 재료는 바이오센서, 복합 재료, 탄소 섬유강화 플라스틱, 섬유강화 금속 등이다. 새로운 기능을 가진 신소재의 개발은 물질의 응용 분야를 더 넓힐 수 있는 가능성을 부여할 뿐만 아니라, 물질의 제한된 특성으로 인해 현실화하기 어려웠던 분야도 개척할 수 있는 가능성을 제공한다. 예를 들면 인체에 잘 적응할 수 있는 물질의 개발로 인공 관절이나 인공 치아를 만들 수 있게 되었고, 초전도체 특성을 갖는 물질의 개발은 자기부상열차의 현실화를 앞당길 수 있게 된다. 또한 진공 상태에서도 신체를 유지할 수 있는 압력을 유지할 수 있고, 호흡을 위한 산소 공급이 가능하고, 또한 극심한 온도 변화에도 불구하고 체온의 유지가 가능한 우주복은 신소재의 개발이 없었다면 가능하지 않았을 것이다.

지금 수많은 나라들이 신소재 기술 개발을 앞 다투어 추진하고 있는 신소재 개발 경쟁시대에 접어들고 있다. 특히 신소재는 정보통신, 생명과학, 신에너지 분야의 기반기술이 되면서 이들 기술과 더불어 21세기의 주력 산업기술이 될 것으로 전망된다. 현재 수많은 종류의 신소재들이 개발되어 왔고 그들의 기능과 특성 그리고 용도들도 점점 다양해지고 있다.

13.1a 신금속 재료

신금속 재료는 기계적, 화학적, 그리고 전기적으로 기존의 금속 재료 보다 더 우수한 특성을 가진 재료이다. 예를 들어 니켈과 티타늄을 1:1의 비율로 섞은 **형상기억합금**(shape memory alloy, SMA)인 니티노르를 예로 들 수 있다. 형상기억 효과란 어떤 상에서 형성된 합금이 다른 상에 있을 때에 변형을 받더라도, 원래의 상으로 되돌리면 형상도 원래로 되돌아가는 성질을 말한다. 보통의 금속은 일단 힘을 가하여 변형시키고 나면 가열하거나 냉각하거나 하는 것만으로는 원래의 모양으로 되돌아가지 않지만, 형상기억합금은 고온에서 기억시킨 형상을 기억하고 있어, 실온에서 일어난 변형을 일정한 온도를 넘어서 가열하면 본래의 형상으로 되돌아가는 성질을 나타낸다. 형상기억 합금은 인공심장 밸브, 인공위성 부품 등에 이용되고 인공 장기와 정형외과용 의료기기, 화재 경보기 등의 온도 디바이스, 우주개발 기기 등에 응용된다. 특히 인간이 직접 작업하기 어려운 위치에 있는 튜브나 타이프의 조이기, 접속 전원의 조인트, 온도 제어기, 의료용 재료, 우주 원자력 공업 등의 응용이 유망하다. SMA는 더 가볍고 단단한 특성을 가진 합금으로 터빈용 재료나 타이어용 스틸 등에 사용할 수 있다. 또한 이런 종류의 합금은 형상기억 외에도 두드러지게 큰 탄성과 뛰어난 방진(dust proof)특성 등을 갖는다.

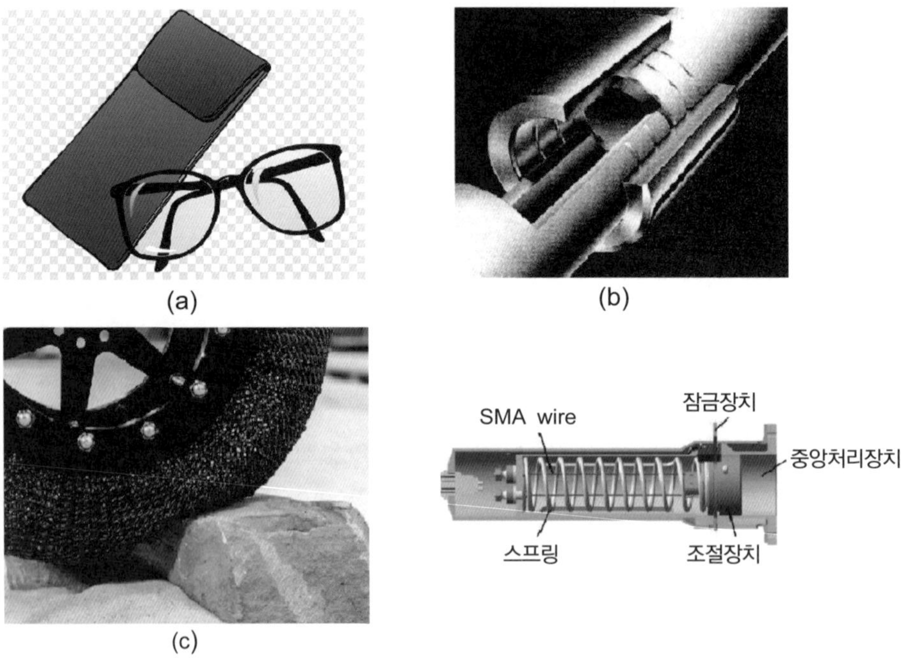

그림 13.1 형상기억 합금은 간단하게 (a) 안경프레임으로 유용하게 사용될 수 있고, 그리고 (b) 직접 작업하기 어려운 위치에 있는 파이프의 조인트에 이용될 수 있다. 또한 (c) 자동차 타이어 또는 (d) 우주선 추진 장치의 구동 밸브에 이용될 수 있다.

그 외에도 화학적으로는 잘 부식되지 않고 기체를 흡수할 수 있는 기능이 있는 재료는 전극 재료나 수소저장 재료로 이용될 수 있다. 또한 전기적으로 초전도체(superconductor) 특성을 지닌 합금은 자기부상열차나 고에너지가속기 등에 응용될 수 있다.

초전도체는 임계온도(critical temperature, Tc)에 가까운 온도에서 전기 저항이 영(zero)이 되는 성질을 지닌 합금이다. 이 물질은 입력된 에너지를 거의 완벽하게 전달할 수 있는 특징을 갖는다. 최근에 Nature지에 발표된 논문에 의하면 독일 막스 플랑크 연구소에서는 섭씨 영하 70도에서 초전도성을 나타내는 물질을 발표하였다(이전의 기록은 섭씨 영하 110도였다). 그림 13.2에 보여 지는 것과 같이 영의 저항을 가진 초전도체로 만든 케이블로 현재 사용하고 있는 크고 무거운 고전적인 케이블을 대체하면 에너지 손실 없이 전력을 전도할 수 있다. 니오븀-티타늄(NbTi)은 초전도성 자석을 만드는데 사용되는 초전도체 케이블에서 가장 흔히 사용되는 합금이다. 초전도체 케이블은 전력, 에너지 산업, 대용량 컴퓨터, 그리고 전기산업 응용 등 다양한 용도로 사용될 수 있다.

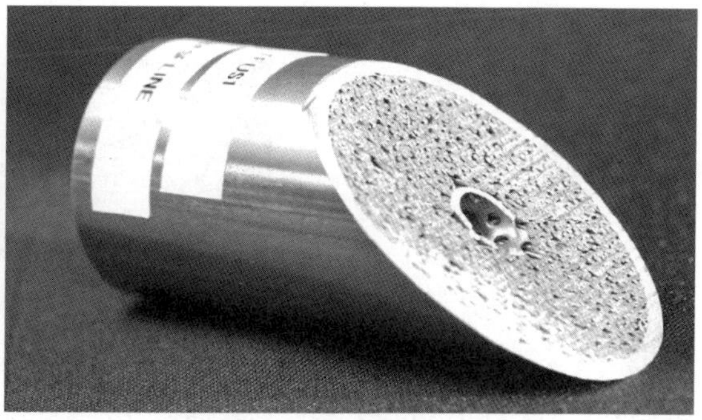

그림 13.2 (a) 초전도체는 영의 저항으로 전기를 전도하는 물질이다. 지금까지 모든 초전도체는 자연적으로 얻을 수 없는 극히 낮은 온도에서 초전도성을 나타낸다. (b) 니오븀-티타늄(NbTi) 합금으로 만든 초전도체 케이블의 단면. 일반 케이블의 저항은 전력 전달에서 에너지 손실을 가져온다. 반면 초전도체 케이블은 전력 손실이 없다. 출처 : (b) CMFE News.

13.2b 비금속 무기재료

도자기, 유리, 시멘트, 내화벽돌, 타일 등을 세라믹이라고 총칭한다. 천연이나 인공적으로 합성한 이러한 비금속 무기재료를 충분한 정제과정으로 불순물을 제거한 고순도의 무기화합물을 원료로 하여, 재질을 균일하게 하여 더 정교하고 강력하게 가공한 새로운 세라믹을 **파인 세라믹스**(fine ceramics)라고 한다. 파인세라믹스는 금속이나 플라스틱의 뒤를 이어 '**제3의 소재**'라고 불리기도 한다.

질화규소나 탄화규소 등의 세라믹은 내열성이 우수하기 때문에 가스터빈, 디젤엔진 등 고온용 기계 재료에 이용될 수 있다(그림 13.3). 그리고 고강도 알루미나 세라믹은 초정밀가공성, 내열성, 절연성 등이 철 보다 우수하여 식칼이나 가위, 절삭공구 등에 이용된다. 그리고 실리콘의 순도와 결정 배양 기술을 높이고 형성된 산화막의 화학적인 안정성과 절연성을 향상시켜 IC기판이나 배선기판 등의 절연재료 또는 반도체 재료로 이용한다. 또한 산화규소(SiO_2), 산화마그네슘(MgO) 그리고 산화칼슘(CaO) 등의 유리세라믹(glass ceramics)은 인공관절, 인공치아, 인공뼈 등으로 실용화되고 있다. 특히 고순도의 규소 산화물(SiO_2, 실리카)을 기술적으로 결정화한 결정화 유리(crystallized glass)를 만들고, 이 물질을 이용하여 빛의 손실을 획기적으로 낮춘 광섬유(optical fiber)를 개발하여 광통신에 이용하고 있다. 이 재료를 이용하여 만든 광섬유는 수십 마이크론(μ m) 굵기의 광섬유 한 가닥 속에 들어있는 지극히 정교하고 치밀한 광도파로(optical waveguide)는 동시에 만 개 이상의 정보를 전달할 수 있다. 그림 13.3은 향상된 기능을 가진 파인 세라믹스와 유리 세라믹의 용도를 보여준다.

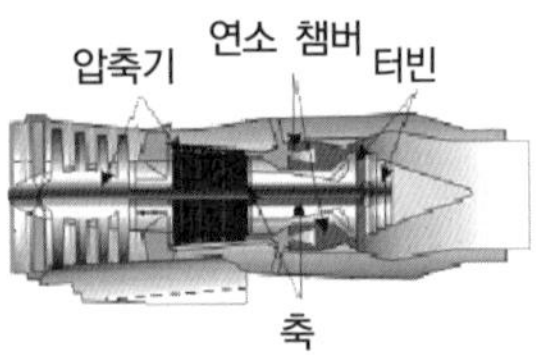

(a)

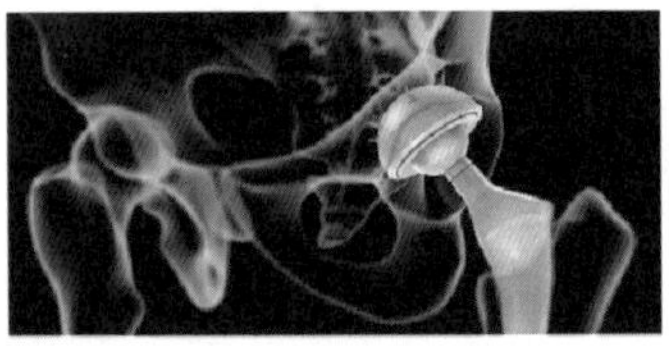

(b)

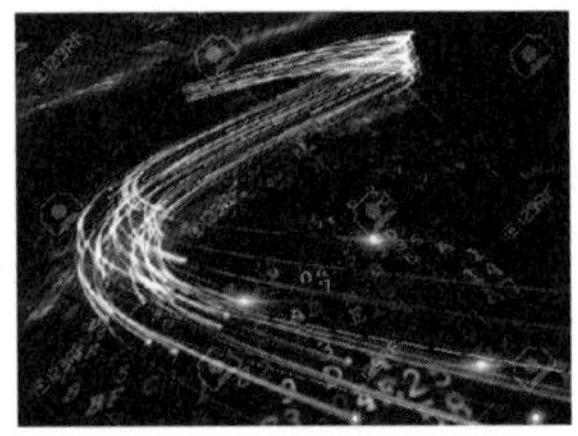

(c)

그림 13.3 (a) 내열성이 우수한 파인세라믹스는 가스터빈 등 고온재료에 이용된다. (b) 유리세라믹스는 인공관절, 인곡치아, 인공뼈 등에 이용된다. (c) 결정화 유리로 만든 광섬유는 빛의 손실을 획기적으로 낮출 수 있다.

13.3c 신고분자 재료

일반적으로 플라스틱은 가공하기 쉽고 가벼우며 부식에 강한 성질을 가지고 있다. 하지만 열에 약하며 마모가 잘되고 강도가 약한 단점이 있다. 이러한 단점을 보완하여 보다 우수한 성질을 가진 플라스틱을 개발한 것이 바로 **엔지니어링 플라스틱**(engineering plastic, EP)이다. EP는 분자량이 몇 십에서 몇 백 정도의 저분자 물질의 플라스틱과는 달리, 몇 십만에서 몇 백만이나 되는 고분자물질이다. EP는 처음으로 미국의 뒤퐁사가 '철에 도전하는 재료'라는 슬로건 아래 개발한 폴리아미드 수지를 개발하면서 쓰기 시작한 용어이다. 이 물질은 금속의 성질에 가깝고 그보다 더 월등한 기능과 특성을 지닌 플라스틱으로 공업 재료나 구조 재료로 사용되는 강도 높은 플라스틱이다. 대표적인 엔지니어링 플라스틱은 폴리아미드(PA), 폴리아세탈(POM), 폴리카보네이트(PC), 폴리에틸렌 테레프탈레이트(PBT), 변성 폴리페닐렌옥사이드(PPO) 등이 있다. 강철과 비슷한 강도를 가진 EP는 기어, 볼트, 너트 등의 부품으로 이용되며, 열에 강한 플라스틱은 열교환기나 고온 튜브에 이용된다. 전도성이 높은 것은 전송분야에 쓰이며 감광수지는 광학용으로 쓰이고 있다. 그림 13.4은 엔지니어링 플라스틱의 용도의 예를 보여준다.

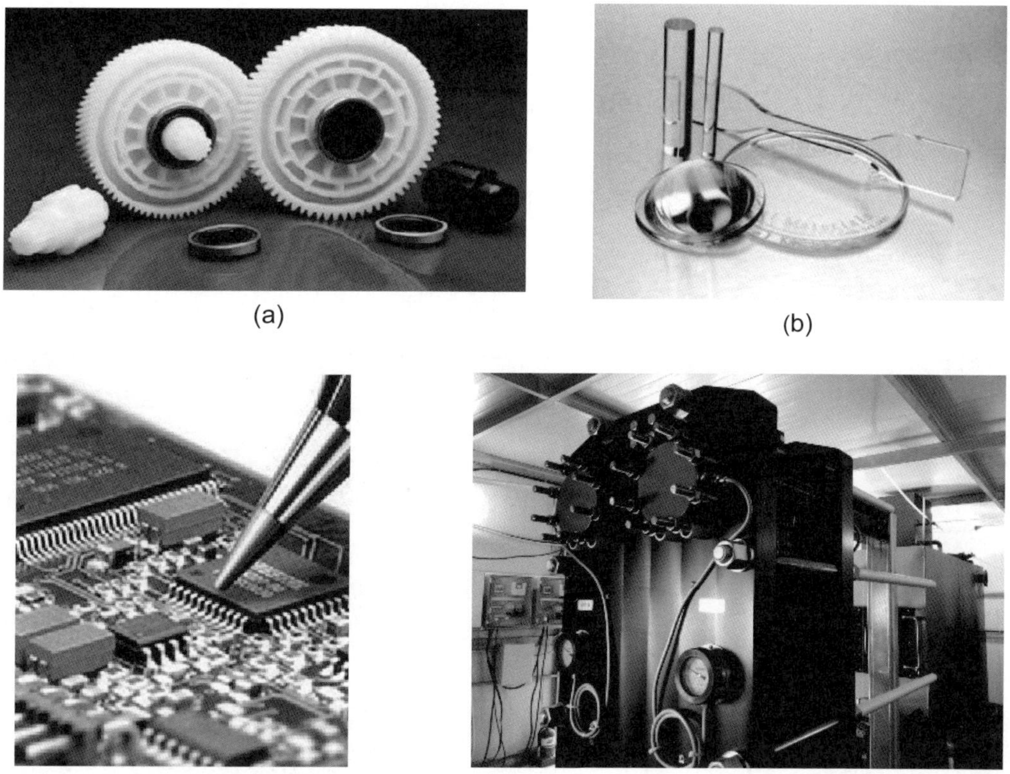

(a) (b) (c) (d)

그림 13.4 엔지니어링 플라스틱의 여러 용도 (a)강철과 같이 강하고 가벼운 특성을 이용하여 기어, 볼트, 너트 등의 부품으로 이용된다, (b)내열성과 광학적 특성이 높아 광학용 플라스틱을 대체한다. (c)전기전자 분야에 이용되는 유기고분자, (d)열에 강하고 부식성이 없어 해수용 열교환기에 사용이 가능하다.

13.4d 복합 재료

복합 재료(composite material)는 두 종류 이상 소재를 복합하여 물리적 화학적으로 원래의 소재보다 우수한 성능을 나타내는 재료이다. 복합 재료는 강철같이 강하고, 가벼우며, 열에 강한 특성을 가졌다. 예를 들면, 강도가 좋으면서도 가벼운 재료를 만들기 위해서 엔지니어링 플라스틱에 탄소섬유 또는 유리섬유 등을 혼합하여 강화시킨 섬유강화플라스틱(fiber reinforced plastic, FRP)은 자동차부품, 비행기 날개, 테니스 라켓, 안전헬멧 등에 이용된다. 그리고 금속 안에 매우 강한 섬유를 넣어 금속과 같은 기계적 강도를 가지면서도 가벼운 섬유강화금속(fiber reinforced metal, FRM)은 우주, 항공 분야에 이용된다. 또는 세라믹에 섬유를 섞어 강화시킨 섬유강화세라믹(fiber reinforced ceramic, FRC)은 주로 구조용 세라믹 강도의 불균일, 파괴인성, 파괴에너지, 고온 크리프(creep) 특성 등의 향상이 주요 목적이다. 크리프 현상은 물체가 시간이 흐름에 따라 천천히 변형되어 가는 현상을 말하며, 일정온도에서 10만 시간에 1% 변형하는 속도를 크리프 강도로 표시한다. FRC는 고온에서의 강도와 안정성이 매우 뛰어나기 때문에 자동차의 브레이크, 우주항공재료로 많이 쓰이고, 친환경 건축재로도 사용된다. 이용되는 섬유 재질은 유리섬유, 탄소섬유, 아라미드섬유 등이 있다. 그림 13.5는 복합재료의 용도를 보여준다.

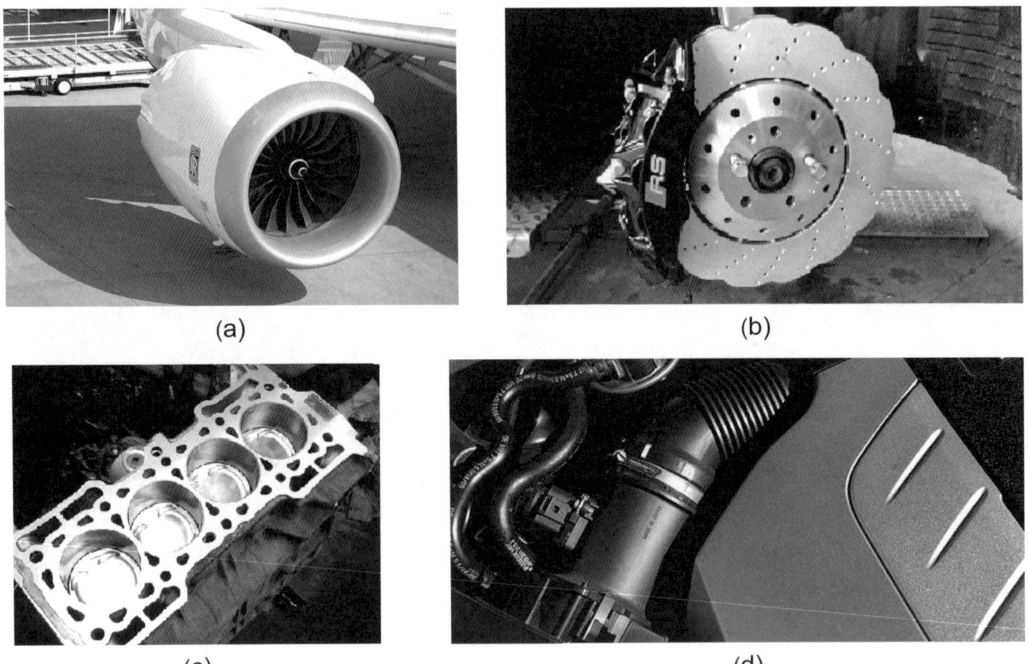

(a) (b) (c) (d)

그림 13.5 복합재료의 용도 (a) FRP는 자동차 부품, 비행기 날개 등에 이용된다. (b) FRC는 고온에서의 강도와 안정성이 매우 뛰어나기 때문에 자동차의 브레이크나 우주항공재료 등으로 쓰인다. (c), (d)금속과 같은 기계적 강도를 가지면서도 가벼운 FRM과 FRP를 이용하여 자동차의 엔진 부분도 만들 수 있다.

13.2 약물전달시스템

미국의 화학자이며 수많은 SF작품을 발표한 SF작가로 미래사회를 묘사하는데 뛰어난 재능을 가진 아이작 아시모프(Issac Asomov)는 1966년 마이크론 크기의 우주선 형태의 로봇을 이용하여 인체 내의 정보를 알아내는 환상적인 그림을 소개하였다(그림 13.6). 그 당시에는 공상과학 소설과 같은 발상이었지만, 현재는 내시경을 통하여 위나 내장 안을 들여다보는 기술뿐만 아니라, 인체에 주입된 마이크로 로봇을 원격으로 조정하면서 인체 내의 정보를 모니터를 통하여 확인하는 기술이 개발되어 50년 전에는 공상과학 소설 같은 발상이 현실화되었다고 할 수 있겠다. 이 발상으로 동기 부여가 되어 질병의 진단에 획기적인 발전을 가져왔을 뿐만 아니라 치료에서도 다양하게 응용되고 있다. 특히 원하는 질병 부위로만 의약품이 도달하도록 하는 약물전달시스템이 개발되어 질병을 효과적으로 치료하는 기술이 개발되었다.

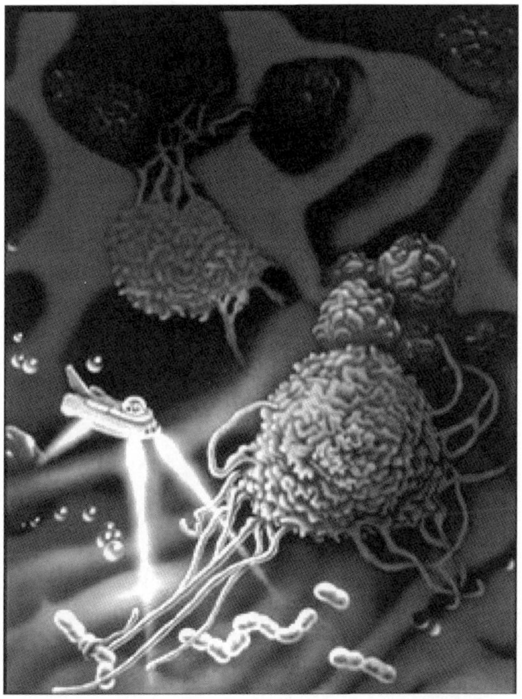

그림 13.6 아이작 아시모프의 환상적인 미래여행

현존하지 않는 새로운 약 분자를 개발하기 위해서는 많은 경비와 시간이 소요되고, 임상실험 과정에서도 상당한 장애 요소가 있다. 따라서 기존의 약품의 안전과 효험을 개선하여 효율적으로 치료 효과를 높이는 방향으로 여러 가지 방법들이 모색되고 시도되고 있다. 어떤 의미에서 약물전달시스템(drug delivery system, DDS)은 신약 개발만큼이나 중요한 문제다. 아무리 좋은 약이라도 필요한 곳에 제대로 전달되지 않으면 쓸모가 없어지기 때문이다. 약물의 효과는 체내에 투여된 약물이 표적 부위에 도달하여 효과가 발현하는데, 종래의 약물 투여방법은 체내에 투여된 약물이 목적으로 하는 부위까지 효율적으로 도달할 수 없을 뿐만 아니라, 대사나 배설 기능을 가진 부위에 트랩 되거나하기 때문에 유효 농도를 유지하는 것이 곤란하다. 따라서 목적으로 하는 부위에서의 약리 활성에 필요한 농도를 유지하기 위해 투여하는 약물의 양은 많아질 수밖에 없고 이로 인해 부작용이 발생하는 경우가 많다. 그리고 약물은 온몸에 전달되기 때문에 아프지 않은 다른 부위에도 영향을 준다. 예를 들면 먹는 소염진통제로 생기는 위궤양이나 무좀 치료를 위해 먹은 알약이 간에 손상을 입히는 것들이 대표적인 예다. 또 약효가 오래 지속되지 않는다는 단점도 갖고 있다. 따라서 이런 단점들은 극복하고 질병을 효과적으로 치료하기 위해 표적성이 있는 약물을 이용하여 표적부위에 유효 농도를 높이는 다양한 약물전달시스템이 개발되고 있다. 즉 약물의 체내 움직임을 제어하여 약물을 몸의 필요한 장소, 필요한 때, 그리고 필요한 양을 효율 좋게 운반하여 원하는 부위에서만 작용하도록 디자인하고, 약물이 필요하지 않은 부위에는 옮기지 않게 궁리한 약의 투여 방법으로 의약품의 부작용을 최소화하고 효능과 효과를 극대화하는 기술과 시스템이다. 또한 알약 형태의 의약품을 패치제로 변환하거나, 약물 방출 속도를 조절하여 하루에 세 번 복용해야 하는 약을 일주일에 한 번 복용으로 효과를 낼 수 있도록 하여 환자에게 편의를 제공하고 약물의 순응도를 높이는 기능도 있다.

약물전달은 경구(oral)투여, 주사(injection)투여, 경피(transdermal)투여, 그리고 매개체이용(carrier based) 투여 방법이 주로 이용된다.

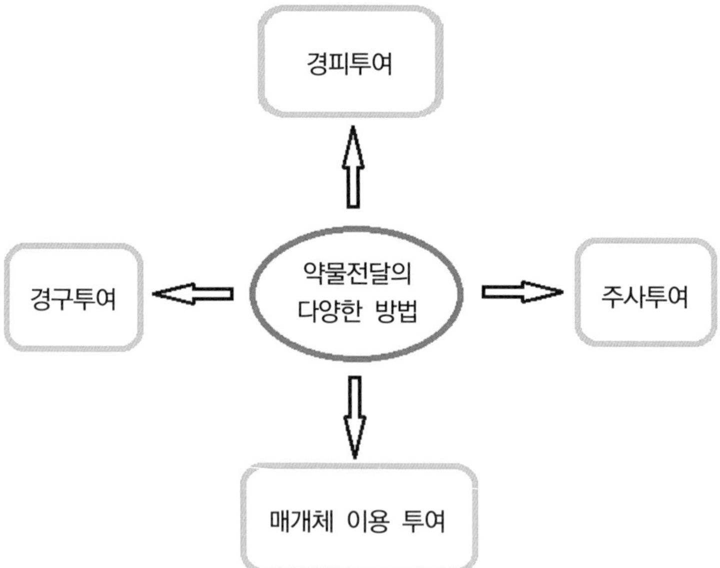

그림 13.6 약물 전달의 다양한 방법

경구(oral)를 통한 약물 투여는 위산으로 분해되지 않는 캡슐을 이용하여 특정의 세포에게만 약제를 보내거나, 자장이나 초음파 등을 이용해 약물의 전달을 외부로부터 컨트롤 하는 방법 등이 있다. 주사(injection)를 통한 약물 투여는 나노 크기의 캡슐인 유전자 캡슐을 만들어 그 안에 약물을 넣고 혈관에 투입한다. 이 유전자 캡슐은 나노 크기 때문에 정상적인 혈관에서는 밖으로 누출하지 않으며 혈관 내에서 체류하고 순환하면서 순차적으로 원하는 부위에 도달하게 된다. 예를 들어 바이러스를 모방해 만든 '크네델'(knedel)이라고 하는 나노 입자도 새로운 약물전달시스템으로 주목받고 있다. 크네델은 외피와 속 공간이 있어 빈 공간에 유전자 치료제를 넣을 수 있는 만두처럼 생긴 나노입자이다. 크네델은 바이러스가 세포에 침입하는 방식으로 세포 안에 들어가는데 직경은 10~100나노미터로 작아 신체 내 면역체계로 인해 파괴될 가능성이 적다. 따라서 크네델 입자 속에 유전자 치료제를 넣고 크네델의 표면에 단백질 전달체를 결합시키면 약물이 가장 접근하기 힘든 뇌세포 안쪽까지 유전자 치료제를 전달할 수 있게 된다.

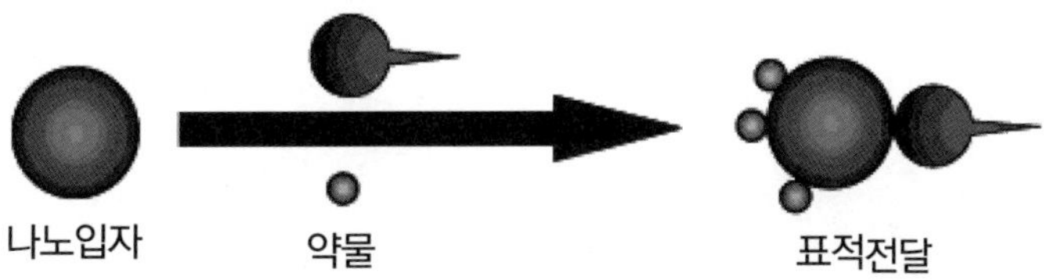

그리고 경피 약물 전달 시스템(transdermal drug delivery system)은 목적 부위 피부에 패치나 테이프 등을 붙여 피부를 통해 약물을 전달하는 방법이다. 예를 들면 협심증의 치료에 사용되는 프랑 달러 테이프를 가슴에 붙이면, 약은 테이프로부터 피부로 옮겨, 거기로부터 서서히 혈액을 통하고 심장에 옮겨지고 작용을 나타낸다. 천식 치료용 경피 패치인 톨로부테롤 테이프도 피부를 통한 약물 전달 시스템을 이용한 것이다. 이 테이프의 점착층에는 기관지를 확장시켜 천식 환자가 보다 쉽게 호흡할 수 있도록 하는 약물이 포함되어 있다. 피부에 이 패치를 붙이면 약물이 피부에 침투한 후 모세혈관을 통해 혈류로 흡수되어 전신으로 흐르게 되는데, 이는 주사를 사용하는 것과 효과가 동일하다. 또한 이 테이프는 전통적인 경구 및 흡입 방법과 달리 신체의 약물 농도를 적절하게 조절할 수 있는 이점이 있다.

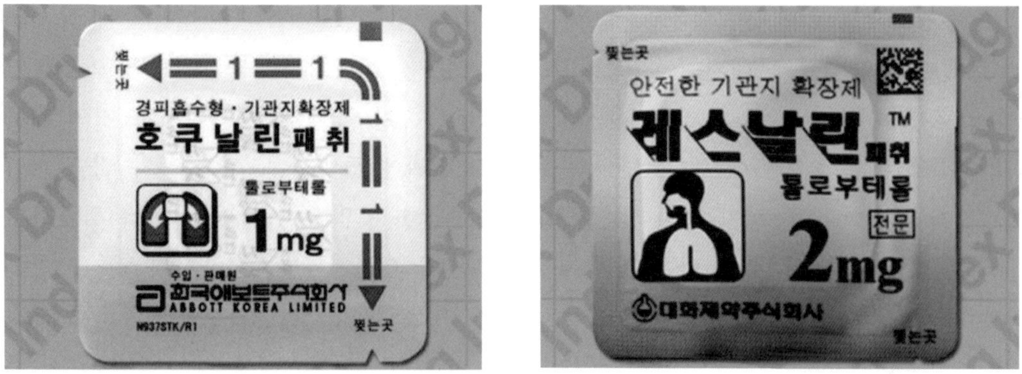

그림 13.8 천식 치료용 툴로부테롤 경피 패치

마이크로 바늘도 효과적인 경피 약물전달 시스템으로 각광을 받고 있다. 마이크로 바늘을 피부에 부착하면 피부 속 수분으로 바늘이 녹으면서 약물이 체내에 흡수되어 기존의 주사제 방식보다 통증이 없으면서 안전하고 사용이 편리한 장점이 있다(그림 13.9).

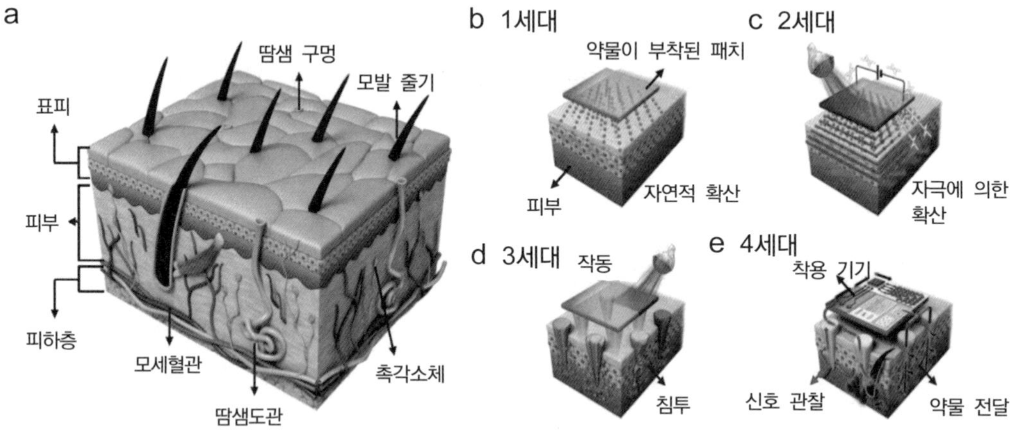

그림 13.9 (a) 인간 피부의 단면도 (b) 1세대 경피 약물 전달 시스템 : 자연적 확산에 의해 약물이 투입된다. (c) 2세대 경피 약물 전달 기술: 외부자극에 의해 약물이 투입된다. (d) 3세대 경피 약물 전달 기술 : 마이크로 바늘을 이용하여 피부 표면에 약물을 투입한다. (e) 4세대 경피 약물 전달 기술 : 착용기기를 이용하여 환자 개개인의 요구에 맞춘 치료 요법을 적용한다.

그리고 매개체 이용 투여는 표적 분자를 포함한 나노 입자에 약물을 붙여놓으면 표적 분자를 따라 약물이 목적 부위에 도달하게 된다. 그림 13.11은 매개체를 이용한 약물전달시스템에서 이용되는 여러 매개체들을 보여준다.

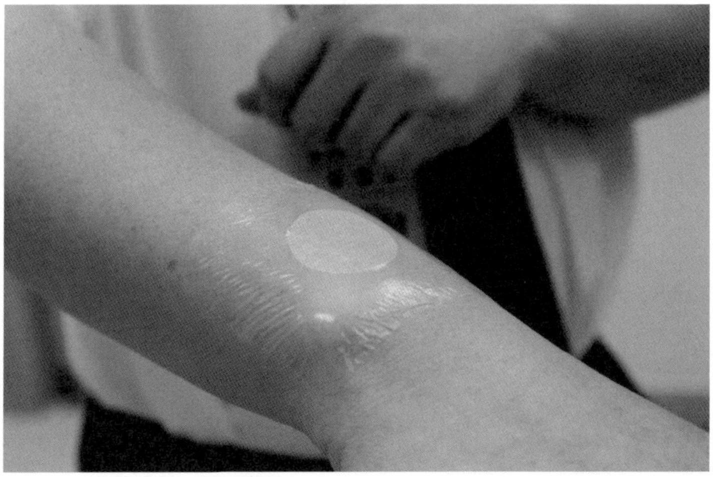

그림 13.10 한국기계연구원이 개발한 '나노·마이크로 DNA 니들패치'를 피부에 붙인 모습. 주삿바늘 대신 체내에 약물을 전달해 줄 수 있다.

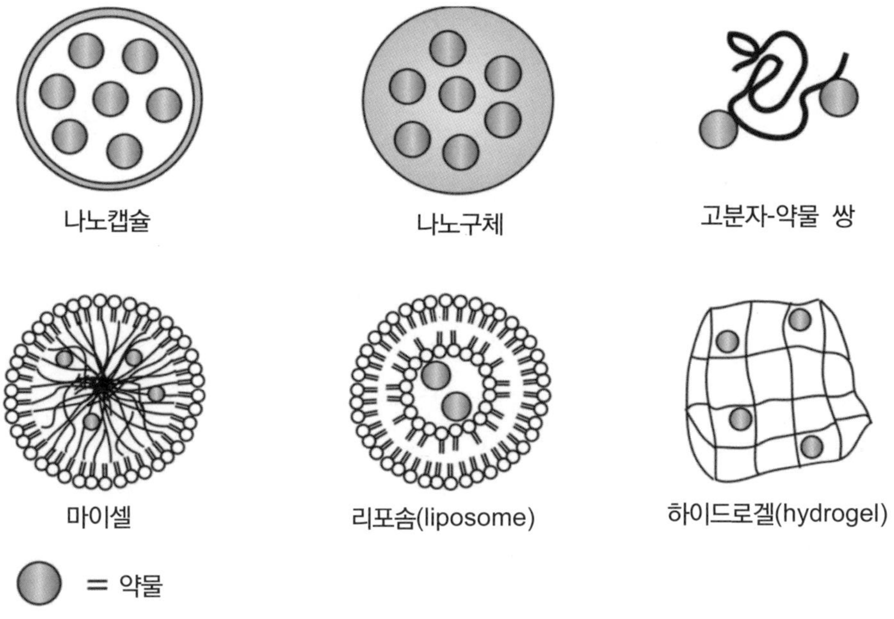

그림 13.11 매개체를 이용한 약물전달 시스템

빅터 암브로스와 앤드루 파이어 박사는 우연히 단일가닥의 RNA 염기들을 결합시킨 이중 가닥의 RNA를 예쁜꼬마선충의 세포 안에 주입하자 짝이 맞는 RNA만 특이적으로 파괴되면서 유전자 발현이 억제된다는 사실을 알아냈다. 두 연구자는 이 현상을 **RNA 간섭**이라 명명하였다(그림 13.12).

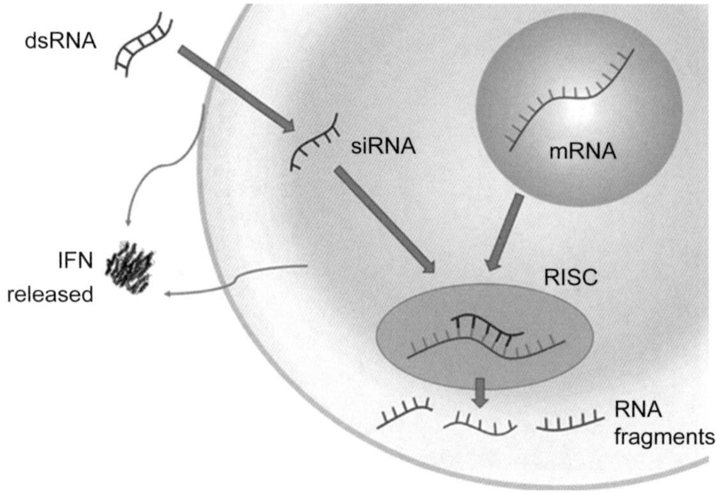

그림 13.12 RNA는 작은 RNA 분자 조각들이 특정 mRNA를 파괴하는 세포 과정을 활성화시키는 자연적으로 일어나는 과정이다.

RNA 간섭 현상을 이용하여 질병의 발병에 관련하는 유전자를 억제한 뒤 유전자 치료 등에 응용할 수 있다. 특히 바이러스 감염, 암 등의 치료에 유용하다. 바이러스나 암세포가 해로운 단백질을 만들지 못하도록 RNA를 넣어주면 수 nm 길이의 마이크로 RNA(miRNA)나 소간섭 RNA(siRNA)가 RNA 간섭 현상을 유도할 수 있다. 이 방법을 이용하여 바이러스나 암 유전자나 유전 질환을 일으키는 변이 유전자를 표현으로 한 RNA 간섭 약물이 나온다면 혁신적인 바이러스나 암 치료 방법이 될 것이다. 현재의 항암제는 암세포 단백질의 특정 부위에 결합하는 방식이기 때문에 정상 세포의 단백질에도 달라붙을 수 있어 부작용을 일으킨다. 하지만 miRNA나 siRNA는 목표하는 단 하나의 단백질만 막을 수 있기 때문에 부작용 없는 맞춤형 약물의 역할을 할 수 있다. RNA 간섭을 활용한 치료를 현실화할 수 있는 관건은 약물전달시스템의 개발이다. 즉 목적지인 조직에 도착할 때까지 안전하게 운반하는 전달체가 필요하다. 2018년 RNA 간섭 현상을 이용한 유전질환치료제가 처음으로 미국 식품의약국(FDA)에 의해 의약품으로 인정되었다. 희소 신경손상질환 치료 약물인 파티시란(patisiran. 제품명은 온파트로)은 양(+)전하를 띠는 지질나노분자로 음(-)전하를 띠는 짧은 RNA 염기가닥을 이중으로 감싼 뒤 지름 50~100nm 크기의 나노입자로 만든 약물전달시스템을 사용했다.

최근에는 바늘 없이 체내에 약물을 전달하는 기술이 개발되었다. 즉 주삿바늘의 고통에서 벗어나는 니들프리(needle free) 약물전달시스템을 이용하는 것이다. 미국 매사추세츠공대(MIT) 이안 헌터 교수팀은 금속 바늘 대신 제트 주사 기기를 이용하여 주사액을 초고속으로 분사하는 방법을 개발하였다. 그림 13.13에 나타나 있는 것과 같이, 이 방법은 사람의 머리카락 굵기보다 얇은 물줄기를 초속 200m 속도로 내보내기 때문에 사람은 통증을 느끼지 않고 약물을 성공적으로 전달할 수 있다. 주사제로는 백신, 마취제, 호르몬제, 인슐린 등 액상으로 된 약물이라면 모두 사용 가능하다.

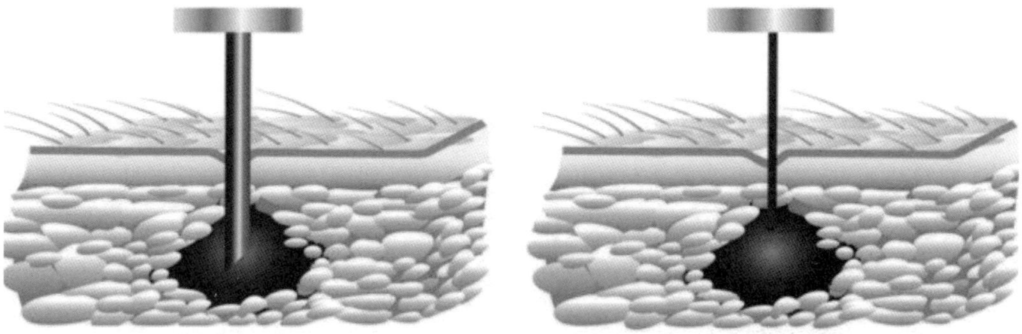

그림 13.13 일반적인 주사기(왼쪽)와는 달리 제트 주사기기(오른쪽)는 주삿바늘이 없다. 약물을 머리카락 굵기보다 얇은 물줄기로 순간적으로(초속 200m) 내보내기 때문에 고통이 느껴지지 않는다. 출처 : 미국 매사추세츠공대(MIT)

그림 13.14 미국의 포털인스트루먼트 회사가 개발한 제트 주사기기 프라임(PRIME). 주삿바늘 없이 주사제를 고압으로 가늘고 빠르게 분사해 통증이 느껴지지 않는다. 출처 : 포털인스트루먼트

13.3 유전자 조작

지금까지 지구상의 인구가 지속적으로 증가하고 있는 상황에서, 만일 식량의 수요 증가가 공급될 수 있는 양을 초과하는 현상이 발생하게 되면 세계는 심각한 기아 문제에 봉착하게 될 것이다. 전문가들은 이 현실이 가까이 다가오고 있다고 예측하고 있으므로 이는 인류에게 큰 우려를 가져오고 각가지 사회적 문제들로 인해 우리에게 커다란 압박으로 다가오고 있다. 따라서 우리는 지금보다 작물을 더욱 쉽게 재배하고 수확량을 더 많이 얻을 수 있는 방법을 항상 모색해오고 있다. 또한 맛이나 영양가가 더 많은 작물을 얻기 위한 노력을 기울이고 있다. 이러한 현실에서 유전자 지식을 이용하여 유전자 변형을 통해 얻어지는 유전자변형 농산물(genetically modified organism, GMO)이 그 해결책 중의 하나가 될 수 있을 것이다.

유전자 조작에 대해 찬성과 반대 의견은 사회적 윤리적으로 많은 논쟁의 대상이 되고 있다. 이 논쟁이 계속되는 이유는 유전자 조작이 과학적으로 매우 복잡하기 때문이다. 유전적 측면에서 보면, 작은 세포 하나도 복잡한데, 유기체는 정말 복잡할 것이고, 하물며 생태계는 상상할 수 없을 만큼 복잡할 것이다. 따라서 유전적인 작은 변화가 발생하면 전체 생태계에 예상치 못한 또 다른 변화를 줄 수도 있다. 결론적으로 유전적 분야에서는 일련의 행동에 대한 결과의 예측이 거의 불가능하다는 것을 의미한다. 유전공학의 찬성하는 사람들은 유전자를 조작함으로써 세계 기아 문제를 해결할 수 있고 더 깨끗한 환경을 만들 수 있다고 주장한다. 반면, 반대하는 사람들은 슈퍼 박테리아나 슈퍼 내성 잡초 등의 문제가 야기될 것이고, 특히 지구의 생물 생태계의 다양성이 급속히 감소될 것이라고 지적하고 있다.

물론 하나의 씨앗에 미세한 유전적 변화를 만들어서 세계의 기아 문제를 해결할 수도 있다. 하지만 이 행동으로 인해 인류에게 전혀 예측하지 못한 여러 가지 부정적인 현상들이 발생할 수 있다. 따라서 우리는 현재와 미래 세대 모두를 위해 현명하게 행동해야할 막중한 책임이 있기 때문에, 이 부분에서 정말 심각하게 고민하고 행동해야할 필요가 있다. 이 행동으로 인해 인류에게 미칠 수 있는 영향과 그로인해 발생할 수 있는 모든 결과들을 반드시 고려해야 한다. 행동 할 것인가, 하지 않을 것인가를 결정하는데 있어서 가장 합리적인 전제는 '해를 입히지 않는다.'일 것이다.

이 장에서는 유전자 변형 식품들에 대해 알아보고, 유전자 조작에 대한 질문을 스스로 가져보도록 한다. 유전자 조작에 대한 당신의 생각은 어떠한가? 유전자 조작을 한다면 어디까지 확장하고 어디까지 보호해야 할까? 당연이 이 질문들에 대한 답변은 간단하지 않다는 것은 누구나 알고 있다.

13.3a 유전자 조작의 과정

대부분의 사람들은 유전자 조작 능력이 최근에야 나타난 것이라고 생각하겠지만, 인류는 오랜 기간 동안 유전자를 조작해 왔다고 말할 수 있다. 지금까지 인류는 어떻게 작물들을 경작해 왔는지 뒤돌아보면, 더 큰 크기나 나은 맛, 또는 좋은 모양 등 어느 특정한 특성을 가진 작물을 생산해 내기 위해 다른 종류의 작물들을 수없이 이종교배해 왔다. 그리고 많은 세월이 흐른 오늘날 우리에게 공급되고 있는 작물들은 그들의 원래 조상과는 전혀 다른 모습으로 변화되어 왔다. 식물의 재배는 유전적 수정의 연속이다. 원하지 않은 특성을 가진 작물들은 폐기되고, 살아남은 작물들도 끊임없이 변화되어 왔다. 예를 들어 뿌리가 너무 깊다거나 앙상한 식물은 버려졌다. 이런 과정에서 대부분의 작물은 질병에 대한 저항성이 사라지고, 돌보는 사람이 없으면 살아남을 수 없게 된다. 작물이 아닌 식물들도 역시 자연적인 수정을 계속해왔다. 예를 들어, 만일 새롭고 매우 치명적인 박테리아가 출현하면, 어떤 식물들은 이 박테리아에 저항하지 못해 살아남지 못하게 되고, 반면 어떤 특정 식물은 이 치명적인 박테리아에 견딜 수 있는 세포 화학적 성질을 함유하고 있어 살아남을 수 있게 될 수 있다. 그리고 이 특정 식물은 널리 퍼지고 살아남게 된다. 야생 또는 사람에 의한 작물 재배에서 선택적인 과정은 직접적인 유전자 조작(genetic engineering)이 아니고, 오랜 기간 동안에 걸친 느리고 길며, 또한 무작위 방식으로 유전자 군을 수정하는 방향의 선택이다.

유전자 조작(genetic engineering)은 한 유기체가 갖는 DNA의 직접적인 조작이다. 조작하기에 가장 쉬운 유기체는 작은 단세포 박테리아이다. 이 박테리아는 그들의 염색체 이외에 플라스미드(plasmid) 또는 DNA의 고리를 가지고 있다. 유전공학 전문가들은 플라스미드를 없애거나, 바꾸거나, 또는 대체하여 박테리아 안에 새로운 화학 물질을 만든다. 그들은 그림 13.14에 나타나있는 것과 같이 제한 효소(restriction enzyme)를 사용하여 플라스미드의 특정 위치를 잘라서 떼어낸다. 그리고 다른 유기체의 원하는 유전자를 포함하고 있는 DNA를 복사하고, 복사된 유기체의 DNA를 박테리아의 플라스미드 고리 속으로 삽입한다. 박테리아들은 빠르게 자라나고, 새로운 세포를 생산하며, 그리고 수많은 원하는 유전자의 복제품과 그 단백질 생성물이 만들어지게 된다. 유전공학이나 유전자 변형은 과학자들이 자연적으로는 일어날 수 없는 방법으로 유전자를 조작하여 식물이나 동물, 그리고 미세 유기체를 만들어 내는 것을 가능하게 한다.

선택 번식(selective breeding)과 DNA 재조합 기술(recombination technique)을 통한 유전자 변형은 어떻게 보면 서로 비슷하지만, 중요한 차이가 있다. 먼저 DNA 재조합 기술은 우리가 원하거나 인지하고 있는 어느 기능을 갖고 있는 유전자를 한 유기체에서 다른 유기체로 옮길 수 있다. 반면, 선택 번식의 경우는 알 수 없는 기능의 유전자 한 보따리가 관련된 유기체 간에 이동되는 것이다. 오늘날 DNA 재조합 기술은 분자클로닝과 함께, 신약과 더 안전한 백신 생산, 유전적 질병 치료, 바이러스성 질병 치료, 염증억제, 농업의 수확량 증가와 생산비 감소, 식품의 알레르기를 일으키는 특성 감소, 식품의 부패 지연, 식품의 영양가 개선, 생분해플라스틱 개발, 그리고 물과 공기의 오염 감소 등에 응용된다.

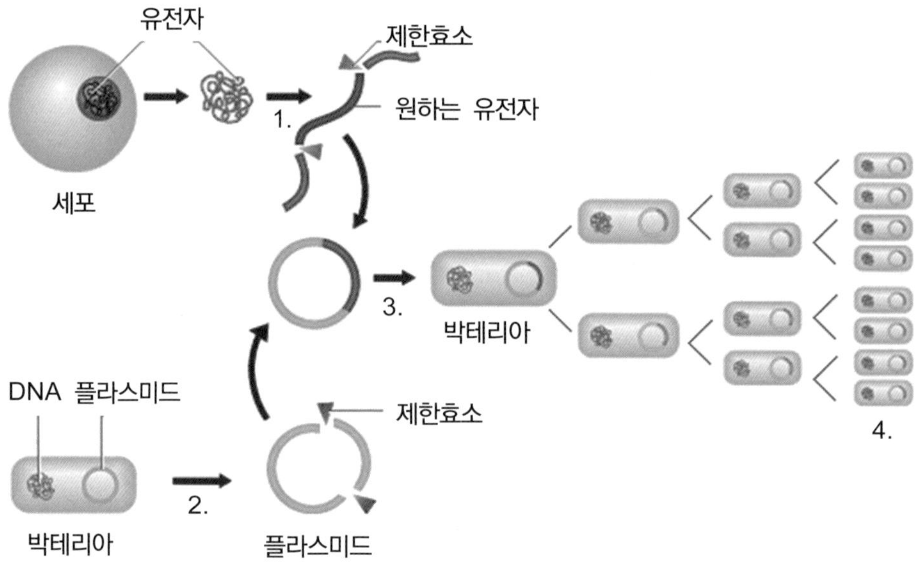

그림 13.15 유전자 조작 과정을 나타내는 그림

13.3b 유전자 조작의 응용

유전적으로 조작된 효소, 미생물, 또는 작물은 전통적인 방법과 비교해서 매우 순도 높은 생성물을 얻을 수 있고 동시에 폐기물과 부산물을 줄일 수 있다. 그리고 유전자 조작 방법은 생산 단계를 더 단순하게 하고, 노동, 에너지, 그리고 원료의 정제 과정을 줄여 줌으로써 경제성과 생산량을 증가시킨다. 또한 이 방법은 독성과 부식성 화학물질들의 사용을 선택하지 않을 수 있기 때문에 전반적으로 환경에 더 좋고 안전을 향상시킨다.

■ 신약과 더 안전한 백신 생산

유전자 조작 기술은 새로운 약을 개발하거나 현존하는 약을 더 높은 효율로 제조하는데 사용된다. 자연적이거나 인공적인 유전자를 박테리아에 있는 플라스미드에 넣어 성장시키는 방법은 작은 분자 의약품을 손쉽게 제조하는데 유용하게 쓰인다. 예를 들면 유전자 조작 기술을 이용한 인슐린 합성을 들 수 있다. 혈당 수치를 조절하는 역할을 하는 인슐린은 공급이 불충분하면 당뇨를 유발하기 때문에 외부에서 인슐린을 공급해 주어야 한다. 1980년 이전에 사용되던 모든 인슐린은 소와 돼지의 췌장의 샘에서 분리되었다. 하지만 동물들로부터 모아진 인슐린의 아미노산은 사람의 것과 약간 차이가 있다. 이 차이는 아주 작은 차이이긴 하지만 중요하다. 어떤 환자는 이질적인 인슐린 단백질에 대항하는 항체를 만들어서 그것을 거부하기도 한다. 이는 사람은 사람의 인슐린을 필요로 하는 것을 의미한다. 그러나 사람의 인슐린 단백질 합성은 그 과정이 대규모로 생산하기에는 너무나 복잡하고 비용이 많이 든다. 따라서 흔한 박테리아인 E. coli를 숙주 유기체로 이용하여 사람의 인슐린을 만드는데 유전자 조작 기술이 응용되었다. 사람 인슐린의 유전자를 숙주 유기체인 박테리아에 위치하고 있는 플라스미드에 넣어 대량의 인슐린 합성이 가능하게 되었고, 이로 인해 대량 생산과 엄청난 비용 절감 효과에 의해 대부분의 당뇨병 환자가 치료 혜택을 받을 수 있게 되었다.

그리고 유전자 이식 식물을 이용하여 약과 백신을 만들기도 한다. 예를 들어 장의 감염성 질병에 대항하는 백신은 감자와 바나나에서 생산되고 있고, HIV/AIDS에 대항하는 펩티드 약물은 담배에서 생산되고 있다. 현재 많은 농장에서는 공공 건강 정책과 협력을 통하여, 식량을 위해 작물을 수확하기보다는 유전자 이식 식물을 재배하여 이용 가능한 백신들을 저렴한 가격으로 생산해 내는데 동참하고 있다.

최근에는 일본 산업기술종합연구소 바이오메디컬 부문 연구팀이 유전자 조작 기술을 응용해 '인간 인터페론β (human interferon β)'이 함유된 달걀을 낳는 닭을 생산하는데 성공했다. 인간 인터페론β 는 암과 간염 치료제 등에 사용되는 단백질이다. 연구팀은 유전자조작 기술을 이용해 수탉 배아에서 정자의 근원이 되는 세포를 분리 배양한 뒤 인간 인터페론β 를 만드는 유전자를 삽입하고, 이 배아를 다른 수탉으로 돌려보내 부화시켰다. 이렇게 태어난 수탉과 교배한 야생 암탉이 낳은 달걀에는 30~60mg의 인간 인터페론β 가 함유되어 있는 것으로 나타났다. 이 방법 적용으로 해당 의약품을 싼 가격으로 공급할 수 있을 뿐만 아니라, 또한 인간 인터페론β 외의 여러 유용한 단백질을 만들 수 있을 것으로 기대되고 있다.

■ 유전적 질병 치료

유전적 질병을 치료하기 위해 유전자 가위(gene scissors)를 이용할 수 있다. 유전자 가위는 인간 세포와 동식물 세포의 유전자의 잘못된 부분을 제거하여 유전적인 문제가 해결하는 유전자 편집(genome editing) 방법이다. 2012년 5월 UC버클리 제니퍼 다우나드 교수팀이 유전자 가위를 이용해 바이러스 DNA 특정부분을 편집하는데 성공하였고, 같은 해 12월 MIT 펑 장 교수팀이 속한 브로드연구소에서 크리스퍼(CRISPR) 유전자가위를 인간이나 쥐 같은 포유류에도 적용할 수 있다는 것을 입증하였다. 이 기술은 클리스퍼라는 RNA가 표적 유전자를 찾아가 DNA 염기 서열을 잘라내는 방식이다. 크리스퍼는 세균이 천적인 바이러스를 물리치기 위해 관련 DNA를 잘게 잘라 기억해 두었다가 다시 침입했을 때 물리치는 면역체계를 부르는 용어이다. 그리고 2015년 한국의 서울대 김진수 교수팀은 혈우병 환자의 소변에서 세포를 채취하여 크리스퍼 유전자 가위를 이용하여 이 세포를 정상으로 만드는데 성공하였다. 또한 2015년 중국의 한 연구팀은 수정란에서 빈혈을 일으키는 유전자인 헤모글로빈베타(HBB)를 잘라내고 정상 유전자로 바꾸는데 성공하였다.

참고로, 유전자 가위는 32억 쌍의 염기로 구성된 인간 유전체에서 단 하나의 염기를 바꾸는 게 가장 일반적이기 때문에, 과학자들은 32억분의 1에 해당하는 변이를 유전자 조작이나 편집이라는 부정적인 어감의 표현보다는 게놈 에디팅(genome editing)이라 불리기 원하고 있다.

유전자 가위는 유전자 변형 농산물(GMO)에 대한 우려를 줄이는 대안으로도 주목받고 있다. 병충해에 강한 GMO 콩은 식물에 동물 유전자를 집어넣는 기술을 활용해 나온 것이다. 인위적으로 외부 유전자를 넣다 보니 생태계 혼란에 대한 우려가 나올 수밖에 없었다. 하지만 크리스퍼 유전자 가위로 식물의 약한 유전자를 잘라내고 스스로 강한 유전자를 복원하도록 할 수 있다.

■ 농업의 수확량 증가와 생산비 감소

작물의 생산성을 향상시키고 보다 생산비를 감소시키기 위하여 질병, 스트레스 그리고 잡초 등에 강하고, 더 많은 양의 식량을 효율적으로 생산하며, 척박한 토양에서도 잘 자랄 수 있는 식물의 개발이 필요하다. 유전공학 전문가들은 유전자 변형을 통하여 해충을 방어할 수 있는 국화와 옥수수, 제초제에 저항성을 갖도록 만든 콩 등 해충과 제초제에 대한 저항성을 갖는 식물을 개발하여 왔다. 또한 질병에 더 저항성을 갖는, 그리고 염분, 열, 가뭄과 같은 스트레스에 더 견딜 수 있는, 더 영양분이 풍부한 옥수수, 콩, 밀의 유전자를 조작해 왔다.

■ 생분해 플라스틱 개발

대부분의 합성 고분자 플라스틱들은 거대한 화학 공장에서 화석연료를 원천 물질로 하여 많은 양의 화학 시약과 에너지를 소비하는 과정을 거쳐 합성된다. 그러나 옥수수, 사탕수수, 그리고 식물성 기름과 같은 재사용 가능한 물질들의 조작된 유기물로부터 단위체를 생산하고 중합 반응을 촉진시켜 바이오 플라스틱을 만들 수 있다. 이 바이오 플라스틱 고분자의 한 예가 폴리하이드록시뷰틸레이트(polyhydroxybutyrate, PHB)이다. 이 바이오 플라스틱은 폴리프로필렌(PP)과 같이 플라스틱 기구 같은 품목을 만들고 컵을 코팅하는 데에 이용된다. 그러나 PP와는 다르게 PHB는 생분해될 수 있다. 이 물질은 생산과정에서 낮은 독성의 물질들을 사용하고, 과정은 매우 효율적이며, 그리고 온실가스 배출을 낮추는 장점을 갖고 있다. 심지어 조작된 유기물들은 플라스틱을 만들 수도 있다.

또한 유전자조작을 신약과 백신을 생산하고 작물의 수확량을 늘리며 생분해가 가능한 플라스틱을 개발에 응용하는 것뿐만 아니라, 우리의 또 다른 관심은 화학적 생산에 있어서 친환경 화학을 구현할 수 있느냐는 것이다. 일반적인 화학물질의 합성 과정에는 독성 화학 물질, 많은 양의 용매, 그리고 높은 온도를 필요로 하는 경우가 많다. 그리고 이 과정들은 많은 양의 폐기물을 만들어 내는 것 또한 현실이다. 그러나 유전자 조작 기술을 이용한 생물학적 촉매인 효소를 사용하여 환경 오염을 줄일 수 있다. 즉 유독성 물질이 더 적게 발생하고, 더 낮은 온도에서 반응을 수행할 수 있으며, 또한 더 적은 양의 폐기물을 만들어 내고, 특히 더 빠르고 안전하게 생성물을 얻을 수 있다.

지금까지 언급한 바와 같이 유전자 조작 기술의 응용은 인류에게 많은 혜택을 제공한다. 하지만 유전적인 작은 변화가 발생하면 전체 생태계에 예상치 못한 부정적인 영향을 줄 수 있다. 그리고 이 영향은 받아들이기 힘들 정도로 위험성이 매우 클 가능성이 높고, 또한 일련의 유전자 조작 행동에 대한 결과의 예측이 거의 불가능하다. 따라서 우리는 현재와 미래의 세대를 위해 현명하게 행동해야 할 책임이 있기 때문에 심각하게 고려하고 행동해야 할 필요가 있다. 유전자 조작 기술이 사회의 간절한 필요에 단순히 응용하는 섣부른 선택으로 이어지지 않도록, 유전자 조작의 행동이 인류에게 미칠 수 있는 영향과 그로인해 발생할 수 있는 모든 결과들을 반드시 고려해야 한다.

13.3c 유전자 변형 식품

유전자 변형 기술은 의학뿐만 아니라 농업, 환경, 수산 해양 분야 등 생물을 이용하는 모든 분야에 파급 효과를 가져왔다. 사람이나 사람들이 식량으로 이용하기 위해 키워지는 동물들은 반드시 음식을 섭취해야 한다. 즉 음식은 절대적으로 필요한 존재이기 때문에 인류는 종자와 가축을 꾸준히 개량하여 왔다. 기존의 종자 개량은 올해 재배한 작물 중에서 실한 종자를 다음 해 농사에 사용하거나 새끼를 많이 낳는 가축을 골라 번식용으로 사용하는 방법이 이용되었다. 반면 유전자 변형 생명체(Genetically Modified Organism, GMO)는 인위적으로 유전자를 조작해 자연적으로는 발생 불가능한 형질을 만들어 내는 것이다. 따라서 기존의 종자 개량은 교배와 무작위 돌연변이의 선별에 의존했기 때문에 원하는 형질을 갖는 품종을 만드는데 매우 오랜 시간이 걸리거나 불가능 하지만, GMO의 경우 짧은 기간에 특정 생물의 유전체(genome)의 형질을 우리가 원하는 대로 변화시킬 수 있다. 이러한 유전자 변형 기술을 적용하여 해충을 방어할 수 있는 국화와 옥수수, 화학 제품인 제초제에 저항성을 갖도록 만든 콩, 그리고 질병에 더 저항성을 가질 뿐만 아니라 염분, 열, 가뭄과 같은 스트레스에 더 견딜 수 있는 작물, 또한 더 영양분이 풍부한 옥수수, 콩, 밀 등이 개발되었다. 예를 들어 GMO콩을 만드는 과정을 살펴보면, 먼저 잡초나 해충을 죽이는 강력한 농약(그라목손 등)을 개발한다. 그리고 그 농약에 내성을 가진 박테리아를 찾아 내성 유전자를 콩의 유전자에 옮겨 넣는 방법으로 콩의 종자를 개량한다. 그림 13.15는 대표적인 GMO 식품을 보여준다.

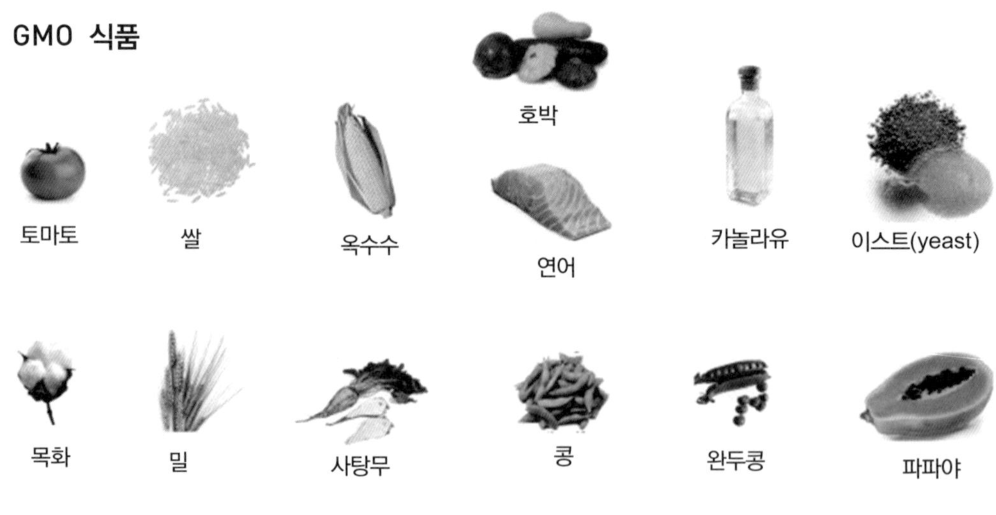

그림 13.16 몇 가지 대표적인 GMO 식품

또한 전 세계적으로 수많은 대학교 및 기업의 연구실에서 이것을 응용하여 다양한 종류의 동식물을 농업적으로 더욱 유용하게 변형시키고자 하는 연구를 수행하고 있다. 표 13.1은 유전자 변형 식품 개발 현황을 보여준다.

표 13.1 유전자 변형 식품(농산물) 개발 현황

산물	연구목적	전략
벼	도열병(blast), 잎마름병 등의 주요 곰팡이 병의 방제	잎마름병과 줄기 천공충에 복합저형성을 갖는 유전자 도입
콩, 옥수수, 밀	잡초제거, 노동력 및 농약사용 경감	제초제에 저항성이 강한 유전자 도입
감자	저지방 감자칩 재료용 품종의 개발	전분함량 증가와 튀기는 과정에서 지방의 흡수량을 감소시킬 수 있는 전분 합성 유전자의 도입
커피	연화방지 및 무카페인 커피	
곡류작물	쌀과 같은 주곡작물 내 철분함량 증가로 영양가 증가	식물 내에서 철분을 저장하는 역할을 하는 페리틴(ferritin) 단백질을 벼에 도입(일반 벼보다 철분 함량 3배 이상 증가)
보리	염분, 가뭄, 열에 저항성 추가	
콩, 유채기름	영양가가 보다 높은 지방산 조성 개선	80% 이상이 oleic acid이며 트랜스형 지방산은 전혀 생산되지 않도록 함
콩	선충과 미세 기생충으로부터의 피해 방제	저항성 유전자의 분리를 위한 마커 유전자 개발
고구마	심각한 피해를 주고 있는 feathery mottle virus의 방제	피막단백질을 도입하여 저항성 유도
토마토	토마토의 항산화제 특성 증가	라이코펜 함량이 증가된 토마토 개발
감자	총 단백질 함량의 증가	알레르기원이 아닌 종자 알부민을 도입하여 총 단백질 함량을 증가 시킴
밀	바이러스의 근절	바이러스 피막단백질을 도입하여 저항성 유도
밀	밀의 알레르기원 감소	단백질 변경 효소를 조절하는 유전자 발현
밀, 보리	곰팡이의 근절	천연 식물 방어 물질 생산 유전자의 도입
호박	모자이크 바이러스의 근절	바이러스 피막단백질을 도입하여 저항성 유도
벼	수확량 증대	특정 단백질의 합성을 저해하는 유전자를 도입하여 식물의 성숙기를 연장함
바나나	바이러스 저항성, 살충제 저항성, 의약품 생산 등	항 곰팡이 유전자들을 분리하여 바나나 식물체 내에 도입

출처 : 한국생명공학연구원

유전자 변형 식품에 관해서 최근 몇 년 동안 세계적으로 찬반 논란을 계속해오고 있다. 찬성하는 쪽의 견해는 작물의 재배가 용이해지고, 수확량의 증가로 식량 문제를 해결할 수 있으며, 또한 영양 성분을 조절함으로 각종 질병을 치유할 수 있을 뿐만 아니라 농약 사용의 절감으로 인해 친환경적인 식품을 재배할 수 있는 장점을 강조하고 있다. 반면 반대하는 입장에서 가장 관심을 갖고 우려하는 것은 인체에 대한 유해성의 유무이다. 아직까지는 유전자 조작 식품의 섭취로 인해 뚜렷한 이상 현상이 발견되지 않았지만, 그렇다고 안전성이 분명하게 검증된 바도 없기 때문에 안전성 여부에 의문을 제기하고 있다. 또한 GMO 작물로 인해 생태계의 교란이 유발될 수 있다는 가능성을 걱정하고 있다. 유전자 조작 생물은 병충해, 잡초 등으로부터 강한 내성을 가진 종자이다. 그러므로 도리어 강한 내성에 적응한 더 강한 해충과 잡초 등이 생태계에 출현할 가능성이 높다. 즉 GMO 작물이 야생으로 퍼져 나가 야생과 재배된 것의 잡종이 새로운 유전자를 가지고 나타난다면, 기존의 작물과는 다른 새로운 저항성 슈퍼잡초의 개체로 이어져 기존의 생태계에 교란을 가져올 수 있다는 것이다.

그림 13.17 유전자조작 작물 파종과 개발 중지를 요구하는 시민들의 GMO 반대 시위 모습. 출처 : 한국농정신문

유전자 조작은 수십 년 동안 발전되고 확산되어 왔다. 현재 수많은 유전자 변형 식품들이 이미 개발되어 소비되고 있을 뿐만 아니라, 새로운 표 13.1에 나타나 있는

것과 같이 새로운 유전자 변형 작물의 개발이 계속 진행되고 있다. 그리고 동물의 먹이로 사용되는 옥수수, 연료용 기름을 생산하기 위해 조작된 콩, 그리고 약학적인 사용이 예정된 소염 단백질을 함유하고 있는 담배 등 사람이 아닌 소비를 위한 조작된 작물들의 이용도 확산되고 있다. 이런 상황에서 유전자 조작 응용에 관한 우려나 찬반 논란은 정당하고 건강한 사회에서 당연히 거쳐야할 과정이기도 하다. 그러나 우리가 이 도구에 대한 통제력을 잃는다면, 그 의도되지 않은 결과는 아마 유전자 조작의 과학 그 자체보다 더 복잡하고 심각한 문제가 될 수 있다. 물론 어떤 문제에 대해서 미시적인 안목으로 단 기간 안에 문제를 해결하기 위한 시도는 위험할 수 있다. 그러나 막연한 두려움이나 최소한의 지식으로 유망한 기술을 거부하거나 심하게 반대하는 것 또한 미래를 망치는 행동일 수도 있기 때문에 신중해야 할 것이다. 이미 언급하였지만, 유전자조작 등과 같이 논란의 대상이 되는 도구에 대해 이용 할 것인가, 이용하지 않을 것인가를 결정하는데 있어서 가장 합리적인 전제는 '인류에 해가 되지 않아야 한다.'일 것이다.

연습문제

13.1 형상기억합금(shape memory alloy, SMA)에 대해 설명하고, 그 용도의 예를 드시오.

13.2 비금속 무기재료를 정제하고 재질을 균일하게 하여 더 정교하고 강력하게 가공한 새로운 세라믹을 파인 세라믹스(fine ceramics)라고 한다. 파인 세라믹스는 금속이나 플라스틱의 뒤를 이어 '제3의 소재'라고 불리기도 한다. 파인 세라믹스의 종류와 용도를 나열하시오

13.3 일반적으로 플라스틱은 가공하기 쉽고 가벼우며 부식에 강한 성질을 가지고 있지만 열에 약하며 마모가 잘되고 강도가 약한 단점이 있다. 이러한 단점을 보완하여 보다 우수한 성질을 가진 플라스틱을 개발한 것이 바로 엔지니어링 플라스틱(engineering plastic, EP)이다. 엔지니어링 플라스틱이 갖는 특징들을 설명하고 그 용도들을 나열하시오.

13.4 약물전달시스템(DDS)은 약물 방출 속도를 조절하거나 약물을 목표 부위에 효율적으로 전달하는 방법을 통하여 의약품의 부작용을 최소화하고 효능과 효과를 극대화하는 기술과 시스템을 말한다. 똑같은 약물이라도 전달하는 방법에 따라 효능은 천차만별 달라진다. 이처럼 의약품의 부작용을 최소화하면서 효능을 극대화시켜 필요한 양의 약물을 효율적으로 전달하는 약물전달시스템은 신약 개발만큼이나 중요한 문제다. 약물전달시스템에는 어떤 것들이 있는지 나열하시오.

13.5 약물전달시스템이 발달하게 되면 미래에는 (a)약효는 뛰어나지만 부작용이 심하여 사용이 어려운 약물, 그리고 (b)농도를 일정하게 유지하기 힘들기 때문에 치료 효과가 낮은 약물들의 사용이 훨씬 용이해질 것으로 예상할 수 있다. 그 예들을 나열해 보시오.

연습문제

13.6 2006년 노벨생리학상은 RNA 간섭(RNA interference) 현상에 대한 연구에 주어졌는데, 이는 RNA간섭을 이용해 우리 몸을 치료할 가능성을 열었기 때문이다. 유전 물질인 DNA의 손상으로 비정상적인 단백질이 생성되어 우리 몸의 세포에 이상이 생겼을 경우, RNA 조각을 포함한 약물을 넣어주어 비정상적인 단백질을 만드는 mRNA를 파괴할 수 있다. 문제는 RNA 조각을 어떻게 세포에 전달하느냐는 것이다. RNA 조각을 효과적으로 세포에 전달할 수 있는 약물전달시스템을 생각해 보시오.

13.7 유전자 조작은 수십 년 동안 발전되고 확산되어 왔다. 현재 수많은 유전자 변형 식품들이 이미 개발되어 소비되고 있을 뿐만 아니라, 새로운 유전자 변형 작물의 개발이 계속 진행되고 있다. 그리고 유전자 조작은 꾸준히 논란의 대상이 되고 있다. 유전자 조작을 도구로 이용 할 것인가 아니면 이용하지 않을 것인가에 대해 의견을 적으시오.

13.8 유전자 조작을 통한 식물의 유전적 구성의 변화가 전통적인 선택적 교배 방법보다 선호되는 이유를 설명하시오.

13.9 유전자 치료는 재조합 DNA 기술의 사용을 포함한다. 유전자 치료 방법을 이용하여 치료될 수 있는 질병들의 예를 들어보시오.

13.10 긴 가뭄과 심각한 기근의 위험에 직면해있는 상황에서 유전자 조작 옥수수를 공급하여 이 어려운 상황을 극복하자는 정책이 제안되었다. 이 정책이 시행되어 발생한 결과에 대한 장점과 단점을 생각해 보시오. 그리고 당신은 이 정책에 찬성인지 반대인지 결정하시오.

■ 찾아보기

ㅈ

기타